DIE GESTÖRTE REGELUNG DER OVARIALFUNKTION

PHYSIOLOGIE, EXPERIMENT UND KLINIK

VON

HANS-JOACHIM STAEMMLER

PROFESSOR DR. MED.,
OBERARZT DER UNIVERSITÄTS-FRAUENKLINIK KIEL

MIT 194 ABBILDUNGEN
IN 336 EINZELDARSTELLUNGEN UND 43 TABELLEN

SPRINGER-VERLAG
BERLIN · GÖTTINGEN · HEIDELBERG
1964

ISBN 978-3-642-48454-4   ISBN 978-3-642-86273-1 (eBook)
DOI 10.1007/978-3-642-86273-1

Titel Nr. 1215

Meinem Vater

MARTIN STAEMMLER

in Dankbarkeit und Verehrung zugeeignet

Meinem klinischen Lehrer

ERNST PHILIPP

(1893—1961)

zum Gedächtnis

Vorwort

Die modernen Vorstellungen über die Regulation des Ovarial-Endocrinium mit der klinischen Problematik in Beziehung zu bringen, ist eines der wesentlichen Anliegen dieses Buches. Im vergangenen Jahrzehnt sind unsere Kenntnisse über die neurohumorale Steuerung so weit vertieft und gefestigt worden, daß sich auch die Klinik mit ihr auseinanderzusetzen hat. Entscheidende Anregungen für die eigenen Arbeiten verdanke ich der Monographie von W. BARGMANN: Das Zwischenhirn-Hypophysensystem. Ein erregendes und die verschiedensten medizinischen Disziplinen berührendes Forschungsgebiet wurde eröffnet, zu dem diese Schrift einen Beitrag leisten möchte. Die Bemühungen um Aufklärung der komplizierten und vielseitig verbundenen Regulationsmechanismen und ihrer Störungen mündeten oftmals in neue Fragestellungen. Der Versuch schien lohnenswert, die eigenen Ansichten aus experimentell und klinisch gesicherten Kenntnissen zu entwickeln und damit weitere Untersuchungen zu veranlassen. Eine dritte, insbesondere die klinische und ärztliche Praxis berührende Aufgabe wurde darin gesehen, ein umfangreiches, in 10 Jahren systematisch bearbeitetes endokrinologisches Krankengut nach ätiologischen Gesichtspunkten zu ordnen, die gemeinsamen Krankheitszeichen der Gruppen für die Diagnostik herauszustellen und aus der Pathogenese das therapeutische Vorgehen abzuleiten. Die so eminent wichtige Beobachtung am Krankenbett experimentellen und analytischen Ergebnissen gegenüberzustellen, mag dem Leser ebenso reizvoll erscheinen, wie es uns Tag für Tag neu fasziniert und angeregt hat.

Seit 1950 sind zahlreiche umfassende Abhandlungen im Weltschrifttum über verschiedene Gebiete der gynäkologischen Endokrinologie erschienen, von denen diese Monographie ausgehen kann. Es werden daher Anatomie, Physiologie und Biochemie nur so weit behandelt, wie es zum Verständnis der Pathophysiologie und Klinik erforderlich erscheint. Eine ausführlichere Besprechung wird dagegen dem Zwischenhirn-Hypophysensystem gewidmet, da es im Mittelpunkt der klinischen Problematik steht.

Die Schrift wurde in 5 Teile gegliedert. Jedes ihrer Kapitel schließt mit einer Zusammenfassung der wesentlichen Ergebnisse. Die Pathologie des Ovarial-Endocrinium wird in einer Übersicht unter Berücksichtigung der neueren Literatur im Teil IV und die Klinik detailliert an Hand des eigenen Krankengutes im Teil V behandelt. Die angewandten Methoden werden im Teil II besprochen. Auf Dosierung und Wirkungsweise der Gonadotropine im Rahmen der Funktionsanalytik und Therapie wird im Teil III ausführlich eingegangen. Jedem der Teile I bis IV folgt ein Verzeichnis des Schrifttums, das bis Mitte des Jahres 1963 ausgewertet werden konnte. Seine vollständige Erfassung war nicht beabsichtigt. Aus der Literatur vor 1950 sind nur einige grundlegende Arbeiten berücksichtigt worden.

Bei der Bearbeitung dieses umfangreichen Stoffes mögen mir Irrtümer unterlaufen sein. An den Leser sei die Bitte gerichtet, sie zu berichtigen und durch Mitteilung eigener Ergebnisse und Erfahrungen zur Vervollständigung dieser Schrift beizutragen.

Mein langjähriger Lehrer, Herr Professor Dr. E. PHILIPP, hat diese Untersuchungen, die am Krankengut seiner Klinik vorgenommen worden sind, mit Interesse verfolgt und durch seine umfangreiche Erfahrung belebt und unterstützt. Ich möchte an dieser Stelle auch den Ärzten und Schwestern der Universitäts-Frauenklinik Kiel für ihre bereitwillige und gewissenhafte Mitarbeit meinen Dank aussprechen. Die Gespräche und Diskussionen mit den Kollegen unseres endokrinologisch interessierten Arbeitskreises, insbesondere mit Herrn Prof. Dr. H.-H. STANGE, Herrn Dozent Dr. H. WULF, Herrn Dozent Dr. CHR. LAURITZEN, Herrn Dozent Dr. H. SMOLKA, Herrn Dr. G. HASENBEIN †, Herrn Dr. L. SACHS, Herrn Dr. P. DÖRFFLER, Herrn Dr. H. ABRAHAMSEN und vielen anderen, haben diese Arbeit durch Anregung und Kritik gefördert.

Für die sachkundige und sorgfältige technische Assistenz bei den hormonanalytischen Untersuchungen danke ich Frau E. BREMER, Fräulein H. CORNEHL, Fräulein S. FEIGEL, Fräulein M. GLANDT, Frau H. GRONEWALD, Frau CHR. JENTSCH, Frau M. KALUSCHE, Fräulein B. KANNENBERG, Fräulein I. PAUL, Fräulein G. RÖER, Fräulein E. ROHLFS und Frau J. STRUNK. Die graphischen Darstellungen und Photogramme hat Herr F. NIKLEWICZ mit Geschick und unermüdlichem Fleiß angefertigt. Frau W. SCHRÖDER habe ich für die Niederschrift des Manuskriptes zu danken.

Die Deutsche Forschungsgemeinschaft hat die Durchführung der analytischen Arbeiten seit 1954 in großzügiger Weise unterstützt.

Ich verdanke der Firma Organon in Oss/Holland (Herr Dr. IZERMAN) und der Firma Schering in Berlin (Herr Dr. KRÜLL) eine vieljährige verständnisvolle Förderung. Zu Dank verpflichtet bin ich nicht zuletzt dem Springer-Verlag in Heidelberg für die großzügige Ausstattung des Buches.

Mein ganz besonderer Dank gilt meiner Frau, die die Entwicklung dieses Buches durch ärztliches Verständnis, Mithilfe, Kritik und vielerlei Verzichte entscheidend gefördert hat.

Kiel, im Februar 1964 H.-J. Staemmler

Inhaltsverzeichnis

Verzeichnis der Abkürzungen

(s. auch S. 8 und 112)

ACTH	=	Adrenocorticotropes Hormon
B-T⁰	=	Basaltemperatur (Aufwachtemperatur)
CRF	=	Faktor der ACTH-Freigabe (Corticotrophin releasing factor)
E/die	=	Einheiten in 24 Std
FSH	=	Follikelstimulierendes Hormon
GRF	=	Faktor der Gonadotropinfreigabe (Gonadotrophin releasing factor)
GTH	=	Gonadotropes Hormon
HC	=	17-Hydroxycorticoide
HCG	=	Menschliches Chorion-Gonadotropin (human chorionic gonadotrophin)
HMG	=	Menopause-Gonadotropin (human menopausal gonadotrophin)
ICSH	=	Das die interstitiellen Zellen stimulierende Hormon (interstitial cell stimulating hormone = LH)

ACTH = Adrenocorticotropes Hormon
B-T⁰ = Basaltemperatur (Aufwachtemperatur)
CRF = Faktor der ACTH-Freigabe (Corticotrophin releasing factor)
E/die = Einheiten in 24 Std
FSH = Follikelstimulierendes Hormon
GRF = Faktor der Gonadotropinfreigabe (Gonadotrophin releasing factor)
GTH = Gonadotropes Hormon
HC = 17-Hydroxycorticoide
HCG = Menschliches Chorion-Gonadotropin (human chorionic gonadotrophin)
HMG = Menopause-Gonadotropin (human menopausal gonadotrophin)
ICSH = Das die interstitiellen Zellen stimulierende Hormon (interstitial cell stimulating hormone = LH)
KS = C_{17}-Ketosteroide
LH = Luteinisierendes Hormon der Hypophyse
LTH = Luteotropes Hormon
mg = Milligramm (10^{-3} g)
μg = Mikrogramm (γ, 10^{-6} g)
μm = Mikrometer (10^{-6} m)
MUE = Mausuterus-Gewichtseinheit
nm = Nanometer (mμ, 10^{-9} m)
NNR = Nebennierenrinde (Interrenalsystem)
PMS = Gonadotropin aus dem Serum trächtiger Stuten (pregnant mare's serum gonadotrophin)
STH = Somatotropes Hormon
TSH = Thyreotropes Hormon (thyroid stimulating hormone)

Handbuchartikel, monographische Darstellungen und Publikationen mit umfangreicher Literaturangabe sind, soweit sie der Text nicht ausdrücklich als Übersichtsarbeiten kennzeichnet, mit einem Sternchen (*) markiert.

Signaturen s. S. 112 und auf der Innenseite des hinteren Einbanddeckels.

I. Physiologie der Regulation und Reaktion
A. Das Zentralsystem

Hypothalamus und Adenohypophyse bilden ein funktionelles System, das die cyclische Ovarialfunktion regelt und diese zugleich an die Bedingungen des äußeren und inneren Milieus anpaßt. Die Forschungen der letzten 3 Jahrzehnte haben unsere Kenntnisse über Morphohistologie und Physiologie bedeutend erweitert. Die wichtigsten Ergebnisse seien, soweit sie zum Verständnis der funktionellen Pathologie erforderlich sind, dargelegt.

1. Anatomie

Als *Hypothalamus* (neurotropes Zentrum) bezeichnet man den Abschnitt des Zwischenhirns (Diencephalon), der unterhalb (basal) vom Sulcus hypothalamicus liegt. Seine genaue Begrenzung geht aus der Abb. 1a hervor (vgl. SPATZ u.

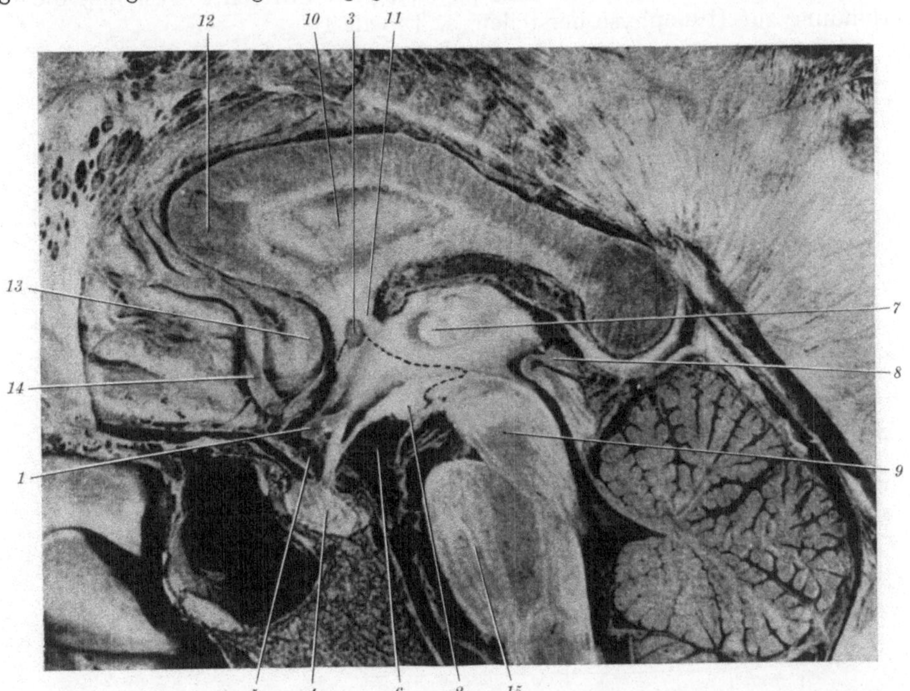

Abb. 1a. Lage des Hypothalamus des Menschen in einem medianen Sagittalschnitt (Abgrenzung durch gestrichelte Linie). *1* Chiasma; *2* Corpus mamillare; *3* Commissura anterior; *4* Hypophyse; *5* Cisterna chiasmatis; *6* Cisterna interpeduncularis; *7* Massa intermedia thalami; *8* Epiphyse; *9* Nucleus ruber; *10* Septum pellucidum; *11* Fornix; *12* Corpus callosum (Rostrum); *13* Gyrus subcallosus; *14* A. cerebri ant.; *15* Pons. (Nach HOCHSTETTER 1942, entlehnt aus DIEPEN 1962)

Mitarb. 1948, 1954; NOWAKOWSKI 1951, CHRIST 1951, BARGMANN 1954*, ORTHNER 1955*, DIEPEN 1962*, SZENTÁGOTHAI, FLERKÓ, MESS u. HALÁSZ 1962 u.a.). Das Gewicht des ganzen Hypothalamus beträgt beim erwachsenen Mann etwa 4 g (H. G. BAUER 1954).

Tabelle 1. *Hypothalamus: Einteilung und Nomenklatur*

Markreicher Teil: Subthalamus und Corp. mamillaria

Markarmer Teil: hypophysennahes Gebiet (Tuber cinereum) [kleinzellig]		hypophysenfernes Gebiet [großzellig]	
Mediales Feld:	Laterales Feld:		
Nucl. infundibularis	Nucl. perifornicalis	Nucl. supraopticus	Nucl. paraventricularis
Nucl. ventromedialis (principalis)		↓	↓
Nucl. dorsomedialis			
Area periventricularis posterior		Tractus supraoptico-hypophyseus	Tractus paraventriculo-hypophyseus
↓			
Tractus tuberohypophyseus			

Man unterscheidet zwischen einem „markreichen" Teil (Subthalamus und Corpora mamillaria) und dem eigentlichen „markarmen" Hypothalamus. Dieser beherbergt zwei morphologisch und physiologisch differente Systeme, die die Verbindung zur Hypophyse herstellen (s. Tabelle 1).

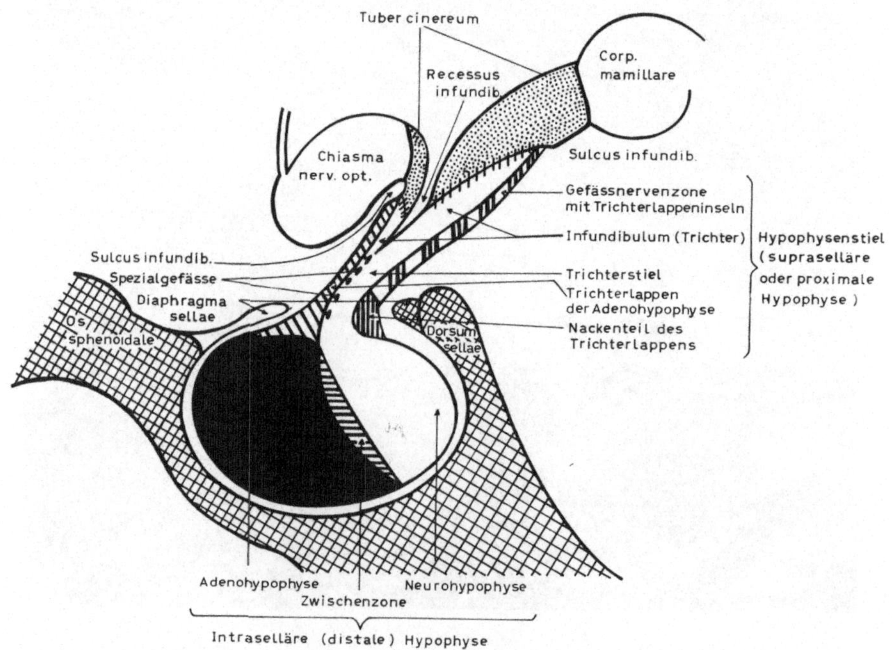

Abb. 1 b. Schema eines nicht ganz median gelegenen Sagittalschnittes durch Hypothalamus und Hypophyse. (Gezeichnet in Anlehnung an CHRIST 1951 und ORTHNER 1955)

Aus den großzelligen *Nuclei supraoptici* und *paraventriculares* im rostralen (vorderen) Teil des Hypothalamus zieht ein Fasersystem durch das Tuber cinereum und den Hypophysenstiel (Infundibulum) zur Neurohypophyse, die zum größten Teil aus den feinsten Endigungen dieses Fasersystems besteht. Es erhält dort Kontakt mit dem Gefäßnetz. Die Neurone dieses Systems sind neurosekretorisch aktiv (Übersichten bei SCHARRER u. SCHARRER 1954, BARGMANN 1954).

Beziehungen zur Adenohypophyse sind ungeklärt. Immerhin kann es Faserendigungen des neurosekretorischen Systems auch im Bereich des Infundibulum geben (BARGMANN 1954*).

Das *tubero-hypophysäre System* entspringt in dem kleinzelligen, hypophysennahen Gebiet des Tuber cinereum. Seine kurzen, zarten Fasern endigen meist im Infundibulum, wo sie Kontakt mit dem Trichterlappen der Adenohypophyse bekommen. In diesem System läßt sich kein mit der Methode von GOMORI elektiv färbbares Sekret nachweisen.

Das *Tuber cinereum* (Regio tuberalis, tuberal middle region), zwischen Chiasma und Corpora mamillaria gelegen, zeichnet sich topographisch durch seine Ventrikelnähe aus

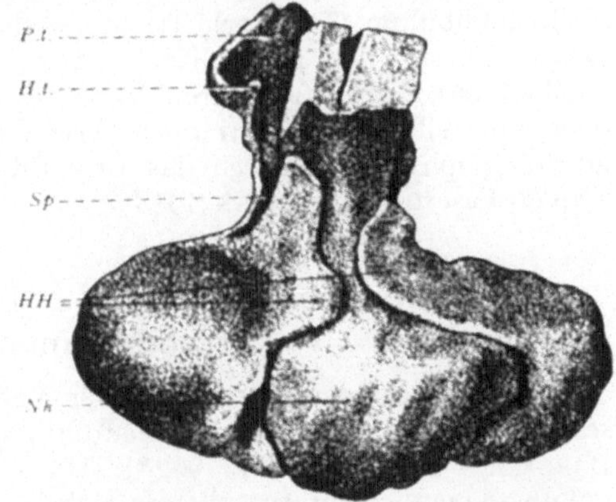

Abb. 1 c. Kern 4 = Nucl. supraopticus; Kern 11 = Nucl. paraventricularis; Kerne 13 und 15 = Nucl. ventromedialis; Kern 16 = Nucl. infundibularis (sive arcuatus); Kern 20 = Pars posterior des Nucl. ventromedialis bei der Ratte, Area periventricularis posterior beim Kaninchen. (Nach GRÜNTHAL 1930, gezeichnet in Anlehnung an HERTL 1955)

(vgl. Abb. 1 b). Das Tuber oder ein Teil desselben zusammen mit dem oralen Teil des Infundibulum (und des adenohypophysären Belages) wird neuerdings vielfach als Eminentia mediana (median eminence) bezeichnet (vgl. SPATZ 1954).

Histologisch ist ein lateral gelegener Komplex von mittelgroßen und ein mediales Feld von kleineren Ganglienzellen zu unterscheiden. Letzteres hat besonders enge Beziehungen zum Infundibulum. Es stellt den basalen Teil des zentralen Höhlengraus des 3. Ventrikels dar. Von seinen vier Zellkomplexen (GRÜNTHAL 1930*, SPATZ 1948) wird dem Nucleus infundibularis (s. arcuatus) eine besondere Bedeutung für die Steuerung der Sexualfunktion zugesprochen (s. Abb. 1 c).

Seine Nervenzellen grenzen unmittelbar an das Ventrikelependym (CHRIST 1951). In dieses Kerngebiet wurde das von HOHLWEG und JUNKMANN 1932 erstmalig diskutierte „*Sexualzentrum*" lokalisiert (BUSTAMANTE, SPATZ u. WEISSCHEDEL 1942, vgl. STUTTE 1955*).

Abb. 1 d. Wachsplattenrekonstruktion der Hypophyse eines menschlichen Embryo von 102 mm S.S.L. in der Ansicht von hinten und oben. *HH* Hörner des Vorderlappens; *H.t.* caudalgerichtetes Horn der Pars tuberalis; *Nh* Neurohypophyse; *P.t.* Pars tuberalis; *Sp* mit Bindegewebe ausgefüllter Spalt (Vergr. 1 : 35). (Nach ATWELL 1926, entlehnt aus BARGMANN 1954)

Der Nucleus ventromedialis (s. Nucleus tuberis principalis Cajal) stellt einen wesentlich größeren Zellkomplex des Tuber cinereum dar. Für beide Kerngebiete ergaben die tierexperimentellen Untersuchungen über die „Zellkernschwellung" (HERTL 1955) besondere cyclusabhängige Schwankungen als Ausdruck einer intensiven Zelleistung.

Die beiden übrigen Kerne (Nucleus dorsomedialis und die Area hypothalami periventricularis posterior) wurden bisher nur beim Kaninchen beschrieben (SPATZ 1948).

Die *Hypophyse* (hormotropes Zentrum) wird unterteilt in einen proximalen, suprasellären Abschnitt, den Hypophysenstiel, der mit dem Infundibulum am Tuber cinereum inseriert, sowie in einen distalen, intrasellären Teil. Das Durchschnittsgewicht der Adenohypophyse beträgt bei der nichtschwangeren Frau etwa 500 mg (beim Manne 390 mg) und nimmt in der Schwangerschaft um etwa 100 mg zu (vgl. ROMEIS 1940*) (vgl. auch Tabelle 4). Die Verzahnung zwischen proximaler Hypophyse und Zwischenhirnbasis entspricht äußerlich dem Sulcus infundibularis (vgl. Abb. 1 b). Einteilung und Nomenklatur ergeben sich aus Abb. 1 b und Abb. 1 d sowie Tabelle 2.

Tabelle 2. *Einteilung der Hypophyse* (nach SPATZ 1955)

<table>
<tr><td rowspan="3">Adeno-
hypophyse
(Drüsen-
teil)</td><td colspan="2">1. Proximale (supraselläre) Hypophyse (Hypophysenstiel)</td><td rowspan="3">Neuro-
hypophyse
(Nerven-
teil)</td></tr>
<tr><td>Trichterbelag oder Trichter- →
lappen = Pars infundibu-
laris adenohypophyseos =
Pars proximalis adeno-
hypophyseos</td><td>Trichter = Infundibulum =
Pars proximalis neurohypo-
physeos</td></tr>
<tr><td colspan="2">2. Distale (intraselläre) Hypophyse

Vorderlappen = Pars distalis
adenohypophyseos = Hauptlappen
Zwischenlappen = Pars in- → Hinterlappen = Pars dista-
termedia adenohypophy-   lis neurohypophyseos
seos
Beim Menschen: Zwischenzone</td></tr>
</table>

→ bedeutet: adeno-neurohypophysäre Kontaktfläche

Infundibulum (Trichter), Trichterstiel und Neurohypophyse sind Abschnitte des „Hirnteils der Hypophyse". Der „Drüsenteil" (Adenohypophyse) wird gebildet aus dem intrasellären Vorderlappen (Pars distalis, Hauptlappen) und dem suprasellären Trichterlappen (Trichterbelag, Pars tuberalis s. infundibularis adenohypophyseos). Durch das Infundibulum verlaufen beim Menschen etwa 100000 Fasern (RASMUSSEN 1938).

2. Die morphologische und funktionelle Verbindung von Hypothalamus und Hypophyse

Die strukturellen und funktionellen Verbindungen zwischen den hypothalamischen Kerngebieten und der Neurohypophyse sind weitgehend geklärt (vgl. BARGMANN 1954*, DIEPEN 1962*). Die vom Hypothalamus durch das Infundibulum ziehenden Fasern splittern sich im Hinterlappen auf und umspinnen die Blutgefäße (BARGMANN 1949). Auf dem Wege der Ganglienzellfortsätze des Tractus supraoptico- und paraventriculo-hypophyseus gelangen Adiuretin-Vasopressin und Oxytocin in den Hinterlappen. Sie werden dort gespeichert und nach Bedarf an den Kreislauf abgegeben. Dieses Prinzip der Neurosekretion ist durch umfangreiche Studien und experimentelle Untersuchungen von SCHARRER u. SCHARRER (Literatur s. 1954), RANSON u. Mitarb. (1939), BARGMANN und seinen Mitarbeitern HILD, ZETLER, ORTMANN u. SCHIEBLER (Literatur s. BARGMANN 1954), DIEPEN (Übersicht 1962), RALPH (1960), OKSCHE (1960, 1961), FARNER u. OKSCHE (1962*), ORTMANN (1960*) und anderen Arbeitsgruppen aufgeklärt worden.

Dagegen sind keine unmittelbaren nervösen oder vasculären Verbindungen zwischen dem Tuber cinereum und der Adenohypophyse einwandfrei anatomisch gesichert (vgl. HARRIS 1955 *). Sie wären auf Umwegen möglich 1. über die Neurohypophyse und 2. durch eine Verkettung hypothalamischer Nervenfasern mit dem Gefäßsystem des Vorderlappens im Infundibulum.

Eine *Berührung* von drüsiger und nervöser Hypophyse besteht zwischen dem Trichterlappen und dem Infundibulum sowie intrasellär im Bereich der Zwischenzone. Die erste Kontaktfläche ist eine konstante Erscheinung bei den Säugetieren (SPATZ 1954), während der intraselläre Kontakt bei einzelnen Arten fehlt. Die distalen Hypophysenteile des Tümmlers (Tarsiops truncatus) sind beispielsweise durch ein Durablatt gänzlich getrennt (WESTMAN, JACOBSOHN u. HILLARP 1943). Dem adeno-neurohypophysären Kontakt im Bereich des auffallend vascularisierten Hypophysenstiels wurde daher besondere Beachtung geschenkt (SPATZ 1954, ORTHNER 1955 *).

Die Fahndung nach nervösen Verbindungen (vgl. HILLARP u. JACOBSOHN 1943) hat ergeben, daß Neuriten hypothalamischer Ganglienzellen nicht bis in die Adenohypophyse vordringen. Die wenigen in ihr nachweisbaren marklosen Nervenfasern entstammen perivasculären Geflechten, die zum Sympathicus (Ganglion cervicale craniale) gehören (vgl. ROMEIS 1940 *, SPATZ 1948, BARGMANN 1953).

Für die funktionelle Verknüpfung von Hypothalamus und Adenohypophyse wird der vasculären Verbindung zwischen Tuber-Region und Adenohypophyse besondere Bedeutung beigemessen (GREEN u. HARRIS 1947, 1949, LANDSMEER 1951, DANIEL u. PRICHARD 1956 u.a.).

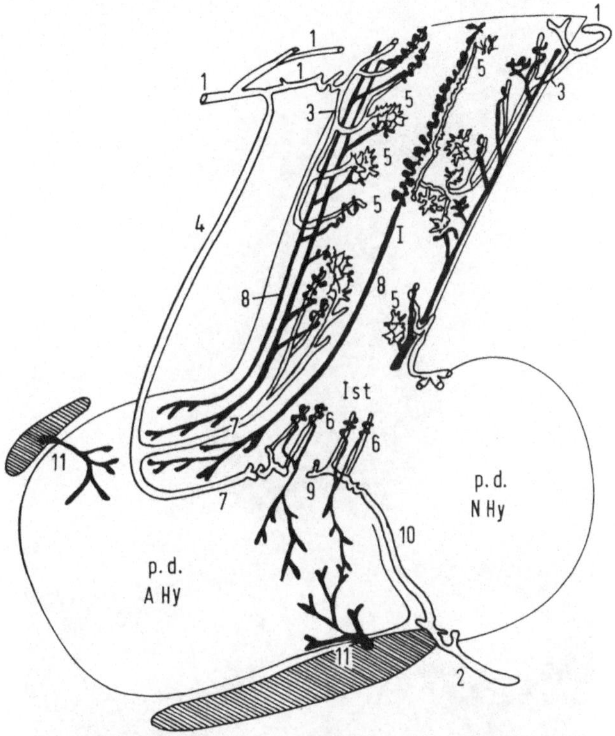

Abb. 2a. Darstellung der Gefäße der menschlichen Hypophyse. Innerhalb des Infundibulum (*I*), auch im unteren Abschnitt des Infundibulum, dem „Zwischenstück" *Ist* („lower stem"), bilden sich zahlreiche komplizierte Capillargestaltungen, die deutlich schlingenförmigen Charakter erkennen lassen. *1* Obere Hypophysenarterien; *2* untere Hypophysenarterie; *3* obere Infundibulararterien; *4* „Trabekelarterie"; *5* kurze und lange Spezialgefäße; *6* von distal in das Zwischenstück (lower stem) einsprießende Spezialgefäße und die dazugehörigen kurzen Portalgefäße; *7* Trabekelarterie; *8* lange Portalgefäße; *9* Anastomose mit der A. interlobaris (*10*); *11* venöser Abfluß aus den Sinusoiden des Vorderlappens (*p.d.AHy*; Pars distalis adenohypophyseos); *p.d.NHy*. Hinterlappen (Pars distalis neurohypophyseos). (Gezeichnet in Anlehnung an XUEREB u. Mitarb. 1954, vgl. DIEPEN 1962). Gefäße: weiß = Arterien, schwarz = Venen

Der arterielle Zustrom erfolgt aus je zwei Hypophysenarterien. Die unteren entstammen der Arteria carotis interna, die oberen dem Circulus arteriosus Willisi. Die Adenohypophyse wird in der Hauptsache von den Arteriae hypophyseos superiores versorgt. Der venöse Abfluß wird vom Sinus cavernosus der Hypophysenkapsel aufgenommen.

Außer diesen Gefäßen besteht noch ein sog. *„Pfortadersystem"* (POPA u. FIELDING 1930, WISLOCKI u. KING 1936, SPANNER 1952), das eine vieldiskutierte Bedeutung als Bindeglied zwischen Tuber cinereum und Adenohypophyse erlangt hat (vgl. HARRIS 1955 *) (s. Abb. 2a).

ENGELHARDT (1956) hat die Angioarchitektur des Zwischenhirn-Hypophysensystems durch Tusche-Injektionen besonders anschaulich zur Darstellung gebracht (s. Abb. 2b).

Dieses portale Gefäßsystem durchzieht den Trichterlappen und das Infundibulum und besitzt im Hypophysenvorderlappen und im Hypothalamus je ein Endcapillarnetz. Von den Hauptstämmen aus dringen Capillarbäumchen in den Neuralteil des Stieles ein und nehmen Verbindung mit den sog. „Spezialgefäßen" (NOWAKOWSKI 1951) auf (s. Abb. 2c). Diese werden von den Hypophysenarterien in das Infundibulum abgegeben, wo sie kleine Schlingen und glomerulusartige Windungen bilden.

Die vasculäre Verbindung des Tuber cinereum und der Adenohypophyse spielt für die funktionelle Zusammengehörigkeit dieser beiden Regulationszentren eine bedeutsame Rolle. Die Richtung der Blutströmung in diesem Gefäßsystem war eine lange Zeit strittig, damit gingen auch die Ansichten über den Regulationsweg auseinander. Die Vorstellung einer zentrifugalen Beeinflussung wurde insbesondere von HARRIS u. GREEN (1947, 1948, 1949, 1952, 1953, 1960) vertreten, während SPATZ u. Mitarb. (1948, 1952, 1954), ORTHNER (1955*) sowie WESTMAN und sein Arbeitskreis (1953) eine zentripetale Abhängigkeit postulierten. Die Blutstromrichtung soll nach Untersuchungen von SPANNER (1952) durch Drosselvorrichtungen in diesem Gefäßsystem je nach Bedarf variiert werden können. Durch

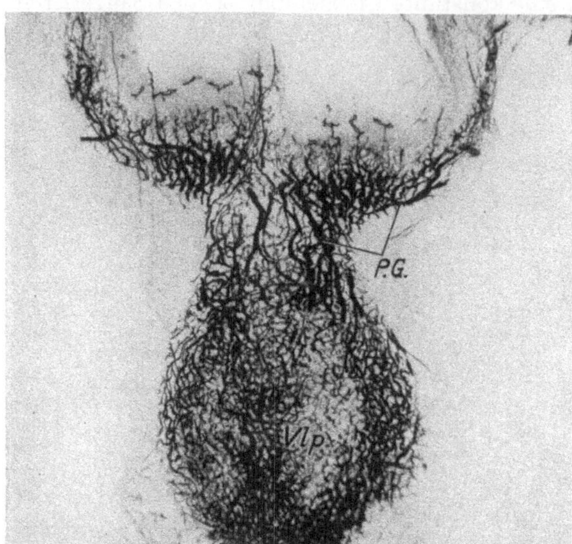

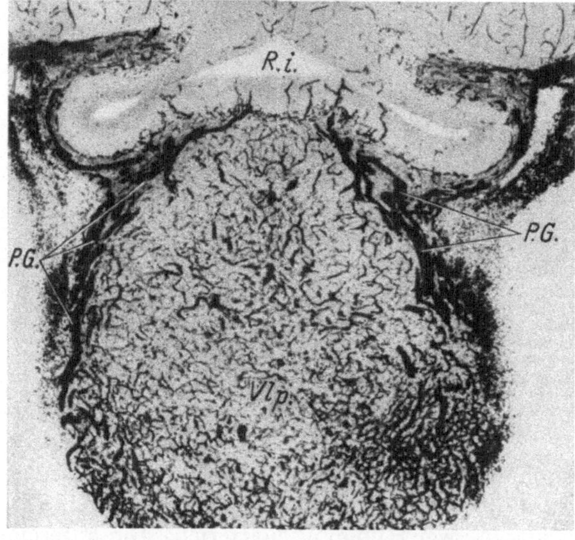

Abb. 2b. Querschnitte der Hypophyse der Katze mit Gefäßdarstellung. Schnitt a oberflächlicher als b. Man erkennt die weiten, die proximale Hypophyse mit dem Vorderlappen verbindenden sog. Portalgefäße (*P.G.*). *R. i.* Recessus infundibularis (Präparate von Dr. FR. ENGELHARDT). (Nach DIEPEN 1962)

neuere Untersuchungen ist die zentrifugale Richtung des Blutstroms (also zum Hypophysenvorderlappen hin) durch vitalmikroskopische Untersuchungen bei narkotisierten Tieren weitgehend gesichert (WORTHINGTON 1960*, GOLDMAN u. SAPIRSTEIN 1962). Verschiedene Befunde sprechen dafür, daß die hypothalamischen Nervenendigungen im Infundibulum Wirkstoffe in den portalen Kreislauf abscheiden, die dann den Hypophysenvorderlappen beeinflussen (HARRIS 1955, GUILLEMIN 1963*).

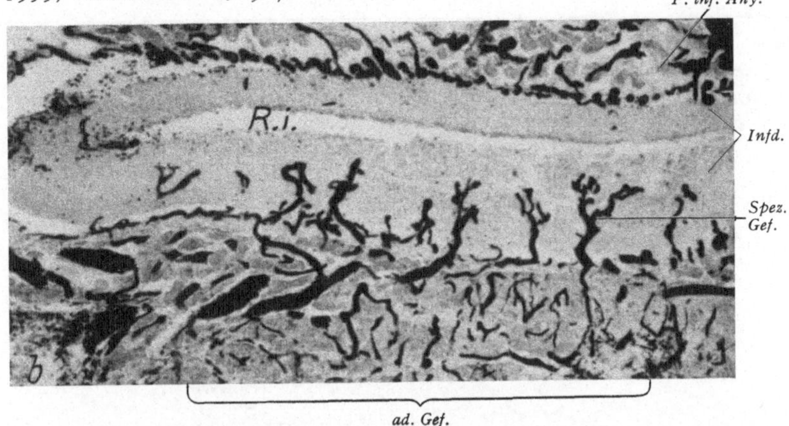

Abb. 2c. Querschnitt durch das Infundibulum der Katze (Gefäßdarstellung nach SLONIMSKI-CUNGE, Benzidin-Methode). *P. inf. Ahy.* Pars infundibularis adenohypophyseos; *Infd.* Infundibulum; *R.i.* Recessus infundibularis; *Spez. Gef.* Spezialgefäße; *ad. Gef.* adenohypophysäres Gefäßsystem (Vergrößerung 54 ×). (Nach NOWAKOWSKI 1951)

3. Die Inkrete der Adenohypophyse

Der Adenohypophyse wird die Bildung von mindestens sechs Tropinen zugeschrieben. Fünf dieser Proteohormone wirken *adenotrop* auf periphere Inkretdrüsen. Drei von ihnen üben einen Einfluß auf die Gonaden aus (s. Tabelle 3), ein Prinzip stimuliert die Nebennierenrinde (ACTH — Adrenocorticotrophic Hormone), ein weiteres die Schilddrüse (TSH — Thyroid Stimulating Hormone). Das sechste Vorderlappenhormon hat einen wachstumssteigernden Effekt (STH — Somatotrophic Hormone oder GH — Growth Hormone), der ohne Vermittlung einer nachgeordneten Drüse zustande kommt.

Über die Zuordnung der einzelnen Tropine zu den verschiedenen Zelltypen als Bildungsstätten ist die Diskussion noch nicht abgeschlossen (vgl. ROMEIS 1940*, COWIE u. FOLLEY 1955*, TONUTTI 1956*, RACADOT 1961, DHOM u. TIETZE 1962, GUSEK 1962, HERLANT 1962*, HOLMES 1963).

Von den eosinophilen oder acidophilen Zellen (α-Zellen) werden zwei Typen unterschieden: die zentraler gelegenen α_1-Zellen und die mehr peripheren α_2-Zellen. Den α-Zellen wird die Biosynthese von STH und LTH zugeschrieben (BARRNETT et al. 1961). Die basophilen (cyanophilen) β-Zellen, insbesondere die sog. hypocyanophilen (δ-)Zellen, gelten als Bildungsstätten von FSH und ICSH (FARQUHAR u. RINEHART 1954, SWANSON u. EZRIN 1960, GIRONS 1961, SOKOL 1961). Sie sind Perjodsäure-Leukofuchsin-positiv, d.h. glykoproteidhaltig! Andere Basophile lassen sich von jenen dadurch unterscheiden, daß sie außerdem auch auf Aldehyd-Fuchsin reagieren. Sie sollen die TSH-Bildner sein (GRIESBACH 1953). Als ACTH-Produzenten sehen einige Autoren die Acidophilen, andere Untersucher die Basophilen an (vgl. KIEF 1956, KRACHT 1957, EZRIN et al. 1959).

Nach neuesten Untersuchungen (HERLANT 1962*) soll die FSH-Bildung durch die basophilen (β-)Zellen erfolgen. Die LH-Synthese wird den chromophoben (γ-)Zellen zugeschrieben. LTH soll von den acidophilen ε-Zellen synthetisiert werden, die aus den γ-Zellen entstehen. Dagegen wird die ACTH- und STH-Bildung den α-Zellen und die TSH-Bildung den δ-Zellen zugesprochen.

Die Konstitution der Gonadotropine ist nicht bekannt. Chemische und physikalische Daten (vgl. Tabelle 3) finden sich in den Übersichten von LI u. Mitarb. (1948, 1949, 1954), ABDERHALDEN (1952), ELERT (1953), VOSS (1954, 1955),

Tabelle 3

Deutsche Bezeichnung	Synonyma	Internationale Abkürzung	Chemische und physikalische Daten
Follikel-reifungs-hormon	*Follicle Stimulating Hormone* [Prolan A, Gonadotropin I, gametokinetisches Hormon, gametogenes Hormon (GE), Epithelfaktor, Thylaken-trin]	FSH	*Glykoproteid* N-Gehalt 13,1% Mannose 4,5% Hexosamin 4,4% Isoelektrischer Punkt: p_H 4,8 Wasserlöslich
Luteini-sierungs-hormon	*Interstitial Cell Stimulating Hormone* *Luteinizing Hormone* [Prolan B, Gonadotropin II, Gelbkörperreifungshormon, Metakentrin, Interstitium-faktor (Gi), Ovulations-hormon]	LH oder ICSH	*Glykoproteid* N-Gehalt (Schwein) 14,93% (Schaf) 14,20% Mannose (Schwein) 2,8% (Schaf) 4,5% Hexosamin (Schwein) 2,2% (Schaf) 5,8% Isoelektrischer Punkt: p_H (Schwein) 7,45 (Schaf) 4,60 Wasserlöslich Molekulargewicht (Schwein) 100000 (Schaf) 40000
Luteo-tropes Hormon	*Luteotrophic Hormone* *Luteomammotropes Hormon* (Prolactin, Gonadotropin III, Luteotropin, Lactations-hormon, lactogenes Hormon, Galaktin, Mammotropin)	LTH oder LMTH	*Einfaches Protein* N-Gehalt 16,49% Isoelektrischer Punkt: p_H 5,65—5,73 Molekulargewicht 32000 In Wasser nur sehr gering löslich (0,102 g/l), löslich in leicht saurem Methyl- und Äthylalkohol
Meno-pause-Gonado-tropin	*Human Menopausal Gonado-trophin* (Kastratengonadotropin, Castrations Gonadotrophin)	HMG	*Glykoproteid* N-Gehalt 10—10,5% Hexose 12—13% Hexosamin 10% Sialinsäure 8,5% Isoelektrischer Punkt ? Wasserlöslich Molekulargewicht 30600

Extrahypophysäre Gonadotropine

Deutsche Bezeichnung	Synonyma	Internationale Abkürzung	Chemische und physikalische Daten
Chorion-gonado-tropin	*Human Chorionic Gonado-trophin* [Placentagonadotropin, Pregnancy Urine Hormone (PU), Anterior Pituitary Like Hormone (APL)]	HCG	*Glykoproteid* N-Gehalt 10,5% Hexosen 11% Hexosamin 8,7% Isoelektrischer Punkt: p_H 2,95 Wasserlöslich Molekulargewicht 29000—30000
Stuten-serum-gonado-tropin	*Pregnant Mare's Serum Gonadotrophin* (Serumgonadotropin, Equine Gonadotrophin)	PMS	*Glykoproteid* Galaktose 17,6% Hexosamin 8,4% Isoelektrischer Punkt: p_H 2,6—2,65 Wasserlöslich Molekulargewicht 30000

WERTH (1955, 1956), HAYS u. STEELMAN (1955), GOT u. BOURRILLON (1960), KNORR (1963) u. a.

Aus menschlichen Hypophysen sind von verschiedenen Arbeitskreisen gonadotrope Hormone isoliert worden [ALBERT 1956*, LI 1958, 1960 (FSH), GEMZELL u. Mitarb. 1958 (FSH), BETTENDORF 1961, 1962 (Gesamtkomplex), RYAN 1962

(LH), CURRIE u. DEKANSKI 1961 (FSH, ICSH, LTH), SQUIRE, LI u. ANDERSEN 1962 (ICSH)]. Die Menge an Gonadotropinen je Organ variiert nach BETTEN-DORF (1961) zwischen 470 und 1575 HMG-Einheiten. Da dieser Wert etwa das 15—20fache der durchschnittlichen Tagesausscheidung beträgt, hält BETTENDORF (1961) es für möglich, daß die Gonadotropine in der Adenohypophyse gespeichert werden können.

Das Verhältnis von FSH zu LH soll nach CURRIE u. DEKANSKI (1961) 1:1 betragen. Eine vergleichende Gegenüberstellung von Gewicht und Gonadotropingehalt der Hypophyse in den verschiedenen Lebensphasen gibt Tabelle 4 wieder (vgl. auch SHANKLIN 1953).

Tabelle 4 (nach ALBERT 1956)

Lebensphase (Geschlecht)	Durchschnittsgewicht der Hypophyse (mg)	Durchschnittlicher Gonadotropin-Gehalt (E/Organ)		Verhältnis FSH/LH
		FSH	LH	
Frühe Kindheit . .	70	0	0	—
Spätere Kindheit . .	200	>6	<6	1
Geschlechtsreife (♂) .	300	100	100	1
Geschlechtsreife (♀)	600	200	200	1
Postmenopause . .	600	600	200	3

4. Die regulative Verbindung von Hypothalamus und Adenohypophyse (Hypophysiotropie)

Über die regulative Verknüpfung des Zentralsystems wurden verschiedene Ansichten entwickelt. Sie unterscheiden sich sowohl in der Erregungsrichtung als auch in der Auffassung des Übertragungsmodus. EDINGER begründete 1911 die Vorstellung eines zentripetalen Hormonstromes von der Adenohypophyse zum Hypothalamus, die später COLLIN (1924) zur Lehre der „Neurokrinie" ausgebaut hat. Ihr wurde die Anschauung einer *zentrifugalen* Reizleitung entgegengestellt, die in der Neurosekretionslehre von SCHARRER u. BARGMANN (s. S. 4f.) vertreten wird.

Bezüglich des Leitungsweges haben WESTMAN u. Mitarb. (1937, 1938, 1943, 1953, 1955) eine rein nervöse Bahn angenommen. Dagegen vertreten HARRIS u. GREEN (1947—1960) sowie MARKEE u. Mitarb. (1946, 1948, 1952) die Ansicht, daß der infundibuläre, perivasculäre Nervenendplexus „Aktionssubstanzen" in die Gefäßschlingen des Portalsystems abgibt. Diese sollen den Zellen der Adenohypophyse zugeführt werden und die Gonadotropin-Freigabe veranlassen (sog. „neurovasculäre Kette"). Diese Konzeption hat heute weitgehende Anerkennung gefunden (vgl. SZENTÁGOTAI, FLERKÓ, MESS u. HALÁCZ 1962).

a) Tierexperiment

aa) Chirurgische Eingriffe. Man ging im allgemeinen von der Frage aus, in welchem Ausmaß die gonadotrope Hypophysenfunktion durch Unterbrechung der neurovasculären Verbindung zu den hypothalamischen Zentren beeinflußt wird.

Erste richtungweisende Untersuchungen stammen von HOHLWEG u. JUNKMANN (1932): Sie transplantierten männlichen und weiblichen geschlechtsreifen, intakten Ratten eine Hypophyse in die Niere und führten dann die Kastration durch. Nach etwa 4 Wochen hatten sich in der eigenen Hypophyse die typischen cytologischen Kastrationsfolgen entwickelt, während die histologische Struktur des Implantates unverändert blieb. Diese Ergebnisse führten zu der Folgerung eines hypothalamischen *„Sexualzentrum"*, das unmittelbar auf die gonadotrope Hypophysenfunktion Einfluß nimmt.

Diese Versuche sind später in verschiedenen Abänderungen wiederholt worden. Die Transplantation der Hypophyse unter die Nierenkapsel bzw. unter den Temporallappen oder in die vordere Augenkammer (WESTMAN u. JACOBSOHN 1940, EVERETT 1954, 1956, NIKITOVITCH-WINER u. EVERETT 1957, 1958) führt zum Sistieren der Ovarialfunktion, die nach Retransplantation mit Herstellung der vasculären Verbindung zum Tuber cinereum wieder auflebt (HARRIS 1951, HARRIS u. JACOBSOHN 1952, NIKITOVITCH-WINER 1957, NIKITOVITCH-WINER u. EVERETT 1959, SMITH 1961). Dagegen soll die ACTH- und TSH-Aktivität des Transplantates nicht gänzlich unterbrochen sein (MARTINI et al. 1959). FOSTER u. ROTHCHILD (1962) sehen jedoch die direkte Verbindung mit dem Hypothalamus als unerläßlich für die ACTH-Freigabe an.

Wenn derartige Hypophysenverpflanzungen während der Gelbkörperphase vorgenommen werden, kann das Corpus luteum über mehrere Monate persistieren (EVERETT 1954, 1956, NIKITOVITCH-WINER u. EVERETT 1957, 1958)! Aus diesen Beobachtungen wurde gefolgert, daß vom Hypothalamus aus die LTH-Abgabe rhythmisch gehemmt wird!

Gleiche Folgen hat die alleinige Durchtrennung des Hypophysenstiels (WESTMAN u. JACOBSOHN 1937, 1938, WESTMAN, JACOBSOHN u. HILLARP 1943, WESTMAN 1953, ADAMS, DANIEL u. PRICHARD 1963): Der Vorderlappen verliert an Gewicht, seine acidophilen Zellen schwinden weitgehend, die Genitalorgane atrophieren. Kastrationsveränderungen der Adenohypophyse unterbleiben, jedoch kommt es bei Oestrogenverabfolgung zur typischen Vermehrung der acidophilen Zellen (WESTMAN u. JACOBSOHN 1937, 1938)! Diese Einwirkung bedarf offenbar nicht der hypothalamischen Vermittlung!

Die Effekte der Stieldurchtrennung gehen ausschließlich auf die Unterbrechung der vasculären Verbindung zwischen Hypothalamus und Adenohypophyse zurück. Die Freigabe von FSH und LH sowie die Hemmung der LTH-Inkretion sind von diesem unmittelbaren Kontakt abhängig.

Aus diesen Ergebnissen wurde auf eine *humorale Aktionssubstanz hypothalamischen Ursprungs* gefolgert, die nach Unterbrechung des neurovasculären Kontaktes entweder nicht in den allgemeinen Kreislauf gelangt oder dort schnell wirkungslos wird. Der Anschluß an die allgemeine Zirkulation („Haemocrinie") erscheint für diese Funktionen bedeutungslos.

Die umfangreichen experimentellen Untersuchungen von ASSENMACHER (1958*) sowie BENOIT u. ASSENMACHER (1959) erweckten die Vorstellung, daß die hypophysäre Gonadotropin-Abgabe durch das neurosekretorische System (Nucleus supraopticus und paraventricularis) gelenkt wird. Die Aktionssubstanz soll auf dem Wege der Axone in die Spezialzone der Eminentia mediana gelangen, wo der GRF (Gonadotrophin Releasing Factor) in die Primärcapillaren des Portalsystems überwechselt und durch sie in die Adenohypophyse transportiert wird (vgl. FARNER u. OKSCHE 1962, ARKO et al. 1963).

bb) Elektrische Eingriffe. Durch gezielte elektrische Zerstörung oder Reizung engbegrenzter hypothalamischer Areale mittels der stereotaktischen Versuchsanordnung von HESS (Zusammenfassung 1954) ist versucht worden, die Kontrollzentren der Gonadotropin-Freigabe zu lokalisieren (DEY, RANSON u. Mitarb. 1940—1943). Die Ergebnisse widersprechen sich zum Teil; folgende Beziehungen wurden herausgestellt:

Die *FSH-Freigabe* wird verhindert durch Läsion der Eminentia mediana (= förderndes Zentrum) (DAVIDSON u. Mitarb. 1960) und gesteigert durch Koagulationen im

Bereich des vorderen Hypothalamus (= Hemmzentrum; Nucleus paraventricularis und supraopticus, vordere Hypothalamuskerne) (HARRIS 1960*).

Die *LH-Freigabe* wird gehemmt durch Zerstörung des vorderen Hypothalamus (VAN DYKE et al. 1957, FLERKÓ et al. 1959, HARRIS 1960) bzw. des hinteren Teiles der Eminentia mediana (DAVIDSON et al. 1960). Bei Hennen kann die Ovulation durch elektrische Läsion der ventralen Partie des Nucleus paraventricularis verhindert werden (RALPH 1959). Die *LH-Bildung* soll jedoch durch diese Läsionen nicht beeinträchtigt werden, so daß der LH-Gehalt der Adenohypophyse ansteigt (VAN DER WERFT TEN BOSCH et al. 1962). Die Freigabe wird gefördert durch Reizung des gleichen Gebietes (DONOVAN 1957*). Läsionen im Bereich des vorderen Hypothalamus führen demnach zur Steigerung der FSH-Freigabe und zur Hemmung der LH-Freigabe. Der hintere Teil der Eminentia mediana reguliert beim Hund offenbar sowohl Inkretion als auch die *Neubildung* von FSH und ICSH (DAVIDSON u. Mitarb. 1960)!

Bei oestrischen Kaninchen kann durch Reizung des vorderen Hypothalamus die Ovulation induziert werden (HARRIS 1948, 1955*, MARKEE u. Mitarb. 1946, CRITCHLOW 1958 u. a.). Das Zentrum der LH-Kontrolle wird von HILLARP (1949) unmittelbar ventral und vor den Nucleus paraventricularis placiert. Von diesem Bereich verläuft offenbar ein gut begrenztes Fasersystem oberflächlich auf beiden Seiten der Eminentia mediana zum Hypophysenstiel hinab.

Bei der Ratte sollen zwei Zentren bestehen, die die LH-Abgabe regeln: Ein präoptischer Bereich ist verantwortlich für die *cyclische* Freigabe, während die Nuclei infundibularis und ventromedialis die *tonische* Abgabe von LH bewirken. Dadurch wird ein bestimmter Oestrogenspiegel aufrechterhalten, ohne daß es zur Ovulation kommt (BARRACLOUGH u. GORSKI 1961).

Die *LTH-Freigabe* wird gehemmt durch Läsion des Tractus supraoptico-hypophyseus (HARRIS 1960). Aus Untersuchungen von FLERKÓ u. Mitarb. (1959) geht hervor, daß dorsal vom Nucleus paraventricularis Strukturen lokalisiert sind, die die LTH-Abgabe hemmen! Zu ähnlichen Ergebnissen gelangten McCANN u. FRIEDMAN (1960) sowie WOLTHUIS u. DE JONGH (1963). Koagulationen in diesem Bereich führen zur Persistenz großer Gelbkörper (TALEISNIK u. McCANN 1961). Der hypothalamische Freigabemechanismus für FSH—LH soll seinerseits die Freigabe von LTH verhindern (ROTHCHILD 1960, HAUN u. SAWYER 1961).

Zusammenfassend bestehen offenbar folgende Beziehungen:

FSH-Freigabe:
   Förderung: durch die Eminentia mediana,
   Hemmung: durch Zentren im vorderen Hypothalamus.

LH-Freigabe:
   Förderung: durch Kerngebiete des vorderen Hypothalamus und/oder des hinteren Teiles der Eminentia mediana,
   Hemmung: ?

LTH-Freigabe:
   Förderung: durch Regionen des vorderen Hypothalamus (Nucleus supraopticus),
   Hemmung: durch Strukturen dorsal des Nucleus paraventricularis.

Als ein weiterer Effekt derartiger elektrolytischer Läsionen treten extreme *Gewichtsveränderungen* auf. Bei einem Teil der Tiere entwickelt sich eine Fettsucht infolge hochgradig gesteigerter Freßlust; unter anderen Versuchsbedingungen magern die Tiere infolge Nahrungsverweigerung extrem ab (BROBECK 1946, ANAND u. BROBECK 1951, HESS 1954*). Bei Ratten mit einer derartigen hypothalamisch ausgelösten Fettsucht wurden von einigen Untersuchern cytologische Veränderungen des Inselapparates festgestellt, die als Zeichen einer anfänglich erhöhten Aktivität mit nachfolgender Erschöpfung sprechen (KABAK u. POSE 1961).

Die hypothalamischen Zentren unterstehen nach neueren Untersuchungen noch einer *übergeordneten Direktive*, die insbesondere durch das sog. limbische System vertreten wird: Eine Schädigung der Corpora mamillaria bei Ratten zieht eine Degeneration der Testes mit komplettem Verlust des Sexualverhaltens nach sich (SOULAIRAC u. SOULAIRAC 1959). Mit elektrischer Reizung der Mandelkerne (Nuclei amygdalae) lassen sich bei der Katze die Ovulation und bei der Ratte ein Daueroestrus auslösen (BUNN u. EVERETT 1957). Beim Menschen konnte vermittels eines derartigen Reizes ein Anstieg der 17-Hydroxycorticosteroide im Blut erzielt werden (MANDELL et al. 1963). Efferente Bahnen des Rhinencephalon beeinflussen offenbar die Sensibilität der hypothalamischen Areale für Sexualsteroide (vgl. FORTIER et al. 1958).

Die hypothalamischen Areale werden auch durch *sensorische und sensible Impulse* in ihrer Aktivität beeinflußt. Optische Reize, Geräusche und Gerüche wirken über das Zentralsystem auf die Funktion der Gonaden ein. BENOIT, ASSENMACHER u. Mitarb. (1935—1953) haben in ausgedehnten Studien den Einfluß des Lichtes auf die Entwicklung der Gonaden von Vögeln untersucht (vgl. auch HOLLWICH u. TILGNER 1962, 1963). Diese Einflüsse müssen nicht ausschließlich über den Sehnerv laufen, wie Versuche nach Enukleation der Augäpfel ergeben haben. Mesencephalische Strukturen steuern wahrscheinlich den hypothalamischen Freigabe-Mechanismus für ACTH (MARTINI u. Mitarb. 1960, SLUSHER u. HYDE 1961).

Diese außerordentlich komplizierten und reizvollen Versuche stellen trotz minutiöser Technik noch immer einen massiven Eingriff in die sehr diffizile, miteinander verflochtene und auf kleinstem Raum vereinigte hypophysiotrope Regulation dar. Eine zuverlässige Abgrenzung spezifischer Zentren ist daher kaum zu erwarten. Wichtig erscheint der Nachweis, daß die Gonadotropin-Freigabe durch verschiedene hypothalamische Zentren sowohl gefördert als auch gehemmt wird, daß die Steuerung der Nahrungsaufnahme ebenfalls in diese Kernregionen zu lokalisieren ist und ferner, daß diesen Funktionen höhergelegene Regulationsprinzipe übergeordnet sind. Für die menschliche Pathologie ergeben sich gewisse Parallelen. Ich werde später auf sie eingehen.

cc) Hormonale Eingriffe. Die Möglichkeit einer Blockierung der Gonadotropin-Freigabe durch Verabfolgung hoher Dosen von Sexualsteroiden ist vielseitig bewiesen und nach dem Reglerprinzip verständlich. Den stärksten Effekt üben biologisch vollaktive Oestrogene aus. Werden sie ins Zwischenhirn appliziert, so genügt zur Verhinderung des Kastrationseffektes ein Zehntel bis ein Zwanzigstel der Subcutan-Dosis (HOHLWEG u. DAUME 1959*)! Desgleichen wird die durch Kopulation induzierte Ovulation bei Kaninchen verhindert, wenn kleinste Mengen Oestradiolbenzoat in den hinteren Teil der Eminentia mediana appliziert werden (DAVIDSON u. SAWYER 1961). Eine längere, hochdosierte Oestrogen-Verabfolgung an geschlechtsreife weibliche Ratten führt zu einer Desensibilisierung des Zentralsystems. Nach Beendigung der Zufuhr tritt vorübergehend eine verstärkte Aktivität der gonadotropen Hypophysenfunktion in Erscheinung (*Rebound-Effekt*) (vgl. hierzu die Versuche von TALWALKER u. MEITES 1963). Die Zufuhr von physiologischen Oestrogen-Dosen an erwachsene oder auch an juvenile Rattenweibchen löst dagegen eine Gelbkörperbildung aus (sog. „*Hohlweg-Effekt*"). Eine ähnliche Wirkung hat Testosteron.

Mit Androgenen und Gestagenen wird im allgemeinen nur eine partielle Blockierung erreicht. Sie ist weitgehend dosisabhängig (vgl. HOHLWEG 1953*). In letzter Zeit wurden für diese Versuche besonders die Norgestagene (Nortestosteron-Ester) eingesetzt, die oral und parenteral eine unterschiedlich starke antigonadotrope und antioestrische Wirkung besitzen (s. Tabelle 5 und vgl. die Untersuchungen von KINCL u. DORFMAN 1963). Da sie für klinische Untersuchungen bevorzugt angewandt worden sind, werden sie dort eingehender besprochen (s. S. 182f.).

Tabelle 5. *Antagonismus gegenüber endokrinen Wirkungen an der Ratte nach parenteraler Behandlung* (nach DESAULLES u. KRÄHENBÜHL 1960)

	Anti-uterotrope Wirkung	Anti-gonadotrope Wirkung	Ovulations-hemmung	Oestrus-Hemmung
Progesteron	100	100	100	100
6α-Methyl-17α-acetoxy-Progesteron	100	>10		100
19-Nor-17α-Methyl-Testosteron .	>1000	20000—40000	5000	>5000
19-Nor-17α-Äthyl-Testosteron . .	5000—7000	etwa 500000	10000	>10000
19-Nor-17α-Äthinyl-Testosteron .	1500—5000	5000—7500	2000	2000
Δ^{5-10}-17α-Äthinyl-Nortestosteron	>10	4000—5000	2000	

(Parenterale Verabreichung)

Progesteron = 100

	Trophische Wirkungen				Antagonistische Wirkungen	
	Andro-gen	Anabol	Uterotrop	Oestrogen	Anti-oestrogen	Hypo-physen-Hemmung
Progesteron	∅	∅	(+)	∅	(+)	+
6α-Methyl-17α-acetoxy-Progesteron	∅	∅	∅	∅	∅	(+)
19-Nor-17α-Methyl-Testosteron . .	+	++	(+)	∅	+	++
19-Nor-17α-Äthyl-Testosteron . .	(+)	++	(+)	∅	++	+++
19-Nor-17α-Äthinyl-Testosteron . .	∅	∅	+	+	+(+)	+(+)
Δ^{5-10}-17α-Äthinyl-Nortestosteron .	∅	∅	++	+++	∅	+++

(Parenterale Verabreichung)

Die Nortestosteron-Derivate hemmen die postcoitale Ovulation bei Kaninchen (PINCUS u. Mitarb. 1956, 1960). Dieser Effekt scheint bei spontan ovulierenden Tieren (z.B. Ratte) nicht so konstant zu sein (HOLMES u. MANDL 1962). Die Verabfolgung von Norgestagenen führt bei den Tieren zu einer Vergrößerung der Adenohypophyse mit Zunahme der chromophoben und einem Rückgang der basophilen Zellen (HOLMES u. MANDL 1962). Die Hemmwirkung auf den gonadotropen Sektor des Zentralsystems konnte durch den Parabioseversuch belegt werden (KINCL, RINGOLD u. DORFMAN 1961).

dd) Pharmakologische Eingriffe. WESTMAN hatte schon 1938 und 1942 mitgeteilt, daß beim Kaninchen die Ovulation unterdrückt werden kann, wenn kurz nach dem Bespringen Novocain in die Cysterna cerebello-medullaris oder vor dem Belegen in die Gegend des Infundibulum injiziert wird (vgl. WESTMAN 1953*). Die Ergebnisse sind von verschiedener Seite bestätigt worden. Aus ihnen wurde gefolgert, daß adrenergische und/oder cholinergische Faktoren als Überträgerstoffe in Betracht kommen (MARKEE, EVERETT u. SAWYER 1952*, HARRIS 1955*).

In letzter Zeit sind diese Versuche durch den Einsatz zentral angreifender Pharmaka erweitert worden: Anfänglich kamen zur Blockierung des Ovulationsimpulses Atropin, Nembutal und Morphin zur Anwendung (SAWYER u. Mitarb. 1955, BARRACLOUGH u. SAWYER 1957). Analoge Wirkungen ließen sich bei männlichen Tieren erzielen (HOHLWEG u. Mitarb. 1961). Später wurden Psychopharmaka verwandt: Mit Chlorpromazin, Reserpin und Meprobamat kann bei Ratten der Oestruscyclus unterbrochen werden (GAUNT u. Mitarb. 1954, TUCHMANN-DUPLESSIS 1956, BARRACLOUGH u. SAWYER 1957, GITSCH 1959, DÖRING u. STEPHAN 1959, SULMAN 1959, KHAZAN, SULMAN u. WINNIK 1960, STEGMANN u. BURGER 1960, STAEMMLER 1962 u.a.). Werden diese Präparate zu einem bestimmten Zeitpunkt an oestrische Ratten verabfolgt, so lassen sich Veränderungen im Sinne einer Pseudogravidität erreichen (TUCHMANN-DUPLESSIS 1956, PSYCHOYOS 1958). Aus diesen Beobachtungen wird gefolgert, daß Chlorpromazin und Serpasil® das Hemmzentrum für die LTH-Freigabe blockieren! STEGMANN u. Mitarb. (1960) konnten mit einem Phenothiazin-Derivat (Megaphen®) eine Verzögerung der Oestrarche bzw. eine Unterdrückung der experimentellen Pubertas praecox bei weißen Ratten bewirken.

Das Angriffsziel dieser Stoffe ist noch wenig geklärt. Sie sollen über die Depression des Sympathicus ein Überwiegen des Parasympathicus veranlassen. Ferner wird auch eine Beeinflussung der Formatio reticularis (vgl. BREMER 1953, GLEES 1957, HARRIS 1958) angenommen und eine Einwirkung auf die Permeation der Monoamine durch die intracerebralen Grenzflächen diskutiert (KILLAM u. KILLAM 1958, PLETSCHER 1961).

Nach Untersuchungen von BELL u. Mitarb. (1962) kann bei Frauen in der Postmenopause die gonadotrope Partialfunktion der Adenohypophyse mit Derivaten von Dithiocarbamoylhydrazin gedrosselt werden (10 mg/kg/Tag). Die Wirkungsweise ist noch nicht geklärt.

ee) Zusammenfassung. Diese verschiedenartigen experimentellen Untersuchungen, die sich um die Aufklärung der zentralen Keimdrüsensteuerung bemühten, haben nach der vorliegenden Übersicht bisher folgendes ergeben:

1. Außerhalb der Schwangerschaft werden die Gonadotropine nur in der Adenohypophyse gebildet. (Es ist möglich, daß sich der extrasellär gelegene Trichterlappen an dieser Tropinsynthese beteiligt oder unter besonderen Bedingungen vikariierend für die intraselläre Adenohypophyse eintreten kann.)

2. Die komplette Unterbrechung aller nervösen und vasculären Verbindungen zwischen Tuber cinereum und Adenohypophyse führt zu einem Strukturverlust der Drüse und einer partiellen Einschränkung ihrer gonadotropen Aktivität. (Unter besonderen Bedingungen kann es offenbar auch zu einem Fortbestehen oder sogar zu einer Steigerung der LTH-Inkretion kommen!) Die Adenohypophyse vermag eine Senkung des Sexualsteroid-Blutspiegels (Kastration) nicht mehr mit einer Zunahme ihrer gonadotropen Leistung zu beantworten, läßt andererseits aber cytologisch Reaktionen auf Oestrogen-Zufuhr erkennen.

3. Nach Wiederherstellung der spezifischen *neurovasculären* Verbindung zum Tuber cinereum restituiert sich auch die volle gonadotrope Leistungsfähigkeit der offenbar sehr plastischen Adenohypophyse.

4. Der Hypophysenvorderlappen beantwortet eine elektrische Reizung der Tuber-Region (und auch einiger anderer Kerngebiete) mit einer Steigerung der Gonadotropin-Inkretion. Voraussetzung für die hypophysäre Reaktion ist die Unversehrtheit des neurovasculären Kontaktes.

5. Der elektrischen Zerstörung bestimmter Kerngebiete des markarmen Hypothalamus folgt ein totaler oder partieller Verlust der gonadotropen Hypophysenfunktion. Möglicherweise wird die Gonadotropin-Freigabe durch verschiedene hypothalamische Kerngebiete nicht nur angeregt, sondern auch gehemmt.

6. Die hypothalamische Gonadotropin-Steuerung („hypothalamische Hypophysiotropie") kann durch diencephal angreifende Pharmaka unterbrochen werden. Die hormonale Blockierung der gonadotropen Hypophysenfunktion („hormonale zentrale Kastration") läuft sehr wahrscheinlich auch über die Beeinflussung der hypothalamischen Hypophysiotropie ab.

Diese Ergebnisse weisen dem Hypothalamus nicht nur eine koordinierende, sondern auch eine aktiv und reaktiv hypophysensteuernde Funktion zu. Die ventromedialen Kerngebiete des Tuber cinereum (Nucleus infundibularis) werden zur Zeit als Sitz des Sexualzentrum angesehen. Man muß aber auch an eine Mitwirkung des Nucleus supraopticus und Nucleus paraventricularis sowie anderer Areale des vorderen Hypothalamus denken. Die Rolle dieser Kerngebiete ist noch nicht ausreichend durchleuchtet. Möglicherweise bestehen mehrere Steuerungszentren, und sehr wahrscheinlich werden diese auch noch durch höher gelegene Kerngebiete oder Gehirnpartien beeinflußt.

Es gilt heute als sicher, daß es sich bei der Reizübermittlung vom Hypothalamus zur Adenohypophyse nicht um eine direkte Übertragung rein nervöser Impulse handeln kann, da keine entsprechenden nervalen Verbindungen nachweisbar sind. Am wahrscheinlichsten ist, daß die nervöse Erregung in eine humorale Aktionssubstanz übersetzt wird, die auf dem Wege der direkten vasalen Verbindung des Pfortadersystems die Adenohypophyse erreicht.

b) Die Reizüberträger
(Hypophysiotropine, Releasing Factors)

Die chemische Identifizierung der Reizüberträger ist in den letzten Jahren von mehreren Arbeitskreisen angestrebt worden. Die verschiedenen Vorstellungen und Ergebnisse sind noch umstritten, ihre endgültige Aufklärung ist aber wohl in allernächster Zeit zu erwarten. Am weitesten sind die Untersuchungen über den *Faktor der ACTH-Freigabe* gediehen (CRF = Corticotrophin-Releasing-Factor). Die darüber erzielten Ergebnisse sollen hier nur kurz zusammengefaßt werden (vgl. hierzu GUILLEMIN 1963):

Nachdem GREEN u. HARRIS (1947) eine neurohormonale Kontrolle der ACTH-Freigabe postuliert hatten und unter anderem der Arbeitskreis von TONUTTI (SCHMID u. Mitarb. 1957, WINKLER u. Mitarb. 1959) tierexperimentell (Meerschweinchen) zu dem Ergebnis gelangte, daß die Nuclei ventro- und dorsomediales als Steuerungszentrum in Betracht kommen, wurde festgestellt, daß Vasopressin zu einer Steigerung der ACTH-Abgabe führt (McCANN u. Mitarb. 1954, 1958, MIRSKY u. Mitarb. 1954, DE WIED u. Mitarb. 1958, 1961, NOWELL 1959, CASENTINI u. Mitarb. 1959*, GRINDELAND et al. 1962 u.a.). Der Effekt tritt auch nach Transplantation der Hypophyse in die vordere Augenkammer ein (MARTINI u. DE POLI 1956, MARTINI u. Mitarb. 1959). Extrakte des Nucleus supraopticus und der Eminentia mediana sollen eine signifikante Zunahme der 17-Hydroxycorticosteroide im Plasma verursachen (BRIZZEE u. EIK-NES 1961). Wird Arginin-Vasopressin in den 3. Ventrikel instilliert, so bewirken sehr viel kleinere Mengen die Freigabe von ACTH (KWAAN u. BARTELSTONE 1959).

Der Arbeitskreis von GUILLEMIN (1957*) stellte zum Ausschluß unspezifischer Reizeinwirkungen In-vitro-Versuche über dieses Problem an. Er konnte mit Hypothalamusgewebe bzw. mit wäßrigen Auszügen die ACTH-Inkretion der Adenohypophyse mehrere Tage erhalten. Der wirksame Extrakt erwies sich jedoch als nicht identisch mit Adrenalin, Noradrenalin, Serotonin, Histamin, Vasopressin oder Oxytocin! Nach weiteren Untersuchungen hat die hypophysiotrope Substanz Peptidcharakter und ist auch in anderen Polypeptiden (z.B. in der Substanz P von v. EULER u. GADDUM) enthalten. Das CRF-Peptid soll nach SAFFRAN (1958) aus 8—10 Aminosäuren bestehen, die bis auf zwei denen von Vasopressin entsprechen (vgl. auch SAFFRAN u. Mitarb. 1958). Die CRF-Substanz verdoppelt in einer Dosis von $^1/_{1000}$ µg (!) die ACTH-Ausschüttung (SAFFRAN 1958).

Hochinteressant sind jüngste Untersuchungen von GUILLEMIN u. Mitarb. (1962), die aus Hypothalamusextrakten des Schweines mit chromatographischer Methodik Oxytocin, Lysin-Vasopressin, α- und β-MSH (Melanophoren-Stimulierungshormon), ein β-CRF sowie ACTH isolieren konnten. Es wird damit allerdings nicht behauptet, daß hypothalamische Zentren ACTH bilden. Zur Diskussion steht die Möglichkeit, daß ACTH von der Blutbahn in das Hypothalamusgewebe übertritt bzw. daß ACTH, vom Vorderlappen aufsteigend, über den 3. Ventrikel in dieses Gebiet diffundiert. Eine Bestätigung dieser Ergebnisse bleibt abzuwarten.

Die Untersuchungsergebnisse über die *Freigabe-Faktoren der Gonadotropine* (Gonadotrophin-Releasing-Factor = GRF) haben bisher zu widerspruchsvollen Resultaten geführt:

Mit Extrakten der Eminentia mediana konnte im Rattenversuch eine LH-Freigabe erzielt werden (McCann u. Mitarb. 1960, 1961, 1962). Von verschiedenen Autoren wurde dem Oxytocin eine Rolle als GRF zugesprochen (Desclin 1956, Benson et al. 1957, Armstrong u. Hansel 1958, Martini u. Mitarb. 1959*, 1962*). Auf die LTH-Freigabe soll Oxytocin keinen Einfluß ausüben (Rothchild u. Quilligan 1960). Nach Untersuchungen von Martini u. Mitarb. (1962*) soll jedoch mittels Oxytocin eine Anregung der LH- und LTH-Freigabe möglich sein. Arko u. Mitarb. (1963) fanden bei Ratten und Kaninchen nach Kastration eine leichte Zunahme von neurosekretorischem Material im Bereich der Eminentia mediana. Diese Problematik erscheint noch wenig geklärt.

c) Klinische Untersuchungen

Die Bedeutung der Tuber-Region für die Regulierung der Sexualfunktion des Menschen wurde durch Untersuchungen bestimmter Formen der Pubertas praecox erhellt. Driggs u. Spatz (1939) fanden bei einem $3^1/_2$jährigen Knaben mit sexueller Frühreife einen erbsgroßen Tumor im Bereich des Tuber cinereum. Ähnliche Befunde sind später von Lange-Cosack (1951*) und Bauer (1954*) zusammengesetellt worden. In allen diesen Fällen war die Adenohypophyse unversehrt, sie wies lediglich bei einem Teil der Patienten eine Vermehrung der acidophilen Zellen auf (Bauer 1954*).

Bei partieller oder totaler Zerstörung des hypophysennahen Hypothalamus-Gebietes bestand bei den Patienten von Bauer (1954*) eine mehr oder minder schwere Störung der Sexualsphäre (Hypogonadismus), die auf eine abnorm niedrige Freigabe von Gonadotropinen zurückgeführt wird und nicht durch nervale Störungen veranlaßt ist! Als Parallele zu den tierexperimentellen Untersuchungen von Hess (1954*) ist ferner bedeutsam, daß von den 60 durch Bauer (1954*) zusammengestellten Fällen 15 Patienten eine Fettsucht, 11 eine Kachexie aufwiesen. Bei 5 Patienten bestand ein ausgesprochener Heißhunger (Bulimie), bei 4 die Erscheinung einer Anorexie! Diese Beobachtungen sind für die Symptomatologie der hypothalamischen Ovarial-Insuffizienz von Interesse. Daß die Dystrophia adiposo-genitalis als hypothalamisches Krankheitsbild anzusehen ist (Erdheim 1904, Kraus 1926*), wird heute nicht mehr in Zweifel gestellt.

Auch die Tierversuche der Stieldurchtrennung sind auf die Klinik übertragen worden. Im Rahmen der Zusatztherapie des progressiven Mamma-Carcinoms wurde in den letzten Jahren zur hormonalen Umstellung vielfach die Hypophysektomie empfohlen (Literatur s. S. 41f.). Eckles u. Mitarb. (1958), van Wyk u. Mitarb. (1960) u.a. haben sich darauf beschränkt, lediglich den Hypophysenstiel zu durchtrennen. Die vasculäre Regeneration wurde durch Einschieben eines Silber- oder Tantalumplättchens verhindert. Die Autoren beobachteten nach diesem Eingriff ein gesteigertes Wachstum der Brustdrüse und Lactation, Erscheinungen, die mit einer Unterbrechung der hypothalamischen Hemmung der LTH-Freigabe erklärt werden können.

Mit länger dauernder und hochdosierter Chlorpromazin-Medikation konnten dem Tierexperiment analoge klinische Beobachtungen gemacht werden: Unter Tagesdosen von 300—1200 (!) mg entwickelte sich bei Zunahme der Gonadotropin-Ausscheidung eine Galaktorrhoe (Gäde u. Heinrich 1955, Moyer u.

Mitarb. 1955, SULMAN et al. 1956, GAULHOFER u. SCHAANCK 1957*). Andere Untersucher beschrieben lediglich das Aufkommen einer Amenorrhoe (HAUSER u. Mitarb. 1958, CLARK u. JOHNSON 1960). Unter Reserpin in Tagesdosen von 5—15 mg fällt die Gonadotropin-Ausscheidung bei Frauen nach der Menopause von 100 auf 25 RU ab (KHAZAN, SULMAN u. WINNIK 1960).

Der Effekt von Vasopressin auf die hypophysäre ACTH-Abgabe ist ebenfalls auch beim Menschen untersucht worden. Unter Verabfolgung von Lysin-Vasopressin wurde ein Anstieg des Cortisolspiegels im Plasma nachgewiesen (McDONALD u. Mitarb. 1956).

Eigene Untersuchungen

Unsere Versuche betrafen Patientinnen, die wegen dysmenorrhoischer Beschwerden, einer Sterilität oder einer Ovarial-Insuffizienz in Behandlung standen. Wir suchten zu klären, ob durch Verabfolgung von synthetischem Oxytocin bzw. Vasopressin die gonadotrope Hypophysenfunktion angeregt werden kann.

Da Oxytocin (wie auch Vasopressin) eine sehr kurze Halbwertzeit hat (etwa 1—3 min, vgl. HEIDENREICH 1961), wurde es bei einem Teil der Patientinnen siebenmal täglich mittels eines Sprays* intranasal verabfolgt. Dabei werden etwa 50—70 E/die appliziert. Die tatsächlich resorbierte Menge ist nicht genau abschätzbar, aber sicherlich wesentlich geringer und variiert je nach Tropfengröße und

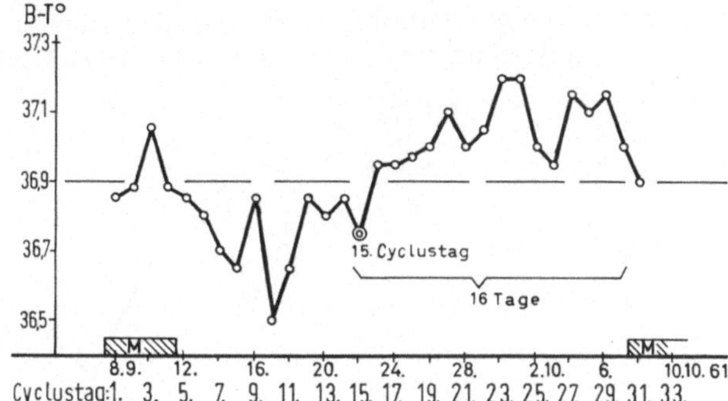

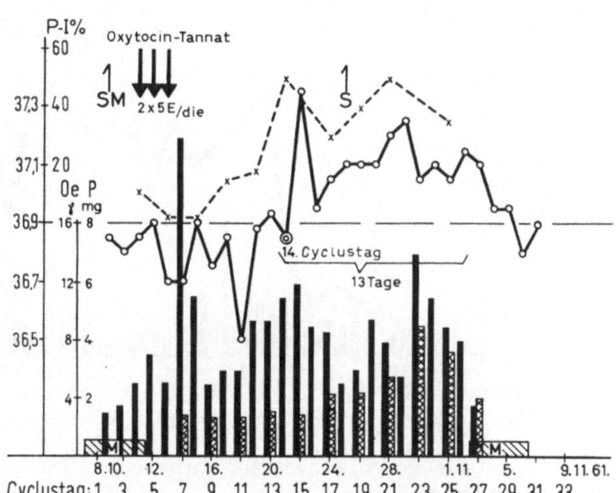

Abb. 3. Belastung mit Oxytocin in der 1. Cyclusphase

den lokalen Gegebenheiten. Die Dosen sind also sehr unsicher und auch uneinheitlich. Bei einigen Versuchspersonen injizierten wir intramuskulär zwei- bis dreimal täglich 5 E eines depotwirksamen Oxytocin-Tannat**. Lysin-Vasopressin* wurde in einer Dosis von dreimal täglich 3 E ebenfalls intramuskulär, bei einigen Patientinnen auch als Spray verabfolgt.

Versuche bei Patientinnen mit regelrechtem Cyclus

Fragestellung. Kann durch Verabfolgung von Oxytocin (und Vasopressin) der Ovulationstermin vorverlegt werden?

1. Pat. Frau L. H., 33 Jahre alt, leichte Adipositas (168 cm/79 kg). Regelmäßiger Cyclus (28—30/3—4). Primäre Sterilität.

* Versuchspräparat der Firma Sandoz AG, Basel (Schweiz).
** Versuchspräparat der Firma Organon, Oss (Holland).

Cyclus vor der Medikation 30tägig (s. Abb. 3 oben). Relatives Temperatur-Tief
am 15. Cyclustag. Die folgende Phase ist von 16tägiger Dauer. Strichabrasio am
2. Blutungstag: Endometrium in mensuellem Zerfall.

Medikation und Reaktion (s. Abb. 3 unten): Vom 4. bis 6. Cyclustag zweimal 5 E
Oxytocin-Tannat. Vorübergehender steiler Anstieg der Oestriol-Ausscheidung.
2. Oestriol-Spitze am 15., 3. am 23. Cyclustag. Pregnandiol ab 24. Cyclustag über
2 mg. Wahrscheinlicher Ovulationstermin am 14. Cyclustag. Die folgende Phase
nimmt nur 13 Tage in Anspruch. Strichabrasio am 18. Cyclustag: Endometrium in
früher Sekretion.

Besprechung. Auffällig ist der vorübergehende Anstieg der Oestriol-Ausscheidung unmittelbar nach der Oxytocin-Belastung! Dieser Cyclus ist auch im

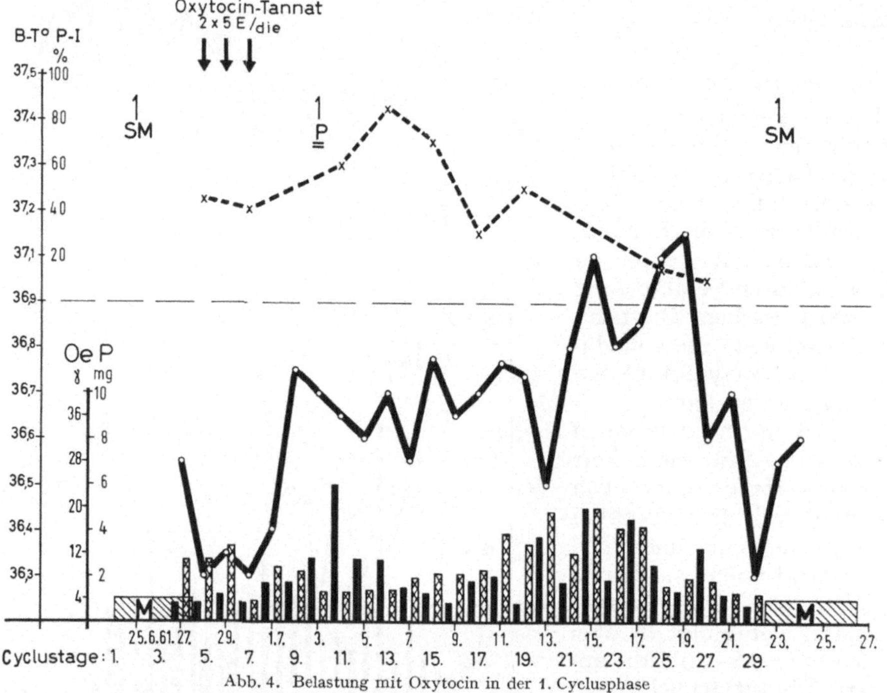

ganzen um 4 Tage kürzer als der vorherige. Eine Beeinflussung durch die Medikation erscheint möglich.

2. Pat. Frau M. B., 36 Jahre alt (155 cm/50 kg). Regelmäßiger, stabiler Cyclus
(28—30/4—5). Dysmenorrhoe. Sekundäre Sterilität (ein Abort vor 9 Jahren).
Menstruationsbeginn am 24. 6., Strichabrasio: typischer mensueller Zerfall.

Medikation und Reaktion. Vom 5. bis 7. Cyclustag täglich zweimal 5 E Oxytocin-
Tannat (s. Abb. 4). Darauf Anstieg der Basaltemperatur und 1. Oestriol-Spitze am
11. Cyclustag! Strichabrasio 1 Tag davor: Endometrium am Ende der Proliferationsphase. Pregnandiol ab 15. Cyclustag über 2,0 mg. Beginn der Corpus-luteum-Phase
nicht sicher zu bestimmen, da die Basaltemperatur atypisch in drei Niveaus verläuft.
Die Ovulation hat wahrscheinlich zwischen dem 11. und 13. Cyclustag stattgefunden
(vgl. Endometrium-Biopsie, Pyknose-Index, Oestriolausscheidung). Menstruationsbeginn nach dem 29. Tage. Die Gelbkörperphase hat danach mindestens 17 Tage
gedauert.

Besprechung. Auffällig ist der Verlauf der Basaltemperatur. Die Oxytocin-
Belastung hat die Follikelreifungsphase offenbar etwas forciert.

3. bis 7. Pat. (s. Abb. 5a—e). Bei diesen fünf Patientinnen bestanden nach den
vorliegenden Basaltemperatur-Kurven und den Strichabrasionen zu Menstruationsbeginn regelrechte biphasische Cyclen.

Medikation: Täglich zweimal 5 E Oxytocin-Tannat vom 6. bis 8. Cyclustag.

Besprechung. Eine *eindeutige* Vorverlegung der Ovulation ist aus diesen Versuchen nicht zu erkennen. Der wahrscheinliche Ovulationstermin wurde bestimmt mittels der Endometrium-Biopsie, nach der Spinnbarkeit des Cervicalschleims, der Öffnung des Muttermundes und dem Zeitpunkt des relativen Temperatur-Tiefs. Bei der Patientin A. P. (s. Abb. 5e) wurde am 16. Cyclustag laparotomiert. Das rechte Ovar trug einen ganz frischen Gelbkörper.

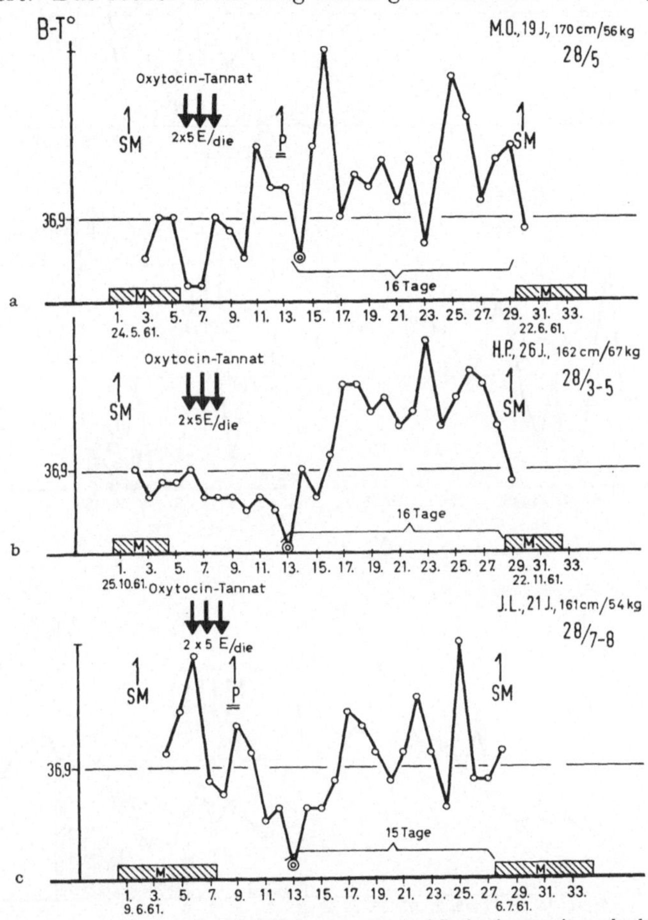

Abb. 5a—e. Belastung mit Oxytocin in der 1. Cyclusphase bei fünf Patientinnen mit regelrechter Ovarialfunktion

Die ersten vier Patienten (s. Abb. 5a—d) litten unter Dysmenorrhoe. Die Menstruation nach der Oxytocin-Belastung war schmerzfrei! Dieser Effekt ist aber möglicherweise auf die Strichabrasionen zurückzuführen.

8. und 9. Pat. Bei diesen ebenfalls regelrecht menstruierten Versuchspersonen wurde die *Oxytocin-Medikation* auf 5 Tage erweitert. Im Falle E. R. (s. Abb. 6a) fällt der wahrscheinliche Ovulationstermin auf den 12. Cyclustag (vgl. Basaltemperatur und Pregnandiol-Anstieg) und tritt damit um 3 Tage früher ein als im vorausgegangenen Cyclus! Nach 28 Tagen bzw. nach 16tägiger (!) 2. Cyclusphase beginnt die Menstruation.

Bei der Pat. S. F. (s. Abb. 6b) kommt es zum relativen Temperatur-Tief am 12. Cyclustag. Am nächsten Tage Vollabrasio: Hochproliferiertes Endometrium. Bei der anschließenden Laparotomie findet sich im rechten Ovar ein sprungreifer Follikel.

Besprechung. Die auf 5 Tage verlängerte Oxytocin-Medikation hat bei der Patientin mit 28tägigem Rhythmus möglicherweise eine Beschleunigung der

2*

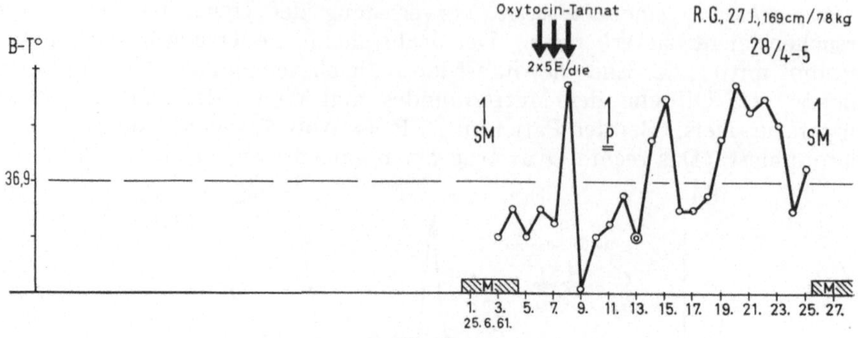

Abb. 5d

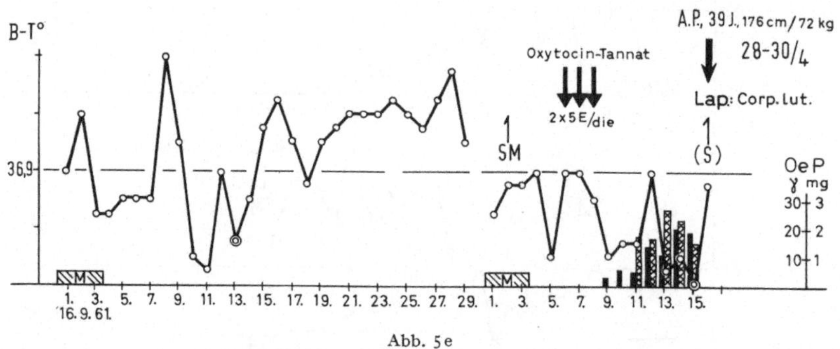

Abb. 5e

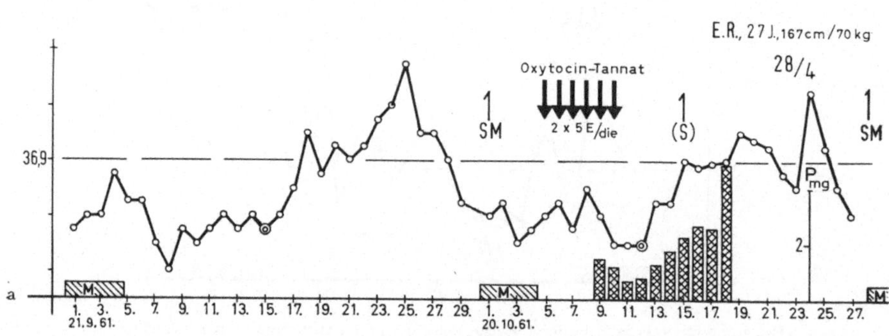

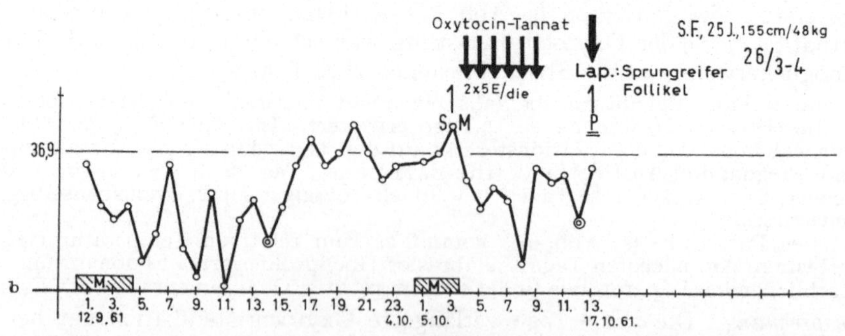

Abb. 6a u. b. Oxytocin-Belastung in der 1. Cyclusphase bei zwei Patientinnen mit normalem Cyclus

Follikelreifung veranlaßt, während ein solcher Effekt bei der Patientin mit kürzerem Intervall nicht erkennbar ist.

10. Pat. Frau A. T., 29 Jahre alt (166 cm/64 kg). Regelmäßiger biphasischer Cyclus (28/6); ein Partus 1952, sekundäre Sterilität mit dringendem Kinderwunsch.

Cyclus vor der Belastung (s. Abb. 7 oben): Relatives Temperatur-Tief am 14. (oder 16.) Cyclustag. Vom 5. bis 9. Tage des nächsten Cyclus werden *Oxytocin und Vasopressin kombiniert* verabreicht (s. Abb. 7 unten). Die Basaltemperatur steigt schon nach dem 9. Tage an. 2 Tage später Laparotomie: Ganz frischer Gelbkörper im linken Ovar. Das Endometrium befindet sich in früher Sekretion.

Besprechung. Die Oxytocin-Vasopressin-Medikation hat hier offenbar zu einer Vorverlegung der Ovulation geführt.

Zusammenfassung. Eine 3- bzw. 5tägige Verabfolgung von Oxytocin-Tannat (zweimal 5 E/die) scheint in einzelnen Fällen eine mäßige Beschleunigung der Follikelreifung zu veranlassen. Der Nachweis ist allerdings schwer exakt zu führen. Es ist möglich, daß eine zusätzliche Vasopressin-Medikation den Effekt begünstigt. Eine spezifische Freigabe-Wirkung von Oxytocin und/oder Vasopressin kann jedoch aus diesen Ergebnissen nicht mit ausreichender Sicherheit abgeleitet werden.

Versuche bei oligomenorrhoischen Patientinnen

Fragestellung: Läßt sich durch Verabreichung von Oxytocin (und Vasopressin) eine verzögerte Follikelreifung beschleunigen?

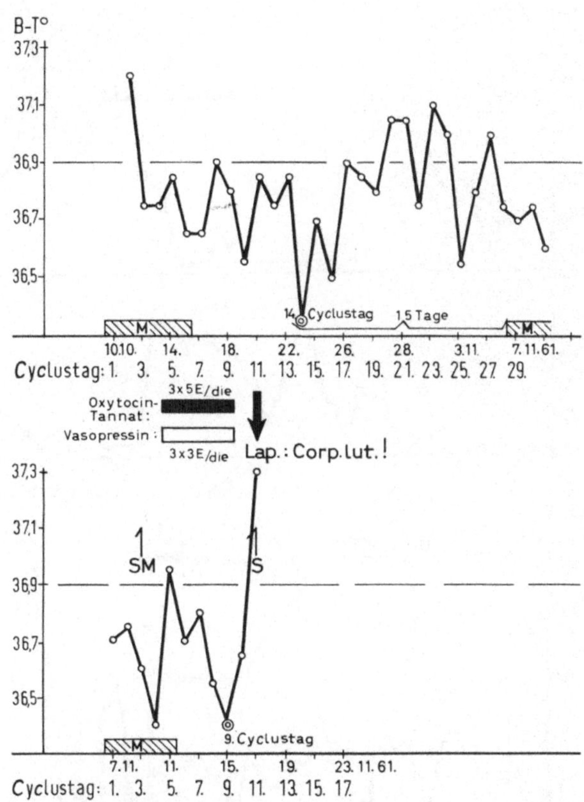

Abb. 7. Belastung mit Oxytocin + Vasopressin in der 1. Cyclusphase

Die Versuche wurden bei 12 Patientinnen durchgeführt, die wegen der bestehenden Oligomenorrhoe vorher bereits ambulant oder stationär hormonal behandelt worden waren. Bei acht Patientinnen wurde Oxytocin als Spray 7—14 Tage lang zugeführt. Bei vier dieser Frauen kam unter der Medikation ein regelrechter biphasischer Cyclus zustande (Kontrolle durch Basaltemperatur und Endometrium-Biopsien). Aber nur in einem Falle war ein Dauererfolg zu verzeichnen:

Fräulein L. Sch., 19 Jahre alt (156 cm/53 kg). Menarche mit 13 Jahren. Cyclus primär labil. Vor 1½ Jahren sekundäre Amenorrhoe über 8 Monate, die stationär behandelt wurde. Danach unregelmäßiger, zumeist oligomenorrhoischer Cyclus (s. Abb. 8 oben).

Versuche einer Normalisierung durch *Oxytocin-Verabfolgung* (Nasalspray, siebenmal täglich 7—10 E jeweils 14 Tage lang, s. Abb. 8 unten). Unter dieser Medikation laufen die Cyclen mit annähernd regelrechten Intervallen und biphasisch ab. Die Normalisierung bleibt auch späterhin bestehen.

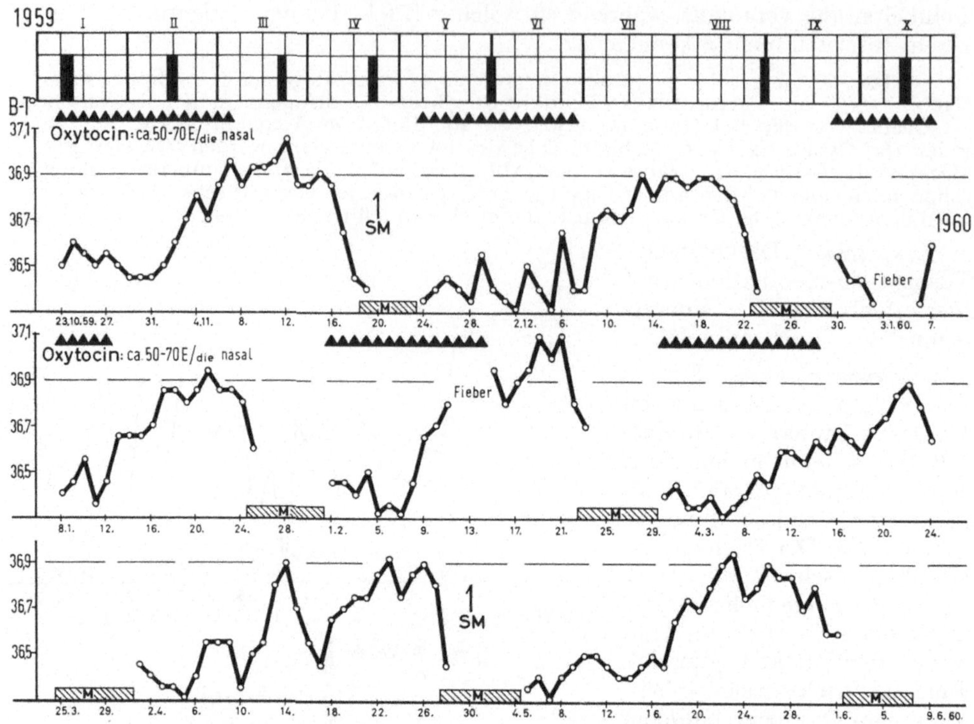

Abb. 8. Mehrfache Verabfolgung von Oxytocin bei sekundärer Oligomenorrhoe

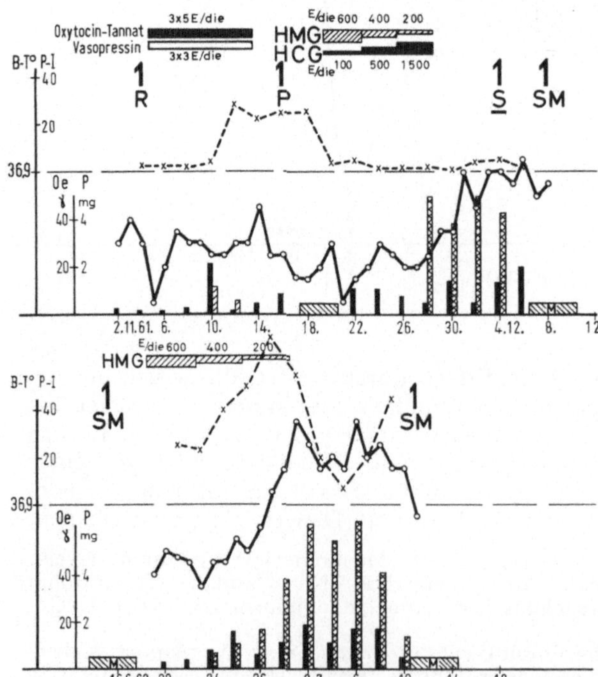

Abb. 9. Verabfolgung von Oxytocin + Vasopressin und Gonadotropinen
bei einer Patientin mit primärer Oligomenorrhoe

Einer weiteren Patientin wurden 3 Tage lang zweimal 5 E Oxytocin-Tannat intramuskulär verabfolgt ohne Einfluß auf die primär bestehende Oligomenorrhoe.

Drei Patientinnen erhielten 1 Woche lang täglich dreimal 5 E Oxytocin-Tannat und dreimal 3 E Vasopressin intramuskulär. Nur bei einer dieser Patientinnen verlief der Cyclus unter der Medikation biphasisch und war auch späterhin normal. Der effektive Unterschied zwischen einer Oxytocin-Vasopressin-Verabfolgung und der Gabe von Gonadotropinen veranschaulicht die folgende Beobachtung:

Fräulein M. F., 21 Jahre alt (165 cm/88 kg). Menarche mit 14 Jahren. Hochgradige primäre Oligomenorrhoe (6—7 Wochen/4 Tage). Keine

Graviditäten. Adipositas (54% Übergewicht). Im letzten halben Jahr hat die Patientin 10 kg zugenommen. Keine Ausfallserscheinungen.

Bei Aufnahme befindet sich das Endometrium in Ruhe. Verabfolgung von *Oxytocin-Tannat und Vasopressin* (s. Abb. 9 oben). Unter dieser Medikation leichte Oestrogen-Bildung. 3 Tage nach Absetzen der Injektionen ist das Endometrium mittelhoch proliferiert. 2 Tage später beginnt eine Abbruchblutung.

Es wird eine Behandlung mit HMG-HCG angeschlossen, unter der sich ein biphasischer Cyclus entwickelt.

Es folgen vier Spontanblutungen in 5—6wöchigem Abstand. Anschließend an die letzte Menstruation wird eine Behandlung allein mit HMG durchgeführt (s. Abb. 9 unten), die eine beschleunigte Follikelreifung mit weitgehend spontan ablaufender Gelbkörperphase veranlaßt.

Besprechung. Unter Oxytocin-Vasopressin entwickelte sich nur eine leichte Oestrogen-Bildung, die nach Abschluß der Medikation zu einer typischen Entzugsblutung führte. Demgegenüber veranlaßt die Zufuhr von Gonadotropinen regelrechte biphasische Cyclen.

Zusammenfassung. Unter 1—2wöchiger Verabfolgung von Oxytocin (Nasalspray) entwickelt sich bei der Hälfte der Patientinnen ein biphasischer Cyclus. Dieser Effekt beruht möglicherweise auf einer Aktivierung der Follikelreifungsphase. Daß er nicht bei allen Versuchspersonen zu erzielen ist, kann auf die ungleichen individuellen Voraussetzungen bei Medikationsbeginn zurückgeführt werden. Als schlüssiger Beweis für eine spezifische Freigabe-Wirkung können diese Erfahrungen jedoch nicht noch gelten.

Tab. 6

	Amenorrhoe-Dauer		
	1 Jahr	2 Jahre	> 2 Jahre

Oxytocin-Spray
  Dosis: 50—70 E/die
  Dauer: 1—4 Wochen			

Biphasischer Cyclusverlauf . .	4 Pat.		
Oestrogenbildung unter der Medikation.	2 Pat.	1 Pat.	
Abbruchblutung nach der Medikation.	3 Pat.		
Keine Reaktion.	3 Pat.	5 Pat.	5 Pat.
Gesamt: 23 Pat.			

Oxytocin-Injektionen
  Dosis: 3mal 5 E/die
  Dauer: 3 und 6 Tage			

Oestrogenbildung unter der Medikation.		1 Pat.	
Keine Reaktion.		1 Pat.	
Gesamt: 2 Pat.			

Oxytocin-Vasopressin
  (Spray oder Injektionen)
Injektionsdosis:
  Oxytocin 3mal 5 E/die
  Vasopressin 3mal 3 E/die			

Biphasischer Cyclusverlauf .	1 Pat.		
Oestrogenbildung unter der Medikation.	1 Pat.	1 Pat.	
Keine Reaktion.	1 Pat.		1 Pat.
Gesamt: 5 Pat.			

Versuche bei Patientinnen mit sekundärer Amenorrhoe

Fragestellung: Besteht die Möglichkeit, durch Verabreichung von Oxytocin (und Vasopressin) das Ovarial-Endocrinium zu aktivieren?

Die Untersuchungen wurden bei 30 Patientinnen durchgeführt. Aufteilung, Dosierung und Resultate ergeben sich aus Tabelle 6.

Reaktionen unter Oxytocin (und Vasopressin) kommen, mit wenigen Ausnahmen, nur bei kurzfristiger Amenorrhoe zustande. Sie seien an folgenden Beispielen veranschaulicht.

1. Frau J. B., 28 Jahre alt (159 cm/66 kg). Menarche mit 19 Jahren. 2 Jahre später Laparotomie: Große polycystische Ovarien. Danach zwei Partus.

Jetzt Aufnahme wegen 5monatiger Amenorrhoe. Unter *Oxytocin-Medikation* kommt ein biphasischer Cyclus mit nachfolgender Menstruation zustande (s. Abb. 10).

2. Fräulein Chr. H., 22 Jahre alt (176 cm/72 kg). Menarche mit 16 Jahren. Primäre Oligomenorrhoe. Seit 9 Monaten amenorrhoisch.

Unter *Oxytocin* Entwicklung eines biphasischen Cyclus (s. Abb. 11). Mit Beginn der Blutung Strichabrasio: Nicht ganz vollständig transformiertes Endometrium in mensuellem Zerfall.

3. Fräulein H. B., 23 Jahre alt (170 cm/67 kg). Menarche mit 13 Jahren. Normaler Primärcyclus. Amenorrhoe seit 9 Monaten.

Verabfolgung von *Oxytocin + Vasopressin* (s. Abb. 12). Am 3. Tage der Medikation Oestriol-Spitze und wohl auch relatives Temperatur-Tief (14 Tage vor Menstruationsbeginn). Allmähliches Anziehen der Pregnandiol-Werte. Nach Absetzen der Medikation werden zur Stabilisierung der 2. Cyclusphase noch zweimal 1500 E HCG verabreicht. Das Endometrium befindet sich zu dieser Zeit aber schon in voller Sekretion, so daß, epikritisch betrachtet, die HCG-Gabe nicht erforderlich gewesen wäre.

Nach Ablauf einer regelrechten Gelbkörperphase erfolgt die Menstruation. Die Ausscheidungswerte an 17-Hydroxycorticoiden und Ketosteroiden werden durch die Oxytocin-Vasopressin-Medikation nicht beeinflußt! Eine Aktivierung der Nebennierenrindenfunktion ist also entgegen den tierexperimentellen Ergebnissen in diesem Falle nicht nachweisbar!

Die nächste Patientin demonstriert wiederum den Wirkungsunterschied zwischen Vasopressin-Oxytocin einerseits und HMG-HCG andererseits.

4. Fräulein I. G., 20 Jahre alt (176 cm/62 kg). Menarche mit 13 Jahren. Regelrechter Primärcyclus. Nach 2 Jahren werden die Intervalle unregelmäßig, es besteht jetzt eine Amenorrhoe von 7 Monaten.

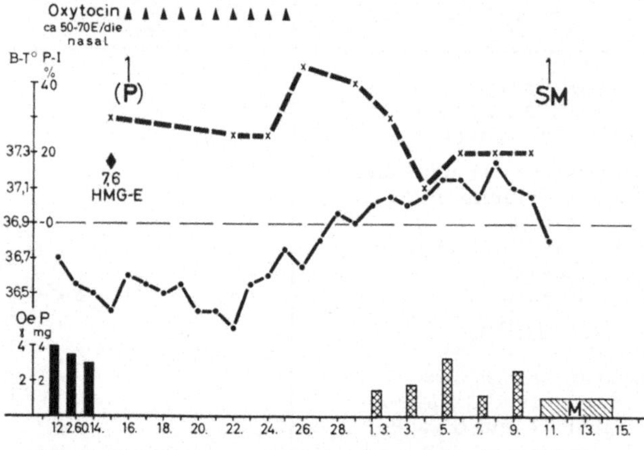

Abb. 10. Verabfolgung von Oxytocin bei einer Patientin (J. B.) mit sekundärer Amenorrhoe seit 5 Monaten

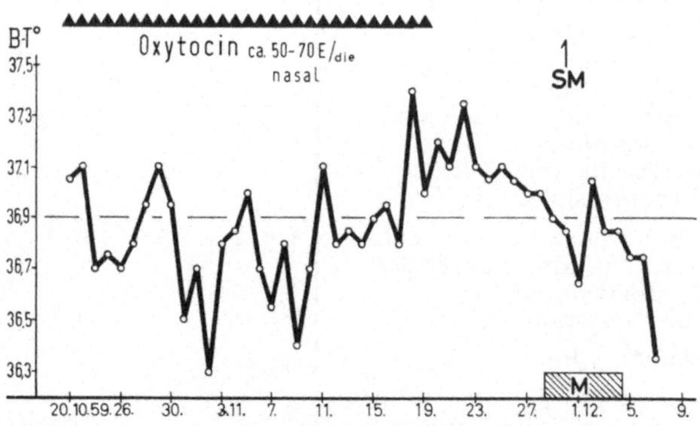

Abb. 11. Verabfolgung von Oxytocin bei einer Patientin (Chr. H.) mit sekundärer Amenorrhoe seit 9 Monaten

Versuch einer Beeinflussung durch nacheinander intramuskulär verabfolgtes *Vasopressin und Oxytocin* bleibt ohne jeglichen Effekt (s. Abb. 13).

Unmittelbar anschließend Therapie mit HMG-HCG. Eindeutig biphasische Ovarialreaktion mit nachfolgender Menstruation.

Zusammenfassung. Eine Aktivierung der Ovarialfunktion scheint möglich, wenn eine gewisse basale Oestrogenbildung erhalten ist und Oxytocin (zusammen mit Vasopressin) über 1 Woche und länger verabfolgt werden. Bei drei Patientinnen trat unter Oxytocin Pruritus mit vermehrtem Fluor auf.

Analoge Resultate zeigten die *Belastungsversuche bei primärer Amenorrhoe* (4 Patientinnen). Zwei dieser Frauen mit einer mäßigen Oestrogen-Aktivität zu

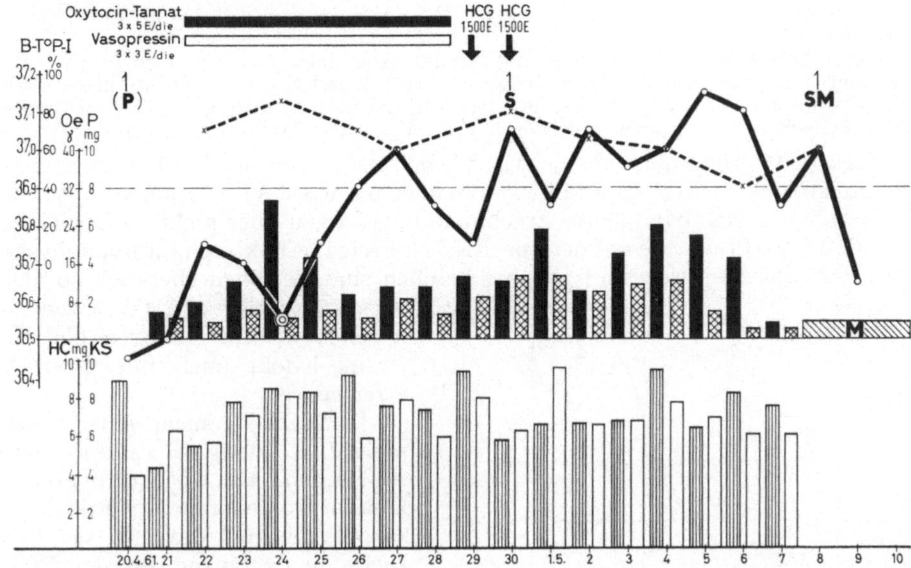

Abb. 12. Verabfolgung von Oxytocin + Vasopressin und HCG bei einer Patientin (H. B.) mit sekundärer Amenorrhoe seit 9 Monaten

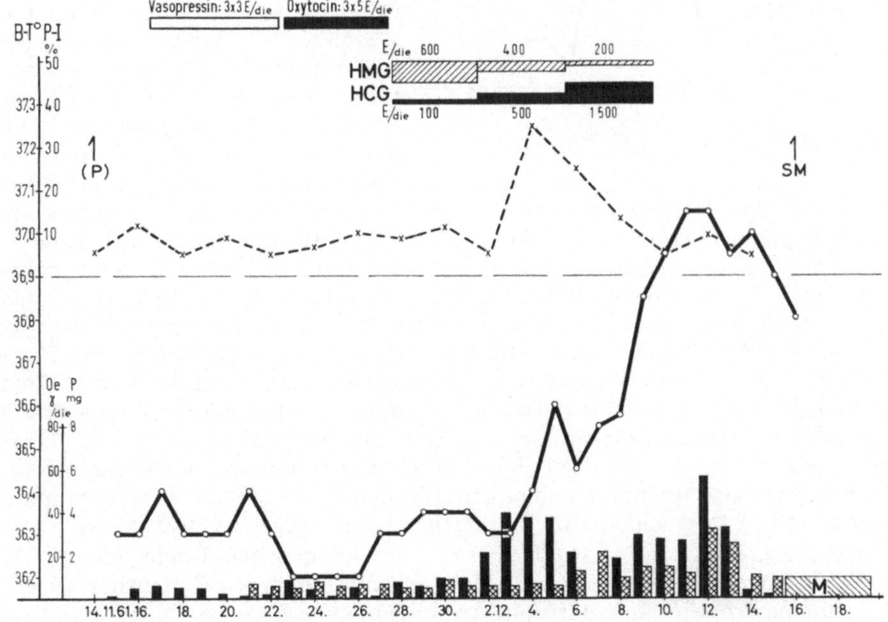

Abb. 13. Verabfolgung von Vasopressin-Oxytocin und Gonadotropinen bei einer Patientin (J. G.) mit sekundärer Amenorrhoe seit 7 Monaten

Beginn der Medikation reagierten mit einer Zunahme der Oestrogen-Bildung. Nach Absetzen der Oxytocin-Zufuhr trat eine typische Abbruchblutung auf. Wie das folgende Beispiel zeigt, wird aber in diesen Fällen keine volle Ausreifung des

Follikels erreicht, da die anschließende Zufuhr von 3000 E HCG nicht zur Ovulation führt.

Fräulein A.-L. K., 21 Jahre alt (165 cm/65 kg). Primäre Amenorrhoe. Vorbehandlung mit Ovarial-Steroiden.

Unter *Oxytocin-Gaben* (s. Abb. 14) steiles Ansteigen des Pyknose-Index. Das Endometrium proliferiert (Strichabrasio). Trotz anschließender zweimaliger Gabe von je 1500 E HCG kommt es zur Oestrogen-Entzugsblutung. 6 Monate später HMG-HCG-Kur mit typisch biphasischer Reaktion des Ovarial-Endocrinium.

Nach den vorliegenden Resultaten ist bei einem Teil der Patientinnen unter Verabfolgung von Oxytocin und Vasopressin eine gewisse Aktivierung des Ovarial-Endocrinium erkennbar. Diese Ergebnisse berechtigen aber nicht zu der Folgerung, daß diese Präparate mit den spezifischen Freigabe-Faktoren für hypophysäre Gonadotropine identisch sind. Wahrscheinlich sind sie ihnen chemisch so nahe verwandt, daß unter günstigen endogenen Voraussetzungen ein Releasing-Effekt auch mit ihnen zu erreichen ist.

Klinische Versuche einer *hormonalen Blockierung des Zentralsystems* sind in den letzten Jahren in großem Umfang vorgenommen worden. Besonders geeignet erwiesen sich synthetische Gestagene aus der Reihe der Nortestosteron-Derivate: Verwendet wurden insbesondere 17α-Äthyl-19-nor-testosteron (Nilevar®), 17α-Methyl-19-nor-testosteron (Orgasteron®), 17α-Äthinyl-19-nor-testosteron (Primolut N®, Norlutin®) und der Acetat-Ester (⁺Primosiston®, ⁺Anovlar®) sowie der Oenanthat-Ester, ferner 17α-Äthinyl-

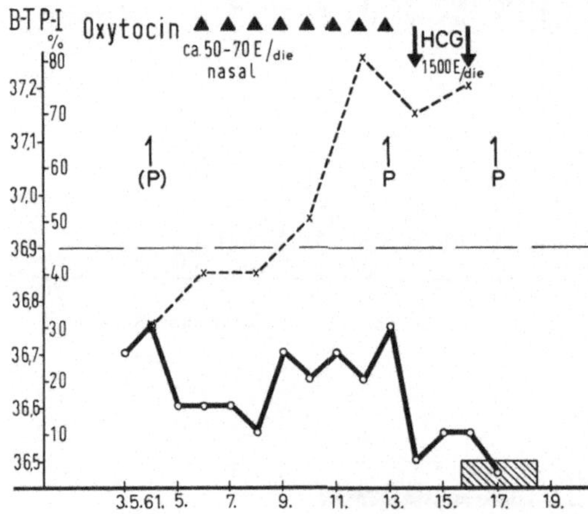

Abb. 14. Verabfolgung von Oxytocin und HCG bei einer Patientin (A.-L. K.) mit primärer Amenorrhoe

5(10)-oestrenolon (⁺Enovid®). Diesen Norgestagenen ist eine besonders ausgeprägte antigonadotrope und ovulationshemmende Wirkung eigen (vgl. Tabelle 5 und S. 12f.). Sie ist auch beim Menschen experimentell in großen Untersuchungsreihen nachgewiesen worden (PINCUS, ROCK u. Mitarb. 1953, 1956, 1957, 1960, KAISER 1957, 1960, 1962, McGINTY u. DJERASSI 1958, BUCHHOLZ 1960, 1961, STAEMMLER 1960, 1961 u. v. a.). Hervorzuheben sind die Ergebnisse von BUCHHOLZ (1961), der meines Wissens als erster nachwies, daß unter der Verabfolgung von täglich 6 mg 17α-Äthinyl-19-nor-testosteron + 0,03 mg Äthinyloestradiol die typische Gonadotropin-Spitze zur Zeit der Ovulation ausbleibt. Dieses Norgestagen führt also nicht zu einer kompletten Hemmung der Gonadotropin-Ausscheidung, sondern nur zu einer Unterdrückung des „Ovulations-Maximum". Dieser Befund ist verschiedentlich bestätigt worden (vgl. TAYMOR 1963).

Eigene Untersuchungen befaßten sich mit der gleichen Fragestellung. Mit 200 mg des depotwirksamen 17α-Äthinyl-19-nor-testosteron-Oenanthat (AeNT-Oe) wird eine erhöhte Gonadotropin-Ausscheidung (z.B. beim Turner-Syndrom, Pat. R. S., 18 Jahre alt) von mehr als 52,8 MUE auf 26,4 MUE gedrückt. Eine ähnliche Reaktion konnten wir bei einer Patientin mit spontaner Lactation beobachten (s. Abb. 15).

⁺ Die mit einem hochgestellten Kreuz markierten Präparate sind mit Äthinyloestradiol kombiniert.

Die Lactation ging zurück, die Funktion des Ovarial-Endocrinium wurde weitgehend gebremst. Das Ausbleiben der Ovulation ist an der niedrigen Pregnandiol-Ausscheidung erkenntlich. (Die Norgestagene werden nicht zu Pregnandiol abgebaut!) Aber auch die Harnoestrogene verbleiben auf einem sehr niedrigen Niveau (vgl. die folgenden Abb. 16a u. 17). Dagegen konnten wir in keinem

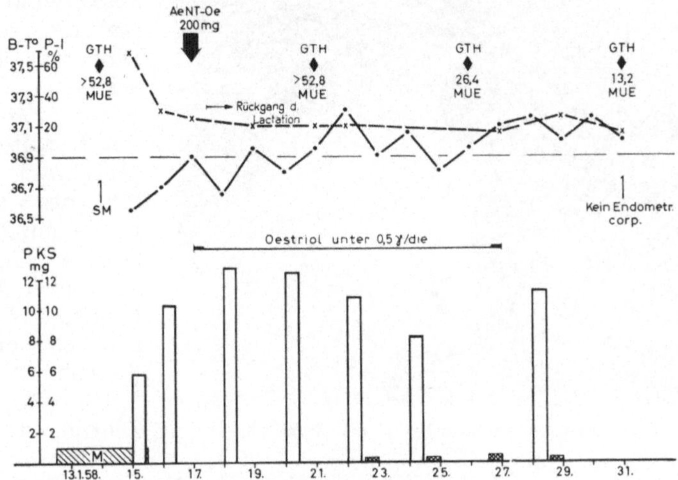

Abb. 15. Verabfolgung von 200 mg Äthinyl-nor-testosteron-Oenanthat (AeNT-Oe) bei einer eumenorrhoischen Patientin mit spontaner Lactation

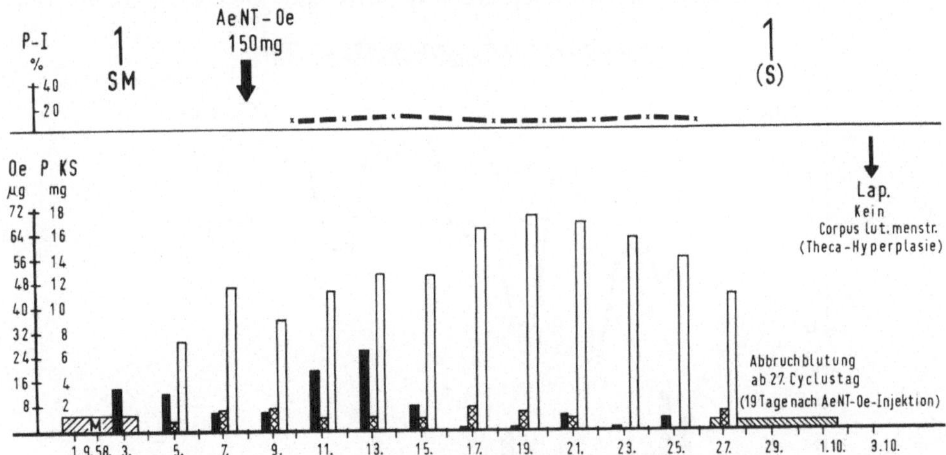

Abb. 16a. Verabfolgung von 150 mg Äthinyl-nor-testosteron-Oenanthat bei einer eumenorrhoischen Patientin

Falle mit einer derartigen Dosis analytisch (Ausscheidungsraten der C_{17}-Ketosteroide und 17-Hydroxycorticoide) eine Beeinträchtigung der Interrenalaktivität nachweisen (vgl. Abb. 15 u. 16a).

Die Ovulation läßt sich auch mit 150 mg Äthinyl-nor-testosteron-Oenanthat sicher unterdrücken (s. Abb. 16a).

Bei der anschließenden Laparotomie wurde kein Gelbkörper, wohl aber eine gewisse Theca-Hyperplasie gefunden (s. Abb. 16b).

Gleiche Wirkungen konnten wir mit 17α-Äthinyl-19-nor-testosteron-Acetat (oral verabreicht) bei Tagesdosen ab 12 mg erzielen, wenn mit der Medikation

spätestens am 5. Cyclustag begonnen wurde. Diese Versuche werden später
(s. S. 182f.) besprochen.

Wenn dagegen die Norgestagen-Verabreichung nach dem 5. Cyclustag beginnt, wird die Ovulation nicht mehr mit Sicherheit unterdrückt (MATSUMOTO u.

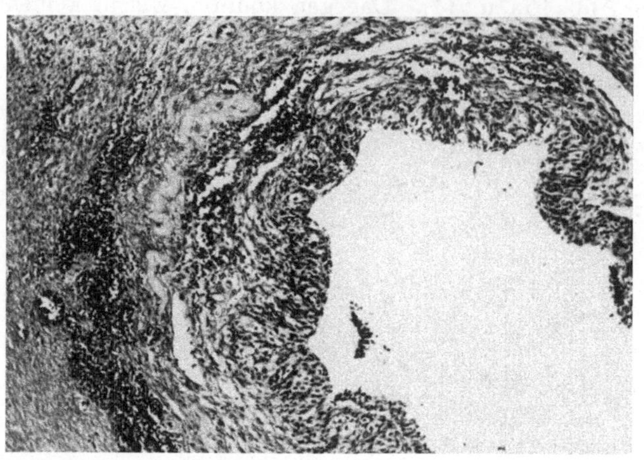

Mitarb. 1960). Wir ver-
abfolgten ab 14. Cyclus-
tag die relativ hohe
Dosis von täglich 20 mg
des oral sehr wirk-
samen 17α-Äthinyl-19-
nor-testosteron-Acetat
(AeNT-Ac). Die Aktivi-
tät des Gelbkörpers
wurde durch diese Be-
lastung wohl gedrosselt,
aber nach Aussage der
Pregnandiol-Werte nicht
gänzlich unterbrochen
(s. Abb. 17).

Abb. 16b. Cystischer Follikel mit Theca-Hyperplasie. (Vergr. 100×)

Die Hemmung des
Zentralsystems, insbe-
sondere der hypothala-
mischen Zentren, geht auch daraus hervor, daß unter Norgestagenen verschiedene
vegetative Erscheinungen (z.B. Ausfallserscheinungen) in kurzer Zeit verschwinden. Diese Beeinflussung betrifft auch cyclisch auftretende Beschwerden, die von

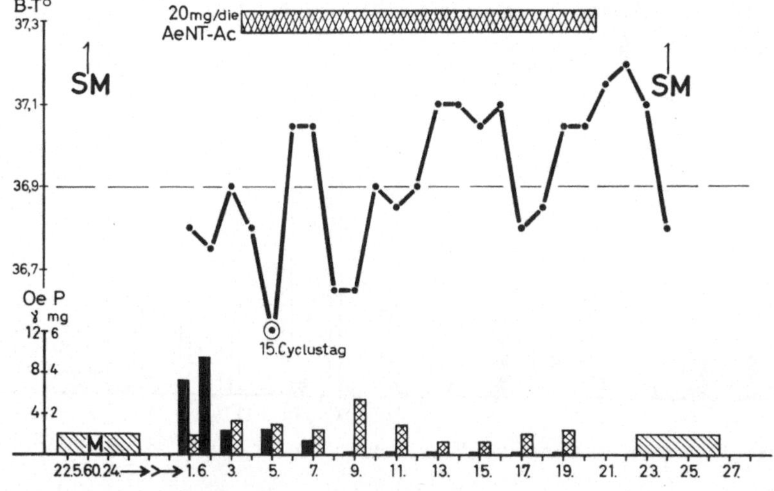

Abb. 17. Verabfolgung von 20 mg/die Äthinyl-nor-testosteron-Acetat ab 14. Cyclustag bei einer eumenorhoischen Patientin

den Frauen mit Ovarial-Insuffizienz gelegentlich angegeben werden. Eine unserer
Patientinnen mit primärer Hypoplasie der Ovarien bei sekundärer Amenorrhoe
(Pat. J. S., 18 Jahre alt, 160 cm/57 kg) gab an, regelmäßig alle 4 Wochen 3 bis
4 Tage lang einzunässen. Es wurden täglich 20 mg Äthinyl-nor-testeron-Acetat
verordnet: Das Einnässen unterblieb prompt, die Hitzewallungen traten nicht
mehr in Erscheinung. Beides machte sich nach Absetzen der Medikation aber
wieder bemerkbar.

Ob nach einer längeren Verabreichung von Norgestagenen höherer Dosierung bei der Frau ein Rebound-Effekt zustande kommt, erscheint uns fraglich. Wir konnten bei drei Patientinnen mit sekundärer Hypoplasie der Ovarien bei primärer Amenorrhoe nach einer derartigen Belastung keine Begünstigung der Wirkung exogener Gonadotropine, die in einer Standard-Dosis verabreicht wurden, beobachten. Diese Frage wäre aber noch durch Gonadotropin-Analysen genauer zu klären.

Zusammenfassung. Die tierexperimentellen Untersuchungen über die Bedeutung des Hypothalamus für die Funktion des Ovarial-Endocrinium konnten in ihren Ergebnissen zum Teil auch auf die menschliche Physiologie übertragen werden.

Hyperplastische Prozesse oder eine partielle bis totale Zerstörung der Tuber-Region bei intakter Hypophyse gehen mit ausgeprägten Störungen der Sexualfunktion einher. Zugleich sind wie im Tierexperiment Triebstörungen in Form von Bulimie oder Anorexie zu beobachten.

Eine Durchtrennung des Hypophysenstiels oder eine chronische, hochdosierte Chlorpromazin-Medikation können unter bestimmten Voraussetzungen zur Galaktorrhoe führen. Diese Wirkung ist wahrscheinlich auf eine Unterbrechung des hypothalamischen LTH-Hemmechanismus zurückzuführen.

Klinische Versuche deuten darauf hin, daß Oxytocin und/oder Vasopressin den endogenen Aktionssubstanzen für die Freigabe der hypophysären Gonadotropine (GRF) chemisch nahe verwandt sind. Mit diesen Präparaten läßt sich bei einem Teil der Patientinnen eine mäßige Aktivierung des Ovarial-Endocrinium erreichen.

Die Funktion des Zentralsystems kann durch natürliche oder synthetische Sexualsteroide mehr oder minder stark gehemmt werden. Oestradiol hat eine besonders starke Wirkung. Die Nortestosteron-Derivate drosseln wohl nur partiell die Aktivität der regulativen Zentren, während sie die Interrenalfunktion im einfachen bis doppelten therapeutischen Dosisbereich nicht beeinflussen. Ihre Wirkung beschränkt sich offenbar nicht nur auf die hypophysiotropen Zentren, sondern berührt auch benachbarte neuro-vegetative Regulationsfelder.

B. Das Ovarialsystem

1. Anatomie

Die anatomischen Gegebenheiten sollen nur insoweit zur Darstellung kommen, als es für das Verständnis der funktionellen Abläufe und insbesondere der Pathologie erforderlich erscheint (vgl. STIEVE 1952*, OBER 1952*, BARGMANN 1956*, TONUTTI 1956*, WATZKA 1957*, SHETTLES 1960*, ZUCKERMAN 1962* u.a.).

Das menschliche Ovarium hat in der Geschlechtsreife folgende Abmessungen: Länge 25—30 mm, Breite 15—30 mm, Dicke 5—15 mm. Sein Gewicht liegt zwischen 7,2 und 14,6 g (STIEVE 1942). Es ist mit einem kubischen bis platten *Oberflächenepithel* (sog. Keimepithel) überzogen. Es bedeckt die derbe *Tunica albuginea*, deren spindelförmige Fibrocyten parallel zur Oberfläche gelagert sind. Unter dieser Tunica liegt die Rindenschicht *(Zona parenchymatosa)*, die das Keimparenchym, die Masse der Follikel, beherbergt. Das Stroma dieser Rindensubstanz besteht aus dicht aneinander liegenden, spindelförmigen Zellen, kollagenen Fasern und dicken Gitterfasern. Dagegen werden glatte Muskelzellen vermißt. Die Rindenschicht ist deutlich gegen die Marksubstanz *(Zona vasculosa)* abgegrenzt. Letztere besteht aus locker gefügtem kollagenen Bindegewebe, das im wesentlichen Gefäße und Nerven führt. Hier finden sich auch glatte Muskelzellen. Das Mark enthält ferner das Rete ovarii. Im Bereich der Eierstockwurzel (und im Mesovarium) findet man sog. *Hiluszellen* eingelagert. Sie werden heute vielfach als heterosexuelle Bestandteile angesehen und den Leydig-Zellen des Hodens gleichgestellt (WATZKA 1957*). Ihr Ursprung ist unklar. Möglicherweise pielen sie in der Androgensynthese eine gewisse Rolle (MERRILL 1959).

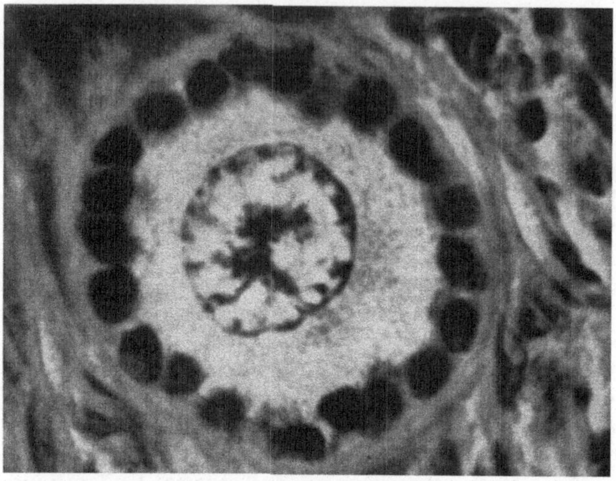

In die periphere Rindenzone unterhalb der Tunica albuginea sind die jüngsten Eier, die Primordialfollikel, gelagert. Bei der Geburt sollen nach BLOCK (1952) insgesamt etwa 400000 Primordialfollikel vorhanden sein, von denen in den 30 Jahren von der Menarche bis zur Menopause mehr als neun Zehntel zugrunde gehen. Eine vielfach diskutierte postnatale Ovogenese wird von den meisten Autoren als nicht beweisbar abgelehnt (ASCHOFF 1935, MANDL u. Mitarb. 1952, STIEVE 1952*, WATZKA 1957* u. a.).

Der *Primärfollikel* (s. Abb. 18) besteht aus der Eizelle mit einer einzigen Lage kubischer Follikelepithelzellen. Sie werden von einer Theca folliculi umgeben.

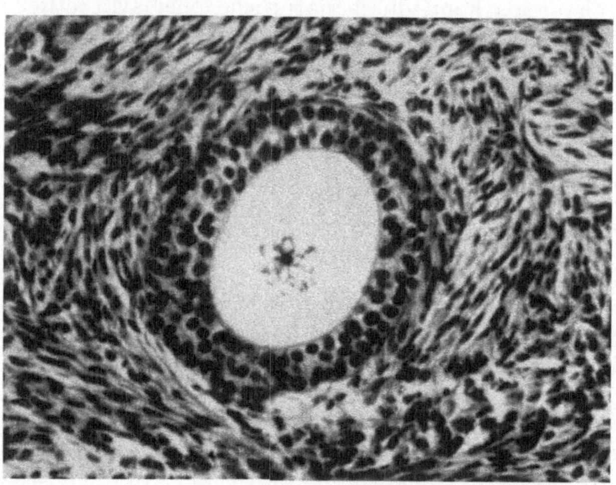

Abb. 18. Primärfollikel (Mensch). (Nach SHETTLES 1960)

Mit der weiteren Entwicklung zum *Sekundärfollikel* verwandelt sich das Follikelepithel in eine mehrschichtige Membrana granulosa, die zahlreiche Mitosen erkennen läßt (s. Abb. 19).

Abb. 19. Sekundärfollikel (Mensch). (Nach SHETTLES 1960)

Der *Tertiärfollikel* (Bläschenfollikel) (s. Abb. 20) ist ausgezeichnet durch Bildung einer Zona pellucida (Oolemma) und von Liquor. Die Eizelle hat ihre endgültige Größe (100—130 μ) erreicht.

Im Ruhezustand wird die Membrana granulosa von nur zwei bis vier Zellagen gebildet. Sie enthält im Gegensatz zu jüngsten Follikeln kaum noch alkalische Phosphatase (Moss et al. 1954). Die Dehydrogenase-Systeme werden besonders in der Theca interna des wachsenden Follikels sowie in den Theca- und Granulosazellen des Gelbkörpers gefunden (IKONEN u. Mitarb. 1961). In der Follikelflüssig-

keit wurden proteolytische Fermente in hoher Konzentration nachgewiesen!
Ihr Einfluß auf die spezifische Ansprechbarkeit der Ovarien gegenüber Gonadotropinen steht zur Diskussion (JUNG u. KIDES 1959). Der Follikel wird von der
Theca interna und externa umhüllt. Beide Schichten sind voneinander gut
abgegrenzt.

Der *reife Follikel* hat einen Durchmesser von 15—20 mm. Das Ei ruht auf
dem Eihügel (Cumulus oviger) und ist von einer Corona radiata umgeben.

Entwicklung und Wachstum des Follikels laufen in bestimmten Phasen ab
(STIEVE 1952*):

In der *ersten Wachstumsperiode* während der Fetalzeit entwickeln sich aus den
Oogonien die Primordialfollikel, die danach in der ersten Ruheperiode über Jahrzehnte verharren können.

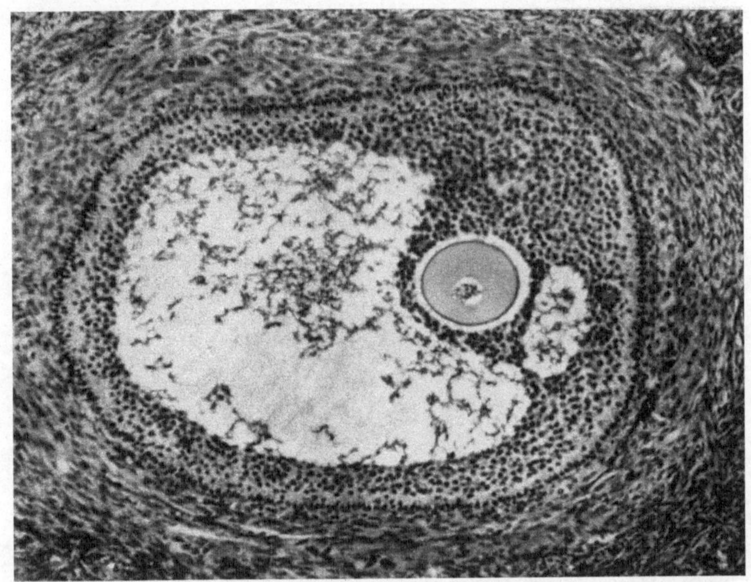

Abb. 20. Kleiner Tertiärfollikel aus dem Ovarium einer 34jährigen Frau (Vergr. 1:92). (Nach WATZKA 1957)

Während der *zweiten Wachstumsperiode* vollzieht sich die Entwicklung zum
Sekundär- und Tertiärfollikel. Die Eizelle hat ihre definitive Größe erreicht. In
dieser Phase kann der Tertiärfollikel mehrere Monate verbleiben (2. Ruheperiode).

In der *Reifeperiode* entwickelt sich der Tertiärfollikel etwa vom 9. Cyclustage
an (CORNER 1952) innerhalb kurzer Zeit, d.h. in wenigen Tagen (möglicherweise
sogar innerhalb von Stunden, CORNER 1946), zum Graafschen Follikel. Dieser
wird unter Zerfall des Eihügels sprungreif. Die Eizelle macht die erste Reife-
teilung durch, der Follikel ist ovulationsbereit.

Unmittelbar nach der Ovulation beginnt die *Gelbkörperbildung* (vgl. CORNER
1956*). Die etwa 700 μ dicke, stark gefaltete Granulosa wird vascularisiert, sie
umgibt den Blutkern. Das Corpus luteum wird organisiert. Der Innenraum
wird mit Bindegewebe abgedeckt. Der Gelbkörper befindet sich in Blüte (s.
Abb. 21 a—c). Dieses Stadium soll in etwa 3 Tagen erreicht sein (STIEVE 1943),
CORNER (1956) rechnet für diese Entwicklung etwa 7 Tage. Die Granulosa-
Luteinzellen enthalten reichlich saure und alkalische Phosphatase (McKAY u.
Mitarb. 1961).

Die Rückbildung des Gelbkörpers beginnt etwa 3—4 Tage vor der erwarteten Menstruation. Die Kerne der Granulosa-Luteinzellen werden pyknotisch. Die Drüse wird in kurzer Zeit bindegewebig organisiert.

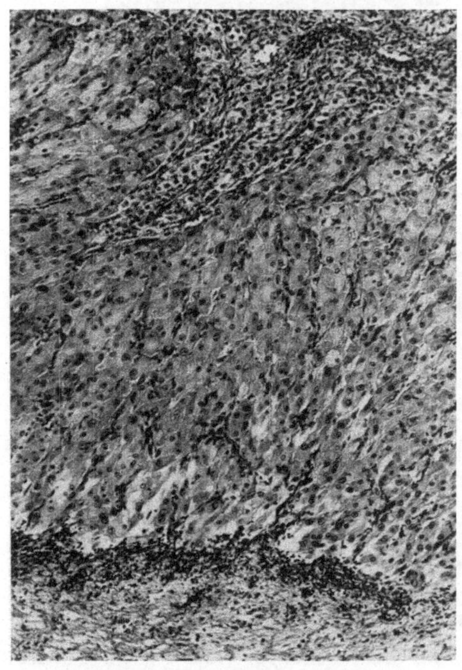

Schon von der Fetalzeit an gehen Follikel atretisch (uneröffnet) zugrunde. Primärfollikel verschwinden dabei vollständig. Bei Sekundär- und Tertiärfollikeln kommt es im Verlaufe dieser Atresie zu einer Wucherung der Theca-interna-Formationen. Es können dann geradezu Theca-Cysten resultieren. Eine derartige Theca-Hyperplasie kommt besonders unter der Einwirkung von ICSH (LH) (bzw. von choriogenem Gonadotropin, also während der Schwangerschaft) zustande. Wir haben derartige Hyperplasien nach PMS-HCG-Kuren öfter beobachtet. Sie können extreme Ausmaße annehmen (vgl. S. 142f.).

Abb. 21a. Corpus luteum menstruationis am 20. Cyclustag (Übersichtsaufnahme)

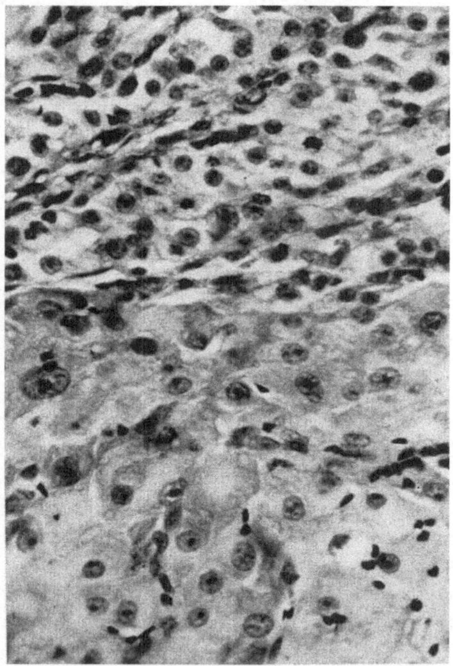

Abb. 21b. Corpus luteum menstruationis am 20. Cyclustag mit innerer Abdeckung. Granulosa-Luteinzellen und Theca interna (Vergr. 100×, Ausschnitt der Abb. 21a)

Abb. 21c. Ausschnitt aus Abb. 21b. Untere Bildhälfte: Große Granulosa-Luteinzellen mit bläschenförmigem Kern. Obere Bildhälfte: Zellen der Theca interna (Vergr. 400×)

Zwischen den Follikeln sind epitheloide Zellkomplexe anzutreffen. Diese sog. *„interstitiellen Zellen"* leiten sich im wesentlichen von den Thecazellen ab (To-NUTTI 1956*). Sie treten besonders dort auf, wo sich Follikelatresien abspielen. Ihre Funktion ist nicht eindeutig geklärt. Die meisten Autoren sprechen ihnen eine inkretorische Leistung zu (SELYE 1947*, ROCKENSCHAUB 1950, HUBER 1953, BURKL u. KELLNER 1954, TONUTTI 1956*, PLATE 1963 u. a.). Nach experimentellen Befunden reagieren sie auf Gonadotropine. WATZKA (1957*) sieht in den Thecazellen ein Hilfsgewebe, das die hochdifferenzierten Granulosazellen in der Steroid-Synthese durch Aufnahme und Vorverarbeitung von Nährstoffen unterstützt.

Der Untergang von Sekundär- und Tertiärfollikeln sowie das mit ihm verbundene Aufkommen interstitieller Zellen stellt offenbar eine wichtige Voraussetzung für die basale Oestrogenbildung dar (DEANE 1952).

Gefäß- und Nervenversorgung des Ovarium. Die A. ovarica und der Ramus ovaricus arteriae uterinae beteiligen sich während der Geschlechtsreife etwa in gleichem Maße an der Blutversorgung des Eierstockes. Zu jedem Follikel soll ein eigener Gefäßast ziehen. Das Follikelwachstum bedingt eine Weiterentwicklung dieser Gefäße, insbesondere des Capillarnetzes, das in der Theca interna gelegen ist. Der Blutbedarf wird durch arteriovenöse Anastomosen und Sperrarterien an den jeweiligen Funktionsgrad des Ovarium angepaßt (WATZKA 1957*). Von der Pubertät an sind normalerweise auch sklerotische Veränderungen der Gefäßwände zu beobachten. Sie wurden gelegentlich fälschlicherweise als Zeichen einer Schädigung gedeutet.

Die nervöse Versorgung erfolgt durch den Plexus ovaricus, ein Sekundärgeflecht des Plexus coeliacus. Die Nerven treten zusammen mit den Gefäßen am Hilus in das Ovar ein und begleiten sie weiter bis zur Rinde. Sie enden allerdings bereits in der Theca interna (KOPPEN 1950, STIEVE 1952*). Von den meisten Untersuchern wird eine nervöse Versorgung der Membrana granulosa abgelehnt (GOECKE 1938).

2. Die Inkrete des Ovarium
(Formelbilder und Biogenese s. Abb. 22)

Oestrogene. In der Follikelflüssigkeit und im Corpus luteum menschlicher Ovarien konnten Oestradiol-17β und Oestron identifiziert werden (ZANDER u. Mitarb. 1959, SMITH 1960), auch Oestriol soll nachweisbar sein (KECSKÉS u. Mitarb. 1962). Die Steroide liegen dort in freier Form vor. Daß diese Oestrogene dort auch gebildet werden, ist experimentell und analytisch gesichert (vgl. DICZFALUSY u. LAURITZEN 1961*). In welcher Form sie abgegeben werden, scheint dagegen noch nicht restlos geklärt zu sein. Desgleichen besteht keine völlige Gewißheit darüber, welche Formationen als Bildungsstätten anzusprechen sind. Die Synthese wurde den Granulosazellen (STIEVE 1949, FEKETE 1953 u.a.) oder den Thecazellen (ZONDEK u. ASCHHEIM 1926, CORNER 1938, ROCKENSCHAUB 1950, DUBREUIL 1950, BURKL u. KELLNER 1954, FETZER u. Mitarb. 1955, PINCERTON 1959 u.a.) bzw. den interstitiellen Zellen als Theca-Abkömmlinge zugesprochen (CLAESSON et al. 1947, 1949, HUMPHREYS u. ZUCKERMAN 1954, FETZER u. Mitarb. 1955, WESTMAN 1958 u.a.). ECKSTEIN (1962*) hält alle großen Zellelemente des Ovars dazu befähigt. DICZFALUSY u. LAURITZEN (1961*) vertreten die Hypothese, daß die eigentliche Synthese von den Granulosazellen bewerkstelligt wird, während die anderen Formationen Vorstufen bereitstellen oder für den Metabolismus verantwortlich sind. Die Zwischenzellen sollen die basale Oestrogenbildung unterhalten.

Gestagene. Progesteron wurde im sprungreifen Follikel des Menschen und im Gelbkörpergewebe nachgewiesen (ZANDER u. Mitarb. 1954). Ferner gelang die Aufdeckung eines biologisch aktiven Progesteron-Metaboliten, zweier Isomere von Δ^4-3-Ketopregnen-20-ol (ZANDER u. Mitarb. 1957, 1958).

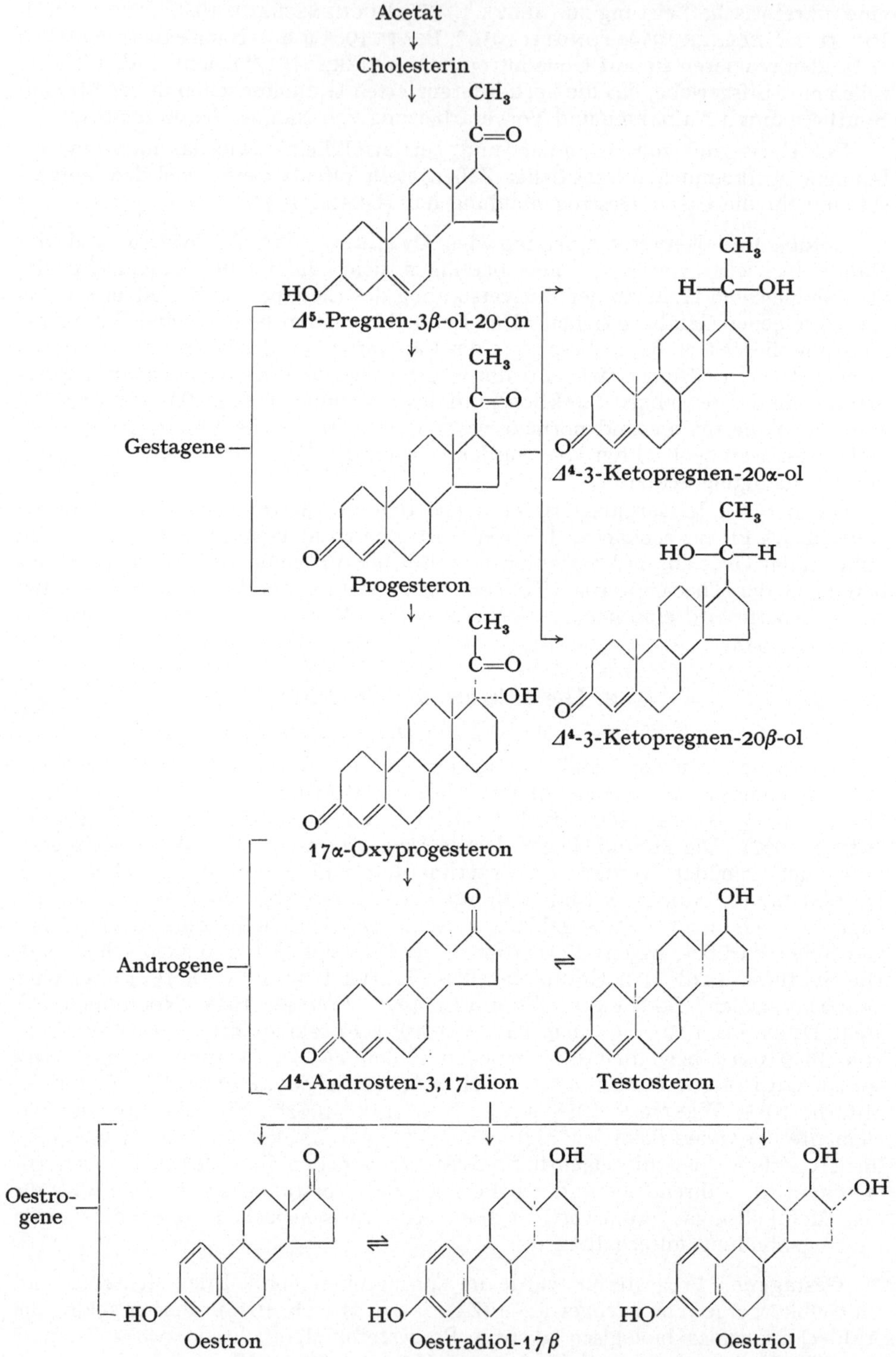

Acetat
↓
Cholesterin
↓

Δ^5-Pregnen-3β-ol-20-on

Gestagene

Progesteron

Δ^4-3-Ketopregnen-20α-ol

Δ^4-3-Ketopregnen-20β-ol

17α-Oxyprogesteron

Androgene

Δ^4-Androsten-3,17-dion   ⇌   Testosteron

Oestrogene

Oestron   ⇌   Oestradiol-17β Oestriol

Abb. 22. Biosynthese der Gestagene, Androgene und Oestrogene. (Nach ZANDER 1957)

Als Ort der Progesteron-Synthese gelten die Granulosa-Luteinzellen. Das Bestehen eines regulären Gelbkörpers stellt aber keine unbedingte Voraussetzung für die Progesteron-Bildung dar. Wir haben die Feststellung gemacht, daß sich auch in der Flüssigkeit von Theca-Luteincysten große Quanten von Progesteron befinden können (s. S. 142f., Abb. 71a). Die Vorstellung, daß auch die Theca-Formationen als Gestagen-Bildner in Betracht kommen, wird durch tierexperimentelle Befunde gestützt (HILLIARD, ARCHIBALD u. SAWYER 1963).

Androgene und Vorstufen. In Ovarialgewebe wurden 17α-Oxyprogesteron und Δ^4-Androsten-3,17-dion (ZANDER 1957) sowie Testosteron (ZANDER et al. 1962) vorgefunden (vgl. auch VOSS 1954*, JUNKMANN 1960*, ECKSTEIN 1962*, SIMMER 1963*). Es wird angenommen, daß die Androgene im Interstitial- und Theca-Luteingewebe gebildet werden. Sie spielen offenbar eine bedeutsame Rolle als Vorstufen für die Oestrogenbiogenese (s. Abb. 22) (vgl. SIMMER 1958, 1963*, JUNKMANN 1960, SACHS 1962*).

3. Die regulative Verbindung zwischen Zentralsystem und Ovarium

Zwischen Zentralsystem und Ovarium besteht nach dem Prinzip des selbstregulatorischen Funktionskreises eine wechselseitige Steuerung (s. Abb. 23). Das System wirkt auf sich selbst zurück (HOFF 1950*, WAGNER 1958, 1961*).

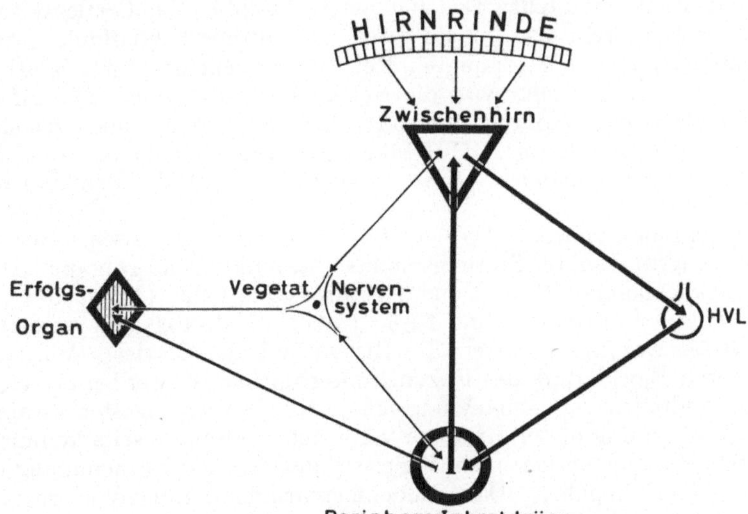

Abb. 23. Schema der neurohormonalen Regulation

Unsere Vorstellungen über die wechselseitige Abhängigkeit zwischen Zentralsystem und Ovarium basieren im wesentlichen auf dem Tierexperiment. Die Ergebnisse sind in vieler Hinsicht problematisch. Die Faktoren Dosis und Zeit haben für den Ausgang des Experimentes eine entscheidende Bedeutung. Folgerungen auf die menschliche Physiologie sind nur begrenzt möglich. Klinische Beobachtungen, Versuche und Hormonanalysen haben unser Wissen über diese wichtigen und interessanten Zusammenhänge im letzten Jahrzehnt beträchtlich erweitert. Die mechanistische Grundlage stellt das Reglerprinzip dar, dessen Besprechung vorausgeschickt werden soll.

3*

a) Das Reglerprinzip

Das Prinzip der Regulation innerhalb eines Funktionskreises als einer geschlossenen Kausalkette entspricht weitgehend der technischen Kybernetik [Kybernetes = Steuermann (griechisch)] (vgl. WIENER 1948*, WAGNER 1958, 1961*, VOGT 1956*, 1957, HASSENSTEIN 1957, HOHLWEG 1961, LASCHET, HOHLWEG u. BILZ 1961, KEIDEL 1961 u. a.). In der Endokrinologie sind zwei Prinzipe vertreten: der Halte- und der Folgeregler, letzterer wird auch als Servomechanismus bezeichnet.

Durch den *Halteregler* wird ein bestimmter Zustand, der Sollwert der Regelgröße, möglichst stabil gehalten. Die Konstanz des Elektrolytgehaltes im Plasma oder des Blutzuckers sind das Ergebnis derartiger hormonaler Halteregler.

Der *Folge- oder Nachlaufregler* (Prinzip der Rückkoppelung, push and pull principle, Feed-back-Mechanismus) paßt dagegen die Hormoninkretion einem jeweils wechselnden Bedarf an. Dieses Prinzip trifft auf das Gonadal-, Interrenal- und Thyreoidal-Endocrinium zu, also auf jene Systeme, die durch hypophysäre Tropine stimuliert werden. Die Steuerung der stoffwechselregulierenden Interrenalfunktion ist hierfür beispielhaft und auch am besten untersucht worden (vgl. die klassischen Experimente von INGLE, HIGGINS u. KENDALL 1938, SAYERS u. SAYERS 1948, SYDNOR et al. 1954, 1955 u. v. a.). So bewirkt der erhöhte Energiebedarf bei körperlicher Belastung eine momentane Abnahme der jetzt vermehrt benötigten Corticosteroide aus der Zirkulation. Nach dem Prinzip des Folgereglers wird die Drüsentätigkeit auf den erhöhten Hormonbedarf durch verstärkte Stimulation eingestellt. Das zeitweilige Absinken der Corticosteroid-Konzentration im Blut stellt also für die adrenocorticotrope Partialfunktion des Hypophysenvorderlappens den adäquaten Reiz zu vermehrter ACTH-Synthese und -Inkretion dar. Andererseits wird die Nebennierenrinden-Funktion auf die Beendigung der Belastung dadurch angepaßt, daß die zunächst noch reichlich zirkulierenden Corticosteroide die ACTH-Inkretion wieder auf das erforderliche Maß zurückdrängen. Die periphere Drüse reguliert jetzt also das Zentrum und über dieses sich selbst.

Das adreno-genitale Syndrom (AGS) bietet ein geradezu klassisches Beispiel für Regulation, Angriffspunkte, Störungsmodus und funktionelle Therapie: Dem Leiden liegt ein angeborener Mangel an 21-Hydroxylase (oder 11-Hydroxylase) zugrunde (EBERLEIN u. BONGIOVANNI 1955, JAILER et al. 1955, REIFENSTEIN 1956 u. a.). Dieses Enzym vermittelt die Biosynthese des Cortisol. Wird der Syntheseweg durch Blockierung des Enzyms unterbrochen, so werden einerseits nur bestimmte, androgen wirksame Vorstufen (z. B. 17α-Oxyprogesteron) abgegeben, die die Virilisierung dieser Kranken verursachen. Andererseits kommt es aber auch infolge einer unzureichenden Züglerwirkung zu einer Enthemmung der hypophysären ACTH-Abgabe. Das Nebennierenrinden-Parenchym reagiert darauf mit Hyperplasie und zunehmender Androgenbildung. Durch Zufuhr von Cortisol wird sowohl dem Mangel an diesem wichtigen Stoffwechselhormon abgeholfen als auch die ACTH-Ausschüttung zurückgedrängt, womit die Androgenbildung auf normale Werte absinkt (WILKINS u. Mitarb. 1950, 1955).

Ein weiteres klinisches Beispiel für diese reziproke Abhängigkeit der ACTH-Abgabe von der Corticosteroid-Konzentration im Blut stellt die kompensatorische Hypertrophie der einen Nebenniere nach Zerstörung oder Exstirpation der anderen dar bzw. die Atrophie des einen bei tumoröser Veränderung des anderen Interrenalorgans. Parabiose- und Exstirpationsversuche bestätigen diese Beobachtungen.

Außer dieser Steuerung über hypophysäre Glandotropine vermögen auch Stoffwechselkomponenten bestimmte Inkretorgane in ihrer Funktion zu beeinflussen (Funktionskreis: periphere Inkretdrüse-Metaboliten). Diese fein abgestimmten Korrelationen werden durch das Prinzip des Haltereglers garantiert. So regt beispielsweise eine Hyperglykämie die Inselfunktion an, während diese bei Senkung der Blutzuckerkonzentration sistiert. Es ist experimentell erwiesen, daß dieser Effekt auf humoralem Wege zustande kommt. Die Funktion der Epithelkörperchen wird durch den Calcium- und Phosphatgehalt des Blutes eingestellt.

Andere periphere Inkretdrüsen unterliegen sowohl der hypophysären als auch einer metabolischen Regulation: Die Schilddrüsenaktivität wird außer über die Adenohypophyse auch direkt durch Jodide beeinflußt. Die Aldosteron-Inkretion der Nebennierenrinde kann sowohl durch ACTH als auch durch den Kalium/Natrium-Quotienten bzw. durch das Volumen des extracellulären Flüssigkeitsraumes gesteuert werden.

Im Regelvorgang spielt zweifellos auch das Erfolgsgewebe als Wirkungsfeld eine Rolle. Für das Ovarial-Endocrinium sind diese Beziehungen noch weitgehend spekulativ. Ich werde an anderer Stelle auf sie eingehen (s. S. 59f.).

Ein biologisches Reglersystem reagiert auf Änderungen des Istwertes mit einer gewissen Verzögerung. Es resultieren daraus Regelschwingungen. Spontane Blutdruckschwankungen sind dafür charakteristisch. Die Ausschlaggröße dieser Regelschwingungen ist zum Teil abhängig von der Reagibilität der Funktionsglieder. Ist diese herabgesetzt, so können derartige Schwingungen zu groben pathologischen Abweichungen der Systemfunktion führen. Auch für die Pathogenese der Ovarial-Insuffizienz haben sie möglicherweise eine Bedeutung.

b) Tierexperimentelle Untersuchungen

Die *Bedeutung hypophysärer Wirkstoffe für die Ovarialfunktion* ist von ZONDEK u. ASCHHEIM (1926, 1927, 1928, 1953*) aufgedeckt worden. Hypophysektomie, von ASCHNER 1912 erstmalig mit Erfolg durchgeführt, veranlaßt eine Atrophie der Ovarien. Es kommt zu einem Schwund der interstitiellen Zellen (SELYE, COLLIP u. THOMSEN 1933, ZONDEK 1953*, BURKL u. KELLNER 1954, FETZER et al. 1955, 1957, TONUTTI 1956*, WATZKA 1957*). Die mittleren und größeren Sekundärfollikel werden atretisch (SHEEHAN 1948, TONUTTI 1956*), während die Primärfollikel mit der Eizelle intakt bleiben (WEHEFRITZ u. GIERHAKE 1932, SMITH 1934, TONUTTI 1956* u.a.). Die Primär- und kleinen Sekundärfollikel sind demnach autonom (HISAW u. ASTWOOD 1942). Die weitere Entwicklung und Reifung des Eies, Wachstum und Transformation der Granulosa- wie der Thecaformationen und die gesamte inkretorische Leistung (LAMOND 1959) sind dagegen an die gonadotrope Funktion der Adenohypophyse gebunden. Nach Hypophysektomie geht die Reaktionsfähigkeit der Ovarien auf exogene Gonadotropine offenbar nicht verloren (JONES u. KROHN 1961). Diese Experimente sind allerdings von der Art der Präparate und der Dosis abhängig!

Nach Tierversuchen (Hund) führt erst der Verlust von mehr als drei Viertel der Adenohypophyse zu nachweisbaren endokrinen Ausfällen, die zuerst den gonadalen Sektor betreffen (GANONG u. HUME 1956).

Follikel-Stimulierungshormon (FSH) (gewonnen aus Hypophysen von Pferd, Schwein oder Schaf) veranlaßt beim infantilen Tier das Wachstum der Follikel (SIMPSON u. VAN WAGENEN 1958). Ein gleicher Effekt soll auch beim hypophysenlosen Tier zustande kommen (LAWRENCE u. Mitarb. 1960, OPEL u. NALBANDOV 1961). Zur vollen Ausreifung der Eibläschen, zur Oestrogenbildung und für die Ovulation ist noch ein zweiter Faktor, das luteinisierende Hormon (LH bzw. ICSH), erforderlich (GREEP, VAN DYKE u. CHOW 1940—1942, COLE 1946*, HISAW 1947*, EVANS u. SIMPSON 1950*, JONES u. BALL 1962*).

Luteinisierungshormon (LH/ICSH), im allgemeinen aus Hypophysen von Schaf, Pferd oder Schwein gewonnen, stimuliert bei hypophysektomierten Affen (KNOBIL u. Mitarb. 1961) oder bei hypophysenlosen Ratten die interstitiellen Zellen (EVANS u. SIMPSON 1950*, WOODS u. SIMPSON 1961), d.h. ihre Atrophie nach Hypophysektomie wird behoben. Die LH-Wirkung wird durch gleichzeitige Gaben von FSH potenziert! Das optimale Verhältnis FSH:ICSH variiert von Species zu Species erheblich. Es soll bei Ratten etwa 10:1 betragen. Mit dieser Kombination kann auch die Ovulation induziert werden (OPEL u. NALBANDOV 1961, MORRIS u. NALBANDOV 1961, JONES u. BALL 1962*). Mit der Verabfolgung von HMG+HCG können bei geschlechtsreifen Affen multiple Ovulationen ausgelöst werden (SIMPSON u. VAN WAGENEN 1962). Im In-vitro-Versuch (Fragmente von Froschovarien) läßt sich durch hypophysäres ICSH und auch durch Wachstumshormon die Ovulation auslösen (BERGERS u. LI 1960)!

Bei intakten und hypophysektomierten Ratten wird die LH-Wirkung durch Oestrogen-Gaben ganz bedeutend unterstützt (sog. Priming-Effekt). Man nimmt an, daß Oestrogene die Ansprechbarkeit der Ovarien auf gonadotrope Hormone günstig beeinflussen (MEYER u. BRADBURY 1960). Dieser Effekt läßt sich auch in vitro an Kulturen von Follikeln und Gelbkörpergewebe beobachten (KULLANDER 1960).

Luteotropes Hormon (LTH) stimuliert die Morphokinese und endokrine Funktion des Corpus luteum (ASTWOOD 1941). Bestehende Gelbkörper werden mit LTH über längere Zeit vital gehalten (EVANS u. Mitarb. 1941, MOORE u. NALBANDOV 1955).

Von den *extrahypophysären Gonadotropinen* hat PMS eine FSH-ähnliche Wirkung, während HCG im Effekt dem LH zu vergleichen ist. Der Wirkungsmechanismus dieser Präparate ist allerdings ein anderer, daher sind bei hypophysenlosen Tieren wesentlich höhere Dosen erforderlich. Bei unreifen Ratten und Mäusen läßt sich mit höheren Dosen von PMS+HCG eine große Zahl von Ovulationen sowie auch Superovulationen erzielen (WILSON u. ZARROW 1958, EDWARDS u. FOWLER 1960, ZARROW u. WILSON 1961, CUNNINGHAM 1962, BLOCH 1963). Wenn PMS infantilen weiblichen Ratten in den Abschnitt der kleinzelligen Tuber-Kerne instilliert wird, hat das Präparat einen wesentlich höheren Wirkwert als bei subcutaner Applikation (ENGELHARDT 1956)!

Bei hypophysektomierten Rhesusaffen führt die Verabfolgung von FSH (Schwein) und HCG zur Ovulation (KNOBIL et al. 1959). Allerdings sind hierzu unverhältnismäßig hohe HCG-Dosen nötig! Bei hypophysektomierten Ratten bewirkt HCG allein eine Entfaltung der atrophierten interstitiellen Zellen (LEONHARD u. SMITH 1934, FETZER u. Mitarb. 1955). SIMPSON u. VAN WAGENEN (1957, 1958, 1962) konnten bei unreifen und reifen Affen mittels FSH bzw. HMG und HCG multiple Ovulationen erzielen. Je nach Herkunft des FSH-Präparates variierte die effektive Dosis und sein Verhältnis zu HCG. Ähnliche Untersuchungen waren schon früher unternommen worden (ENGLE 1933, 1934, ENGLE u. HAMBURGER 1935, HARTMANN 1938—1943 u.v.a.).

Der Effekt von hypophysären und extrahypophysären Gonadotropinen kommt auch zustande nach Transplantation von Ovarialfragmenten in die vordere Augenkammer und ist hier gut zu kontrollieren (SCHOCHET 1920, ALLEN u. PRIEST 1932, PODLESCHKA u. DWORZAK 1934, NOYES et al. 1958, MEYER 1961). Wird jedoch ein Ovar in situ belassen, dann verbleibt das Autotransplantat reaktionslos (LANE u. MARKEE 1941, MEYER 1961)!

Nach In-vitro-Versuchen soll PMS die ovarielle Synthese von Δ^4-Androstendion fördern und Gelbkörpergewebe (Rind) zur Progesteronbildung stimulieren (SUAREZ-SOTO u. LEGAULT-DÉMARE 1960). Eine Bestätigung dieser Ergebnisse ist mir nicht bekannt.

Mittels Mikroangiographie konnte bei Kaninchen unter HCG-Gaben die Steigerung der ovariellen Durchblutung zur Darstellung gebracht werden. Es kommt insbesondere zu einer Dilatation der feineren Blutgefäße (BELLMANN u. ENGFELDT 1955). PMS-HCG erhöhen den Blutstrom durch das Ovar um etwa das Doppelte (ODEBLAD et al. 1956).

Zusammenfassung. Bei hypophysektomierten Tieren bewirkt hypophysäres FSH ein Wachstum der jungen Follikel. Oestrogenbildung, endgültige Ausreifung der Follikel und die Ovulation werden erst durch Mitwirkung eines zweiten Faktors, des luteinisierenden Hormons (LH/ICSH), erreicht. LH allein veranlaßt die Wiederentfaltung der nach Hypophysektomie atrophierten Thecazellen. LTH unterhält die inkretorische Funktion des Gelbkörpers und kann sein Bestehen über ein Vielfaches der physiologischen Lebensdauer verlängern.

FSH allein hat also keinen Einfluß auf die inkretorische Leistung und die Ovulation. LH allein stimuliert nicht die Follikelreifung. LTH allein wirkt nicht auf die Morphokinese der übrigen Ovarialstrukturen.

Von der Ovarialfunktion aus betrachtet, lassen sich die kausalen Beziehungen folgendermaßen zusammenfassen (vgl. TONUTTI 1956*):

Die *Follikelreifung* wird durch FSH eingeleitet und durch den zusätzlichen Einfluß von LH zum Abschluß gebracht.

Entfaltung der Theca und Oestrogenbildung sind im wesentlichen der Wirkung von LH zuzuschreiben.

Die *Ovulation* wird durch das Zusammenwirken von FSH und LH ausgelöst. Je nach Species müssen entweder beide Faktoren in einem bestimmten, spezifischen Verhältnis gegenwärtig sein, oder es genügt ein LH-Schub nach Vorbereitung durch FSH.

Die *Luteinisierung* der Granulosa geschieht unter LH-Einfluß. Voraussetzung ist eine genügende celluläre Ausreifung durch FSH.

Die *Progesteronbildung* wird nach entsprechender Vorbereitung durch LTH eingeleitet und unterhalten.

PMS ähnelt im Wirkungsansatz dem FSH, HCG entspricht etwa dem LH. Im Wirkungsmechanismus besteht aber ein Unterschied zwischen den hypophysären und extrahypophysären Gonadotropinen. Letztere sind erst in wesentlich höheren Dosen bei hypophysektomierten Tieren effektiv! Das Versuchstier reagiert offenbar am empfindlichsten auf Gonadotropine, die aus Hypophysen der eigenen Species gewonnen wurden. Es ist aber möglich, daß diese Wirkungsunterschiede auf die Präparation und die Antikörperbildung zurückzuführen sind.

Die Wirkung der eigenen hypophysären Gonadotropine sowie die Beeinflussung der Hypophysenfunktion durch Pharmaka und Hormone wurden vielfach mit Hilfe der Versuchsanordnung von LIPSCHÜTZ (1946) untersucht: Weiblichen Kaninchen, Meerschweinchen, Ratten oder Mäusen wird nach Kastration ein Ovar in die Milz implantiert. Nach erfolgter Vascularisation steht das Implantat unter hypophysärem Einfluß. Da aber die Ovarialhormone über die Vena lienalis dem Pfortaderkreislauf zugeleitet und in der Leber inaktiviert werden, unterbleibt die regulative Rückwirkung auf das Zentralsystem. Es kommt wie nach einer einfachen Kastration zu einer ungehemmten, übersteigerten Abgabe von Gonadotropinen, die eine Überstimulierung des Milzovars mit Ausbildung von zahlreichen großen hämorrhagischen Follikeln verursacht. Nach längerer Versuchsdauer können sich, wie LIPSCHÜTZ und seine Mitarbeiter sowie zahlreiche andere Untersucher beobachteten, Granulosazelltumoren, Luteome und Androblastome entwickeln (BISKIND u. BISKIND 1944, MARDONES et al. 1955, KULLANDER 1956*, 1957, FLERKÓ u. ILLEI 1957, LIPSCHÜTZ u. CERISOLA 1962). Diese Tumoren sollen verschwinden, wenn die Tiere später hypophysektomiert werden (FELS u. FOGLIA 1960).

Der *Einfluß der Ovarialhormone auf das Zentralsystem* ist sehr eingehend experimentell untersucht worden (neuere zusammenfassende Darstellungen bei EVERETT 1948, EVANS u. SIMPSON 1950, OBER 1952, ABDERHALDEN 1952, ELERT 1953, HOHLWEG 1953, TONUTTI 1956, SULMAN 1958—1960, SULMAN u. STEINER 1959, EVIATAR et al. 1961, SULMAN u. DANON 1963, JONES u. BALL 1962).

Kastration bewirkt Enthemmung des Zentralsystems (vgl. Lipschütz-Versuch). Es resultiert eine übersteigerte Bildung und Abgabe von Gonadotropinen (besonders von FSH, GANS 1959) verbunden mit einer Hypertrophie der Adenohypophyse. In ihr treten sog. Kastrations- oder Siegelringzellen auf (HOHLWEG u. DOHRN 1932, SEVRINGHAUS 1938, ROMEIS 1940*, HELLBAUM u. Mitarb. 1961). Die Hypophysen kastrierter Ratten enthalten das drei- bis fünffache an FSH und LH gegenüber den Kontrolltieren (PAESI u. Mitarb. 1955, COZENS u. NELSON 1961 u. a.). Die Kastrationsfolgen können durch Oestrogen-Zufuhr rückgängig gemacht werden (HOHLWEG 1953*). Dieser Effekt läßt sich gut im Parabioseversuch verfolgen (MIYAKE 1961). Die Oestrogenwirkung kommt ebenfalls zustande, wenn die direkte Verbindung zwischen Hypothalamus und Adenohypophyse unterbrochen ist, so z.B. nach Transplantation der Adenohypophyse in die vordere Augenkammer (MARTINS 1936) oder nach Durchtrennung des Hypophysenstieles (UOTILA 1940)! Die Oestrogene üben demnach auch einen *direkten* Einfluß auf die Adenohypophyse aus!

Beim intakten Tier entwickelt sich unter einer *hochdosierten, langfristigen Oestrogenverabfolgung* Funktionsruhe und Atrophie der Ovarien. Es wird zuerst die FSH-, danach auch die LH-Bildung gehemmt (FEVOLD et al. 1936, 1946, ELERT 1953*, GANS 1959, HOHLWEG 1961, BEYLER u. POTTS 1962, GANS u. VAN REES 1962 u. a.). Wahrscheinlich kommt außerdem auch eine gestaffelte Hemmung von TSH und STH zustande (VOSS 1955).

Kurzzeitig verabfolgte, physiologische Oestrogen-Dosen bewirken dagegen eine vermehrte LH-Abgabe und damit die Bildung von Corpora lutea (sog. Hohlweg-Effekt, s. S. 12) (GANS u. VAN REES 1962, JONES u. BALL 1962*). Angeblich kommt dieser Effekt auch nach Durchtrennung des Hypophysenstieles zustande (vgl. HOHLWEG 1953*, WESTMAN 1953)! Dieser Versuch ist ein weiterer Hinweis dafür, daß Oestrogene auch direkt die Hypophysenfunktion zu beeinflussen vermögen. Nach Untersuchungen von WOLTHUIS (1963) veranlassen physiologische Oestrogen-Dosen bei der Ratte eine Steigerung der LTH-Bildung und -Inkretion.

Oestrogene üben außerdem einen unmittelbaren Effekt auf die Ovarien aus: Nach Hypophysektomie bewirken sie eine Vergrößerung der Follikel, eine Steigerung der Mitoserate der Granulosazellen und begünstigen die Ansprechbarkeit gegenüber exogenem FSH (vgl. TONUTTI 1956*, INGRAM 1959, CROES-BUTH, PAESI u. DE JONGH 1959, FALCK 1959, BRADBURY 1961, SMITH 1961 u.a.). Ein lokaler Effekt wird auch den Androgenen zugesprochen (BRADBURY 1961, JUNKMANN 1962), deren Bildung für das Ovar sichergestellt ist. Oestrogene beeinflussen die Entwicklung und Lebensdauer der Gelbkörper. Letztere kann durch sie auf das Doppelte verlängert werden (WESTMAN u. JACOBSOHN 1937).

Progesteron (hohe Dosierung) hemmt die gonadotrope Hypophysenfunktion. Diese Wirkung ist allerdings nicht so ausgeprägt wie die von Oestrogenen. ROTHCHILD (1962) schließt aus seinen Versuchen, daß Progesteron nur die Freigabe, nicht aber die Bildung von FSH und LH verhindert. Synthetische Norgestagene erwiesen sich als wesentlich wirkungsvoller als das genuine Hormon (s. S. 12 u. 26 f.). Die progesteroneigene Hemmwirkung auf die LH-Abgabe soll durch eine Oestrogen-Vorbehandlung erheblich potenziert werden können (McCann 1962). Offenbar sensibilisieren Oestrogene das Zentralsystem gegenüber dem LH-hemmenden Einfluß von Progesteron. Wenn im Lipschütz-Versuch Progesteron zugeführt wird, verstärkt sich die Ausbildung der Blutfollikel; Oestrogen-Gaben führen dagegen zur Gelbkörperbildung (Flerkó u. Illei 1957). Progesteron kann die durch FSH vorbereitete Gelbkörperbildung verhindern.

Diese Ergebnisse können dahingehend interpretiert werden, daß Oestrogene die FSH-Inkretion hemmen, die LH-Abgabe dagegen fördern. Progesteron begünstigt die FSH-Freigabe und drosselt die LH-Inkretion.

In *niedriger Dosierung* bewirkt Progesteron dagegen eine gesteigerte Abgabe von FSH, LH und LTH (Kraul 1931, 1932, Ehrhardt u. Funke 1938, Tscherne 1938, Everett 1948, Wolthuis 1963). Dieser Progesteron-Effekt wird durch Beigabe von Oestrogenen verstärkt (Everett 1948). Wahrscheinlich wird das Zentralsystem durch physiologische Quanten von Oestrogenen und Gestagenen sensibilisiert. Es ist bekannt, daß derartige Hormongaben die provozierte Ovulation begünstigen. Durch Verabfolgung von Progesteron kann bei Affen, Kaninchen und anderen Versuchstieren mit erheblicher Sicherheit die Auslösung der Ovulation erreicht werden (Pfeiffer 1950, Sawyer et al. 1950). Sie gelingt auch dann, wenn Progesteron in die Gegend der Tuber-Region instilliert wird (Ralph u. Fraps 1960)! Dieser Progesteron-Effekt bleibt hingegen aus, wenn vorher die ventromediale Region des präoptischen Hypothalamus elektrolytisch zerstört wurde (Ralph u. Fraps 1959)! Interessanterweise vermag Progesteron aber auch im In-vitro-Versuch (Ovarialfragment von Rana pipiens) die Ovulation zu induzieren (Bergers u. Li 1960). Es muß daher angenommen werden, daß hier (auch) lokale Einwirkungen mitspielen.

Wahrscheinlich ist Progesteron auch physiologischerweise ein obligater Faktor für das Zustandekommen der Ovulation, da es schon kurz vorher vom sprungreifen Follikel gebildet wird (Duyvené de Wit 1942, Hoffmann u. v. Lám 1948, Forbes 1950). Kleine Dosen von Oestrogenen und Progesteron provozieren auch die Abgabe von LTH (Ahrén 1961).

c) Klinische Untersuchungen

Wieweit die tierexperimentellen Ergebnisse auf die menschliche Physiologie übertragbar sind, ist schwer zu beurteilen. Im allgemeinen besteht beim Menschen keine so eindeutige endokrine Ausgangssituation, wie sie als Voraussetzung für Untersuchungen über regulative Rückwirkungen wünschenswert erscheint. Die Basis ist also in vieler Hinsicht unsicher. Konstitutionelle Eigenarten, psychische Faktoren und Umweltbedingungen verursachen eine erhebliche Streubreite der Resultate. Unser analytisch und experimentell gesichertes Wissen ist daher beschränkt.

Hypophysektomie führt auch beim Menschen zum Sistieren der Sexualfunktion. Dieser Eingriff wird insbesondere bei Patienten mit inkurablem Mamma-Carcinom durchgeführt, bei denen die inkretorischen Reaktionen genauer untersucht worden sind (K. H. Bauer 1949, Detrie 1953, Luft u. Olivecrona 1953, 1955, 1957, 1958, Tönnis 1955, R. Nissen Meyer 1956, Escher et al. 1958, Jessiman et al. 1959, Wilson et al. 1960 u.a.). Nach der Hypophysektomie sollen die Patienten noch durchschnittlich 5,8 Tage Gonadotropine mit dem Harn ausscheiden (Blackburn u. Mitarb. 1956). Es wurde für möglich gehalten, daß der

Trichterlappen Gonadotropine zu bilden vermag (BERBLINGER 1941) und damit vikarriierend für die Pars distalis (intraselläre Hypophyse) eintreten kann (TÖNNIS u. Mitarb. 1954, ENGELHARDT 1956). Von ROMEIS (1940*) wurde diese Möglichkeit abgelehnt.

Eine *Nekrose der Hypophyse* wird bei entsprechender Ausdehnung ebenfalls von einem kompletten Verlust der Ovarialfunktion gefolgt (SIMMONDS 1914, 1916, 1918, REYE 1926, 1928, SHEEHAN u. Mitarb. 1937—1961). Sie tritt meistens postpartal auf. Histologisch fand SHEEHAN (1957*) in den Ovarien keine Graafschen Follikel, während die Primordialfollikel erhalten bleiben. Auffällig ist aber, daß von 43 Patientinnen mit „vollständiger" Schädigung der Adenohypophyse zwei Patientinnen später noch einmal schwanger geworden sind (SHEEHAN 1957*). Diese Beobachtung bestätigt die auch im Tierexperiment (GANONG u. HUME 1956) gemachte Erfahrung, daß kleinste Reste der Adenohypophyse die Funktion der abhängigen endokrinen Drüsen bis zu einem gewissen Grade aufrechterhalten können (vgl. FASSBENDER 1957*).

Die Hypophyse kann ferner durch *Tumoren*, insbesondere durch Kraniopharyngiome, weitgehend zerstört werden. Sie sollen 4,3% aller intrakranieller Tumoren ausmachen. Ausgangsgewebe ist meist der Trichterlappen. Die Rückwirkungen auf das Endocrinium entsprechen denen nach Hypophysektomie (FASSBENDER 1956*, MARTIN u. WILKINS 1958). Kraniopharyngiome können aber auch die intraselläre Hypophyse gänzlich verschonen, und dennoch kommt es zum Verlust der Sexualfunktion, der mit einer Beeinträchtigung der Tuber-Region und Unterbrechung der Verbindung zur Adenohypophyse erklärt wird (SPATZ 1955*). Eine mehr umschriebene Läsion veranlassen sog. Granulationsgeschwülste (entzündliche Reticulosen), die den markarmen Hypothalamus bevorzugen und regelmäßig zu schweren Genitalstörungen Anlaß geben (vgl. SPATZ 1955*).

Der *lokal verursachte*, isolierte, komplette Ausfall nur einer Partialfunktion der Adenohypophyse ist wahrscheinlich selten (MADDOCK et al. 1953, MORANDI et al. 1957). Dagegen wird klinisch die mangelhafte Abgabe eines einzelnen hypophysären Hormons infolge einer *hypothalamischen* Insuffizienz sehr viel häufiger beobachtet (z.B. Hypogonadotropismus oder Hypothyreotropismus, PASCHKIS u. RAKOFF 1955*) (vgl. Teil IV u. V).

Der Einfluß exogener Gonadotropine bei Insuffizienz des Ovarial-Endocrinium wird später (s. Teil III u. V) ausführlich besprochen werden. Die klinischen Bedingungen erlauben es im allgemeinen nicht, den direkten Effekt des verabfolgten Gonadotropins auf das Ovar exakt zu beurteilen, da er unter anderem durch die inkretorische Funktion der Hypophyse beeinflußt werden kann.

Entsprechende Untersuchungen bei hypophysektomierten Patientinnen sind eine Rarität. APOSTOLAKIS, BETTENDORF u. VOIGT (1962) behandelten eine 20jährige Frau, bei der 7 Monate vorher wegen eines Kraniopharyngioms die Hypophyse entfernt werden mußte. Verabfolgt wurde ein aus menschlichen Hypophysen gewonnener Gonadotropin-Komplex in Tagesdosen von 1600 HMG-Einheiten (1. Kur zu 10 Tagen) bzw. von 700 HMG-Einheiten (2. Kur zu 15 Tagen). Bei der zweiten Behandlungskur konnte ein Anstieg der Pregnandiol-Werte bis auf 3 mg/die beobachtet werden. Eine Gelbkörperbildung (nach Ovulation?), zumindest aber eine ausgeprägte Luteinisierung der Granulosa- und Thecaformationen darf nach diesen Werten angenommen werden.

Einfluß der Ovarialhormone. Auch beim Menschen wird die Gonadotropin-Inkretion nach *bilateraler Oophorektomie* enthemmt (PHILIPP 1931, HOWARD et al. 1956, LORAINE 1957, TAYMOR 1963). In der Adenohypophyse lassen sich als Kastrationsfolge eine Vermehrung und Vergrößerung der α-Zellen nachweisen. Dagegen treten keine „Kastrationszellen" auf (RÖSSLE 1914, CLAUBERG 1936*,

ROMEIS 1940*, BERBLINGER 1942). Die chromophoben und basophilen Zellen sollen an Zahl abnehmen. Die Hypophyse gewinnt an Gewicht (SELYE 1949). Die Werte der Harngonadotropine (besonders FSH) steigen steil an. Durch Zufuhr von Oestrogenen und Norgestagenen kann die überhöhte Gonadotropin-Ausscheidung gedrosselt werden (RUST 1950, HOWARD et al. 1956, LORAINE 1957).

Der *Einfluß der Sexualsteroide* auf die gonadotrope Hypophysenfunktion wird sehr wahrscheinlich über den Hypothalamus vermittelt. Experimentelle Untersuchungen mit Norgestagenen wurden daher bereits besprochen (s. S. 26 f.). Das biologische Grundexperiment stellt die Schwangerschaft dar. Die erwiesene Bildung von Oestrogenen und Gestagenen durch die Placenta (vgl. ZANDER 1957*) verursacht eine starke Hemmung der hypophysären Gonadotropin-Bildung.

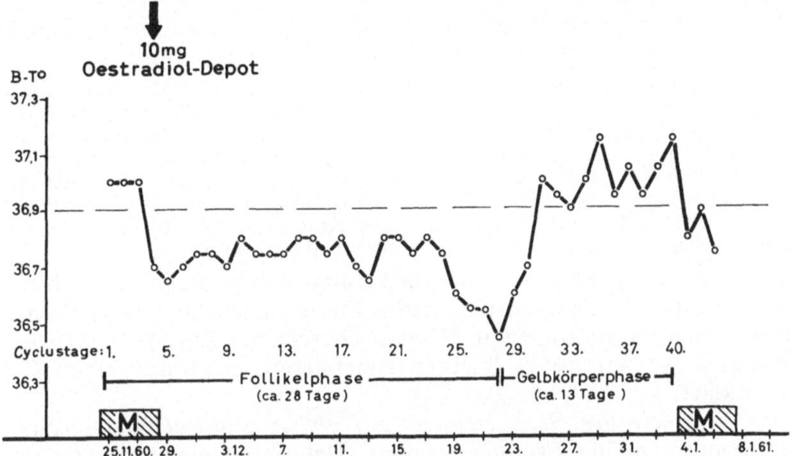

Abb. 24. Verschiebung des Ovulationstermins um etwa 14 Tage durch Verabfolgung von 10 mg Oestradiolvalerianat am 4. Cyclustag (Pat. H. P., 21 Jahre, 171 cm/66 kg, Polymenorrhoe: 21 Tage/3—5 Tage lang)

PHILIPP (1929, 1930, 1938, 1953, 1956) schloß aus eigenen experimentellen Untersuchungen, daß die menschliche Hypophyse in der zweiten Schwangerschaftshälfte keine Gonadotropine enthält. Die cyclische Ovarialfunktion sistiert. Die endokrinen Anforderungen werden so weitgehend von der hormonalen Funktion der Placenta gedeckt, daß beim Menschen die Schwangerschaft nicht nur eine frühzeitige Entfernung beider Ovarien (vgl. OETTLE 1952), sondern auch die Hypophysektomie (KAPLAN 1961) schadlos übersteht. Vergleichbare funktionelle und morphokinetische Reaktionen lassen sich experimentell mit Sexualsteroiden entsprechender Dosierung erzielen.

Die gonadotrope Hypophysenfunktion kann partiell durch Verabfolgung von Oestrogenen oder Gestagenen fördernd oder hemmend beeinflußt werden (vgl. die Übersichten von KOTZ u. HERRMANN 1961 sowie von SWYER 1963). Progesteron hemmt die Follikelreifung. Mit hohen Progesterondosen (20 mg/die) läßt sich die Ovulation verschieben (BICKENBACH u. PAULIKOWICS 1944). Das gleiche gelingt, wenn am Anfang des Cyclus Oestrogene verabfolgt werden (s. Abb. 24) (vgl. KAISER u. Mitarb. 1956, 1962).

Bei Kastratinnen wird die überhöhte Gonadotropin-Ausscheidung durch Progesteron in einer Dosierung von 100 mg/die nicht eindeutig gedämpft (SMITH u. ALBERT 1956, 1958), während Tagesdosen von >100—400 mg die Gonadotropin-Werte senken (ROTHCHILD 1957).

Mit niedrigen Oestrogen-Dosen oder einer einmaligen intravenösen Oestrogen-Verabfolgung (20 mg Oestronsulfat) bei anovulatorischen Cyclen läßt sich die

Ovulation auslösen (BROWN, BRADBURY u. JUNGK 1953, KUPPERMAN u. Mitarb. 1958, FOUKAS 1962). Von PROBST u. BELLER (1961) wurden diese Erfahrungen nicht voll bestätigt.

Oestradiol und Stilboestrol verursachen in Tagesdosen über 1 mg eine Depression der Harngonadotropine (BUCHHOLZ 1959, ROTHAUGE, WELLER u. SCHUCHARDT 1963), während unter niedrigeren Dosen (0,1 mg Stilboestrol täglich) die Ausscheidungswerte ansteigen (SMITH u. ALBERT 1955)! Das Prinzipielle dieser Beobachtungen, die Förderung der Gonadotropin-Abgabe durch kleine und die Bremsung durch größere Oestrogen-Dosen, wurde von ROSEMBERG u. ENGEL (1960) analytisch bestätigt. Nach kurzfristiger Oestrogen-Zufuhr sollen die acidophilen und chromophoben Zellen der Adenohypophyse Zeichen vermehrter Aktivität erkennen lassen.

Auch beim Menschen läßt sich mit Cortison oder Cortisol die Follikelreifungsphase normalisieren (JONES et al. 1953).

Kürzlich konnte GREENBLATT (1961, 1962) berichten, daß Chloramiphen, ein dem nichtsteroidalen Chlorotrianisen strukturell nahestehendes Präparat, eine die Ovulation fördernde Wirkung ausübt. Chloramiphen hat wirkungsmäßig keine Beziehungen zu den Sexual- oder Corticosteroiden. Dennoch begünstigt oder reguliert es die Gonadotropin-Abgabe. Diese Erfahrung wurde von verschiedener Seite bestätigt (CHARLES et al. 1963, KAISER 1963, ZANDER u. BUNTRU 1963 u.a.). Über den Ort des Angriffes herrscht noch Unklarheit. Auch mit Kallikrein soll bei der Frau eine Auslösung der Ovulation möglich sein (IGARASHI u. Mitarb. 1962).

Ob Progesteron auch bei der Frau die Ovulation begünstigt, ist nicht erwiesen (GARCIA et al. 1960). Daß vorher sterile Frauen nach längerer Belastung mit Progesteron oder Norgestagenen (ROCK, GARCIA u. PINCUS 1957) oder mit Oestrogenen (IGARASHI 1957) leichter konzipieren, wird mit einer Rebound-Wirkung erklärt.

Direkte Einflüsse der Sexualsteroide auf die Ovarialfunktion sind in letzter Zeit auch beim Menschen studiert worden. Den Untersuchungen lag die Frage zugrunde, warum von zahlreichen heranwachsenden Follikeln nur einer zur vollen Sprungreife gelangt. Dieses Phänomen läßt sich schwerlich auf zentrale Einflüsse zurückführen. Fr. HOFFMANN (1961) injizierte bei Frauen mit normaler Sexualfunktion zwischen dem 5. und 9. Cyclustag ein Depot von 0,05 mg Oestradiol-Kristallsuspension unter die Tunica albuginea des einen Ovars und konnte damit eine Verschiebung der Ovulation um mehr als 7—9 Tage erzielen. Diese Wirkung des sehr kleinen Oestrogen-Depots wird offenbar nicht über das Zentralsystem erreicht, sondern mit einer direkten Drosselung der Follikelreifung erklärt. Der heranwachsende Follikel hemmt danach durch die eigene Oestrogenbildung das Wachstum der Begleitfollikel. Einen gleichen Effekt beobachtete HOFFMANN (1962) nach einer intraovariellen Eingabe von 1,0 mg Progesteron-Kristallsuspension während der 1. Cyclusphase.

d) Die inkretorische Leistung

Gonadotropine.
Hinweise zur *Methodik.* Zur Gewinnung der Harngonadotropine bei nichtschwangeren Frauen wird heute zumeist die Kaolinadsorption-Acetonfällungstechnik (LORAINE u. BROWN 1954, 1956, 1959, ALBERT 1956) benutzt. Die biologische Austestung erfolgt entweder an hypophysektomierten oder an intakten Mäusen oder Ratten (Übersicht bei APOSTOLAKIS 1960, 1961). Routineuntersuchungen führt man im allgemeinen an intakten Tieren aus. Zum Nachweis der *Gesamtgonadotropin-Aktivität* wird entweder der Mausuterustest (LORAINE u. BROWN 1956, 1959, APOSTOLAKIS 1959) oder der Rattenovartest (ALBERT 1956) verwendet. Die Ergebnisse werden auf ein Referenz-Präparat bezogen (Pergonal 23, HMG 20, HMG 20 A, HMG 24). Die Auswertung erfolgt nach statistischen Gesichtspunkten (BORTH u. Mitarb. 1957).

Die *LH-Aktivität* kann am Gewichtsanstieg des ventralen Prostatalappens hypophysektomierter, unreifer männlicher Ratten ermittelt werden (GREEP, VAN DYKE u. CHOW 1941, 1942). In letzter Zeit wurde eine immunologische Methode zur Bestimmung von menschlichem hypophysärem LH im Harn entwickelt (WIDE u. GEMZELL 1962).

Die *FSH-Aktivität* läßt sich mit Augmentationstesten (STEELMAN u. POHLEY 1953) ermitteln: Gemessen wird der Ovargewichtsanstieg intakter, weiblicher, unreifer Ratten oder Mäuse, denen man zusätzlich HCG im Überschuß zuführt. Es wird damit der FSH-Effekt auf das Ovar verstärkt.

Die bisherigen LTH-Nachweise (vgl. COPPEDGE u. SEGALOFF 1951) werden als noch nicht ausreichend verläßlich angesehen.

Über die Ausscheidungsverhältnisse während des mensuellen Cyclus geben die Untersuchungen von BUCHHOLZ (1957) einen guten Einblick (s. Abb. 25). Zugrunde liegen die Urinkollektive von 17 gesunden Frauen. Es wurden die Gesamtgonadotropin-Aktivität sowie die LH-Aktivität bestimmt.

BROWN, KLOPPER u. LORAINE (1958) stellten fest, daß die Gonadotropin-Ausscheidung in der 1. und 2. Cyclusphase durchschnittlich weniger als 10 HMG-Einheiten beträgt, dagegen aber bei den meisten Versuchspersonen in Cyclusmitte signifikant auf 13—40 HMG-E/die ansteigt (vgl. Abb. 32) (vgl. TAYMOR 1963). APOSTOLAKIS (1960, 1961) wies nach, daß der Gonadotropinspiegel im *Plasma* ebenfalls unter 10 HMG-E/100 ml liegt. Zur Zeit der Ovulation wurden bei einigen Frauen höhere Werte (bis 19 HMG-E/100 ml) gefunden. In der Postmenopause steigen die Plasmawerte auf durchschnittlich 32 HMG-Einheiten, die Urinwerte auf einen Durchschnitt von 76 HMG-Einheiten an (APOSTOLAKIS u. LORAINE 1960).

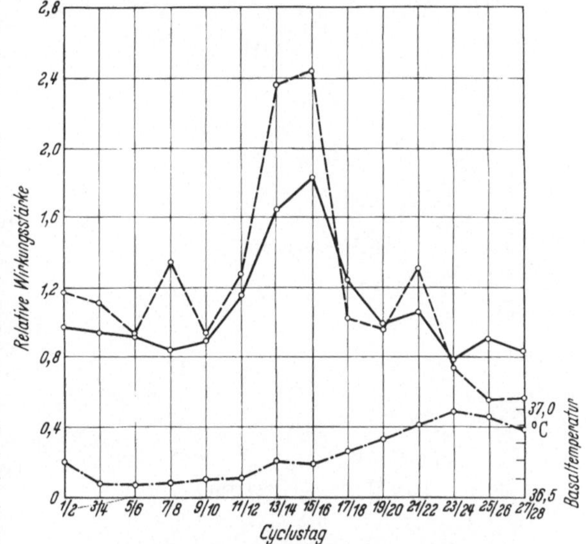

Abb. 25. Graphische Darstellung der relativen Wirkungsstärke der Aktivität der Gesamtgonadotropine (o———o) und des ICSH (o——o) an den einzelnen Cyclustagen. (Nach BUCHHOLZ 1957)

Die Fraktionierung der Harngonadotropine in FSH- und ICSH-Komponenten wurde von SEGALOFF u. STEELMAN (1959) mit Erfolg vorgenommen. MCARTHUR, WORCESTER u. INGERSOLL (1958) untersuchten während 17 normaler Cyclen getrennt die FSH- und LH-Ausscheidung. Sie konnten für beides einen Ausscheidungsgipfel um den 15. Tag vor Beginn der nächsten Regelblutung feststellen. Die Untersuchungen von WIDE u. GEMZELL (1962) ergaben ebenfalls einen steilen Gipfel der LH-Ausscheidung zur Zeit der Ovulation.

Oestrogene.

Bei der nichtschwangeren, nicht hormonell behandelten Frau wurden bisher außer den beiden primären Oestrogenen Oestradiol-17β und Oestron sowie dem Metabolit Oestriol im Urin weitere sechs Oestrogene (16-Epioestriol, 16,17-Epioestriol, 16α- und 16β-Oestron, Oestrandiol A und B) gefunden (Übersicht bei DICZFALUSY u. LAURITZEN 1961) (Formelbilder s. Abb. 26).

Für klinische Fragestellungen werden im allgemeinen nur die drei klassischen Oestrogene im Harn bestimmt. Den Hauptanteil bildet Oestriol. Als *Nachweis-*

methoden haben sich die Verfahren von BROWN (1955, 1957) und von ITTRICH (1958, 1960) als verläßlich bewährt.

Die Gesamtproduktion während des Cyclus soll etwa 5 mg betragen (DICZFALUSY u. LAURITZEN 1961*). Nach Berechnungen dieser Autoren bilden die

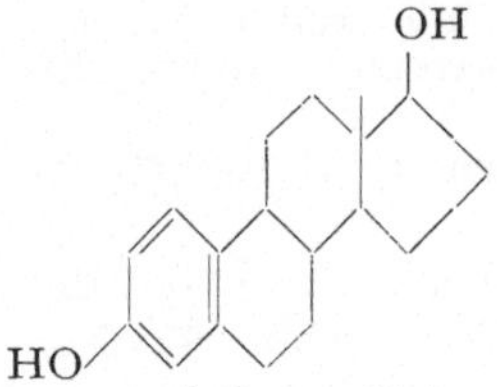

17β-Oestradiol

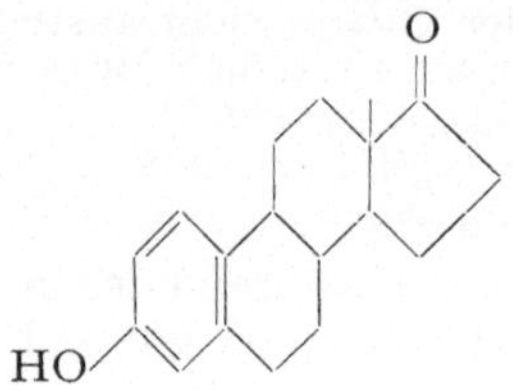

Oestron

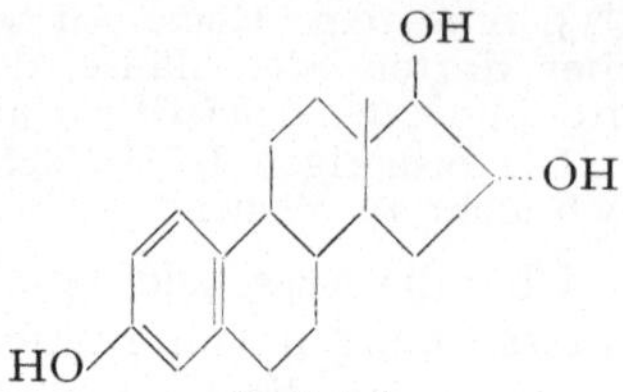

Oestriol

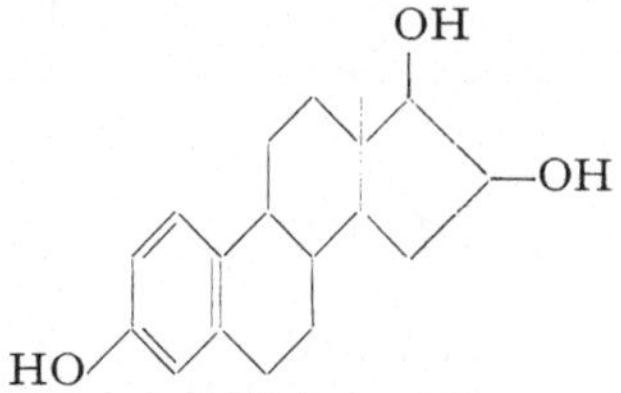

16-Epioestriol

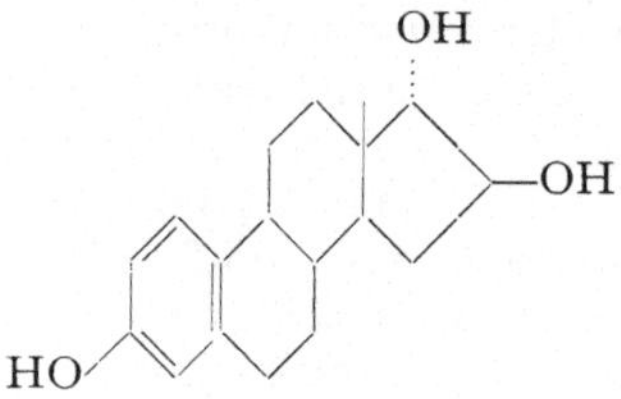

16,17-Epioestriol

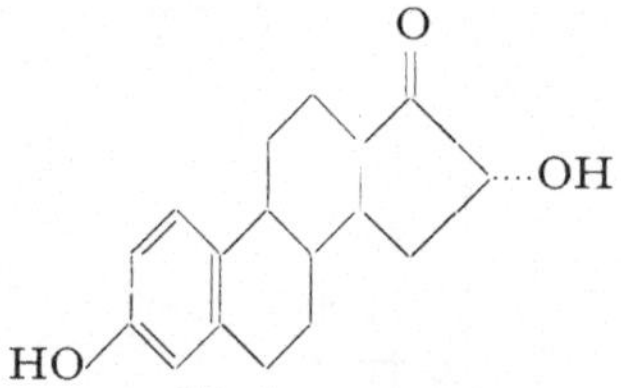

16α-Hydroxyoestron

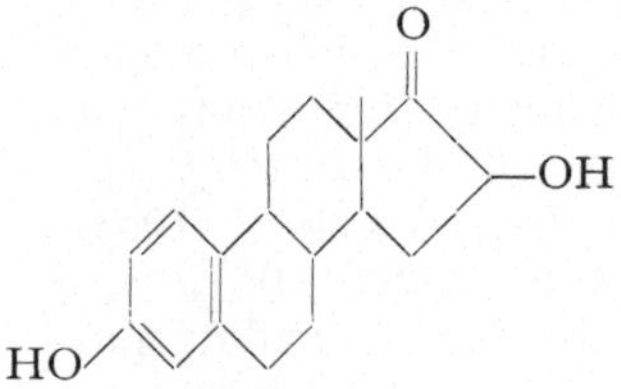

16β-Hydroxyoestron

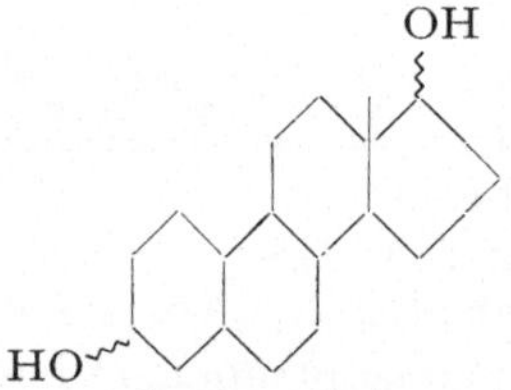

Oestrandiol

Abb. 26. Oestrogene im Harn nichtschwangerer und nicht hormonell behandelter Frauen

Ovarien je nach Cyclushälfte etwa 50—300 μg/die. Während der zweiten Cyclusphase wurde auf Grund der Gewebskonzentration und der Ausscheidungswerte eine Tagesproduktion von 200—300 μg errechnet (ZANDER u. Mitarb. 1959). Geringe Oestrogenmengen werden ständig auch von der Nebennierenrinde gebildet („Residualoestrogen") (BULBROOK u. GREENWOOD 1957). Unter ACTH-Verabfolgung steigt die interrenale Oestrogenbildung an (BROWN et al. 1959).

Das Ausscheidungsverhältnis zwischen Oestron und Oestradiol beträgt 2:1, dasjenige von Oestriol zu Oestron-Oestradiol etwa 1:1.

Die Werte der Gesamtoestrogene im Harn während des Cyclus gibt die Abb. 27 wieder. Die Mittelwerte und Streubereiche der drei klassischen Oestrogene finden sich auf Tabelle 7. Der Ovulationsgipfel von Oestriol tritt gegenüber dem der beiden primären Oestrogene etwa 24 Std später auf.

Die Beziehungen zwischen dem jeweiligen Endometriumbefund und den zeitlich entsprechenden Gesamtoestrogen-Werten gibt eine Aufstellung von BROWN u. Mitarb. (1959) wieder (s. Abb. 28).

Tabelle 7. *Oestrogenausscheidungs-Werte im normalen Cyclus in μg/die* [geometrische Mittelwerte und Vertrauensgrenzen ($p = 0{,}95$)]. (Nach BROWN u. Mitarb. 1957, entlehnt aus DICZFALUSY u. LAURITZEN 1961)

Cyclusphase	Oestron	17β-Oestradiol	Oestriol
Postmenstruelles Minimum	2,8 (0,2—7,2)	0,7 (—)	4,7 (1,9—11,4)
Ovulationsmaximum	20,1 (14,8—27,4)	7,9 (2,8—21,8)	30,9 (8,1—119,0)
Lutealmaximum	11,3 (5,1—25,0)	5,0 (2,1—10,6)	21,1 (5,0—89,0)

Gestagene.

Das Hauptausscheidungsprodukt von Progesteron bildet Pregnan-3α,20α-diol (Formelbilder s. Abb. 29). Weitere Endprodukte des Progesteron-Stoffwechsels sind Allopregnan-3α,20α-diol, Allopregnan-3β,20α-diol, Pregnan-3α-ol-20-on.

Zur *Bestimmung des Pregnandiolkomplexes* wird heute die Methode von KLOPPER, MICHIE u. BROWN (1955) am meisten angewendet. Die Empfindlichkeitsgrenze liegt bei 0,5 mg/die.

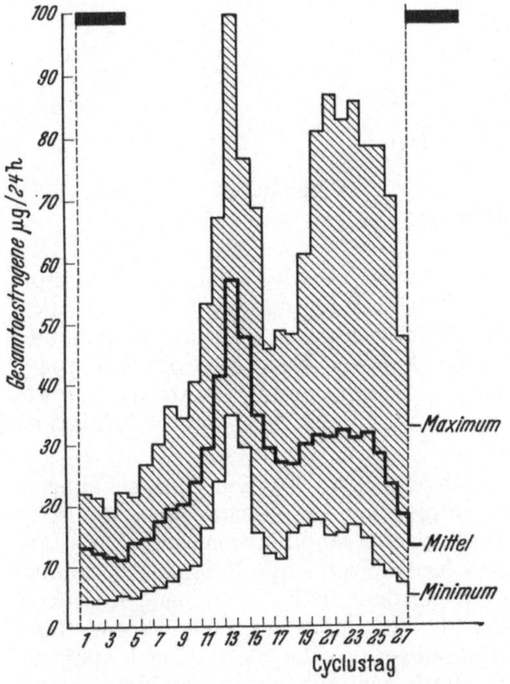

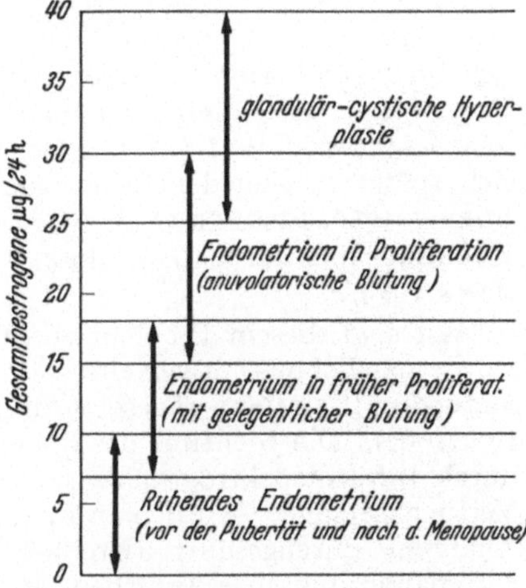

Abb. 27. Mittel, Maximum und Minimum der „Gesamtoestrogenausscheidung" 16 normal menstruierter Frauen im Alter zwischen 18 bis 41 Jahren. (Nach BROWN u. Mitarb. 1959, entlehnt aus DICZFALUSY u. LAURITZEN 1961)

Abb. 28. Beziehungen zwischen Oestrogen-Ausscheidung und Endometrium-Befund bei konstanten Ausscheidungswerten im Harn. (Nach BROWN u. Mitarb. 1959, entlehnt aus DICZFALUSY u. LAURITZEN 1961)

Die Progesteronbildung während des Cyclus beträgt nach den Untersuchungen von KAUFMANN, OBER, ZANDER u. Mitarb. (1953—1958) etwa 200—300 mg. Die Umwandlungsrate zu Pregnandiol wird auf etwa 12% veranschlagt (KLOPPER u. MICHIE 1956). Die Gesamtausscheidung an Pregnandiol während des Cyclus beträgt durchschnittlich 65,6 mg (HAMMERSTEIN 1962). Davon entstammt ein

Teil dem Stoffwechsel der Nebennierenrindenhormone. Unter ACTH-Belastung kommt es zu einem eindeutigen Anstieg der Pregnandiolwerte im Harn (KLOPPER et al. 1957, KELLER u. HAUSER 1960). Der „ovarielle" Anteil an der gesamten Pregnandiol-Ausscheidung ist nicht genau zu bestimmen. Der interrenale Beitrag soll relativ konstant sein und im Mittel 1,5 mg/die ($s = \pm 0,39$ mg) betragen (HAMMERSTEIN 1962). Die Ausscheidungswerte der neutralen C_{17}-Ketosteroide und 17-Hydroxycorticoide verändern sich im Verlaufe des mensuellen Cyclus nicht nennenswert (BORTH u. Mitarb. 1957, HUIS IN'T VELD 1960). Die durchschnittliche luteale Progesteronbildung wurde auf 200 mg/Cyclus berechnet.

Die Pregnandiol-Ausscheidung während der *Follikelphase* wird je nach Methodik unterschiedlich hoch angegeben. BORTH, LUNENFELD u. DE WATTE-VILLE (1957) konnten Pregnandiol nicht nachweisen. Dagegen werden mit der Methode von KLOPPER et al. (1955) durchschnittlich 1,5 mg/die gefunden (KLOPPER u. Mitarb. 1955, EBERLEIN u. Mitarb. 1958, HAMMERSTEIN 1962). Der Hauptanteil dieses „Basis- oder Residual-Pregnandiols" entstammt dem Stoffwechsel

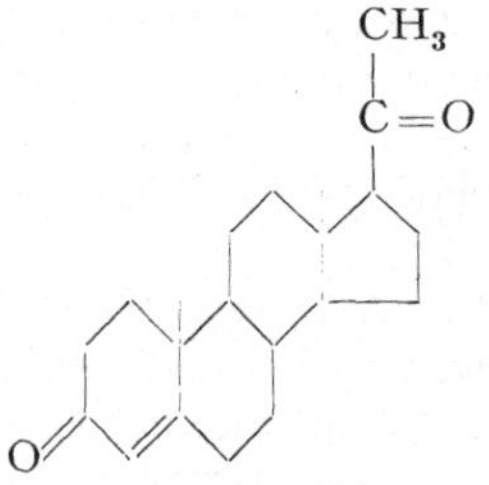

Abb. 29.

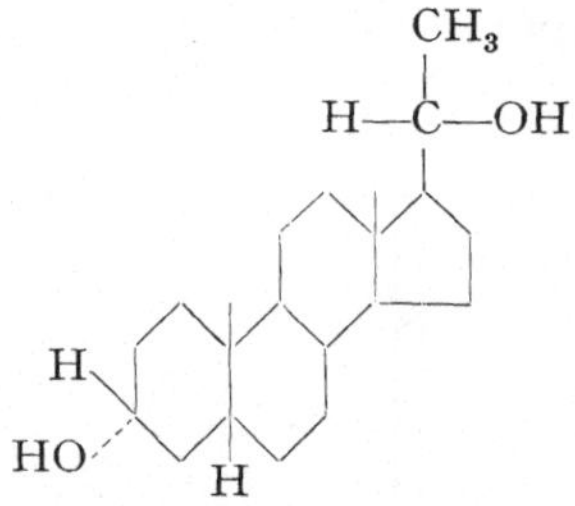

der Interrenalhormone. Aber auch das Ovar bildet schon vor der Ovulation Progesteron. Auf diese präovulatorische Progesteronbildung haben HOFFMANN u. v. LÁM schon 1941 (sowie 1948 und 1955) hingewiesen. Dieser Ansicht haben sich später verschiedene Untersucher angeschlossen (DUYVÉNE DE WIT 1942, FORBES 1950, FISCHER et al. 1952, DIBBELT u. BUCHHOLZ 1953, KAUFMANN 1953, BUCHHOLZ u. Mitarb. 1954, OBER, KLEIN u. WEBER 1954, ZANDER u. v. MÜNSTERMANN 1954).

Wir sind diesem Problem ebenfalls nachgegangen. Für die Untersuchungen wurde eine bei uns entwickelte, besonders empfindliche papierchromatographische Methodik (LIPP 1960) angesetzt, die später noch eine Modifikation erfuhr (SCHNEIDER 1961). Die Identität des gewonnenen Kristallisates mit Pregnandiol konnte durch Infrarotspektrographie sichergestellt werden. Bei vier eumenorrhoischen Versuchspersonen wurden während der 1. Cyclusphase täglich Pregnandiol-Analysen durchgeführt (Dreifach-Bestimmungen). Die Werte nach papierchromatographischer Aufarbeitung lagen alle bedeutend tiefer (zwischen 0,2 und 0,8 mg/die), als die nach alleiniger Verwendung der Methodik von KLOPPER et al. (1955) (vgl. Abb. 30). Ein erhöhter Verlust während des Arbeitsganges wurde durch Wiederauffindungsversuche ausgeschlossen (SCHNEIDER 1961). Bei den vier Versuchspersonen wurde 2—3 Tage vor dem wahrscheinlichen Ovulationstermin ein eintägiger Anstieg der Pregnandiol-Ausscheidung beobachtet (s. Abb. 30 u. 31).

Die *hormonalen Abläufe während des mensuellen Cyclus* werden von den Ausscheidungswerten der Gonadotropine und Ovarialsteroide im allgemeinen an-

nähernd genau wiedergege-
ben (vgl. Abb. 32).

Die Maximalwerte der
primären Oestrogene fallen
auf den 13., die von Oestriol
auf den 14. Tag des nor-
malen Cyclus. Diese Aus-
scheidungsgipfel entsprechen
zugleich dem Höhepunkt
der Gonadotropin-Ausscheidung. Dieser soll aber nie
vor dem der Oestrogene
liegen (BROWN u. Mitarb.
1958)! BROWN (1955) sieht
in der Oestrogen-Spitze einen
relativ sicheren Hinweis für
die Ovulation. Der luteale
Pregnandiolanstieg folgt
0—4 Tage nach dem Oestro-
gen-Maximum (BROWN et al.
1958, HAMMERSTEIN 1962)
bzw. zur Zeit oder kurz vor
Anstieg der Basaltempera-
tur. Der Höhepunkt der Pregnandiol-Ausscheidung wird
5 bis 9 Tage nach der Ovulation bzw. vor Menstru-
ationsbeginn erreicht (HAM-
MERSTEIN 1962, vgl. auch
LORAINE u. BELL 1963).

e) Der Prozeß der Ovulation

Die Ruptur des Follikels
ist sehr wahrscheinlich auf
einen enzymatischen Vor-
gang zurückzuführen. Die
Follikelflüssigkeit enthält
saure Mucopolysaccharide,
die präovulatorisch durch
eine Hyaluronidase depoly-
merisiert werden. Der An-
stieg des kolloidosmotischen
Druckes soll dann zum Fol-
likelsprung führen (ZACHA-
RIAE et al. 1958, 1959). Das
zur Gruppe der Hyaluroni-
dasen gehörende Ferment
soll unter dem Einfluß
des Luteinisierungshormons
stehen (SCHUBERT u. WOHL-
ZOGEN 1959).

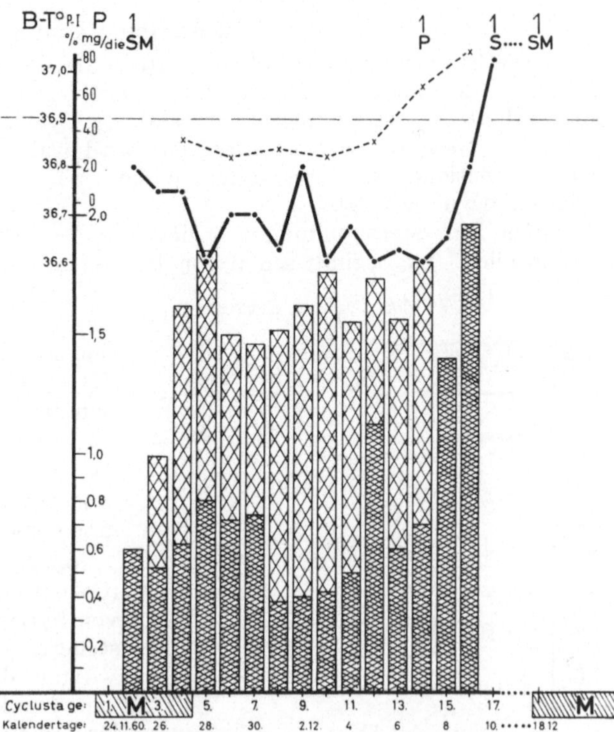

Abb. 30. Pregnandiol-Ausscheidung während der 1. Cyclusphase. Stabdiagramme: Enge Karierung = Werte nach Papierchromatographie.
Enge + weite Karierung = Werte nach Methode von KLOPPER et al. 1955

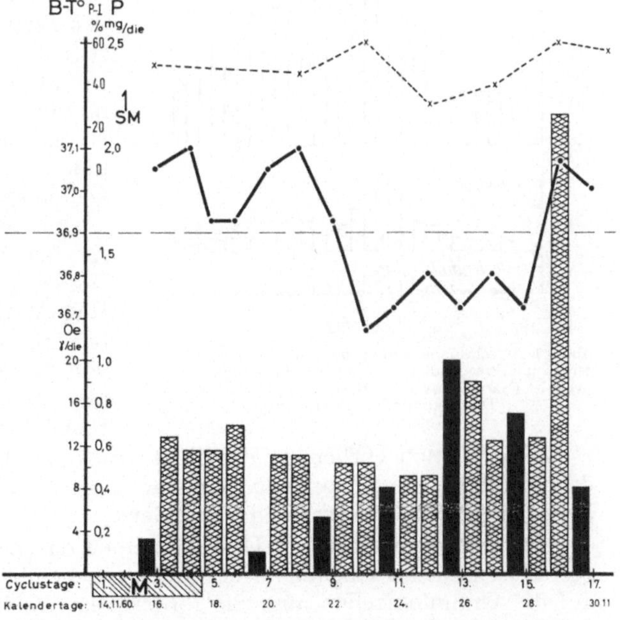

Abb. 31. Oestriol- und Pregnandiol-Ausscheidung während der 1. Cyclusphase. Stabdiagramme: Kariert = Pregnandiol-Werte nach
Papierchromatographie. Schwarz: Oestriol

f) Zusammenfassung

1. Die Entwicklung der Follikel läuft in drei Perioden ab. Das Wachstum der Primär- und kleinen Sekundärfollikel vollzieht sich autonom. Die Follikelflüssigkeit enthält Oestrogene und am Ende der 1. Cyclusphase auch Progesteron.

2. Die Biosynthese der Oestrogene wird wahrscheinlich vorwiegend in den Thecaformationen geleistet, offenbar sind aber alle großen Zellelemente der Ovarien dazu befähigt.

3. Die Progesteronbildung unterliegt vorwiegend der Funktion der Granulosa-Luteinzellen. Sie beginnt schon vor der Ovulation.

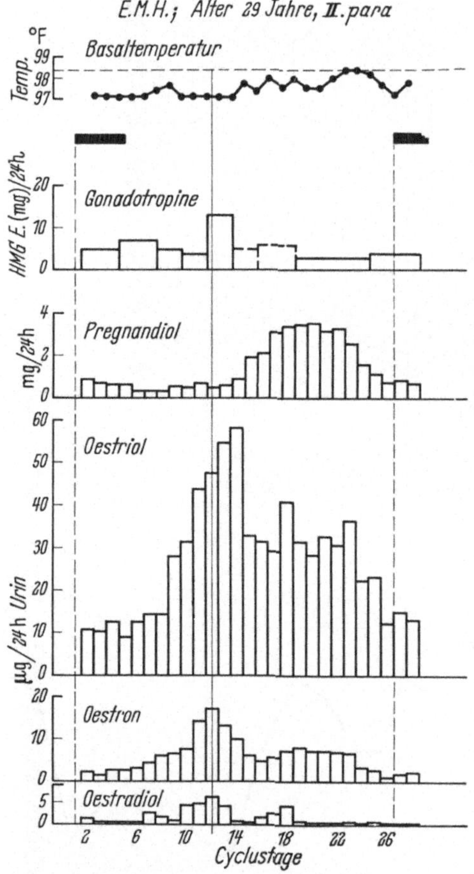

Abb. 32. Ausscheidungswerte von Gonadotropinen, Oestrogenen und Pregnandiol in einem normalen biphasischen Cyclus. (Nach Brown u. Mitarb. 1958, entlehnt aus Diczfalusy u. Lauritzen 1961)

4. Die Bildung von Androgenen wird den luteinisierten Thecaformationen zugeschrieben. Möglicherweise sind auch die sog. Hiluszellen an ihr beteiligt.

5. Die wechselseitigen Beziehungen zwischen Zentralsystem und Ovarium entsprechen dem Reglerprinzip einer geschlossenen Kausalkette.

6. Die endokrine und exkretorische (Ovulation) Funktion des Ovarium wird von hypophysären Gonadotropinen gesteuert. Erst der Verlust von drei Viertel der Adenohypophyse führt zum Funktionsausfall der abhängigen Drüsen, von denen als erste die Gonaden betroffen werden.

7. FSH stimuliert lediglich das Wachstum der größeren Sekundär- und der Tertiärfollikel. LH bringt die interstitiellen Zellen zur Entfaltung und Funktion. Es veranlaßt die Oestrogenbildung und zusammen mit FSH die Ovulation. LTH stimuliert die Morphokinese und endokrine Funktion des Gelbkörpers.

8. Die extrahypophysären Gonadotropine PMS und HCG ähneln in ihrer Wirkung dem FSH bzw. dem LH. Ihre Wirkungsentfaltung steht offenbar in einer gewissen Abhängigkeit von der Adenohypophyse. Nach Hypophysektomie sind wesentlich höhere HCG-Dosen erforderlich!

9. Kastration enthemmt das Zentralsystem. Die Kastrationsfolgen können durch Oestrogene rückgängig gemacht werden. Dieser Effekt ist nicht an die hypothalamische Vermittlung gebunden.

10. Oestrogene in hohen Dosen hemmen das Zentralsystem, während niedrigere Dosen die LH-Abgabe fördern. Oestrogene üben auch einen direkten Einfluß auf die Granulosazellen aus: Sie fördern ihr Wachstum sowie die Entwicklung des Gelbkörpers und begünstigen die Ansprechbarkeit auf FSH. Für die menschliche Physiologie sind analoge Wirkungen wahrscheinlich gemacht. Die Oestro-

gene des heranreifenden Follikels hemmen offenbar bei der Frau direkt das gleichzeitige Ausreifen anderer Follikel.

11. Progesteron in sehr hohen Dosen drosselt partiell die Aktivität des Zentralsystems. Beim Menschen wird damit die Ovulation verschoben. Niedrige Dosen fördern die LH-Abgabe. Dieser Effekt ist bei der Frau nicht erwiesen. Progesteron hemmt beim Menschen offenbar auch direkt das Wachstum der Begleitfollikel.

12. Die Gonadotropin-Ausscheidung erreicht beim Menschen zum Ovulationstermin einen Gipfel, der zeitlich mit dem der Oestrogene zusammenfällt oder ihm kurz danach folgt. Zur Zeit der Ovulation beträgt die Ausscheidungsrate 30 bis 40 HMG-Einheiten/die, in den anderen Cyclusphasen liegt sie unter 10 E/die.

13. Die Oestrogen-Produktion während des Cyclus wurde auf 5 mg berechnet. Die Oestrogen-Ausscheidung gipfelt in der Zeit der Ovulation und in der Mitte der Gelbkörperphase. Als Hauptausscheidungsprodukt tritt Oestriol auf.

14. Die Progesteronbildung im Cyclus beträgt 200—300 mg. Sie beginnt schon vor der Ovulation. Der hauptsächliche Metabolit ist Pregnandiol. Ein relativ konstanter Anteil von Pregnandiol entstammt dem Stoffwechsel der Nebennierenrindenhormone. Der Höhepunkt der Pregnandiol-Ausscheidung wird etwa am Ende der ersten Woche nach der Ovulation erreicht.

15. Für den Sprung des Follikels bereiten sehr wahrscheinlich enzymatische Vorgänge die lokalen Voraussetzungen. Diese fermentativen Prozesse sollen von LH gesteuert werden.

C. Einflüsse korrelierender Inkretsysteme

Die Beeinflussung des Ovarial-Endocrinium durch andere inkretorische Teilsysteme wird zwar als sicher angenommen, ist aber infolge der sehr engen Verknüpfung über das Zentralsystem, den Hormonmetabolismus und allgemeine Stoffwechselabläufe schwer zu übersehen. Jeder chirurgische oder hormonale Eingriff in das Interrenal- oder Thyreoidalsystem berührt auch die Funktion des Ovarial-Endocrinium. Folgerungen auf physiologische Beziehungen sind aus derartigen experimentellen Ergebnissen nur begrenzt möglich.

1. Interrenalsystem

Tierversuch. Die Nebennierenrindenfunktion soll zur Zeit der Ovulation eine Aktivierung erfahren (BOURNE u. ZUCKERMAN 1941, ROTTER 1949 u. a.). *Kastration* verändert das Nebennierengewicht männlicher Tiere nicht, während dieses bei weiblichen Tieren danach abfallen soll (GOMPERTZ u. MANDL 1958). Diese Beziehungen gehen wahrscheinlich auf einen Oestrogen-Effekt zurück. Oestrogene veranlassen eine Hyperplasie der Nebennierenrinde (KIMELDORF u. SONDERWALL 1947, CHANG u. WITSCHI 1955, BORGLIN u. BJERSING 1961). Andererseits führt die *Adrenalektomie* zur Aktivitätsminderung der Ovarien (THADDEA 1935*, ZUCKERMAN 1953*). Es wurde angenommen, daß Corticosteroide für die Auslösung der Ovulation eine Bedeutung haben (CHANG u. WITSCHI 1955, 1957). Durch Cortison-Verabfolgung kann die Gonadotropin-Inkretion gesteigert werden (SOHVAL u. SOFFER 1951, GOLDZIEHER u. WOOLEY 1957*, CHANG u. WITSCHI 1957). Möglicherweise greift Cortison auch direkt am Ovar (CHANG u. WITSCHI 1957) bzw. am Hoden (WELLER 1962) an. So wurde gefolgert, daß die ansteigende Follikelhormonbildung vor der Ovulation eine verstärkte hypophysäre ACTH-Abgabe bewirken soll. Die daraufhin zunehmende Cortisolbildung verursacht einerseits eine weitere, flüchtige Steigerung der Gonadotropin-Inkretion und zugleich auch eine ovulationsbegünstigende Wirkung auf den sprungreifen Follikel. Diese Zusammenhänge sind aber experimentell nicht eindeutig gesichert. Wahrscheinlich vermag die Nebennierenrinde die Ovarialfunktion bis zu einem gewissen Grade zu entlasten. Das generative Prinzip würde damit also zusätzlich gesichert (vgl. auch die Übersichten von PARKES 1945 und NOBLE 1950, 1955). Höhere Dosen (1—2 mg/die) von Cortison, Cortisol, Prednison und Prednisolon hemmen dagegen bei der Ratte die Inkretion von ACTH, STH und auch von LTH (SULMAN u. STEINER 1959)!

Eigenartige und noch wenig geklärte Beziehungen bestehen zwischen den Interrenalhormonen und dem Effekt extrahypophysärer Gonadotropine:

Adrenalektomie reduziert die ovarielle Reaktionsfähigkeit auf PMS. Sie wird durch Cortison-Verabfolgung, nicht aber durch Gaben von Desoxycorticosteron (DOC) wiederhergestellt (MANDL 1954, 1957). Adrenalektomie beeinträchtigt den HCG-Effekt nur bei unreifen Tieren (WINTER, REISS u. BALINT 1934, PAYNE 1951). Auch hier wird die normale Reaktionsgröße durch Cortison-Gaben wieder erreicht (MANDL 1954, SMITH 1955). Wahrscheinlich ist die celluläre Ovarialreaktion an einen bestimmten Cortison-Blutspiegel gebunden. Andererseits wird auch eine direkte Einwirkung von ACTH diskutiert (BRIMBLECOMBE, HALKERSTON u. REISS 1954, MANDL 1957). ACTH, zugeführt oder nach Adrenalektomie verstärkt abgegeben, soll gegenüber den Gonadotropinen antagonistisch wirken.

Klinik: *Cortison* veranlaßt eine Zunahme der Gonadotropin-Ausscheidung. Dieser Effekt ist flüchtig, dosisabhängig und soll nicht regelmäßig zu erreichen sein (SOHVAL u. SOFFER 1951, MADDOCK u. Mitarb. 1953, ALBERT 1956*, WELLER 1962). Eine primär überhöhte Gonadotropin-Abgabe (nach bilateraler Oophorektomie) wird durch Cortison-Gaben in einer Dosis von 1—100 mg/die nicht beeinflußt (SMITH u. ALBERT 1957).

Oestrogen-Verabfolgung soll auch beim Menschen eine Steigerung der ACTH-Inkretion bewirken (KRUMHOLZ u. MAAS 1959). Diese Beziehungen werden mit einer Sekretionsumschaltung (TONUTTI 1944, 1945) bzw. mit dem Shift-Mechanismus (SELYE 1947*) in der hypophysären Tropinbildung erklärt (vgl. WEISSBECKER 1954*): Bremsung der Gonadotropin-Abgabe führt zu einer Steigerung der ACTH-Inkretion. Neuerdings wurde nach tierexperimentellen Untersuchungen einer gleichzeitigen Belastung mit Oestradiol und Cortison auch die Möglichkeit erörtert, daß Oestradiol die Plasmabindungsfähigkeit von Cortisol erhöht. Damit würde die Blutkonzentration an freien Corticosteroiden vermindert, woraus eine Enthemmung der ACTH-Inkretion resultieren muß. Oestradiol griffe danach in den Stoffwechsel ein und führt nur indirekt zu einer Steigerung der Nebennierenrinden-Aktivität (HERRMANN u. WINKLER 1962).

Die interrenale Bildung von Sexualsteroiden ist erwiesen. ACTH-Belastung führt nach der Menopause oder nach Oophorektomie zur vermehrten Ausscheidung von Pregnandiol (KLOPPER et al. 1957, KELLER u. HAUSER 1960) und von Oestrogenen (SANDBERG et al. 1958). Desoxycorticosteron (DOC) hat auch eine gestagene Wirkung, die etwa ein Zehntel derjenigen von Progesteron entspricht (KAISER 1956). Derartige Belastungen sind in ihren Ergebnissen natürlich nicht unbedingt repräsentativ für die Beziehungen unter normalen Bedingungen. Die Corticosteroid-Ausscheidung während des mensuellen Cyclus läßt keine signifikanten Schwankungen erkennen (STARK 1960). Nur prämenstruell wurde eine mäßige Steigerung der Harncorticoide beobachtet (STAEMMLER 1953). Ein ähnliches Verhalten zeigen die Ausscheidungswerte der C_{17}-Ketosteroide (BORTH u. Mitarb. 1957, KRUMHOLZ u. WAIGAND 1958).

Unterfunktion der Nebennierenrinde (Morbus Addison) ist bei etwa der Hälfte der Patientinnen mit Störungen der Ovarialfunktion verbunden. Sie äußern sich in einer Verzögerung des Menarche-Eintrittes, im verfrühten Beginn der Menopause sowie in Oligomenorrhoe und Amenorrhoe (THADDEA 1941*, WEISSBECKER 1954*).

Überfunktion der Nebennierenrinde [konnatales oder erworbenes adreno-genitales Syndrom (AGS), Tumor der Nebennierenrinde (Morbus Cushing)] geht ebenfalls und fast regelmäßig mit einer tiefgreifenden Beeinträchtigung des Ovarial-Endocrinium einher. Beim adreno-genitalen Syndrom besteht ein hypogonadotroper Hypogonadismus (vgl. BIERICH 1961*). Die Ovarien sind zum Teil verkleinert, oftmals aber auch polycystisch verändert wie beim sog. Stein-Leventhal-Syndrom (vgl. Teil IV u. V)!

Diese Auswirkungen der interrenalen Dysfunktion auf das Sexualsystem sind offenbar, wie auch im Tierexperiment, über Funktionsänderungen des Zentralsystems zu erklären (OVERZIER 1952). Eine direkte Einwirkung der Nebennierenrinden-Hormone auf die Gonaden hält M. STAEMMLER (1949) beim Menschen (Mann) nicht für bewiesen.

Zusammenfassung. Zwischen der Funktion des Ovarium und der Nebennierenrinde besteht über das Zentralsystem eine wechselseitige Abhängigkeit. Die Oestrogene aktivieren das Interrenal-Endocrinium; Cortison und verwandte Glucocorticosteroide bewirken eine vorübergehend gesteigerte Inkretion von Gonadotropinen (insbesondere FSH). Kastration führt zu einer Verminderung des Nebennierenrindengewichtes. Adrenalektomie, Insuffizienz, aber auch eine pathologisch gesteigerte Aktivität der Nebennierenrinde werden von Funktionsstörungen des Ovarial-Endocrinium begleitet. Die Nebennierenrinde bildet auch Oestrogene und Progesteron. Wahrscheinlich vermag sie bis zu einem gewissen Grade die Ovarien in ihrer inkretorischen Leistung zu entlasten. Ausfall des Interrenalorgans vermindert im Tierexperiment die Reaktionsfähigkeit der Ovarien auf PMS und HCG.

2. Thyreoidalsystem

Daß zwischen dem Schilddrüsen- und dem Eierstocksystem enge funktionelle Verbindungen bestehen, wird allgemein anerkannt. Diese Beziehungen sind jedoch ebenso unklar, wie sich die experimentellen Ergebnisse widersprechen. Eine Aktivitätsänderung der Gonadotropin-Abgabe induziert möglicherweise auch eine solche der TSH-Inkretion. Kastration und Thyreoidektomie lösen bei der Ratte ähnliche Veränderungen im hypophysären Zellbild aus (KRAUS 1926*, ROMEIS 1940*). Thyroxin steigert den Zellstoffwechsel. Ein Fortfall dieses Hormons wird vermutlich auch Funktionsgrad und Reaktionsfähigkeit anderer inkretorischer Zellverbände ändern. Enge Verbindungen zum Interrenalsystem (TONUTTI 1944, 1945, SALTER 1950*, KRACHT u. SPAETHE 1953) erschweren die Beurteilung ebenfalls beträchtlich. Zwischen diesen beiden Systemen besteht eine reziproke Abhängigkeit, die wahrscheinlich über das Zentralsystem im Sinne einer Sekretionsumschaltung vermittelt wird. Es konnte allerdings in jüngster Zeit im In-vitro-Versuch nachgewiesen werden, daß Glucocorticosteroide (Cortison, Cortisol und Derivate) die ^{131}J-Aufnahme von Schilddrüsenschnitten sowie die Umwandlung zu organischem Jod signifikant herabsetzen (KOVÁCS u. VERTÉS 1962). Demnach ist offenbar auch ein unmittelbarer Einfluß der Nebennierenrinde auf die Schilddrüsenfunktion möglich.

Tierexperiment. *Unterfunktion oder Ausfall der Schilddrüse* verursacht eindeutige Störungen der Ovarialfunktion (ENGLE 1944, MAQSOOD 1952*). Es wird für möglich gehalten, daß dieser Effekt nicht über das Zentralsystem geht, sondern durch eine direkte Beeinträchtigung der Zellfunktion bedingt ist (ECKSTEIN 1962*). Beim infantilen Tier wird die Entwicklung gestört und die Menarche verzögert. Bei geschlechtsreifen Tieren wurde eine Degeneration des Ovarial-

parenchym beobachtet (DALTON u. Mitarb. 1945). Eine übersteigerte Gonadotropin-Abgabe (z. B. im Lipschütz-Versuch) wird durch Hemmung der Schilddrüsenfunktion mittels Methylthiouracil nicht beeinflußt (GITSCH u. TULZER
1952). Thyreoidektomie verhindert bei Kaninchen die Ovulation nach dem
Bespringen. Außerdem wird bei diesen Tieren oftmals die Entwicklung von
großen, polycystischen Ovarien mit riesigen Follikeln beobachtet (THORSØE
1961, 1962, JONES u. BALL 1962*)! Das lichtabhängige Einsetzen des Oestrus im
Winter bei Frettchen wird durch Thyreoidektomie verhindert (MARSHALL u.
THOMSON 1962).

Eine *Hyperthyreose* durch Verfütterung von Schilddrüsenhormon oder
Thyroxin führt ebenfalls zum Stillstand des Brunstcyclus. Bei infantilen Ratten
bewirken kleine Thyroxin-Gaben (5 μg/die) eine Aktivierung der Ovarialfunktion,
während große Dosen (200 μg/die) degenerative Veränderungen der reifenden
Follikel veranlassen (GRUMBRECHT u. LOESER 1938, 1939).

Oestrogenbelastung in hoher Dosierung soll die Schilddrüsenfunktion hemmen
(SALTER 1950*). Mit kleineren Dosen sind unterschiedliche Resultate erzielt
worden: Die einen beobachteten eine Hemmung (GRUMBRECHT u. LOESER
1938, 1939, HUSSLEIN u. TULZER 1952, BROWN-GRANT u. Mitarb. 1957), die
anderen eine Förderung der TSH-Abgabe (DESCLIN u. ERMANS 1951) bzw. der
Radiojodaufnahme (FELDMAN 1956). Ferner wurde auch ein direkter, fördernder
Effekt der Oestrogene auf die Schilddrüse diskutiert (HASSELBLATT u. Mitarb.
1960). Die stimulierende Wirkung von TSH läßt sich durch Oestradiol angeblich
unterdrücken (BECKERS u. DE VISSCHER 1961).

Nach *Kastration* wird eine Zunahme der Schilddrüsenfunktion beobachtet,
die durch Oestrogen-Gaben wieder gedämpft werden kann (BECKERS u. DE VIS-
SCHER 1961). Andere Autoren sahen nach Oophorektomie einen Rückgang der
Schilddrüsenaktivität (SCHULTZE 1934, EMGE u. LAQUEUR 1941, HUSSLEIN u.
TULZER 1952).

Die *Ansprechbarkeit der Ovarien auf Gonadotropine* wird durch Schilddrüsenhormon beeinflußt. Von einigen Untersuchern wurde eine Steigerung der Reaktionsfähigkeit durch Thyroxin festgestellt (KOPF, LOESER u. MEYER 1948). Die
meisten Autoren kamen jedoch zu dem Ergebnis, daß Thyroxin die ovarielle
Ansprechbarkeit auf PMS und HCG hemmt (FLUHMAN 1934, TYNDALE u. LEVIN
1937, WARNER u. MEYER 1949). Diese Wirkung soll nicht über die Hypophyse,
sondern direkt vermittelt werden (TYNDALE u. LEVIN 1937). Thyreoidektomie
soll daher auch die Empfindlichkeit auf FSH und LH erheblich steigern (MANDL
1957). Möglicherweise ist diese Sensibilisierung eine Erklärung für die Beobachtung, daß Ratten bei gehemmter Schilddrüsenfunktion (Thiouracil) LH-Verab-
folgung mit einer Follikelreifung (!) und Cystenbildung beantworten (LEATHEM
1958, 1959)! Dieser Befund wurde bestätigt (ECKSTEIN 1962*).

Klinik. Enge Korrelationen zwischen Schilddrüsenfunktion und ovarieller
Leistung werden seit langem aus der Beobachtung abgeleitet, daß die thy-
reoidale Aktivität zur Zeit der Pubertät und während der Schwangerschaft
gesteigert ist.

Unterfunktion der Schilddrüse verursacht mit großer Regelmäßigkeit eine
Verzögerung (Oligomenorrhoe) oder den Stillstand des ovariellen Cyclus (Amenor-
rhoe). Desgleichen ist die Fertilität beeinträchtigt (KEHRER 1937*, MEANS 1948*,
STÖCKL 1949, SALTER 1950*, SIEGERT 1953*, ECKSTEIN 1962*).

Auch beim Menschen konnte nach Schilddrüsenausfall eine „kleincystische
Entartung" der Ovarien festgestellt werden (BERBLINGER 1928), die jedoch nicht
von allen Untersuchern bestätigt wurde (vgl. KEHRER 1937*).

Hyperthyreoidismus führt nur bei einem Teil der Frauen zu Cyclusanomalien. Das Ausmaß der Störungen ist offenbar abhängig vom Grad der Überfunktion. Besonders soll über Hypermenorrhoe (und verlängerte Blutungen) geklagt werden (KEHRER 1937*).

Mit *Oestrogenen* soll auch klinisch ein hemmender Einfluß auf das Thyreoidalsystem (bei Hyperthyreoidismus) zu erreichen sein (STARR 1934).

Nach der *Menopause* wird meistens ein Rückgang der Schilddrüsenfunktion beobachtet. Ausnahmen wurden jedoch beschrieben (SIEGERT 1953*).

Zusammenfassung. Zwischen dem Funktionszustand der Schilddrüse und dem der Ovarien bestehen enge Beziehungen, die im wesentlichen wohl durch das Zentralsystem vermittelt werden. Für eine direkte Einflußnahme der Oestrogene auf die Schilddrüse und von Thyroxin auf die Ovarialformationen liegen ebenfalls experimentelle und klinische Belege vor.

Minderung der Aktivität oder Ausfall der Schilddrüse bedingen sowohl im Experiment als auch klinisch tiefgreifende Störungen der cyclischen Ovarialfunktion. Der Menarche-Eintritt wird verzögert, die Dauer der Geschlechtsfähigkeit verkürzt. Im Experiment wird die provozierte Ovulation unterdrückt und der lichtabhängige Oestrusbeginn verhindert. Sowohl beim Versuchstier als auch beim Menschen kommt es zu einer Degeneration des Follikelapparates und insbesondere zu einer polycystischen Veränderung der Ovarien!

Eine Zufuhr von Thyroxin führt bei kleinen Dosen zu einer Aktivierung, dagegen in großen Dosen zur Hemmung der Ovarialfunktion mit degenerativer Veränderung der Follikel. Die Hyperthyreose ist nur bei einem Teil der Frauen mit ovariellen Rhythmusanomalien verbunden, häufiger werden verstärkte und verlängerte Blutungen beobachtet.

Die Auswirkungen der Kastration auf das Schilddrüsen-Endocrinium sind widersprechend. Es wurden sowohl eine Steigerung als auch eine Dämpfung beobachtet. Nach der Menopause geht auch die Schilddrüsenfunktion zurück. Wahrscheinlich sind die endokrine Ausgangslage und die Zeitspanne nach Beendigung der Ovarialfunktion entscheidend.

Auch der Einfluß der Oestrogene auf das Thyreoidalsystem ist unklar und sicherlich weitgehend dosisabhängig.

Die ovarielle Reaktionsbereitschaft auf endogene gonadotrope Impulse wird physiologischerweise offenbar durch die Schilddrüsenhormone sensibilisiert. Jedoch wird im Experiment die Ansprechbarkeit auf PMS und HCG durch Thyroxin-Gaben gehemmt. Dabei soll Thyroxin direkt am Ovar angreifen. Andererseits erfolgt nach Thyreoidektomie eine erhebliche Steigerung der Empfindlichkeit auf exogene Gonadotropine (PMS und HCG). Diese schwer zu deutende Beobachtung ist wiederholt bestätigt worden.

D. Peripher-nervöse Steuerung

Eine direkte nervale Beeinflussung der Eierstocksfunktion wird seit langem diskutiert. Ihre Bedeutung ist in letzter Zeit besonders von STIEVE (1952*) herausgestellt und verfochten worden. Daß nervale Reize den ovariellen Funktionsablauf verändern können, wird im allgemeinen nicht bezweifelt. Mit Acetylcholin kann die Ovarialfunktion aktiviert werden, während Adrenalin sie hemmt (KRAUL 1927, EMANUEL 1942). Es ist anzunehmen, daß beim Menschen unter normalen Verhältnissen eine Steuerung auch auf peripher-nervösem Wege erfolgt (BICKENBACH u. DÖRING 1951). An sie ist aber die Ovarialfunktion nicht gebunden. In den Rectusmuskel implantierte Ovarfragmente können nach eigenen

Beobachtungen ihre cyclische Funktion beibehalten. Die direkte nervale Beeinflussung ist nur als zusätzlicher Faktor zu werten, der allerdings, wie STIEVE (1952*) betont, unter besonders belastenden Umständen die ovarielle Rhythmik beträchtlich irritieren kann. Ob dieser Mechanismus rein nerval abläuft oder aber auf dem Wege über Zirkulationsänderungen (Hyperämie im Hypogastricus-Gebiet) zustande kommt, ist nicht ganz klar. Für beides konnten Belege erbracht werden.

Tierversuch: Es ist bekannt, daß bei Kaninchen, Frettchen, Katze, Feldhase, Nerz und Wiesel der Eisprung nur reflektorisch durch die Kopulation bzw. durch taktile Reizung der Portio ausgelöst wird (vgl. KNAUS 1950*, COWIE u. FOLLEY 1955*, ASDELL 1962*). Auch bei Kühen soll die Ovulation durch die Kopulation provoziert werden können (MARION et al. 1950). Bei Schafen wird die Länge des Cyclus durch Dehnung des Uterus beeinflußt (NALBANDOV, MOORE u. NORTON 1955). Andererseits soll die Grenzstrangresektion diesen Ovulationsimpuls nicht unterbrechen (CANNON et al. 1929). Auch nach Transplantation der Ovarien kommen bei Kaninchen Ovulationen zustande (FRIEDMAN 1929). Nach kompletter Denervierung der Eierstöcke und nach Grenzstrangdurchtrennung konnte mit HCG ein Eisprung ausgelöst werden (HINSEY u. MARKEE 1932). Trotz hoher Durchtrennung des Thorakalmarkes ovulieren Kaninchen bei elektrischer Reizung des Hypothalamus (CHRISTIAN u. MARKEE 1958)! Zerstörung des Spinalmarkes führt nicht zu nennenswerten morphologischen oder funktionellen Veränderungen der Hoden bei der Maus (JOSIMOVICH 1958). Die Integrität des Rückenmarkes stellt nach diesen Ergebnissen keine obligate Voraussetzung für die gonadale Funktion dar. Die peripher-nervöse Reizung löst wohl eine Gonadotropin-Freigabe aus, die die Ovulation bewirkt. Die Erregungen aus der Peripherie werden wahrscheinlich durch die Formatio reticularis und das limbische System (Rhinencephalon, Limbus, Hippocampus, Mandelkerne) weitergeleitet.

Beim **Menschen** bestehen offenbar ähnliche Verhältnisse: Mechanische oder elektrische Reizung der Cervix uteri kann eine Funktionssteigerung der Ovarien veranlassen (RUNGE 1942, BERGMAN 1950*, WAHLÉN 1950*, GUEGUEN 1958). Durch Cervixverschorfung läßt sich unter der Voraussetzung einer bereits fortgeschrittenen Follikelreifung eine Vorverlegung der Ovulation erreichen (BICKENBACH, DÖRING u. HOSSFELD 1960). Es muß bedacht werden, daß die Strichabrasio einen ähnlichen Reiz setzt und manche Erfolge der klinischen Behandlung weniger bzw. nicht nur der Hormondarreichung, sondern eben diesen Kontrollmaßnahmen zuzuschreiben sind (vgl. S. 89)!

Wir konnten durch Nachuntersuchungen feststellen, daß Operationen am Uterus bei geschlechtsreifen Frauen zu länger anhaltenden Veränderungen der rhythmischen Ovarialfunktion führen können:

Nach Portioamputation (167 Patientinnen) wurden bei 26,5% Abweichungen gegenüber dem präoperativen Rhythmus festgestellt. Die Intervalle waren um 8—14 Tage verlängert! Ähnliche Beobachtungen sind aber auch nach operativen Lagekorrekturen zu machen (50 Patientinnen operiert nach BALDY, 58 Patientinnen operiert nach ALEXANDER und ADAMS). Die postoperativen Cyclusabläufe waren bei 27,6% bzw. 30% dieser Patientinnen verändert! Als Ursache für diese Verschiebungen kommen weniger peripher-nervöse Beeinträchtigungen als vielmehr der Operationsstress in Frage, da auch nichtabdominale und außergenitale Operationen eine ähnliche Wirkung haben (OSTRCIL 1925, R. SCHRÖDER 1928* u.a.).

Andererseits soll weder die Resektion des Plexus hypogastricus (zit. nach OBER 1952*) noch eine komplette Querschnittslähmung (BORS u. Mitarb. 1950) die Ovarialfunktion bei der Frau beeinträchtigen.

Auch beim Menschen stellt also die peripher-nervöse Zügelung nur einen zusätzlichen Faktor dar, der zwar ein Einflußvermögen besitzt, an den aber die generative Ovarialfunktion nicht gebunden ist.

E. Der mensuelle Cyclus

Über das Zustandekommen und die Bewahrung des Sexualrhythmus sind die verschiedensten Hypothesen aufgestellt worden. Da Abweichungen von der Periodik zu den wichtigsten Äußerungen einer sog. Ovarial-Insuffizienz zählen, sollen einige der wesentlichen Faktoren, auf die die Rhythmik zurückgeführt wird, besprochen werden. Unsere Kenntnisse über diese Zusammenhänge verdanken wir insbesondere den systematischen Untersuchungen von LUDWIG FRAENKEL (1911, 1924), ROBERT MEYER (1913) und ROBERT SCHRÖDER (1914, 1924, 1928, 1953). Die cyclischen Veränderungen des Endometrium sind erstmalig von HITSCHMANN u. ADLER (1908) in ihrer funktionellen Abhängigkeit erkannt worden. Aus der neueren Zeit sei auf die Übersichten von KNAUS (1934, 1950), OBER (1952, 1957) und TIETZE (1952) hingewiesen sowie ferner auf die Arbeiten von FEVOLD (1944), HISAW (1947), LI (1949), EVANS u. SIMPSON (1950), CORNER (1951), JUNKMANN (1954, 1962), ARTNER (1954, 1960), COWIE u. FOLLEY (1955), GREENBLATT (1957), ROCK, GARCIA u. MENKIN (1959), ROCKENSCHAUB (1960), JONES u. BALL (1962) u. a., die sich mit der Problematik des Cyclus und seiner Regulation befassen. Auf die Besprechung extraterrestrischer, meteorologischer oder physikalischer Einflüsse, die wiederholt zur Diskussion standen, kann verzichtet werden, da diese Annahmen nach OBER (1952) widerlegt worden sind.

1. Cycluslänge

Es muß zunächst festgestellt werden, daß die zeitliche Länge des Ovarialcyclus keineswegs konstant ist. Die Intervalldauer von 28 Tagen stellt einen Mittelwert dar. Nur 1 % der Frauen geben regelmäßige Cyclen von 4 Wochen an (HOSEMANN 1947). In großen Kollektiven wurde eine erhebliche Streuungsbreite festgestellt (vgl. KNAUS 1950*). Nach LATZ u. REINER (1942), denen 3762 Menstruationstermine vorlagen, bestand bei 90% dieser gesunden Frauen eine Schwankungsbreite von 2—8 Tagen. Um im Einzelfall die Durchschnittsdauer feststellen zu können, sollten mindestens 1 Jahr lang die Menstruationstermine aufgezeichnet werden (KNAUS 1950*).

Im Gegensatz zur Gesamtlänge des Cyclus erweist sich die Phase des Corpus luteum periodicum als sehr viel konstanter. KNAUS (Übersicht 1950) hat den Nachweis einer gesetzmäßigen Funktionsdauer von 14 Tagen gebracht, die heute im Grundsätzlichen von den meisten Autoren anerkannt wird. Wir haben diese Regel an den uns vorliegenden Basaltemperatur-Kurven von etwa 800 Cyclen bestätigt gefunden. Die zeitlichen Streuungen gehen also zu Lasten der Follikelreifungsphase (vgl. auch die Notizen über den Intermenstrualschmerz von R. VOLLMANN (1940*). Dieses wird besonders eindrucksvoll von Basaltemperatur-Kurven stark verkürzter oder verlängerter, biphasischer Cyclen veranschaulicht (vgl. S. 229 u. Abb. 135). Dieses Verhalten überrascht nicht, nachdem wir wissen, daß nach der zweiten Wachstumsperiode die Tertiärfollikel mehrere Monate verharren können und sich die eigentliche Reifeperiode erst etwa ab Beginn der 2. Cycluswoche innerhalb weniger Tage oder in noch kürzerer Frist vollzieht. Zu Anfang des Cyclus besteht eine gewisse Funktionsruhe des Ovarial-Endocrinium, deren Dauer von verschiedenen endogenen und wohl auch exogenen Faktoren abhängig sein kann.

2. Theorie des mensuellen Cyclus

Unsere Kenntnisse über die wechselseitigen hormonalen Beziehungen, die dem rhythmischen Ablauf der Ovarialfunktion zugrunde liegen, sind durch zahlreiche neue experimentelle und analytische Untersuchungen des vergangenen Dezennium erweitert worden. Viele Folgerungen dürfen jedoch noch nicht als gesichert angesehen werden, so daß unsere Vorstellungen vorerst weitgehend hypothetisch sind.

Bei kritischer Sichtung der im wesentlichen bereits zitierten klinisch-analytischen Befunde zeichnen sich die folgenden Zusammenhänge ab, die sich in einigen Folgerungen allerdings nur auf tierexperimentelle Ergebnisse stützen:

Einige Tage nach Beginn der Menstruation, d.h. nach einer gewissen Ausgleichsphase von unterschiedlicher Länge, nimmt die gonadotrope Hypophysenfunktion wieder an Aktivität zu. Wahrscheinlich wird nicht nur FSH, sondern auch LH ausgeschüttet. Dieser Impuls induziert die ovarielle Hormonsynthese. Sie wird wohl zunächst und vorwiegend von den Thecaformationen geleistet. Es werden nicht speziell Oestrogene gebildet, sondern die Biosynthese läuft über Pregnenolon-Progesteron-17α-Oxyprogesteron-Androstendion zu Oestradiol und Oestron.

Das Follikelwachstum erhält aus zweierlei Richtungen einen Anreiz: Einmal stimulieren die Oestrogene direkt nach Diffusion die Granulosazellen, zum anderen veranlaßt der in die Zirkulation abgegebene Steroidkomplex eine vermehrte Abgabe von FSH/LH.

An dieser Aktivierung nimmt wahrscheinlich das Interrenal- und Thyreoidalsystem teil: Die Nebennierenrinde steigert in geringem Maße die Synthese von Cortisol, womit ebenfalls die Inkretion von FSH/LH angeregt wird. Der Aktivierung des Sexualzentrum synchron geht auch die des Thyreoidal-Endocrinium, das durch eine zunehmende Thyroxin-Abgabe den Zellstoffwechsel begünstigt und damit auch die Ovarialstrukturen für die Gonadotropine sensibilisiert.

Durch dieses Zusammenspiel wird sowohl der stimulatorische Impuls als auch die ovarielle Reaktion verstärkt. Es resultiert daraus ein Wachstumsfortschritt des Follikels und eine kräftige Steigerung der Oestrogenbildung, an der sich jetzt auch die Granulosazellen beteiligen. Die Oestrogene hemmen später das Wachstum der Begleitfollikel, einmal über den Feed-back-Mechanismus durch Drosselung der FSH-Inkretion und zum anderen wohl auch direkt.

Mit Hemmung der FSH-Abgabe wird zugleich die LH-Inkretion gesteigert. Die Luteinisierung der Granulosa setzt ein. Die ovarielle Steroidsynthese erfährt dadurch eine weitere Förderung, und es beginnt, enzymatisch gesteuert, auch die Progesteron-Abgabe. Die Ovulation wird vorbereitet. Die kleinen Progesteronmengen lösen einen LH-Schub aus, der die letzten Reifungsvorgänge und den Eisprung veranlaßt.

In dieser Phase wird offenbar durch das Zusammenwirken verschiedener hormonaler und möglicherweise auch neuraler Faktoren die hypothalamische Sperrung der LTH-Abgabe gelöst. LTH stimuliert die Morphokinese des Gelbkörpers und eine enzymatische Umstellung, durch die die Steroidbiogenese verstärkt auf das Endprodukt Progesteron eingestellt wird.

Das Vegetativum erfährt in dieser 2. Cyclusphase eine generelle Umschaltung auf erhöhte Leistung (Ergotropie), die sich sowohl auf dem nervösen Sektor abzeichnet als auch hormonal in der gleichzeitigen Abgabe von Progesteron und Oestrogenen zum Ausdruck kommt.

Aufbau und Degeneration des Gelbkörpers beanspruchen eine relativ konstante Zeitspanne von 14 Tagen. Möglicherweise wird die hypophysäre LTH-

Abgabe nicht durch hypothalamische Zentren angeregt. Es besteht Grund zu der Annahme, daß in dieser Phase eine relativ enge (unmittelbare?) Koppelung zwischen Ovarium (Corpus luteum) und Adenohypophyse vorliegt. Wenn die ovarielle Steroidbildung infolge der beginnenden Gelbkörperdegeneration zurückgeht, setzt auch der hypothalamische LTH-Hemmechanismus wieder ein. Die Adenohypophyse wird in ihrer gesamten gonadotropen Aktivität gedrosselt. Damit wird die Steroidsynthese in kurzer Zeit bis auf ein Minimum eingestellt. Das Erfolgsgewebe, die Corpusschleimhaut, hat schon vorher mit beginnendem Abfall des Hormonspiegels eine erhebliche Regression erfahren. Es setzen Blutungen und Nekrosen ein, die Menstruation beginnt.

Der Niedergang der ovariellen Funktion wird wahrscheinlich von ähnlichen Reaktionen der Schilddrüse und der Nebennierenrinde begleitet.

Während der Menstruation herrscht im Ovar eine weitgehende Funktionsruhe. Die trophotrope Phase (vegetative Diastole) hat begonnen. Die endokrinen Zentren stellen sich neu aufeinander ein. Das Absinken des Steroidblutspiegels wird vom Zentralsystem reglermäßig beantwortet, indem einige Tage nach Menstruationsbeginn die FSH-LH-Abgabe erneut einsetzt.

Der Cyclus ist in seiner ersten Phase bis zur Ovulation erfahrungsgemäß sehr empfindlich. Offenbar besteht in dieser Periode eine besondere Abhängigkeit von den zentralnervösen Regulativen. Die verschiedensten psychischen und somatischen Belastungen vermögen die hypothalamischen Reglervorgänge zu irritieren oder zu sperren. Damit wird der Aufbau bis zur Ovulation unterbrochen. Die heranreifenden Follikel fallen der Atresie anheim. Wenn dagegen das Gelbkörper-Niveau erst erreicht ist, scheint die weitere Entwicklung nicht mehr so unmittelbar an die hypothalamischen Zentren gekoppelt zu sein. Sie wird daher auch durch corticale Impulse nicht so leicht gestört.

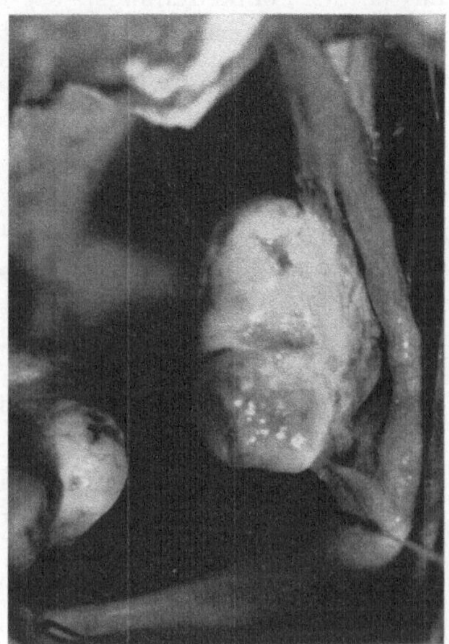

Abb. 33. Operations-Situs der Pat. Chr. Sch. (vgl. Abb. 34, Mitte, und Abb. 140). Ovar, Tube und rudimentäres Uterushorn der linken Seite angezügelt

Für den mensuellen Rhythmus hat wahrscheinlich auch der Uterus eine gewisse Bedeutung. Sie wurde verschiedentlich aus Tierversuchen gefolgert (GRUMBRECHT u. LOESER 1938, 1939, MISHELL u. MOTYLOFF 1941, HUSSLEIN u. TULZER 1952, EVERETT 1961, HILL u. ALPERT 1961, PERRY 1961, ROWLANDS 1962, BUTCHER et al. 1962, SILBIGER u. ROTHCHILD 1963 u. a.). Aber auch der Kliniker macht die Beobachtung, daß nach Entfernung des Uterus öfter die Ovarialfunktion gestört ist (vgl. TIMONEN u. Mitarb. 1961). Dagegen läßt sich allerdings einwenden, daß mit einem solchen Eingriff auch die Zirkulation und eventuell die nervale Versorgung der Ovarien beeinträchtigt wird. Andererseits haben wir mehrere Patientinnen behandelt, die nach komplettem Verlust des Endometrium infolge Endometritis tuberculosa oder zu scharfer Abrasio post abortum (uterine Amenorrhoe) über typische Ausfallserscheinungen (Hitzewallungen, Schlaflosigkeit, Herzjagen usw.) klagten und ganz uncharakteristische Basaltemperatur-Kurven vorwiesen. Ein zufälliges Zusammentreffen mit einer zentral ausgelösten Ovarial-Insuffizienz ist freilich nicht mit Sicherheit auszuschließen.

Für die Bedeutung des Uterus als peripherer Regulator mag folgende Beobachtung von Interesse sein: Bei Aplasia vaginae ist bekanntlich der Uterus nur in Form zweier dünner, solider Hörner angelegt (s. Abb. 33). Bei 38 dieser Patientinnen führten wir eine Laparotomie mit Keilexcision der Ovarien durch (s. Tabelle 8).

Die Ovarien von 23 dieser Patientinnen wiesen eindeutige Anomalien auf. Sie waren meistens vergrößert und/oder polycystisch verändert. Kontrollen der Basaltemperatur ergaben ein deutliches Dominieren unregelmäßiger Cyclen (s. Tabelle 8, Mitte). Diese Rhythmusabweichungen gingen fast regelmäßig zu Lasten der Follikelreifungsphase (s. Abb. 34).

NAPP (1954*) hat bei hysterektomierten Frauen Veränderungen des Oestrogen-Stoffwechsels festgestellt. Nach Oestradiol-Belastung soll der Quotient Oestriol/Oestron + Oestradiol höher als in der Kontrollgruppe liegen. Die mögliche Abhängig-

Tabelle 8. *Aplasia vaginae*
(Krankengut der Universitäts-Frauenklinik Kiel aus den Jahren von 1946—1960)

Ovarbefunde		Ovarialfunktion	
		Basaltemperatur	Cyclische Sensationen
Normal 15 = 39%		regelrecht biphasisch 2 (5 Monate)	regelmäßig (alle 4 Wochen) 4 Pat.
vergrößert oder vielcystisch	15	unregelmäßig biphasisch 4 (20 Monate)	alle 4—8 Wochen 5 Pat.
20 = 53% hypoplastisch	5 } 23 = 61%	biphasische Cyclen selten oder nicht erkennbar 5 (19 Monate)	keine 9 Pat.
Ovarialcyste	3		
gesamt 38 Pat.		gesamt 11 Pat. (44 Monate)	gesamt 18 Pat.

keit zwischen Ovarialfunktion und Corpusschleimhaut ist mit den auch im Endometrium nachweisbaren „hellen Zellen“ von FEYRTER (FEYRTER 1952, 1957, GIESEMANN 1943) in Beziehung gebracht worden (GELLER u. LOHMEYER 1959). Über diesen Mechanismus bestehen heute noch keinerlei gesicherte Vorstellungen. Die zitierten und zahlreiche andere klinische und experimentelle Resultate deuten darauf hin, daß das Endometrium, möglicherweise über die Hormonutilisation oder eine Menotoxinbildung (SMITH 1950), gewisse Rückwirkungen auf das Ovarial-Endocrinium ausübt.

Die mensuelle Rhythmik wird offenbar von zentralnervösen Organisationen „gespeichert“, d.h. nach einiger Zeit regelmäßiger Cyclen wird diese Periodik von übergeordneten Zentren gewahrt. Tritt eine Schwangerschaft ein, so kann die Rhythmik noch mehrere Monate weiterlaufen, woraus sich regelähnliche Blutungen und „prämensuelle“ Sensationen im ersten Schwangerschaftsdrittel erklären. Über cyclisch auftretende Sensationen klagen auch Kastratinnen und oftmals Patientinnen mit sekundärer Amenorrhoe, nicht dagegen solche Frauen, bei denen keine Ovarien oder nur Rudimente vorhanden sind!

F. Die Entwicklung der Sexualfunktion

1. Pubertät und Menarche

Die Ovarien sind schon viele Jahre vor der Menarche funktionsfähig und sprechen auf exogene Gonadotropine mit Bildung von Sexualsteroiden an (PASCHKIS u. RAKOFF 1955*). Ein gleiches gilt für die Testes (HELLER u. NELSON 1948,

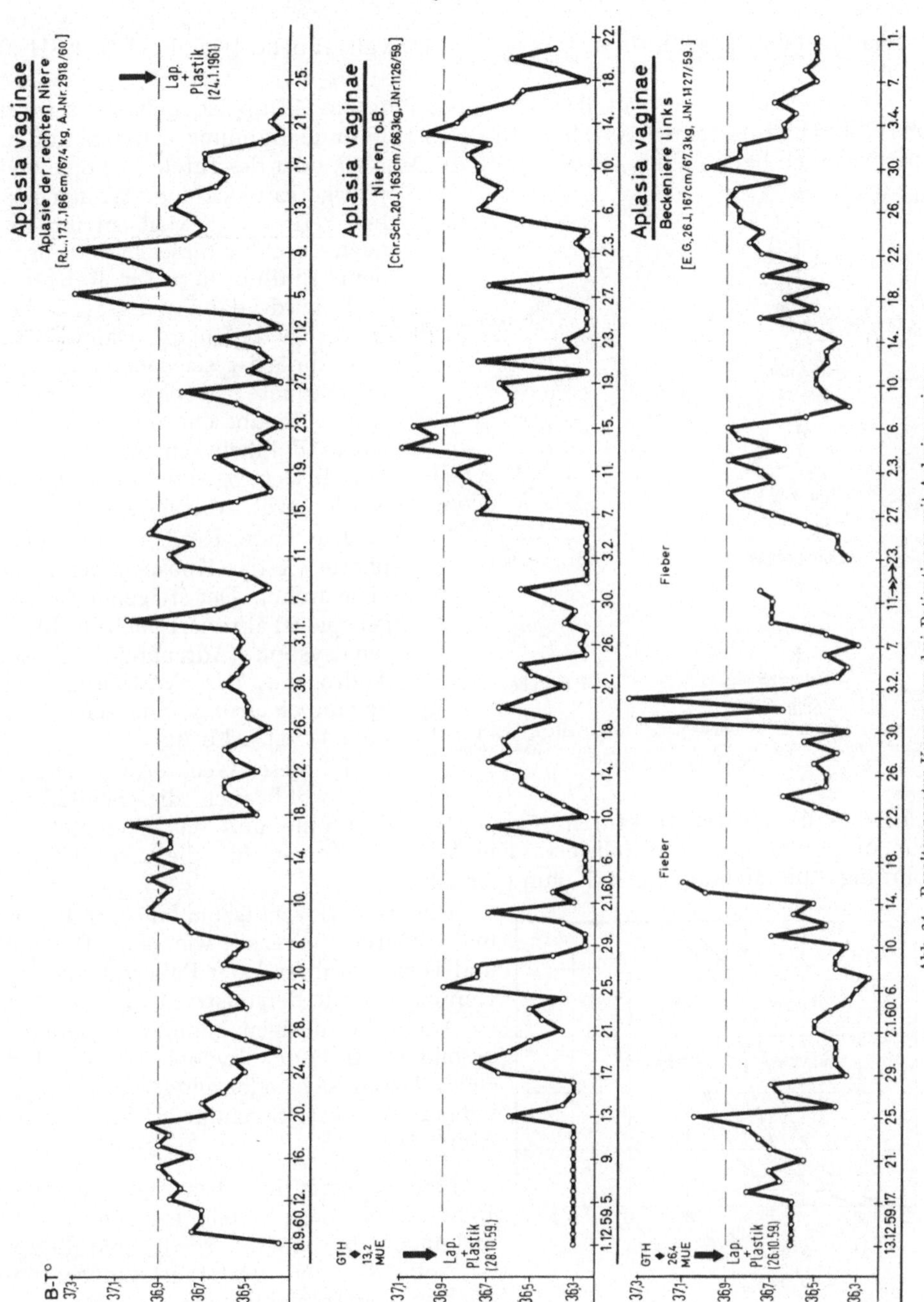

Abb. 34. Basaltemperatur-Kurven von drei Patientinnen mit Aplasia vaginae

TONUTTI u. Mitarb. 1960*, MAIER u. SPANN 1962, KNORR 1963). Die Hypophyse einer infantilen Ratte, unter die Eminentia mediana eines geschlechtsreifen Tieres verpflanzt, nimmt nach Anschluß an das Pfortadersystem die rhythmische Funktion auf (HARRIS u. JACOBSOHN 1952). Sowohl tierische als auch menschliche Hypophysen enthalten lange vor Pubertätsbeginn

Gonadotropine (Paschkis u. Rakoff 1955*, vgl. Tabelle 4) und geben FSH ab (Brown 1958).

Das Sexualzentrum an der Hirnbasis empfängt Impulse höherer zentralnervöser Organisationen (vgl. S. 11 f.). Rezeption und Bahnung benötigen offenbar wie auch bei anderen Zentren (z. B. der Motorik oder des Intellekts) eine vieljährige Entwicklung. Wahrscheinlich reift das Sexualzentrum erst nach Abschluß dieser Periode unter dem Einfluß nervöser Reize aus und wird dann zur cyclischen Funktion befähigt. Damit setzt eine zunächst schwache und noch ungeordnete hypophysäre Gonadotropin-Abgabe ein, mit der ein gewisses Follikelwachstum und eine initiale Oestrogenbildung ausgelöst werden (vgl. Abb. 35).

Die erste Reaktion der Peripherie ist das Knospen der Brust (Thelarche). Der steigende Oestrogenspiegel aktiviert auch das Interrenalsystem (Adrenarche), dessen Androgene das Wachstum der Schambehaarung einleiten (Pubarche) (vgl. Abb. 36).

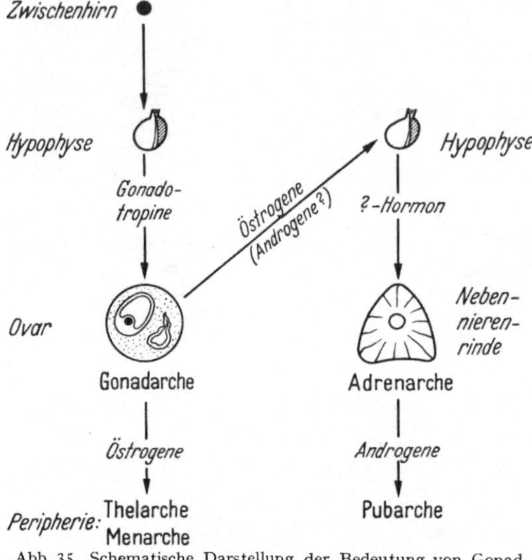

Abb. 35. Schematische Darstellung der Bedeutung von Gonadarche und Adrenarche im Prozeß der Pubertätsentwicklung. (Nach Prader 1957)

In dieses Wechselspiel schaltet sich wohl auch die Schilddrüse ein, die die Ovarialstrukturen für die Gonadotropine und das Endometrium für die Oestrogene sensibilisiert. Die Voraussetzungen für die erste Uterusblutung, die Menarche, sind damit erfüllt.

Die steile Gewichtszunahme von Uterus und Ovarien (ebenso wie von Prostata und Testes) während der Pubertät und der Reifungsperiode demonstriert die Abb. 37a.

Auch die übrigen endokrinen Organe, besonders die Adenohypophyse des Mädchens, lassen mehr oder minder ausgeprägte puberale Wachstumsschübe erkennen (siehe Abb. 37b).

Menarchetermin. Der mittlere Menarchetermin liegt nach eigenen Untersuchungen bei 13,55 ($s = \pm 1{,}15$) Jahren (s. Abb. 38). Seit der Jahrhundertwende soll sich eine Acceleration um etwa 1,5 Jahre

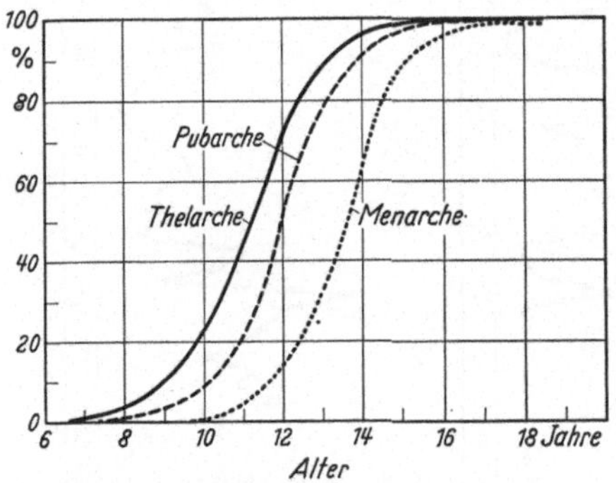

Abb. 36. (Nach Oster 1954)

vollzogen haben (vgl. Schäffer 1906, 1908, Tietze 1952*). Gleiches gilt bei Knaben für die Körperhöhe ($+9{,}3$ bis 17,4 cm seit 1877) und für das Gewicht ($+8{,}1$ bis 14,9 kg seit 1877) (Grimm 1961). Lenz (1959) führt die Acceleration des Wachstums auf die Veränderung der Ernährung zurück. Dagegen wird der Menarchetermin in der gleichen Altersgruppe durch äußere oder seelische Belastungen nicht signifikant verschoben, wie wir an einem Kollektiv von 1000 Schülerinnen feststellen konnten.

2. Reifungsperiode

In der Zeit nach der Menarche wird die biphasische Ovarialfunktion erst allmählich im Verlaufe von 2—3 Jahren aufgebaut und stabilisiert (v. MIKULICZ-RADECKI u. EVA KAUSCH 1935, DÖRING 1962, 1963). Diese Phase ist durch eine besondere Labilität ausgezeichnet. Unregelmäßige Cyclusintervalle zusammen mit gröberen Regelwidrigkeiten dominieren (s. Abb. 39a).

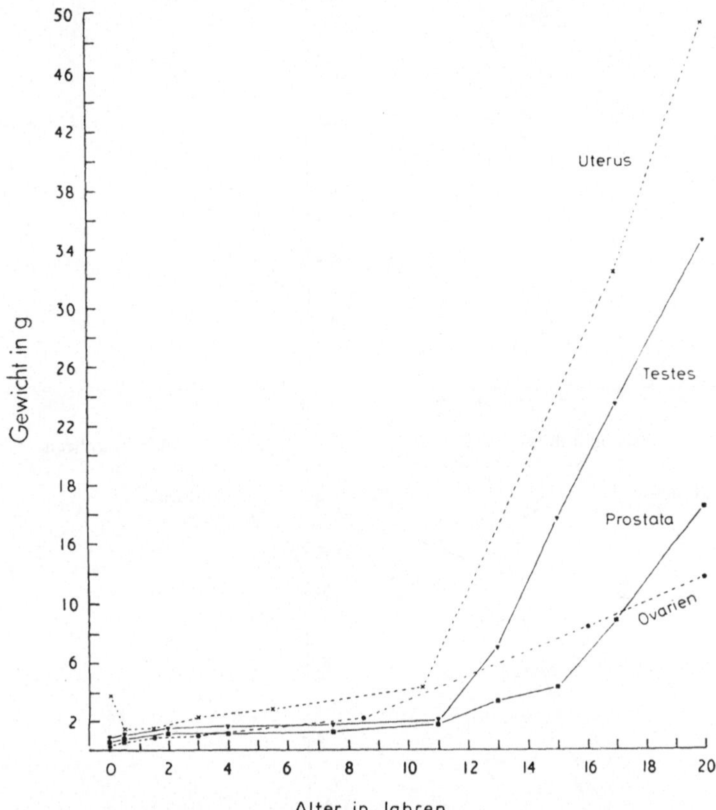

Abb. 37a. Gewichte der Testes, der Prostata, der Ovarien und des Uterus zwischen der Geburt und dem Alter von 20 Jahren. Querschnittbefunde am Sektionsmaterial nach WEHEFRITZ (1923), SCAMMON (1930), ROESSLE u. ROULET (1932). (Entlehnt aus TANNER 1962)

Aus dem Menarchetermin ergeben sich gewisse Rückschlüsse auf die spätere Sexualfunktion. Bei Jugendlichen mit später Menarche (zwischen $14^1/_2$ und 16 Jahren) wird in der nachfolgenden Reifeperiode signifikant häufiger eine besonders labile oder regelwidrige Ovarialfunktion angetroffen als bei den Gruppen mit frühem Menarcheeintritt ($10—12^1/_2$ Jahre) (s. Abb. 39b).

3. Geschlechtsreife und Menopause

Die Reifungsperiode ist mit der Stabilisierung des regelrechten, biphasischen Ovarialcyclus abgeschlossen. Die Frau tritt in die sog. Geschlechtsreife ein, die durchschnittlich eine Spanne von 30—35 Jahren umfaßt.

Das Erlöschen der Sexualfunktion ist eine Folge des Parenchymschwundes im Ovarium (vgl. S. 30). Schon in der Prämenopause werden die Cyclen unregelmäßiger, oftmals kürzer (HOSEMANN 1947). Es treten in zunehmendem Maße

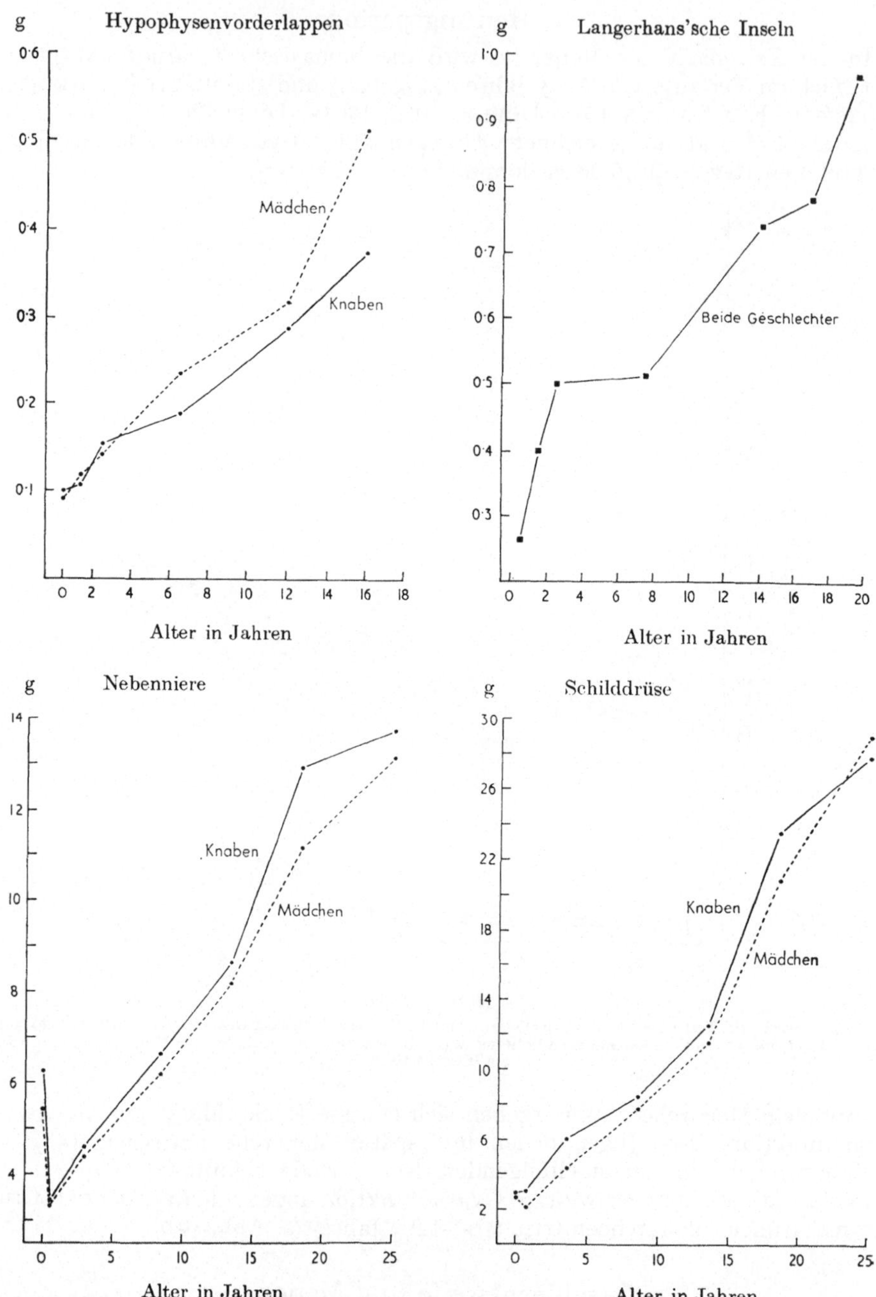

Abb. 37 b. Gewichte des Hypophysenvorderlappens (Rasmussen 1947), der Langerhansschen Inseln (Ogilvie 1937), der Nebenniere (Roessle u. Roulet 1932) und der Schilddrüse (Roessle u. Roulet 1932) bei Kindern und Jugendlichen. Absolute Werte nach Querschnittuntersuchungen. (Entlehnt aus Tanner 1962)

monophasische Cyclusabläufe in Erscheinung (Döring 1963). Die Fertilität ist begrenzt (Vollmann 1953) und geht später in eine absolute Sterilität über. Die Frau tritt in das Klimakterium ein. Die schwindende Aktivität der Ovarien bedingt eine

Enthemmung des Zentralsystems mit vermehrter Abgabe von Gonadotropinen (vorwiegend FSH) und das Auftreten verschiedenartiger vegetativer Ausfallserscheinungen. Ich werde auf diese Symptomatik noch eingehen (s. S. 245).

Die Menopause, d. h. das Ende der cyclischen Ovarialfunktion, fällt zwischen das 45. und 50. Lebensjahr (SHARMAN 1962*). Als Durchschnittsalter wurde das 48. Jahr errechnet (BALKEN, zit. nach GOECKE 1959). Von anderer Seite wurde als mittleres Menopause-Alter 49,5 Jahre angegeben (HAUSER et al. 1961). Dieser Termin unterliegt einer erheblichen individuellen Streuung. Bei primär unterwertiger Ovarialfunktion (späte Menarche) soll die Menopause früher erreicht werden. Sicher ist bei diesen Personen die Zeit der Geschlechtsreife verkürzt (HAUSER et al. 1961). Um die Jahrhundertwende soll sie 2 Jahre eher eingetreten sein (vgl. SCHÄFFER 1906, 1908).

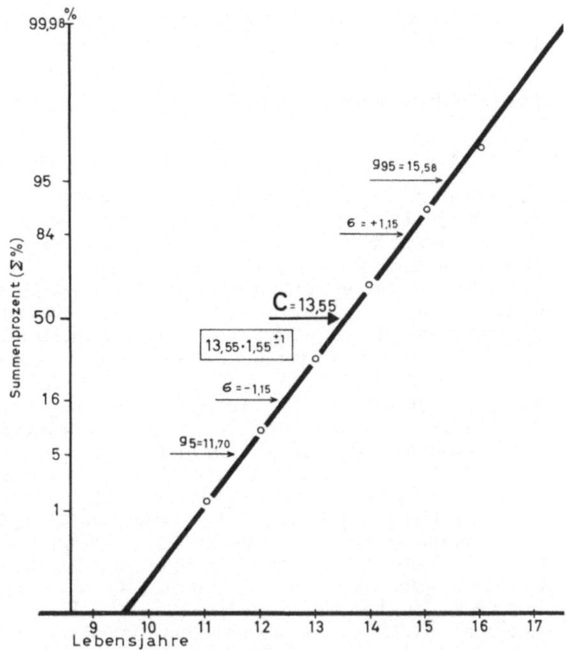

Abb. 38. Menarche-Alter (989 Schülerinnen aus Kiel im Alter von 15—20 Jahren, Erhebung im Jahre 1960)

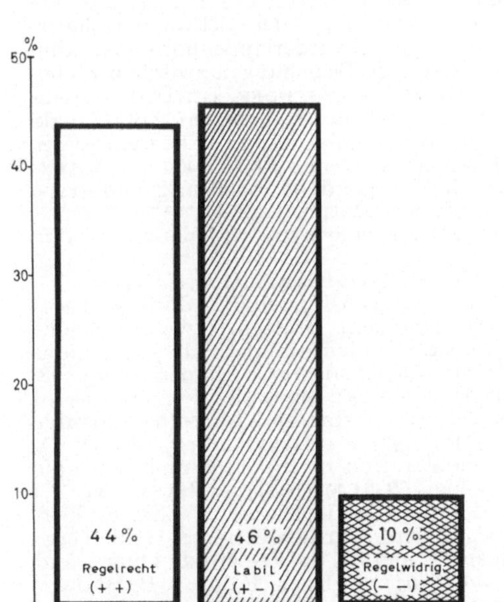

Abb. 39a. Ovarialfunktion in der Reifungsperiode (Erhebung bei 1000 Kieler Schülerinnen im Alter von 15—20 Jahren)

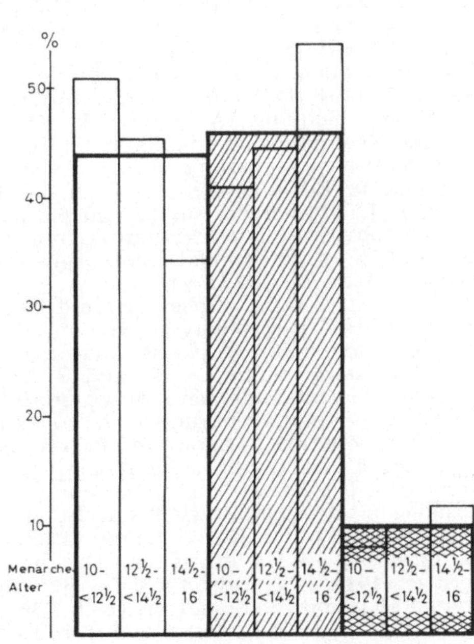

Abb. 39b. Ovarialfunktion in der Reifungsperiode (vgl. Abb. 39a). Verhältnis von Cyclusqualität zu Menarche-Alter

In der Postmenopause klingen die Funktionsrhythmen allmählich ganz aus. Die Ovarien bilden aber noch eine Zeitlang Oestrogene. Gelegentlich kann es auch zur Ovulation kommen. Über Konzeptionen mehrere Jahre nach der Menopause wurde verschiedentlich berichtet (vgl. SHARMAN 1962*).

G. Schrifttum

ABDERHALDEN, R.: Die Hormone. Berlin-Göttingen-Heidelberg: Springer 1952.— ADAMS, J. H., P. M. DANIEL and M. M. L. PRICHARD: The effect of stalk section on the volume of the pituitary gland of the sheep. Acta endocr. (Kbh.) **43**, Suppl. 81 (1963). — AHRÉN, K.: The secretory capacity of the autotransplanted hypophysis as indicated by the effects of steroid hormones on the mammary glands. I. Effects of ovarian hormones. Acta endocr. (Kbh.) **38**, 449 (1961). — ALBERT, A.: Human urinary gonadotropin. Recent. Progr. Hormone Res. **12**, 227 (1956). — ALLEN, E., and F. O. PRIEST: Physiological responses of ectopic ovarian and endometrial tissue. Surg. Gynec. Obstet. **55**, 553 (1932). — ANAND, B. K., and J. R. BROBECK: Localization of "feeding center" in hypothalamus of rat. Proc. Soc. exp. Biol. (N.Y.) **77**, 323 (1951). — ANSELMINO, K., u. FR. HOFFMANN: Die Wirkstoffe des Hypophysenvorderlappens. In: Handbuch der experimentellen Pharmakologie, Bd. 9. Berlin: Springer 1941. — APOSTOLAKIS, M.: Detection and estimation of pituitary gonadotrophins in human plasma. J. Endocr. **19**, 377 (1959); — Experimentelle Grundlagen und klinische Bedeutung der Forschung auf dem Gebiet der menschlichen hypophysären Gonadotropine. Klin. Wschr. **39**, 453 (1961). — APOSTOLAKIS, M., G. BETTENDORF u. K. D. VOIGT: Klinisch-experimentelle Studien mit menschlichem hypophysärem Gonadotropin. Acta endocr. (Kbh.) **41**, 14 (1962). — APOSTOLAKIS, M., and J. A. LORAINE: In: Hormones in blood von C. H. GRAY u. A. L. BACHARACH. New York: Academic Press 1960; — Renal clearance of pituitary gonadotropins in postmenopausal women. J. clin. Endocr. **20**, 1437 (1960). — ARKO, H., E. KIVALO and U. K. RINNE: Hypothalamo-neurohypophysial neurosecretion after the exstirpation of various endocrine glands. Acta endocr. (Kbh.) **42**, 293 (1963). — ARMSTRONG, D. T., and W. HANSEL: Alteration of the bovine estrous cycle with oxytocin. Fed. Proc. **17**, 6 (1958). — ARTNER, J.: Die vegetative Steuerung des Zyklus. Arch. Gynäk. **185**, 85 (1954); — Vegetative Ausgangslage und Cyclus. Arch. Gynäk. **192**, 379 (1960). — ASCHHEIM, S., u. B. ZONDEK: Hypophysenvorderlappenhormon und Ovarialhormon im Harn von Schwangeren. Klin. Wschr. **6**, 1322 (1927); — Schwangerschaftsdiagnose aus dem Harn (durch Hormonnachweis). Klin. Wschr. **7**, 8 (1928); — Die Schwangerschaftsdiagnose aus dem Harn durch Nachweis des Hypophysenvorderlappenhormons. Klin. Wschr. **7**, 1404, 1453 (1928). — ASCHNER, B.: Über die Beziehungen zwischen Hypophysis und Genitale. Arch. Gynäk. **97**, 200 (1912). — ASCHOFF, L.: Über die angebliche Neubildung von Follikeln und Eiern im menschlichen Ovarium. Zbl. Gynäk. **59**, 1609 (1935). — ASDELL, S. A.: The mechanism of ovulation. In: The ovary v. S. ZUCKERMAN, Bd. I, S. 436f. New York u. London: Academic Press 1962. — ASSENMACHER, J.: Recherches sur le contrôle hypothalamique de la fonction gonadotrope praehypophysaire chez le canard. Arch Anat. micr. Morph. exp. **47**, 447 (1958). — ASTWOOD, E. B.: The regulation of corpus luteum function by hypophysial luteotrophin. Endocrinology **28**, 309 (1941).

BARGMANN, W.: Zwischenhirn und Hypophyse. Arch. Gynäk. **183**, 14 (1953); — Das Zwischenhirn-Hypophysen-System. Berlin-Göttingen-Heidelberg: Springer 1954; Histologie und mikroskopische Anatomie des Menschen. Stuttgart: Georg Thieme 1956. — BARRACLOUGH, CH. A., and R. A. GORSKI: Evidence that the hypothalamus is responsible for androgen-induced sterility in the female rat. Endocrinology **68**, 68 (1961). — BARRACLOUGH, CH. A., and CH. H. SAWYER: Blockade of the release of pituitary ovulating hormone in the rat by chlorpromazine and reserpine: possible mechanisms of action. Endocrinology **61**, 341 (1957). — BARRNETT, J. R., W. D. ROTH and J. SALZER: The histochemical demonstration of the sites of luteotropic hormone in the rat pituitary gland. Endocrinology **69**, 1047 (1961). — BAUER, H. G.: Endocrine and other clinical manifestations of hypothalamic disease. J. clin. Endocr. **14**, 13 (1954). — BAUER, K. H.: Das Krebsproblem. Berlin-Göttingen-Heidelberg: Springer 1949 u. 2. Aufl. 1963. — BECKERS, C., and M. DE VISSCHER: Ovary and thyroid secretion. Acta endocr. (Kbh.) **36**, 343 (1961). — BELL, E. T., J. B. BROWN, K. FOTHERBY, J. A. LORAINE and J. S. ROBSON: The effect of derivatives of dithiocarbamoylhydrazine on hormone excretion in postmenopausal women. J. Endocr. **25**, 221 (1962). — BELLMAN, S., and B. ENGFELDT: A microangiographic study on the effect of gonadotrophin upon the blood vessel system of the ovaries of rabbits. Acta radiol. (Stockh.) **43**, 459 (1955). — Benoit, J.: Maturité sexuelle et ponte obtenues chez la cane domestique par l'éclairement artificiel. C. R. Soc. Biol. (Paris) **120**, 905 (1935); — Sur la croissance du testicule du canard immature déclenchée par l'éclairement artificiel. Etude histologique. C. R. Soc. Biol. (Paris) **120**, 1323 (1935); — Action de diverse éclairements localisés dans la région orbitaire sur la gonadostimulation chez le canard male impubére. Croissance testiculaire provoquée par l'éclairement direct de la région hypophysaire. C. R. Soc. Biol. (Paris) **127**, 909 (1938); — Rôle des yeux et de la voie nerveux oculo-hypophysaire dans la gonado-stimulation par la lumiére arteficielle chez le canard domestique. C. R. Soc. Biol. (Paris) **129**, 231 (1938). Benoit, J., et J. Assenmacher: Dispositifs nerveux de l'eminence médiane: leurs rapports avec la vascularisation hypophysaire chez le canard domestique. C. R. Soc. Biol. (Paris) **145**, 1395 (1951); — Rapport entre la stimulation sexuelle préhypophysaire et la neurosécrétion chez l'oiseau. Arch. Anat. micr. Morph. exp. **42**, 334 (1953);— The control by visible radiations of the gonadotropic activity of the duck hypophysis. Rec. Progr. Hormone Res. **15**, 143 (1959). — Benoit, J., and L. Ott: External and internal factors in sexual activity. Yale J. Biol. Med. **17**, 27 (1944). — Benoit, J., F. X. Walter et J. Assenmacher: Contribution à l'etude du réflexe optohypophysaire gonadostimulant chez le canard soumis à des radiations lumineuses de diverses longueurs d'onde. J. Physiol. (Paris) **42**, 537 (1950); — Nouvelles recherches relatives á l'action de lumiéres de différentes longueurs d'onde sur la gonadostimulation du canard mâle impubére. C. R. Soc. Biol. (Paris) **144**, 1206 (1950). — Benson, G. K., and S. J. Folley: The effect of oxytocin on mammary gland involution in the rat. J. Endocr. **16**, 189 (1957). — Berblinger, W.: Die innere Sekretion im Lichte der morphologischen Forschung. Jena 1928; — Ist die Pars tuberalis der Hypophyse gonadotrop wirksam? Endokrinologie **23**, 251 (1941); — Die Kastrationshypophyse des Menschen unter Sexualhormonbehandlung. Endokrinologie **25**, 16 (1942). — Bergers, A. C. J., and Ch. H. Li: Amphibian ovulation in vitro induced by mammalian pituitary hormones and progesterone. Endocrinology **66**, 255 (1960). — Bergman, P.: Sexual cycle, time of ovulation, and time of optimal fertility in women. Acta obstet. gynec. scand. **29**, Suppl. 4 (1950). — Bettendorf, G.: Hypophysäres Human-Gonadotropin, Isolierung und Überprüfung der klinischen Wirksamkeit. Habil.-Schr. Hamburg 1961. — Bettendorf, G., M. Apostolakis u. K. D. Voigt: Darstellung hochaktiver Gonadotropinfraktionen aus menschlichen Hypophysen und deren Anwendung beim Menschen. III. Weltkongr. Internat. Federat. Gynäk. u. Geburtsh. Wien 1961, Berichte Bd. I/S. 76; — Darstellung von Gonadotropin aus menschlichen Hypophysen. Acta endocr. (Kbh). **41**, 1 (1962). — Beyler, A. L., and G. O. Potts: Influence of gonadal and adrenal cortical hormones on estrogen-induced depletion of pituitary gonadotropin content. Endocrinology **70**, 611 (1962). — Bickenbach, W., u. G. K. Döring: Die neurohormonale Regulation der weiblichen Genitalfunktion. Dtsch. med. Wschr. **76**, 504 (1951). — Bickenbach, W., G. K. Döring u. C. Hossfeld: Experimentelle Frühovulation durch Cervixreizung beim Menschen. Arch. Gynäk. **192**, 412 (1960). — Bickenbach, W., u. E. Paulikovics: Hemmung der Follikelreifung durch Progesteron bei der Frau. Zbl. Gynäk. **68**, 153 (1944). — Bierich, J. L.: Adrenogenitales Syndrom. In: Die Intersexualität von C. Overzier. Stuttgart: Georg Thieme 1961. — Biskind, G. R., and M. S. Biskind: Development of tumors in the rat ovary after transplantation into the spleen. Proc. Soc. exp. Biol. (N.Y.) **55**, 176 (1944). — Blackburn, Ch. M., A. Albert, J. Svien and A. Uihlein: Behavior of urinary gonadotropin following hypophysectomy in man. Proc. Mayo Clin. **31**, 649 (1956). — Bloch, S.: Untersuchungen über die Wirkung langdauernder Zufuhr von Hormonen auf die Genitalfunktion weiblicher Ratten und Mäuse. Gynaecologia (Basel) **155**, 1 (1963). — Block, E.: Quantitative morphological investigations of the follicular system in women. Variations at different ages. Acta anat. (Basel) **14**, 108 (1952). — Bodemer, Ch. W., and St. Warnick: Polyovular follicles in the immature hamster ovary. II. The effects of gonadotropic hormones on polyovular follicles. Fertil. and Steril. **12**, 353 (1961). — Bongiovanni, A. M., and W. R. Eberlein: Clinical and metabolic variations in the adrenogenital syndrome. Pediatrics **16**, 628 (1955). — Borglin, N. E., and L. Bjersing: The pituitary and adrenal responses to administration of oestriol in gonadectomized rats. Acta endocr. (Kbh.) **38**, 50 (1961). — Bors, E., E. T. Engle, R. C. Rosenquist and V. H. Holliger: Fertility in paraplegic males; preliminary report of endocrine studies. J. clin. Endocr. **10**, 381 (1950). — Borth, R., E. Diczfalusy u. H. D. Heinrichs: Grundlagen der statistischen Auswertung biologischer Bestimmungen. Arch. Gynäk. **188**, 497 (1957). — Borth, R., B. Lunenfeld and H. de Watteville: Day-to-day variation in urinary gonadotrophin and steroid levels during the normal menstrual cycle. Fertil. and Steril. **8**, 233 (1957). — Bourne, G., and S. Zuckerman: The influence of the adrenals cyclical changes in the accessory reproductive organs of female rats. J. Endocr. **2**, 268 (1941); — Changes in the adrenals in relation to the normal and artificial threshold oestrous cycle in the rat. J. Endocr. **2**, 283 (1941).— BRADBURY, J. T.: Direct action of estrogen on the ovary of the immature rat. Endocrinology **68**, 115 (1961). — BREMER, F.: Some problems in neurophysiology. London: Athlone Press 1953. — BRIMBLECOMBE, R. W., I. D. K. HALKERSTON and M. REISS: The effect of various ACTH extracts on the gonads. J. Endocr. **10**, 291 (1954). — BRIZZEE, K. R., and K. B. EIK-NES: Effects of extracts of hypothalamic nuclei and cerebral cortex on ACTH stimulating activity in the dog. Endocrinology **68**, 166 (1961). — BROBECK, J. R.: Mechanism of development of obesity in animals with hypothalamic lesions. Physiol. Rev. **26**, 541 (1946). — BROWN, J. B.: Urinary excretion of oestrogens during the menstrual cycle. Lancet **1955 I**, No. 6859, 320; — A chemical method for the determination of oestriol, oestrone and oestradiol in human urine. Biochem. J. **60**, 185 (1955). — BROWN, J. B., R. D. BULBROOK and F. C. GREENWOOD: An evulation of a chemical method for the estimation of oestriol, oestrone and oestradiol-17β in human urine. J. Endocr. **16**, 41 (1957); — An additional purification step for a method for estimating oestriol, oestrone and oestradiol-17β in human urine. J. Endocr. **16**, 49 (1957). — BROWN, J. B., C. W. A. FALCONER and J. A. STRONG: Urinary oestrogens of adrenal origin in women with breast cancer. J. Endocr. **19**, 52 (1959). — BROWN, J. B., R. KELLAR and G. D. MATTHEW: Preliminary observations on urinary oestrogen excretion in certain gynaecological disorders. J. Obstet. Gynaec. Brit. Emp. **66**, 177 (1959). — BROWN, J. B., A. KLOPPER and J. A. LORAINE: The urinary excretion of oestrogens, pregnanediol and gonadotrophins during the menstrual cycle. J. clin. Endocr. **17**, 401 (1958). — BROWN, P. S.: Human urinary gonadotrophins. I. In relation to puberty. J. Endocr. **17**, 329 (1958). — BROWN, W. E., J. T. BRADBURY and E. C. JUNGCK: The effect of estrogens and other steroids on the pituitary gonadotrophins in women. Amer. J. Obstet. Gynec. **65**, 733 (1953). — BROWN-GRANT, K., G. W. HARRIS and S. REICHLIN: The effect of pituitary stalk section on thyroid function in the rabbit. J. Physiol. (Lond.) **136**, 364 (1957). — BUCHHOLZ, R.: Untersuchungen über die Ausscheidungsverhältnisse der gonadotropen Hypophysenhormone FSH und ICSH im mensuellen Cyclus. Z. ges. exp. Med. **128**, 219 (1957); — Untersuchungen über die Beeinflussung der Gonadotropinausscheidung beim Menschen durch Keimdrüsenhormone. Geburtsh. u. Frauenheilk. **19**, 851 (1959); — Zentrale Wirkung der Gestagene. Kolloquium der Fa. Schering-Berlin, 13. 5. 1960; — Beeinflussung der Gonadotropin-Ausscheidung durch Gestagene. Vortrag auf der 60. Tag. der Nordwestdeutschen Ges. für Gynäkologie, Kiel 21. 10. 1961. — BUCHHOLZ, R., L. DIBBELT u. W. SCHILD: Über die Bildung des Progesterons im mensuellen Zyklus. Geburtsh. u. Frauenheilk. **14**, 620 (1954). — BULBROOK, R. D., and F. C. GREENWOOD: Persistence of urinary oestrogen excretion after oophorectomy and adrenalectomy. Brit. med. J. **1957**, No. 5020, 662; — The persistence of oestrogen production after endocrine ablation. Acta endocr. (Kbh.) **24**, Suppl **31**, 324 (1957). — BUNN, J. P., and J. W. EVERETT: Ovulation in persistent — estrous rats after electrical stimulation of the brain. Proc. Soc. exp. Biol. (N.Y.) **96**, 369 (1957). — BURGER, H.: Zur Steuerung des Menstruationszyklus. Alte und neue Anschauungen über die Steuerung und Auslösung der Menstruationsblutung. Dtsch. med. Wschr. **83**, 1991 (1958). — BURKL, W., u. G. KELLNER: Über die Entstehung der Zwischenzellen im Rattenovar und ihre Bedeutung im Rahmen der Oestrogenproduktion. Z. Zellforsch. **40**, 361 (1954). — BUSTAMANTE, M.: Experimentelle Untersuchungen über die Leistungen des Hypothalamus, besonders bezüglich der Geschlechtsreife. Arch. Psychiat. Nervenkr. **115**, 419 (1942). — BUSTAMANTE, M., H. SPATZ u. E. WEISSCHEDEL: Die Bedeutung des Tuber cinereum des Zwischenhirns für das Zustandekommen der Geschlechtsreife. Dtsch. med. Wschr. **68**, 289 (1942). — BUTCHER, R. L., K. Y. CHU and R. M. MELAMPY: Utero-ovarian relationships in the guinea pig. Endocrinology **71**, 810 (1962).

CANNON, W. B., H. F. NEWTON, E. M. BRIGHT, V. MENKIN and R. H. MOORE: Some aspects of physiology of animals surving complete exclusion of sympathetic nerve impulses. Amer. J. Physiol. **89**, 84 (1929). — CASENTINI, S., A. DE POLI, S. HUKOVIC and L. MARTINI: Studies on the control of corticotrophin release. Endocrinology **64**, 483 (1959). — CHANG, C. Y., and E. WITSCHI: Independence of adrenal hyperplasia and gonadal masculinization in experimental adrenogenital syndrome of frogs. Endocrinology **56**, 597 (1955); — Cortisone effect on ovulation in the frog. Endocrinology **61**, 514 (1957). — CHARLES, D., W. BARR, E. T. BELL, J. B. BROWN, K. GOTHERBY and J. A. LORAINE: Clomiphene in the treatment of oligomenorrhea and amenorrhea. Amer. J. Obstet. Gynec. **86**, 913 (1963). — CHRIST, J.: Zur Anatomie des Tuber cinereum beim erwachsenen Menschen. Dtsch. Z. Nervenheilk. **165**,

340 (1951). — Christian, C. D., and J. E. Markee: Failure of spinal cord transection to prevent ovulation following hypothalamic stimulation in the rabbit. Acta endocr. (Kbh.) 29, 401 (1958).— Claesson, L., and N. A. Hillarp: The formation mechanism of estrogenic hormones. I. The presence of an estrogen precursor in the rabbit ovary. Acta physiol. scand. 13, 115 (1947). — Claesson, L., N. A. Hillarp, B. Högberg and B. Hökfelt: Changes in the ascorbic acid content in the interstitial gland of the rabbit ovary following gonadotropic stimulation. Acta endocr. (Kbh.) 2, 249 (1949). — Clark, M. L., and P. C. Johnson: Amenorrhea and elevated level of serum cholesterol produced by a trifluoromethylated phenothiazine. J. clin. Endocr. 20, 641 (1960). — Clauberg, C.: Ovarium, Hypophyse, Placenta und Schwangerschaft in ihrer innersekretorischen Beziehung zur Frauenheilkunde. In: Handbuch der Gynäkologie von J. Veit u. W. Stoeckel, Bd. IX. München: J. F. Bergmann 1936. — Cole, H. H.: Hormonal control of ovulation. In: The problem of fertility von E. T. Engle. Princeton 1946. — Collin, R.: Passage de la colloide hypophysaire dans la substance cérébrale chez le chien. C. R. Soc. Biol. (Paris) 91, 1334 (1924). — Coppedge, R. L., and A. Segaloff: Urinary prolactin excretion in man. J. clin. Endocr. 11, 465 (1951). — Corner, G. W.: The sites of formation of estrogenic substances in the animal body. Physiol. Rev. 18, 154 (1938); — The ovary at the time of ovulation. In: Problems of human fertility von E. T. Engle. Princeton 1946; — Our knowledge of the menstrual cycle. 1910—1950. Lancet 1951 I, 919. — Events of primate ovarian cycle (Huxley lecture). Brit. med. J. 1952 II, 403; — The histological dating of the human corpus luteum of menstruation. Amer. J. Anat. 98, 377 (1956). — Cowie, A. T., and S. J. Folley: Physiology of the gonadotropins and the lactogenic hormone. In: The hormones von G. Pincus u. K. V. Thimann, Bd. III, S. 309f. New York: Academic Press 1955. — Cozens, D. A., and M. M. Nelson: Effects of ovariectomy on the follicle-stimulating and interstitial-cell-stimulating content of the anterior pituitary of the rat. Endocrinology 68, 767 (1961). — Critchlow, V.: Ovulation induced by hypothalamic stimulation in the anesthetized rat. Amer. J. Physiol. 195, 171 (1958).— Croes-Buth, S., F. J. A. Paesi and S. E. de Jongh: Stimulation of ovarian follicles in hypophysectomized rats by low dosages of oestradiol benzoate. Acta endocr. (Kbh.) 32, 399 (1959). — Cunningham, F. J.: Induction of ovulation in immature mice as an assay of gonadotrophin. J. Endocr. 24, 215 (1962). — Currie, A. R., and J. B. Dekanski: Gonadotrophins and prolactin in human pituitary glands. Acta endocr. (Kbh.) 36, 185 (1961).

Dalton, A. J., H. P. Morris and C. S. Dubnik: Changes in the organs of female C_3H mice receiving thiourea. J. nat. Cancer Inst. 5, 451 (1945). — Daniel, P. M., and M. M. L. Prichard: Anterior pituitary necrosis. Infarction of the pars distalis produced experimentally in the rat. Quart. J. exp. Physiol. 41, 215 (1956). — Davidson, J. M., A. N. Contopoulos and W. F. Ganong: Decreased gonadotrophic hormone content of the anterior pituitary gland in dogs with hypothalamic lesions. Endocrinology 66, 735 (1960). — Davidson, J. M., and Ch. H. Sawyer: Effects of localized intracerebral implantation of oestrogen on reproductive function in the female rabbit. Acta endocr. (Kbh.) 37, 385 (1961). — Deane, H. W.: Histochemical observations on the ovary and the oviduct of the albino rat during the oestrous cycle. Amer. J. Anat. 91, 363 (1952). — Decker, A., and T. H. Cherry: Culdoscopy: new method in diagnosis of pelvic disease-preliminary report. Amer. J. Surg. 64, 40 (1944). Desaulles, P. A., u. Ch. Krähenbühl: Moderne Entwicklung auf dem Gebiet der Gestagentherapie. In: Moderne Entwicklungen auf dem Gestagengebiet. 6. Symposion der Dtsch. Ges. für Endokrinologie. Berlin-Göttingen-Heidelberg: Springer 1960, S. 1f. — Desclin, L.: Can oxytocin induce prolactin release in rats. R. C. Soc. Biol. (Paris) 150, 1489 (1956). — Desclin, L., et A. Ermans: Nouvelles observations à propos de l'action des oestrogènes sur l'activité thyréotrope du lobe antérieur de l'hypophyse chez le rat. Ann. Endocr. (Paris) 12, 238 (1951). — Detrie, Ph.: L'hypophysectomie chez l'homme. Presse méd. 1953, 1209. — Dey, F. L.: Changes in ovaries and uteri in guinea pigs with hypothalamic lesions. Amer. J. Anat. 69, 61 (1941); — Evidence of hypothalamic control of hypophysial gonadotrophic functions in the female guinea pig. Endocrinology 33, 75 (1943). — Dey, F. L., C. Fisher, C. M. Berry and S. W. Ranson: Disturbances in reproductive functions caused by hypothalamic lesions in female guinea pigs. Amer. J. Physiol. 129, 39 (1940). — Dey, F. L., C. R. Leininger and S. W. Ranson: The effects of hypophysial lesions on mating behavior in female guinea pigs. Endocrinology 30, 323 (1942). — Dhom, G., u. H. U. Tietze: Zur experimentellen Histophysiologie der β-Zellen der Rattenhypophyse nach Untersuchungen mit der Perameisensäure-Alcianblau-Reaktion. Endokrinologie 42, 284 (1962). — Dibbelt, L., u. R. Buchholz: Beziehungen zwischen der Ausscheidung von Pregnandiol im mensuellen Zyklus und dem histologischen

Bild des Endometriums sowie des Ovars. Geburtsh. u. Frauenheilk. **13**, 604 (1953). — DICZFALUSY, E., u. CHR. LAURITZEN: Oestrogene beim Menschen. Berlin-Göttingen-Heidelberg: Springer 1961. — DIEPEN, R.: Der Hypothalamus. In: Handbuch der mikroskopischen Anatomie des Menschen von W. v. MÖLLENDORF u. W. BARGMANN, 4. Bd., 7. Teil. Berlin-Göttingen-Heidelberg: Springer 1962. — DÖRING, G. K.: Schwangerschaft und Geburt vor derMenarche. Dtsch. med. Wschr. **87**, 2514 (1962); — Über die relative Sterilität in den Jahren nach der Menarche. Geburtsh. u. Frauenheilk. **23**, 31 (1963). — Über die relative Häufigkeit des anovulatorischen Cyclus im Leben der Frau. Arch. Gynäk. **199**, 115 (1963). — DÖRING, G. K., u. G. STEPHAN: Über die Beeinflussung der Genitalfunktion weißer Ratten durch das Rauwolfia-Alkaloid Reserpin. Arch. Gynäk. **191**, 570 (1959). — DONOVAN, B. T.: The hypothalamus and gonadotrophin secretion. Proc. roy. Soc. Med. **50**, 455 (1957). — DRIGGS, M., u. H. SPATZ: Pubertas praecox bei einer hyperplastischen Mißbildung des Tuber cinereum. Virchows Arch. path. Anat. **305**, 567 (1939). — DUBREUIL, G.: Les glandes endocrines de l'ovaire féminin. Leur variabilité, leurs variations d'après des observations morphologiques personelles. Gynéc. et Obstét. **49**, 137 (1950). — DUYVENÉ DE WIT, J. J.: Über das Vorkommen des Progesterons im Follikelsaft des Schweines, des Rindes und der Frau. Arch. Gynäk. **172**, 455 (1942). — DYKE, D. C. VAN, M. E. SIMPSON, S. LEPKOVSKY, A. A. KONEFF and J. R. BROBECK: Hypothalamic control of pituitary function and corpus luteum formation in the rat. Proc. Soc. exp. Biol. (N.Y.) **95**, 1 (1957).

EBERLEIN, W. R., and A. M. BONGIOVANNI: Partial characterization of urinary adrenocortical steroids in adrenal hyperplasia. J. clin. Invest. **34**, 1337 (1955). — EBERLEIN, W. R., A. M. BONGIOVANNI and C. M. FRANCIS: A paper chromatographic method for the measurement of pregnanediol in urine. J. clin. Endocr. **18**, 300 (1958). — ECKLES, N. E., G. EHNI and A. KIRSCHBAUM: Induction of lactation in the human female by pituitary stalk section. Anat. Rec. **130**, 295 (1958). — ECKSTEIN, P.: Ovarian physiology in the non-pregnant female. In: The ovary von S. ZUCKERMAN, Bd. I, S. 311. New York u. London: Academic Press 1962. — EDINGER, L.: Die Ausfuhrwege der Hypophyse. Arch. mikr. Anat. **78**, 496 (1911). — EDWARDS, R., G., and R. E. FOWLER: Superovulation treatment of adult mice: Their subsequent natural fertility and response to further treatment. J. Endocr. **21**, 147 (1960). — EHRHARDT, K., u. R. FUNKE: Untersuchungen über die Rückwirkung des Corpus luteum-Hormons auf den Hypophysenvorderlappen. Klin. Wschr. **17**, 1588 (1938). — ELERT, R.: Über den Mechanismus der thermogenetischen Wirkung des Progesterons. Geburtsh. u. Frauenheilk. **11**, 325 (1951); — Hypophyse. In: Biologie und Pathologie des Weibes von L. SEITZ u. A. J. AMREICH, Bd. I/1, S. 473f. Berlin-Innsbruck-München-Wien: Urban & Schwarzenberg 1953; — Hypophysenvorderlappen und Nebennierenrinde in ihren Beziehungen zu Cyclus, Gravidität und Gestosen. Arch. Gynäk. **183**, 48 (1953). — EMANUEL, R.: Experimentelle Untersuchungen zur Neuroregulation des Ovariums. Z. Geburtsh. **124**, 44 (1942). — EMGE, L. A., and G. L. LAQUEUR: Thyroid-ovarian relations; influence of ovarian hormones on thyroid hyperplasie. Endocrinology **29**, 96 (1941). — ENGELHARDT, FR.: Über die Wirkung von Gonadotropinen nach gezielter intracerebraler Instillation bei der Ratte. In: Die partielle Hypophysenvorderlappeninsuffizienz. 4. Symposion der Dtsch. Ges. für Endokrinologie, S. 244f. Berlin-Göttingen-Heidelberg: Springer 1956; — Über die Angioarchitektonik der hypophysär-hypothalamischen Systeme. Acta neuroveg. (Wien) **13**, 129 (1956). — ENGLE, E. T.: Biological differences in response of the female macacus monkey to extracts of the anterior pituitary and of human pregnancy urine. Amer. J. Physiol. **106**, 145 (1933); — Luteinization of the ovary of the monkey by means of combined use of anterior pituitary extract and an extract of pregnancy urine. Endocrinology **18**, 513 (1934); — The effect of intravenous administration of the pregnancy urine factor on the ovaries of Rhesus monkeys. Amer. J. Physiol. **108**, 528 (1934); — The effect of hypothyroidism on menstruation in adult Rhesus monkey. Yale J. Biol. Med. **17**, 59 (1944). — ENGLE, E. T., and C. HAMBURGER: Action of gonadotropic hormone from pregnant mare's serum on ovaries of Rhesus monkeys. Proc. Soc. exp. Biol. (N.Y.) **32**, 1531 (1935). — ERDHEIM, J.: Über Hypophysenganggeschwülste. S.-B. Akad. Wiss. Wien, math. nat. Kl. **113**, 537 (1904). — ESCHER, F., F. ROTH u. H. COTTIER: Die paranasale transethmoido-sphenoidale Hypophysektomie beim metastasierenden Mammakarzinom. Schweiz. med. Wschr. **88**, 49 (1958). — EVANS, H. M., and M. E. SIMPSON: Physiology of the gonadotrophins. In: The hormones von G. PINCUS und K. V. THIMANN, Bd. 2, S. 351. New York: Academic Press 1950. — EVANS, H. M., M. E. SIMPSON and W. R. LYONS: Influence of lactogenic preparations on production of traumatic placentoma in the rat. Proc. Soc. exp. Biol. (N.Y.) **46**, 586 (1941). — EVERETT, J. W.: Progesterone and estrogen in the experimental control of ovulation time and other features of the estrous cycle in the rat. Endocrinology

43, 389 (1948); — Luteotrophic function of autographs of the rat hypophysis. Endocrinology **54,** 685 (1954); — Functional corpora lutea maintained for months by autographs of rat hypophysis. Endocrinology **58,** 786 (1956); — In: Sex and internal secretions von W. C. JOUNG 3. Aufl., Bd. 1, S. 497. Baltimore: Williams u. Wilkins 1961. — EVIATAR, A., A. DANON and F. G. SULMAN: The mechanism of the "push and pull" principle. V. Effect of the antiandrogen RO 2—7239 on the endocrine system. Arch. int. Pharmacodyn. **133,** 75 (1961). — EZRIN, C., H. SWANSON, J. HUMPHREY, J. DAWSON and F. HILL: Beta and delta cells of the human adenohypophysis: their response to adreno-cortical disorders. J. clin. Endocr. **19,** 621 (1959).

FALCK, B.: Site of production of oestrogen in rat ovary as studied in micro-transplants. Acta physiol. scand. **47,** Suppl. **163,** 1 (1959). — FARNER, D. S., and A. OKSCHE: Neurosecretion in birds. Gen. comp. Endocr. **2,** 113 (1962). — FARQUHAR, M. G., and J. F. RINEHART: Electron microscopic studies of the anterior pituitary gland of castrate rats. Endocrinology **54,** 516 (1954). — FASSBENDER, H. G.: Pathologische Anatomie der endokrinen Drüsen. In: Lehrbuch der speziellen pathologischen Anatomie von E. KAUFMANN, neu herausgegeben von M. STAEMMLER, Bd. I/2, S. 1427f. Berlin: W. de Gruyter & Co. 1956; — Diskussionsbemerkung zu H. L. SHEEHAN 1957. — FEKETE, E.: A morphological study of the ovaries of virgin mice of eight inbred strains showing quantitative differences in their hormone producing components. Anat. Rec. **117,** 93 (1953). — FELDMAN, J. D.: Effect of estrogen on thyroidal iodide trapping and conversion of inorganic J 131 to protein bound J 131. Endocrinology **56,** 289 (1956); — Effect of estrus and estrogen on thyroid uptake of J 131 in rats. Endocrinology **58,** 327 (1956); — Effect of estrogen on thyroid uptake of J 131 in adrenalectomized rats. Amer. J. Physiol. **184,** 369 (1956). — FELS, E., u. V. G. FOGLIA: Ovarienimplantat in Milz und Hypophysektomie. Acta endocr. (Kbh.) **34,** 1 (1960). — FETZER, S.: Zur Abhängigkeit der Morphokinese der Theca interna-Zellen der Sekundärfollikel des Rattenovariums von der ICSH-Aktivität der Adenohypophyse. Endokrinologie **34,** 213 (1957). — FETZER, S., J. HILLEBRECHT, H.-E. MUSCHKE u. E. TONUTTI: Hypophysäre Steuerung der interstitiellen Zellen des Rattenovariums, quantitativ betrachtet am Zellkernvolumen. Z. Zellforsch. **43,** 404 (1955). — FEVOLD, H. L.: The gonadotrophic function of the pituitary gland. In: The chemistry and physiology of hormones von F. R. MOULTON, S. 152f. Publ. Amer. Ass. Advance Sci. (1944); — Zit. nach H. H. COLE, Hormonal control of Ovulation. In: The problem of fertility von E. T. ENGLE. Princeton 1946. — FEVOLD, H. L., F. L. HISAW and R. O. GREEP: Effect of oestrin on activity of anterior lobe of pituitary. Amer. J. Physiol. **114,** 508 (1936). — FEYRTER, F.: Zur Frage der Hellen Zellen der menschlichen Gebärmutterschleimhaut. Virchows Arch. path. Anat. **321,** 134 (1952); — Über den zelligen Bestand des Stroma der menschlichen Corpusmucosa. Arch. Gynäk. **190,** 47 (1957). — FISCHER, R. H., S. P. MCCOLGAN and A. L. CHANEY: Progesterone metabolism. I. Pregnandiol excretion in the menstrual cycle. Amer. J. Obstet. Gynec. **63,** 613 (1952). — FLERKÓ, B., u. V. BÁRDOS: Zwei verschiedene Effekte experimenteller Läsion des Hypothalamus auf die Gonaden. Acta neuroveg. (Wien) **20,** 248 (1959). — FLERKÓ, B., u. GY. ILLEI: Nach Gonadhormonverabreichung eintretende Gewebsreaktionen der intralienalen Ovarialtransplantate von Ratten. Acta morph. Acad. Sci. hung. **7,** 377 (1957). — FLUHMAN, C. F.: Influence of thyroid on action of gonad-stimulating hormones. Amer. J. Physiol. **108,** 498 (1934). — FORBES, T. R.: Systematic plasma progesterone levels during the human menstrual cycle. Amer. J. Obstet. Gynec. **60,** 180 (1950). — FORTIER, C., and J. DE GROOT: Neuroendocrine relationships. Progr. Neurol. Psychiat. **13,** 118 (1958). — FOSTER, R., and I. ROTHCHILD: On the secretion of corticotrophin by the homotransplanted pituitary gland in the rat. Acta endocr. (Kbh.) **39,** 371 (1962). — FOUKAS, M.: Was ist von einer Follikelhormon-„Stoß"-Behandlung zur Herbeiführung der Ovulation zu erwarten? Dtsch. med. Wschr. **87,** 353 (1962). — FRAENKEL, L.: Das zeitliche Verhalten von Ovulation und Menstruation. Zbl. Gynäk. **35,** 1591 (1911); — Physiologie der weiblichen Genitalorgane. In: Biologie und Pathologie des Weibes von J. HALBAN und L. SEITZ, Bd. I, S. 517f. Berlin u. Wien: Urban & Schwarzenberg 1924. — FRIEDMAN, M. H.: Mechanism of ovulation in rabbit; demonstration of humoral mechanism. Amer. J. Physiol. **89,** 438 (1929).

GÄDE, E. B., u. K. HEINRICH: Klinische Beobachtungen bei Megaphenbehandlung in der Psychiatrie. Nervenarzt **26,** 49 (1955). — GANONG, W. F., and D. M. HUME: The effect of graded hypophysectomy on thyroid, gonadal, and adrenocortical function in the dog. Endocrinology **50,** 293 (1956). — GANS, E.: The F.S.H.-content of serum of intact and of gonadectomized rats and of rats treated with sex hormones. Acta endocr. (Kbh.) **32,** 362 (1959). — GANS, E., and G. P. VAN REES: Effect of small doses of oestradiol benzoate on pituitary production and release of I.C.S.H. in gonadectomized male and female rats. Acta endocr. (Kbh.) **39**, 245 (1962). — GARCIA, C. R., J. T. HARRIGAN, W. J. MULLIGAN and J. ROCK: The use of estrogens and gestogens to induce human ovulation. Fertil. and Steril. **11**, 303 (1960). — GAULHOFER, W. K., u. J. R. H. SCHAANK: Galactorroe veroorzaakt door chloorpromazine. (Galactorrhea due to chlorpromazine). Ned. T. Geneesk **101**, 264 (1957). — GAUNT, R., A. A. RENZI, N. ANTONCHAK, G. J. MILLER and M. GILMAN: Endocrine aspects of the pharmacology of reserpine. Ann. N.Y. Acad. Sci. **59**, 22 (1954). — GELLER, H.-F., u. H. LOHMEYER: Über die Endokrinie der menschlichen Gebärmutterschleimhaut. Arch. Gynäk. **192**, 44 (1959). — GEMZELL, C. A., E. DICZFALUSY and K. G. TILLINGER: Clinical effect of human pituitary follicle-stimulating hormone (FSH). J. clin. Endocr. **18**, 1333 (1958). — GIESEMANN, E.: Die Helle Zelle in der Uterusschleimhaut. Beitr. path. Anat. **108**, 153 (1943). — GIRONS, H. S.: Données histochimiques sur l'hypophyse de chamaeleo lateralis, Gray 1831. Ann. Histochim. **4**, 115 (1961); — Particularités anatomiques et histologiques de l'hypophyse chez les synamata. Arch. Biol. (Liège) **72**, 211 (1961). — GITSCH, E.: Über die Auswertung der kombinierten Uterus- und Ovarialimplantation in die Milz kastrierter Ratten als Gradmesser gonadotroper Aktivität. Acta endocr. (Kbh.) **30**, 1 (1959). — GITSCH, E., u. H. TULZER: Über Beziehungen zwischen gonadotroper und thyreotroper Funktion. (Ein tierexperimenteller Beitrag.) Z. Geburtsh. Gynäk. **136**, 149 (1952). — GIULIANI, G., L. MARTINI and A. PECILE: Midbrain section and release of ACTH following stress. First Internat. Congr. of Endocrinology, Copenhagen 1960. — GLEES, P.: Das retikuläre System des Hirnstammes. In: Morphologie und Physiologie des Nervensystems. Stuttgart: Georg Thieme 1957. — GOECKE, H.: Die Endausbreitung des vegetativen Nervengewebes im menschlichen Ovarium und ihre Bedeutung für die Funktion des Ovariums. Arch. Gynäk. **166**, 187, 242 (1938). — GOLDMAN, H., and L. A. SAPIRSTEIN: Nature of the hypophysial blood supply in the rat. Endocrinology **71**, 857 (1962). — GOLD-ZIEHER, J. W., and H. L. WOOLEY: Gonadotrophins. In: Progress in gynecology, Bd. III, S. 253f. v. J. V. MEIGS u. S. H. STURGIS. New York u. London: Grune & Stratton 1957. — GOMPERTZ, D., and A. M. MANDL: The effect of pre-pubertal gonadectomy on the adrenal glands. J. Endocr. **17**, 114 (1958). — GOT, R., et R. BOURRILLON: Nouvelles données physiques sur la gonadotropine chorial humaine. Biochem. Acta **39**, 241 (1960). — GREEN, J. D.: Vessels and nerves of amphibian hypophysis. A study of the living circulation and the histology of the hypophysial vessels and nerves. Anat. Rec. **99**, 21 (1947). — GREEN, J. D., and G. W. HARRIS: The neurovascular link between the neurohypophysis and adenohypophysis. J. Endocr. **5**, 136 (1947); — Observation of the hypophysioportal vessels of the living rat. J. Physiol. (Lond.) **108**, 359 (1949). — GREENBLATT, R. B.: The adenohypophysis and ovulation. Fertil. and Steril. **8**, 537 (1957); — Chemical induction of ovulation. Fertil. and Steril. **12**, 402 (1961). — GREENBLATT, R. B., S. ROY and V. B. MAHESH: Induction of ovulation. Amer. J. Obstet. Gynec. **84**, 900 (1962). — GREEP, R. O., H. B. VAN DYKE and B. F. CHOW: The effect of pituitary gonadotrophins in the testicles of hypophysectomized immature rats. Anat. Rec. **78**, 88 (1940); — Use of anterior lobe of prostate gland in the assay of metakentrin. Proc. Soc. exp. Biol. (N.Y.) **46**, 644 (1941); — Gonadotropins of the swine pituitary. I. Various biological effects of purified thylakentrin (FSH) and pure metakentrin (ICSH). Endocrinology **30**, 635 (1942). — GRIESBACH, W. E.: Über die Darstellung von zwei Typen von Basophilen in der Rattenhypophyse. (Ein Beitrag zur Lokalisation der Hypophysenhormone.) Klin. Wschr. **31**, 926 (1953). — GRIMM, H.: Grundriß der Konstitutionsbiologie und Anthropometrie. Berlin: Volk und Gesundheit 1961. — GRINDELAND, R. E., F. E. WHERRY and E. ANDERSON: Vasopressin and ACTH release. Proc. Soc. exp. Biol. (N.Y.) **110**, 377 (1962). — GRÜNTHAL, E.: Das Problem der Lokalisierung im Hypothalamus. Fortschr. Neurol. Psychiat. **2**, 507 (1930). — GRUMBRECHT, P., u. A. LOESER: Die Funktion des Uterus bei der Wirkung der Ovarialhormone auf die Schilddrüse. Arch. Gynäk. **167**, 199 (1938); — Die innersekretorische Bedeutung des Uterus. Arch. Gynäk. **168**, 889 (1939). — GUEGUEN, J.: Rôle des facteurs d'excitation méchanique dans le determinisme de la fécondation chez la femme stérile. Presse méd. **66**, 2009 (1958). — GUILLEMIN, R.: Über die hypothalamische Kontrolle der ACTH-Sekretion betrachtet an den Ergebnissen von in vitro-Versuchen. Endokrinologie **34**, 193 (1957); — Hypothalamic neurohumors in the control of the functions of the anterior hypophysis. Naunyn-Schmiedeberg's Arch. exp. Path. Pharmak. **245**, 187 (1963). — GUILLEMIN, R., A. V. SCHALLY, H. S. LIPSCOMB, R. N. ANDERSEN and J. M. LONG: On the presence in hog hypothalamus of β-corticotropin releasing factor, α- and β-melanocyte stimulating hormones, adreno-corticotropin, lysine-vasopressin and oxytocin. Endocrinology **70**, 471 (1962). — GUSEK, W.: Vergleichende licht- und elektronenmikroskopische Untersuchungen menschlicher Hypophysenadenome bei Akromegalie. Endokrinologie **42**, 257 (1962).

HAMMERSTEIN, J.: Hormonanalytische Untersuchungen zur Frage der endokrinen Korrelationen im biphasischen Menstruationszyklus der Frau. Arch. Gynäk. **196**, 504 (1962). — HARRIS, G. W.: Hypothalamus and pituitary gland with special reference to the posterior pituitary and labor. Brit. med. J. **1948 I**, 339; — Neural control of the pituitary gland. Physiol. Rev. **28**, 139 (1948); — Neural control of the pituitary gland. Brit. med. J. **1951 II**, 559; — Hypothalamic control of the anterior pituitary gland. Ciba Found. Coll. Endocr. **4**, 106 (1952); — The physiology of the hypothalamus and pituitary gland in relationship to gynaecology. Arch. Gynäk. **183**, 35 (1953); — Neural control of the pituitary gland. London: E. Arnold 1955; — The reticular formation, stress, and endocrine activity. In: Reticular formation of the brain. Internat. Sympos. Henry Ford Hospital. Boston and Toronto: Little, Brown & Co. 1958; — Central nervous control of gonadotrophic and thyreotrophic secretion. First Internat. Congr. of Endocr., Copenhagen 1960. — HARRIS, G. W., and D. JACOBSOHN: Functional grafts of the anterior pituitary gland. Proc. roy. Soc. London B **139**, 263 (1952). — HARTMAN, C. G.: The use of gonadotropic hormones in the adult Rhesus monkey. Bull. Johns Hopk. Hosp. **63**, 351 (1938); — Further attempts to cause ovulation by means of gonadotropes in the adult Rhesus monkey. Contr. Embryol. Carneg. Instn. **30**, 111 (1942); — Gonadotrophic stimulation of the ovaries of the adult Rhesus monkey. In: Essays in biology in Honor of HERBERT M. EVANS, p. 229. Berkeley (Calif.): University California Press 1943. — HASSELBLATT, A., u. CH. RATABONGS: Die Bedeutung von Gonaden und Hypophyse für die Wirkung gonadotroper Hormone auf die Schilddrüsenfunktion. Acta endocr. (Kbh.) **34**, 176 (1960). — HASSENSTEIN, B.: Kybernetik. Dtsch. med. Wschr. **34**, 1382 (1957). — HAUN, C., and C. SAWYER: The role of the hypothalamus in initiation of milk secretion. Acta endocr. (Kbh.) **38**, 99 (1961). — HAUSER, G. A., R. KRESSIG, M. KELLER, R. WENNER, R. BATTEGEY u. J. BERGER: Die Largactil-(Megaphen-) Amenorrhoe. Geburts-. u. Frauenheilk. **18**, 637 (1958). — HAUSER, G. A., TH. MÜLLER, M. VALAER, H. ERB, J. A. OBIRI, U. REMEN u. P. VANÄÄNEN: Der Zusammenhang zwischen gynäkologischen Krankheiten und dem Menopausealter. Gynaecologia (Basel) **152**, 270 (1961). — HAUSER, G. A., J. A. OBIRI, M. VALAER, H. ERB, TH. MÜLLER, U. REMEN u. P. VANÄÄNEN: Der Einfluß des Menarchealters auf das Menopausealter. Gynaecologia (Basel) **152**, 279 (1961). — HAYS, E. E., and S. L. STEELMAN: Chemistry of the anterior pituitary hormones. In: The hormones von G. PINCUS u. K. V. THIMANN, Bd. III, S. 201f. New York: Academic Press 1955. — HEIDENREICH, O.: Sekretion und Wirkungen der Hormone des Hypophysenhinterlappens. Dtsch. med. Wschr. **86**, 674 (1961). — HELLBAUM, A. A., L. G. MCARTHUR, P. J. CAMPBELL and J. C. FINERTY: The physiological fractionation of pituitary gonadotropic factors correlated with cytological changes. Endocrinology **68**, 144 (1961). — HELLER, C. G., and W. O. NELSON: Classification of male hypogonadism, and a discussion of the pathologic physiology, diagnosis and treatment. J. clin. Endocr. **8**, 345 (1948). — HERLANT, M.: Cytochimie du lobe anterieur de l'hypophyse. Anat. Anz. **109**, Erg.-H. Nr. 562 (1962). — HERRMANN, M., u. G. WINKLER: Über den Einfluß von Oestradiol auf die Restitutionsphase der Nebennierenrinde nach langfristiger Cortisonvorbehandlung. Acta endocr. (Kbh.) **40**, 410 (1962). — HERTL, M.: Das Verhalten einiger Hypothalamuskerne der weißen Maus während verschiedener Entwicklungs- und Funktionsphasen des weiblichen Genitalapparates. Z. Zellforsch. **42**, 481 (1955). — HESS, W. R.: Das Zwischenhirn. Basel: Benno Schwabe & Co. 1954. — HILL, R. T., and M. ALPERT: The corpus luteum and the sacral parasympathetics. Endocrinology **69**, 1105 (1961). — HILLARP, N. A.: Studies on the localization of hypothalamic centres controlling the gonadotrophic function of the hypophysis. Acta endocr. (Kbh.) **2**, 11, 33 (1949). — HILLARP, N. A., u. D. JACOBSOHN: Über die Innervation der Adenohypophyse und ihre Beziehungen zur gonadotropen Hypophysenfunktion. Kgl. Fysiogr. Sällsk. Hdl., N. F. **54** (1943). — HILLIARD, J., D. ARCHIBALD and C. H. SAWYER: Gonadotropic activation of preovulatory synthesis and release of progestin in the rabbit. Endocrinology **72**, 59 (1963). — HINSEY, J. C., and J. E. MARKEE: Search for neurological mechanisms in ovulation. Proc. Soc. exp. Biol. (N.Y.) **30**, 136 (1932). — HISAW, F. L.: Development of the Graafian follicle and ovulation. Physiol. Rev. **27**, 95 (1947). — HISAW, F. L., and E. B. ASTWOOD: Physiology of the reproduction. Ann. Rev. Physiol. **4**, 503 (1942). — HITSCHMANN, F., u. L. ADLER: Der Bau der Uterusschleimhaut des geschlechtsreifen Weibes mit besonderer Berücksichtigung der Menstruation. Mschr. Geburtsh. Gynäk. **27**, 1 (1908). — HOFF, F.: Klinische Physiologie und Pathologie. Stuttgart: Georg Thieme 1950. — HOFFMANN, FR.: Untersuchungen über die hormonale Regulation der Follikelreifung im Zyklus der Frau. Geburtsh. u. Frauenheilk. **21**, 554 (1961); — Über die Wirkung des Progesterons auf das Follikelwachstum im Zyklus und seine Bedeutung für die hormonale Steuerung des Ovarialzyklus der Frau. Geburtsh. u. Frauenheilk. **22**, 433 (1962). — HOFFMANN, FR., u. L. v. LÁM: Über den Progesteronnachweis in Corpora lutea, Placenten und im Schwangerenblut mit Hilfe einer intrauterinen Testierungsmethode. Zbl. Gynäk. **65**, 2014 (1941); — Über die Progesteronbildung im Zyklus und in der Schwangerschaft. Zbl. Gynäk. **70**, 1177 (1948). — HOFFMANN, FR., u. G. UHDE: Über die Progesteronbildung in den Ovarien während der Follikelreifungsphase. Zbl. Gynäk. **77**, 929 (1955). — HOHLWEG, W.: Die Hormone der Keimdrüsen. In: Biologie und Pathologie des Weibes von L. SEITZ u. A. J. AMREICH, Bd. I/1, S. 525. Berlin-Innsbruck-München-Wien: Urban & Schwarzenberg 1953; — Beziehungen des Hypophysenzwischenhirnsystems zu den Sexualhormonen. Wien. klin. Wschr. **73**, 445 (1961). — HOHLWEG, W., u. E. DAUME: Lokale hormonelle Beeinflussung des Hypophysen-Zwischenhirnsystems bei Hähnen. Endokrinologie **37**, 95 (1959). — HOHLWEG, W., u. M. DOHRN: Beziehungen zwischen Hypophysenvorderlappen und Keimdrüsen. Wien. Arch. inn. Med. **21**, 337 (1932). — HOHLWEG, W., u. K. JUNKMANN: Die hormonal-nervöse Regulierung der Funktion des Hypophysenvorderlappens. Klin. Wschr. **11**, 321 (1932). — HOHLWEG, W., G. KNAPPE u. G. DÖRNER: Tierexperimentelle Untersuchungen über den Einfluß von Morphin auf die gonadotrope und thyreotrope Hypophysenfunktion. Endokrinologie **40**, 152 (1961). — HOLLWICH, F., u. S. TILGNER: Der Einfluß der Lichtwirkung über das Auge auf Schilddrüse und Hoden. Dtsch. med. Wschr. **87**, 2674 (1962); — Über die gonadotrope und thyreotrope Wirkung der Bestrahlung des Auges mit monochromatischem Licht. Endokrinologie **44**, 167 (1963). — HOLMES, R. L.: Gonadotrophic and thyrotrophic cells of the pituitary gland of the ferret. J. Endocr. **25**, 495 (1963). — HOLMES, R. L., and A. M. MANDL: The effect of norethynodrel on the ovaries and pituitary gland of adult female rats. J. Endocr. **24**, 497 (1962). — HOSEMANN, H.: Gesetzmäßigkeiten im Menstruationszyklus der Frau. Z. Geburtsh. Gynäk. **128**, 170 (1947). HOWARD, R. P., E. C. KEATY and E. C. REIFENSTEIN: Comparative effects of verious estrogens on urinary gonadotropins (FSH) in oophorectomized women. J. clin. Endocr. **16**, 966 (1956). — HUBER, H.: Genitalcarzinom und Ovarium. Arch. Gynäk. **183**, 457 (1953). — HUIS IN'T VELD, L. G.: The neutral 17-ketosteroid excretion during the menstrual cycle. Acta endocr. (Kbh.) **33**, 494 (1960). — HUMPHREYS, E. M., and S. ZUCKERMAN: Unilateral ovariectomy after x-irradiation of the ovaries. J. Endocr. **10**, 155 (1954). — HUSSLEIN, H., u. H. TULZER: Die Schilddrüsenfunktion als Kriterium für die Wirkungsveränderung des Follikelhormons bei verschiedener Applikation. Z. Geburtsh. Gynäk. **136**, 155 (1952).

IGARASHI, M.: Rebound phenomenon of the human ovarian function and its therapeutic application in female sterility. Fertil. and Steril. **8**, 362 (1957). — IGARASHI, M., S. SATO u. H. KUBO: Ovulationsauslösung bei der Frau mit Kallikrein. Zbl. Gynäk. **84**, 161 (1962). — IKONEN, M., M. NIEMI, S. PESONEN and S. TIMONEN: Histochemical localization of four dehydrogenase systems in human ovary during the menstrual cycle. Acta endocr. (Kbh.) **38**, 293 (1961). — INGLE, D. J., G. M. HIGGINS and E. C. KENDALL: Atrophy of adrenal cortex in rat produced by administration of large amounts of cortin. Anat. Rec. **71**, 363 (1938). — INGRAM, D. L.: The effect of oestrogen on the atresia of ovarian follicles. J. Endocr. **19**, 123 (1959). — ITTRICH, G.: Eine neue Methode zur chemischen Bestimmung der östrogenen Hormone im Harn. Hoppe Seylers Z. physiol. Chem. **312**, 1 (1958); — Eine Methode für die klinische Routinebestimmung der Harnoestrogene. Zbl. Gynäk. **82**, 429 (1960).

JAILER, J.-W., J. J. GOLD, R. WIELE and S. VAN DE LIEBERMAN: 17α-Hydroxyprogesterone and 21-Desoxyhydrocortisone; their metabolism and possible role in congenital adrenal virilism. J. clin. Invest. **34**, 1639 (1955). — JESSIMAN, A. G., D. D. MATSON and F. D. MOORE: Hypophysectomy in the treatment of breast cancer. New Engl. J. Med. **261**, 1199 (1959). — JONES, E. C., and P. L. KROHN: The effect of hypophysectomy on age changes in the ovaries of mice. J. Endocr. **21**, 497 (1961). JONES, G. E. S., J. E. HOWARD and H. LANGFORD: The use of cortisone in follicular phase disturbances. Fertil. and Steril. **4**, 49 (1953). — JONES, J. CH., and J. N. BALL: Ovarian-putuitary relationship. In: The ovary von S. ZUCKERMAN, Bd. I, S. 361 f. New York u. London: Academic Press 1962. — JOSIMOVICH, J. B.: Effects of destruction of the thoracic spinal cord on spermatogenesis in the mouse. Endocrinology **63**, 254 (1958). — JUNG, G., u. H. HELD: Über Fermente in der Follikelflüssigkeit. Arch. Gynäk. **192**, 146 (1959). — JUNG, G., u. E. KIDES: Proteolytische Fermente im Ovargewebe. Arch. Gynäk. **192**, 151 (1959). — JUNKMANN, K.: Gedanken über den Sexualcyklus. Ärztl. Wschr. **9**, 289 (1954); — Die Androgene des Ovars. In: Moderne Entwicklung auf dem Gestagengebiet. Berlin-Göttingen-Heidelberg: Springer 1960. — Gedanken über die Regelung der Ovarialfunktion. Berl. Med. **13**, 81 (1962).

Kabak, J. M., u. G. Pose: Der Inselapparat der Bauchspeicheldrüse bei „hypothalamischer" Verfettung von Ratten. Acta biol. med. germ. 7, 554 (1961). — Kaiser, I. H.: Pregnancy following clomiphene-induced ovulation in Chiari-Frommel syndrome. Amer. J. Obstet. Gynec. 87, 149 (1963). — Kaiser, R.: Über die progestative Wirkung von 19-Nortestosteronverbindungen bei oraler Verabreichung. Geburtsh. u. Frauenheilk. 17, 24 (1957); — Klinische Erfahrungen mit Norprogesteronderivaten. Zbl. Gynäk. 82, 2009 (1960); — Zur Frage der Menstruationsvorverlegung durch Beeinflussung der Ovulation. Geburtsh. u. Frauenheilk. 22, 122 (1962). — Kaiser, R., u. J. Conrad: Die Wirkungen des Desoxycorticosterons auf die Genitalfunktion der Frau. Dtsch. med. Wschr. 81, 1744 (1956). — Kaplan, N. M.: Successful pregnancy following hypophysectomy during the twelfth week of gestation. J. clin. Endocr. 21, 1139 (1961). — Kaufmann, C.: Corpus luteum. Arch. Gynäk. 183, 264 (1953); — Progesteron, sein Schicksal im Organismus und seine Anwendung in der Therapie. Klin. Wschr. 33, 345 (1955). — Kaufmann, C., u. J. Zander: Progesteron im menschlichen Blut und Gewebe. II. Mitt. Progesteron im Fettgewebe. Klin. Wschr. 34, 7 (1956). — Kecskés, L., F. Mutschler, E. Thán u. I. Farkas: Papierchromatographische Isolation des Oestrons, 17β-Oestradiols und Oestriols aus menschlichen Ovarien. Acta endocr. (Kbh.) 39, 483 (1962). — Kehrer, E.: Endokrinologie für den Frauenarzt. Stuttgart: Ferdinand Enke 1937. — Keidel, W. D.: Grenzen der Übertragbarkeit der Regelungslehre auf biologische Probleme. Naturwissenschaften 48, 264 (1961). — Keller, M., u. A. Hauser: ZurBeurteilung der Pregnandiolausscheidung in der 2. Zyklushälfte. Gynaecologia (Basel) 149, 337 (1960). — Khazan, N., F. G. Sulman and H. Z. Winnik: Effect of reserpine on pituitarygonadal axis. Proc. Soc. exp. Biol. 105, 201 (1960). — Kief, H.: Experimentelle Untersuchungen über die zelluläre Bildungsstätte des ACTH. Beitr. path. Anat. 116, 541 (1956). — Killam, K. F., and E. K. Killam: Drug action on pathways involving the reticular formation. In: Reticular formation of the brain. Internat. Sympos. Henry Ford Hospital. Boston and Toronto: Little, Brown & Co. 1958. — Kimeldorf, D. J., and A. J. Sonderwall: Changes induced in adrenal cortical zones by ovarian hormones. Endocrinology 41, 21 (1947). — Kincl, F. A., and R. I. Dorfman: Anti-ovulatory activity of subcutaneously injected steroids in the adult oestrus rabbit. Acta endocr. (Kbh.) Suppl. 73, 3 (1963); — Anti-ovulatory activity of steroids administered by gavage in the adult oestrus rabbit. Acta endocr. (Kbh.) Suppl. 73, 17 (1963). — Kincl, F. A., H. J. Ringold and R. I. Dorfman: Pituitary gonadotrophin inhibition by subcutaneously administered steroids. Acta endocr. (Kbh.) 36, 83 (1961). — Klopper, A., and E. A. Michie: The excretion of urinary pregnanediol after the administration on progesterone. J. Endocr. 13, 360 (1956). — Klopper, A., J. A. Strong and L. R. Cook: The excretion of pregnanediol and adrenocortical activity. J. Endocr. 15, 180 (1957). — Knaus, H.: Die periodische Fruchtbarkeit und Unfruchtbarkeit des Weibes. Wien: Maudrich 1934; — Die Physiologie der Zeugung des Menschen. Wien: Maudrich 1950. — Knobil, E., and J. B. Josimovich: The interstitial cell stimulating activity of ovine, equine and human luteinizing hormone preparations in the hypophysectomized male Rhesus monkey. Endocrinology 69, 139 (1961). — Knobil, E., J. L. Kostyo and R. O. Greep: Production of ovulation in the hypophysectomized Rhesus monkey. Endocrinology 65, 487 (1959). — Knorr, D.: Die Wirkung von Choriongonadotropin auf den Steroidhormon-Stoffwechsel des Kindes. Acta endocr. (Kbh.) 44, Suppl. 84 (1963). — Kobayashi, H., and S. Kambara: Alkaline phosphatase activity in the pituitary body of the rat. Endocrinology 64, 615 (1959). — Kopf, R., A. Loeser u. G. Meyer: Funktionsänderungen des Ovarium durch Thiourazil und Methylthiourazil. Klin. Wschr. 26, 202 (1948). — Koppen, K.: Histologische Untersuchungsergebnisse über die Nervenversorgung des Ovars beim Menschen. Zbl. Gynäk. 72, 915 (1950); — Histologische Untersuchungsergebnisse von der Nervenversorgung des Uterus. Arch. Gynäk. 177, 354 (1950); — Von der Bedeutung der Innervation für die Funktionen des Ovars und des Uterus. Dtsch. med. Wschr. 76, 105 (1951). — Kotz, H. L., and W. Herrmann: A review of the endocrine induction of human ovulation. Fertil. and Steril. 12, 96, 102, 196, 299, 375, 493 (1961). — Kovács, S., u. M. Vértes: Die Wirkung von Nebennierenrinden-Hormonen auf die Schilddrüsenfunktion in In-vitro-Versuchen. Endokrinologie 43, 105 (1962). — Kracht, J.: Karyometrische Differenzierung der Bildungsstätten von STH und LTH in der Rattenhypophyse. Naturwissenschaften 44, 15 (1957); — Zur Lokalisation der Hypophysenvorderlappenhormone. Zbl. allg. Path. path. Anat. 97, 24 (1957). — Kracht, J., u. M. Spaethe: Über Wechselbeziehungen zwischen Schilddrüse und Nebennierenrinde; die thyreotrope Belastungsreaktion. Virchows Arch. path. Anat. 324, 83 (1953). — Kraul, L.: Der Einfluß der Innervation auf den Eierstock. Arch. Gynäk. 131, 600 (1927); — Die Rückwirkung des Eierstockes auf den

Hypophysenvorderlappen. Arch. Gynäk. **144**, 452 (1931); — Die Beeinflussung der Hypophysenvorderlappenfunktion durch hormonale Substanzen und deren praktische Bedeutung. Arch. Gynäk. **148**, 65 (1932). — KRAUS, E. J.: Die Hypophyse. In: Handbuch der speziellen pathologischen Anatomie und Histologie von F. HENKE u. O. LUBARSCH, Bd. VIII, S. 810. Berlin: Springer 1926. — KRUMHOLZ, K. H., u. G. MAASS Über den Einfluß der Östrogene auf die Nebennierenrindenfunktion. Gynaecologia (Basel) **147**, 13 (1959). — KRUMHOLZ, K. H., u. D. WAIGAND: Untersuchungen der Nebennierenrinden-Funktion im Verlauf des mensuellen Cyclus der Frau. Arch. Gynäk. **191**, 153 (1958). — KULLANDER, ST.: Studies on the development and hormone production of ovarian tissue autotransplanted to the spleen of spayed rats with special reference to the experimental production of ovarian tumours. Lund: Hakan Ohlsson 1956; — Studies in spayed rats with ovarian tissue autotransplanted into the spleen. IV. Development of the transplant in the host (operated on at 3 weeks of age) at 12 to 18 months of age. Effect of roentgen irradiation of the transplant before insertion. Acta endocr. (Kbh.) **24**, 179 (1957); — Studies in spayed rats with ovarian tissue autotransplanted into the spleen. V. Development of the transplant in the host (operated on at 3 weeks of age) at the age of 2 to $2^1/_2$ years. Acta endocr. (Kbh.) **24**, 307 (1957); — Studies on the growth in tissue culture of the corpus luteum and of the isolated ovarian follicle of the rat. Acta endocr. (Kbh.) **38**, 598 (1961). — KUPPERMAN, H. S., J. A. EPSTEIN, M. H. G. BLATT and A. STONE: Induction of ovulation in the human therapeutic and diagnostic importance. Amer. J. Obstet. Gynec. **75**, 301 (1958). — KWAAN, H. C., and H. J. BARTELSTONE: Corticotropin release following injections of minute doses of arginine vasopressin into the third ventricle of the dog. Endocrinology **65**, 982 (1959).

LABHART, A.: Klinik der inneren Sekretion. Berlin-Göttingen-Heidelberg: Springer 1957. — LAMOND, D. R.: Cessation of ovarian function in the immature mouse after hypophysectomy. J. Endocr. **19**, 103 (1959). — LANDSMEER, J. M. F.: Vessels of the rats hypophysis. Acta anat. (Basel) **12**, 82 (1951). — LANE, C. E., and J. E. MARKEE: Responses of ovarian intraocular transplants to gonadotropins. Growth **5**, 61 (1941). — LANGE-COSACK, H.: Verschiedene Gruppen der hypothalamischen Pubertas praecox I. u. II. Dtsch. Z. Nervenheilk. **166**, 499 (1951); **168**, 237 (1952). — LATZ, L. J., and E. REINER: Further studies on the sterile and fertile periods in women. Amer. J. Obstet. Gynec. **43**, 74 (1942). — LAWRENCE, A. M., and A. N. CONTOPOULOS: Ovarian response to administration of hypophysial follicle-stimulating or human chorionic gonadotrophic hormone in alloxan diabetic rats. Endocrinology **66**, 475 (1960). — LEATHEM, J. H.: Hormonal influences on the gonadotrophin sensitive hypothyroid rat ovary. Anat. Rec. **131**, 487 (1958); — Extragonadal factors in reproduction. In: Recent progress in the endocrinology of reproduction von C. W. LLOYD, S. 179f. New York: Academic Press 1959. — LEGAULT-DÉMARE, J., P. MAULÉON et M. SUAREZ-SOTO: Etude de l'activite biologique in vitro des hormones gonadotropes. II. Stimulation in vitro du corps jaune de brebis par l'hormone gonadotrope sérique de jument gravide (PMSG). Acta endocr. (Kbh.) **34**, 163 (1960). — LENZ, W.: Ursachen gesteigerten Wachstums der heutigen Jugend. In: Akzeleration und Ernährung. Fettlösliche Wirkstoffe. Dtsch. Ges. für Ernährung **4**, 1 (1959). — LEONHARD, S. L., and PH. E. SMITH: Responses of the reproductiv system of hypophysectomized rats to injections of pregnancy-urine-extracts. Anat. Rec. **58**, 175 (1934). — LI, CH. H.: The chemistry of gonadotropic hormones. Vitam. and Horm. **7**, 223 (1949); — Protein hormones. In: The proteins, chemistry, biological activity and methods, Bd. II, S. 595. New York 1954; — Purification of follicle-stimulating hormone from human pituitary glands. Proc. Soc. exp. Biol. (N.Y.) **98**, 839 (1958). — LI, CH. H., and A. M. EVANS: Chemistry of anterior pituitary hormones. In: The hormones von G. PINCUS u. K. V. THIMANN, Bd. I, S. 631f. New York: Academic Press 1948. — LIPP, G.: Eine neue Methode zur quantitativen Bestimmung von Pregnandiol im Urin. Acta endocr. (Kbh.) **33**, 501 (1960). — LIPSCHÜTZ, A.: Study of the gonadotropic activity of the hypophysis in situ. Nature (Lond.) **157**, 551 (1946). LIPSCHÜTZ, A., and H. CERISOLA: Ovarian tumours due to a functional imbalance of the hypophysis. Nature (Lond.) **193**, 145 (1962). — LORAINE, J. A.: Recent work on the quantitative determination of pituitary gonadotrophins in urine. Acta endocr. (Kbh.) **31**, 75 (1957). — LORAINE, J. A., and E. T. BELL: Hormone excretion during the normal menstrual cycle. Lancet 1963. 1340. — LORAINE, J. A., and J. B. BROWN: Some observations on the estimation of gonadotrophins in human urine. Acta endocr. (Kbh.) **17**, 250 (1954); — Further observations on the estimation of urinary gonadotrophins in nonpregnant human subjects. J. clin. Endocr. **16**, 1180 (1956); — A method for the quantitative determination of gonadotrophins in the urine of nonpregnant human subjects. J. Endocr. **18**, 77 (1959). — LUFT, R., and H. OLIVE-

CRONA: Experiences with hypophysectomy in man. J. Neurosurg. **10**, 301 (1953); — Hypophysektomie bei Menschen mit Mammacarcinom, Prostatacarcinom und malignem Diabetes mellitus. Wien. Z. inn. Med. **36**, 49 (1955); — Hypophysectomy in the treatment of malignant tumors. Cancer (London) **10**, 789 (1957). — LUFT, R., H. OLIVECRONA u. D. IKKOS: Die Hypophysektomie beim Menschen. Dtsch. med. Wschr. **83**, 1349 (1958).

MADDOCK, W. O., J. D. CHASE and W. O. NELSON: The effects of large doses of cortisone on testicular morphology and urinary gonadotrophin, estrogen, and 17-ketosteroid excretion. J. Lab. clin. Med. **41**, 608 (1953). — MADDOCK, W. O., R. B. LEACH, S. P. KLEIN and G. B. MYERS: Selective pituitary failure: an exemple characterized by defizient ACTH and gonadotrophin secretion with intact TSH secretion. Amer. J. med. Sci. **226**, 509 (1953). — MAIER, W., u. W. SPANN: Die Bedeutung der rechtzeitigen Behandlung des Hodenhochstandes für die Fertilität. Dtsch. med. Wschr. **87**, 1697 (1962). — MANDELL, A. J., L. F. CHAPMAN, R. W. RAND and R. D. WALTER: Plasma corticosteroids: Changes in concentration after stimulation of hippocampus and amygdala. Science **139**, 1212 (1963). — MANDL, A. M.: The sensitivity of adrenalectomized rats to gonadotrophins. J. Endocr. **11**, 359 (1954). — MANDL, A. M., S. ZUCKERMAN and H. D. PATTERSON: The number of oocytes in ovarian fragments after compensatory hypertrophy. J. Endocr. **8**, 347 (1952). — MAQSOOD, M.: Thyroidfunction in relation to reproduction of mammals and birds. Biol. Rev. **27**, 281 (1952). — MARDONES, E., R. IGLESIAS and A. LIPSCHÜTZ: Granulosa cell tumours in intrasplenic ovarian grafts, with intrahepatic metastases, in guinea-pigs at five years after grafting. Brit. J. Cancer **9**, 409 (1955). — MARKEE, J. E., J. W. EVERETT and CH. H. SAWYER: The relationship of the nervous system to the release of gonadotrophin and the regulation of the sex cycle. Recent Progr. Hormone Res. **7**, 139 (1952). — MARKEE, J. E., CH. H. SAWYER and W. H. HOLLINSHEAD: Activation of the anterior hypophysis by electrical stimulation in the rabbit Endocrinology **38**, 345 (1946); — Adrenergic control of the release of hormone from the hypophysis of the rabbit. Recent Progr. Hormone Res. **2**, 117 (1948). — MARSHALL, W. A., and A. P. D. THOMSON: The effect of surgical thyroidectomy on light-induced oestrus in ferrets. J. Endocr. **24**, 315 (1962). — MARTIN, M. M., and L. WILKINS: Pituitary dwarfism: diagnosis and treatment. J. clin. Endocr. **18**, 679 (1958). — MARTINI, L., L. MIRA, A. PECILE and S. SAITO: Neurohypophysial hormones and release of gonadotrophins. J. Endocr. **18**, 245 (1959). — MARTINI, L., A. PECILE, G. GIULIANI, F. FRASCHINI and A. CARRARO: Neurohumoral control of the anterior pituitary gland. In: Gewebs- und Neurohormone, S. 117f. 8. Symposion der Dtsch. Ges. f. Endokrinol. Berlin-Göttingen-Heidelberg: Springer 1962. — MARTINI, L., A. PECILE, S. SAITO and F. TANI: The effect of midbrain transection on ACTH release. Endocrinology **66**, 501 (1960). — MARTINI, L., and A. DE POLI: Neurohumoral control of the release of adrenocorticotrophic hormone. J. Endocr. **13**, 229 (1956). — MARTINI, L., A. DE POLI, A. PECILE, S. SAITO and F. TANI: Functional and morphological observations on the rat pituitary grafted into the anterior chamber of the eye. J. Endocr. **19**, 164 (1959). — MARTINS, T.: Action des hautes doses d'oestrine sur l'hypophyse in situ, ou greffée dans la chambre antérieure de l'ocil du rat. C. R. Soc. Biol. (Paris) **123**, 702 (1936). — MATSUMOTO, S., T. ITO u. S. INOUE: Untersuchungen der ovulationshemmenden Wirkung von 19-Norsteroiden an laparotomierten Patientinnen. Geburtsh. u. Frauenheilk. **20**, 250 (1960). — MCARTHUR, J. W., J. WORCESTER and F. M. INGERSOLL: The urinary excretion of interstitial-cell and follicle-stimulating hormone activity during the normal menstrual cycle. J. clin. Endocr. **18**, 1186 (1958). — MCCANN, S. M.: A hypothalamic luteinizing-hormone-releasing factor. Amer. J. Physiol. **202**, 395 (1962); — Effect of progesterone on plasma luteinizing hormone activity. Amer. J. Physiol. **202**, 601 (1962). — MCCANN, S. M., and J. R. BROBECK: Evidence for a role of the supraoptico-hypophyseal system in regulation of adrenocorticotrophin secretion. Proc. Soc. exp. Biol. (N.Y.) **87**, 318 (1954). — MCCANN, S. M., and H. M. FRIEDMAN: The effect of hypothalamic lesions on the secretion of luteotrophin. Endocrinology **67**, 597 (1960). — MCCANN, S. M., A. FRUIT and B. D. FULFORD: Studies on the loci of action of cortical hormones inhibiting the release of adrenocorticotrophin. Endocrinology **63**, 29 (1958). — MCCANN, S. M., and S. TALEISNIK: The effect of a hypothalamic extract on the plasma luteinizing hormone (LH) activity of the estrogenized, ovariectomized rat. Endocrinology **68**, 1071 (1961). — MCCANN, S. M., S. TALEISNIK and H. M. FRIEDMAN: LH-releasing activity in hypothalamic extracts. Proc. Soc. exp. Biol. (N.Y.) **104**, 432 (1960). — MCDONALD, R. K., and V. K. WEISE: Effect of pitressin on adrenocortical activity in man. Proc. Soc. exp. Biol. (N.Y.) **92**, 107 (1956). — MCDONALD, R. K., V. K. WEISE and R. W. PATRICK: Effect of synthetic lysine-vasopressin on plasma hydrocortisone levels in man. Proc. Soc. exp. Biol. (N.Y.) **93**, 348 (1956). — McGinty, D. A., and C. Djerassi: Some chemical and biological properties of 19-Nor-17-alpha-testosterone. Ann. N.Y. Acad. Sci. **71**, 5, 500 (1958). — McKay, D. C., J. H. M. Pinkerton, A. T. Hertig and S. Danzinger: The adult human ovary: A histochemical study. Obstet. and Gynec. **18**, 13 (1961). — Means, J. H.: The thyroid and its disease, 2. Aufl. Philadelphia: Lippincott 1948. — Meites, J., R. H. Kahn and Ch. S. Nicoll: Prolactin production by rat pituitary in vitro. Proc. Soc. exp. Biol. (N.Y.) **108**, 440 (1961). — Merrill, J.: Ovarian hilus cells. Amer. J. Obstet. Gynec. **78**, 1258 (1959). — Meyer, C. J.: Beurteilung von Gonadotrophinen an Ovarialtransplantaten in der Augenvorderkammer intakter männlicher Kaninchen. Gynaecologia (Basel) **151**, 143 (1961). — Meyer, J. E., and J. T. Bradbury: Influence of stilbestrol on the immature rat ovary and its response to gonadotrophin. Endocrinology **66**, 121 (1960). — Meyer, R.: Über die Beziehung der Eizelle und des befruchteten Eies zum Follikelapparat, sowie des Corpus luteum zur Menstruation. Arch. Gynäk. **100**, 1 (1913). — Mikulicz-Radecki, F. v., u. E. Kausch: Beziehungen zwischen Kohabitation und Gravidität in jugendlichem Alter und der daraus erkannte physiologische Follikelzyklus beim Mädchen. Zbl. Gynäk. **59**, 2290 (1935). — Mirsky, J. A., M. Stein and G. Paulisch: The secretion of an antidiuretic substance into the circulation of adrenalectomized and hypophysectomized rats exposed to noxious stimuli. Endocrinology **55**, 28 (1954). — Mishell, D. R., and L. Motyloff: The effect of hysterectomy upon the ovary. With reference to a possible hormonal action of the endometrium upon the ovary. Endocrinology **28**, 436 (1941). — Miyake, T.: Inhibitory effect of various steroids on gonadotrophin hypersecretion in parabiotic mice. Endocrinology **69**, 534 (1961); — The use of parabiotic mice for the study of pituitary gonadotrophin hypersecretion and its inhibition by steroids. Endocrinology **69**, 547 (1961). — Moore, W. W., and A. V. Nalbandov: Maintenance of corpora lutea in sheep with lactogenic hormone. J. Endocr. **13**, 18 (1955). — Morandi, L., G. Clemencon u. H. Amstein: Die klinischen Formen der Hypophysenvorderlappeninsuffizienz. Schweiz. med. Wschr. **87**, 867 (1957). — Morris, T. R., and A. V. Nalbandov: The induction of ovulation in starving pullets using mammalian and avian gonadotropins. Endocrinology **68**, 687 (1961). — Moyer, J. H., V. Kinross-Wright and R. M. Finney: Chlorpromazine as therapeutic agent in clinical medicine. Arch. intern. Med. **95**, 202 (1955).

Nalbandov, A. V., W. W. Moore and H. W. Norton: Further studies on the neurogenic control of the estrous cycle by uterine distention. Endocrinology **56**, 225 (1955). — Napp, J. H.: Habil.-Schr. Hamburg 1954. — Nikitovitch-Winer, M., and J. W. Everett: Histocytologic chances in grafts of rat pituitary on the kidney and upon retransplantation under the diencephalon. Endocrinology **65**, 357 (1959); — Resumption of gonadotrophic function in pituitary grafts following retransplantation from kidney to median eminence. Nature (Lond.) **180**, 1434 (1957); — Comparative study of luteotropin secretion by hypophysial autotransplants in the rat, effects of site and stayes of the oestrous cycle. Endocrinology **62**, 522 (1958). — Nissen Meyer, R.: Endocrine treatment of breast cancer. Acta endocr. (Kbh.) **22**, 293 (1956). — Noble, R. L.: Physiology of the adrenal cortex. In: The hormones von G. Pincus u. K. V. Thimann, Bd. II, 1950, S. 65f., Bd. III, 1955, S. 685. New York: Academic Press. — Nowakowski, H.: Infundibulum und Tuber cinereum der Katze. Dtsch. Z. Nervenheilk. **165**, 261 (1951). — Nowell, N. W.: Studies in the activation and inhibition of adreno-corticotrophin secretion. Endocrinology **64**, 191 (1959). — Noyes, R. W., A. M. Yamate and Th. H. Clewe: Ovarian transplants to the anterior chamber of the eye. Fertil. and Steril. **9**, 99 (1958).

Ober, K. G.: Die Behandlung der unzulänglichen Keimdrüsenfunktion. In: Biologie und Pathologie des Weibes von L. Seitz u. A. J. Amreich, Bd. II, S. 726f. Berlin-Innsbruck-München-Wien: Urban & Schwarzenberg 1952; — Grundlagen der Hormonbehandlung funktioneller gynäkologischer Blutungen. Dtsch. med. Wschr. **80**, 532 (1955); — Ovar. In: Klinik der inneren Sekretion von A. Labhart, S. 488f. Berlin-Göttingen-Heidelberg: Springer 1957. — Ober, K. G., J. Klein u. M. Weber: Zur Frage einer Progesteronbehandlung. Experimentelle Untersuchungen mit dem Hooker-Forbes-Test und klinische Beobachtungen mit Kristallsuspensionen. Arch. Gynäk. **184**, 543 (1954). — Odeblad, E., G. Nati, B. Selin and B. Westin: Some effects of gonadotrophic hormones on the ovarian circulation in the rabbit. Acta endocr. (Kbh.) **22**, 65 (1956). — Oettle, M.: Kritische Betrachtungen zum Problem der doppelseitigen Ovarektomie während der Schwangerschaft. Z. Geburtsh. Gynäk. **136**, 294 (1952). — Ogilvie, R. F.: A quantitative estimation of the pancreatic islet tissue. Quart. J. Med. N.S. **6**, 287 (1937). — Oksche, A.: Optico-vegetative regulatory mechanisms of the diencephalon. Anat. Anz. **108**, 320 (1960); — The fine nervous neurosecretory and glial structure of the median eminence in the whitecrowned sparrow. III. Internat. Conf. on Neurosecretion, Bristol 1961. Mem. Soc. Endocr. 12 (1962). — OPEL, H., and A. V. NALBANDOV: Follicular growth and ovulation in hypophysectomized hens. Endocrinology 69, 1016 (1961); — Ovulability of ovarian follicles in the hypophysectomized hen. Endocrinology 69, 1029 (1961). — ORTHNER, H.: Pathologische Anatomie und Physiologie der hypophysär-hypothalamischen Krankheiten. In: Handbuch der speziellen pathologischen Anatomie von F. HENKE u. O. LUBARSCH, Bd. XIII/5, S. 543f. Berlin-Göttingen-Heidelberg: Springer 1955. — ORTMANN, R.: Neurosecretion. In: Handbook of Physiology, Sect. 1, Neurophysiology, Bd. II, S. 1038. Washington: Amer. Physiol. Soc. 1960. — OSTER, H.: Die Reifeentwicklung unserer Jugend. In: Deutsche Nachkriegskinder von C. COERPER, W. HAGEN u. H. THOMAE. Stuttgart: Georg Thieme 1954. — OSTRCIL, A.: Operation und nachfolgende Menses. Rozhl. chir. a gynaek. 4, 28 (1925). — OVERZIER, C.: Über die Beziehungen zwischen den Nebennierenrinden und den Keimdrüsen. Ärztl. Wschr. 7, 578 (1952).

PAESI, F. J. A., S. E. DE JONGH, M. J. HOOGSTRA and A. ENGELBREGT: The follicle-stimulating hormone-content of the hypophysis of the rat as influenced by gonadectomy and oestrogen treatment. Acta endocr. (Kbh.) 19, 49 (1955). — PARKES, A. S.: Adrenal-gonad relationship. Physiol. Rev. 25, 203 (1945). — PASCHKIS, K. E., and A. E. RAKOFF: Clinical endocrinology. In: The hormones von G. PINCUS u. K. V. THIMANN, Bd. III, S. 821f. New York: Academic Press 1955. — PAYNE, R. W.: Relationship of pituitary and adrenal cortex to ovarian hyperemia reaction in rat. Proc. Soc. exp. Biol. (N.Y.) 77, 242 (1951). — PERRY, J. S.: The effects of hysterectomy on the ovary of the rat and the pig. J. Endocr. 22, 10 (1961). — PFEIFFER, C. A.: Effects of progesterone on ovulation in Rhesus monkeys. Anat. Rec. 106, 233 (1950); — Effects of progesterone upon ovulation in the Rhesus monkey. Proc. Soc. exp. Biol. (N.Y.) 75, 455 (1950). — PHILIPP, E.: Hypophysenvorderlappen und Placenta. Zbl. Gynäk. 54, 450 (1930); — Die Bildungsstätte des „Hypophysenvorderlappenhormons" in der Gravidität. Zbl. Gynäk. 54, 1858 (1930); — Über den Zusammenhang von Histologie und innersekretorischer Wirkung des Hypophysenvorderlappens. Zbl. Gynäk. 54, 3076 (1930); — Die biologische Differenzierung der Hypophysenvorderlappenhormone. Zbl. Gynäk. 55, 12 (1931); — Die Wirkung von Hypophysenvorderlappen und von Placenta auf die Uterusschleimhaut beim Kaninchen. Zbl. Gynäk. 55, 929 (1931); — Schwangerschaftsveränderungen beim Neugeborenen. Klin. Wschr. 17, 797 (1938); — Die Hormone der Plazenta. In: Biologie und Pathologie des Weibes von L. SEITZ u. A. J. AMREICH, S. 375f. Berlin-Innsbruck-München-Wien: Urban & Schwarzenberg 1953; — Die inkretorische Funktion der Placenta und ihre Wirkung auf den mütterlichen und fetalen Organismus. In: Probleme der fetalen Endokrinologie. Berlin-Göttingen-Heidelberg: Springer 1956. — PINCUS, G.: Some effects of progesterone and related compounds upon reproduction and early development in mammaes. Acta endocr. (Kbh.) Suppl. 28, 18 (1956); — Fertility control by endocrine agents. First Internat. Congr. of Endocrinology, Copenhagen 1960. Abstracts of comminicationes S. 135. — PINCUS, G., M. C. CHANG, M. X. ZARROW, E. S. E. HAFEZ and A. MERRIL: Studies of the biological activity of certain 19-Norsteroids in female animals. Endocrinology 59, 695 (1956). — PINCUS, G., J. ROCK, C.-R. GARCIA, E. RICE-WRAY, M. PANIAGUA and J. RODRIGUEZ: Fertility control with oral medication. Amer. J. Obstet. Gynec. 75, 1333 (1953). — PINKERTON, J. H. M.: Oestrogen production in the immature human ovary. J. Obstet. Gynaec. Brit. Emp. 66, 820 (1959). — PLATE, W. P.: Oestrogene functie van de tussencellen in de gonade. Ned. T. Verlosk. 63, 83 (1963). — PLETSCHER, A.: Zur Pharmakologie der modernen Psychopharmaka. Praxis 50, 1322 (1961). — PODLESCHKA, K., u. H. DWORZAK: Über die Funktion autoplastisch in die Augenvorderkammer verpflanzter Kaninchenovarien. Arch. Gynäk. 155, 381 (1934). — POPA, G. T., and U. FIELDING: A postal circulation from the pituitary to the hypothalamus. J. Anat. (Lond.) 65, 88 (1930). — PRADER, A.: Wachstum und Entwicklung. In: Klinik der inneren Sekretion von A. LABHART, Berlin-Göttingen-Heidelberg: Springer 1957. — PROBST, V., u. F. K. BELLER: Zur Beurteilung der Östronsulfat-Therapie zur Auslösung eines Follikelsprunges. Geburtsh. u. Frauenheilk. 21, 969 (1961). — PSYCHOYOS, A.: Considérations sur les rapports de la chlorpromazine et de la lutéotrophine hypophysaire. C. R. Soc. Biol. (Paris) 62, 918 (1958); — La pseudogestation expérimentale chez la ratte. Nouveaux résultats. C. R. Acad. Sci. (Paris) 246, 1741 (1958).

RACADOT, J.: Nouvelles recherches sur les types cellulaires du lobe antérieur de l'hypophyse du chat. Bull. Ass. Anat. (Nancy) 109, 680 (1961). — RALPH, C. L.: Some effects of hypothalamic lesions on gonadotrophin release in the hen. Anat. Rec.

134, 411 (1959); — Polydipsia in the hen following lesions in the supraoptic hypothalamus. Amer. J. Physiol. **198**, 528 (1960). — RALPH, C. L., and R. M. FRAPS: Effect of hypothalamic lesions on progesterone-induced ovulation in the hen. Endocrinology **65**, 819 (1959); — Induction of ovulation in the hen by injection of progesterone into the brain. Endocrinology **66**, 269 (1960). — RANSON, S. W., and H. W. MAGOUN: The hypothalamus. Ergebn. Physiol. **41**, 56 (1939). — RASMUSSEN, A. T.: Innervation of the hypophysis. Endocrinology **23**, 263 (1938); — The growth of the hypophysis cerebri (pituitary gland) and its major subdivisions during childhood. Amer. J. Anat. **80**, 95 (1947). — RATNER, A., P. K. TALWALKER and J. MEITES: Effect of estrogen administration in vivo on prolactin release by rat pituitary in vitro. Proc. Soc. exp. Biol. (N.Y.) **112**, 12 (1963). — REIFENSTEIN, E. C.: 17-alpha-hydroxyprogesterone and the virilism of the adrenogenital syndrome associated with congenital adrenocortical hyperplasia — a review. J. clin. Endocr. **16**, 1262 (1956). — REYE, DR.: Das klinische Bild der Simmondschen Krankheit (hypophysäre Kachexie) in ihrem Anfangsstadium und ihre Behandlung. Münch. med. Wschr. **73**, 902 (1926); — Die ersten klinischen Symptome bei Schwund des Hypophysenvorderlappens (Simmondsche Krankheit) und ihre erfolgreiche Behandlung. Dtsch. med. Wschr. **24**, 696 (1928). — ROCK, J. R., C.-R. GARCIA and M. F. MENKIN: A theory of menstruation. Ann. N.Y. Acad. Sci. **75**, 831 (1959). — ROCK, J. R., C. R. GARCIA and G. PINCUS: Synthetic progestins in the normal human menstrual cycle. Rec. Progr. Hormone Res. **13**, 323 (1957). — ROCK, J. R., C.-R. GARCIA and G. PINCUS: Use of some progestational 19-norsteroids in gynecology. Amer. J. Obstet. Gynec. **79**, 758 (1960).— ROCKENSCHAUB, A.: Theca- und Stroma-luteinzellen des Eierstockes als fluoreszierende Körnchenzellen („Fluorozyten"). Geburtsh. u. Frauenheilk. **10**, 829 (1950); — Der menstruelle Zyklus. Z. Geburtsh. Gynäk. **155**, 105 (1960). — RÖSSLE, R.: Das Verhalten der menschlichen Hypophyse nach Kastration. Virchows Arch. path. Anat. **216**, 248 (1914). — RÖSSLE, R., u. F. ROULET: Mass und Zahl in der Pathologie. Berlin: Springer 1932. — ROMEIS, B.: Hypophyse. In: Handbuch der mikroskopischen Anatomie des Menschen von W. v. MÖLLENDORFF, Bd. VI/3, Berlin: Springer 1940. — ROSEMBERG, E., and I. ENGEL: The influence of steroids on urinary gonadotropin excretion a postmenopausal woman. J. clin. Endocr. **20**, 1576 (1960). — ROTHAUGE, C. F., O. WELLER u. E. SCHUCHARDT: Die Wirkung von Diäthyldioxystilbendiphosphat (Honvan®) auf die Keimdrüse und die Gonadotropinausscheidung beim Manne. Klin. Wschr. **41**, 90 (1963). — ROTHCHILD, I.: Effect of large doses of intravenously administered progesterone on gonadotropin excretion in the human female. J. clin. Endocr. **17**, 754 (1957); — The corpus luteum-pituitary relationship: The association between the cause of luteotrophin secretion and the cause of follicular quiescence during lactation; the basis for a tentative theory of the corpus luteumpituitary relationship in the rat. Endocrinology **67**, 9 (1960); — Corpus luteumpituitary relationship: The effect of progesterone on the folliculotropic potency of the pituitary in the rat. Endocrinology **70**, 303 (1962). — ROTHCHILD, I., and E. J. QUILLIGAN: The corpus luteum-pituitary relationship on the reports that oxytocin stimulates the secretion of luteotrophin. Endocrinology **67**, 122 (1960). — ROTTER, W.: Die Entwicklung der fetalen und kindlichen Nebennierenrinde. Virchows Arch. path. Anat. **316**, 590 (1949). — ROWLANDS, I. W.: The effect of oestrogens, prolactin and hypophysectomy on the corpora lutea and vagina of hysterectomized guinea-pigs. J. Endocr. **24**, 105 (1962). — RUNGE, H.: Beobachtungen über violente Ovulation beim Menschen. Zbl. Gynäk. **66**, 1858 (1942). — RUST, W.: Über die Ausfallsfolgen nach Keimdrüsenstörung. Halle 1950. — RYAN, R.: The luteinizing hormone content of human pituitaries. I. Variations with sex and age. J. clin. Endocr. **22**, 300 (1962).

SACHS, L.: Haupttendenzen und Regulationsprinzipien der Steroid-Biogenese. Arzneimittel-Forsch. (Drug Res.) **12**, 244 (1962). — SAFFRAN, M.: Hormonal functions of the hypothalamus. Ergebnisse der inneren Medizin und Kinderheilkunde, S. 594. Berlin 1958. — SAFFRAN, M., A. B. SCHALLY, M. SEGAL and B. ZIMMERMANN: Characterization of the corticotrophin releasing factor of the neurohypophysis. In: 2. Internat. Symposium über Neurosekretion, S. 55f. Berlin-Göttingen-Heidelberg: Springer 1958. — SALTER, W. T.: The chemistry and physiology of the thyroid hormone. In: The hormones von G. PINCUS u. K. V. THIMANN, Bd. II, S. 181f. New York: Academic Press 1950. — SANDBERG, H., C. A. PAULSEN, R. B. BLEACH and W. O. MADDOCK: Estrogen excretion in ovariectomized women receiving adrenocorticotropin. J. clin. Endocr. **18**, 1268 (1958). — SAWYER, C. H., B. V. CRITCHLOW and C. A. BARRACLOUGH: Mechanism of blockade of pituitary activation in the rat by morphine, atropine and barbiturates. Endocrinology **57**, 345 (1955). — SAWYER, C. H., J. W. EVERETT and J. E. MARKEE: „Spontaneous" ovulation in rabbit following combined estrogen-progesterone treatment. Proc. Soc. exp. Biol. (N.Y.) **74**, 185

(1950). — Sayers, G., and M. Sayers: The pituary-adrenal system. Recent Progr. Hormone Res. 2, 81 (1948). — Scammon, R. E.: The growth of the human reproductive system. Proc. Second Internat. Congr. Sex Res. 1930, S. 118. — Schäffer, R.: Über Beginn, Dauer und Erlöschen der Menstruation. Mschr. Geburtsh. Gynäk. 23, 169 (1906); — Über das Alter des Menstruationsbeginnes. Arch. Gynäk. 84, 657 (1908). — Scharrer, E., u. B. Scharrer: Neurosekretion. In: Handbuch der mikroskopischen Anatomie des Menschen, von W. v. Möllendorff u. W. Bargmann, Bd. VI/5, S. 953. Berlin-Göttingen-Heidelberg: Springer 1954. — Schmid, R., L. Gonzalo, R. Blobel, E. Muschke u. E. Tonutti: Über die hypothalamische Steuerung der ACTH-Abgabe aus der Hypophyse bei Diphtherie-Toxin-Vergiftung. Endokrinologie 34, 65 (1957); — Zur hypothalamischen Steuerung der ACTH-Abgabe aus der Hypophyse. Naturwissenschaften 43, 424 (1957). — Schneider, H. P. G.: Pregnandiol-Analysen in der 1. Hälfte des mensuellen Zyklus. Diss. Kiel 1961. — Schochet, S. S.: The physiology of ovulation. Surg. Gynec. Obstet. 31, 148 (1920). — Schröder, R.: Über die zeitlichen Beziehungen der Ovulation und Menstruation. Arch. Gynäk. 101, 1 (1914); — Die Pathologie der Menstruation. In: Biologie und Pathologie des Weibes von J. Halban u. L. Seitz, Bd. III, S. 921. Berlin-Wien, Urban & Schwarzenberg 1924. — Der mensuelle Genitalzyklus des Weibes und seine Störungen. In: Handbuch der Gynäkologie von J. Veit und W. Stoeckel, Bd. I/2. München: J. F. Bergmann 1928; — Die Klinik des normalen und gestörten mensuellen Zyklus. Arch. Gynäk. 183, 204 (1953). — Schubert, G., u. F. X. Wohlzogen: Fermentative Steuerung der Ovulation. Wien. med. Wschr. 109, 267 (1959). — Schultze, K. W.: Zur Histologie der Schilddrüse bei Kastrationsfettsucht. Arch. Gynäk. 158, 746 (1934). — Segaloff, A., and S. L. Steelman: The human gonadotropins. Recent Progr. Hormone Res. 15, 127 (1959). — Selye, H.: Textbook of endocrinology. Montreal: Acta endocrinologica Inc. 1947. — Selye, H., J. B. Collip, D. L. Thomson and J. Williamson: Effect of prolonged administration of the anterior pituitary-like hormone on pituitary and thyroid. Proc. Soc. exp. Biol. (N.Y.) 30, 590 (1933). — Sevringhaus, A. E.: The pituitary gland. Baltimore: Williams & Wilkins 1938. — Shanklin, W. M.: Age changes in the histology of the human pituitary. Acta anat. (Basel) 19, 290 (1953). — Sharman, A.: The menopause. In: The ovary von S. Zuckerman, Bd. I, S. 539f. New York u. London: Academic Press 1962. — Sheehan, H. L.: Postpartum necrosis of anterior pituitary. J. Path. Bact. (Lond.) 45, 189 (1937); — Simmonds's disease due to post-partum necrosis of the anterior pituitary. Quart. J. Med. 8, 277 (1939); — Shock in obstetrics. Lancet 1948 I, 1; —The incidence of post-partum hypopituitarism. Amer. J. Obstet. Gynec. 68, 202 (1954); — Physiopathologie der Hypophyseninsuffizienz. Helv. med. Acta 22, 324 (1955); — Pathologische Anatomie des partiellen Hypopituitarismus. In: Die partielle Hypophysenvorderlappen-Insuffizienz. Berlin-Göttingen-Heidelberg: Springer 1957; — Ovarian function in post-partum hypopituitarism. III. Weltkongr. für Gynäkologie u. Geburtshilfe, Wien 1961. — Sheehan, H. L., and V. K. Summers: The syndrom of hypopituitarism. Quart. J. Med., N. S. 18, 319 (1949). — Shettles, L. B.: Ovum humanum. München u. Berlin: Urban & Schwarzenberg 1960. — Siegert, F.: Die Schilddrüse, insbesondere ihre Beziehungen zum weiblichen Geschlechtssystem. In: Biologie und Pathologie des Weibes von L. Seitz u. A. J. Amreich, Bd. I/1, S. 434f. Berlin-Innsbruck-München-Wien: Urban & Schwarzenberg 1953. — Silbiger, M., and J. Rothchild: The influence of the uterus on the corpus luteum-pituitary relationship in the rat. Acta endocr. (Kbh.) 43, 521 (1963). — Simmer, H.: Androgene als Prooestrogene im weiblichen Organismus. Dtsch. med. Wschr. 83, 349 (1958). — Simmonds, M.: Hypophysenschwund mit tödlichem Ausgang. Dtsch. med. Wschr. 40, 322 (1914); — Über Kachexie hypophysären Ursprungs. Dtsch. med. Wschr. 42, 190 (1916); — Atrophie des Hypophysenvorderlappens und hypophysäre Kachexie. Dtsch. med. Wschr. 44, 852 (1918). — Simpson, M. E., and G. van Wagenen: Experimental induction of ovulation in the macaque monkey. Fertil. and Steril. 9, 386 (1958); — Induction of ovulation with human urinary gonadotrophins in the monkey. Fertil. and Steril. 13, 140 (1962). — Slusher, M., and J. Hyde: Inhibition of adrenal corticosteroid release by brain stem stimulation in cats. Endocrinology 68, 773 (1961). — Smith, B. D.: The effect of diethylstilbestrol on the immature rat ovary. Endocrinology 69, 238 (1961). — Smith, B. D., and J. T. Bradbury: Ovarian response to gonadotrophins after pretreatment with diethylstilbestrol. Amer. J. Physiol. 204, 1023 (1963). — Smith, E. K.: Interrelationships of anterior pituitary and adrenal cortex in the rat ovarian hyperemia reaction. Endocrinology 56, 567 (1955). — Smith, O. W.: Menstrual toxin-experimental studies. In: Menstruation and its disorders. Springfield 1950; — Estrogens in the ovarian fluids of normally menstruating women. Endocrinology 67, 698 (1960). — Smith, P.: Postponed homotransplants of the hypophysis into the region of the median eminence in hypophysectomized male rats. Endocrinology **68**, 130 (1961). — Smith, Ph. E.: Hypophysectomy and a replacement therapy in the rat. Amer. J. Anat. **45**, 205 (1934). — Smith, R. A., and A. Albert: Effects of estrogen on urinary gonadotropin. Proc. Mayo Clin. **30**, 617 (1955); — Effects of progesterone on urinary gonadotropin. Proc. Mayo Clin. **31**, 309 (1956); — The effect of cortisone on urinary gonadotropin. Proc. Mayo Clin. **32**, 340 (1957); — The effects of intramuscularly administered progesterone on human pituitary gonadotropin. Proc. Mayo Clin. **33**, 197 (1958). — Sohval, A. H., and L. J. Soffer: The influence of cortisone and adrenocorticotropin on urinary gonadotropin excretion. J. clin. Endocr. **11**, 677 (1951). — Soulairac, A., et M. L. Soulairac: Actions de la gonadotrophine chorionique et de la testostérone sur le comportement sexuel et le tractus génital du rat male porteur de lésions hypothalamiques postérieures. Ann. Endocr. (Paris) **20**, 137 (1959). — Spanner, R.: Die hypophyseohypothalamischen Pfortadern; ihr Anteil an der Steuerung der Durchblutung der menschlichen Hypophyse. Anat. Anz., Erg.-Bd. **99**, 168 (1952); — Die Bedeutung der Hypophysenpfortadern für die Blutströmungsmöglichkeiten zwischen Hypophyse und Hypothalamus im Hypophysenkreislauf. Klin. Wschr. **30**, 721 (1952). — Spatz, H.: Neues über das Hypophysen-Hypothalamus-System und die Regulation der Sexualfunktionen. Regensburg. Jb. ärztl. Fortbild. **2**, 311 (1952); — Das Hypophysen-Hypothalamus-System in seiner Bedeutung für die Fortpflanzung. Anat. Anz. **100**, 46 (1954); — Das Hypophysen-Hypothalamus-System in Hinsicht auf die zentrale Steuerung der Sexualfunktion. In: Zentrale Steuerung der Sexualfunktion, S. 1 f. Berlin-Göttingen-Heidelberg: Springer 1955. — Spatz, H., R. Diepen u. V. Gaupp: Zur Anatomie des Infundibulum und des Tuber cinereum beim Kaninchen. Dtsch. Z. Nervenheilk. **159**, 3 (1948). — Squire, P. G., Ch. H. Li and R. N. Andersen: Purification and characterization of pituitary interstitial-cell-stimulating hormone. Biochemistry **1**, 412 (1962). — Staemmler, H.-J.: Die Corticoidausscheidung gesunder Frauen. Arch. Gynäk. **182**, 506 (1953); — Die Bedeutung des Zwischenhirn-Hypophysen-Systems für die Wirkungsentfaltung von exogenem Choriongonadotropin. Geburtsh. u. Frauenheilk. **20**, 758 (1960); — Der Einfluß der Nortestosteron-Ester auf das Zwischenhirn-Hypophysen-System. In: Moderne Entwicklung auf dem Gestagengebiet. 6. Symposion d. Dtsch. Ges. Endokrinol., S. 40. Berlin-Göttingen-Heidelberg: Springer 1960; — Beeinflussung des PMSG-HCG-Effektes durch Zwischenhirn-Narkobiose. Geburtsh. u. Frauenheilk. **22**, 920 (1962). — Staemmler, M.: Nebennierenrinde und männliche Genitalorgane. Virchows Arch. path. Anat. **316**, 476 (1949). — Stark, G.: Die Ausscheidung von Aldosteron, Cortison und Cortisol während des mensuellen Cyclus. Arch. Gynäk. **194**, 259 (1960). — Starr, P., and H. Patton: Effect of pregnancy urine extract and ovarian follicular hormone on hyperthyroidism. Endocrinology **18**, 113 (1934). — Steelman, S. L., and F. M. Pohley: Assay of the follicle stimulating hormone bazed on the augmentation with human chorionic gonadotropin. Endocrinology **53**, 604 (1953). — Stegmann, H., u. R. Burger: Das Verhalten des Vaginalcyclus der Albinoratte unter Meprobamat-Dauermedikation. Arch. Gynäk. **192**, 420 (1960). — Stegmann, H., u. Ch. Haller: Die Verzögerung der Östrarche bei der weißen Ratte durch Luminal und Megaphen. Zbl. Gynäk. **82**, 425 (1960). — Stegmann, H., u. P. Ströbele: Unterdrückung der experimentellen Pubertas praecox durch diencephal hemmende Pharmaca. Arch. Gynäk. **192**, 423 (1960). — Stieve, H.: Der Einfluß des Nervensystems auf Bau und Leistungen der weiblichen Geschlechtsorgane des Menschen. Z. mikr.-anat. Forsch. **52**, 189 (1942); — Über Follikelreifung, Gelbkörperbildung und den Zeitpunkt der Befruchtung beim Menschen. Z. mikr.-anat. Forsch. **53**, 467 (1943); — Anatomisch nachweisbare Vorgänge im Eierstock des Menschen und ihre umweltbedingte Steuerung. Geburtsh. u. Frauenheilk. **9**, 639 (1949); — Der Einfluß des Nervensystems auf Bau und Tätigkeit der Geschlechtsorgane des Menschen. Stuttgart: Georg Thieme 1952. — Stöckl, E.: Über Stoffwechseluntersuchungen bei Regelstörungen. Endokrinologie **26**, 270 (1949). — Stutte, H.: Pubertas praecox. In: Die Sexualität des Menschen von H. Giese. Stuttgart: Ferdinand Enke 1955. — Suarez-Soto, M., et J. Legault-Démare: Étude de l'activité biologique in vitro des hormones gonadotropes. I. Production de stéroides par l'ovaire de rat sous l'action de l'hormone sérique de jument gravide (PMS). Acta endocr. (Kbh.) **33**, 444 (1960). — Suchowsky, G.: Einfluß von Hypophysenwirkstoffen auf den Sexualzyklus der Ratte. In: Gewebs- und Neurohormone. 8. Symposion der Dtsch. Ges. Endokr., S. 411. Berlin-Göttingen-Heidelberg: Springer 1962. — Sulman, F. G.: The mechanism of the "push and pull" principle. I. Pharmacological effect of oestrogenic hormone on the cells of the pituitary anterior lobe. Arch. int. Pharmacodyn. **115**, 354 (1958); — The mechanism of the "push and pull" principle. II. Endocrine effects of hypothalamus depressants of the phenothiazine group. Arch. int. Pharmacodyn. **118**, 298 (1959). — The mechanism of the "push and pull" principle. IV. Effect of different testosterone esters on the functions of the pituitary hormones. Arch. int. Pharmacodyn. **125**, 407 (1960). — SULMAN, F. G., and A. DANON: The mechanism of the "push and pull" principle. VI. Effect of progestogenic hormones on the endocrine system. Arch. int. Pharmacodyn. **161**, 271 (1963). — SULMAN, F. G., and J. E. STEINER: The mechanism of the "push and pull" principle. III. Depressive effect of glucocorticoids on the different pituitary lobes and hormones. Arch. int. Pharmacodyn. **121**, 85 (1959). — SULMAN, F. G., and H. Z. WINNIK: Hormonal depression due to treatment of animals with chlorpromazine. Nature (Lond.) **178**, 365 (1956); — Hormonal effects of chlorpromazine. Lancet **1956**, 270, I, 161. — SWANSON, H. E., PH. D. EZRIN and C. EZRIN: The natural history of the delta cell of the human adenohypophysis: in childhood, adulthood and pregnancy. J. clin. Endocr. **7**, 952 (1960). — SWYER, G. J. M.: Induction of ovulation in the human-older and newer approaches. Proc. roy. Soc. Med. **56**, 39 (1963). — SYDNOR, K. L.: Blood ACTH in the stressed adrenalectomized rat after intravenous injection of hydrocortisone. Endocrinology **56**, 204 (1955). — SYDNOR, K. L., and G. SAYERS: Blood and pituitary ACTH in intact and adrenalectomized rats after stress. Endocrinology **55**, 621 (1954). — SZENTÁGOTHAI, J., B. FLERKÓ, B. MESS and B. HALÁSZ: Hypothalamic control of the anterior pituitary. Budapest: Akademiai Kiado 1962.

TALEISNIK, S., and S. M. McCANN: Effects of hypothalamic lesions on the secretion and storage of hypophysial luteinizing hormone. Endocrinology **68**, 263 (1961). — TANNER, J. M.: Wachstum und Reifung des Menschen. Stuttgart: Georg Thieme 1962. — TAYMOR, M. L.: The pituitary gonadotrophins. In: Progress in gynecology von J. V. MEIGS u. S. H. STURGIS, Bd. IV, S. 173 f. New York u. London: Grune & Stratton 1963. — THADDEA, S.: Über Beziehungen der Nebennierenrinde zu den Keimdrüsen. Z. Geburtsh. Gynäk. **110**, 225 (1935); — Die Nebennereninsuffizienz und ihr Formenkreis. Stuttgart: Ferdinand Enke 1941. — THORSØE, H.: Effect of thyroidectomy on ovarian mucopolysaccharides. Acta endocr. (Kbh.) **37**, 199 (1961); — Inhibition of ovulation and changes in ovarian mucopolysaccharides induced by thyroidectomy in rabbits. Acta endocr. (Kbh.) **41**, 441 (1962). — TIETZE, K.: Der weibliche Zyklus und seine Störungen. In: Biologie und Pathologie des Weibes von L. SEITZ u. A. J. AMREICH, Bd. II, Teil 2, S. 491 f. Berlin-Innsbruck-München-Wien: Urban & Schwarzenberg 1952. — TIMONEN, S., S. KALAJA u. R. OJANEN: Der endokrine Effekt der subtotalen Hysterektomie. Arch. Gynäk. **196**, 292 (1961). — TÖNNIS, W.: Die Bedeutung der Hypophysektomie für die Krebsbehandlung. Therapiewoche **5**, 306 (1955). — TÖNNIS, W., W. MÜLLER, F. OSWALD u. H. BRILMAYER: Kann die Rachendachhypophyse eine vikariierende Funktion ausüben? Klin. Wschr. **32**, 912 (1954). — TONUTTI, E.: Über die Sekretionsbiologie des Hypophysenvorderlappens, betrachtet an den Wechselbeziehungen von Schilddrüse und Nebennierenrinde. Vitam. u. Horm. **5**, 108 (1944); — Über die wechselseitige Beeinflussung von thyreotroper und corticotroper Leistung der Hypophyse. Z. ges. exp. Med. **114**, 336 (1945); — Normale Anatomie der endokrinen Drüsen und endokrine Regulation. In: Lehrbuch der speziellen pathologischen Anatomie von E. KAUFMANN, neu herausgegeben von M. STAEMMLER, Bd. I/2, S. 1285 f. Berlin: W. de Gruyter u. Co. 1956. — TONUTTI, E., O. WELLER, E. SCHUCHARDT u. E. HEINKE: Die männliche Keimdrüse. Stuttgart: Georg Thieme 1960. — TSCHERNE, E.: Zur Frage der Dualität der gonadotropen Hypophysenvorderlappenhormone. Wien. klin. Wschr. **51**, 1072 (1938). — TUCHMANN-DUPLESSIS, H.: Influence de la réserpine sur les glandes endocrines. Presse méd. **74**, 2189 (1956). — TYNDALE, H. H., and L. LEVIN: Ovarian weight responses to menopause urine injections in normal, hypophysectomized and hypophysectomized thyroxin-treated immature rats. Amer. J. Physiol. **120**, 486 (1937).

UOTILA, U. U.: The effect of estrin on the anterior pituitary of male rats after pituitary stalk section. Endocrinology **26**, 123 (1940).

VOGT, H.: Die inkretorischen Regulationen und ihre Störungen. München u. Berlin: Urban & Schwarzenberg 1956; — Inkretorische Regulationsprinzipien. Grundzüge ihrer Physiologie und Pathologie. Münch. med. Wschr. **99**, 1889 (1957). — VOLLMANN, R.: Über Fertilität und Sterilität der Frau innerhalb des mensuellen Zyklus. Arch. Gynäk. **182**, 602 (1953). — VOSS, H. E.: Das Wachstumshormon des Hypophysenvorderlappens, geschildert nach dem gegenwärtigen Stand unserer Kenntnisse. Arzneimittel-Forsch. **2**, 477 (1952); — Das luteotrope Hormon (LTH) des Hypophysenvorderlappens (Prolaktin, Lactogen, mammotropes Hormon). Arzneimittel-Forsch. **4**, 467 (1954); — Zur Physiologie und Pathologie der Produktion androgener Wirkstoffe im weiblichen Organismus. Z. Geburtsh. Gynäk. **140**, 3 (1954); Bildung, Schicksal und Ausscheidung der Hypophysenvorderlappen-Hormone.

Z. Vitamin-, Hormon- u. Fermentforsch. **6**, 297 (1954); — Die Physiologie der Hypophysenvorderlappenhormone (mit Ausschluß des adrenocorticotropen Hormons). 5. Colloquium Ges. Physiol. Chemie. Berlin-Göttingen-Heidelberg: Springer 1955. — WAGENEN, G. VAN, and M. SIMPSON: Induction of multiple ovulation in the Rhesus monkey (Macaca mulatta). Endocrinology **61**, 316 (1957). — WAGNER, R.: Probleme biologischer Regelung. Dtsch. med. Wschr. **83**, 1710 (1958); — Zur Geschichte der Problematik biologischer Regelung. Med. Klin. **56**, 337 (1961); — Über Geschichte, Problematik und Bedeutung biologischer Regelung. Münch. med. Wschr. **103**, 717 (1961). — WAHLÉN, T.: Studies of metropathia haemorrhagica cystica. Acta obstet. gynec. scand. **29**, Suppl. 6 (1950). — WARNER, E. D., and R. K. MEYER: Effect of thyroxine on female reproductive system in parabiotic rats. Endocrinology **45**, 33 (1949). — WATZKA, M.: Weibliche Genitalorgane, das Ovarium. In: Handbuch der mikroskopischen Anatomie des Menschen von W. v. MÖLLENDORFF u. W. BARGMANN. Berlin-Göttingen-Heidelberg: Springer 1957. — WEHEFRITZ, E.: Systematische Gewichtsuntersuchungen an Ovarien mit Berücksichtigung anderer Drüsen mit innerer Sekretion, sowie über ihre Beziehung zum Uterus. Z. menschl. Vererb.- u. Konstit.-Lehre **9**, 161 (1923). — WEHEFRITZ, E., u. E. GIERHAKE: Über die operative Ausschaltung der Hypophyse bei Ratten. Endokrinologie **11**, 241 (1932). — WEISSBECKER, L.: Klinik der Nebenniereninsuffizienz und ihre Grundlagen. Stuttgart: Ferdinand Enke 1954. — WELLER, O.: Klinische und experimentelle Untersuchungen über die Wirkung von Cortisol auf den Hoden. Endokrinologie **43**, 135 (1962). — WERFF TEN BOSCH, J. J. VAN DER, G. P. VAN REES and O. L. WOLTHUIS: Prolonged vaginal oestrus and the normal oestrous cycle in the rat. 2. ICSH in serum and pituitary gland. Acta endocr. (Kbh.) **40**, 103 (1962). — WERTH, G.: Die gonadotropen Hormone. Arzneimittel-Forsch. **5**, 409, 735 (1955); **6**, 79 (1956). — WESTMAN, A.: Die neurohormonale Steuerung des Hypophysenzwischenhirnsystems und ihre Störungen. In: Biologie und Pathologie des Weibes von L. SEITZ u. A. J. AMREICH, Bd. I, Teil 1, S. 397 f. Berlin-Innsbruck-München-Wien: Urban & Schwarzenberg 1953; — Die Physiologie des Hypophysen-Hypothalamus-Systems unter besonderer Berücksichtigung der Regulation der Sexualfunktion. In: Zentrale Steuerung der Sexualfunktionen. 1. Symposion der Dtsch. Ges. Endokr. Berlin-Göttingen-Heidelberg: Springer 1955, S. 73 f.; — The influence of X-irradiation on the hormonal function of the ovary. Acta endocr. (Kbh.) **29**, 334 (1958). — WESTMAN, A., u. D. JACOBSOHN: Experimentelle Untersuchungen über die Bedeutung des Hypophysen-Zwischenhirnsystems für die Produktion gonadotroper Hormone des Hypophysenvorderlappens. Acta obstet. gynec. scand. **17**, 235 (1937); — Endokrinologische Untersuchungen an Ratten mit durchtrenntem Hypophysenstiel I—III. Acta obstet. gynec. scand. **18**, 99, 109, 115 (1938); — Endokrinologische Untersuchungen an Kaninchen mit durchtrenntem Hypophysenstiel. Acta obstet. gynec. scand. **20**, 392 (1940). — WESTMAN, A., D. JACOBSOHN u. N. A. HILLARP: Über die Bedeutung des Hypophysen-Zwischenhirnsystems für die Produktion gonadotroper Hormone. Mschr. Geburtsh. Gynäk. **116**, 225 (1943). — WIDE, L., and C. GEMZELL: Immunological determination of pituitary luteinizing hormone in the urine of fertile and post-menopausal women and adult men. Acta endocr. (Kbh.) **39**, 539 (1962). — WIED, D. DE: The significance of the antidiuretic hormone in the release mechanism of corticotropin. Endocrinology **68**, 956 (1961). — WIED, D. DE, P. R. BOUMAN and P. G. SMELIK: The effect of a lipide extract from the posterior hypothalamus and of pitressin on the release of ACTH from the pituitary gland. Endocrinology **62**, 605 (1958). — WIENER, N.: Cybernetics of control and communication in the animal and the machine. New York u. Paris 1948. — WILKINS, L., A. M. BONGIOVANNI, G. W. CLAYTON, M. M. GRUMBACH and J. VAN WYK: Virilizing adrenal hyperplasia: its treatment with cortisone and the nature of the steroid abnormalities. Ciba Found. Coll. Endocr. **8**, 460 (1955). — WILKINS, L., R. A. LEWIS, R. KLEIN and E. ROSEMBERG: The suppression of androgen secretion by cortisone in a case of congenital adrenal hyperplasia, preliminary report. Bull. Johns Hopk. Hosp. **86**, 249 (1950). — WILSON, E. D., and M. X. ZARROW: Induction of superovulation with HCG in immature mice primed with PMS. Anat. Rec. **131**, 609 (1958). — WILSON, H., M. B. LIPSETT, L. C. BUTLER and D. W. RYAN: Steroid excretion in hypophysectomized women, and the initial effects of corticotropin: A study in urinary steroid patterns. J. clin. Endocr. **20**, 534 (1960). — WINKLER, G., R. BLOBEL u. E. TONUTTI: 17-OH-Corticoidausscheidung bei Meerschweinchen mit Läsionen im mittleren Hypothalamus. Acta neuroveg. (Wien) **20**, 230 (1959). — WINTER, K. A., M. REISS u. J. BÁLINT: Nebennierenrinde und Luteinisierung. Klin. Wschr. **13**, 146 (1934). — WISLOCKI, G. B., and L. S. KING: The permeability of the hypophysis and hypothalamus to vital dyes, with a study of the hypophysial vascular supply. Amer. J. Anat. **58**, 421 (1936). — WOLTHUIS, O. L.: The effects of sex steroids on the prolactin content of hypophysis and serum in rats. Acta endocr. (Kbh.) **43**, 137 (1963). — Wolthuis, O. L., and S. E. de Jongh: The prolactin production and release of a pituitary graft and of the hypophysis in situ. Acta endocr. (Kbh.) **43**, 271 (1963). — Woods, M. C., and M. E. Simpson: Pituitary control of the testis of the hypophysectomized rat. Endocrinology **69**, 91 (1961). — Worthington, W. C.: Vascular responses in the pituitary stalk. Endocrinology **66**, 19 (1960). — Wyk, J. van, G. Dugger, J. Newsome and P. Thomas: The effect of pituitary stalk section on the adrenal function of women with cancer of the breast. J. clin. Endocr. **20**, 157 (1960).

Zachariae, F.: Studies on the mechanism of ovulation. Permeability of the blood-liquor barrier. Acta endocr. (Kbh.) **27**, 339 (1958); — Acid mucopolysaccharides in the female genital system and their rôle in the mechanism of ovulation. Copenhagen: Periodica 1959. — Zachariae, F., and C. E. Jensen: Studies on the mechanism of ovulation. Histochemical and physico-chemical investigations on genuine follicular fluids. Acta endocr. (Kbh.) **27**, 343 (1958). — Zander, J.: Progesterone in human blood and tissues. Nature (Lond.) **174**, 406 (1954); — Die Ausscheidung des Pregnandiol-Komplexes nach Injektion von Progesteron beim Menschen. Geburtsh. u. Frauenheilk. **14**, 402 (1954); — 17α-Oxyprogesteron und Δ^4-Androsten-3,17-dion im menschlichen Ovarium. Klin. Wschr. **45**, 1101 (1957); — Die gestagen wirksamen Hormone im Organismus. Geburtsh. u. Frauenheilk. **17**, 876 (1957); — Die Schwangerschaft. In: Klinik der inneren Sekretion von A. Labhart. Berlin-Göttingen-Heidelberg: Springer 1957; — Steroids in human ovary. J. biol. Chem. **232**, 117 (1958); — Neuere Erkenntnisse über die natürlichen Gestagene im menschlichen Organismus. In: Moderne Entwicklung auf dem Gestagengebiet, S. 11 f. Berlin-Göttingen-Heidelberg: Springer 1960. — Zander, J., E. Brendle, A. M. von Münstermann, E. Diczfalusy, B. Martinsen and K. G. Tillinger: Identification and estimation of oestradiol-17β and oestron in human ovaries. Acta obstet. gynec. scand. **38**, 724 (1959). — Zander, J., u. G. Buntru: Stimulierung der Ovarialfunktion durch Clomiphen (MRL-41) bei Frauen ohne natürliche Ovulation. Geburtsh. u. Frauenheilk. **23**, 871 (1963). — Zander, J., T. R. Forbes, A. M. von Münstermann and R. Neher: Δ^4-3-ketopregnene-20α-ol and Δ^4-3-ketopregnene-20β-ol, two naturally occurring metabolites of progesterone. Isolation, identification, biologic activity and concentration in human tissues. J. clin. Endocr. **18**, 337 (1958). — Zander, J., u. H. D. Henning: Hormone und Intersexualität. In: Die Intersexualität von Cl. Overzier, S. 122f. Stuttgart: Georg Thieme 1961. — Zander, J., u. A. M. v. Münstermann: Weitere Untersuchungen über Progesteron in menschlichem Blut und Geweben. Klin. Wschr. **32**, 894 (1954). — Zander, J., W. G. Wiest u. K.-G. Ober: Klinische, histologische und biochemische Beobachtungen bei polycystischen Ovarien mit gleichzeitiger oedematöser, atypischer Hyperplasie des Endometriums. Arch. Gynäk. **196**, 481 (1962). — Zarrow, M. X., and E. D. Wilson: The influence of age on superovulation in the immature rat and mouse. Endocrinology **69**, 851 (1961). — Zondek, B., u. S. Aschheim: Über die Funktion des Ovariums. Z. Geburtsh. Gynäk. **90**, 372, 387 (1926); — Hypophysenvorderlappen und Ovarium. Beziehungen der endokrinen Drüsen zur Ovarialfunktion. Arch. Gynäk. **130**, 1 (1927). — Zondek, H.: Die Krankheiten der endokrinen Drüsen. Basel: Benno Schwabe & Co. 1953. — Zuckerman, S.: In: The suprarenal cortex von J. M. Yoffee. London: Butterworth's Scientific Publ. 1953; — The ovary, Bd. I u. II. New York and London: Academic Press 1962.

II. Krankengut und Methodik

A. Krankengut

Die eigenen Untersuchungen über die Pathogenese der Ovarial-Insuffizienz wurden mit Ausnahme einer zahlenmäßig unbedeutenden Gruppe an einem stationär kontrollierten Krankengut durchgeführt.

1. Klinische Erfassung

Die familiäre und eigene Anamnese, deren genauer Ermittlung wir besondere Bedeutung zumessen, wurde mit Hilfe eines speziellen endokrinologischen Fragebogens erhoben. Alle physischen und psychischen Belastungen wurden gesondert protokolliert. Ferner enthalten die Aufzeichnungen die Daten der Pubertäts- und Reifungsperiode. Notiert wurden der Termin der Thelarche, Pubarche und Menarche, Veränderungen der Körpermaße sowie die Periodik nach der Menarche (sog. „Primärcyclus").

Die Entwicklungsstadien der Ovarial-Insuffizienz wurden möglichst genau verzeichnet. Die Protokolle enthalten alle objektiven und subjektiven Erscheinungen, die zusammen mit der ovariellen Funktionsanomalie auftraten: Veränderungen des Körpergewichtes, der Behaarung, des Brustvolumens und der Stimme, ferner Abweichungen der Leistungsfähigkeit, der Libido und der Stimmung, Vermerke über das Auftreten von vegetativen Ausfallserscheinungen und über Äußerungen eines vegetativ-endokrinen Syndroms.

Von allen Patientinnen wurden Photogramme angefertigt. Besondere Veränderungen während der Beobachtungszeit, douglasskopische Befunde sowie der Operations-Situs wurden ebenfalls photographisch festgehalten.

Alle Patientinnen wurden einer eingehenden allgemeinen, gynäkologischen und endokrinologischen Untersuchung unterzogen, die, soweit nötig, durch internistische, röntgenologische, neurologische, psychiatrische und ophthalmologische Untersuchungen ergänzt worden sind.

2. Umfang der Gruppen und Kontrollperioden

Unsere Untersuchungen beziehen sich auf ein Krankengut von 480 Patientinnen mit klinisch behandlungsbedürftiger Ovarial-Insuffizienz. Eine Aufteilung nach dem Symptom ergibt folgende Übersicht:

Primäre Amenorrhoe	80 Pat.
Sekundäre Amenorrhoe	275 Pat.
Oligomenorrhoe	100 Pat.
Polymenorrhoe	25 Pat.

Nicht eingerechnet sind die Patientinnen aus der Sterilitätssprechstunde mit regelrechtem Menstruationsintervall.

Behandlungsweisen, objektive und subjektive Reaktionen, sämtliche Befunde und der Verlauf wurden in allen Einzelheiten auf besonderen Formblättern festgehalten. Wir haben bei den meisten Patientinnen im Abstand von 3 Monaten Kontrolluntersuchungen durchgeführt. Die *Beobachtungszeit* beträgt 1—9 Jahre, im Durchschnitt 3,24 ($s = \pm 1{,}64$) Jahre.

3. Die Verabfolgung von Gonadotropinen

Wir haben 345 Patientinnen Gonadotropine verabfolgt. Nur HCG erhielten 35 Patientinnen, ausschließlich PMS oder HMG wurde 15 Patientinnen appliziert. Alle übrigen wurden einer kombinierten Kur entweder mit PMS-HCG (221 Pat.), HMG-HCG (69 Pat.) oder FSH-HCG (5 Pat.) unterzogen.

Herstellung und biologische Standardisierung der Gonadotropine*:

HCG (Human Chorionic Gonadotrophin, menschliches Choriongonadotropin). Als Ausgangsmaterial dient Urin gesunder Frauen im ersten Teil der Schwangerschaft. Die aktive Substanz wird mittels eines technischen Adsorbenz konzentriert. Durch ein spezielles Reinigungsverfahren wird dieses Konzentrat von Pyrogenen und anderen toxischen Verunreinigungen befreit. Die biologische Aktivität des Präparates wird bestimmt mit dem Samenblasengewichtstest der intakten, infantilen Ratte. Das internationale Standardpräparat für menschliches Choriongonadotropin dient dabei als Standard. Das verwendete HCG-Präparat (Pregnyl® bzw. Predalon® der Firma Organon) zeigt eine Aktivität von ungefähr 3000 IE/mg. Bei hypophysektomierten, infantilen weiblichen Ratten verursacht das HCG-Präparat in Dosen bis 40 IE/Ratte nur einen unbedeutenden Anstieg des Ovargewichtes. Danach besitzt das Präparat im therapeutischen Dosisbereich keine FSH-Aktivität.

PMS (Pregnant Mare's Serum Gonadotrophin, Stutenserum-Gonadotropin). Als Ausgangsmaterial dient das Blutserum von Stuten, die sich im ersten Teil der Trächtigkeitsperiode befinden. Das Serum wird unter anderem einer wiederholten Fraktionierung mit Alkohol unterworfen. Die biologische Aktivität wird bestimmt durch den Ovargewichtstest bei intakten, infantilen Ratten. Als Bezugssubstanz dient das internationale Standardpräparat für Stutenserumgonadotropin. Dic Aktivität des verwendeten Präparates (Gestyl® bzw. Predalon S® der Firma Organon) zeigt eine Aktivität, die zwischen 500 und 2500 IE /mg schwankt.

HMG (Human Menopausal Gonadotrophin, menschliches Menopause-Gonadotropin). Als Ausgangsmaterial dient Urin von gesunden Frauen zwischen 55 und 75 Jahren. Das Gemisch von Gonadotropinen wird mit Hilfe eines technischen Adsorbenz konzentriert und anschließend durch ein spezielles Reinigungsverfahren von Pyrogenen und anderen Verunreinigungen befreit. Das auf diese Weise hergestellte Material hat eine ausgesprochene FSH-Aktivität. Sie wird bestimmt mit dem „Augmentationstest" von STEELMAN u. POHLEY (1953). Als Standard wird das internationale Referenz-Präparat HMG 24 verwendet (s. Bull. Wld. Hlth Org. **22**, 563 (1960)]. Die FSH-Einheit entspricht der FSH-Aktivität von 1 mg HMG 24, gemessen im Test von STEELMAN u. POHLEY (1953). Die FSH-Aktivität des pyrogenfreien HMG-Trockenpulvers liegt zwischen 55 und 70 E/mg.

Das Präparat enthält außerdem noch eine geringe, stark schwankende ICSH-Aktivität. Sie wird bestimmt mit Hilfe des Samenblasengewichtstestes bei der intakten, infantilen Ratte. Das internationale Standardpräparat für menschliches Choriongonadotropin dient als Bezugssubstanz. Die auf diese Weise ermittelte ICSH-Aktivität schwankt zwischen 12 und 50 IE/mg.

FSH (Follicle Stimulating Hormone, Follikelstimulierungshormon). Als Ausgangsmaterial dienen in Aceton getrocknete oder lyophilisierte, zerpulverte menschliche Hypophysen, die bei 5° C zweifach mit Essigsäure-Acetatpuffer in 40%igem Alkohol extrahiert werden. Der klare Extrakt wird auf einen Alkoholgehalt von 80% gebracht, wonach die Präcipitation bei —20° C stattfindet. Das Präcipitat wird anschließend getrocknet und bei 0—5° C in 1%iger Kochsalzlösung gelöst. Nach Entfernung des unlöslichen Materials wird Alkohol bis 85% hinzugefügt. Der getrocknete Niederschlag ist in Wasser leicht löslich (Literatur s. bei APOSTOLAKIS 1961, APOSTOLAKIS, BETTENDORF u. VOIGT 1962, BETTENDORF 1961, BETTENDORF, APOSTOLAKIS u. VOIGT 1962 u. a.).

Präparate, welche auf diese Weise hergestellt wurden, besitzen eine FSH-Aktivität von etwa 1000 E/mg. Diese wird bestimmt im Augmentationstest nach STEELMAN

---

* Die folgenden Angaben stammen von der Herstellerfirma Organon-Oss/Holland.

u. POHLEY (1953) unter Verwendung von HMG 24 als Referenz-Präparat. Im Samenblasengewichtstest der intakten, infantilen Ratte zeigen die Präparate, in bezug auf das internationale Standardpräparat für menschliches Choriongonadotropin, eine Aktivität von weniger als 40 IE/mg. Die ICSH-Aktivität ist also relativ gering.

4. Endokriner Ausgangsstatus und Kontrolle der Reaktion auf Gonadotropine

Vor der Behandlung wurde der *endokrinologische Status* (vgl. S. 351 f.) festgelegt, der im allgemeinen folgende Untersuchungen einschloß:

1. Beurteilung des Phänotyps (Größe und Gewicht, Fettverteilung, Ober- und Unterlänge), Art der Behaarung, Entwicklung der Brüste, Entwicklung des äußeren Genitale, Länge der Vagina, Proportion, Lage und Größe des Uterus (Sondenlänge), palpatorische Abgrenzung der Ovarien.

2. Bei Patientinnen mit primärer Amenorrhoe: Geschlechtsdiagnostik am Blutausstrich und Schleimhautabstrich (Vagina und Mund), in Einzelfällen Chromosomenanalyse.

3. Endometrium-Biopsie, kolpocytologischer Pyknose-Index, Untersuchung des Cervicalschleims und Weite des Muttermundes.

4. Ausscheidungswerte der Gonadotropine, C_{17}-Ketosteroide (zum Teil papierchromatographisch fraktioniert), der 17-Hydroxycorticoide und der Oestrogene (meist nur Oestriol). Bei auffälligen Werten der Interrenalsteroid-Metaboliten wurden Funktionsanalysen (ACTH- oder Cortisolbelastung) angeschlossen.

5. Anthropometrische Untersuchungen (bei 91 Patientinnen mit Ovarial-Insuffizienz sowie bei 140 gesunden Kontrollpersonen) und Feststellung des sog. vegetativ-endokrinen Syndroms.

6. Bei Verdacht auf das Vorliegen polycystischer Ovarien oder einer ausgeprägten Ovarialhypoplasie wurden vor oder nach der Medikation eine Laparotomie (mit bilateraler Keilexcision und deren histologischer Untersuchung) oder eine Douglasskopie durchgeführt.

Kontrolluntersuchungen. Während der Gonadotropinverabfolgung wurde immer die Basaltemperatur gemessen. Bei den meisten Patientinnen wurden außerdem die folgenden Kontrolluntersuchungen vorgenommen:

1. gynäkologische Untersuchungen jeden 2. bis 4. Tag,

2. kolpocytologische Abstriche jeden 2. Tag (Feststellung des Pyknose-Index),

3. Endometrium-Biopsien bei einem großen Teil der Patientinnen während der Gonadotropin-Darreichung, immer aber bei Beginn der Uterusblutung bzw. 8—12 Tage nach Abschluß der Medikation (zugleich Messung der Sondenlänge),

4. Analyse der Oestriolausscheidung jeden 2. Tag,

5. Analyse der Pregnandiolausscheidung jeden 2. Tag ab Beginn der 2. Behandlungswoche,

6. Analyse der C_{17}-Ketosteroide und 17-Hydroxycorticoide jeden 2. Tag bei einer kleineren Gruppe.

Alle während der Behandlung geäußerten oder von ärztlicher Seite festgestellten Beobachtungen wurden sofort protokolliert und weiterhin verfolgt.

Bei der *Auswertung* wird unterschieden zwischen dem Primäreffekt und dem Dauererfolg nach einer Gonadotropin-Verabfolgung:

Bewertung des Primäreffektes (P-E)

$+$ = regelrechte, biphasische Reaktion des Ovarial-Endocrinium.

$++$ = übersteigerte, biphasische Reaktion mit cystischer Vergrößerung der Ovarien und überhöhten Ausscheidungswerten von Oestriol und Pregnandiol (eventuell auch Anstieg der C_{17}-Ketosteroide und 17-Hydroxycorticoide).

(+) = nicht regelrecht entwickelte, aber doch biphasische Reaktion.
Oe = nur Oestrogenbildung unter der Medikation (monophasischer Cyclus).
(Oe) = schwache Oestrogenbildung unter der Medikation.
0 = keine Reaktion des Ovarial-Endocrinium.

Bewertung des Dauererfolges (D-E)

Sie setzt eine mindestens einjährige Beobachtungszeit nach Abschluß der Behandlung voraus:

+ = spontane und regelrechte, biphasische Ovarialfunktion.
+/Grav. = regelrechte Ovarialfunktion und Eintritt einer Schwangerschaft.
Teil = Teilregulierung der Ovarialfunktion (unregelmäßige Menstruations-Intervalle).
Teil/Grav. = Teilregulierung mit Eintritt einer Schwangerschaft.
Rez. = Rezidiv nach vorübergehender Normalisierung der Ovarialfunktion.
0 = kein Dauererfolg.
? = Dauererfolg wegen zu kurzer Beobachtungszeit (weniger als 1 Jahr) noch nicht zu beurteilen oder verschollen.

Bei kleineren Kollektiven wurde diese Unterteilung zusammengefaßt:

+, +/Grav. und Teil/Grav. = Erfolg.
Teil und Rez. = Teilerfolg.
0 = Mißerfolg.

Eine derartige statistische Auswertung schließt auch bei regelmäßiger Nachuntersuchung und sorgfältiger Protokollierung erhebliche *Fehlermöglichkeiten* ein. Zweifellos sind die Erfolge nicht nur der medikamentösen Therapie, sondern auch der ärztlichen Betreuung zuzuschreiben. Sie spielt in dem vorliegenden Krankengut eine beträchtliche Rolle. Hinzu kommt der peripher-nervöse Reiz durch die gynäkologische Untersuchung, die Scheidenabstriche und die durchschnittlich zweimalige geringe Dehnung des Muttermundes bei der Strichcurettage. Daß derartige Eingriffe unter gewissen Voraussetzungen die Ovarialfunktion aktivieren können, ist klinisch und experimentell belegt (MOCQUOT et al. 1939, BERGMAN 1950*, WAHLÉN 1950*, GUEGUEN 1958, BICKENBACH et al. 1960 u. a.) (vgl. S. 56). Zum Dauererfolg tragen weiterhin auch die physische und psychische Entlastung während des Klinikaufenthaltes, die angeordnete berufliche und häusliche Schonung, Diätvorschriften und insbesondere der menschliche Kontakt mit der Möglichkeit von Aussprachen ganz wesentlich bei. Der „Dauererfolg" ist also mehr das Ergebnis der ärztlichen Behandlung als das Resultat einer spezifischen medikamentösen Therapie. So unterscheiden sich auch die Erfolgsquoten verschiedener hormonaler Behandlungsweisen der sog. Ovarial-Insuffizienz nur unwesentlich (vgl. STAEMMLER 1960*). Ich werde auf diese Problematik sowie auf die Frequenz an „Spontanheilungen" noch eingehen (s. S. 350f.).

B. Methodik

Die von uns angewandten Verfahren werden unter Hinweis auf die einschlägige Literatur kurz beschrieben. Soweit erforderlich, werden die Normwerte bzw. die Streubereiche angegeben, Bei jeder Methode finden sich auch die von mir gebrauchten Signaturen, die außerdem noch in einer Übersicht (s. S. 112) zusammengestellt sind.

I. Analysen der Hormonausscheidung

a) Hypophysäre Gesamt-Gonadotropine (HPG)

Methode von KLINEFELTER et al. (1943), ausgedrückt in Mausuterus-Gewichtseinheiten (MUE) und nach LORAINE u. BROWN (1955, 1957, 1959), berechnet nach HMG-Einheiten. Gemessen wird der Uterusgewichtsanstieg bei intakten, infantilen Mäusen (vgl. die Übersichtsarbeiten von APOSTOLAKIS u. VOIGT 1958, HEINRICHS u. EULEFELD 1960, LAURITZEN 1963).

Arbeitsgänge.

1. Extraktion des 24 Std-Urins mit der Kaolin-Aceton-Methode unter sorgfältiger p_H-Kontrolle. Sinkt die Gonadotropin-Ausscheidung unter 8 HMG-Einheiten pro 24 Std, so muß der Extrakt zur Verminderung seiner Toxicität mit Tricalciumphosphat gereinigt werden.

2. Biologische Bestimmung mit fünfmal vier Mäusen nach dem Vierpunkt-System (zwei Standard- und zwei Testdosen, vgl. GADDUM 1953, BORTH et al. 1957): Man injiziert gesunden, 20—22 Tage alten Tieren mit einem Gewicht von 8—11 g an drei aufeinanderfolgenden Tagen den in Aqua dest. gelösten Standard (Internationales Referenzpräparat, National Institute of Medical Research, London Mill-Hill) und den zu testenden Extrakt (0,5 ml/die subcutan). 72 Std nach der ersten Injektion werden die Tiere mit Äther getötet und die Uteri nach Fixierung und Präparation gewogen.

3. Die Resultate werden ausgedrückt in HMG-Einheiten pro 24 Std. Diese Einheit ist ein Maß für die gesamte gonadotrope Aktivität (FSH und ICSH).

Tabelle 9. *Normalwerte im 24 Std-Urin*

Geschlechtsreife Frauen	etwa	4—20 HMG-Einheiten
in der Cyclusmitte		13—40 HMG-Einheiten
Frauen in der Prämenopause		4—40 HMG-Einheiten
Frauen nach der Menopause		10—70 HMG-Einheiten
Geschlechtsreife Männer	etwa	5—25 HMG-Einheiten

Die früher in Mausuterus-Gewichtseinheiten (MUE) ausgedrückten Normalwerte liegen für gesunde geschlechtsreife Frauen im Bereich von 6—53 MUE.

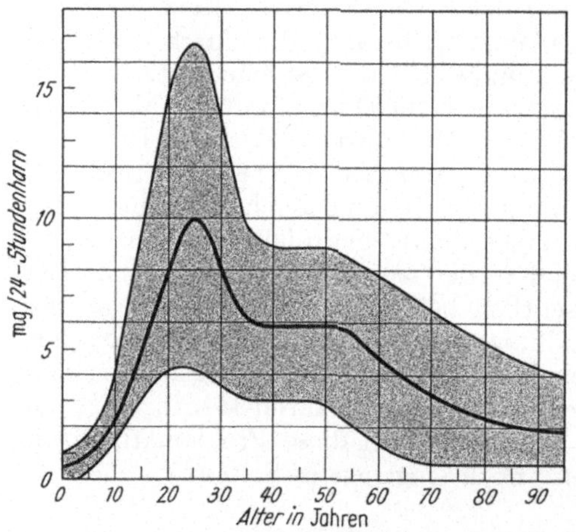

Abb. 40. C17-Ketosteroid-Ausscheidung bei weiblichen Probanden verschiedener Altersstufen. (Nach HAMBURGER 1948)

Signaturen:

GTH = Gonadotrope Hormone,
MUE = Mausuterus-Gewichtseinheit (Methode von KLINEFELTER et al. 1943),
HMG-E = Mausuterus-Gewichtseinheit, bezogen auf das HMG-Referenzpräparat (Methode von LORAINE u. BROWN 1955, 1957, 1959).

b) Neutrale C_{17}-Ketosteroide

Die quantitative Bestimmung der neutralen C_{17}-Ketosteroide (17-KS) beruht auf der von ZIMMERMANN (1935) beschriebenen Reaktion: Die Methylenketogruppe ($-CH_2-CO-$) der C_{17}-Ketosteroide bildet mit m-Dinitrobenzol und Kalilauge stabile rotviolette Farbstoffe.

Arbeitsgänge. Harn-17-KS werden nach salzsaurer Hitzehydrolyse mit Äther extrahiert. Nach der Entfernung saurer Komponenten durch Alkali folgt die Farbreaktion. Die Zimmermann-Chromogene werden mit Äther extrahiert und bei 500 nm gegen den Androsteron-Standard abgelesen (ZIMMERMANN 1955*).

Normalausscheidung (altersabhängig, vgl. Abb. 40):

Geschlechtsreife Frauen	5—15 mg/die
Geschlechtsreife Männer	8—25 mg/die

Fehlerquellen und andere Einzelheiten vgl. ZIMMERMANN (1955).

Eine Methodik zur *Fraktionierung der C_{17}-Ketosteroide des Urins* wurde im eigenen Laboratorium entwickelt (SACHS 1960, STAEMMLER u. SACHS 1963*).

Durch Kombination von klassischer C_{17}-Ketosteroid-Bestimmung und Papierchromatographie lassen sich sieben Fraktionen quantitativ bestimmen. Der angegebene standardisierte Normalbereich (s. Tabelle 10) wurde berechnet aus 23 Fraktionierungen an neun gesunden Frauen.

Die Fraktion I ist rein adrenaler Genese, während die anderen Fraktionen sowohl dem Stoffwechsel der Interrenal- als auch dem der Ovarialsteroide entstammen. Hauptquelle ist allerdings die Nebennierenrinde (vgl. SACHS 1962).

Signaturen: KS (weiße Stabdiagramme): neutrale C_{17}-Ketosteroide (mg/die).

c) 17-Hydroxycorticoide

Die Bestimmung der 17,21-Dihydroxy-20-Ketosteroide mit Phenylhydrazin in Schwefelsäure nach PORTER u. SILBER (1950) basiert auf der Bildung gelbgefärbter Hydrazone.

Tabelle 10.
Ausscheidung von C_{17}-Ketosteroiden (mg/die)

Fraktionen	Standardisierter Normalbereich $(\bar{x} \pm 2s)$
I 11-oxylierte 17-KS . .	0,98—2,74
II Dehydroepiandrosteron	0,00—1,56
III Epiandrosteron	0,10—1,00
IV Ätiocholanolon	1,39—4,13
V Androsteron	1,15—4,29
VI Androstan-3,17-dion .	0,23—1,17
VII Artefakte der HCl-Hydrolyse (bes. aus II).	0,88—2,94

Arbeitsgänge. Freie und konjugierte Steroide mit einer Dihydroxyaceton-Seitenkette werden nach der Methode von REDDY et al. (1952, 1954) mit Butanol aus dem natriumsulfatgesättigten und mit Schwefelsäure angesäuerten Harn extrahiert, mit Soda gereinigt und ähnlich wie bei PORTER u. SILBER (1950) mit Phenylhydrazin-Schwefelsäure-Reagens ausgeschüttelt. Colorimetriert wird gegen einen Cortisol-Standard bei 410 nm.

Erfaßt werden mit dieser Methodik: 11-Desoxycortisol, Cortisol, Cortison sowie deren Di- und Tetrahydroderivate, ferner auch synthetische Hormone wie z. B. Prednisolon.

Die Spezifität der Methode ist gering, da eine befriedigende Reinigung des Butanol-Extraktes nicht gelingt. Indessen haben Mehrfachbestimmungen und Wiedergewinnungsversuche trotz des Fehlens einer idealen Modifikation (vgl. SCHOPMAN et al. 1958, STAIB 1962) ihre klinische Brauchbarkeit weitgehend bestätigt (vgl. auch RAFTOPOULO, STAUDINGER u. WEISSBECKER 1959).

Normalausscheidung. Gesunde Frauen und Männer: 3—13 mg/die (vgl. RAFTOPOULO, STAUDINGER u. WEISSBECKER 1959).

Signaturen: HC (längsgestreifte Stabdiagramme): 17-Hydroxycorticoide (mg/die).

d) Oestrogene

Die quantitative Bestimmung der Oestrogene basiert auf der Reaktion von KOBER (1931), bei der phenolische Steroide nach Erhitzen mit Phenol-Schwefelsäure und anschließendem Verdünnen mit Wasser rote Farbstoffe bilden. Wir bestimmen Oestriol nach der Methode von BROWN (1955, 1957) (vgl. Übersicht von DICZFALUSY u. LAURITZEN 1961).

Arbeitsgänge. Nach saurer Hydrolyse und ausgiebiger Vorreinigung wird Oestriol als wäßriger Extrakt aus einem Benzol-Petroläther-Gemisch von Oestron und Oestradiol abgetrennt. Nach Methylierung der phenolischen Hydroxylgruppe, Reinigung des Oestriol-Monomethyläthers durch Adsorptionschromatographie an Aluminiumoxyd erfolgt die quantitative Bestimmung mit einer nach NOCKE (1961) modifizierten Kober-Reaktion. Die Absorption der Farblösung wird bei 472, 514 und 556 nm gegen den Leerwert gemessen. Zur Korrektur der bei 514 nm beobachteten maximalen Absorption (Extinktion) dient nach ALLEN folgende Beziehung:

$$E_{514,\ korr.} = 2 \times E_{514} - (E_{472} + E_{556}).$$

Die Normalwerte (s. Tabelle 11) sind einer Übersicht (LORAINE 1958) entnommen, die eine Reihe von Arbeiten des BROWNschen Arbeitskreises zusammenfaßt. Die Methode ist spezifisch für Oestriol. Die Gesamtverluste liegen mit 20—45 % relativ hoch (BROWN u. BLAIR 1958, BROWN 1960).

Tabelle 11. *Normale Oestriol-Ausscheidung* (μg/die)

	Normalbereich	Durchschnitts- wert
Frauen		
1. während des Cyclus: Menstrua- tionsbeginn bis zum 8. oder 9.Tag	0—15	6
Ovulationsgipfel: 13. Tag . . .	13—54	27
Lutealmaximum: etwa 21. Tag .	8—72	22
2. nach der Menopause	0,6—8,6	3,3
Männer		
im Alter von 20—50 Jahren . .	0,8—11	3,5

Signaturen: Oe (schwarze Stabdiagramme): Oestriol (μg/die bzw. γ/die).

e) Pregnandiol

Die Bestimmung von Pregnandiol basiert auf der Farbreaktion mit konzentrierter Schwefelsäure (TALBOT et al. 1941). Wir arbeiten nach der Methode von KLOPPER u. Mitarb. (1955, 1956).

Arbeitsgänge. Das nach saurer Hydrolyse mit Toluol extrahierte Pregnandiol wird nach Vorreinigung (Permanganat-Oxydation) zweimal an der Aluminiumoxyd-Säule chromatographiert, das zweite Mal als 5β-Pregnan-3α,20α-diol-diacetat. Abgelesen wird bei 415 nm gegen den Reagensleerwert.

Die Methodik ist für klinische Belange gut geeignet (vgl. LORAINE 1958). Die Normalwerte (vgl. Tabelle 12) sind einer Übersicht (LORAINE 1958) entnommen, die die Arbeiten des Arbeitskreises von LORAINE und KLOPPER zusammenfaßt:

Tabelle 12. *Normale Pregnandiol-Ausscheidung* (mg/die)

	Bereich	Durchschnitt
Frauen		
Follikelphase	0,8—1,5	1,1
Lutealphase	2—5	
in der Postmenopause	0,3—0,9	0,6
Männer	0,4—1,4	0,9

Signaturen: P (karierte Stabdiagramme): Pregnandiol (mg/die).

Für Pregnandiol-Ausscheidungen von weniger als 0,2 mg/die wurde in unserem Laboratorium die Methode von KLOPPER et al. weiterentwickelt (LIPP 1960). Durch Kombination der üblichen Adsorptionschromatographie (vgl. die Modifikation von SCHNEIDER 1961) und Papierchromatographie (Testbenzin/Äthanol-Wasser 3:1) ließ sich eine beträchtliche Steigerung der Spezifität erreichen. Die Anwendung dieser Methodik empfiehlt sich für die genaue Untersuchung der Pregnandiol-Ausscheidung bei Kindern (vgl. NAKAJIMA, STAEMMLER u. LIPP 1960) und Männern sowie bei Frauen während der Proliferationsphase (vgl. SCHNEIDER 1961) und nach der Menopause.

2. Biologische Verfahren der Diagnostik

a) Basaltemperatur

Die Basaltemperatur (B-T⁰) hat für die fortlaufende Kontrolle der Ovarialfunktion eine eminente praktische Bedeutung. Gesetzmäßige Beziehungen zwischen der Körpertemperatur der Frau und dem Menstruationscyclus sollen erstmalig 1818 von BORDEU (zit. nach U. VOLLMANN-SIEHR 1940) festgestellt worden sein. Sie gerieten dann in Vergessenheit und wurden später genauer von GILES (1901) und VAN DE VELDE (1904*) beschrieben. Beide Autoren brachten den prämenstruellen Temperaturanstieg bereits mit der Funktion des Gelbkörpers in Zusammenhang. Kritische Übersichtsarbeiten, die sich mit der Genese des Temperaturwechsels, mit variationsstatistischen Analysen und der Möglichkeit einer diagnostischen Auswertung der verschiedenartigen Kurvenverläufe befassen, sind in neuerer Zeit von U. VOLLMANN-SIEHR (1940), TIETZE (1948, 1952), PLOTZ (1950), KNAUS (1950), ELERT (1951), OBER (1952), DÖRING (1952, 1958) u. a. herausgegeben worden.

Zur Technik. Die Basaltemperatur (Aufwachtemperatur, waking temperature, Morgentemperatur) wird morgens unmittelbar nach dem Aufwachen, möglichst immer zur gleichen Zeit und nach einer Schlafperiode von mindestens 6 Std, durch eine 6 min lange Messung im Rectum erhoben. Orale oder intravaginale Messungen sollen die gleichen Ergebnisse zeitigen. Wir haben unsere Temperaturwerte immer rectal erheben lassen, da uns diese Methode nach Vergleichen am zuverlässigsten erschien. Wir verwendeten Spezialthermometer mit weiter Skala (z. B. Zyklotest-Thermometer), die einfach und genau abgelesen werden können. Sie sind allerdings wegen der sehr feinen Capillare auch empfindlicher. Jede Patientin benutzt immer dasselbe Thermometer, dessen Präzision vorher kontrolliert wurde.

Die Temperatur wird unmittelbar nach der Messung auf ein Kurvenblatt übertragen. Es empfiehlt sich, das Verhältnis zwischen 0,1⁰ auf der Ordinate und 1 Tag auf der Abszisse wie 2:1 aufzutragen. Die Mittelwertslinie wird verschieden angesetzt. Nach VOLLMANN-SIEHR (1940) liegt die mittlere Temperatur aus allen gemessenen Werten zwischen 36,8 und 37,1⁰ C und schwankt bei der gleichen Person von Cyclus zu Cyclus um weniger als 0,1⁰ C. BERGMAN (1950*) errechnete einen Mittelwert von 36,84⁰ C. Wir haben bei unseren Temperaturkurven das Mittel nicht immer neu errechnet, sondern grundsätzlich auf 36,9⁰ C festgelegt. Alle unsicheren Temperaturwerte (zu kurze Schlafperiode, zu späte Messungen, Messungen unter Medikation oder bei interkurrenten Erkrankungen usw.) sollten nicht eingetragen werden.

Verhalten der Basaltemperatur. Die Basaltemperatur der geschlechtsreifen Frau mit regelrechter Ovarialfunktion beschreibt eine biphasische, sinusförmige Kurve mit negativer Periode im Postmenstruum [bei 70—80% der Frauen zwischen 36,3⁰ und 36,8⁰ C nach PLOTZ (1950)], einem sprunghaften oder treppenförmigen Anstieg im Intermenstruum und einem positiven Ausschlag in der prämenstruellen Phase [nach PLOTZ (1950) zwischen 36,9⁰ und 37,4⁰ C]. Die Temperatur-Differenz zwischen Post- und Prämenstruum beträgt im Durchschnitt 0,4—0,6⁰ C. Der Temperatur-Anstieg erfolgt gewöhnlich innerhalb von 1—2, gelegentlich aber auch von 3—7 Tagen (DÖRING 1958). Bei einem Teil der Frauen [nach PLOTZ (1950) nur bei einem Drittel der Beobachtungen] sinkt die Temperatur unmittelbar vor dem Anstieg verstärkt ab (relatives Temperatur-Tief)! 0—1 Tag vor Einsetzen der Menstruation fällt die Temperatur ab.

Die prämenstruelle, hypertherme Phase ist relativ konstant und unabhängig von der Länge des gesamten Cyclus (VOLLMANN-SIEHR 1940*, KNAUS 1950*, TOMPKINS 1944, 1945). Im Material von OBER (1952) (214 Cyclen) errechnet sich die durchschnittliche Länge vom Tage des Temperatursprunges bis zum Eintritt der Menstruation auf 14,12 (±0,015) Tage. Nach BERGMAN (1950*) überschreitet die Basaltemperatur die Mittelwertslinie von 36,84⁰ C zwischen dem 14. und 11. Tage vor der Menstruation.

Bei gesunden Frauen wird die hypertherme Phase bis zum Menstruationsbeginn mit 10—16 Tagen begrenzt (GOLDZIEHER et al. 1947). Ein Bestehenbleiben der Hyperthermie über den 16. Tag hinaus kann mit 97% Sicherheit (BARTON u. WIESNER 1945) als Anzeichen einer bestehenden Gravidität gewertet werden (s. Abb. 41 a u. b).

Die erhöhte Basaltemperatur fällt bei 30% der Frauen schon im 2. bis 3. Monat, bei der Mehrzahl im 3. bis 4. Monat der Schwangerschaft ab (PLOTZ 1950).

Ursache des Temperaturanstieges. Sie wird heute allgemein als ein spezifischer Effekt des Progesteron angesehen. Progesteron bewirkt eine Verzögerung im Wiedererwärmungsversuch an den Händen (BORTH et al. 1951). In physiologischen Dosen (20 mg/die) veranlaßt es eine deutliche Temperatursteigerung (OBER 1952). Diese kann jedoch im zweiten bis dritten Drittel der Schwangerschaft auch mit hohen Dosen (200 bis 1000 mg/die) nicht erreicht werden (KLEIN 1951). Ein Temperatur-Anstieg wird andererseits aber mit Norgestagenen bis zum 7. Schwangerschaftsmonat mit Sicherheit veranlaßt (LAURITZEN 1957). Ein thermogenetischer Effekt ist bei stillenden Müttern in den ersten 10 Wochen post partum mit 100—500 mg/die Progesteron nicht zu erzielen (OBER 1952). Die Einwirkungen der Schilddrüse auf diese Reaktion sind noch nicht geklärt. Durch Verabfolgung von Methylthiouracil (3mal 0,2 g für 10 Tage) konnte OBER (1952) die Temperatur-Reaktion auf Progesteron nicht beeinflussen. Dagegen

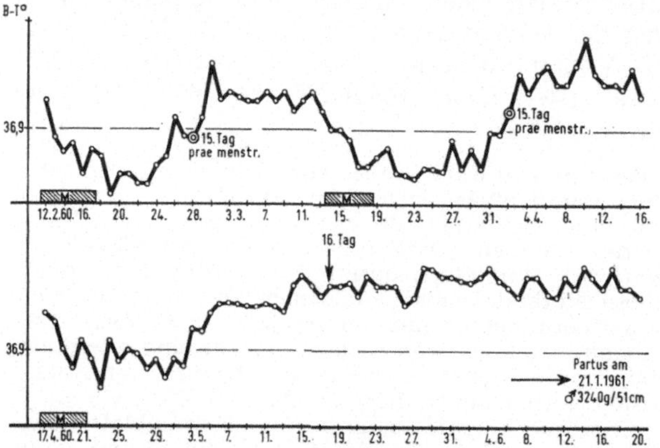

Abb. 41a. Primäre Sterilität bei biphasischem Cyclus (Intervall 29 bis 34 Tage). Eintritt einer Schwangerschaft. (Pat. L. B., 32 Jahre, Partus am 21. 1. 1961)

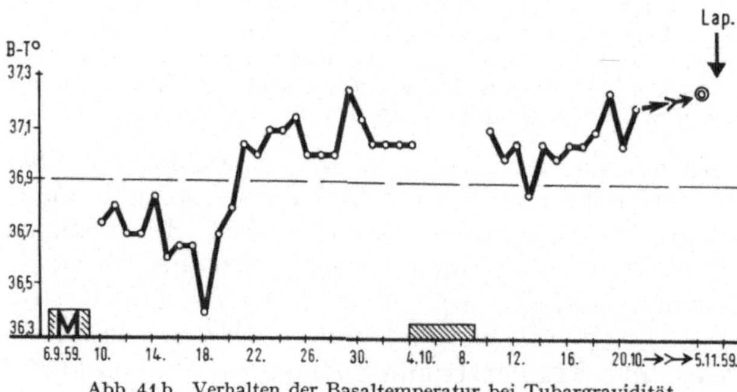

Abb. 41b. Verhalten der Basaltemperatur bei Tubargravidität (Pat. G. W., 29 Jahre)

kommt der Temperatur-Anstieg unter Progesteron-Verabfolgung (2mal 10 mg/die intramuskulär) nicht zustande, wenn gleichzeitig die hypothalamischen Zentren für die Thermoregulation durch Luminal (300 mg/die peroral) beeinträchtigt werden (ELERT 1951). Die durch Progesteron induzierte Hyperthermie während der zweiten Cyclusphase oder in der Frühschwangerschaft kann auch durch Cortisol (40—60 mg/die) oder seine synthetischen Abkömmlinge (Prednison 10—15 mg/die) gesenkt werden (LAURITZEN 1957). Der Angriffspunkt des thermolytischen Cortisol-Effektes wird von LAURITZEN (1957) in die Peripherie verlegt.

Oestriol bewirkt eine Temperatur-Depression, die wahrscheinlich durch die Zunahme der Hautdurchblutung verursacht wird (vgl. OBER 1952*). Möglicher-

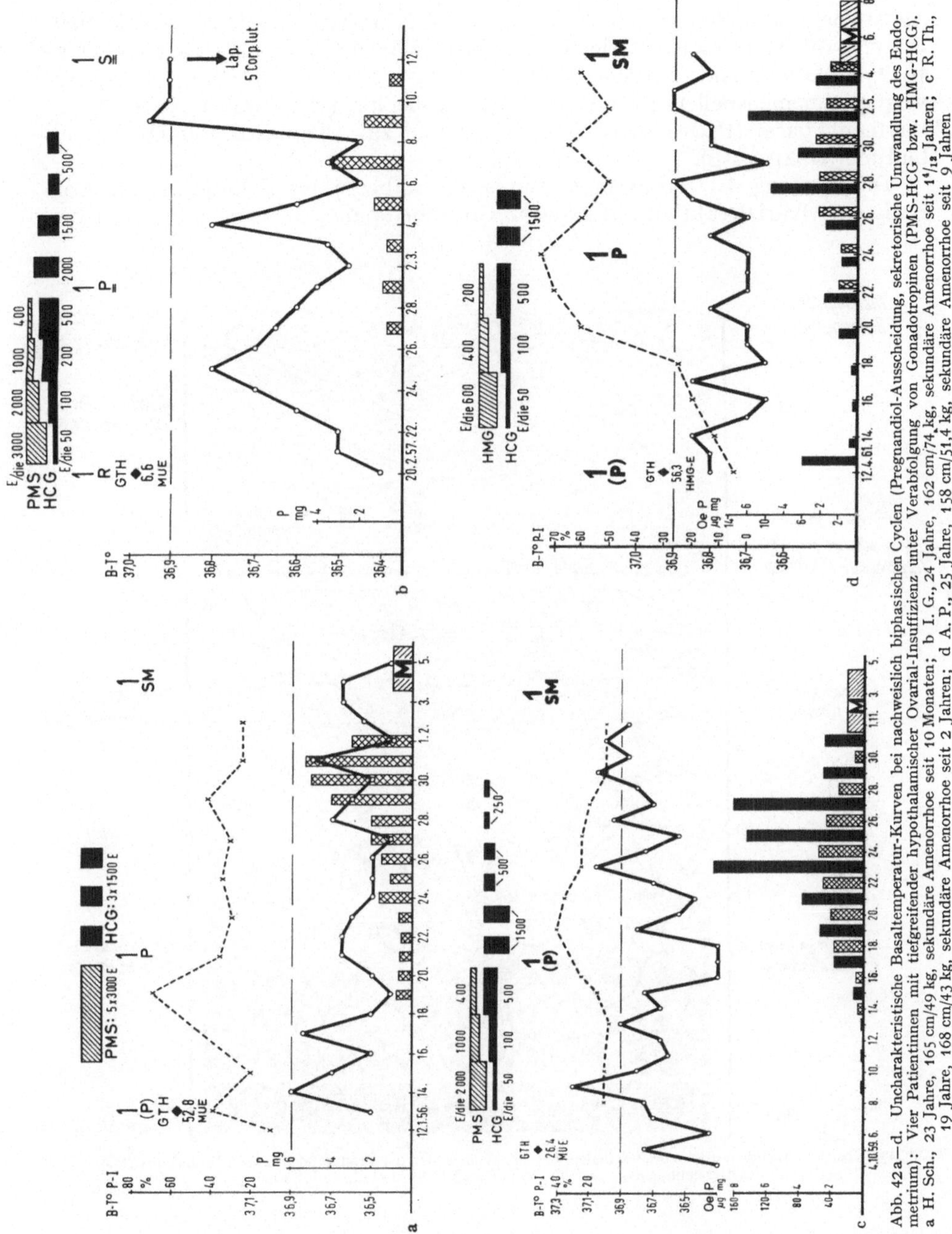

Abb. 42a—d. Uncharakteristische Basaltemperatur-Kurven bei nachweislich biphasischen Cyclen (Pregnandiol-Ausscheidung, sekretorische Umwandlung des Endometrium): Vier Patientinnen mit tiefgreifender hypothalamischer Ovarial-Insuffizienz unter Verabfolgung von Gonadotropinen (PMS-HCG bzw. HMG-HCG). a H. Sch., 23 Jahre, 165 cm/49 kg, sekundäre Amenorrhoe seit 10 Monaten; b I. G., 24 Jahre, 162 cm/74 kg, sekundäre Amenorrhoe seit $1^{11}/_{12}$ Jahren; c R. Th., 19 Jahre, 168 cm/43 kg, sekundäre Amenorrhoe seit 2 Jahren; d A. P., 25 Jahre, 158 cm/51,4 kg, sekundäre Amenorrhoe seit 9 Jahren

weise besteht eine Abhängigkeit zwischen der Oestrogen-Spitze zur Zeit der Ovulation und dem relativen Temperatur-Tief in Cyclusmitte.

Auf die Bedeutung der Basaltemperatur für die Ovulationsdiagnostik wird unten eingegangen werden.

Klinische Bedeutung. Die Basaltemperatur ist für die Sterilitätsberatung und für die Diagnostik der regelwidrigen Ovarialfunktion unentbehrlich. Sie eignet sich besonders zur Erkennung anovulatorischer Cyclen (TIETZE 1948, PLOTZ 1950, DÖRING 1958), der Corpus luteum-Insuffizienz (TIETZE 1948, OBER 1952, DÖRING 1958), unterschwelliger biphasischer Cyclen (OBER 1952), der verzögerten mensuellen Abstoßung (Blutungsbeginn schon während der hyper thermen Phase) (PLOTZ 1950, OBER 1952) und zur Diagnostik der Ovulations blutung (OBER 1952).

Die Messung der Basaltemperatur ist ein unbedingtes Erfordernis zur Kontrolle der Ovarialreaktion auf exogene Gonadotropine. Sie ermöglicht es, Über-

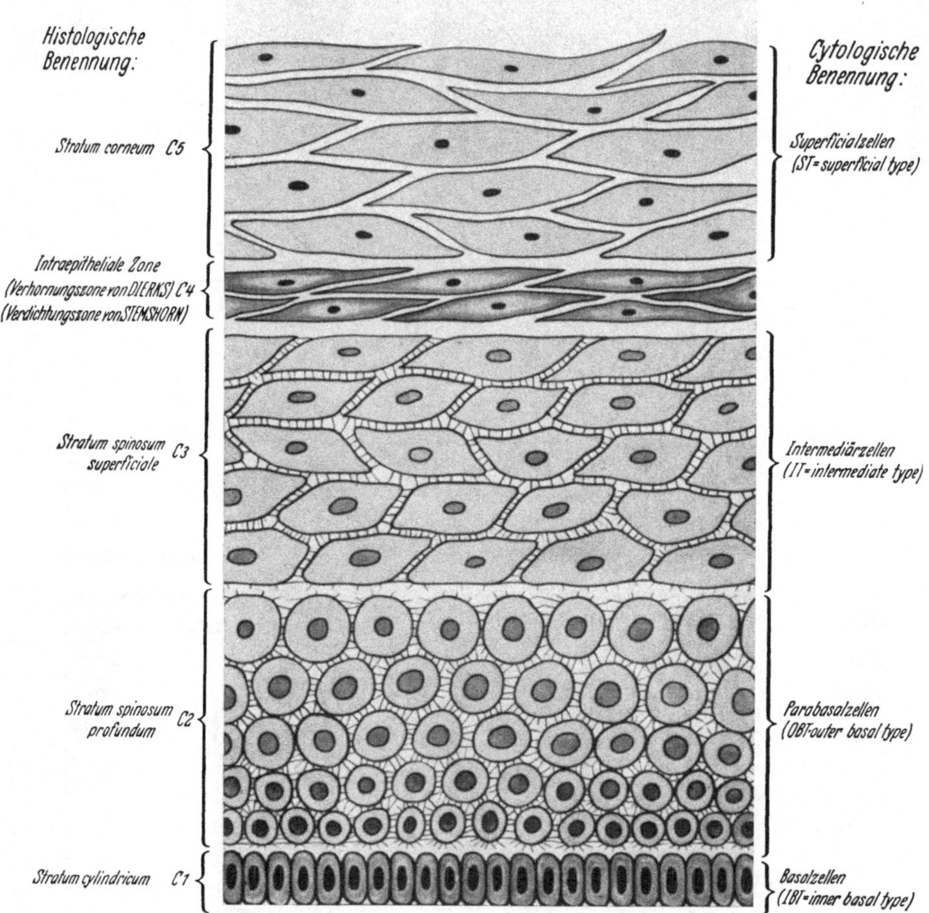

Abb. 43. Übersicht über den Aufbau des Vaginalepithels der geschlechtsreifen Frau mit den histologischen und cytologischen Bezeichnungen („cornified type"). (Aus SMOLKA u. SOOST 1956)

stimulierungen vorzubeugen (vgl. S. 150). In Einzelfällen verläuft die Basaltemperatur trotz nachgewiesener Progesteronbildung uncharakteristisch. Wir haben eine derartige Beobachtung bei zehn unserer Patientinnen gemacht, bei denen jeweils tiefgreifende hypothalamische Fehlsteuerungen bestanden (siehe Abb 42). Wir führen diese abwegige Reaktion auf eine Mitbeteiligung der diencephalen Thermoregulation zurück (STAEMMLER 1961).

Signaturen: B-T (o——o): Basaltemperatur (Grad Celsius).

b) Vaginalcytologie

Zur fortlaufenden Kontrolle der Ovarialfunktion hat sich die Auswertung vaginalcytologischer Abstriche („smear" im angelsächsischen Schrifttum) bewährt (Übersicht s. bei SMOLKA u. SOOST 1956). Das Schwergewicht liegt in der Beurteilung der Oestrogen-Aktivität.

Am Vaginalepithel lassen sich grobschematisch vier Zellschichten unterscheiden (vgl. Abb. 43). In den Ausstrichen können im allgemeinen vier Zell-

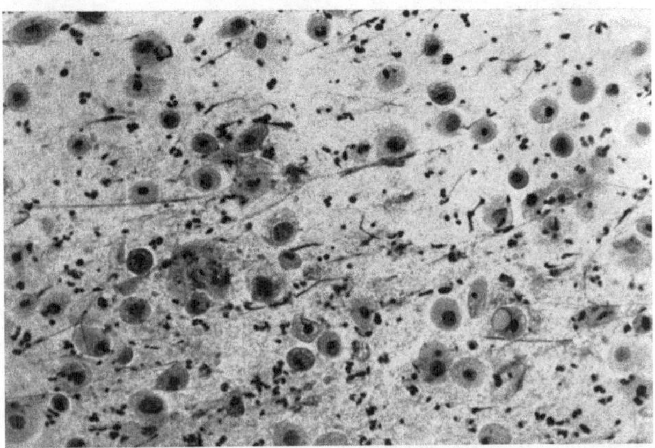

Abb. 44 a. Vaginales Abstrichbild bei atrophischem Epithel. Ausschließlich Parabasal- und Basalzellen mit degenerativen Merkmalen sowie Leukocyten (Vergr. 200 ×)

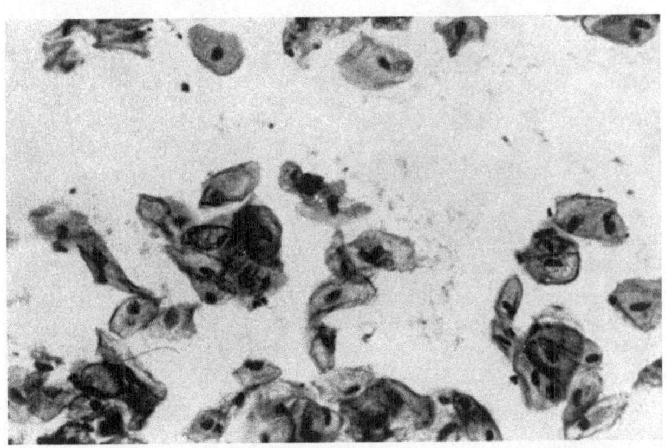

Abb. 44 b. Vaginales Abstrichbild bei schwacher Ovarialfunktion. Ausschließlich kleine Intermediärzellen, ganz vereinzelt Leukocyten (Vergr. 200 ×)

gruppen auftreten: Basalzellen, Parabasalzellen, Intermediärzellen und Superficialzellen. Die beiden ersten lassen sich oft nicht sicher voneinander unterscheiden.

In der Geschlechtsreife ist das Vaginalepithel hoch aufgebaut. Das Epithel proliferiert während der Follikelreifungsphase durch Vermehrung der Zellagen und Ausreifung. Der Glykogengehalt der Zellen nimmt zu. In der oberflächlichen Lage kommt es zur Präkeratinbildung.

Mit Beginn der Gelbkörperphase treten in der oberflächlichen Schicht regressive Veränderungen mit Turgorverlust der Zellen und Desquamation auf.

Im Abstrich findet man bei atrophischem Vaginalepithel als Ausdruck eines Oestrogen-Mangels ausschließlich Parabasal- und Basalzellen, meist mit degenerativen Merkmalen (s. Abb. 44a).

Eine schwache Oestrogen-Aktivität ist durch das Auftreten kleiner Intermediärzellen charakterisiert (s. Abb. 44b).

Bei hoher Oestrogen-Wirkung werden in den Abstrichen ausschließlich ausgebreitet liegende Superficialzellen vorgefunden, die in der Färbung von PAPA-

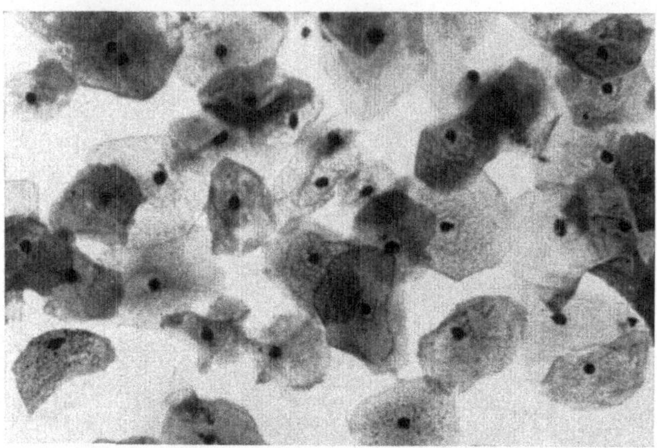

Abb. 44c. Vaginales Abstrichbild bei stark ausgeprägter Follikelhormonwirkung. Ausschließlich Superficialzellen, vorwiegend ausgebreitet. Keine Leukocyten (Vergr. 200×)

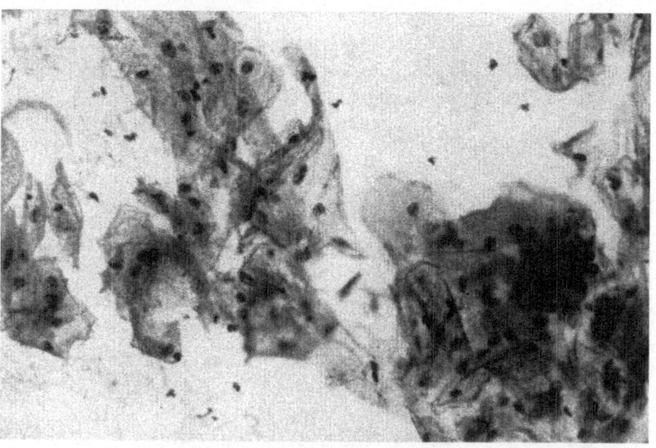

Abb. 44d. Vaginales Abstrichbild bei Oestrogen- und Progesteronwirkung. Vorwiegend Intermediär- und einzelne Superficialzellen mit starker Zellfaltung und Haufenbildung. Einzelne Leukocyten (Vergr. 200×)

NICOLAOU überwiegend eine eosinophile Tingierung zeigen. Leukocyten fehlen weitgehend (s. Abb. 44c).

Der Einfluß von Progesteron (bei gleichzeitiger Gegenwart von Oestrogenen) ist an der starken Zellfaltung, häufig unter Einrollen der Ränder, zu erkennen. Es treten vorwiegend Intermediär- und vereinzelt Superficialzellen auf, die in Haufen zusammenliegen (s. Abb. 44d).

Nach diesen Merkmalen lassen sich im Ovarialcyclus folgende Phasen unterscheiden.

Frühe Proliferationsphase (etwa 5. bis 11. Cyclustag): Vorwiegend cyanophile Intermediärzellen. Vereinzelt Leukocyten.

Späte Follikelphase (etwa 12. bis 14. Cyclustag): Zunahme der eosinophilen Zellen mit pyknotischem Kern (Superficialzellen). Nur sehr spärlich Leukocyten.

Postovulationsphase (etwa 15. bis 19. Cyclustag): Einrollen der Zellränder, Faltung der Zellen und Haufenbildung. Zunehmendes Überwiegen der Intermediärzellen.

Prämenstruelle Phase (etwa 20. bis 28. Cyclustag): Vorherrschen der oft noch in Haufen liegenden Intermediärzellen (Cyanophilie). Zunahme der Leukocyten.

Der Oestrogen-Effekt läßt sich am einfachsten mit Hilfe des Karyopyknose-Index (P-I) ermitteln. Es werden unter Fortlassung der Parabasalzellen 100 Zellen

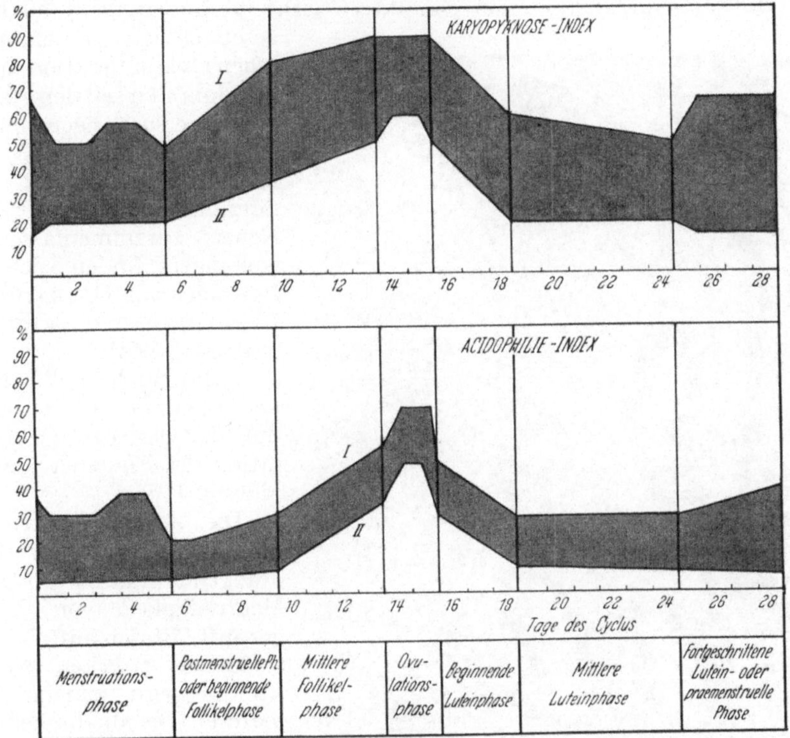

Abb. 45. Veränderungen des Pyknose- und Acidophilie-Index im Verlaufe des normalen, 28tägigen Cyclus. Normaler Bereich: *I* = Maximum, *II* = Minimum. (Nach PUNDEL 1952)

ausgezählt und von ihnen die Anzahl der Zellen mit pyknotischem Kern ermittelt. Wenn z.B. unter 100 Zellen des Intermediär- und Superficialtyps 70 einen pyknotischen Kern besitzen, so beträgt der Pyknose-Index 70%. Der Eosinophilie-Index (E-I) wird in analoger Weise berechnet. Jedoch wird die Eosinophilie nicht selten durch unspezifische Faktoren beeinflußt. Die Angabe der Proliferation des Epithels erfolgt durch Schätzung nach der Gradeinteilung von SCHMITT (1953).

Arbeitsgänge. Die Objektträger werden mit dem aufgebrachten Abstrichmaterial unverzüglich zur Fixierung in ein aus gleichen Teilen von 96%igem Alkohol und Äther bestehendes Gemisch eingetaucht. Nach mindestens 20—30 min erfolgt die Färbung durch die Originalmethode nach PAPANICOLAOU, bei welcher Hämatoxylin Harris der Kernfärbung sowie Orange G und der Polychromfarbstoff EA 50 (Lichtgrün-Bismarckbraun-Eosin-Lösung) der Anfärbung des Cytoplasmas dienen. Die Tingierung des Cytoplasmas ist dabei entweder bläulich (cyanophil) oder rötlich (eosinophil). Die eosinophile Färbung der Zellen der oberen Schichten kann als ein Zeichen der Ausreifung der Zellen gewertet werden.

7*

Bei Erhebung des endokrinen Ausgangsstatus haben wir den Proliferationsgrad nach Schmitt und beide Indices festgelegt. Für die fortlaufende Kontrolle unter Gonadotropin-Medikation wurde im allgemeinen nur der Pyknose-Index berücksichtigt. Über sein Verhalten während des spontanen Ovarialcyclus orientiert die Abb. 45.

Signaturen: x---x = vaginalcytologischer Pyknose-Index (P-I in Prozent).

c) Endometrium-Biopsie

Die Functionalis des Endometrium corporis macht während der einzelnen Phasen des ovariellen Cyclus charakteristische Veränderungen durch. Diese gesetzmäßigen Beziehungen zwischen Ovarialfunktion und Endometrium sind seit den grundlegenden Untersuchungen von Hitschmann u. Adler (1908), Robert Meyer (1913) und Robert Schröder (1914, 1928*) bekannt. Neuere zusammenfassende Darstellungen finden sich in den Beiträgen von Ober (1952, 1957), Lax (1956) und Schmidt-Matthiesen (1963).

Während der Follikelreifungsphase kommt es unter dem Einfluß der Oestrogene zur Proliferation des Endometrium (s. Abblidung 46a).

Die längsovalen Kerne des Drüsenepithels liegen dicht gedrängt und täuschen oftmals eine Mehrreihigkeit vor. Es treten gehäuft Mitosen auf. Die Drüsenschläuche strecken sich. Das Stroma wird zunehmend ödematöser. Die alkalische Phosphatase des Cytoplasmas nimmt an Aktivität bis zur Ovulation hin zu.

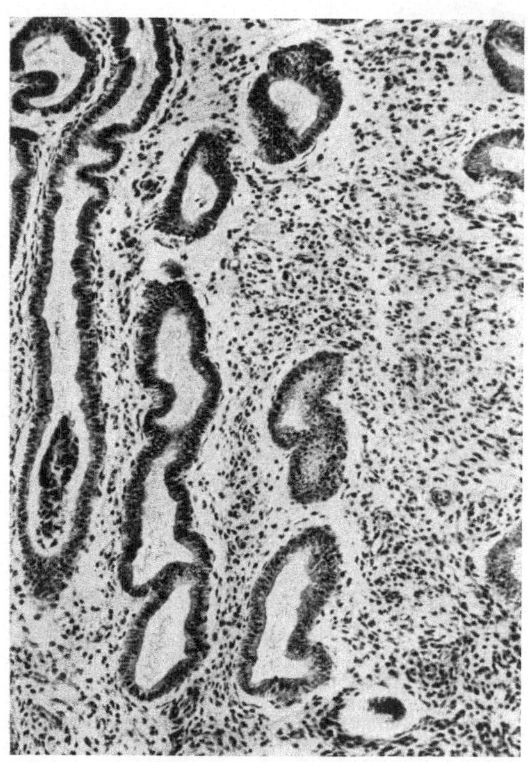

Abb. 46a. Endometrium in hoher Proliferation (12. Cyclustag) (Vergr. 60×)

Unter der zusätzlichen Wirkung von Progesteron kommt zunächst ein nochmaliger Wachstumsschub zustande, der eine Schlängelung der Drüsenschläuche veranlaßt. In den ersten beiden Tagen nach der Ovulation rücken die Kerne lumenwärts. Hinter ihnen bilden sich basale Vacuolen, die Glykogen enthalten. Sie werden größer und drängen den Kern noch stärker in Richtung des Drüsenlumens (s. Abb. 46b).

Im mittleren Drittel der Gelbkörperphase oder etwa ab 6. Tag nach der Ovulation werden die Kerne rundlich und rücken wieder an die Basis der jetzt kubischen Zellen. Das Glykogen tritt aus der Zelle in die Drüsenlichtung. Etwas später finden sich auch zunehmende Mengen von Schleimstoffen in den Lumina. Zwischen dem 8. und 10. Tag entwickeln sich die für eine Progesteronwirkung charakteristischen Spiralarterien. Die Stromazellen werden groß und blasig, sie weisen Glykogen auf (deziduale Reaktion) (s. Abb. 46c).

2—4 Tage vor Einsetzen der Menstruation, d.h. mit Rückgang der Hormonkonzentration im Blut, machen sich Regressionserscheinungen am Endometrium bemerkbar. Die Sekretion läßt nach. Der Saftgehalt des Stromas geht zurück, die Schleimhaut verliert etwa 50% an Höhe. Damit entwickelt sich die charakteristische Sägeform des Drüsenepithels. Die flachen arteriellen Windungen stellen sich im Querschnitt als sog. „arterielle Felder" dar. Im Zuge dieser Rückbildung setzt die Menstruationsblutung ein.

Die sekretorische Transformation betrifft besonders ausgeprägt die Endometriumpartien im Bereich der mittleren Vorder- und Hinterwand des Corpus.

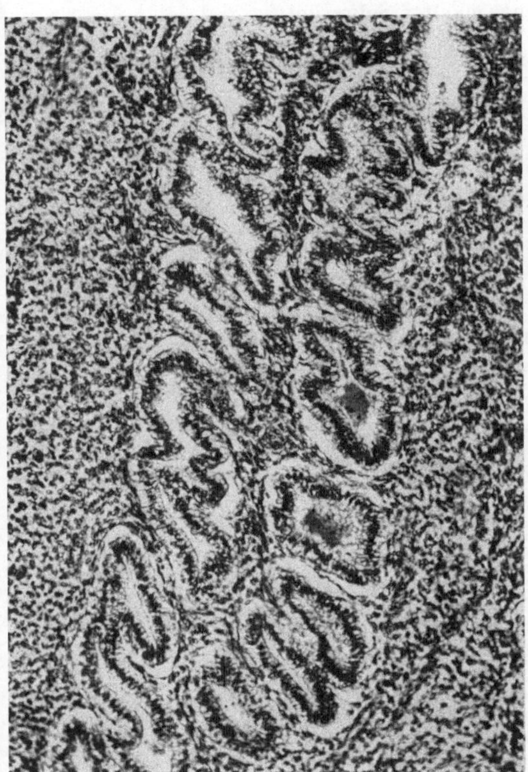 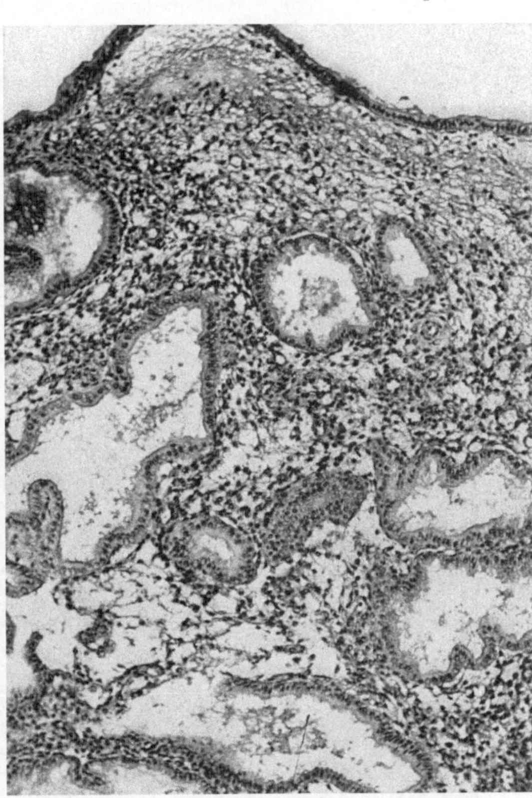

Abb. 46b. Endometrium 5—7 Tage nach der Ovulation (Vergr. 60×)

Abb. 46c. Endometrium 4—2 Tage vor der erwarteten Menstruation (Vergr. 100×)

Die Veränderungen der Schleimhaut in Nachbarschaft des Isthmus und von den Seitenkanten des Uterus sind für die Diagnostik wertlos. Die Basalis des Endometrium folgt den hormonalen Einflüssen nicht.

Arbeitsgänge. Strichabrasionen zur Funktionsdiagnostik (Endometrium-Biopsie) sollen möglichst mit Beginn einer Blutung oder nach sicherem Ausschluß einer jungen Schwangerschaft vorgenommen werden (Beachtung der Basaltemperatur, biologische Schwangerschaftsreaktionen). Auch eine länger währende Amenorrhoe schließt eine kurz vor dem Eingriff erfolgte Konzeption nicht aus. Der Eingriff läßt sich bei einiger Erfahrung unter aseptischen Kautelen ohne Narkose durchführen. Nach Fixierung der vorderen Muttermundslippe mit einer einzinkigen Faßzange wird das Instrument vorsichtig bis zum Fundus eingeführt. Nach Ermittlung der Uteruslänge (siehe Graduierung) entnimmt man von der Vorder- oder Hinterwand des Corpus mit elastischem Zug eine Schleimhautlamelle. Das Material wird sofort in 80%igem Alkohol, besser noch in Sublimat-Formol-Eisessig fixiert.

Färbungen: Hämalaun-Eosin-Färbung nach P. MAYER und Carmin-Färbung nach BEST, alkalische Phosphatase-Reaktion nach GOMORI, modifiziert von WISLOCKI u. DEMPSEY (s. bei ROMEIS 1948*).

Signaturen: 1 = Endometrium-Biopsie (Strichabrasio),
           A = Atrophisches Endometrium,
           R = Ruhendes Endometrium,
         (P) = Endometrium in schwacher Proliferation,
           P = Endometrium in Proliferation,
           $\underline{P}$ = Endometrium in hoher Proliferation,
    gl.c.H. = Glandulär-cystische Hyperplasie des Endometrium,
         (S) = Endometrium in beginnender Sekretion,
           S = Endometrium in voll entwickelter Sekretion,
           $\underline{S}$ = Endometrium in hoher Sekretion,
       (SM) = Unvollständig sekretorisch umgewandeltes Endometrium in mensuellem Zerfall,
        SM = Typisch sekretorisch transformiertes Endometrium in mensuellem Zerfall,
    ▨M▨ = Menstruation,
    ▨▨▨ = Uterusblutung (meist Oestrogenentzugsblutung).

d) Cervicalsekret

Das Sekret der Cervixdrüsen verändert sich in Abhängigkeit der einwirkenden Ovarialhormone. Unter Oestrogen-Einfluß nimmt die Schleimproduktion der Cervixdrüsen bis zum Zehnfachen der Ausgangsmenge zu. VIERGIVER u. POMMERENKE (1944) stellten fest, daß die maximale Schleimproduktion bei 52% der Versuchspersonen am Tage des Anstieges der Basaltemperatur, bei 18% 1—2 Tage vorher und bei 30% 1—2 Tage danach erreicht wird. In dieser Phase entwickelt sich auch die höchste Spinnbarkeit (der geringste Grad der Viscosität infolge Absinkens des Mucingehaltes) und die beste Transparenz (BERGMAN 1950*, SHETTLES 1952, GRÜNBERGER u. HOLKUP 1952, HUSSLEIN 1953, RAUSCHER 1954, SÒS 1955, ANTOINE 1957, BELLER u. VOGLER 1962). Bei Eintrocknen des in Cyclusmitte gewonnenen Schleimes auf einem Objektträger bilden sich farnkrautähnliche Kristallisationen aus (s. Abb. 47a u. b). Dieses Phänomen soll jedoch keine spezifische Eigentümlichkeit des Cervicalschleimes darstellen (BERNOTH 1956). Die Arborisation ist auch nicht regelmäßig zu erreichen. Von GRÜNBERGER et al. (1952) wurden Kristallisationskerne in Form eines plumpen Kreuzes beschrieben.

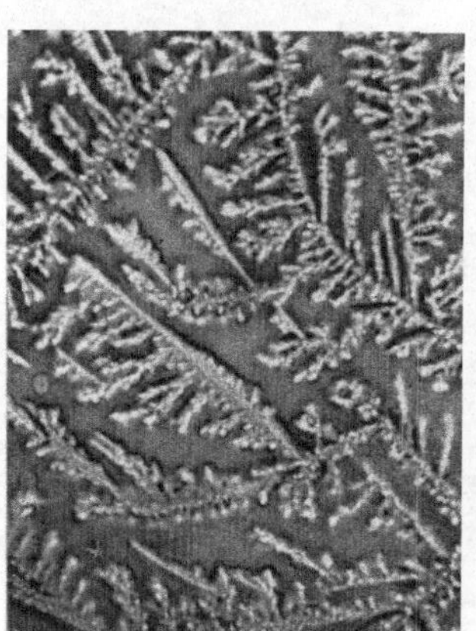 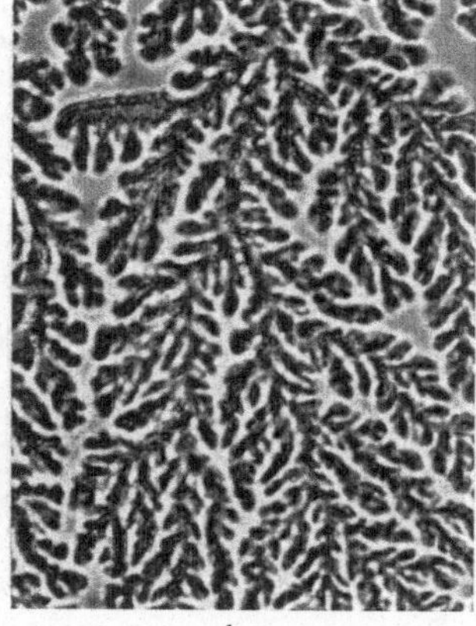

a   b

Abb. 47a u. b. Getrockneter Cervixschleim. Typisches Farnblattphänomen der Kristallisation (a Vergr. 200×; b Vergr. 400×)

Die typischen Veränderungen des Cervicalschleimes lassen sich durch Verabfolgung von 0,2—5 mg Oestradiolbenzoat erzielen (PALMER 1950), können aber nach Untersuchungen von PUCK (1958) auch mit 3mal 1 mg Oestriol veranlaßt werden.

e) Diagnostik der Ovulation

Die zuverlässige Bestimmung des Ovulationstermins hat für die Diagnostik und Therapie der weiblichen Sterilität besondere Bedeutung: Das freie Ei ist nur wenige Stunden befruchtbar (HAMMOND 1934, CHANG u. PINCUS 1951), die Vitalität der Spermien soll höchstens 48 Std erhalten sein (BELONOSCHKIN 1939, 1949, JOEL 1942, RUBENSTEIN et al. 1951), zum Aufstieg bis in die Tuben benötigen die Samenzellen etwa 1—3 Std (CHANG u. PINCUS 1951, SHETTLES 1963). Damit ist die Zeitspanne optimaler Fruchtbarkeit auf wenige Stunden vor der Ovulation begrenzt.

Es steht bis heute keine Methodik zur Verfügung, mit deren Hilfe der Zeitpunkt des Eisprunges genau und sicher ermittelt werden kann. Dieser Problematik entspricht die große Zahl verschiedener Testierungsverfahren (Übersichten s. bei KNAUS 1950, BERGMAN 1950, OBER 1952, 1957, SCHAFROTH 1956, DICZFALUSY u. LAURITZEN 1961 u. a.). Die immunologische Analyse des LH-Gehaltes im Morgenharn nach WIDE u. GEMZELL (1962) ermöglicht wahrscheinlich eine präzisere Bestimmung des Ovulationstermins.

Die regelmäßige *Kontrolle der Basaltemperatur* wird für die Ovulationsdiagnostik bevorzugt herangezogen. Als Ovulationstermin wurden angenommen:

Der 2. Tag vor dem Temperatursprung (DÖRING 1949, 1952*).

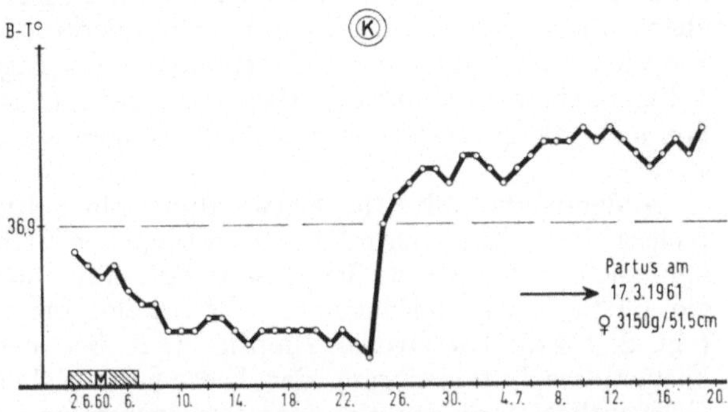

Abb. 48a. Primäre Sterilität bei Oligomenorrhoe (36—39 Tage/4 bis 6 Tage). Konzeption am Tage des relativen Temperatur-Tiefs (*einzige Kohabitation*) (Pat. U. A., 27 Jahre). Signatur: K = Kohabitation

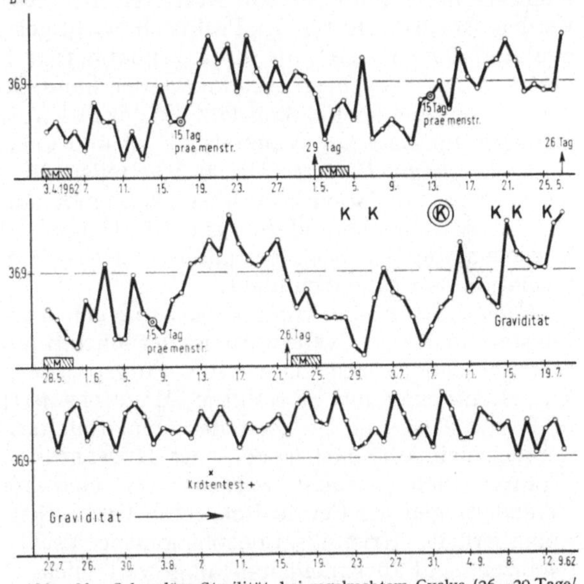

Abb. 48b. Sekundäre Sterilität bei regelrechtem Cyclus (26—29 Tage/ 3 Tage). Konzeption wahrscheinlich 2 Tage nach dem relativen Temperatur-Tief. (Pat. G. K., 27 Jahre)

Der Tag des relativen Temperatur-Tiefs (Temperaturminimum) (VAN DE VELDE 1904*, RUBENSTEIN 1937, ZUCK 1938, TOMPKINS 1944, TIETZE 1948).

Der Tag des Temperatursprunges (BARTON u. WIESNER 1945) bzw. des Schnittpunktes der Basaltemperatur-Kurve mit der mittleren Cyclustemperatur (URSULA VOLLMANN-SIEHR 1940*).

Eine derart präzise Begrenzung des Ovulationstermins mit Hilfe der Basaltemperatur ist nach unserer Erfahrung kaum möglich. Eine Konzeption kann sehr wahrscheinlich nur erfolgen im Zeitraum von 24 Std vor dem relativen

Temperatur-Tief bis zum Tage, an dem die Mittelwertslinie von 36,9° C erreicht wird (s. Abb. 48a u. b).

PALMER u. DEVILLERS (1939) folgerten aus ihren Untersuchungen, daß die Ovulation am letzten Tage der hypothermen Phase bis mindestens 36 Std vor Überschreiten von 37° C stattfinden kann. Nach OBER (1952) liegen die Grenzen bei 24 Std vor dem Temperatur-Minimum und 1 Tag nach erfolgtem Sprung. Vergleichende Untersuchungen von Basaltemperatur, Strichabradaten und Ovarium-Biopsien kamen zu einer Fehlerbreite von 4 Tagen (BUXTON u. ENGLE 1950). 1 Tag nach Ausbildung der Hyperthermie und später ist nach Beobachtungen von mehr als 20000 Cyclen mit einer Konzeption nicht mehr zu rechnen (DÖRING 1952*).

Andererseits läßt die Entwicklung einer hyperthermen Phase nicht mit Sicherheit auf eine echte Ovulation schließen. Unter Gonadotropin-Behandlung kann sich nach Ausweis der Basaltemperatur und der Pregnandiol-Ausscheidung ein biphasischer Ovarialcyclus entwickeln, ohne daß ein Gelbkörper vorliegt (vgl. S. 142f.). Die Ovarial-Biopsie ergab bei diesen Patientinnen lediglich eine hochgradige Luteinisierung der Theca mit Ausbildung von Theca-Luteincysten. Gelegentlich wird das Ei nicht freigegeben und geht im Gelbkörper zugrunde (s. OBER 1957*).

Mit Hilfe der *Vaginalcytologie* kann bei täglicher Abstrichentnahme die erfolgte Ovulation am ersten Auftreten der Regressionserscheinungen erkannt werden (RAUSCHER 1954). Praktisch wichtiger ist die Feststellung der „präovulatorischen Phase", die auf maximal 4 Tage begrenzt sein soll und an einem bestimmten Abstrichtyp erkannt werden kann (RAUSCHER 1961). Der Zeitpunkt der Sprungreife des Follikels läßt sich nach RAUSCHER (1956, 1963) durch gleichzeitige Befundung von Vaginalabstrich und Cervix ermitteln.

Endometrium-Biopsie. Die Epithelzellen der Corpusdrüsen zeigen unmittelbar nach der Ovulation in Abhängigkeit eines zunehmenden Progesteron-Effektes charakteristische Veränderungen. Als typisch gilt das Auftreten retronucleärer Vacuolen, die Glykogen enthalten. Sichere Hinweise für das Bevorstehen der Ovulation gibt es jedoch nicht.

Cervixschleim und Muttermundsweite geben gewisse Hinweise für den Ovulationstermin ab. In Cyclusmitte ist der Muttermund weitgestellt und das Cervicalsekret besonders reichlich. Diese Veränderungen werden auf den hohen Oestrogenspiegel zurückgeführt (PALMER u. MARCILLE 1941). Der Invasionstest von SIMS u. HUHNER ist nur zur Zeit der Ovulation positiv. Für die Rezeptivität des Cervixschleims können jedoch nach HUSSLEIN (1953) nicht allein die Oestrogene verantwortlich gemacht werden. Die charakteristischen physiko-chemischen Veränderungen des Cervicalsekrets in Cyclusmitte (hohe Transparenz, maximale Spinnbarkeit, Kristallisationsphänomene usw.) vermögen die Diagnostik zu ergänzen, sind aber nicht unbedingt verläßlich. Auch die Zunahme des Glucosegehaltes im Cervixschleim wurde als Ovulationstest genutzt (BIRNBERG, KURZROCK u. LAUFER 1958, DOYLE 1958 u.a.). Seine Brauchbarkeit ist jedoch sehr begrenzt (COHEN 1959, KUBUSCH 1962 u.a.).

Der Vermerk des „*Mittelschmerzes*" legt den Ovulationstermin wohl am genauesten fest (VAN DE VELDE 1904*, FRAENKEL 1914, OGINO 1930, 1932, KNAUS 1950*). Er wird von einem Teil der Frauen regelmäßig wahrgenommen. Nach R. VOLLMANN (1940*) soll er von Tubenspasmen ausgelöst werden und ist nicht an ein spezifisches pathologisches Substrat gebunden. WARTHON et al. (1936) laparotomierten 21 Patientinnen im akuten Stadium des Schmerzanfalles und fanden stets einen frisch gesprungenen Follikel und einen blutig-serösen Erguß im Douglas. Der Intermenstrualschmerz wird abwechselnd links und rechts oder auch mehrfach auf der einen Seite lokalisiert. In der Sterilitätsberatung sollten die Patientinnen auf dieses Phänomen besonders aufmerksam gemacht werden.

Wegen der relativen Ungenauigkeit des einzelnen biologischen Testes sollten zur Bestimmung des Ovulationstermins mehrere gleichzeitig angewendet werden. Für wissenschaftliche Fragestellung kann diese Diagnostik durch die Zölioskopie und durch Analysen der Hormonausscheidung ergänzt werden. Ein ausgeprägtes Oestriol-Maximum in Cyclusmitte mit Werten über 20 μg/die und anschließendem Abfall spricht für die Ovulation (DICZFALUSY u. LAURITZEN 1961*). Der Höhepunkt der Oestrogen-Ausscheidung koinzidiert in den meisten Fällen mit der maximalen Gonadotropin-Ausscheidung (vgl. FARRIS 1946, WIDE u. GEMZELL 1962) und dem Beginn des Pregnandiol-Anstieges.

f) Zölioskopie
[Laparoskopie und Kuldoskopie (Douglasskopie)]

Die Besichtigung der Ovarien kann bei ausgeprägten und besonders bei therapieresistenten Fehlfunktionen einen wertvollen, oftmals entscheidenden Beitrag zur Diagnostik leisten. In Betracht kommen die Laparoskopie und die Kuldoskopie (Douglasskopie) (DECKER u. CHERRY 1944, ANTONOWITSCH 1950,

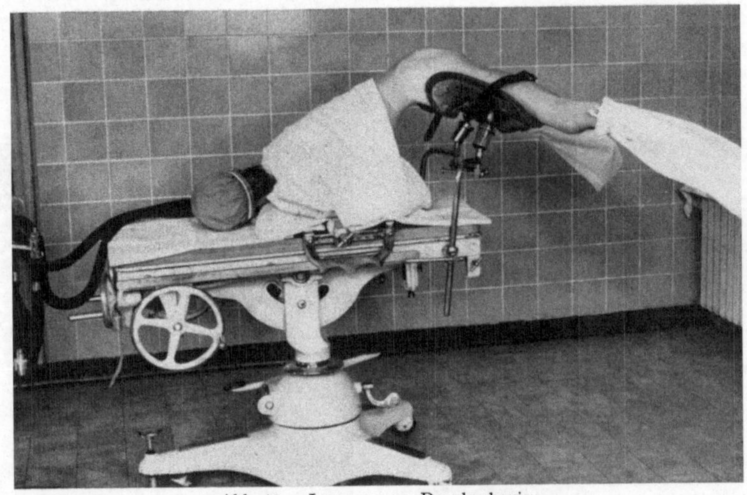
Abb. 49a. Lagerung zur Douglasskopie

PALMER 1950, KALK u. BRÜHL 1951*, THOMSEN 1951, 1954, GREEN 1956, FRANGENHEIM 1962 u.a.). Wir bevorzugen letztere, da sie einen besonders guten Überblick vermittelt. Durch Druck gegen die Bauchdecke kann die Lage der Adnexe, soweit nötig, verändert werden.

Wir führen den Eingriff in abgewandelter Knie-Schulterlage durch (s. Abb. 49a): Die Patientin wird auf einem Döderlein-Tisch so gelagert, daß sie mit zur Seite gedrehtem Gesicht auf dem Thorax ruht. Das Becken wird durch Beinhalter so weit angehoben, daß das Abdomen frei durchhängt. Der Eingriff erfolgt, vor allem aus Gründen der psychischen Schonung, in Allgemeinnarkose. Wir bevorzugen die Intubationsnarkose. Die Vagina wird mit dem Speculum entfaltet, die hintere Muttermundslippe gefaßt und der hintere Douglas mit einem gebogenen Troikar ohne Hülse durchstoßen. Mit Einströmen der Luft (oder besser noch von CO_2) sinkt das Darmkonvolut nach cranial. Die Besichtigung der inneren Genitalorgane erfolgt mittels eines sterilisierten Cystoskops (möglichst mit Weitwinkel-Optik).

Die Beurteilung der Ovarien erfordert Erfahrung. Ihre Größe kann am
Uterus oder an einem eingeführten Ureterenkatheter abgemessen werden (s.
Abb. 49b u. c). Ein Vergleich zwischen der douglasskopischen Ansicht und dem

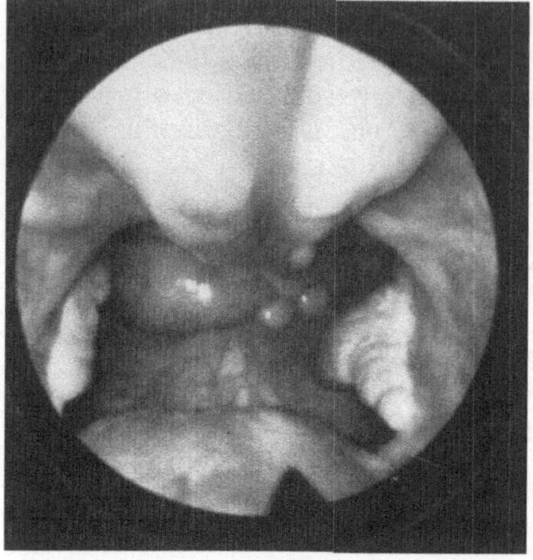

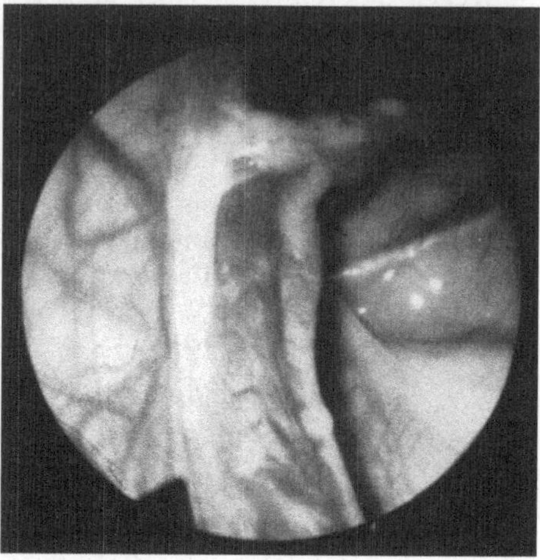

Abb. 49b Abb. 49c

Abb. 49b. Douglasskopische Ansicht eines normalen inneren Genitale. Das schwarze Dreieck zeigt auf die Rückwand
des Uterus. Gegenüber (oberer Bildsektor) Sigmaschlinge. Beide Ovarien (das rechte kommt besser zu Gesicht) sind
normal angelegt

Abb. 49c. Douglasskopischer Befund bei hochgradiger Hypoplasie der Ovarien (Grundform, vgl. S. 259f.). (Pat. U. M.,
23 Jahre alt, 156 cm/52 kg, primäre Amenorrhoe)

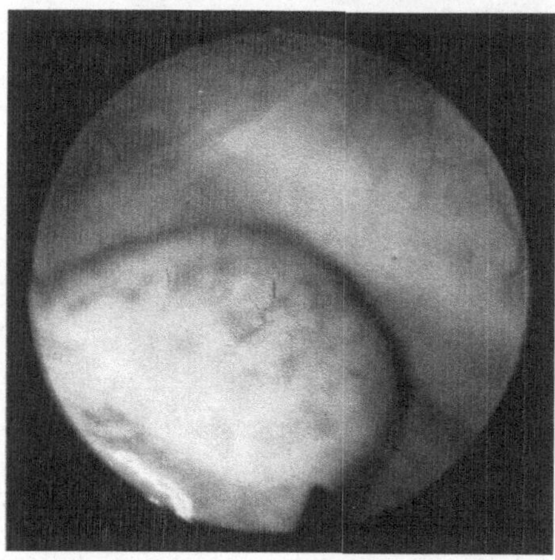

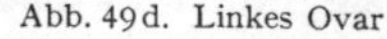

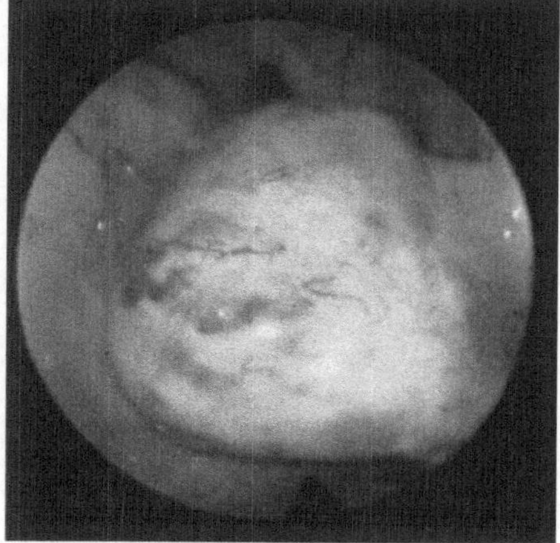

Abb. 49d. Linkes Ovar Abb. 49e. Rechtes Ovar

Douglasskopischer Befund bei vergrößerten und polycystisch veränderten Ovarien [Pat. R. G., 20 Jahre alt, 171 cm/59 kg,
Menarche mit 15 Jahren, sekundäre Oligomenorrhoe (4—7 Wochen/5—6 Tage), leichter Hirsutismus, C_{17}-Ketosteroide:
Ø 10,4 mg/die, 17-Hydroxycorticoide: Ø 5,6 mg/die]

Befund bei der nachfolgenden Laparotomie ergibt sich aus den Abb. 49d—g.
Es handelte sich um eine Patientin mit mäßigem Hirsutismus und ausgeprägter
Oligomenorrhoe. Die Ovarien waren deutlich vergrößert und polycystisch ver-
ändert.

Mit Hilfe der Douglasskopie lassen sich auch die ovariellen Funktionsstadien
beobachten (s. Abb. 49h u. i). Ferner kann während des Eingriffs mittels intrauteriner Injektion von Indigocarmin die Tubendurchgängigkeit geprüft werden.

Nach Entfernung des Cystoskops verabfolgen wir intraperitoneal ein Antibioticum. Die Punktionsstelle kann unversorgt bleiben oder wird anschließend durch eine Einzelknopfnaht verschlossen. Um das Pneumoperitoneum möglichst schnell zur Resorption zu bringen, kann man nach Umlagerung mittels einer feinen Punktion im Bereich des linken Unterbauches die Luftblase absaugen.

Charakteristische Komplikationen stellen Darmverletzungen ($1^0/_{00}$ nach THOMSEN 1954) und die Luftembolie dar. Ihre Frequenz ist abhängig von der Erfahrung und der richtigen Indikationsstellung. Über Todesfälle ist berichtet worden, sie sind aber besonders bei der Kuldoskopie außerordentlich selten (vgl. Zusammenstellung von FRANGENHEIM 1962).

g) Geschlechtsdiagnostik (Diagnose des Kerngeschlechtes)

Bei Bestehen einer primären Amenorrhoe kann die Geschlechtszugehörigkeit zweifelhaft sein. Ihre Diagnose ist durch Analyse des Kerngeschlechtes mit verhältnismäßig großer Sicherheit möglich (vgl. die Übersichten von BARR 1961, DAVIDSON u. SMITH 1961, HIENZ 1959

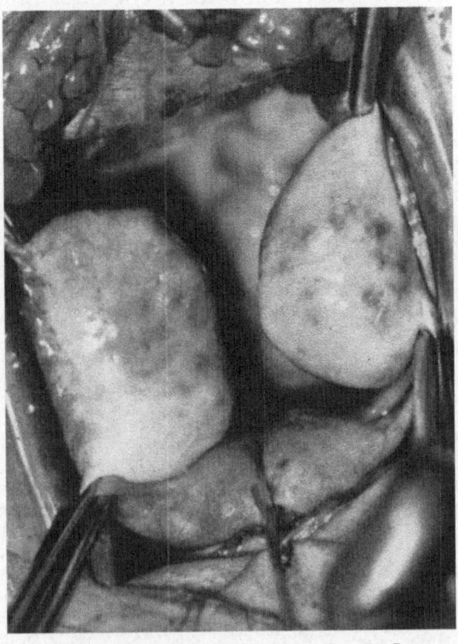

Abb. 49f. Operations-Situs der Pat. R. G.

sowie die Arbeiten von WIEDEMANN und seinem Arbeitskreis (MARLIS TOLKSDORF und H. ROMATOWSKI, 1955, 1956). Im Blutausstrich finden sich am Kern der neutrophilen Leukocyten gestielte, trommelschlegelähnliche Anhängsel, deren Kopf einen Durchmesser von 1,4—1,6 μ hat (s. Abb. 50a).

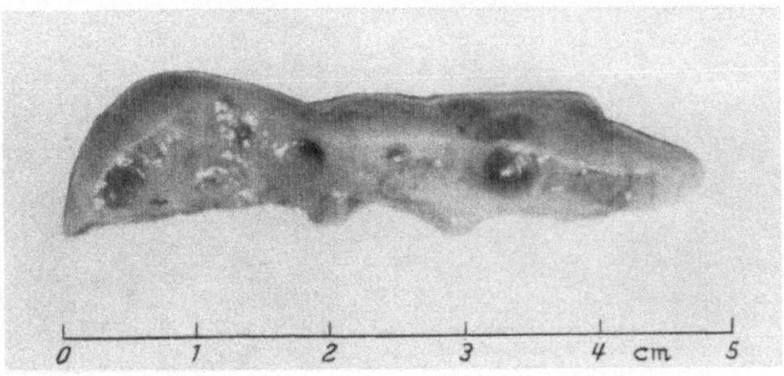

Abb. 49g. Keilexcision aus dem rechten Ovar. (Pat. R. G.)

Eindeutige „Trommelschlegelanhängsel" („drumstick") werden beim Mann (XY) nicht gefunden. Dagegen trifft man sie bei normalen Frauen in einer Häufigkeit von 1:36, d. h. bei etwa 2—3 % der neutrophilen Granulocyten (HIENZ 1959*) an. Dieses Verhältnis variiert aber individuell stark. Zur Diagnose „weiblich" wird sicherheitshalber der Nachweis von mindestens sechs Kernen mit drumsticks gefordert. Außer diesem charakteristischen Kernanhängsel gibt es ähnliche Gebilde, die die Form von Tennisschlägern (tennis racket), kleine Lappen (small lobes), aufsitzende Knoten (sessile nodules) usw. haben und keinen diagnostischen Wert besitzen. Die Unterscheidung erfordert Erfahrung.

Die Kerngeschlechtsdiagnostik läßt sich auch an den Epithelkernen durchführen. Am besten eignen sich Abstriche der Mundschleimhaut. In den bläschenförmigen Kernen findet sich bei weiblichen Individuen ein „Geschlechtschromatin", das der Kernmembran mehr oder minder flach anliegt (s. Abb. 50b). Diese sog. Barrschen Kernkörperchen treten beim Manne sehr selten auf, lassen sich dagegen bei der Frau in 30—50% der Zellen nachweisen.

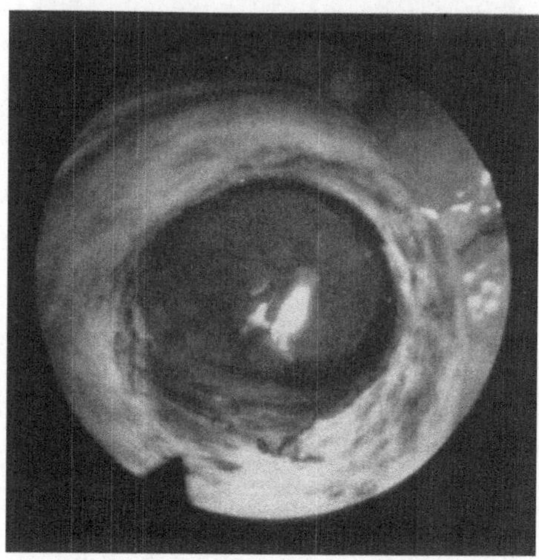

Abb. 49h. Douglasskopischer Befund eines sprungreifen Follikels. (Pat. H. G.)

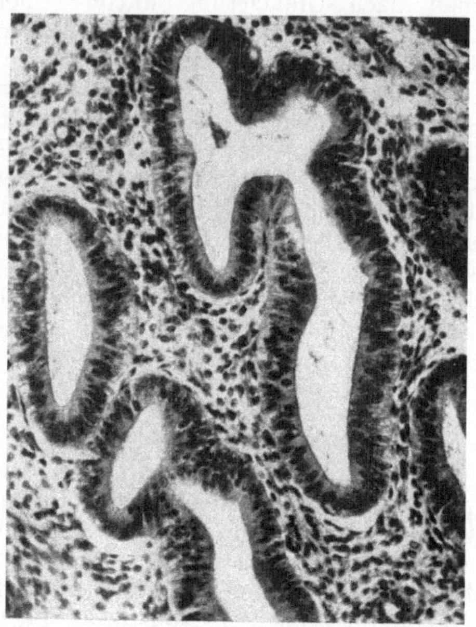

Abb. 49i. Gleichzeitiger Endometrium-Befund (Vergr. 200×). Eben beginnende Sekretion. Oestriol: ∅ 9,4 µg/die, Pregnandiol: 1,6 mg/die. (Pat. H. G.)

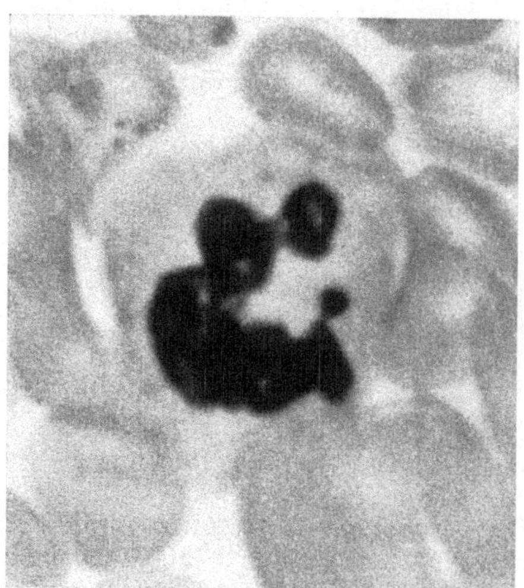

Abb. 50a. Segmentkerniger, neutrophiler Leukocyt mit Trommelschlegel-Anhängsel

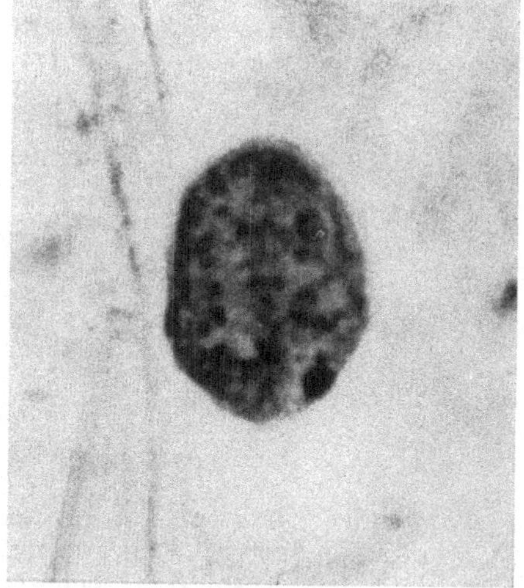

Abb. 50b. Barrsches Körperchen an der Wand eines Zellkerns (Mundabstrich)

Die Geschlechtsdiagnostik kann durch Analyse der Chromosomen vervollständigt werden, die aber wegen des sehr viel größeren Arbeitsaufwandes auf besondere Beobachtungen beschränkt werden muß (Übersicht mit neuerer Literatur s. KOSENOW u. PFEIFFER 1962).

h) Körpergewicht

Die Berechnung des Über- oder Untergewichtes wurde bezogen auf das „Durchschnittsgewicht Erwachsener" (nach Society of Actuaries: Build and Blood Pressure Study 1, 16 (1959), entlehnt aus Documenta Geigy, Wissenschaftliche Tabellen, 1960, S. 588) (vgl. Tabelle 13).

Tabelle 13. *Durchschnittsgewicht erwachsener Frauen*
(nach Society of Actuaries: Build and Blood Pressure Study 1, 16 (1959), im Auszug entlehnt aus: Documenta Geigy, Wissenschaftliche Tabellen 1960, S. 588)

Größe (in Schuhen) cm	Durchschnittsgewicht in kg (in Hauskleidern) Jahre:					
	15—16	17—19	20—24	25—29	30—39	40—49
148	44,4	45,3	46,6	48,9	52,4	55,6
149	44,9	45,8	47,2	49,4	52,8	55,9
150	45,4	46,3	47,7	50,0	53,1	56,3
151	46,0	46,9	48,2	50,5	53,7	56,9
152	46,5	47,4	48,8	51,0	54,2	57,4
153	47,1	48,1	49,4	51,6	54,8	57,9
154	47,9	48,8	50,1	52,1	55,3	58,5
155	48,6	49,5	50,8	52,6	55,8	59,0
156	49,3	50,2	51,3	53,2	56,3	59,5
157	50,0	50,9	51,9	53,7	56,9	60,0
158	50,6	51,5	52,4	54,3	57,4	60,6
159	51,1	52,1	53,0	54,8	58,0	61,1
160	51,7	52,6	53,5	55,3	58,5	61,7
161	52,2	53,3	54,0	55,9	59,0	62,4
162	52,8	54,0	54,6	56,5	59,6	63,1
163	53,4	54,8	55,2	57,0	60,1	63,8
164	54,1	55,5	55,9	57,7	60,7	64,3
165	54,8	56,2	56,6	58,5	61,2	64,8
166	55,5	56,7	57,3	59,2	61,9	65,5
167	56,2	57,3	58,1	59,9	62,6	66,2
168	56,9	57,8	58,7	60,5	63,2	66,9
169	57,4	58,3	59,2	61,1	63,8	67,6
170	58,0	58,9	59,8	61,6	64,3	68,4
171	58,6	59,6	60,5	62,3	65,0	69,1
172	59,4	60,3	61,2	63,0	65,7	69,8
173	60,1	61,0	61,9	63,7	66,4	70,5
174	60,8	61,7	62,6	64,4	67,1	71,2
175	61,5	62,4	63,3	65,1	67,9	71,9
176	62,2	63,1	64,0	65,8	68,6	72,8
177	62,9	63,8	64,7	66,6	69,3	73,7
178	63,6	64,6	65,5	67,3	70,0	74,6
179	—	65,5	66,4	68,2	70,9	75,5
180	—	66,4	67,3	69,1	71,8	76,4
181	—	67,3	68,2	70,0	72,7	77,2
182	—	68,2	69,1	70,9	73,6	78,1
183	—	69,1	70,0	71,8	74,5	79,0
184	—	70,0	70,9	72,7	75,4	79,9
185	—	70,9	71,8	73,6	76,3	80,8

i) Anthropometrische Untersuchungen *

Somatometrische Untersuchungen wurden bei 64 Patientinnen mit hypothalamischer Fehlfunktion (Gruppe H_1, vgl. S. 310f.), bei 11 Patientinnen mit gestagener Ovarial-Insuffizienz (Gruppe H_2, vgl. S. 322), bei 11 Patientinnen mit

* Ich danke Herrn Prof. Dr. Dr. SCHAEUBLE und Herrn Doz. Dr. Dr. JÜRGENS, Anthropologisches Institut, sowie Herrn Prof. Dr. LEHMANN, Institut für Humangenetik an der Universität Kiel, für ihre Anregungen und Unterweisungen.

polycystischen Ovarien (Gruppe H_3, vgl. S. 347) und bei 5 Patientinnen mit Gonadendysgenesie durchgeführt (Gruppe H_4, vgl. S. 198). Zum Vergleich wurden 140 Frauen in der gleichen Altersperiode (20—36 Jahre) mit regelrechter Ovarialfunktion herangezogen (Normalgruppe N). Bei allen Personen wurden gemäß den Meßvorschriften von MARTIN (MARTIN u. SALLER 1957) folgende Körpermaße in aufrechter Körperhaltung mit den in Klammern angegebenen Instrumenten ermittelt:

A. Längenmaße (Anthropometer nach MARTIN).

1. Körperhöhe = vertikale Entfernung des Scheitels (vertex) vom Boden.

2. Sternalhöhe = vertikale Entfernung des oberen Brustbeinrandes (suprasternale) vom Boden.

3. Symphysenhöhe = vertikale Entfernung des oberen Schambeinrandes (symphysion) vom Boden.

4. Spinalhöhe (Beinlänge) = vertikale Entfernung des vorderen, oberen Darmbeinstachels (iliospinale anterior sup.) vom Boden.

5. Die vordere Rumpflänge wurde durch Subtraktion der Symphysenhöhe von der Sternalhöhe errechnet.

B. Breitenmaße (Beckenzirkel mit mm-Einteilung).

1. Schulterbreite = biacromiale = geradlinige Entfernung der beiden Akromien (Meßpunkt: acromiale).

2. Beckenbreite = größte geradlinige Entfernung zwischen den beiden Darmbeinkämmen (Meßpunkt: iliocristalia).

C. Kopfmaße.

1. Morphologische Gesichtshöhe = geradlinige Entfernung des Nasion vom Gnation.

2. Jochbogenbreite (Tasterzirkel) = geradlinige Entfernung der am meisten seitlich vorstehenden Punkte der beiden Jochbögen voneinander.

D. Körpergewicht (Hebelwaage).

Aus den unter A—D aufgeführten absoluten Maßen wurden die folgenden relativen Maße bzw. Indices errechnet:

1. Relative Schulterbreite (Körperlängen-Breiten-Index)

$$I_1 = \frac{\text{Schulterbreite} \times 100}{\text{Körperhöhe}}.$$

2. Relative vordere Rumpflänge (Rumpf-Längen-Index)

$$I_2 = \frac{\text{vordere Rumpflänge} \times 100}{\text{Körperhöhe}}.$$

3. Relative Beinlänge (Bein-Längen-Index)

$$I_3 = \frac{\text{Beinlänge} \times 100}{\text{Körperhöhe}}.$$

4. Rumpf-Beinlängen-Index

$$I_4 = \frac{\text{vordere Rumpflänge} \times 100}{\text{Beinlänge}}.$$

5. Acromio-cristal-Index

$$I_5 = \frac{\text{Beckenbreite} \times 100}{\text{Schulterbreite}}.$$

6. Index der Körperstatur nach PFLEIDERER*.

$$I_6 = \sqrt{\frac{L^3}{P}} \qquad (L = \text{Körperhöhe}; \quad P = \text{Körpergewicht}).$$

7. Morphologischer Gesichts-Index.

$$I_7 = \frac{\text{morphologische Gesichtshöhe} \times 100}{\text{Jochbogenbreite}}.$$

Statistische Methodik. Die soziale Einstufung nach dem eigenen Beruf oder dem des Ehemannes wurde nach der modifizierten Fünfschichten-Skala von JÜRGENS (1958) vorgenommen. Die Häufigkeitspolygone nähern sich sowohl bei den Normalpersonen (N) als auch bei den Patientinnen der Gruppen H_1—H_4 der Normalverteilung. Um eine möglichst hohe und vergleichbare Homogenität der Körperhöhe zu erreichen, wurden die Kollektive sämtlicher Gruppen in *drei Größenklassen* folgender Spannwerte unterteilt:

Größenklasse   I: 149,0—158,0 cm
Größenklasse II: 158,1—165,0 cm
Größenklasse III: 165,1—174,0 cm

Für einen Vergleich absoluter und relativer Körpermaße ist eine gleiche *Altersverteilung* von Bedeutung. Sie ist, geordnet in den drei Größenklassen, für die Gruppen N und H_1 gegeben.

Für die *statistische Analyse* wurden folgende Werte bestimmt:

Mittelwert (arithmetisches Mittel): $\overline{X}$,
Standardabweichung des Mittelwertes: $\pm s\overline{x}$,
Standardabweichung (standard deviation): s,
Variationskoeffizient: $v\left(= \dfrac{s \cdot 100}{X}\right)$.

Die statistische Bewertung** erfolgte in üblicher Weise mit Hilfe des t-Testes. Da alle Einzelwerte der Kollektive bei einer zweiseitigen Sicherheit von 90% innerhalb des nach HENNING und WARTMANN (1958) konstruierten Streubandes liegen, kann eine Normalverteilung der Werte angenommen werden. Der Vergleich der Mittelwerte erfolgt mit einer Irrtumswahrscheinlichkeit von 5%***. m Falle der *homogenen Varianz* nach

$$t = \frac{\overline{X}_1 - \overline{X}_2}{s\sqrt{\dfrac{1}{n_1} + \dfrac{1}{n_2}}}, \qquad \mathrm{FG} = n_1 + n_2 - 2,$$

$$s^2 = \frac{(X - \overline{X}_1)^2 + (X - \overline{X}_2)^2}{n_1 + n_2 - 2} = \frac{(n_1 - 1)\, s_1^2 + (n_2 - 1)\, s_2^2}{n_1 + n_2 - 2},$$

und bei *heterogener Varianz* nach

$$t = \frac{\overline{X}_1 - \overline{X}_2}{\sqrt{\dfrac{s_1^2}{n_1} + \dfrac{s_2^2}{n_2}}}, \qquad \mathrm{FG} = \frac{1}{\dfrac{u^2}{n_1 - 1} + \dfrac{(1 - u)^2}{n_2 - 1}}, \qquad u = \frac{\dfrac{s_1^2}{n_1}}{\dfrac{s_1^2}{n_1} + \dfrac{s_2^2}{n_2}}.$$

In einigen Fällen sind Vierfelder-Tafeln mit dem χ^2-Test geprüft worden.

---

* Dieser Index wurde als Ausdruck der Körperfülle entwickelt. Ich danke Herrn Prof. PFLEIDERER, Institut für Bioklimatologie und Meeresheilkunde der Universität Kiel, für die uns gegebenen Anregungen.
** Nach Documenta Geigy, Wissenschaftliche Tabellen, 6. Auflage, Basel 1960.
*** Die jeweils ermittelte Irrtumswahrscheinlichkeit ist unter „p" in den Tabellen angegeben.

C. Übersicht der Signaturen

Tabelle 14

Medikation

PMS = Stutenserum-Gonadotropin

HMG = Menschliches Menopause-Gonadotropin

E/d = Einheiten/Tag FSH = Follikelstimulierungshormon aus menschlichen Hypophysen

HCG = Menschliches Chorion-Gonadotropin

Biologische Kontrollverfahren

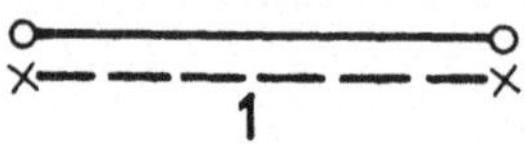

Basaltemperatur (B-T⁰ C)
Vaginalcytologischer Pyknose-Index (P-I%)
Endometrium-Biopsie (Strichabrasio)

A = Atrophisches Endometrium S = Endometrium in Sekretion

R = Ruhendes Endometrium (S) = beginnend, $\underline{S}$ = hoch

P = Proliferation SM = Sekretorisch umgewandeltes Endometrium in mensuellem Zerfall

(P) = schwach, $\underline{P}$ = hoch

gl.c.H. = Glandulär-cystische Hyperplasie (SM) = Unvollständige Transformation

= Menstruation = Laparotomie (Lap.)

= Oestrogenentzugsblutung = Douglasskopie

Hormonanalytische Kontrollverfahren

GTH = Gonadotropin-Ausscheidung berechnet in Mausuterusgewichts-Einheiten (MUE)
oder in HMG-Einheiten (HMG-E)

Stabdiagramme

Schwarz = Oestriol (Oe in $\mu g(\gamma)$/d) Weiß = Neutrale C_{17}-Ketosteroide (KS in mg/d)
Kariert = Pregnandiol (P in mg/d) Längsgestreift = 17-Hydroxycorticoide (HC in mg/d)

Behandlungserfolg

P-E = Primäreffekt D-E = Dauererfolg
(unter Gonadotropin-Medikation) + = VollständigeNormalisierung
+ = biphasische Reaktion [+/Grav. = mit Gravidität]
++ = übersteigerte Reaktion Teil = Teilregulierung
Oe = monophasische Reaktion [Teil/Grav. = mit Gravidität]
(nur Oestrogenbildung) Rez. = Rezidiv
(Oe) = schwache Oestrogenbildung 0 = kein Erfolg
0 = kein Effekt

D. Schrifttum

ANTOINE, T.: Die Bedeutung des Cervixfaktors für die Sterilität. Arch. Gynäk. **189**, 245 (1957). — ANTONOWITSCH, E.: Zölioskopie, insbesondere Douglasskopie. Arch. Gynäk. **178**, 64 (1950). — APOSTOLAKIS, M.: Experimentelle Grundlagen und klinische Bedeutung der Forschung auf dem Gebiet der menschlichen hypophysären Gonadotropine. Klin. Wschr. **39**, 453 (1961). — APOSTOLAKIS, M., G. BETTENDORF u.

K. D. Voigt: Klinisch-experimentelle Studien mit menschlichem hypophysärem Gonadotropin. Acta endocr. (Kbh.) **41**, 14 (1962). — Apostolakis, M., and K.-D. Voigt: Bioassay of various gonadotrophins. Acta endocr. (Kbh.) **28**, 54 (1958).

Barr, M. L.: Das Geschlechtschromatin. In: Die Intersexualität von Cl. Overzier, S. 50f. Stuttgart: Georg Thieme 1961. — Barton, M., and B. P. Wiesner: Thermogenetic effect of progesterone. Lancet **1945 II**, 663, 671. — Beller, F. K., u. H. Vogler: Die Bestimmung des Ovulationstermines bzw. der präovulatorischen Phase unter besonderer Berücksichtigung der physikalischen Eigenschaften des Zervixschleimes. Z. Geburtsh. Gynäk. **158**, 58 (1962). — Belonoschkin, B.: Biologie und Klinik der Spermatozoen. Experimentelle Untersuchungen am menschlichen Sperma außerhalb des Körpers und im weiblichen Organismus. Arch. Gynäk. **169**, 151 (1939); — Zeugung beim Menschen im Lichte der Spermatozoenlehre. Stockholm: Ljöberg 1949. — Bergman, P.: Sexual cycle, time of ovulation, and time of optimal fertility in women. Acta obstet. gynec. scand. **29**, Suppl. 4 (1950). — Bernoth, E.: Zur Zyklusanalyse aus dem Zervikalsekret. Z. Geburtsh. Gynäk. **147**, 76 (1956). — Bettendorf, G.: Hypophysäres Human-Gonadotropin, Isolierung und Überprüfung der klinischen Wirksamkeit. Habil.-Schr. Hamburg 1961. — Bettendorf, G., M. Apostolakis u. K. D. Voigt: Darstellung von Gonadotropin aus menschlichen Hypophysen. Acta endocr. (Kbh.) **41**, 1 (1962). — Bickenbach, W., G. K. Döring u. C. Hossfeld: Experimentelle Frühovulation durch Cervixreizung beim Menschen. Arch. Gynäk. **192**, 412 (1960). — Birnberg, Ch. H., R. Kurzrok and A. Laufer: Simple test for determining ovulation time. J. Amer. med. Ass. **166**, 1174 (1958). — Borth, R., E. Diczfalusy u. H. D. Heinrichs: Grundlagen der statistischen Auswertung biologischer Bestimmungen. Arch. Gynäk. **188**, 497 (1957). — Borth, R., A. Heltai et H. de Watteville: Action de la progestérone sur la réactions thermique cutanée de femmes en ménopause. Schweiz. med. Wschr. **81**, 991 (1951). — Brown, J. B.: A chemical method for the determination of oestriol, oestrone and oestradiol in human urine. Biochem. J. **60**, 185 (1955); — The validity of oestrogen assays applicable to clinical medicine. Acta endocr. (Kbh.) **34**, Suppl. 50, 215 (1960). — Brown, J. B., and H. A. F. Blair: The hydrolysis of conjugated oestrone, oestradiol-17β and oestriol in human urine. J. Endocr. **17**, 411 (1958). — Brown, J. B., R. D. Bulbrook and F. C. Greenwood: An additional purification step for a method for estimating oestriol, oestrone and oestradiol-17β in human urine. J. Endocr. **16**, 49 (1957). — Buxton, C. L., and E. T. Engle: Time of ovulation. A correlation between basal temperature, the appearance of the endometrium, and the appearance of the ovary. Amer. J. Obstet. Gynec. **60**, 539 (1950).

Chang, M. C., and G. Pincus: Physiology of fertilization in mammals. Physiol. Rev. **31**, 1 (1951). — Cohen, M. R.: Glucose reagent stick test compared with other criteria for detection of ovulation. Fertil. and Steril. **10**, 340 (1959).

Davidsohn, W. M., u. D. R. Smith: Das Kerngeschlecht der Leucocyten. In Die Intersexualität von Cl. Overzier, S. 74f. Stuttgart: Georg Thieme 1961. — Decker, A., and T. H. Cherry: Coldoscopy; a new method in diagnosis of pelvic disease-preliminary report. Amer. J. Surg. **64**, 40 (1944). — Diczfalusy, E., u. Ch. Lauritzen: Oestrogene beim Menschen. Berlin-Göttingen-Heidelberg: Springer 1961. — Döring, G. K.: Temperaturmessung als einfaches Hilfsmittel zur Zyklusanalyse. Geburtsh. u. Frauenheilk. **9**, 757 (1949); — Über die Bestimmung des Ovulationstermines mit Hilfe der rhythmischen Schwankungen von Atmung und Körpertemperatur. Klin. Wschr. **27**, 309 (1949); — Der Temperaturzyklus der Frau. Ärztl. Forsch. **6**, 13 (1952); — Über ungewöhnliche Basaltemperaturkurven. Geburtsh. u. Frauenheilk. **18**, 1124 (1958). — Doyle, J. B.: Cervical tampon-synchronous test for ovulation. J. Amer. med. Ass. **167**, 1464 (1958).

Elert, R.: Über den Mechanismus der thermogenetischen Wirkung des Progesterons. Geburtsh. u. Frauenheilk. **11**, 325 (1951).

Farris, E. J.: A test for determining the time of ovulation and conception in women. Amer. J. Obstet. Gynec. **52**, 14 (1946). — Fraenkel, L.: Normale und pathologische Sexualphysiologie des Weibes. In: Kurzgefaßtes Handbuch der gesamten Frauenheilkunde von W. Liepmann, Bd. III, S. 10. 1914. — Frangenheim, H.: Indikationen, Technik und Komplikationen der Laparoskopie und Kuldoskopie in der Gynäkologie. Geburtsh. u. Frauenheilk. **22**, 597 (1962).

Gaddum, J. H.: Simplified mathematics for bioassays. J. Pharm. Pharmacol. **6**, 345 (1953). — Giles, A. E.: Menstruation and its disorders. London: Baillière, Tindall & Co. 1901. — Goldzieher, J. W., A. E. Henkin and E. C. Hamblen: Characteristics of normal menstrual cycle. Amer. J. Obstet. Gynec. **54**, 668 (1947). — Green jr., T. H.: Value of culdoscopy in gynecologic diagnosis. New Engl. J. Med. **254**, 214 (1956). — Grünberger, V., u. H. Holkup: Neue Untersuchungen über cyklische Veränderungen des Cervixschleims. Arch. Gynäk. **182**, 213 (1952). — GUEGUEN, J.: Role des facteurs d'excitation mécanique dans le déterminisme de la fécondation chez la femme stérile. (Etude de 181 fécondations.) Presse méd. **66**, 2009 (1958).

HAMBURGER, C.: Normal urinary excretion of neutral 17-ketosteroids with special reference to age and sex variations. Acta endocr. (Kbh.) **1**, 19 (1948). — HAMMOND, J.: Fertilisation of rabbit ova in relation to time; method of controlling litter size, duration of pregnancy and weight of young at birth. J. exp. Biol. Med. **11**, 140 (1934). HEINRICHS, H. D., u. F. EULEFELD: Untersuchungen über die Extraktion von hypophysärem Gonadotropin aus Urin. Copenhagen: Periodica 1960. — HENNING, H.-J., u. R. WARTMANN: Auswertung spärlicher Versuchsdaten im Wahrscheinlichkeitsnetz. Ärztl. Forsch. **12**, 60 (1958). — HIENZ, H. A.: Die zellkernmorphologische Geschlechtserkennung in Theorie und Praxis. Heidelberg: Dr. Hüthig 1959. — HITSCHMANN, F., u. L. ADLER: Der Bau der Uterusschleimhaut des geschlechtsreifen Weibes mit besonderer Berücksichtigung der Menstruation. Mschr. Geburtsh. Gynäk. **27**, 1 (1908). — HUSSLEIN, H.: Zervixschleim und Sterilität. Zbl. Gynäk. **75**, 1574 (1953).

JOEL, C. A.: Zur Biologie der menschlichen Samenfäden. Schweiz. med. Wschr. **72**, 440 (1942). — JÜRGENS, H. W.: Die soziale Schichtung als Problem der sozialanthropologischen Methodik. Z. Morph. Anthrop. **49**, 115 (1958).

KALK, H., u. W. BRÜHL: Leitfaden der Laparoskopie und Gastroskopie. Stuttgart: Georg Thieme 1951. — KLEIN, J.: Progesteron und Basaltemperatur nach dem 3. Schwangerschaftsmonat. Geburtsh. u. Frauenheilk. **11**, 418 (1951). — KLINEFELTER jr., H. F., F. ALBRIGHT and G. C. GRISWOLD: Experience with a quantitative test for normals or decreased amounts of follicle stimulating hormone in the urine in endocrinological diagnosis. J. clin. Endocr. **3**, 529 (1943). — KLOPPER, A.: Some observations on the sulphuric acid colour reaction for the estimation of pregnanediol. J. Endocr. **13**, 291 (1956). — KLOPPER, A., E. A. MICHIE and J. B. BROWN: A method for the determination of urinary pregnanediol. J. Endocr. **12**, 209 (1955). — KNAUS, H.: Die Physiologie der Zeugung des Menschen. Wien: Maudrich 1950. — KOBER, S.: Eine kolorimetrische Bestimmung des Brunsthormons (Menformon). Biochem. Z. **239**, 209 (1931). — KOSENOW, W., u. R. A. PFEIFFER: Chromosomen-Aberrationen und ihre Bedeutung für die Klinik. Dtsch. med. Wschr. **87**, 1413 (1962). — KUBUSCH, H. H.: Untersuchungen über die Bestimmung der Ovulationszeit mit dem Indikatorpapier Test-Tape. Geburtsh. u. Frauenheilk. **22**, 260 (1962).

LAURITZEN, CH.: Zur Wirkung des Äthinyl-nor-Testosterons auf die Basaltemperatur in der Schwangerschaft. Geburtsh. u. Frauenheilk. **17**, 807 (1957); — Untersuchungen über den Einfluß von ACTH und Cortisonderivaten auf die basale Körpertemperatur der Frau. Zbl. Gynäk. **79**, 1829 (1957); — Methoden, Möglichkeiten und klinische Bedeutung von Gonadotropinbestimmungen. Med. Klin. **58**, 822, 863 (1963). LAX, H.: Histologischer Atlas gynaekologischer Erkrankungen. Stuttgart: Georg Thieme 1956. — LIPP, G.: Eine neue Methode zur quantitativen Bestimmung von Pregnandiol im Urin. Acta endocr. (Kbh.) **33**, 501 (1960). — LORAINE, J., and J. BROWN: A method for the quantitative determination of gonadotrophins in the urine of non-pregnant human subjects. J. Endocr. **18**, 77 (1959). — LORAINE, J. A.: Recent work on the quantitative determination of pituitary gonadotrophins in urine. Acta endocr. (Kbh.) Suppl. **31**, 75 (1957); — The clinical application of hormone assay, S. 164, 174, 222. Edinburgh and London: Livingstone 1958. — LORAINE, J. A., and J. G. BROWN: The assay of urinary gonadotrophins from men and from normally menstruating women in terms of human menopausal gonadotrophin (HMG). J. Endocr. **13**, I (1955).

MARTIN, R., u. K. SALLER: Lehrbuch der Anthropologie. Stuttgart: G. Fischer 1957. — MEYER, R.: Über die Beziehung der Eizelle und des befruchteten Eies zum Follikelapparat, sowie des Corpus luteum zur Menstruation. Arch. Gynäk. **100**, 1 (1913). — MOCQUOT, P., R. PALMER et J. DEVILLERS: La courbe thermique dans les aménorrhées secondaires. Bull. Soc. Obstét. Gynéc. Paris **28**, 461 (1939).

NAKAJIMA, T., H.-J. STAEMMLER u. G. LIPP: Untersuchungen über die Pregnandiol-Ausscheidung neugeborener Knaben. Klin. Wschr. **38**, 389 (1960). — NOCKE, W.: A study of the colorimetric estimation of oestradiol-17β, oestradiol-17α, oestrone, oestriol and 16-epioestriol by the Kober-reaction. Biochem. J. **78**, 593 (1961).

OBER, K. G.: Die Behandlung der unzulänglichen Keimdrüsenfunktion. In: Biologie und Pathologie des Weibes, Bd. II, S. 726f. von L. SEITZ u. A. J. AMREICH. Berlin-Innsbruck-München-Wien: Urban & Schwarzenberg 1952; — Aufwachtemperatur und Ovarialfunktion. Klin. Wschr. **30**, 357 (1952); — Ovar. In: Klinik der Inneren Sekretion, S. 488f. von A. LABHART, Berlin-Göttingen-Heidelberg: Springer 1957. — OGINO, K.: Ovulationstermin und Konzeptionstermin. Zbl. Gynäk. **54**, 464

(1930); — Über den Konzeptionstermin des Weibes und seine Anwendung in der Praxis. Zbl. Gynäk. **56**, 721 (1932).

PALMER, R.: La stérilité involontaire. Paris: Masson & Cie. 1950. — PALMER, R., et J. DEVILLERS: Courbe termique et cycle ovarien; utilisation pour diagnostic de la date de l'ovulation. Soc. franç. Gynéc. **9**, 60 (1939). — PALMER, R., et S. MARCILLE: Le mucus cervical normal et pathologique. Gynéc. et Obstét. **41**, 11 (1941). — PINCUS, G., J. ROCK and C. R. GARCIA: Effects of certain 19-Norsteroids upon reproductive processes. Ann. N.Y. Acad. Sci. **71**, 677 (1958). — PLOTZ, J.: Der Wert der Basaltemperatur für die Diagnose der Menstruationsstörungen. Arch. Gynäk. **177**, 521 (1950). — PORTER, C., and R. H. SILBER: A quantitative color reaction for cortisone and related 17,21-dihydroxy-20-ketosteroids. J. biol. Chem. **185**, 201 (1950). — PUCK, A.: Der Einfluß des Östriol auf das Sekret der Cervix uteri. Geburtsh. u. Frauenheilk. **18**, 998 (1958). — PUNDEL, J. P.: Les frottis vaginaux endocriniens. Liège: Desoer 1952.

RAFTOPOULO, R., HJ. STAUDINGER u. L. WEISSBECKER: Methoden zur Corticoidbestimmung im menschlichen Harn. Überblick und vergleichende Untersuchungen. Clin. chim. Acta **4**, 463 (1959). — RAUSCHER, H.: Vergleichende Untersuchungen über das Verhalten des Vaginalabstrichs, der Zervixfunktion und der Basaltemperatur in zweiphasischen Zyklen. Geburtsh. u. Frauenheilk. **14**, 327 (1954); — Die Ermittlung der präovulatorischen Phase durch die Simultanuntersuchung von Vaginalabstrich (Smear) und Zervix. (Mit besonderer Berücksichtigung ihrer Bedeutung für die Untersuchung und Behandlung bei unfreiwilliger Kinderlosigkeit.) Geburtsh. u. Frauenheilk. **16**, 891 (1956); — Bild und Bedeutung der im Vaginalabstrich erfaßbaren präovulatorischen Phase des Cyclus. Arch. Gynäk. **195**, 49 (1961). — RAUSCHER, H., u. R. ULM: Der histologische Befund als Beweisgrundlage für Schlußfolgerungen auf das Verhalten am inneren Genitale um die Zeit der Befruchtung. Arch. Gynäk. **198**, 240 (1963). — REDDY, W.: Modification of the Reddy-Jenkins-Thorn method for the estimation of 17-hydroxycorticoids in urine. Metabolism **3**, 489 (1954). — REDDY, W., D. JENKINS and G. THORN: Estimation of 17-hydroxycorticoids in urine. Metabolism **1**, 511 (1952). — ROMATOWSKI, H., M. TOLKSDORF u. H.-R. WIEDEMANN: Geschlechtsbestimmung aus dem Blutausstrich. Klin. Wschr. **33**, 911 (1955). — ROMEIS, B.: Mikroskopische Technik. München: Leibniz 1948. — RUBENSTEIN, B. B.: The relation of cyclic changes in human vaginal smears to body temperatures and basal metabolic rates. Amer. J. Physiol. **119**, 635 (1937). — RUBENSTEIN, B. B., H. STRAUSS, M. L. LAZARUS and H. HANKIN: Sperm survival in women; motile sperm in fundus and tubes of surgical cases. Fertil. and Steril. **2**, 15 (1951).

SACHS, L.: Papierchromatographie der 17-Ketosteroide mit quantitativer Auswertung. Acta endocr. (Kbh.) **38**, 534 (1960); — Haupttendenzen und Regulationsprinzipien der Steroidhormon-Biogenese. Arzneimittel-Forsch. **12**, 244 (1962). — SCHAFROTH, H. J.: Über den Vitamin C-Test zur Bestimmung der Ovulation. Arch. Gynäk. **188**, 142 (1956). — SCHMIDT-MATTHIESEN, H.: Das normale menschliche Endometrium. Stuttgart: Georg Thieme 1963. — SCHMITT, A.: Eine Gradeinteilung für die funktionelle Zytodiagnostik in der Gynäkologie. Geburtsh. u. Frauenheilk. **13**, 593 (1953). — SCHNEIDER, H.: Pregnandiol-Analysen in der 1. Hälfte des mensuellen Zyklus. Diss. Kiel 1961. — SCHOPMAN, W., L. G. HUIS IN'T VELD, J. VAN DER VRIES and D. A. V. M. LAMPE-HINTZEN: Some experiences with a modification of the method of REDDY, JENKINS and THORN for the quantitative determination of 17,21-dihydroxy-20-ketosteroids in urine. Acta endocr. (Kbh.) **28**, 153 (1958). — SCHRÖDER, R.: Über die zeitlichen Beziehungen der Ovulation und Menstruation. Arch. Gynäk. **101**, 1 (1914); — Der mensuelle Genitalzyklus des Weibes und seine Störungen. In: Handbuch der Gynäkologie von J. VEIT u. W. STOECKEL, Bd. I/2. München: J. F. Bergmann 1928. — SHETTLES, L. B.: Der Zervikalzyklus beim Menschen. Geburtsh. u. Frauenheilk. **12**, 1 (1952); — Die Befruchtung beim Menschen. Arch. Gynäk. **198**, 240 (1963). — SMOLKA, H., u. H.-J. SOOST: Grundriß und Atlas der gynäkologischen Zytodiagnostik, Stuttgart: Georg Thieme 1956. — SÓS, A.: Biologie des zervikalen Schleimes. (Bestimmung des Zeitpunktes der Follikel-Reife mittels Untersuchungen am zervikalen Schleim). Gynaecologia (Basel) **140**, 287 (1955). — STAEMMLER, H.-J.: Sekundäre Amenorrhoe. Dtsch. med. Wschr. **85**, 2062 (1960); — Über die hypothalamische Ovarial-Insuffizienz. Arch. Gynäk. **195**, 468 (1961). — STAEMMLER, H.-J., u. L. SACHS: Papierchromatographische Fraktionierung der C_{17}-Ketosteroide bei Ovarial-Insuffizienz und verschiedenen Formen der Maskulinisierung. Arch. Gynäk. **197**, 612 (1963). — STAIB, W.: Steroidbestimmungen in Körperflüssigkeiten. Dtsch. med. Wschr. **87**, 498, 548 (1962). — STEELMAN, S. L., and F. M. POHLEY: Assay of the follicle stimulating hormone bazed on the augmentation with human chorionic gonadotropin. Endocrinology **53**, 604 (1953).

8*

TALBOT, N. B., R. A. BERMAN, E. A. MACLACHLAN and J. K. WOLFE: The colorimetric determination of neutral steroids (hormones) in a 24-hour sample of human urine (pregnanediol; total, alpha and beta alcoholic, and non-alcoholic 17-ketosteroids). J. clin. Endocr. 1, 668 (1941). — THOMSEN, K.: Erfahrungen und Fortschritte bei der Douglasskopie. Geburtsh. u. Frauenheilk. 11, 587 (1951); — Die Stellung der Endoskopie in der Gynäkologie. Geburtsh. u. Frauenheilk. 14, 925 (1954). — TIEZTE, K.: Zyklusprobleme und Morgentemperatur. Arch. Gynäk. 176, 228 (1948); — Der weibliche Zyklus und seine Störungen. In: Biologie und Pathologie des Weibes von L. SEITZ u. A. J. AMREICH, Bd. II, Teil 2, S. 491 f. Berlin-Innsbruck-München-Wien: Urban & Schwarzenberg 1952. — TOLKSDORF, M., H. ROMATOWSKI, M. SAILE u. H.-R. WIEDEMANN: Über Geschlechtsbestimmung aus dem Blutbilde und deren Anwendung beim Hermaphroditismus. Ärztl. Wschr. 10, 1029 (1955). — TOMPKINS, P.: The use of basal temperature graphs in determining the date of ovulation. J. Amer. med. Ass. 124, 698 (1944); — Basal body temperature graphs as an index to ovulation. J. Obstet. Gynaec. Brit. Emp. 52, 241 (1945).

VELDE, TH. H. VAN DE: Über den Zusammenhang zwischen Ovarialfunktion, Wellenbewegung und Menstruationsblutung und über die Entstehung des sog. Mittelschmerzes. Haarlem: Bohn 1904. — VIERGIVER, E., and W. T. POMMERENKE: Measurement of cyclic variations in quantity of cervical mucus and its correlation with basal temperature. Amer. J. Obstet. Gynec. 48, 321 (1944). — VOLLMANN, R.: Variationsstatistische Analysen der Phasen des Genitalzyklus der Frau durch Auswertung des Intermenstrualschmerzes als Indikation für den Ovulationstermin. Mschr. Geburtsh. Gynäk. 110, 117, 193 (1940). — VOLLMANN-SIEHR, U.: Untersuchungen über die Körpertemperatur der Frau in Korrelation zu den Phasen ihres Genitalzyklus. (Inaug.-Diss.) Mschr. Geburtsh. Gynäk. 111, 41, 121 (1940).

WAHLÉN, T.: Studies of metropathia haemorrhagica cystica. Acta obstet. gynec. scand. 29, Suppl. 6 (1950). — WARTHON, L. R., R. LAWRENCE and E. HENDRIKSEN: Studies in ovulation, the operative observations in periodic intermenstrual pain. J. Amer. med. Ass. 107, 1425 (1936). — WIDE, L., and C. GEMZELL: Immunological determination of pituitary luteinizing hormone in the urine of fertile and post-menopausal women and adult men. Acta endocr. (Kbh.) 39, 539 (1962). — WIEDEMANN, H.-R., H. ROMATOWSKI u. M. TOLKSDORF: Geschlechtsbestimmung aus dem Blutbilde. Münch. med. Wschr. 98, 1090, 1108 (1956).

ZIMMERMANN, W.: Eine Farbreaktion der Sexualhormone und ihre Anwendung zur quantitativen colorimetrischen Bestimmung. Z. Hoppe-Seylers physiol. Chem. 233, 257 (1935); — Chemische Bestimmungsmethoden von Steroidhormonen in Körperflüssigkeiten, S. 53, 63, 72, 89. Berlin-Göttingen-Heidelberg: Springer 1955. — ZUCK, T.: The relation of the basal body temperature to fertility and sterility in women. Amer. J. Obstet. Gynec. 36, 988 (1938).

III. Grundlagen und Untersuchungen zur Wirkung und Dosierung exogener Gonadotropine beim Menschen

A. Einleitung

Gonadotrope Hormone sind erstmalig um das Jahr 1930 klinisch eingesetzt worden. Anregung dazu gaben die tierexperimentellen Untersuchungen von B. ZONDEK und ASCHHEIM (Übersicht bei B. ZONDEK 1931) über die gonadotropen Prinzipe der Adenohypophyse. Mit der Möglichkeit, diese Stoffe qualitativ und quantitativ an der infantilen Maus zu testen, waren auch gewisse Voraussetzungen für die Gewinnung der Gonadotropine geschaffen, zumal jetzt bekannt wurde, daß sie in großer Menge im Harn frühgravider Frauen auftreten. Die ersten therapeutischen Versuche wurden mit Harnextrakten und Schwangerenbluttransfusionen durchgeführt.

Als Indikation stand zunächst die juvenile Dauerblutung im Vordergrund des Interesses. Ihre Genese war durch die Arbeiten von ROBERT SCHRÖDER und seinen Schülern (Übersicht bei R. SCHRÖDER 1924, 1928) geklärt worden. Mit der Verabfolgung von choriogenen Gonadotropinen erhoffte man sich die Möglichkeit, den persistierenden Follikel zur Ovulation zu bringen oder doch wenigstens seine Luteinisierung zu erreichen. Aus klinischen Erwägungen erschien die Transfusion von Schwangerenblut besonders geeignet, da damit zugleich auch die bestehende Anämie behoben werden konnte. Die Erfahrungen waren, zumindest was die Blutstillung betraf, im allgemeinen günstig (HEYNEMANN 1933, SIEBKE 1933, CLAUBERG 1933, v. MIKULICZ-RADECKI 1934, RUNGE 1934, DIETEL 1934, G. A. WAGNER 1935, C. KAUFMANN 1935, BÜTTNER 1937* u. a.). Zur gleichen Zeit wurde über die ersten Ergebnisse mit Harnextrakten berichtet, die man im allgemeinen intramuskulär, vereinzelt aber auch intravenös verabreichte (NOVAK u. HURD 1931, GOECKE 1935, BÜTTNER 1937*, VÖGE 1943 u. a.). Die Resultate waren uneinheitlich. HAMBLEN (1935) hat wohl als einer der ersten durch Laparotomie sichergestellt, daß bei Follikelpersistenz mittels HCG eine Gelbkörperbildung veranlaßt werden kann.

In dieser Periode wurde die Wirkung der extrahypophysären Gonadotropine auch experimentell studiert. WESTMAN (1934) führte bei zwei Frauen in der Postmenopause Transfusionen von 225 bzw. 400 ml Schwangerenblut (Gravidität mens. IX und X) durch und sah bei der nachfolgenden Laparotomie eine Lutein- und eine Follikelcyste. ANSELMINO u. HOFFMANN (1935) verabfolgten zu verschiedenen Zeiten des Cyclus HCG in einer Dosis von 2500—20000 RE innerhalb von 4—5 Tagen, ohne aber damit eine abweichende Luteinisierung des Granulosaepithels zu erreichen. Dagegen beobachteten HAMBLEN u. ROSS (1936) nach Gaben von HCG (bis zu 8200 RE) bei geschlechtsreifen Frauen eine Reaktivierung älterer Luteinzellen, ein Befund, der danach von verschiedener Seite bestätigt wurde (BÜTTNER 1937* u. a.).

Diese Versuche hat man später durch Applikation von PMS ergänzt. Nach intramuskulärer Verabfolgung von 9000—10000 E innerhalb von 6—7 Tagen wurden zumeist nur große cystische Follikel in den Ovarien festgestellt (WESTMAN 1937, 1940, WATSON et al. 1938). Mit intravenöser Applikation ließ sich auch gelegentlich die Ovulation auslösen (Davis u. Koff 1938). Am günstigsten erschien die *kombinierte Verabfolgung* von PMS und HCG, nach der Westman (1940) bis zu acht Gelbkörper in den Ovarien vorfand.

Nach Verbesserung der Präparation von PMS und HCG wurden diese Gonadotropine in zunehmendem Maße auch zur Behandlung der Ovarial-Insuffizienz herangezogen. Die anfänglich enttäuschenden Ergebnisse führten die Autoren auf die zu niedrigere Dosierung zurück (Büttner 1937*, Bansi u. Freytag 1938, Hamblen 1939). Mit Erhöhung der Gesamtdosen auf 10000 E und mehr sowie durch *gleichzeitige Verabreichung* konnten erstmalig biphasische Cyclen und Dauererfolge erzielt werden (Zondek 1936, Rydberg 1937, 1938, Rydberg u. Østergaard 1939, Rydberg u. Pedersen-Bjergaard 1943, Westman 1940, 1941, Hamblen 1940 u. a.). Nach 1945 erschienen dann die ersten repräsentativen Übersichten der Behandlungserfolge mit Dosierungsangaben und Mitteilung der Nebenwirkungen (Riisfeld 1949, Wahlén 1950, Rydberg 1954 u. a.), auf die später (s. S. 141 f.) eingegangen werden soll.

B. Klinisch-experimentelle Ergebnisse

Die regelwidrige Ovarialfunktion während der Geschlechtsreife sowie die Sterilität stellen die wesentlichen *Indikationsgebiete* der Gonadotropin-Verabfolgung dar. Es leitet sich aus ihnen die *Fragestellung* ab, ob und unter welchen

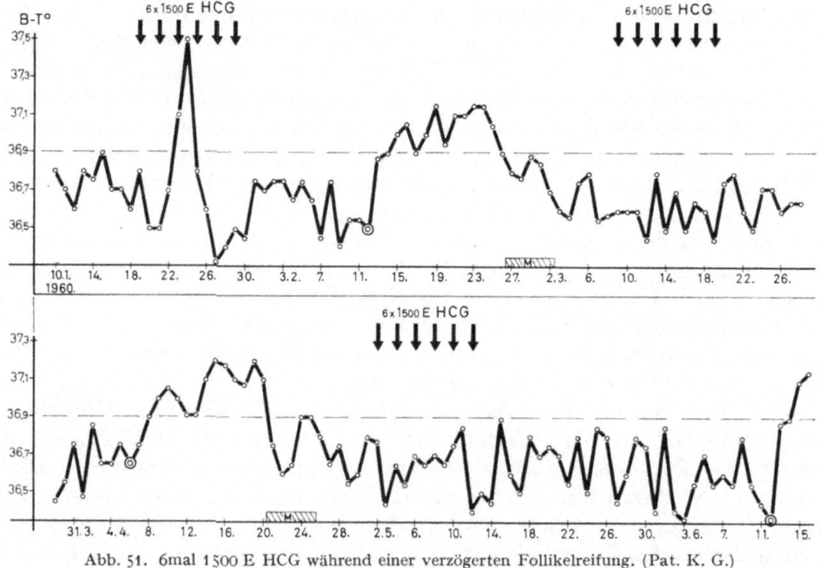

Abb. 51. 6mal 1500 E HCG während einer verzögerten Follikelreifung. (Pat. K. G.)

Voraussetzungen mit Gonadotropinen auch beim Menschen die Ovulation ausgelöst werden kann und ob es möglich ist, die Gelbkörperphase durch sie zu stabilisieren.

1. Einfluß auf Follikelreifung und Ovulation
a) Extrahypophysäre Gonadotropine

Die meisten Untersuchungen bezogen sich auf Frauen mit langjähriger Sterilität bei anovulatorischem Sexualcyclus. Die kombinierte Verabfolgung von PMS und HCG wurde bevorzugt. Hamblen u. Davis (1945) verabfolgten innerhalb von 10 Tagen vor dem Ovulationstermin täglich 500 E PMS und 10 Tage

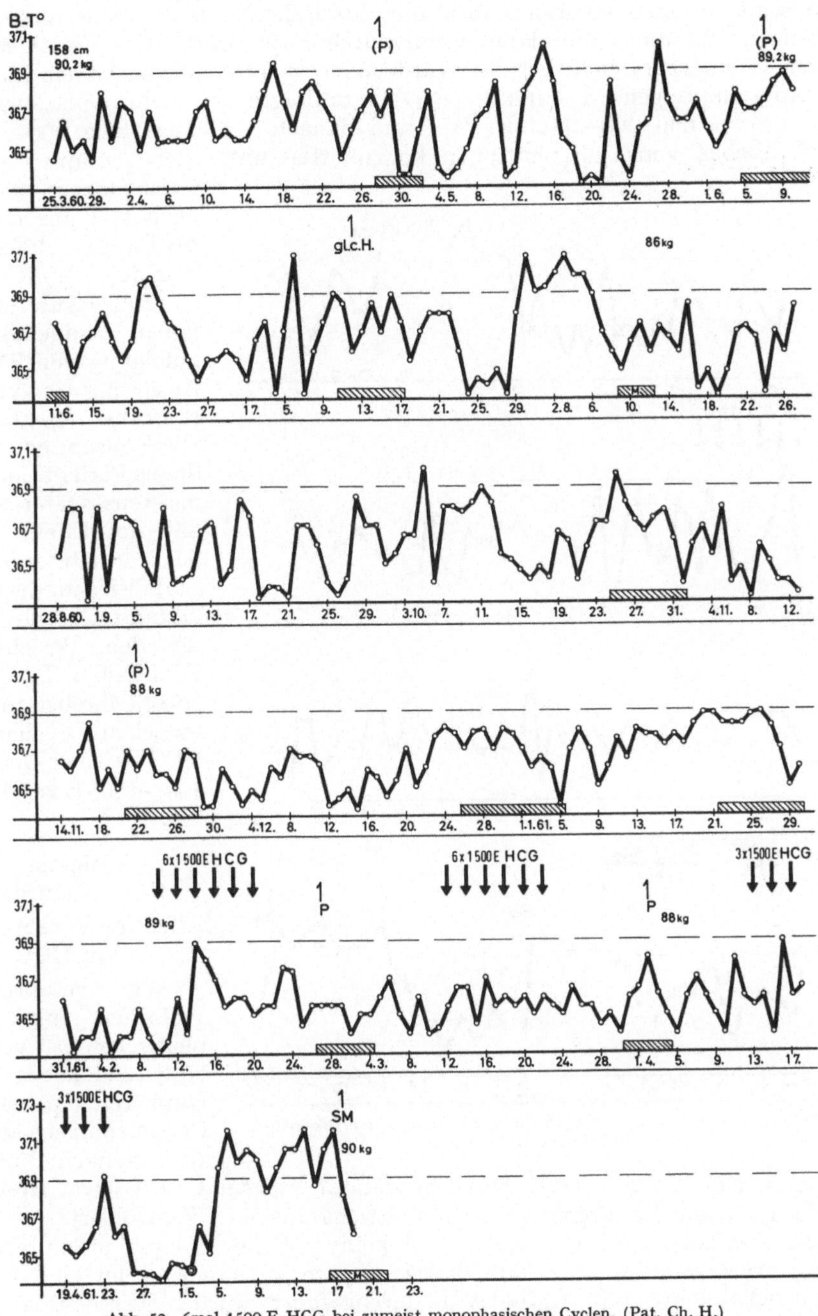

Abb. 52. 6mal 1500 E HCG bei zumeist monophasischen Cyclen. (Pat. Ch. H.)

danach je 500 E HCG. In sieben Fällen wurde damit eine Ovulation erreicht, vier Frauen konzipierten. Über ähnliche Erfahrungen berichtete REIST (1961), der unter der Gonadotropin-Verabfolgung ebenfalls Konzeptionen registrieren konnte. Günstige Erfahrungen in der Sterilitätstherapie mit PMS-HCG gaben RYDBERG u. MADSEN (1949) sowie DORANGEON (1961) bekannt. Unbedingt beweisend für eine Ovulations-Auslösung durch die Medikation sind diese Untersuchungen allerdings nur dann, wenn durch Laparotomie das Vorliegen eines echten Gelbkörpers sichergestellt wurde oder wenn die Patientinnen unter der Therapie empfingen. TSCHERNE (1957) verabfolgte vor dem Ovulationstermin drei- bis fünfmal 200—1500 E PMS und danach 3—5 Tage lang 200—1000 E HCG. Sieben von 15 Patientinnen konzipierten unter der Therapie! Gleiche Erfahrungen wurden auch von uns und von DI PAOLA (1961) gemacht.

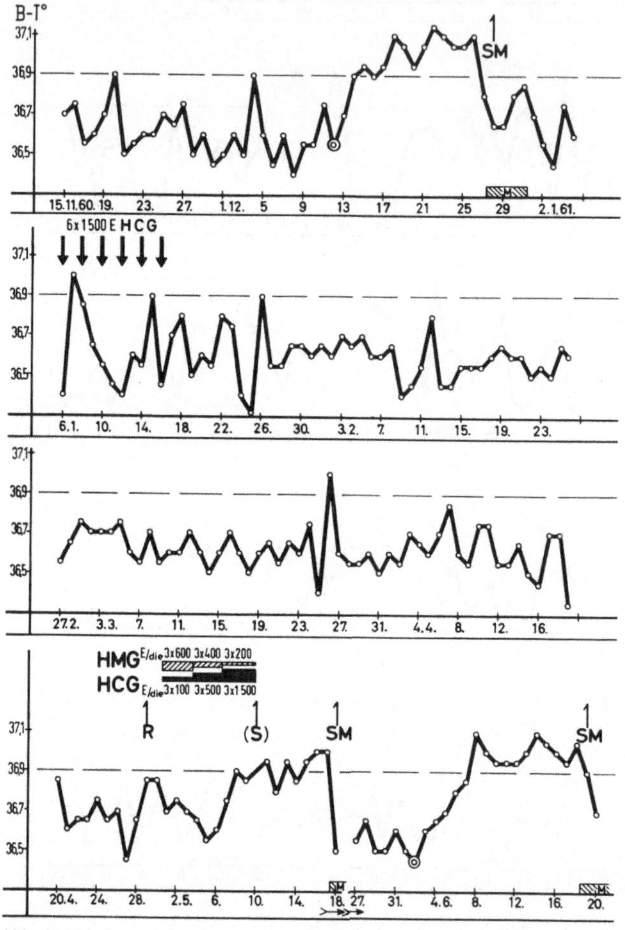

Einige Autoren empfahlen die alleinige Verabfolgung von PMS zur Auslösung der Ovulation (LAMBERT 1949 u. a.). Die Konzeption trat bei diesen Patientinnen aber meistens später auf, so daß der Effekt nur in der Normalisierung und Stabilisierung des Cyclus bestand. Das gleiche gilt für den Bericht von FÖLLMER u. BERNHARD (1954), die bei anovulatorischen Cyclen nur HCG in einer Dosis von 300—1000 E verabreichten.

Eigene Untersuchungen
Alleinige Verabfolgung von HCG

Wir verabreichten 15 Frauen mit monophasischen Cyclusabläufen oder hochgradiger (zum Teil biphasischer) Oligomenorrhoe ab 9. bis 14. Tag nach Blutungsbeginn jeden 2. Tag 1500 E HCG, insgesamt sechsmal. Die Ovarialreaktion wurde durch die Basaltemperatur und Strichabrasionen kontrolliert.

Abb. 53. 6mal 1500 E HCG in der Periode einer stark verzögerten Follikelreifung. (Pat. J. J.)

Die Medikation führte praktisch in keinem Falle zu einer prompten Auslösung der Ovulation! Sie kam dagegen später zustande, wenn eine Kombinationsbehandlung mit HMG-HCG durchgeführt wurde. Diese Reaktionen sollen durch drei Einzeldarstellungen veranschaulicht werden.

1. Frau K. G., 25jährige Patientin (164 cm/65 kg). Primäre Oligomenorrhoe mit verzögerter Follikelreifung (Follikelphase: 39 und 52 Tage lang), Corpus luteum-Phase dagegen regelmäßig 15tägig. Mittelschmerz jeweils 13—14 Tage vor Menstruationsbeginn. Sechsmal 1500 E HCG haben auf die stark verzögerte Follikelreifungsphase keinen Einfluß (s. Abb. 51).

2. Frau Ch. H., 26 Jahre alt (158 cm/90 kg). Adipositas (familiär), cystische Ovarien, leichter Hirsutismus. Primär unregelmäßiger Cyclus (meist Oligomenorrhoe), intermittierend biphasische Ovarialfunktion (zwei Partus). Keine Reaktion auf HCG-Verabfolgung (vgl. Basaltemperatur und Endometrium-Biopsien) (s. Abb. 52). 1962 erfolgt der dritte Partus.

3. Frau J. J., 25 Jahre alt, primär labiler, unregelmäßiger Cyclus. Seit 7 Jahren hochgradige Oligomenorrhoe (3—4 Monate/3—4 Tage). Zwei Partus 1956 und 1958. Zunehmende, massive Fettsucht (166 cm/110 kg). Auf HCG-Medikation nach biphasischem Cyclus (!) keine Ovarialreaktion! Danach 5monatige Amenorrhoe. Anschließend HMG-HCG-Kur mit eindeutig biphasischem Ansprechen des Ovarial-Endocrinium (s. Abb. 53). Die beiden folgenden Cyclen verlaufen spontan biphasisch!

Besprechung der Ergebnisse

Durch HCG in der gewählten Dosierung von 9000 E innerhalb von 11 Tagen wird eine verzögerte Follikelreifung nicht beschleunigt. Wenn danach eine Ovulation eintritt, so ereignet sich diese offenbar unabhängig von der vorhergehenden Medikation. Es kann daraus gefolgert werden, daß der Einsatz von HCG nur sinnvoll ist nach voller Ausreifung des Follikels bzw. nach bereits erfolgter Ovulation, d. h. zur Unterstützung der Gelbkörperphase. Ich werde diesen Effekt noch besprechen. Eine cystische Reaktion der Ovarien haben wir bei diesen 15 Patientinnen nicht beobachtet. Sie kommt gelegentlich zustande, wenn die HCG-Zufuhr mit einer spontanen Gelbkörperphase zeitlich zusammenfällt, und ist dann als Ausdruck einer „Überdosierung" anzusehen.

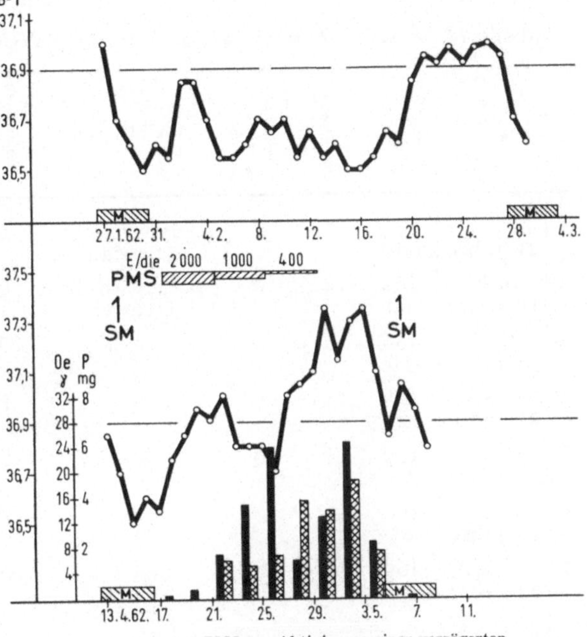

Abb. 54. 10200 E PMS zur Aktivierung einer verzögerten Follikelreifungsphase. (Pat. R. M.)

Alleinige Verabfolgung von PMS

Die Follikelreifungsphase kann in Einzelfällen durch alleinige Gabe von PMS aktiviert werden. Wir haben derartige Versuche bei sechs Patientinnen mit primärer Oligomenorrhoe durchgeführt. Das folgende Beispiel mag eine derartige positive (d. h. biphasische) Reaktion veranschaulichen:

Pat. R. M., 22 Jahre alt. Menarche mit 16 Jahren. Cyclus danach unregelmäßig, meist oligomenorrhoisch (2—10 Wochen/5 Tage). Patientin klagt über Ausfallserscheinungen! Basaltemperatur in den Vormonaten meist biphasisch (s. Abb. 54, oben).

Strichabrasio zu Beginn der Blutung: typischer menstrueller Zerfall. Durchführung einer alleinigen PMS-Medikation (s. Abb. 54, unten). Unter der Behandlung kommt es am 14. Cyclustag zum relativen Temperatur-Tief mit nachfolgendem Anstieg der Basaltemperatur. Danach auch ansteigende Pregnandiol-Werte. Typische zweigipfelige Oestriol-Kurve. Neuntägige 2. Cyclusphase mit anschließender Menstruation.

Besprechung. 22jährige, altersgemäß proportionierte Patientin mit später Menarche und primärer Oligomenorrhoe. Meist biphasische Cyclen. Ausfallserscheinungen. Die verzögerte Follikelreifung wird mit alleinigen Gaben von PMS aktiviert. Es kommt nach Ausweis der Basaltemperatur sowie der Oestrogen- und Pregnandiol-Werte zu einer eindeutigen Verkürzung des biphasischen Cyclus.

Verabfolgung von PMS-HCG bei hochgradiger Oligomenorrhoe

Eine verzögerte Follikelreifung läßt sich sehr viel sicherer durch die kombinierte Verabfolgung von PMS und HCG stimulieren. Unter dem Symptom einer

Tabelle 15. *Positive Primärreaktion auf PMS-HCG bei primärer Oligomenorrhoe*

Lfd. Nr.	Name, Alter	cm, kg	Menarche	Ausfallserscheinungen	Lap.: Ovarien	Endometrium vor Therapie	Primäreffekt	Dauereffekt	Bemerkungen
1	I. Sch. 21 Jahre	175 60,5	12	0	polycystische Ovarien	P	+ +	0	
2	S. K. 19 Jahre	162 60	12	0	polycystische Ovarien	P̲	+	Teil/ Grav.	Hirsutismus
3	I. H. 36 Jahre	156 59	13$^{1}/_{2}$	0	—	SM	+ +	0	
4	A. Sch. 27 Jahre	165 62,5	15	0	—	P	+ +	Teil/ Grav.	Acne
5	E. K. 23 Jahre	179 85	15	0	—	P	+ +	Teil/ Grav.	Acne
6	E. R. 19 Jahre	160 65	15	0	—	P̲	+ +	+	Spontanheilung
7	U. T. 22 Jahre	169 71	15	0	—	SM	+	Teil/ Grav.	Acne und leichter Hirsutismus.
8	M. C. 19 Jahre	136,5 38	15	(+)	Ovarien groß und polycystisch	P̲!	+ +	+	Minderwuchs
9	H. St. 19 Jahre	160 58	15$^{1}/_{2}$	+	polycystische Ovarien	P̲	+	+	
10	M. L. 30 Jahre	169 83,2	16	0	große polycystische Ovarien	P	+ +	+	vgl. Abb. 55
11	G. C. 19 Jahre	161 51	16	0	etwas vergrößerte Ovarien	P	+ +	0	Acne
12	U. H. 17 Jahre	158 58	17	0	Ovarien groß und polycystisch	SM	+ +	0	Commotio, Epilepsie
13	H. Sch. 19 Jahre	157 58,6	17$^{1}/_{2}$	+	—	P	+	+	vgl. Abb. 56
14	I. Sch. 26 Jahre	158 48	19	+	große polycystische Ovarien	R	+ +	Teil	

hochgradigen Oligomenorrhoe laufen zumeist anovulatorische Cyclen ab. Bei einer kleineren Gruppe besteht lediglich eine stark verzögert einsetzende Follikelreifung. Nach vollzogener Ovulation läuft die Gelbkörperphase anschließend regelrecht ab. Bei einem Teil der Patientinnen haben wir vor oder nach der Gonadotropin-Kur eine Laparotomie durchgeführt. Auffallend ist der häufige Befund relativ großer und polycystisch veränderter Ovarien (vgl. Tabelle 15)!

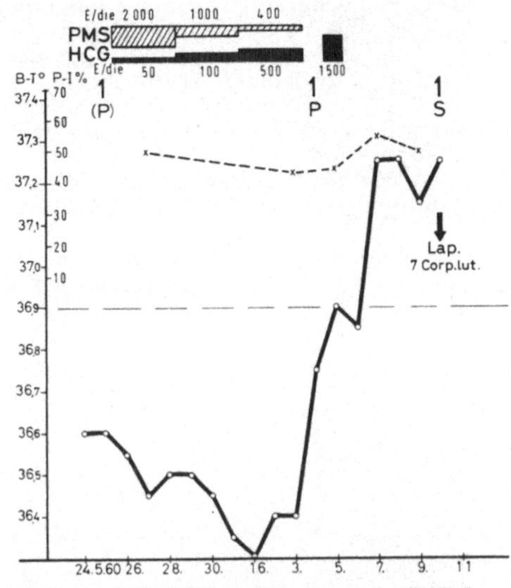

Abb. 55a. PMS-HCG zur Stimulierung der Follikelreifung und Ovulation. (Pat. M. L.)

Bei der ersten Gruppe von 14 Patientinnen mit *primärer Oligomenorrhoe* entwickelte sich unter Verabfolgung von PMS-HCG (sog. „Standard-Dosis", s. S. 159f.) ein regelrechter, biphasischer Cyclus (sog. „positiver Primäreffekt"). Zehn der 14 Patientinnen beantworteten die Medikation mit einer übersteigerten Reaktion der Ovarien (Primäreffekt $++$, vgl. Tabelle 15). Die schon vorher mehr oder minder cystischen Ovarien wurden unter der Behandlung druckempfindlich und erwiesen sich bei der Palpation als deutlich vergrößert (bis zu Gänseeigröße!). Diese Reaktion ist typisch und mit einer gewissen Sicherheit vorauszusagen. Sie ist dann zu erwarten, wenn die vegetative Funktion des Ovarial-Endocrinium (basale Oestrogen-Bildung) ein gewisses Niveau bewahrt. Polycystisch veränderte Ovarien disponieren im besonderen Maße zu einer übersteigerten Reaktion (vgl. S. 142f.). Ich werde noch darlegen, wie derartige Komplikationen vermieden werden können (s. S. 150f.). In den meisten Fällen liegen ihr Polyovulationen zugrunde. Die folgende Beobachtung ist hierfür typisch:

Frau M. L., 30jährige verheiratete, adipöse Patientin (169 cm/83,2 kg). Menarche mit 16 Jahren. Cyclus zunächst regelmäßig (5 Wochen/2 Tage). Seit 1 Jahr Hypomenorrhoe in ungleichmäßigen Intervallen (6—8 Wochen/1 Tag). Primäre Sterilität. Aufnahme zur Gonadotropin-Kur (PMS-HCG, Standard-Dosis) (s. Abb. 55a). Nach der ersten Behandlungsphase fühlt man das rechte Ovar erheblich cystisch vergrößert vor dem Uterus liegen. Vorzeitiges Absetzen der Medikation. Acht Tage nach dem relativen Temperatur-Tief (s. Basaltemperatur) Vollabrasio: sekretorisch umgewandeltes Endometrium mit dezidualer Stromareaktion.

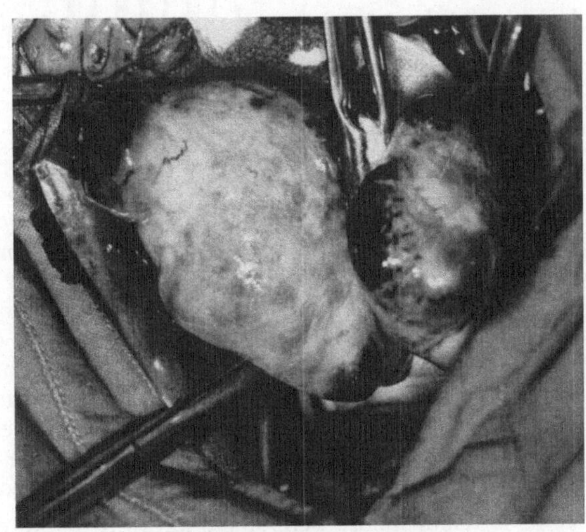

Abb. 55b. Operations-Situs der Patienten M. L. Vier Corpora lutea im rechten, drei Gelbkörper im linken Ovar

Laparotomie. Rechtes Ovar gänseeigroß. Mehrere frische Gelbkörper mit Rupturstellen (s. Abb. 55b)! Nach genauer Inspektion werden bei der Keilexcision insgesamt sieben getrennt liegende frische Corpora lutea gezählt!

Histologie. Starke Hyperämie und umschriebene Blutungen im Stroma. Beiderseits insgesamt sieben frische Corpora lutea mit Blutkern.

Cyclus später normalisiert.

Ein weiteres Beispiel mag den Einfluß von PMS-HCG auf die hormonanalytisch verfolgte Follikelreifung und Gelbkörperbildung veranschaulichen.

Fräulein H. Sch., 19 Jahre alt, 157 cm/58,6 kg. Menarche erst im 17. Lebensjahr, danach hochgradige primäre Oligomenorrhoe. Ausfallserscheinungen. Bei der Aufnahme sind die Ovarien beiderseits gut palpabel. Der Uterus erscheint hypoplastisch. Gonadotropin-Ausscheidung: 13,2 MUE.

Nach 2wöchiger Beobachtung erfolgt eine PMS-HCG-Kur (Standard-Dosis) (s. Abb. 56). Unter ihr entwickelt sich ein typisch biphasischer Cyclus mit regelrechter Oestriol- und Pregnandiol-Ausscheidung. Nach Abschluß der Behandlung echte Menstruation.

Verlauf. Die Behandlung führt zum vollen Erfolg. Der Cyclus verläuft seit 3 Jahren ganz regelmäßig (28/4). Bei einer später durchgeführten Douglasskopie erscheinen die Ovarien etwas groß, die Tunica albuginea ist stellenweise geringgradig verdickt, es schimmern zahlreiche cystische Follikel hindurch.

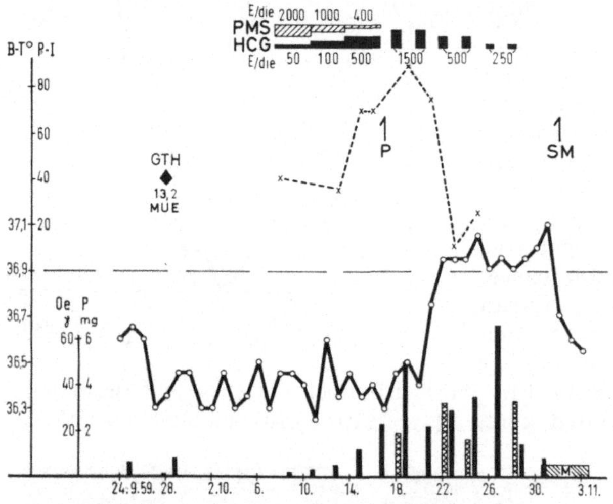

Es sei schon an dieser Stelle darauf hingewiesen, daß bei Oligomenorrhoe die Aussichten auf eine Normalisierung der rhythmischen Ovarialfunktion nicht günstig sind. Von diesen 14 Patientinnen gaben später (nach einer Beobachtungszeit von mehr als 1 Jahr) nur fünf Frauen regelrechte Intervalle an. Bei einer Patientin trat diese Normalisierung erst einige Monate nach Abschluß der Behandlung spontan ein. Vier weitere wurden in den folgenden

Abb. 56. PMS-HCG zur Stimulierung einer primär verzögert einsetzenden Follikelreifung und zur Auslösung der Ovulation. (Pat. H. Sch.)

Monaten schwanger. *Wir haben auf Grund dieser Erfahrungen eine Oligomenorrhoe auch nur dann behandelt, wenn dringender Kinderwunsch bestand oder die Patientin durch die zu seltenen Blutungen psychisch belastet wurde.*

Bei einer *zweiten Gruppe* von sechs Patientinnen mit *primärer Oligomenorrhoe* (vgl. Tabelle 16) führte die Verabfolgung von PMS-HCG („Standard-Dosis") überraschenderweise *nicht* zur Entwicklung eines biphasischen Cyclus! Diese Gruppe ist dadurch ausgezeichnet, daß bei vier der sechs Patientinnen die Menarche nach dem 16. Lebensjahr eintrat. Vier Patientinnen wiesen bei der Laparotomie große, polycystische Ovarien auf! Ausfallserscheinungen wurden von keiner der Patientinnen angegeben. Da diese Verläufe die Bedeutung des Funktionszustandes des Ovarial-Endocrinium für die Reaktionsfähigkeit auf exogene Gonadotropine beleuchten, seien sie kurz besprochen:

1. Fräulein W. E. Seit Menarche (mit 14 Jahren) ausgeprägte Oligomenorrhoe. Bei Aufnahme Gonadotropin-Ausscheidung > 52,8 MUE (erhöht!). Vollabrasio: abgeblutetes Endometrium. *Laparotomie:* normale Ovarien. Tunica reich vascularisiert. *Histologie.* Keilexcidierte Ovarialsegmente mit regelrechtem Keimparenchym, einige wachsende Follikel, Tunica von normaler Breite. Frisches, unregelmäßig aufgebautes, hämorrhagisches Corpus luteum.

Behandlung mit PMS-HCG (Standard-Dosis): Ovarien reagieren etwas cystisch. Der Pyknose-Index steigt von 25% auf 75% an. Abschließend (35 Tage nach Laparotomie und Excision des Gelbkörpers) Vollabrasio: Endometrium in mittlerer Proliferation.

Kontrolle über 5 Jahre. Seit stationärer Behandlung Cyclus regelrecht (28/6), aber etwas labil. Dezember 1962: Gravidität mens. IV.

Besprechung. Die PMS-HCG-Kur beginnt nach Excision eines jungen Gelbkörpers! Mit der Medikation wird lediglich eine Oestrogenbildung, nicht aber die Ovulation erreicht. Die Ovarialstrukturen bieten keine auffälligen Anomalien. Es wird angenommen, daß die Gonadotropin-Medikation zeitlich zusammenfiel mit einer Phase besonders geringer Aktivität des Zentralsystems.

Tabelle 16. *Negative Primärreaktion auf PMS-HCG bei primärer Oligomenorrhoe*

Lfd. Nr.	Name, Alter	cm, kg	Menarche	Ausfalls-erscheinungen	Lap.: Ovarien	Endometrium vor Therapie	Primär-effekt	Dauer-effekt	Bemerkungen
1	W. E. 18 Jahre	169 63	14	0	normal	abge-blutet	P	+	
2	A. V. 27 Jahre	163 77,5	14	0	fibrocystische Ovarien (vgl. Abb. 57)	$\underline{S}$	P	0	Hirsutismus
3	T. W. 27 Jahre	176 60	16$^1/_2$	0	große polycysti-sche Ovarien	P	$\underline{\underline{P}}$	0	
4	H. Dz. 18 Jahre	161 54,5	17	0	relativ große polycystische Ovarien (vgl. Abb. 58)	R	P	0	Hirsutismus
5	G. H. 19 Jahre	165 55	17	0	—	1. P 2. $\overline{\underline{SM}}$	1. P 2. SM	0 +	Spontan-heilung
6	I. B. 23 Jahre	159 67	19	0	relativ große polycystische Ovarien	(P)	(P)	Teil/ Grav.	spontane Teil-regulierung

Derartige Perioden der Funktionsruhe nach Ablauf eines biphasischen Cyclus erklären für diesen Fall auch die Oligomenorrhoe mit stark verzögerter Follikel-reifung.

2. Frau A. V., Primäre Oligomenorrhoe nach rechtzeitiger Menarche (mit 14 Jahren). Hirsutismus seit 1 Jahr. Ein Partus vor 10 Jahren.

Aufnahme mit leichter Spontanblutung. Relativ niedriges Endometrium in Sekretion. Gonadotropin-Ausscheidung: 3,3 MUE (vermindert). C_{17}-Ketosteroide: 10,8 mg/die.

PMS-HCG-Kur (Standard-Dosis). Abschließend Vollabrasio: Endometrium in hoher Proliferation. *Laparotomie:* Ovarien fast hühnereigroß, derbe Tunica albuginea (s. Abb. 57a). Bei der Keilexcision werden zahlreiche cystische Follikel und kleine Luteincysten eröffnet. Kein Gelbkörper!

Ovar-Histologie. Dicke Tunica albuginea. Deutlich reduziertes Keimparenchym (s. Abb. 57b). Zahlreiche cystisch-atretische Follikel.

In den folgenden 2 Jahren wird verschiedentlich mit Dexametason behandelt, ohne daß damit der sehr lästige Hirsutismus zu beeinflussen ist. Das Körpergewicht steigt weiter bis auf 85 kg an. Der Cyclus wird vorübergehend etwas regelmäßiger, verfällt dann aber wieder in eine hochgradige Oligomenorrhoe.

Besprechung. Bei der Patientin wurden große, aber offenbar parenchym-arme Ovarien gefunden. Wahrscheinlich erfolgte die Medikation während der Ruhephase des Zentralsystems. Es wird daher nur ein gewisser Wachstumsreiz auf die Follikel ausgeübt und eine verstärkte Luteinisierung bewirkt, ohne daß eine Ovulation zustande kommt.

3. Fräulein T. W. Nach später Menarche (16¹/₂ Jahre) primär oligomenorrhoisch („Menses" alle 6 Wochen bis 6 Monate). Blutet spontan seit 2 Tagen. Gonadotropin-Ausscheidung: < 3,3 MUE (vermindert). Unter dem Verdacht polycystischer Ovarien Vollabrasio und *Laparotomie*: Endometrium in mittelhoher Proliferation. Ovarien beiderseits vergrößert, verdickte Tunica albuginea. Links hühnereigroße Parovarialcyste. Bilaterale Keilexcision und Cystektomie.

Ovar-Histologie. Deutlich reduziertes Keimparenchym. Zahlreiche atretische Follikel. Relativ breite Tunica albuginea. Links Corpus luteum in Rückbildung.

Abb. 57a. Operations-Situs der Pat. A. V.

Therapie mit PMS-HCG (Standard-Dosis): Im letzten Drittel der Kur ist das rechte Ovar etwa kleinhühnereigroß, cystisch! Anschließend keine Blutung. Pregnandiol bis maximal 1,4 mg/die. Vollabrasio: Endometrium in Proliferation mit partieller sekretorischer Umwandlung.

Kontrolle über 6 Jahre. Letzte Regel vor 2 Jahren. Seit der stationären Behandlung angeblich Ausfallserscheinungen. Hochgradige Hypochondrie.

Besprechung. Auch in diesem Fall wird die Gonadotropin-Medikation nur mit einer Oestrogen-Bildung beantwortet. Die Ovarien, besonders das rechte, haben cystisch reagiert, ohne daß eine Gelbkörperbildung erreicht wurde! Die funktionellen Zusammenhänge dürften denen der vorigen Fälle entsprechen.

4. Fräulein H. Dz. Menarche mit 17 Jahren, danach nur selten Blutungen. Keine Ausfallserscheinungen. Mittelstarker Hirsutismus mit Acne.

Gonadotropin-Ausscheidung: 26,4 MUE (normal). Oestriol: 4,5 μg/die. Pyknose-Index: 10—20%. C₁₇-Ketosteroide: 20,0 mg/die! Ruhendes Endometrium.

Abb. 57b. Ovarialsegment mit dicker Tunica alb. und reduziertem Keimparenchym (Vergr. 60×). (Pat. A. V.)

Laparotomie. Vergrößerte, polycystische Ovarien. Tunica albuginea aber nicht wesentlich verdickt (s. Abb. 58a).

Ovar-Histologie. Normal angelegtes Keimparenchym. Reichlich cystisch-atretische Follikel.

Anschließend PMS-HCG-Kur (Standard-Dosis): nur mäßige Steigerung der Oestrogen-Bildung. Abbruchblutung am Ende der Kur: proliferiertes Endometrium im Zerfall.

Während der folgenden 2jährigen Beobachtung wird mehrfach mit Dexamethason behandelt, ohne daß ein Rückgang des Hirsutismus zu beobachten ist. Der Cyclus bleibt unregelmäßig, überwiegend oligomenorrhoisch. Die regelmäßig kontrollierte Basaltemperatur läßt gelegentlich eingesprengte biphasische Cyclen erkennen.

Wiederaufnahme 4 Jahre später. Es besteht seit 5 Monaten eine sekundäre Amenorrhoe (Patientin hat vor 5 Monaten geheiratet!). Ausfallserscheinungen. Cyclische Kreuzschmerzen.

Zweite PMS-HCG-Kur (Standard-Dosis) (s. Abb. 58b). Gonadotropin-Ausscheidung: 7,9 HMG-Einheiten. Endometrium in Proliferation. Am 7. Behandlungstag kommt es zum Anstieg der Basaltemperatur. Vorzeitiges Absetzen der Gonadotropin-Medikation. Spontaner Ablauf der 2. Cyclusphase. Während dieser Periode wird eine deutliche Anschwellung der Ovarien beobachtet! Die nachfolgende Genitalblutung erweist sich als echte Menstruation.

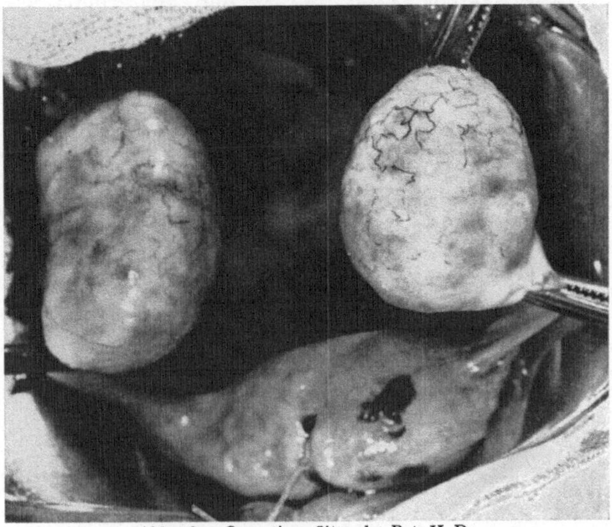

Besprechung. Laparotomie und erste Gonadotropin-Kur erfolgen 1 Jahr nach der sehr spät eingetretenen Menarche. Die PMS-HCG-Medikation wird nur mit einer mäßigen Oestrogen-Bildung beantwortet. Die Patientin befindet sich noch in der Reifungsperiode. Wahrscheinlich ist die Funktions- und Reaktionsfähigkeit des Zentralsystems noch nicht voll entwickelt. 4 Jahre später spricht das Ovarial-Endocrinium prompt und übersteigert an.

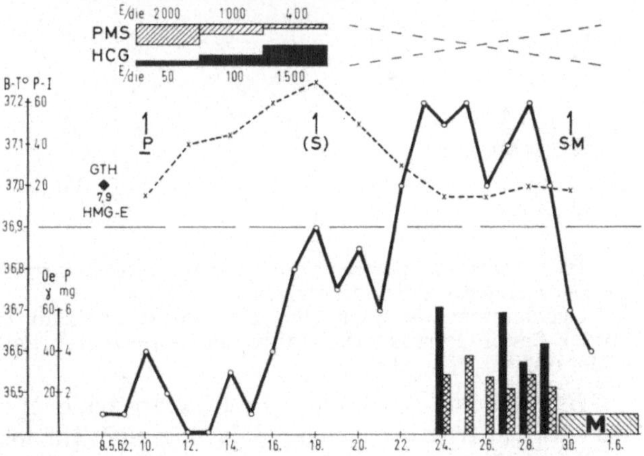

5. Fräulein G. H. Nach Menarche (mit 17 Jahren) hochgradige Oligomenorrhoe. Keine Ausfallserscheinungen. Gonadotropin-Werte: 52,8 MUE (obere Normgrenze).

Bei Aufnahme Spontanblutung: partielle glandulär-cystische Hyperplasie. Therapie mit PMS-HCG (Standard-Dosis): Durchbruchblutung am 13. Behandlungstag: proliferiertes Endometrium in regellosem Zerfall. Am Ende der Kur beginnt erneut eine leichte Blutung: Endometrium in unregelmäßiger Proliferation.

Nach 3 Monaten zweite PMS-HCG-Kur, die mit Ausklang einer echten Menstruation beginnt. 1 Woche nach der letzten Injektion Genitalblutung: hochsezernierendes Endometrium in mensuellem Zerfall. Beide Ovarien cystisch vergrößert.

Nach 3jähriger Beobachtungszeit: Cyclus hat sich $1^{1}/_{2}$ Jahre *nach* Abschluß unserer Behandlung spontan normalisiert. Gewichtszunahme um 15 kg.

Besprechung. Auch diese Patientin befindet sich noch in der Reifungsphase. Unter der ersten Gonadotropin-Kur kommt nur eine Oestrogen-Bildung zustande.

Abb. 58a. Operations-Situs der Pat. H. Dz.

Abb. 58b. Sekundäre Amenorrhoe seit 5 Monaten. PMS-HCG führt zu einer schnellen und kräftigen Aktivierung des Ovarial-Endocrinium. Die 2. Cyclusphase läuft spontan ab. (Pat. H. Dz., 4 Jahre nach Laparotomie und der ersten erfolglosen PMS-HCG-Kur)

Dagegen wird 3 Monate später die zweite Kur nach einem spontanen, biphasischen Cyclus mit einer übersteigerten Reaktion der Ovarien beantwortet.

6. Frau J. B. Mit 19 Jahren wegen primärer Amenorrhoe Laparotomie: große, polycystische Ovarien, *keine* Keilexcision. Kurz nach der Operation erfolgte die erste Blutung.

Wiederaufnahme 4 Jahre nach der Laparotomie. Etwas adipöse Patientin (159 cm/ 67 kg) mit ausgeprägter Oligomenorrhoe (Blutungen alle 3—5 Monate). Hirsutismus. Endometrium in schwacher Proliferation. Pyknose-Index: 48%. Gonadotropin-Ausscheidung im oberen Normbereich. C_{17}-Ketosteroide: 19,9 mg/die!

Tabelle 17. *Positive Primärreaktion auf PMS-HCG bei sekundärer Oligomenorrhoe*

Lfd. Nr.	Name, Alter	cm, kg	Menarche	Ausfalls-erscheinungen	Lap.: Ovarien	Endometrium vor Therapie	Primär-effekt	Dauer-effekt	Bemerkungen
1	F. R. 34 Jahre	160 70	11	+	—	SM	+ +	+/ Grav.	gestagene Ovarial-Insuffizienz! Spontanheilung
2	I. B. 21 Jahre	164 67	11½	+	große polycystische Ovarien	P	+	Rez.	
3	E. L. 21 Jahre	155 48	13	0	—	P	+ +	Teil/ Grav.	
4	Ch. Sch. 20 Jahre	166 58,5	15	0	—	P	+ +	+	postgestative Ovarial-Insuffizienz
5	B. Sch. 23 Jahre	156 47	15	+	—	S	+ +	0	cystische Ovarien, postgestative Ovarial-Insuffizienz
6	T. K. 27 Jahre	145! 41	16	0	—	P	+ +	Teil/ Grav.	Minderwuchs
7	H. S. 23 Jahre	153 56	17	0	—	SM	+ +	Teil	

PMS-HCG-Medikation ohne nennenswerte Ovarialreaktion. Abschließende Strichabrasio: ruhendes Endometrium.

Cyclusintervalle nach der Kur vorübergehend etwas kürzer. Knapp 3 Jahre später erster Partus, $1^4/_{12}$ Jahre danach zweiter Partus. Später wieder sekundäre Amenorrhoe (vgl. Abb. 10).

Besprechung. Nach einer Probelaparotomie mit 19 Jahren *ohne Keilexcision* der Ovarien tritt die Menarcheblutung auf! Ihr folgen danach in allerdings sehr unregelmäßigen Abständen weitere Blutungen. Eine 4 Jahre später durchgeführte PMS-HCG-Medikation übt auf die Ovarialfunktion keinerlei Einfluß aus! In den folgenden $4^1/_2$ Jahren konzipiert die Patientin trotz sehr unregelmäßiger Cyclen zweimal. Die negative Reaktion auf PMS-HCG kann in diesem Fall durch verschiedene Faktoren bedingt sein. Die erhöhte C_{17}-Ketosteroid-Ausscheidung deutet auf eine Überfunktion des Interrenal-Endocrinium hin. Wahrscheinlich ist auch hier die Dysfunktion des Zentralsystems ausschlaggebend. Ich werde diese Beziehungen noch besprechen (s. S. 174 f.).

Bei einer *dritten Gruppe* von sieben Patientinnen (vgl. Tabelle 17) bestand eine *sekundäre Oligomenorrhoe*. PMS-HCG verursachten in allen Fällen biphasische Funktionsabläufe und, außer bei einer Patientin, jeweils auch eine übersteigerte cystische Reaktion der Ovarien.

Zusammenfassung

Den Untersuchungen lag die Fragestellung zugrunde, ob eine verzögerte Follikelreifung (Patientin mit Oligomenorrhoe) durch extrahypophysäre Gonadotropine aktiviert werden kann.

1. HCG allein, in einer Dosis von 6mal 1500 E innerhalb von 11 Tagen zugeführt, vermag keine Follikelreifung zu veranlassen (15 Patientinnen).

2. Durch Verabfolgung von PMS-HCG [Standard-Dosis: PMS: 10200 bis 13600 E, HCG: 6450—8400 E innerhalb von 12 oder 21 Tagen (vgl. S. 160 und 162)] kann die Follikelreifung beschleunigt und die Ovulation ausgelöst werden (21 von 27 Patientinnen). Bei 16 der 21 Patientinnen entwickelte sich während des induzierten biphasischen Cyclus eine mehr oder minder grobe cystische Anschwellung der Ovarien. Eine dieser Patientinnen wurde laparotomiert. Es fanden sich in beiden Ovarien zusammen sieben Gelbkörper!

3. Auf PMS-HCG reagierten sechs der 27 Patientinnen nur mit einer Oestrogen-Bildung. Bei drei Patientinnen erfolgte die PMS-HCG-Zufuhr unmittelbar nach einer spontan abgelaufenen Gelbkörperphase. Möglicherweise befand sich das Zentralsystem zur Zeit der Medikation in einer Regenerationsphase und vermochte daher den exogenen Stimulationsreiz nicht ausreichend zu beantworten. Bei zwei Patientinnen wurde die Medikation etwa 1 Jahr nach der Menarche durchgeführt. Eine noch nicht voll entwickelte Funktions- und Reaktionsfähigkeit des Zentralsystems wird für möglich gehalten.

Als Ursache für die negative Reaktion auf PMS-HCG kommt außer einer ovariellen oder interrenalen Dysfunktion (erhöhte Ketosteroid-Werte) eine zentrale Fehlsteuerung in Betracht. Die Bedeutung zentraler Faktoren für die Wirkungsentfaltung von PMS-HCG wird in diesem Zusammenhang nur angedeutet. Sie soll in einem späteren Abschnitt (s. S. 174 f.) ausführlich besprochen werden.

Verabfolgung von PMS-HCG bei sekundärer Amenorrhoe

Der Nachweis einer Ovulationsauslösung durch PMS-HCG ist bei Patientinnen mit Amenorrhoe von besonderem Interesse. Im Gegensatz zur Gruppe der oligomenorrhoischen Frauen ist bei ihnen die Funktion des Ovarial-Endocrinium in wesentlich stärkerem Maße beeinträchtigt. Da die Reaktionen auf exogene Gonadotropine nicht nur vom Grad der Funktionseinschränkung, sondern auch von der kausalen Pathogenese abhängig sind, soll hier nicht das gesamte Krankengut aufgeschlüsselt werden. Es wird ausführlich im klinischen Teil (vgl. Teil V) besprochen.

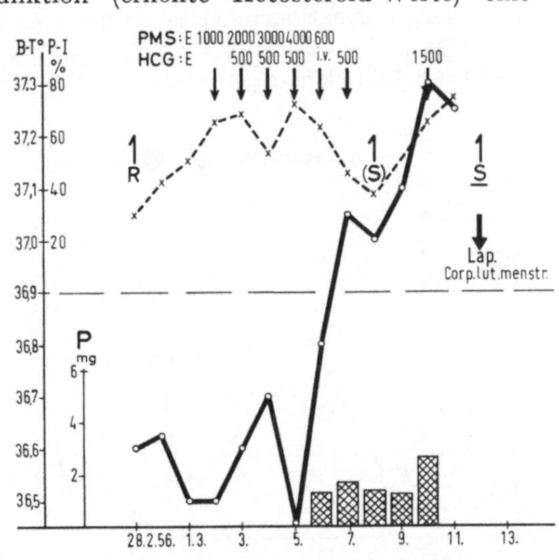

Abb. 59a. Verabfolgung von PMS-HCG bei sekundärer Amenorrhoe seit 5 Monaten. (Pat. E. P.)

Daß eine PMS-HCG-Verabfolgung zur Ovulation, oftmals sogar zur Bildung multipler Gelbkörper führen kann, sei an dieser Stelle mit drei Kasuistiken belegt.

1. Frau E. P., 30 Jahre alt, 147 cm/51,5 kg. Sekundäre Amenorrhoe seit 5 Monaten. Bei Aufnahme ruhendes Endometrium. Pyknose-Index: 30%.

PMS-HCG-Kur (ältere Dosierung, s. Abb. 59a): Schnelle und eindeutig biphasische Reaktion der Ovarien, die 8 Tage nach Beginn der Medikation etwas druckempfindlich werden. Abbruch der Medikation und *Laparotomie*: Beide Ovarien sind knapp kleinhühnereigroß. Das rechte enthält einen frischen Gelbkörper. Verdickte und stärker vascularisierte Tunica albuginea.

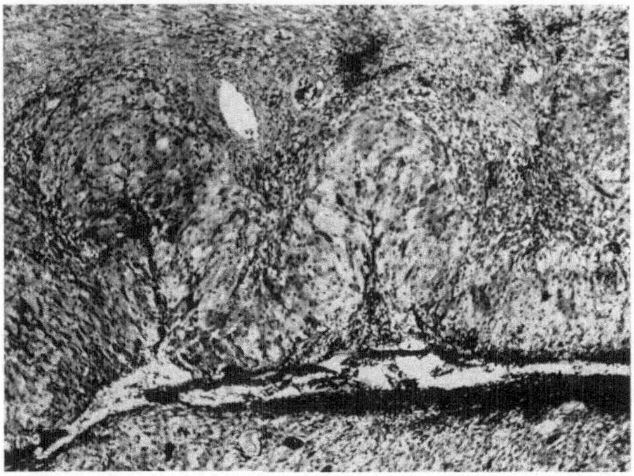

Ovar-Histologie. Relativ wenig Primärfollikel. Im rechten Ovarialsegment nicht ganz regelrecht entwickeltes Corpus luteum (s. Abb. 59b). Im linken Ovar zahlreiche cystisch-atretische Follikel mit deutlicher Thecahyperplasie.

Verlauf. 1 Jahr später Partus.

Besprechung. Nach 5monatiger Amenorrhoe prompte und übersteigerte Reaktion auf PMS-HCG. Das rechte Ovar trägt einen frischen Gelbkörper, im linken finden sich hyperplastische Theca-Formationen. 2 Monate nach der Laparotomie erfolgt eine Konzeption.

Abb. 59b. Corpus luteum, nicht voll entwickelt (Vergr. 60×). (Pat. E. P.)

2. Frau I. G., 24 Jahre alt, 162 cm/74 kg. Menarche mit 14 Jahren. Cyclus zunächst 7 Jahre lang regelrecht (28—31/5—6). Nach einem Typhus entwickelte sich eine Oligomenorrhoe und später eine Amenorrhoe, die jetzt seit $1^4/_{12}$ Jahren besteht. Keine Ausfallserscheinungen. *Endokriner Ausgangsstatus*: Gonadotropin-Ausscheidung: 6,6 MUE. C_{17}-Ketosteroide: 16,3 mg/die. Hypoplastischer Uterus. Endometrium in Ruhe.

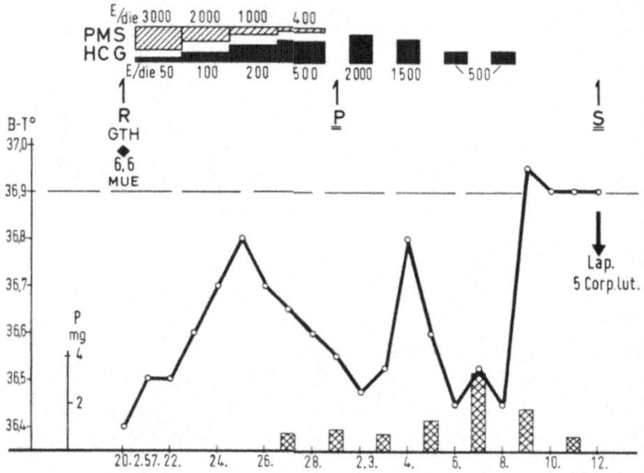

PMS-HCG-Kur (s. Abb. 60a): Nach der ersten Behandlungsphase befindet sich das Endometrium in hoher Proliferation. Während der folgenden HCG-Verabfolgung wird durch vaginale Kontrolluntersuchungen eine zunehmend stärker werdende, cystische Anschwellung beider Ovarien beobachtet. 4 Tage nach Absetzen der Medikation befindet sich das Endometrium in hoher Sekretion. Die Basaltemperatur steigt erst nach dem Pregnandiolgipfel an!

Abb. 60a. Verabfolgung von PMS-HCG bei sekundärer Amenorrhoe von $1^4/_{12}$ Jahren. Fünf frische Gelbkörper, aber uncharakteristischer Verlauf der Basaltemperatur! (Pat. J. G.)

Laparotomie. Beiderseits gänseei- bis mannsfaustgroße, cystische Ovarien (siehe Abb. 70). Die Tunica albuginea erscheint hochgradig ödematös. Beim Hervorluxieren der Ovarien werden mehrere Theca-Luteincysten eröffnet, aus denen ein gelblichseröser Inhalt abfließt. Beim Einschnitt in das linke Ovarium wird ein Gelbkörper eröffnet und in toto excidiert. Das rechte Ovar birgt vier Corpora lutea, die ebenfalls entnommen werden.

Ovar-Histologie. Etwas verdickte Tunica albuginea. Interstitielle Blutungen. Die excidierten Corpora lutea enthalten jeweils einen Blutkern. Die Granulosazellen zeigen unterschiedliche Funktionsstadien (s. Abb. 60b). Stellenweise besteht ein ausgeprägtes interstitielles Ödem.

Verlauf. Keine Normalisierung der Ovarialfunktion (6jährige Beobachtungszeit).

Besprechung. Nach einer Amenorrhoe von 16 Monaten kommt unter PMS-HCG eine übersteigerte Reaktion der Ovarien zustande. In den vergrößerten Eierstöcken werden fünf isolierte, frische Gelbkörper und mehrere Theca-Luteincysten gefunden. Die Basaltemperatur reagiert uncharakteristisch. Eine Normalisierung der Ovarialfunktion wird nicht erreicht.

3. Fräulein H. Sch., 19 Jahre alt, 167 cm/54 kg. Menarche mit 14 Jahren, 1 Jahr lang normal menstruiert (28/5—6), jetzt sekundäre Amenorrhoe seit 3 Jahren. Aufnahmebefund: Hypoplastischer Uterus. Endometrium in schwacher Proliferation. Gonadotropin-Ausscheidung: < 3,3 MUE (vermindert).

PMS-HCG-Kur: Etwa in der Mitte der ersten Behandlungsphase steigen Basaltemperatur und Pyknose-Index an. Beide Ovarien erscheinen cystisch vergrößert. 4 Tage nach Abschluß der Medikation Vollabrasio: Endometrium in hoher Sekretion.

In der Annahme polycystischer Ovarien wird *laparotomiert*. Der Uterus ist deutlich aufgelockert. Beide Ovarien sind cystisch vergrößert. Die Tunica erscheint ödematös durchtränkt und wird von mehreren Gelbkörpern vorgebuckelt. Beim Einschnitt werden frische

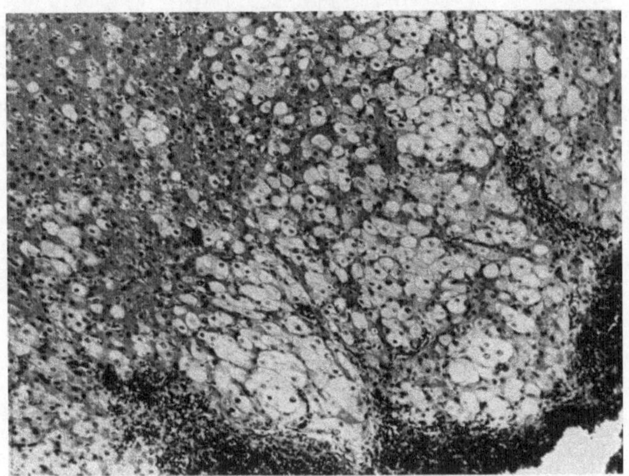

Abb. 60b. Corpus luteum mit hellen und dunklen Granulosa-Zellen (Vergr. 100×). (Pat. J. G.)

Corpora lutea und Theca-Luteincysten eröffnet. Die Gelbkörper werden einzeln excidiert.

Histologischer Befund (s. Abb. 61a—d). Die sechs Corpora lutea des linken Ovars befinden sich alle im gleichen Stadium und enthalten jeweils einen Blutkern. Helle und dunkle Granulosa-Luteinzellen unterschiedlicher Aktivitätsgrade. Interstitielle Blutungen und Ödembildungen. Normal viel Keimparenchym. Das excidierte Segment des rechten Ovars enthält einen großen Gelbkörper mit Blutkern.

4 Jahre nach der Laparotomie Kontrolluntersuchung: Cyclus völlig normalisiert.

Besprechung. Nach einer Amenorrhoe von 3 Jahren veranlaßt die PMS-HCG-Verabreichung die Entwicklung von sieben Gelbkörpern! Die Ovarien sind erheblich cystisch vergrößert und enthalten noch mehrere Theca-Luteincysten. Die Ovarialfunktion verläuft nach der Behandlung regelrecht.

Mit diesen drei Kasuistiken soll zunächst nur die Ausbildung von Gelbkörpern unter einer PMS-HCG-Kur belegt werden. Auf die Entwicklung derartiger unerwünschter, übersteigerter Reaktionen werde ich an anderer Stelle (s. S. 142f.) eingehen.

b) Hypophysäre Gonadotropine

aa) Gonadotropine aus Tierhypophysen. Gonadotropine aus tierischen Hypophysen (Schwein, Schaf oder Pferd) werden seit längerer Zeit zum Teil auch in Kombination mit HCG zur Behandlung gonadaler Funktionsstörungen herangezogen (MAZER u. REVETZ 1941, DAVIS u. HELLBAUM 1944, MADDOCK et al. 1956, JONES et al. 1961, DÖRNER, HOHLWEG u. DAUME 1961, DAUME u. DÖRNER 1961). Die Möglichkeit, mit ihrer Hilfe ein Wachstum der Follikel mit Oestrogen-

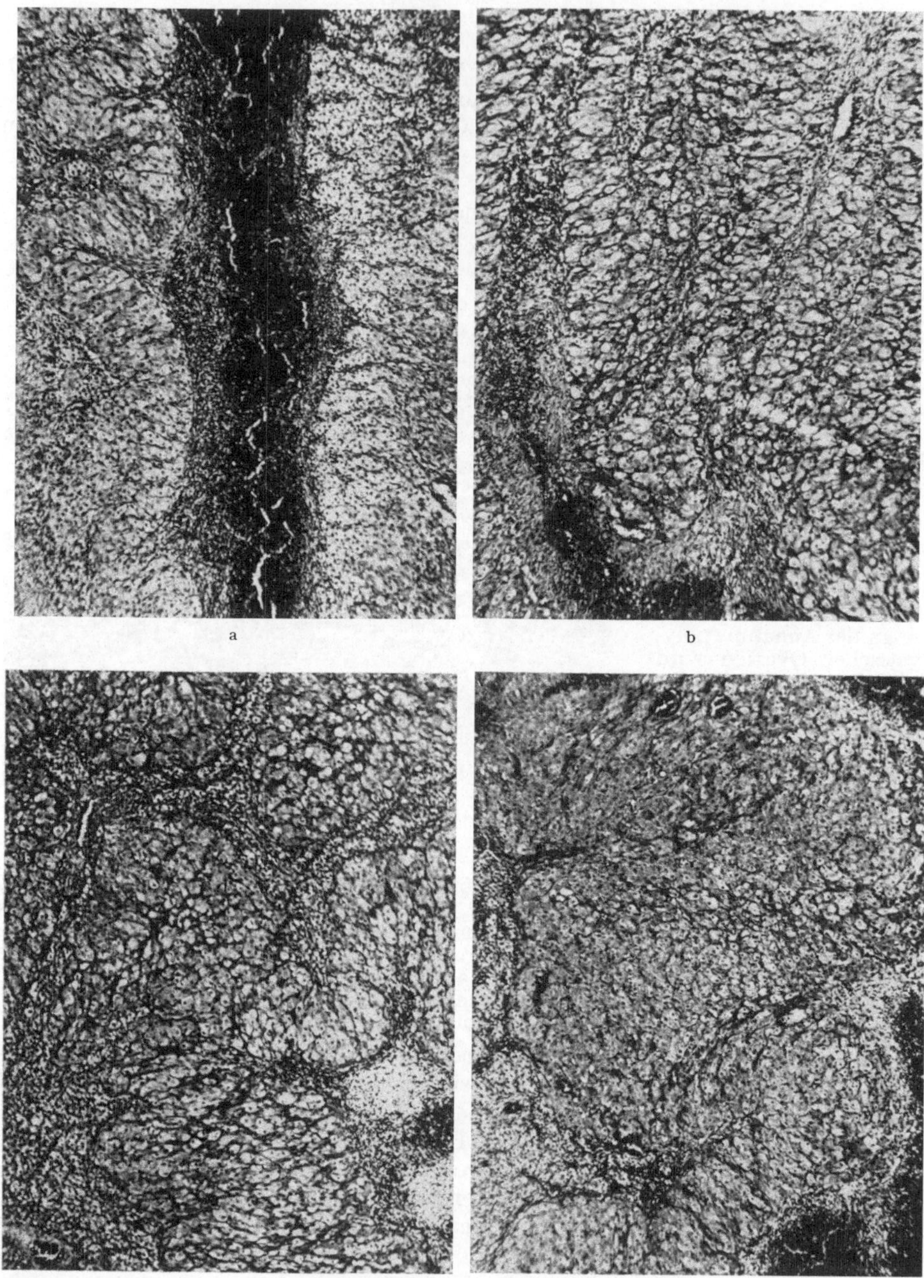

Abb. 61 a—d. Corpora lutea mit Blutkern und wechselndem Aufbau des Granulosa-Walles. Interstitielle Blutungen und Ödembildung (Vergr. 60×). (Pat. H. Sch.)

Bildung zu veranlassen, konnte analytisch sichergestellt werden (MADDOCK et al. 1956, JONES et al. 1961, MANER et al. 1962). Von allen Autoren wurde aber auch eine deutliche cystische Vergrößerung der Ovarien unter der Behandlung beobachtet sowie eine Antikörperbildung bei längerer Applikation festgestellt (vgl. S. 141 f.).

Letztere ist offenbar auch durch bessere Reinigung der Präparate nicht zu umgehen.

Mit Gonadotropinen aus Pferdehypophysen allein konnten G. S. JONES u. Mitarb. (1961) in einigen Fällen auch die Ovulation auslösen (hormonanalytisch belegt). Der Effekt dieses Präparates wird durch HCG verstärkt, zumindest wird der biphasische Ablauf mit einer derartigen Kombination sicherer erreicht. JONES u. Mitarb. (1961) erzielten bei 25 ihrer 40 amenorrhoischen Patientinnen einen biphasischen Cyclus. Die HCG-Dosis variierte zwischen 2500 und 20000 E(!) pro Tag.

bb) Menopause-Gonadotropin (HMG). Über den Einfluß von HMG auf die Reifung des Follikels und die Ovulation liegen bisher noch relativ wenige Erfahrungen vor (JUNGCK u. BROWN 1952, LUNENFELD et al. 1960, 1961, ROSEMBERG u. ENGEL 1961, STAEMMLER 1961, 1962, 1963, ROSEMBERG et al. 1963). Nach eigenen Untersuchungen (s. S. 165 f.) beträgt die therapeutisch effektive HMG-Dosis (sog. „Standard-Dosis") etwa $^1/_3$ derjenigen von PMS.

Mit HMG allein läßt sich unter gewissen Voraussetzungen die Follikelreifungsphase so weit aktivieren, daß ihr eine Ovulation folgt. Derartige Reaktionen sind in der von uns verwandten Dosis an eine bestimmte Funktionsbereitschaft des Ovarial-Endocrinium gebunden. Die folgenden Beispiele mögen die unterschiedlichen Reaktionsformen veranschaulichen.

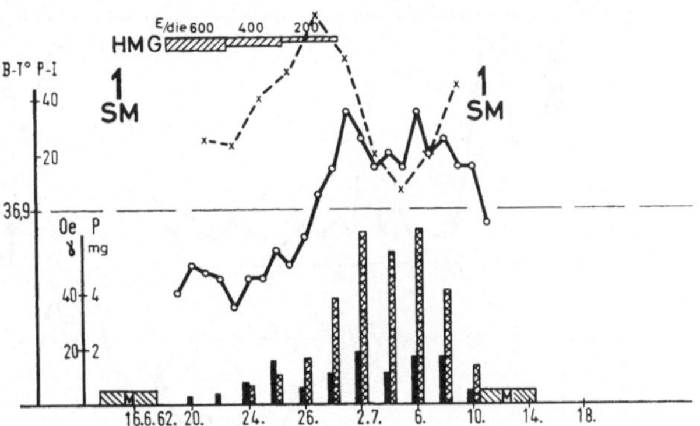

Abb. 62. Primäre Oligomenorrhoe (4—7 Wochen/4 Tage) mit verzögerter Follikelreifung. Aktivierung durch HMG-Verabfolgung. (Pat. M. F.)

1. Fräulein M. F., 21 Jahre alt, 165 cm/88 kg. Menarche mit 14 Jahren, primäre Oligomenorrhoe (4—7 Wochen/4 Tage). In den letzten Monaten starke Gewichtszunahme (+10 kg). Aufnahme mit Spontanblutung. Endometrium in mensuellem Zerfall.

Verabfolgung von 4800 E HMG innerhalb von 12 Tagen (s. Abb. 62). Noch während der Medikation Anstieg der Basaltemperatur und steiles Anziehen des Pyknose-Index. In der 2. Cyclusphase übersteigt die Pregnandiol-Ausscheidung 6 mg/die. 10 Tage nach Absetzen der HMG-Zufuhr setzt eine Blutung ein. Endometrium-Biopsie: typisch sekretorisch umgewandeltes Endometrium in mensuellem Zerfall.

Besprechung. 21jährige Patientin mit primärer Oligomenorrhoe. Unter Verabfolgung von HMG kommt eine beschleunigte Follikelreifung und die Ovulation zustande. Spontaner und regelrechter Ablauf der 2. Cyclusphase.

Als Beispiele einer gegenteiligen Reaktion folgende Beobachtungen:

2. Fräulein B. B., 23 Jahre alt, 165 cm/60 kg. Menarche mit $13^9/_{12}$ Jahren. Cyclus danach oligomenorrhoisch (6 Wochen/7 Tage). Keine Graviditäten. Keine Ausfallserscheinungen. Gewicht unverändert.

Die Patientin hat seit Dezember 1961 ihre Basaltemperatur kontrolliert (s. Abb. 63). Die Länge der Cyclen beträgt etwa 6—8 Wochen. Zu Beginn der letzten Regel Strichabrasio: sekretorisch umgewandeltes Endometrium in mensuellem Zerfall. Ab 5. Cyclustag Verabfolgung von HMG. Unter der Medikation kommt es zur starken Oscillation der Basaltemperatur. Nach Beendigung der Kur steigt der Pyknose-Index an. Dagegen verläuft die Basaltemperatur uncharakteristisch. 22 Tage nach Absetzen der Behandlung ist noch keine Blutung erfolgt. Bei der Strichabrasio wird nur schwach proliferiertes Endometrium gewonnen.

Besprechung. 23jährige Patientin mit regelrechtem Menarchetermin und hochgradiger, primärer Oligomenorrhoe. Nach Ausweis der Basaltemperatur-Kurve besteht eine verzögerte Follikelreifung bei normal langer Gelbkörperphase. Die alleinige Verabfolgung von HMG vermag die Follikelreifungsperiode nicht zu aktivieren.

3. Fräulein K. F., 18 Jahre alt, 177 cm/85 kg. Primär labiler Cyclus (Menarche mit 14 Jahren, danach 2—6 Wochen/3—7 Tage). Sekundäre Amenorrhoe seit 1 Jahr

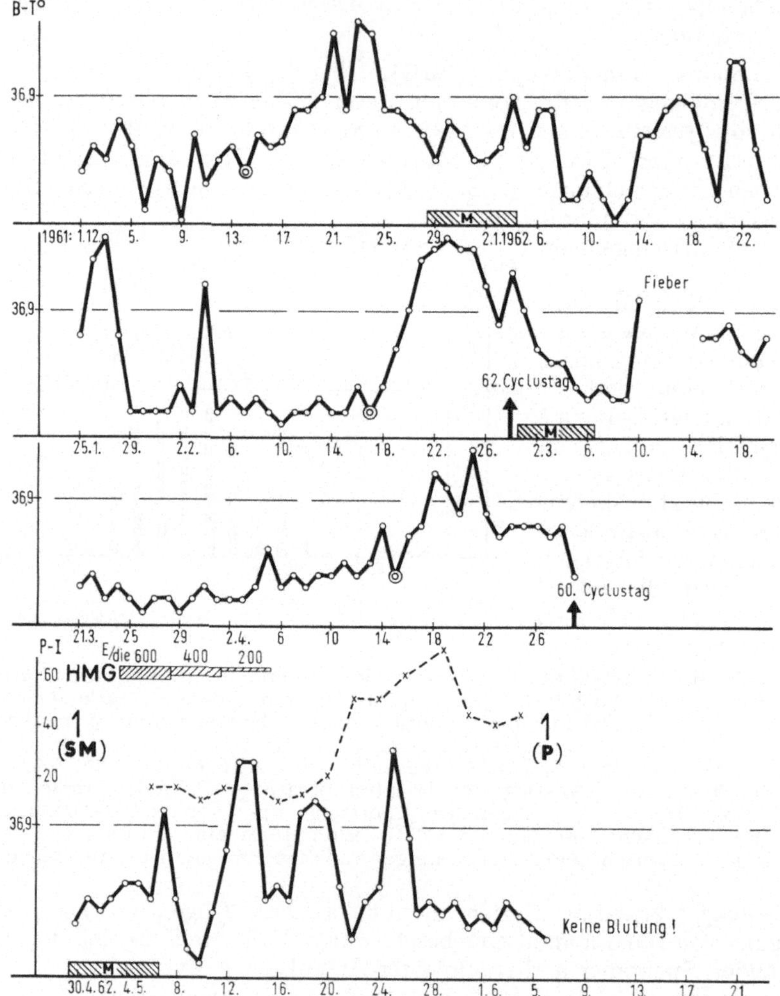

Abb. 63. Primäre Oligomenorrhoe (6—8 Wochen/6—7 Tage). Stark verzögerte Follikelreifungsphase. HMG-Verabfolgung ohne Effekt. (Pat. B. B.)

mit Gewichtszunahme (+10 kg) und Ausfallserscheinungen. Bei Aufnahme Endometrium in schwacher Proliferation. Unter alleiniger HMG-Verabfolgung (s. Abb. 64) kommt es zum Anstieg der Oestriol-Ausscheidung sowie zur kräftigen Proliferation des Endometrium. Die Ausscheidungswerte der 17-Hydroxycorticoide und C_{17}-Ketosteroide werden durch die Behandlung nicht nennenswert beeinflußt. Aus persönlichen Gründen muß die weitere klinische Beobachtung abgebrochen werden.

Besprechung. Sekundäre Amenorrhoe seit 1 Jahr. Auf 5mal 400 E HMG Anstieg der Oestriol-Ausscheidung mit entsprechender Proliferation des Endometrium.

4. Frau A. D., 23 Jahre alt, 175 cm/73 kg. Menarche mit 18 Jahren! Primär hochgradige Oligomenorrhoe. Im 20. Lebensjahr Laparotomie mit bilateraler Keilexcision: polycystische Ovarien! Danach viermal spontan geblutet, anschließend Amenorrhoe, die jetzt seit 4 Jahren besteht. Gewichtszunahme von 8 kg im letzten Jahr. Keine Ausfallserscheinungen. Gonadotropin-Ausscheidung: 8,2 HMG-E. Relativ großer Uterus (Sondenlänge 8 cm!), Endometrium in hoher Proliferation (mit Zeichen einer partiellen glandulär-cystischen Hyperplasie). Pyknose-Index: 60%! Verabfolgung von HMG (4600 E in 11 Tagen, s. Abb. 65). Am 2. Tage der Medikation setzt eine leichte Uterusblutung ein. Oestriol-Ausscheidung zwischen 6 und 9 µg/die ohne Zeichen der Stimulierung. Am 12. Tage nach Behandlungsbeginn Vollabrasio: zum Teil abgeblutetes Endometrium in hoher Proliferation mit partieller glandulär-cystischer Hyperplasie.

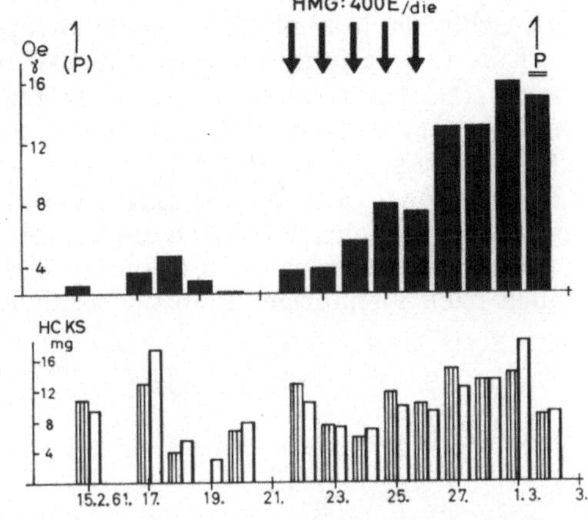

Abb. 64. Sekundäre Amenorrhoe seit 1 Jahr. 5mal 400 E HMG zur Aktivierung der Follikelreifung (Pat. K. F.)

Besprechung. Patientin mit polycystischen Ovarien und sekundärer Amenorrhoe seit 4 Jahren. Basale Oestrogen-Inkretion erkennbar an dem relativ großen Uterus und dem hoch proliferierten Endometrium. Die Medikation beginnt mit Ausklang eines unterschwelligen, monophasischen Cyclus. HMG allein führt nicht zur Ausreifung eines Follikels!

5. Fräulein J. M., 24 Jahre alt, 166 cm/65 kg. Primäre Amenorrhoe! Blutungen sind bisher nur nach Hormongaben eingetreten. Keine Ausfallserscheinungen. Die Mutter der Patientin ist viele Jahre lang wegen einer Amenorrhoe behandelt worden. Gonadotropin-Ausscheidung: 10,6 HMG-E. Auffallend großer Uterus (Sondenlänge 8 cm), ruhendes Endometrium.

Verabfolgung von HMG (4800 E innerhalb von 12 Tagen, s. Abb. 66). Noch während der Medikation kommt es zum Sprung der Basaltemperatur und zum Anstieg der Pregnandiol-Ausscheidung. Nach der letzten Injektion befindet sich das Endometrium in beginnender Sekretion. Die 2. Cyclusphase läuft spontan und regelrecht ab. Anschließend erfolgt eine echte Menstruation. Danach völlige Normalisierung des Cyclus.

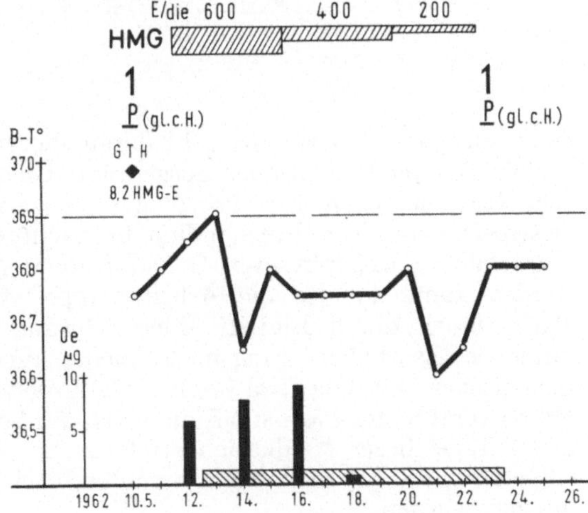

Abb. 65. Sekundäre Amenorrhoe seit 4 Jahren nach hochgradiger primärer Oligomenorrhoe. Alleinige Verabfolgung von HMG. Eine weitere Aktivierung der Follikelreifung bzw. eine Ovulation wird durch die Medikation nicht erreicht. (Pat. A. D.)

Besprechung. 24jährige, normal proportionierte Patientin mit primärer Amenorrhoe. Nach der Größe des Uterus zu urteilen, bestand schon länger eine gehobene Oestrogen-Bildung. Prompte und biphasische Reaktion auf alleinige HMG-Verabfolgung. Dauerhafte Normalisierung der Ovarialfunktion.

Im allgemeinen haben wir HMG mit HCG kombiniert, da dadurch erfahrungsgemäß mit größerer Sicherheit ein stimulatorischer Effekt zu erzielen ist. HMG-Präparate enthalten, wie schon erwähnt (s. S. 87), auch eine LH-Aktivität. Bei Pergonal soll das Verhältnis FSH/LH = 2,10 betragen (SCHMIDT-ELMENDORF,

Loraine u. Bell 1962). Über die Dosierung und die klinischen Ergebnisse wird später berichtet (s. S. 163 f.).

cc) Gonadotropine aus menschlichen Hypophysen (HHG). Der Einfluß menschlicher hypophysärer Gonadotropine (FSH oder Gonadotropin-Komplex) auf die Ovarialfunktion wird seit 1958 von verschiedenen Arbeitskreisen untersucht (Gemzell, Diczfalusy u. Tillinger 1958, 1959, Johannisson, Gemzell u. Diczfalusy 1961, Gemzell 1962, 1963, Greenblatt et al. 1961, Bettendorf 1961*, Apostolakis, Bettendorf u. Voigt 1962, Buxton u. Herrmann 1961, Rosemberg u. Mitarb. 1962, Bettendorf u. Breckwoldt 1964). Übereinstimmend wurde festgestellt, daß durch die Verabfolgung des Gonadotropin-Präparates, zum Teil in Kombination mit HCG, die Ovarialfunktion bei zentralbedingter Insuffizienz auch nach vieljähriger Funktionsruhe angeregt werden kann. Die Schwierigkeit

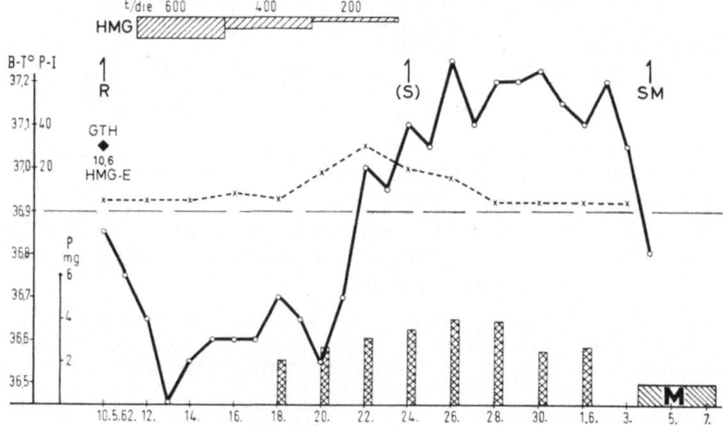

Abb. 66. Primäre Amenorrhoe. Blutungen nur nach Hormongaben. Alleinige Verabfolgung von HMG zur Stimulierung der Follikelreifung. (Pat. J. M.)

einer angepaßten Dosierung geht daraus hervor, daß alle Untersucher bei einem großen Teil der Patientinnen ausgeprägte Überstimulierungserscheinungen (cystische Reaktion der Ovarien, Polyovulationen, abnorm hohe Ausscheidungswerte der Oestrogene und von Pregnandiol) beobachteten. Daß durch die Verabfolgung menschlicher hypophysärer Gonadotropine (+ HCG) die Ovulation ausgelöst werden kann, konnte die Arbeitsgruppe von Gemzell (l. c.) bei mehreren Patientinnen durch Eintritt einer Schwangerschaft während der Behandlung unter Beweis stellen. 1 mg menschliches hypophysäres ICSH entspricht in der biologischen Wirkung etwa 500 E HCG (Lohstroh, Squire u. Li 1963). Gemzell (1963) verabfolgte 250—500 E/die FSH und beobachtete, daß die Ovulation etwa am 5. Tage dieser Medikation erfolgte. Sie konnte auch durch eine einmalige Gabe von 2500 E FSH ausgelöst werden, nach der 4 Tage später 6000 E/die HCG injiziert wurden.

Der wesentliche Unterschied menschlicher hypophysärer Gonadotropine (und HMG?) gegenüber denjenigen tierischen Ursprungs liegt, vom Problem der Antikörperbildung abgesehen, wohl in der Wirkungsentfaltung bzw. im Wirkungsansatz. Das arteigene *hypophysäre* Gonadotropin greift offenbar direkt am Ovar an, während die meisten (oder alle) anderen Präparate *in einem bestimmten Dosisbereich* wahrscheinlich von einem synergistischen Mitwirken der Adenohypophyse abhängig sind. Das ist, was den Primäreffekt betrifft, zweifellos ein Nachteil. Da menschliche hypophysäre Gonadotropine aber nur in sehr beschränktem Umfange zur Verfügung stehen, solange sie nicht synthetisiert werden können, wird sich die Praxis der anderen Präparate bedienen müssen. Ich hoffe zeigen zu können, daß dieses mit Erfolg möglich ist, wenn man ihre Wirkungsweise berücksichtigt.

2. Einfluß auf den bestehenden Gelbkörper

Die Frage, ob Choriongonadotropin einen luteotropen Effekt ausübt, wurde insbesondere im Rahmen der Sterilitätsbehandlung aufgeworfen. Frauen mit einer Gelbkörperphase von weniger als 12 Tagen sind erfahrungsgemäß steril. Die meisten Untersucher kamen zu dem Ergebnis, daß sich die 2. Cyclusphase durch HCG-Gaben je nach Dosierung bis zu 20 Tagen verlängern läßt, wenn mit der Medikation vor Eintritt der Regressionserscheinungen des Gelbkörpers begonnen wird (BROWN u. BRADBURY 1947, SEGALOFF u. Mitarb. 1949, 1951, FRIED u. RAKOFF 1952, LYON 1956, PALMER 1957, TSCHERNE 1957, 1961, MULLER 1961 u.a.). Die untere Grenzdosis pro Tag liegt nach den bisherigen Erfahrungen zwischen 1000 und 5000 E (BROWN u. BRADBURY 1947, RAUSCHER 1955, GOLD-ZIEHER u. WOOLEY 1957*, PALMER 1957 u.a.). Die höchste Tagesdosis betrug 20000 E (BROWN u. BRADBURY 1947 u.a.). Schon bei 10000 E wurden beträchtliche Nebenerscheinungen (Zirkulationsstörungen, Ruhelosigkeit, Reizbarkeit, Depressionen) beobachtet (DE WATTEVILLE 1948 u.a.).

Auch unter dieser Medikation kommt es gelegentlich zu einer groben cystischen Reaktion der Ovarien mit Bildung von mehr oder minder großen Luteincysten (RAUSCHER 1955 u.a.), die bei derartig hohen Dosen als Ausdruck einer Überstimulierung zu erwarten sind. Der Anstieg der C_{17}-Ketosteroide (JAYLE u. Mitarb. 1956) dürfte als Stressreaktion zu erklären sein (vgl. S. 142f.). Nach unserer Erfahrung kommt es bei einer Tagesdosis von 1500 E, verabfolgt jeden 2. Tag, nicht zu unerwünschten Nebenerscheinungen. Die Medikation muß frühestens am 3. Tage der Hyperthermie, spätestens 4—5 Tage vor dem erwarteten Eintreten der Menstruation beginnen. Ich empfehle, eine *Gesamtdosis* von 10000 E nicht zu überschreiten. Die Entwicklung einer „glandotropen Scheinschwangerschaft" unter HCG gibt die Abb. 75 wieder.

HCG wird im allgemeinen in 48stündigem Abstand verabfolgt. Durch Ausscheidungsanalysen konnte festgestellt werden, daß HCG nicht kurzfristig eliminiert wird, sondern durchschnittlich 2 bis 4 Tage in der Zirkulation verbleibt (LLOYD et al. 1949). Nach Injektion von 1500 E fällt der relativ hohe Hormonblutspiegel erst nach etwa 4 Tagen steiler ab (KNORR 1961). Nur 5—10% des injizierten HCG sollen im Urin erscheinen (GOLDZIEHER u. WOOLEY 1957*). Nach anderen Autoren werden 30—70% des verabfolgten Quantum innerhalb von 3 Tagen eliminiert (vgl. LAURITZEN 1963).

3. Einfluß auf die Nebennierenrinde

Die Fähigkeit der Nebennierenrinde zur Bildung von Sexualsteroiden (vgl. S. 46 und 48) und die daraus abgeleitete Vorstellung, daß das Interrenalsystem vikariierend für die Ovarialfunktion eintreten könne (BOTELLA-LLUSIÁ 1952), gaben Anlaß, den Einfluß der Gonadotropine auf die Nebennierenrinden-Funktion der oophorektomierten Frau zu untersuchen. Als Index dienten im allgemeinen die Ausscheidungswerte der C_{17}-Ketosteroide. Die Ergebnisse sind widerspruchsvoll. PLATE (1952), BORELL (1954), DECIO (1955) u. a. konnten einen Anstieg der Ketosteroide beobachten. In einigen Fällen erscheint allerdings die Signifikanz der Unterschiede fraglich.

Andere Autoren gelangten dagegen zu eindeutig negativen Ergebnissen (SEGALOFF, STERNBERG u. GASKILL 1951, BORTH, GSELL u. DE WATTEVILLE 1953, BIRKE u. Mitarb. 1954, KELLER u. HAUSER 1957, STAEMMLER 1958 u. a.). Diese Differenzen mögen in Einzelfällen mit den sehr unterschiedlichen Tagesdosen zu erklären sein, die zwischen 5000 und 50000 E HCG variieren. Ferner besteht die Möglichkeit, daß frühere Präparate mit ACTH verunreinigt waren.

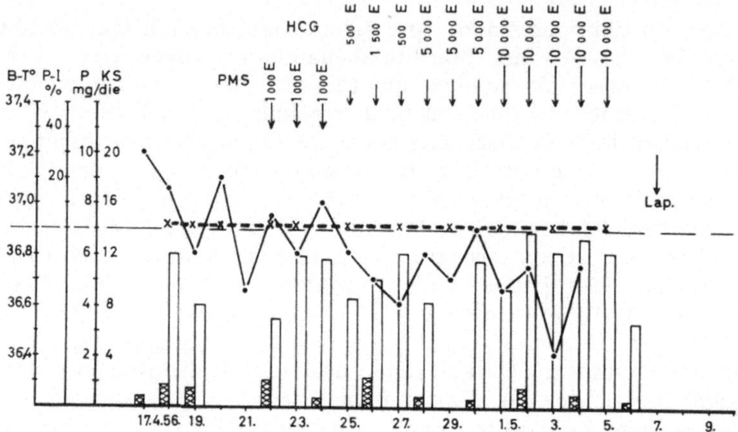

Abb. 67. Verabfolgung von PMS und HCG an eine Patientin mit Gonadendysgenesie (chromatinnegativ). (Pat. J. H.)

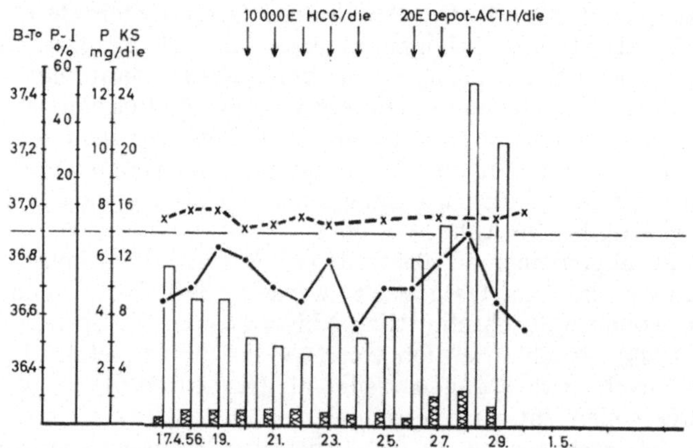

Abb. 68. Verabfolgung von HCG und Depot-ACTH an eine Kastratin. (Pat. M. R.)

Daß HCG die inkretorische Funktion der Nebennierenrinde nicht stimuliert, ist auch aus den Untersuchungen von SAMUELS u. HELMREICH (1956) zu schließen: HCG führt *nicht* zu einer Steigerung der 3β-ol-Dehydrogenase-Aktivität in den Nebennieren hypophysektomierter Ratten, während die Ferment-Aktivität in den Testes unter HCG deutlich zunimmt. FUHRMANN (1961) konnte gleiche Beziehungen für die Ovarien sicherstellen. Die Wirkung von HCG wird weniger in einer Aktivierung als in einer vermehrten Synthese der Steroiddehydrogenasen gesehen.

Der Einfluß von extrahypophysären Gonadotropinen, insbesondere von HCG, auf die Nebennierenrinde sei durch folgende Beispiele aus der eigenen Untersuchungsreihe veranschaulicht:

1. Fräulein J. H., 19 Jahre alt, 153 cm/48,5 kg. Primäre Amenorrhoe. Geschlechtsbestimmung (Kerngeschlecht): Chromatin negativ. Diagnose: Gonadendysgenesie.

Belastung mit PMS und HCG (s. Abbildung 67). Trotz hoher Dosen insbesondere von HCG (67500 E) ist keine Reaktion der Pregnandiol- und Ketosteroid-Ausscheidung erkennbar. Die Basaltemperatur verläuft uncharakteristisch. Der Pyknose-Index verbleibt unter 10%. Anschließend *Laparotomie:* rudimentäre Anlage der Gonaden.

2. Frau M. R., 42 Jahre alt. Vor 2 Monaten supravaginale Uterusexstirpation unter Mitnahme beider Adnexe.

Belastung mit 5mal 10000 E HCG und anschließend mit 3mal 20 E Depot-ACTH (s. Abb. 68). Unter HCG keine Reaktion des Pyknose-Index, der Ketosteroid- und der Pregnandiol-Werte. Basaltemperatur uncharakteristisch. Depot-ACTH veranlaßt einen typischen Anstieg der Ketosteroide sowie eine leichte Zunahme der Pregnandiol-Werte.

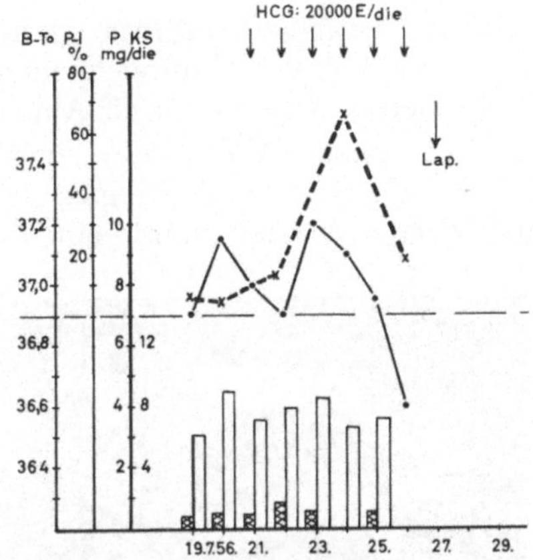

Abb. 69a. Verabfolgung von HCG an eine 49jährige Patientin (F. Sch.) zur Zeit der Menopause

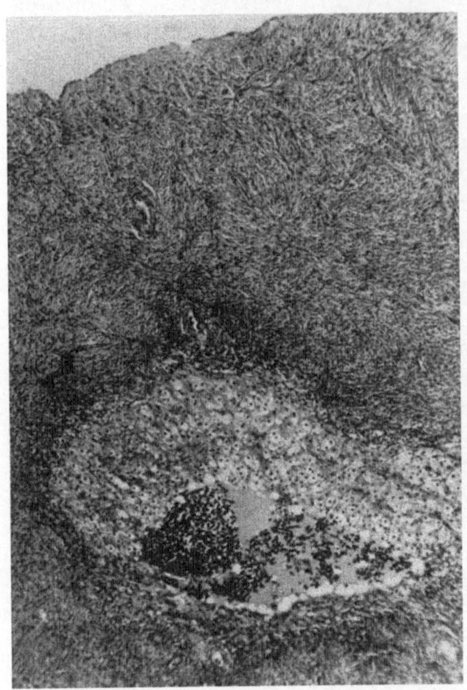

Abb. 69b. Fibröse Ovarialrinde mit Theca-Luteinbezirk (Vergr. 60×). (Pat. F. Sch.)

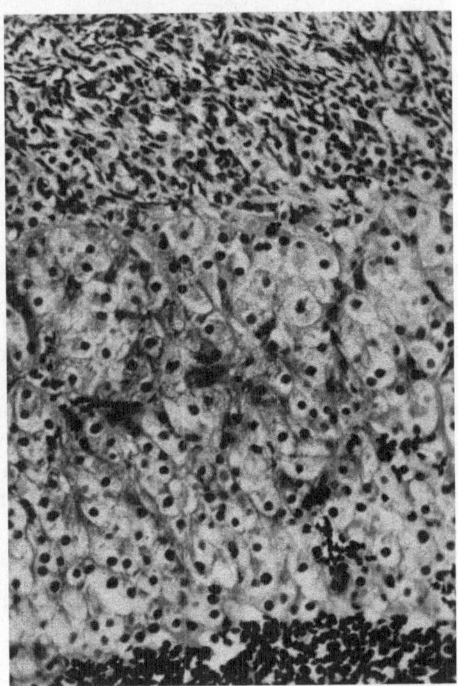

Abb. 69c. Ausschnitt aus Abb. 69b. (Vergr. 200×)

Die Reaktionen bei noch vorhandenen, aber nicht mehr funktionstüchtigen Ovarien gibt die folgende Kasuistik wieder:

3. Frau F. Sch., 49 Jahre alt. Klimakterische Blutungen bei überfaustgroßem Uterus myomatosus.

Belastung mit täglich 20000 E (!) HCG (gesamt: 120000 E, s. Abb. 69a): Ketosteroid- und Pregnandiol-Werte unbeeinflußt. Pyknose-Index ansteigend(?). Anschließend *Laparotomie* mit Entfernung des inneren Genitale.

Ovar-Histologie. Fibröse Ovarien. Nur vereinzelt Primärfollikel, einige wachsende Follikel. Zahlreiche kleine, aktivierte Theca-Bezirke (s. Abb. 69b u. c). Proliferiertes Rete ovarii (s. Abb. 69d).

Besprechung. Auch unter einer Tagesdosis von 20000 E HCG verändert sich die Ketosteroid- und Pregnandiol-Ausscheidung nicht. In den weitgehend involvierten Ovarien konnte eine deutliche Reaktion der Theca-Formationen und auch des Rete ovarii als Antwort auf die HCG-Belastung festgestellt werden.

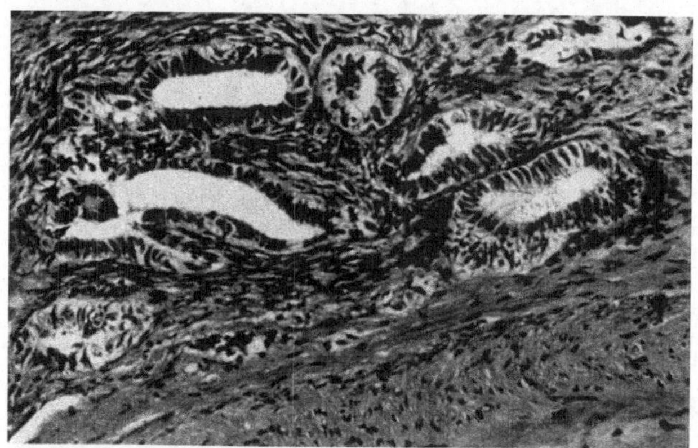

Abb. 69d. Proliferiertes Rete ovarii (Vergr. 200×). (Pat. F. Sch.)

4. Zusammenfassung

1. HCG allein (in einer Gesamtdosis von 9000 E innerhalb von 11 Tagen) aktiviert eine primär verzögerte Follikelreifung (Oligomenorrhoe) nicht.

2. PMS allein (10200 E innerhalb von 9 Tagen) vermag in Einzelfällen unter der Voraussetzung einer gewissen Reaktionsbereitschaft, die insbesondere an der basalen Oestrogen-Bildung erkenntlich ist, die Follikelreifung so weit zu fördern, daß anschließend die Ovulation eintritt.

3. Durch kombinierte Verabfolgung von PMS und HCG („Standard-Dosis", s. S. 159f.) läßt sich die Follikelreifung und Ovulation mit größerer Sicherheit induzieren. Der Effekt steht offenbar in Abhängigkeit vom jeweiligen Funktions- und Reaktionsgrad des Ovarial-Endocrinium. Vor der Behandlung schon cystische Ovarien (meist verbunden mit Oligomenorrhoe) beantworten die Medikation von PMS-HCG häufig mit einer übersteigerten Reaktion unter Bildung von größeren Theca-Luteincysten und oftmals auch mit einer Polyovulation.

4. Mit Gonadotropinen aus Tierhypophysen (Pferd, Schwein, Schaf) ist es ebenfalls möglich, ein Follikelwachstum mit Oestrogen-Bildung zu veranlassen. Einzelfälle reagieren auch mit Ovulation. Die Wirkung wird durch eine zusätzliche HCG-Verabfolgung verstärkt.

5. Der Effekt von HMG allein (4800 E verteilt auf 12 Tage) entspricht etwa dem von PMS. HMG ist, getestet an einem klinischen Krankengut, etwa dreimal wirkungsvoller als PMS.

6. Gonadotropine aus menschlichen Hypophysen (HHG) sind erwartungsgemäß allen anderen Präparaten überlegen. Ausgeprägte Überstimulierungserscheinungen wurden bei Verabfolgung derartiger Präparate besonders häufig beobachtet. Während die Wirkung extrahypophysärer Gonadotropine in einem bestimmten Dosisbereich offenbar unter Beteiligung endogener (hypophysärer) Faktoren zustande kommt, greift HHG direkt am Ovar an.

7. HCG allein hat einen eindeutig luteotropen Effekt. Die Lebensdauer des Gelbkörpers kann mit Tagesdosen über 1000 E um maximal 20 Tage verlängert

werden. Höhere Dosen (etwa ab 5000 E) können zu Überstimulierungserscheinungen führen (Bildung von großen Theca-Luteincysten).

8. Auf die Funktion der Nebennierenrinde übt HCG in Tagesdosen bis 20000 E keinen hormonanalytisch sicher nachweisbaren Einfluß aus.

C. Nebenwirkungen
1. Antikörperbildung

Eine Bildung von Antikörpern ist zu erwarten, wenn Gonadotropine tierischer Herkunft zur Anwendung kommen (Übersichten bei ØSTERGAARD 1942, 1962, ZONDEK u. SULMAN 1942, LEATHEM 1949). Antikörper werden auch gegen besonders gereinigte Präparate gebildet (GORDON 1941). Sie können schon im 2. Monat der Gonadotropin-Zufuhr auftreten, wenn das Präparat täglich verabfolgt wird (ØSTERGAARD u. HAMBURGER 1949, MADDOCK 1949, MADDOCK et al. 1956).

Diese Vorgänge, die offenbar auf einer Antigen-Antikörper-Reaktion beruhen, haben große praktische Bedeutung. Manche Befunde sind jedoch widersprüchlich. Der Wirkungsmechanismus erscheint in vieler Hinsicht noch ungeklärt. So sollen Antikörper nicht nur das exogene, sondern auch das körpereigene, hypophysäre Gonadotropin neutralisieren (JUNGCK, MADDOCK, HELLER u. NELSON 1949, EVANS u. SIMPSON 1950*, MADDOCK et al. 1956). COLE, HAMBURGER u. Mitarb. (1957) halten es dagegen für sehr unwahrscheinlich, daß auch die eigenen Gonadotropine blockiert werden.

Ob die Antikörperbildung auch durch hypophysäres Gonadotropin der gleichen Species angeregt wird, ist ebenfalls nicht ganz geklärt. KATZMAN u. Mitarb. (1947) fanden Antikörper bei Schafen, denen homologes Gonadotropin verabfolgt worden war. Dagegen kamen JUNGCK u. BROWN (1952) beim Menschen nach Applikation menschlicher hypophysärer Gonadotropine zu einem negativen Befund.

Zum Nachweis der sog. ,,Antihormone'' im Serum ist die Methode von HAMBURGER u. ØSTERGAARD (1949) geeignet. Es wird die Wirkung von PMS in Vergleich gesetzt zu derjenigen von PMS mit einem Zusatz des Antikörper enthaltenden Serum. Die Testierung bezieht sich auf das Gewicht von Ovarien und Uterus infantiler, 6—8 g schwerer Mäuse.

DÖRFFLER (1958) hat bei neun unserer Patientinnen, die zwei- bis viermal einer Behandlung mit PMS-HCG unterzogen worden waren, derartige Untersuchungen durchgeführt und gelangte bei sechs Patientinnen zu eindeutig positiven Ergebnissen.

Für die Praxis wichtig ist die Feststellung von ØSTERGAARD u. HAMBURGER (1949), daß die Antikörper innerhalb von 1—5 Monaten nach Absetzen der Medikation wieder aus dem Blut verschwinden (vgl. auch GOLDZIEHER u. WOOLEY 1957*). Während eine zweite Behandlungskur ohne größeres Risiko unmittelbar an die erste angeschlossen werden kann, wird empfohlen, mit der dritten Kur mindestens $^1/_2$ Jahr zu warten (ØSTERGAARD u. HAMBURGER 1949). Nach eigenen Erfahrungen erscheint es allerdings möglich, daß mit der ersten PMS-HCG-Kur eine gewisse Bereitschaft zur Antikörperbildung veranlaßt wird, so daß auch nach einem Intervall von mehr als 5 Monaten schon während der zweiten PMS-HCG-Kur Antikörper auftreten können und damit der Primäreffekt in Frage gestellt wird.

Als *Folgerung* dieser allerdings noch nicht ausreichend gesicherten Ergebnisse ist folgendes herauszustellen:

1. Gonadotropine artfremden Ursprungs sollten möglichst kurzfristig verabfolgt werden. Bei protrahierter Applikation niedriger Dosen ist mit dem Aufkommen von Antikörpern noch während der Behandlung zu rechnen.

2. Wenn die Applikation artfremder Gonadotropine sich über 6—8 Wochen erstreckt hat (z. B. zwei hintereinander durchgeführte PMS-HCG-Kuren), so sollte eine dritte Behandlung erst $^1/_2$ Jahr später angesetzt werden.

3. Es erscheint ratsam, nach einer PMS-HCG-Kur für die Wiederholung der Gonadotropin-Medikation HMG-HCG zu verwenden.

4. Bei Bewertung des negativen Primäreffektes einer Wiederholungskur muß die Möglichkeit einer Störung durch antigonadotrop wirksame Substanzen, deren Nachweis anzustreben ist, berücksichtigt werden.

Die Bedeutung derartiger Störungen wird auch im nächsten Kapitel (s. S. 153 f.) noch einmal zur Sprache kommen.

Lokale Reizerscheinungen und urtikarielle Exantheme treten bei höchstens 2—3 % der Patientinnen auf. Gelegentlich entwickelt sich unter der Medikation ein Pruritus vulvae. Diese Affektionen sprechen im allgemeinen auf Calcium-Gaben gut an und indizieren den Abbruch der Behandlung nur in Ausnahmefällen.

Manche Patienten gaben an, daß während einer erfolglosen Gonadotropin-Medikation sog. Ausfallserscheinungen aufgetreten seien. Über starke Stimmungs-schwankungen wird insbesondere von Patientinnen geklagt, bei denen unter der Behandlung eine übersteigerte Reaktion der Ovarien zustande kommt (s. unten).

2. Überstimulierung

a) Klinische Beobachtungen

Die Überstimulierung der Ovarien ist von allen Untersuchern seit Einführung der Gonadotropin-Therapie als höchst unerwünschte Komplikation beobachtet worden (WESTMAN 1940, RYDBERG 1955*, RAUSCHER 1955, BODDAERT et al. 1957*, SCHOCKAERT et al. 1956, EZES 1957, STAEMMLER 1956, 1957, 1958, 1960, 1961, JOHANNISSON et al. 1961, LUNENFELD et al. 1961 u. a.). Eine polycystische Veränderung der Ovarien scheint dafür besonders zu disponieren (STAEMMLER 1956, 1957, KEETEL et al. 1957, MULLER 1961). Übersteigerte Reaktionen ent-wickeln sich aber ebenfalls bei Ovarial-Insuffizienz zentraler Genese, wie wir später anhand einer statistischen Übersicht feststellen konnten (STAEMMLER 1960).

In Einzelfällen kommt es schon unter alleiniger Gabe von PMS (IGARASHI u. Mitarb. 1957) oder FSH (KEETEL u. Mitarb. 1957, GEMZELL u. Mitarb. 1958 bis 1960, BETTENDORF 1961*, APOSTOLAKIS et al. 1962) oder unter hohen Dosen von HCG (BROWN u. BRADBURY 1947, RAUSCHER 1955) zur Ausbildung grober, cystischer Veränderungen der Ovarien. Zumeist werden sie aber unter einer kombinierten Verabfolgung von PMS, HMG bzw. FSH mit HCG beobachtet.

In Unkenntnis der Genese und Prognose wurden bei diesen jungen Frauen gelegentlich beide Ovarien entfernt. Dabei sind Todesfälle beschrieben worden (vgl. MULLER 1961, ROSARIO 1961).

Das zeitliche Auftreten der Überstimulierungserscheinungen ist vom endo-krinen Ausgangsstatus und von der Dosierung abhängig. Unter unserer Standard-Dosis machte sich gelegentlich schon zu Beginn der 2. Behandlungswoche eine schmerzhafte Anschwellung der Eierstöcke bemerkbar. Die Ovarien können die Größe einer Mannsfaust erreichen (s. Abb. 70).

Das Ovar ist mit zahlreichen Theca-Luteincysten durchsetzt. Es können mehrere Gelbkörper vorhanden sein (vgl. Fall 2, S. 130 und Fall 3, S. 131). Gleich häufig werden diese aber auch vermißt, obwohl der Harn größere Pre-gnandiol-Quanten enthält! Die endokrinologischen und histologischen Befunde seien durch die beiden folgenden Beobachtungen vertreten:

1. Fräulein J. B., 19 Jahre alt. Sekundäre Amenorrhoe seit 3 Jahren. Unter der kombinierten PMS-HCG-Medikation (s. Abb. 71 a) kommt es relativ schnell zum Anstieg der Basaltemperatur und der Pregnandiol-Ausscheidung.

Nach der ersten Behandlungsphase befindet sich das Endometrium in eben beginnender Sekretion. 6 Tage später erfolgt nach zunehmender cystischer Vergrößerung der Ovarien die *Laparotomie:* Die Tuben sowie auch das Beckenperitoneum sind erheblich hyperämisch. Die Ovarien weisen alle Zeichen einer übersteigerten Reaktion auf. Verdickte, ödematöse Tunica, darunter vereinzelt jüngste Follikel. Große, cystisch-atretische Follikel mit Theca-Hyperplasie (s. Abb. 71b). Luteinisierte Thecafelder. *Kein Corpus luteum!* Hochgradiges, interstitielles Ödem mit Blutungen in das Stroma (s. Abb. 71c).

Vor der Keilexcision wurde das rechte Ovarium an mehreren Stellen punktiert. Das Punktat enthielt 191,9 μg Progesteron *.

Verlauf. Keine Komplikationen. Schnelle Rückbildung aller Überstimulierungserscheinungen. 5jährige Beobachtung: gänzlich normaler Cyclus!

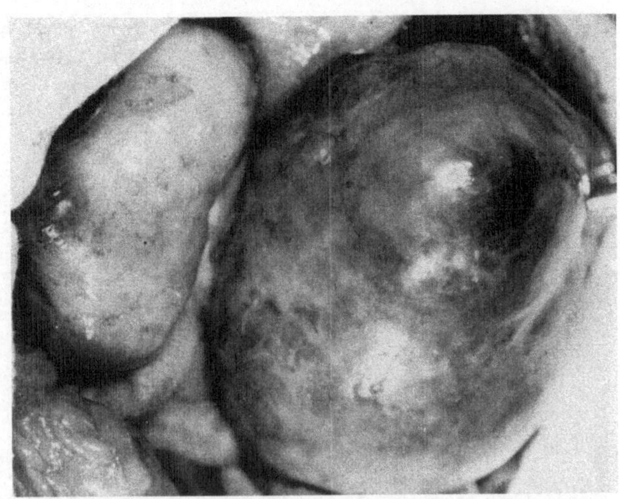

Abb. 70. Operations-Situs der Pat. J. G. (vgl. S. 130). Status nach PMS-HCG-Kur

Besprechung. Nach 3jähriger Amenorrhoe frühzeitig einsetzende, übersteigerte Reaktion der Ovarien unter PMS-HCG. Histologisch fanden sich außer

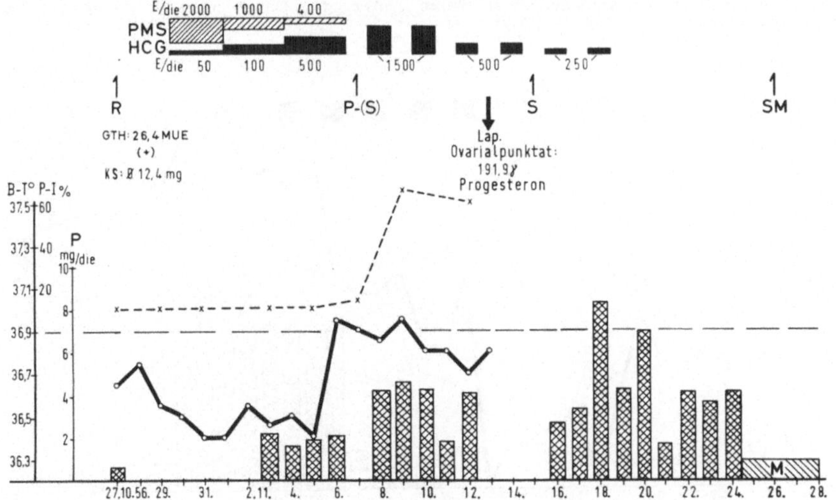

Abb. 71a. Übersteigerte Reaktion der Ovarien unter PMS-HCG (Standard-Dosis). (Pat. J. B., sekundäre Amenorrhoe seit 3 Jahren)

diffusen, interstitiellen Ödembildungen und Blutungen eine massive Theca-Aktivierung, aber kein Gelbkörper! *Als Progesteron-Produzent kommen nur die luteinisierten Theca-Formationen in Frage!* Schnelle, folgenlose Rückbildung mit Normalisierung des Cyclus.

---

* Analyse durch das Hormonlaboratorium der Universitäts-Frauenklinik Köln nach der Methode von ZANDER u. SIMMER (1954).

2. Fräulein W. J., 20 Jahre alt. Sekundäre Amenorrhoe seit $2^8/_{12}$ Jahren. Behandlung mit PMS-HCG (s. Abb. 72a). Nach dreimal 3000 E PMS erscheint das rechte Ovar gut palpabel. Während der HCG-Medikation nimmt die cystische Reaktion

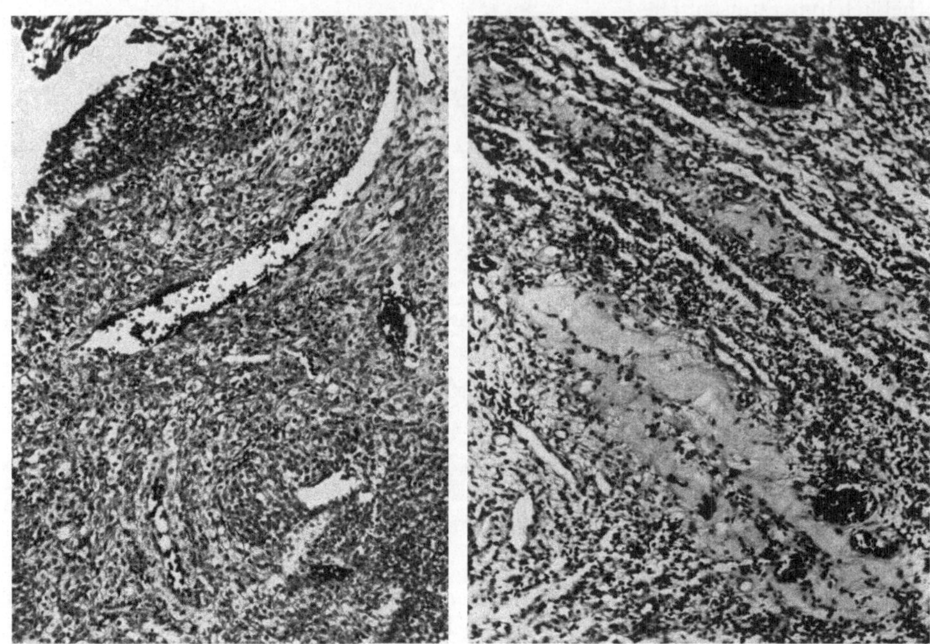

Abb. 71b. Theca-Hyperplasie zwischen cystisch-atretischen Follikeln mit degenerierter Granulosa (Vergr. 100×). (Pat. J. B.)

Abb. 71c. Diffuse interstitielle Blutung (Vergr. 60×). (Pat. J. B.)

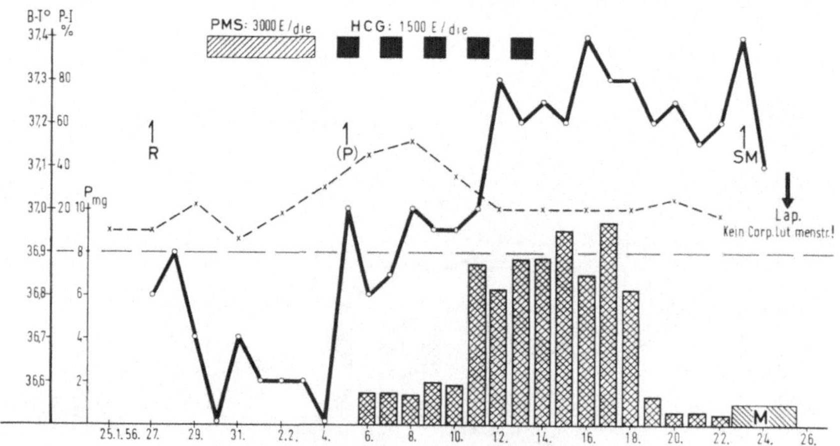

Abb. 72a. Übersteigerte Reaktion der Ovarien unter PMS-HCG (Dosis nach Rydberg 1955). (Pat. W. J., sekundäre Amenorrhoe seit $2^8/_{12}$ Jahren)

erheblich zu. 10 Tage nach Beendigung der Injektionen Einsetzen einer Genitalblutung: hochsekretorisch umgewandeltes Endometrium in mensuellem Zerfall.

2 Tage später *Laparotomie* (s. Abb. 72b). Erhebliche Vergrößerung des rechten Ovars mit interstitiellen und intracystischen Blutungen. Die verdickte Tunica albuginea ist reich vascularisiert und erscheint geradezu gesprengt. Bei der Keilexcision werden einige Theca-Luteincysten eröffnet. Das linke Ovar hat dagegen wesentlich geringer reagiert.

Ovar-Histologie. Breite, ödematös aufgelockerte Tunica albuginea. Spärlich Primärfollikel. Zahlreiche erbsen- bis bohnengroße Blutfollikel. Theca-Luteincysten (s. Abb. 72c u. d). *Kein Corpus luteum!*

Verlauf. Spontanblutungen erst 8 Monate nach der stationären Behandlung. Gewichtszunahme. In der Folgezeit wird öfter eine cystische Vergrößerung der Ovarien palpiert. Ab 1³/₁₂ Jahren nach der Laparotomie regelmäßiger Cyclus (25/4). 4¹/₂ Jahre nach Klinikbehandlung Suicid durch Sublimat-Einnahme. Bei der Obduktion wurden polycystische Ovarien gefunden.

Besprechung. Schon unter der Verabfolgung von PMS erscheint eine cystische Reaktion nachweisbar. Unter der nach-

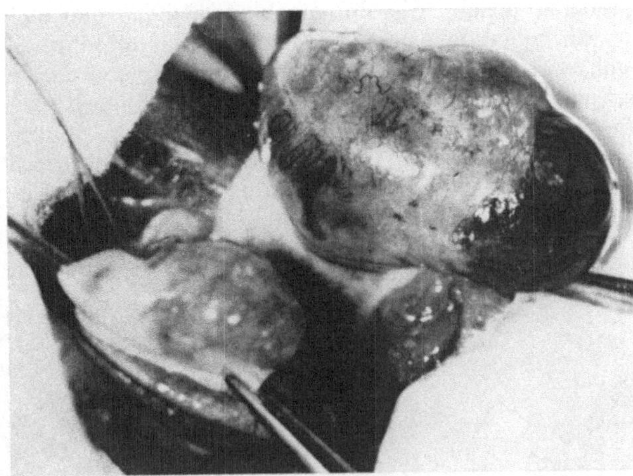

Abb. 72b. Operations-Situs der Pat. W. J.

folgenden HCG-Medikation nehmen die Überstimulierungserscheinungen zu, die sich dabei im wesentlichen auf das rechte Ovarium beschränken! Ein Gelbkörper

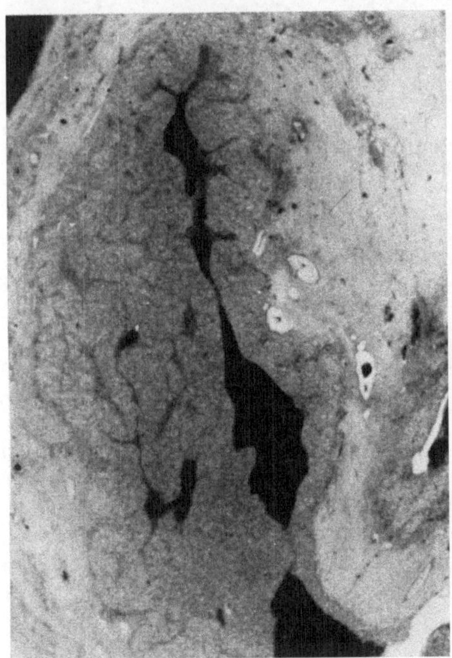

Abb. 72c. Theca-Luteincyste (Übersichtsaufnahme mit Aristophot). (Pat. W. J.)

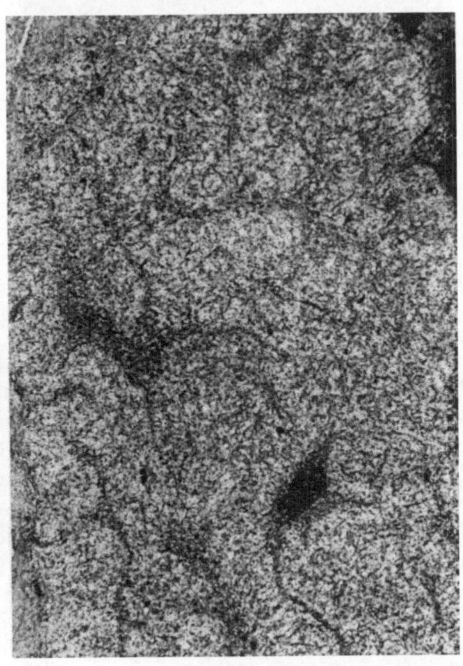

Abb. 72d. Hyperplastischer Theca-Wall (Übersichtsaufnahme mit Aristophot, Ausschnitt aus Abb. 72c) (Pat. W. J.)

ist nicht auffindbar! *Die Progesteronbildung muß auch in diesem Falle den aktivierten Theca-Formationen zugeschrieben werden.* Nach Entlassung verzögerte Normalisierung des Cyclus.

Diese oft beängstigenden Veränderungen gehen bei strikter Bettruhe unter Behandlung mit Eisblase und später mit feuchter Wärme innerhalb von etwa 1 Woche zurück. Sie sind nach etwa 6 Wochen nicht mehr nachweisbar.

Wir haben bei einer Patientin (M. Wi., 24 Jahre alt, Oligomenorrhoe) 4 Monate nach einer derartigen Überstimulierung eine *Laparotomie* vorgenommen. Die normal großen Ovarien zeigten einige narbige Einziehungen und eine verstärkte Vascularisation der Tunica albuginea.

Bei einer zweiten Patientin (M. We., 21 Jahre alt, hochgradige Oligomenorrhoe, PMS-HCG-Kur mit übersteigerter Reaktion) laparotomierten wir 5 Monate

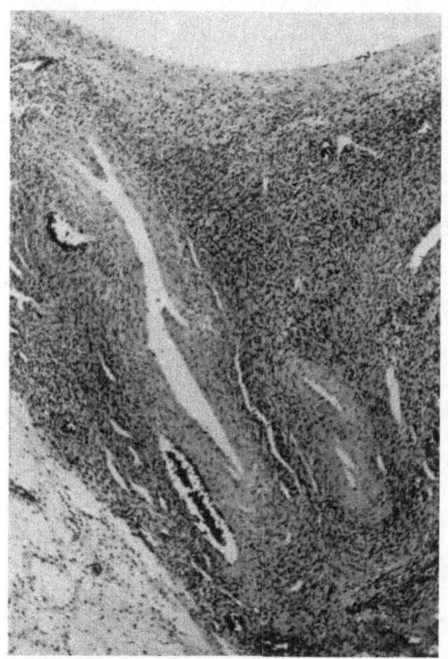

Abb. 73a. Von der Tunica ausgehende keilförmige Narbe (Vergr. 100×). (Pat. M. We.)

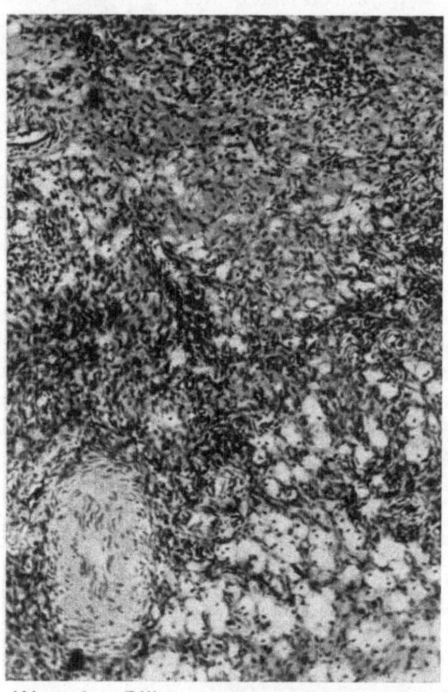

Abb. 73b.   Diffus   verteilte,   verfettete   Thecazellen. Sklerosierte   Gefäße   und   kleinzellige   Stroma-Reaktion (Vergr. 100×). (Pat. M. We.)

nach der Überstimulierung. Die annähernd normal großen Ovarien wiesen ebenfalls einige Narbenbildungen (s. Abb. 73a) sowie verfettete Thecazellen, sklerosierte Gefäße und eine kleinzellige Stromareaktion (s. Abb. 73b) auf.

Außer diesen zum Teil beträchtlichen morphologischen und endokrinen Reaktionen erfahren die Patientinnen oftmals auch unterschiedlich aufgenommene psychische Veränderungen, die alle Nuancierungen von einer maximalen Leistungssteigerung bis zur tiefen Depression durchlaufen können. Ich habe von einigen intelligenten Patientinnen während der Behandlung Tagebuch führen lassen. Der folgende Verlauf mit einem Auszug dieser Aufzeichnungen mag dafür beispielhaft sein:

Frau Dr. H. N., 30 Jahre alt, keine Schwangerschaften (Beruf: wissenschaftliche Assistentin an einem theoretischen Institut). Vor 3 Jahren wegen primärer Amenorrhoe Laparotomie mit Keilexcision. Normal dicke Tunica albuginea, regelrecht angelegtes Keimparenchym. Anschließend PMS-HCG (Dosierung von RYDBERG). Danach drei Spontanblutungen. Während eines folgenden 2jährigen Südamerika-Aufenthaltes sistierte der Cyclus. Keine Ausfallserscheinungen!

Wiederaufnahme: Weiblich proportionierte Patientin mit etwas hypoplastischen Mammae. Gonadotropin-Ausscheidung: 13,2 MUE. C_{17}-Ketosteroide: 8,9 mg/die. Hypoplastischer Uterus. Atrophisches Endometrium. Pyknose-Index: $<10\%$.

PMS-HCG-Kur (s. Abb. 74). Nach der ersten Behandlungsphase befindet sich das Endometrium in Proliferation. Anstieg der Basaltemperatur und des Pyknose-Index. Während des zweiten Abschnittes der Medikation entwickelt sich eine rasch zunehmende Vergrößerung der Ovarien. Anstieg der Pregnandiol- und auch der C_{17}-Ketosteroid-Werte! 7 Tage nach der letzten Injektion erfolgt

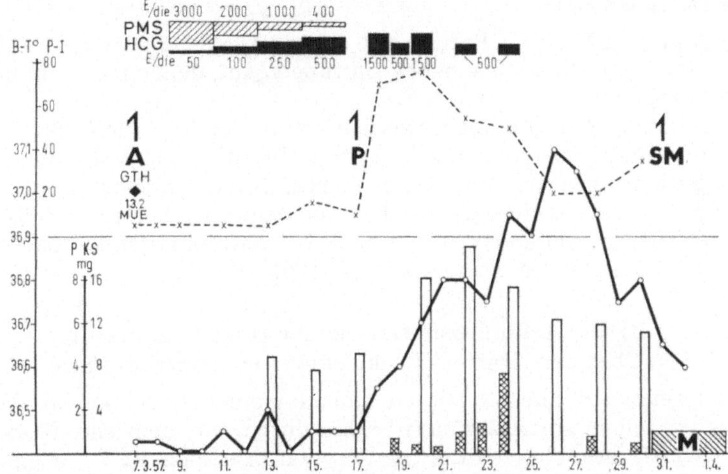

Abb. 74. PMS-HCG-Kur bei primärer Amenorrhoe. Übersteigerte Reaktion mit cystischer Vergrößerung der Ovarien. Anstieg der C_{17}-Ketosteroid-Werte! (Pat. Dr. H. N., 30 Jahre, 171 cm/65 kg)

eine Blutung aus einem sekretorisch umgewandelten Endometrium. Der Uterus ist deutlich gewachsen!

Die sehr intelligente Patientin führte während der Behandlung Tagebuch, aus dem der folgende Auszug entnommen ist:

„Das erste, was einen überkommt, ist ein rat- und rastloses Durcheinander. Ich hatte das Gefühl, daß in meinem Körper ein einziger Wirbel sei, ohne daß ich dieses näher erklären, in Worte fassen könnte. Die Wirkung der letzten GTH-Behandlung hatte allmählich immer mehr nachgelassen, was sich auch in der psychischen Einstellung anderen Menschen gegenüber auswirkte. Ich hatte wieder empfunden wie vor der Behandlung: ganz vorwiegend geistig betont im Denken und Handeln, fast ohne körperliche Regungen. In dieses „Gleichgewicht" griff nun die neue GTH-Behandlung ein und verursachte das Gefühl eines großen Aufruhrs.

Als nächstes kam nach 2—3 Tagen eine große Traurigkeit. Ich fühlte mich sehr unglücklich, ohne ersichtlichen Grund, wenn diese Trauer sich dann auch eine ursächliche Erklärung für sich in früheren Erlebnissen sucht.

Aus solchem grundlosen Kummer erwuchs am nächsten Tage das Gefühl großer Einsamkeit und in seiner Folge Sehnsucht nach anderen Menschen. Dies ‚leise Sehnen' kenne ich in ‚normalen' Zeiten (ohne Hormonbehandlung) nicht, und das scheint mir typisch zu sein. Man hat nicht das Gefühl des Nur-halb-Seins, sondern kommt sich rund und ganz vor. Man ist gern allein, andre Menschen stören oft nur, man braucht sie nicht. Leicht geschieht, daß einem jemand seine wirklichen Nöte erzählt; vielleicht wirkt man neutral und kann ruhiger, objektiver solche Dinge besprechen. Es entwickeln sich dann meist einseitige ‚Freundschaften', in denen man helfen kann, sich selbst aber mit den eigenen Sorgen zurückhält. Interessante und anregende Gespräche haben mich immer gereizt und gefesselt.

Dann kamen einige Tage eines großen Kraftgefühls, so, als läge die ganze Welt einem zu Füßen und man könne aus allen gegebenen Möglichkeiten frei entscheiden, ohne irgendwelche Rücksichten. Und als sei mir die Fähigkeit gegeben worden, zu lieben, und ich könne mich unbekümmert ins freie Spiel der Kräfte zwischen den Menschen stürzen, mit Interesse verfolgend oder erwartend, was sich entwickeln werde. In diesen Tagen war ich sehr fröhlich.

Mit der Zunahme der Schmerzen wurde meine Stimmung allgemein gedrückter. Unruhe, Angst, Trauer, große Ratlosigkeit, Einsamkeit oder gar Verlassenheit wechselten oft innerhalb Stunden miteinander, und ich war dem recht hilflos ausgesetzt. Ich sehnte mich nach Unterhaltung mit Bekannten, die ich vorher leicht zu entbehren gemeint hatte für die 4 Wochen. Daß ich keinen Besuch hatte haben wollen, tat mir nun leid. Manchmal begann ich aus nichtigem oder ohne jeglichen Grund zu weinen. Und ich mußte mich hüten, nicht jemanden mit meinem plötzlichen Mitteilungs- und Anlehnungsbedürfnis zu überfallen. Durch die Schmerzen und die Übelkeit kommt man in die Gefahr, sich krank zu fühlen, und die Unruhe sucht Mitgefühl oder Halt bei anderen Menschen.‘‘

Insgesamt wurde diese Patientin 9 Jahre lang beobachtet. In den letzten Jahren treten etwa alle 6—8 Wochen Blutungen auf, denen meist ein biphasischer Cyclus vorausgeht.

Die Stimmungsschwankungen werden wahrscheinlich auch durch die Aktivitätsänderung der Nebennierenrinde verursacht, die sich, wie auch bei einigen anderen Patientinnen (s. Abb. 75, 111, 112, 162a), in einer vorübergehenden Steigerung der C_{17}-Ketosteroid-Ausscheidung kundtut. Letztere ist übrigens auch von verschiedenen anderen Autoren bei Überstimulierung beobachtet worden (GEMZELL et al. 1958, APOSTOLAKIS et al. 1962).

b) Vorstellung zur Genese der Überstimulierung: Über den Starter-Effekt exogener Gonadotropine

Die exogene Stimulierung durch Gonadotropine bedeutet für das Ovarial-Endocrinium einen starren Eingriff, der durch die ovarielle Reaktion nicht gesteuert wird! Beantworten die Ovarien den exogenen Reiz mit einer Aktivierung ihrer inkretorischen Funktion, so folgt ihr zwangsläufig auch eine Funktionssteigerung des Zentralsystems. Es entwickelt sich ein endogener Cyclus! Wird die Gonadotropin-Medikation beibehalten, so summieren sich die exogenen und endogenen Stimulationsimpulse. Es resultiert je nach Reaktionsbereitschaft des Ovarial-Endocrinium entweder eine übersteigerte Aktivierung der Ovarialfunktion oder lediglich eine Verlängerung der Gelbkörperphase im Sinne einer „glandotropen Scheinschwangerschaft‘‘, gelegentlich auch beides. Hierzu das folgende Beispiel:

Fräulein E. R., 19 Jahre alt, 163 cm/44 kg! Menarche mit $13^{1}/_{2}$ Jahren. Danach zunächst regelrechter Cyclus. Seit 3 Jahren amenorrhoisch. Ausfallserscheinungen. Gewichtsverlust während der Amenorrhoe (20% Untergewicht). Aufnahmestatus: Hypoplastischer Uterus, atrophisches Endometrium. Gonadotropin-Ausscheidung: 3,3 MUE (!). C_{17}-Ketosteroide: 3,5 mg/die (!), 17-Hydroxycorticoide: 3,9 mg/die (!) (alle Werte erniedrigt).

PMS-HCG-Kur (Standard-Dosis) (s. Abb. 75). Anstieg der Basaltemperatur ab 6. Behandlungstag. Ab 7. Tag Zunahme der Oestriol-Ausscheidung, Anstieg des Pyknose-Index sowie allmähliches Anwachsen der Ketosteroid- und Harncorticoid-Werte! Die Ovarien sind ab 7. Tag der Medikation druckempfindlich und etwas verdickt.

Am 10. Tag der Kur Strichabrasio. Beginnende Sekretion, Glykogen +. Fortsetzung der HCG-Medikation. Zunehmende cystische Reaktion der Ovarien bei weiterem Anstieg der Steroidhormon-Werte im Harn. Die Patientin nimmt während der Behandlung $2^{1}/_{2}$ kg an Gewicht ab! 5 Tage nach Beendigung der Injektionen Genitalblutung: hochsekretorisch umgewandeltes Endometrium in mensuellem Zerfall, deciduale Stromareaktion.

Verlauf. In den folgenden Monaten Regulierung des Cyclus mit erheblicher Gewichtszunahme (14 kg in 9 Monaten!).

Besprechung. 19jährige, untergewichtige Patientin mit sekundärer Amenorrhoe seit 3 Jahren. Bei Aufnahme niedrige Gonadotropin-, Ketosteroid- und

Harncorticoid-Werte. Unter PMS-HCG frühzeitiges Ansprechen des Ovarial-Endocrinium. Nach der Basaltemperatur und der Endometrium-Biopsie beginnt die 2. Cyclusphase zwischen dem 5. und 7. Behandlungstag und dauert unter

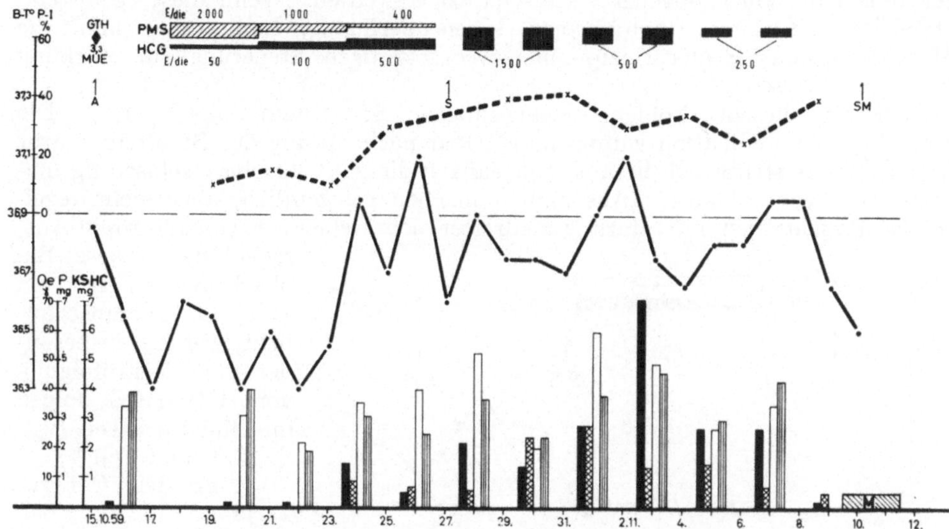

Abb. 75. Sekundäre Amenorrhoe seit 3 Jahren (hypothalamische Fehlfunktion). Unter PMS-HCG frühzeitige Reaktion. Anstieg auch der C_{17}-Ketosteroide. Durch HCG-Medikation verlängerte 2. Cyclusphase (kurzfristige „glandotrope Scheinschwangerschaft"). (Pat. E. R.)

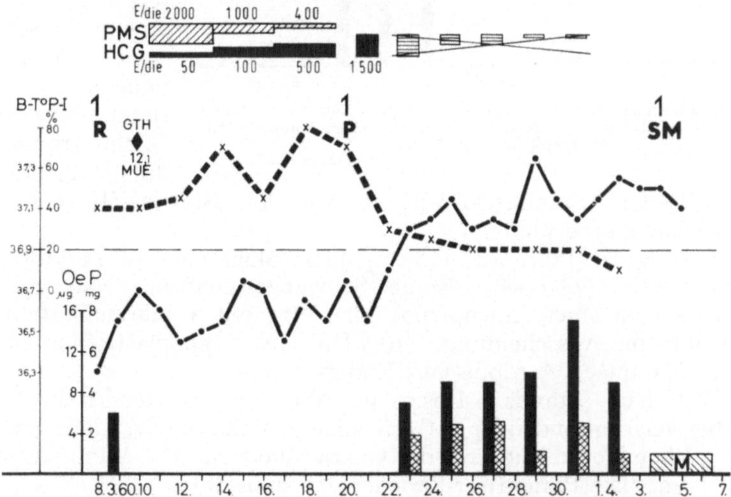

Abb. 76. Sekundäre Amenorrhoe seit 1 Jahr. Induktion eines endogenen Cyclus durch PMS-HCG. Selbsttätiger Ablauf der Gelbkörperphase. (Pat. Chr. H.)

Fortsetzung der Medikation mindestens 17 Tage an. Vom relativen Temperatur-Tief der Basaltemperatur bis Cyclusende vergehen 19 Tage! Die Gonadotropin-Medikation hat also eine Verlängerung der 2. Cyclusphase auf 17—19 Tage veranlaßt, die mit einer übersteigerten Reaktion der Ovarien und anziehenden Werten der Nebennierenrinden-Steroide verbunden ist! Nach der Therapie Normalisierung des Cyclus mit starker Gewichtszunahme (+ 14 kg in 9 Monaten!).

Die übersteigerte Reaktion der Ovarien unter einer Gonadotropin-Verabfolgung ist als Folge einer relativen Überdosierung anzusehen, die sich aus der Summierung der exogenen und endogenen Gonadotropine ergibt. Mit der Gonadotropin-Verabreichung kann ein endogener Cyclus induziert werden. Wenn dieser genügend stabil ist, sind weitere Gonadotropin-Gaben überflüssig. Es bestünde damit die Möglichkeit, das Reglerprinzip einer wechselseitigen Steuerung zur Wirkung kommen zu lassen.

Ich bin diesem Problem nachgegangen (STAEMMLER 1960, 1961). Die Gonadotropin-Medikation wurde unmittelbar nach Sprung der Basaltemperatur abgesetzt. Es stellte sich heraus, daß danach die 2. Cyclusphase selbsttätig und meist regelrecht abläuft. (Ausnahmen machen gelegentlich, aber nicht regelmäßig Patientinnen mit stark erniedrigter oder fehlender Gonadotropin-Ausscheidung.) Diese Beobachtung sei an zwei Beispielen veranschaulicht, weitere, insbesondere bei Verabfolgung von HMG-HCG, folgen im klinischen Teil (vgl. S. 167 f. und Teil V).

1. Fräulein Chr. H., 22 Jahre alt, 176 cm/ 72 kg. Menarche mit 16 Jahren, danach Oligomenorrhoe (2—6 Monate/3 Tage). Seit 1 Jahr amenorrhoisch. Leichte Acne. Ausfallserscheinungen. Bei Aufnahme ruhendes Endometrium. Gonadotropin-Ausscheidung: 12,1 MUE.

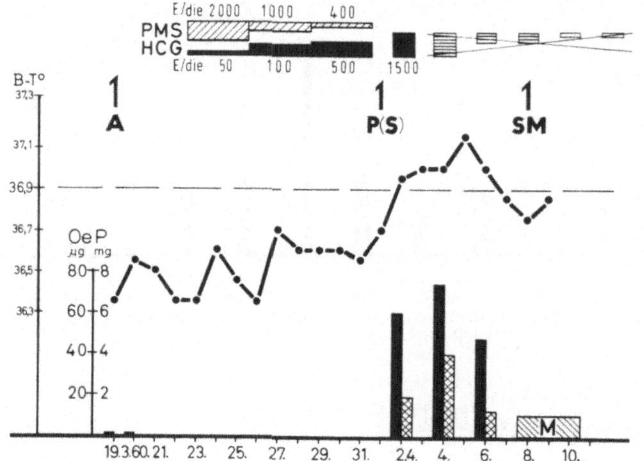

Abb. 77. Sekundäre Amenorrhoe seit 3 Jahren. Verzögertes Anlaufen des endogenen Cyclus. Nach Absetzen der HCG-Medikation vorzeitiges Abbrechen der Gelbkörperphase. (Pat. L. A.)

PMS-HCG-Kur (Standard-Dosis) (s. Abb. 76). Starter-Effekt mit spontan ablaufender Gelbkörperphase.

2. Frau L. A., 27 Jahre alt, 166 cm/54 kg. Menarche mit 14 Jahren. Cyclus danach regelrecht (28/4—5). Keine Schwangerschaften. Nach psychischem Trauma Einsetzen einer Amenorrhoe, die jetzt seit 3 Jahren besteht. Frigidität. Gonadotropin-Ausscheidung: 10,3 HMG-E. Hypoplastischer Uterus. Geschrumpfte Mammae. Atrophisches Endometrium.

PMS-HCG-Kur (Standard-Dosis) (s. Abb. 77). Starter-Effekt mit selbsttätiger, aber verfrüht endender 2. Cyclusphase. Während der 2jährigen Beobachtungszeit völlige Normalisierung der Ovarialfunktion. Die Mammae sind deutlich gewachsen! Die Patientin ist wieder orgasmusfähig.

Aus diesen und zahlreichen analogen Beobachtungen geht hervor, daß exogene Gonadotropine nicht nur die Ovarien aktivieren, sondern eine rhythmische Funktion des Ovarial-Endocrinium induzieren, die nach erfolgter Gelbkörperbildung in wechselseitiger Steuerung selbständig abläuft.

c) Möglichkeit der Vorbeugung

Dieses Prinzip der induktiven Wirkung exogener Gonadotropine erklärt das Zustandekommen übersteigerter Reaktionen als Ausdruck einer relativen Überdosierung. *Sie kann mit Sicherheit vermieden werden, wenn die Gonadotropin-*

Medikation (Standard-Dosis) mit Beginn der 2. Cyclusphase, d.h. nach Sprung der Basaltemperatur, beendet wird.

Dieses Verhalten entspricht dem Reglerprinzip. Ist die Ovulation erst erfolgt, so läuft die Gelbkörperphase ohne Unterstützung spontan und meist auch zeitgerecht ab! Die wichtigste und auch unbedingt notwendige Kontrolle während einer Gonadotropin-Verabfolgung stellt die regelmäßige Messung der Basaltemperatur dar. Wenn diesen Grundsätzen gefolgt wird, haben übersteigerte Reaktionen bei Anwendung unserer Standard-Dosis faktisch keine Bedeutung mehr!

3. Zusammenfassung und Folgerung

Die wichtigsten Nebenwirkungen einer Gonadotropin-Medikation sind die Antikörperbildung und das Zustandekommen einer Überstimulierung.

1. Mit einer Antikörperbildung ist zu rechnen, wenn artfremde (heterologe) Gonadotropine verwendet werden. Bei täglicher Verabfolgung des Präparates können sie schon im 2. Monat der Medikation auftreten.

2. Die Antikörper blockieren die zugeführten, heterologen Gonadotropine. Ob auch arteigene und endogene gonadotrope Hormone neutralisiert werden, ist nicht ganz geklärt.

3. Die antigonadotropen Substanzen sollen 1—5 Monate nach Absetzen der Medikation aus dem Blut wieder verschwinden. Nach Untersuchungen am eigenen Krankengut wird für möglich gehalten, daß schon während der ersten Verabfolgungsserie der Organismus zu einer Antikörperbildung sensibilisiert wird, so daß während einer sehr viel später durchgeführten zweiten Behandlung Antikörper auftreten können.

Als *Folgerung für die Praxis* ergibt sich aus diesem Verhalten:

1. Eine Behandlung mit heterologen Gonadotropinen soll möglichst nicht länger als 1 Monat dauern. Die Verabfolgung höherer Dosen in einem kurzen Zeitraum erscheint zweckmäßiger als eine protrahierte Darreichung mit niedrigen Dosierungen.

2. Für eine Wiederholungsbehandlung sollten nach Möglichkeit homologe gonadotrope Hormone (HMG, HHG) eingesetzt werden.

Überstimulierungserscheinungen sind bei allen Gonadotropinen, die bisher experimentell und klinisch zur Anwendung kamen, beobachtet worden. Sie sind die Folge einer relativen Überdosierung.

1. Polycystisch veränderte Ovarien disponieren im besonderen Maße zu übersteigerten Reaktionen unter Gonadotropin-Verabfolgung. Bei einer Ovarial-Insuffizienz zentraler Genese werden sie aber ebenfalls beobachtet.

2. Die charakteristischen Veränderungen im Ovar bestehen in einer hochgradigen Hyperplasie der Theca-Formationen, in der Ausbildung zahlreicher Theca-Luteincysten, im Zustandekommen von Blutungen in die Cysten und das Interstitium sowie in einer allgemeinen ödematösen Durchtränkung. Die Theca-Luteincysten können größere Quanten Progesteron enthalten! Es wird Pregnandiol ausgeschieden, ohne daß ein Gelbkörper vorhanden sein muß! Bei anderen Patientinnen bergen die Ovarien multiple Corpora lutea.

3. Die cystische Vergrößerung der Ovarien bildet sich innerhalb einer Woche nach Absetzen der Medikation teilweise zurück und ist nach etwa 6 Wochen palpatorisch nicht mehr nachweisbar.

4. Die entscheidende Voraussetzung für das Zustandekommen von Überstimulierungen ist eine bestimmte Reaktionsbereitschaft des Ovarial-Endocrinium.

5. Exogene Gonadotropine veranlassen nicht nur eine isolierte Aktivierung der Ovarien, sondern direkt und/oder indirekt auch eine Funktionssteigerung des

Zentralsystems. Aus der Summierung endogener und exogener Gonadotropine resultiert eine relative Überdosierung, die vom Ovar entsprechend beantwortet wird.

6. Der induzierte endogene Cyclus läuft nach der Ovulation selbsttätig und regelrecht weiter.

7. Die Überstimulierung kann mit Sicherheit vermieden werden, wenn die Gonadotropin-Medikation (Standard-Dosis) nach Anstieg der Basaltemperatur abgesetzt wird. Die Gelbkörperphase ist von exogenen Impulsen unabhängig. Die Messung der Basaltemperatur ist somit die wichtigste Kontrollmaßnahme unter einer cyclusgerechten Verabfolgung gonadotroper Hormone.

D. Klinische Untersuchungen zur Dosierung
1. Einleitung und Problemstellung

Ich habe in den vorhergehenden Kapiteln wiederholt auf die unterschiedlichen Dosierungen hingewiesen, die im klinischen Versuch oder im Rahmen der Behandlung angewendet werden. Sie variieren je nach Krankengut und Behandlungsziel. Alle therapeutischen Dosen sind empirisch ermittelt, da wir uns weder auf genaue Kenntnisse der chemischen Struktur noch auf reelle Daten über die Gonadotropin-Bildung im Organismus stützen können.

Das Problem wird dadurch noch unübersichtlicher, daß die der Praxis zur Verfügung stehenden Präparate in ihrer Aktivität sehr differieren und sogar nicht unbeträchtliche Unterschiede von Charge zu Charge bestehen. Außerdem ist die Wirkung der gonadotropen Hormone von zahlreichen individuellen, größtenteils unbekannten, endogenen Faktoren abhängig. Erinnert sei nur an die Einflüsse des Interrenal-Endocrinium, der Schilddrüse, verschiedener Stoffwechselleistungen der Leber, an die Bedeutung enzymatischer Vermittlungen und an psychische Einflüsse.

Allgemeingültige Ergebnisse sind von Untersuchungen zur Dosierung demnach nicht zu erwarten. Die Dosen sind nur als Größenordnung zu verstehen und können, wie auch die Art der Kombination und die Medikationsdauer, in gewissen Grenzen modifiziert werden.

2. Definition der „Standard-Dosis"

Unter Standard-Dosis verstehen wir eine empirisch am klinischen Krankengut ermittelte durchschnittliche Effektiv-Dosis. Nur eine relativ *hohe Dosierung* gibt der Funktionsdiagnostik (und damit auch der Therapie) die erforderliche Sicherheit. Aus der von Fall zu Fall sehr variablen Reaktionsfähigkeit des Ovarial-Endocrinium erklärt es sich, daß man in *Einzelfällen* auch mit einer wesentlich niedrigeren Dosis und mit anderen Kombinationen biphasische Cyclen erzielen kann.

Die unmittelbare Reaktion auf die verabfolgten Gonadotropine (sog. „Primäreffekt") ist weitgehend abhängig von der endokrinen Ausgangslage. Diese Beziehungen sind in vieler Hinsicht unklar! Die jeweils notwendige Gonadotropin-Dosis ist vor Beginn der Therapie im allgemeinen nicht sicher zu bestimmen. Man könnte die Dosis nach dem Oestrogenspiegel (vgl. Pyknose-Index und Strichabrasio) und den Gonadotropin-Werten im Harn individualisieren. Ich habe aber die Beobachtung gemacht, daß auch bei günstiger basaler Oestrogen-Bildung unter der Gonadotropin-Medikation sich gelegentlich kein biphasischer Cyclus entwickelt (s. S. 333 f. und Abb. 188 d), sondern lediglich eine Follikelpersistenz resultiert. Für die *Praxis* muß die Standard-Dosis demnach so eingestellt sein, daß ohne langwierige und diffizile hormonanalytische Voruntersuchungen allein aus dem Primäreffekt im *nicht* ausgelesenen Krankengut Rückschlüsse auf die derzeitige Reaktions- und Funktionsfähigkeit des Ovarial-Endocrinium gezogen werden können. Wenn ein Teil der Patientinnen mit tiefgreifender zentraler Fehlfunktion (sehr niedrige Gonadotropin-Ausscheidung und fehlende basale Oestrogen-Bildung) auf eine derartige „Standard-Dosis" nicht anspricht, so kann z.B. bei dringendem Kinderwunsch eine Wiederholung mit der 2fachen Dosis in Einzelfällen angezeigt sein. Auf diese Problematik wird bei Besprechung der verschiedenen Krankheitsformen eingegangen werden.

3. Die Bedeutung der individuellen Reaktionsfähigkeit für den Wirkungseffekt

a) Der Einfluß der Pathogenese

Der Primäreffekt einer Gonadotropin-Verabfolgung steht in einer gewissen Abhängigkeit von der Ätiologie der Ovarial-Insuffizienz. Es lassen sich daher auch aus der Reaktion auf gonadotrope Hormone gewisse kausal-diagnostische Folgerungen ableiten (vgl. Teil V). So sprechen hypoplastische Ovarien auf die erste Gonadotropin-Kur im allgemeinen nicht an. Negative Resultate kann man aber auch bei bestimmten zentralen Fehlfunktionen erhalten. Desgleichen wird die Ermittlung einer Standard-Dosis am klinischen Krankengut durch Grad und Dauer der Funktionseinschränkung erschwert, die die Reaktionsfähigkeit beeinflussen.

Die Möglichkeit vergleichender Untersuchungen wird durch diese Abhängigkeiten begrenzt. Die Festlegung einer Standard-Dosis ist letztlich das Resultat einer vieljährigen klinischen Erfahrung an einem großen Krankengut.

b) Änderung der individuellen Reagibilität

Es ließe sich die Standard-Dosis dadurch ermitteln, daß die Wirkung verschiedener Dosis-Stufen jeweils bei der gleichen Patientin getestet wird. Ein derartiges Vorgehen wird jedoch durch die Veränderlichkeit der individuellen Reagibilität beeinträchtigt. Diese stellt eine hochinteressante, theoretisch und praktisch bedeutsame, aber schwer erklärbare Eigentümlichkeit dar und führt immer wieder zu unerwarteten Reaktionen.

Wir konnten wiederholt die Feststellung machen, daß die Ansprechbarkeit auf die zweite bzw. dritte Gonadotropin-Kur zu- oder abnimmt. Voraussetzung für die Bewertung dieser Beobachtung ist eine annähernd gleiche Dosierung, die Verwendung gleicher Präparate und die Vermeidung einer Störung durch Antikörperbildung.

Zunehmende Reaktionsfähigkeit. Mindestens sechs unserer Patientinnen reagierten erst auf die zweite oder dritte Gonadotropin-Kur biphasisch. Es lagen jeweils zentrale Funktionsstörungen vor, die bei drei Patientinnen mit einer nachgewiesenen sekundären Hypoplasie der Ovarien verbunden waren. Diese Reaktionen seien an folgenden Beispielen veranschaulicht:

1. Frau R. Sch., 30jährige, verheiratete Patientin mit ausgeprägter Magersucht (167 cm/49 kg, Untergewicht von 22%). Von der Menarche (mit 15 Jahren) bis zum 18. Lebensjahr regelrecht menstruiert, danach Oligomenorrhoe. Ein regelrechter Partus 1957, danach 7 Monate gestillt! Die Patientin ist seitdem amenorrhoisch ($3^{1}/_{2}$ Jahre). In den letzten 9 Monaten Gewichtsabnahme von 9 kg! Aufnahme zur ersten PMS-HCG-Kur (s. Abb. 78, oben). Hochgradig hypoplastischer Uterus. Keine Ausfallserscheinungen. C_{17}-Ketosteroide: 10,1 mg/die. Auf Gonadotropine nur leichter Anstieg des Pyknose-Index. Das Endometrium bleibt atrophisch. In den folgenden Monaten keine Spontanblutungen.

Zweite PMS-HCG-Kur 8 Monate später (s. Abb. 78, Mitte). Jetzt eindeutig biphasische Ovarialreaktion mit kräftigem Ansprechen des Pyknose-Index und typischer Transformation des Endometrium. Danach wiederum keine spontane Menstruation.

Dritte PMS-HCG-Kur (s. Abb. 78, unten) $1^5/_{12}$ Jahre später (nach jetzt etwa $5^1/_2$jähriger Amenorrhoe!). Übersteigerte biphasische Reaktion mit cystischer Vergrößerung der Ovarien. In der Folgezeit keine selbsttätige Normalisierung.

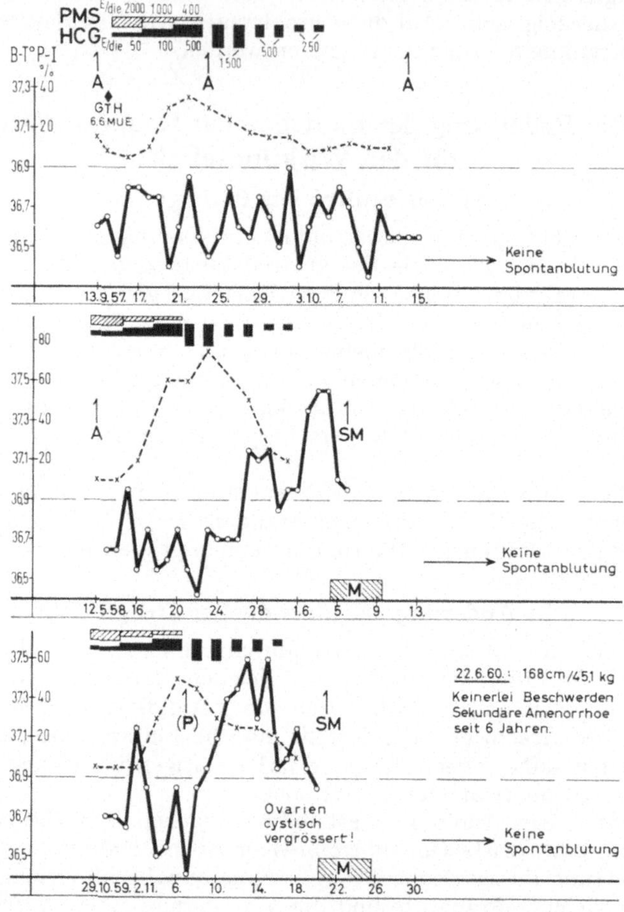

Abb. 78. Zunehmende Ansprechbarkeit auf PMS-HCG. Erste PMS-HCG-Kur nach einer Amenorrhoe von $3^6/_{12}$ Jahren). (Pat. R. Sch.)

Besprechung. 30jährige Patientin mit ausgeprägter Magersucht. $3^6/_{12}$ Jahre bestehende sekundäre Amenorrhoe diencephaler Genese. Erste PMS-HCG-Kur ohne Effekt. 8 Monate später zweite PMS-HCG-Kur mit biphasischer Reaktion. $1^5/_{12}$ Jahre danach dritte PMS-HCG-Kur mit übersteigerter biphasischer Reaktion. Keine Normalisierung der Ovarialfunktion.

2. Frau I. Sch., 27 Jahre alt, 162 cm/64 kg. Menarche mit 12 Jahren, Cyclus danach regelrecht (28/8). Zwei Partus 1958 und 1961. Seit der letzten, komplikationslosen Entbindung amenorrhoisch (1 Jahr). Keine Ausfallserscheinungen. 2,5 kg an Gewicht zugenommen.

Erste HMG-HCG-Kur (s. Abb. 79, oben). Nur Oestrogenbildung, keine anschließende Blutung, Endometrium in Proliferation. 6 Wochen später Spontanblutung, bei der es sich nach Ausweis der Strichabrasio um eine echte Menstruation handelte. $3^1/_2$ Monate nach dieser einzigen Blutung:

Zweite HMG-HCG-Kur gleicher Dosierung (s. Abb. 79, unten). Zu Beginn befindet sich das Endometrium in mittlerer Proliferation. Unter der Medikation frühzeitiges, steiles Anziehen der Basaltemperatur, so daß die Kur vorzeitig abgebrochen werden kann. Pregnandiol-Ausscheidung bis maximal 6,8 mg/die. Anschließend Menstruation.

Besprechung. 27jährige Patientin mit sekundärer Amenorrhoe seit 1 Jahr. Auf die erste HMG-HCG-Kur nur Oestrogenbildung. 6 Wochen später kommt es

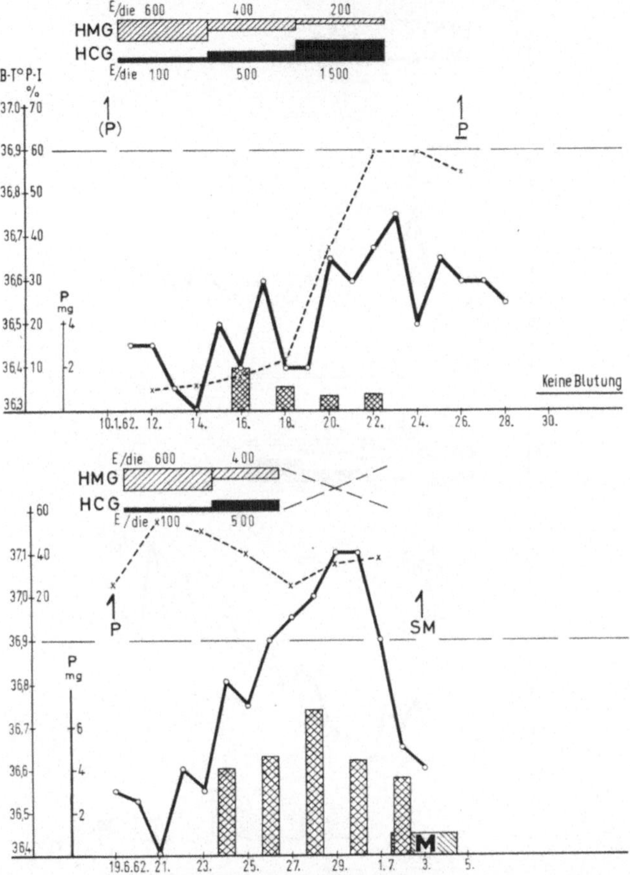

Abb. 79. Zunehmende Ansprechbarkeit auf HMG-HCG. Erste Behandlung nach einjähriger Amenorrhoe. (Pat. J. Sch.)

ohne Behandlung zu einer echten Menstruation. $3^1/_2$ Monate danach wird eine zweite HMG-HCG-Kur durchgeführt. Promptes und biphasisches Ansprechen des Ovarial-Endocrinium.

3. Fräulein I. K., 22jährige Patientin mit mäßigem Untergewicht (171 cm/50,7 kg: —17%). Menarche mit 12 Jahren, danach regelmäßiger Cyclus (28/3—4). Seit Antritt der Lehre sekundäre Amenorrhoe (jetzt 3 Jahre lang). Gewichtsschwankungen. Gelegentlich leichte Ausfallserscheinungen. Kann seit 1 Jahr nicht mehr hoch singen (C_{17}-Ketosteroide: 6,4 mg/die, 17-Hydroxycorticoide: 7,5 mg/die).

Erste HMG-HCG-Kur (s. Abb. 80, oben). Keine biphasische Reaktion. Relativ spätes Anziehen des Pyknose-Index. Nach etwa $2^1/_2$ Monaten zweite HMG-HCG-Kur (s. Abb. 80, unten). Frühzeitiger Anstieg des Pyknose-Index und der Basaltemperatur. 9 Tage nach Absetzen der Medikation Uterusblutung: menstrueller Zerfall einer nicht sehr ausgeprägt proliferierten und transformierten Uterusschleimhaut.

Besprechung. 22jährige, etwas untergewichtige Patientin, bei der seit 3 Jahren eine sekundäre Amenorrhoe besteht. Patientin trat damals die Lehre an, wird aber durch ihre Tätigkeit nicht belastet! Die erste HMG-HCG-Kur (9tägig) führte nur zu einer leichten Oestrogen-Bildung. Eine zweite HMG-HCG-Kur (12tägig) bewirkt frühzeitig eine Proliferation des Vaginalepithels (s. Pyknose-Index) und auch einen zeitig einsetzenden, stufenweisen Anstieg der Basaltemperatur. Anschließend menstruelle Blutung. Der Wert dieser Beobachtung wird durch die

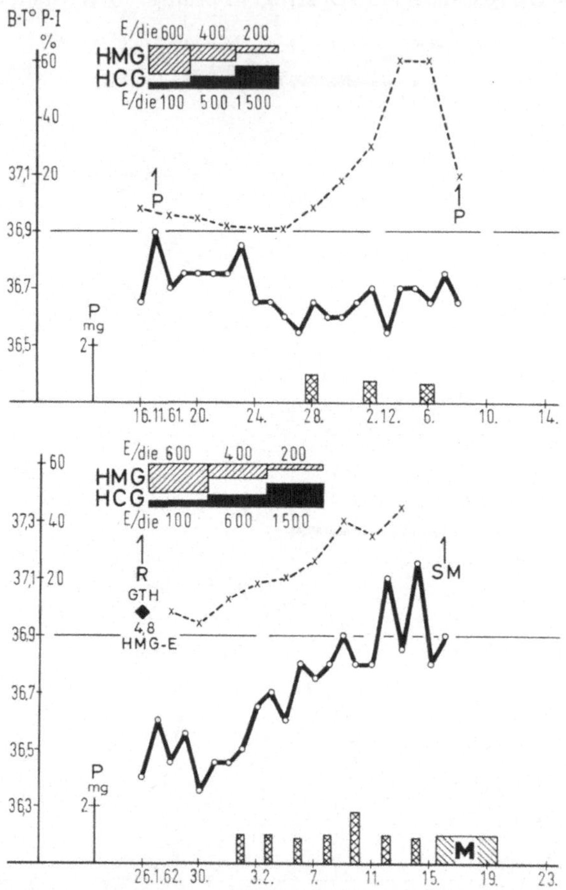

Abb. 80. Zunehmende Reaktionsbereitschaft auf HMG-HCG. Erste Behandlung nach 3jähriger sekundärer Amenorrhoe. (Pat. J. K.)

etwas unterschiedliche Dosierung eingeschränkt. Die veränderte Reaktions-fähigkeit geht aber daraus hervor, daß das Ovarial-Endocrinium schon sehr früh unter der zweiten HMG-HCG-Kur reagiert.

Drei weitere Beobachtungen werden im Kapitel „Hypoplasie der Ovarien" vorgestellt (Pat. E. L., J. N. und G. Sch., s. S. 276—280, 171).

Welche Faktoren mögen diese zunehmende Empfänglichkeit für exogene Gonadotropine bewirken?

Als Erklärung solcher Entwicklungen wurde eine sog. „progonadotrope Serumreaktion" diskutiert. Sie soll eine Potenzierung der exogenen Gonado-tropine durch einen serumeigenen Globulinfaktor bedingen (KATZMAN et al. 1947, FREUD u. UYLDERT 1947, ØSTERGAARD u. HAMBURGER 1949). Ob diese jedoch auch nach mehrmonatigen Intervallen noch wirksam ist, erscheint fraglich. Wahrscheinlicher ist die Annahme, daß durch die verabfolgten gonadotropen

Hormone Ferment-Systeme aktiviert (oder synthetisiert) werden. Diese Fragestellung bleibt jedoch offen.

Abnehmende Reaktionsfähigkeit. Ein Rückgang der Ansprechbarkeit auf exogene Gonadotropine wurde bei 12 Patientinnen beobachtet. Sie sei an zwei Beispielen dargestellt.

1. Fräulein U. T., 18jährige, schlankwüchsige Patientin (163 cm/51 kg). Menarche mit 13 Jahren. Seit 1 Jahr amenorrhoisch. Keine Ausfallserscheinungen. Gonadotropin-Ausscheidung: 16,5 HMG-E. Atrophisches Endometrium.

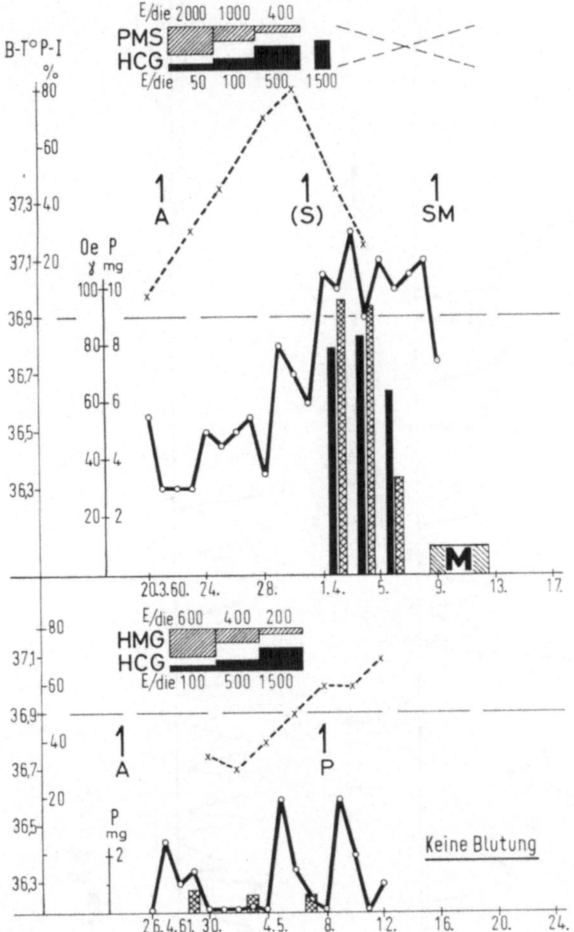

Abb. 81. Abnehmende Ansprechbarkeit auf Gonadotropine. Erste Behandlung nach einjähriger Amenorrhoe. (Pat. U. T.)

PMS-HCG-Kur (s. Abb. 81, oben). Schnelles Anziehen des Pyknose-Index. Sprung der Basaltemperatur am 7. Behandlungstag. Wegen dieser frühzeitigen Reaktion (Starter-Effekt) Absetzen der weiteren Gonadotropin-Medikation. Spontaner Ablauf der Gelbkörperphase mit anschließender Menstruation.

1 Jahr später Verabfolgung von HMG-HCG (s. Abb. 81, unten). Nur leichte Oestrogenbildung. Keine nachfolgende Blutung. Während des nächsten Beobachtungsjahres Teilregulierung des Cyclus.

Besprechung. 18jährige Patientin, die seit 1 Jahr amenorrhoisch ist. Unter PMS-HCG frühzeitige, biphasische Reaktion (Starter-Effekt). Zweite Behandlung

1 Jahr später mit *homologen* Gonadotropinen (HMG-HCG): nur leichte Oestrogen-
bildung. Danach aber Teilregulierung des Cyclus.

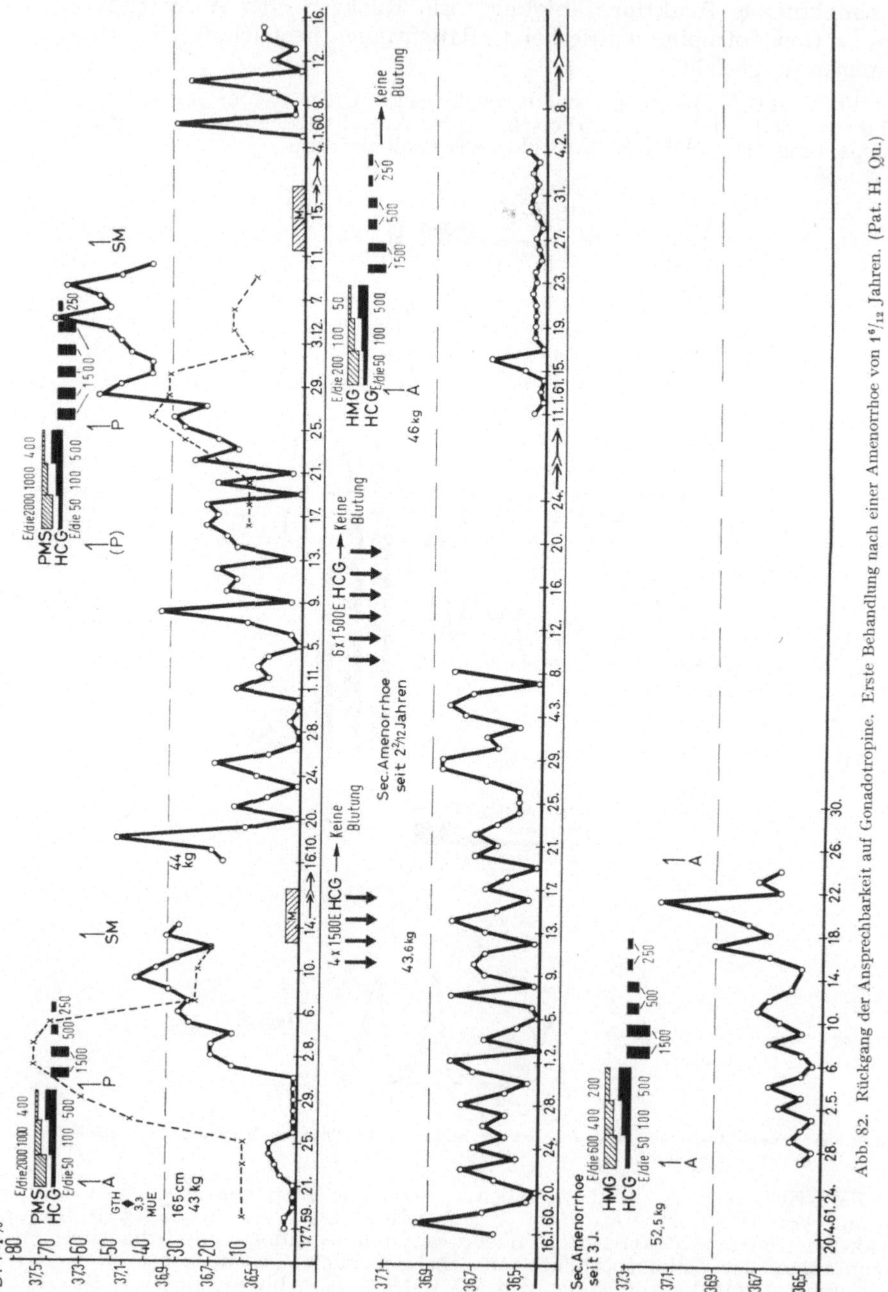

Abb. 82. Rückgang der Ansprechbarkeit auf Gonadotropine. Erste Behandlung nach einer Amenorrhoe von $1^{6}/_{12}$ Jahren. (Pat. H. Qu.)

2. Fräulein H. Qu., 19jährige, untergewichtige Patientin (165 cm/43 kg: —23%).
Sekundäre Amenorrhoe seit $1^{6}/_{12}$ Jahren. Anorexie, Gewichtsverlust, Obstipation.
Keine Ausfallserscheinungen. Gonadotropin-Ausscheidung: 3,3 MUE. Atrophisches
Endometrium.

Unter der ersten PMS-HCG-Kur (s. Abb. 82) kommt es zur Entwicklung eines biphasischen Cyclus mit cystischer Reaktion der Ovarien und anschließender Menstruation. In den folgenden Monaten keine Spontanblutung. Die Mutter berichtet aber, daß die Patientin größeren Appetit zeige und aufgeschlossener sei.

Zweite PMS-HCG-Kur 4 Monate nach der ersten. Wiederum typisch biphasische Reaktion. In der folgenden Kontrollzeit jedoch keine Blutungen (keine Reaktion auf alleinige HCG-Verabfolgung).

Dritte Behandlung $1^2/_{12}$ Jahre nach der zweiten Kur. Verabfolgung von HMG-HCG (relativ niedrige HMG-Dosis). Keinerlei Reaktion.

Vierte Gonadotropin-Kur 3 Monate später. Wiederum Verabfolgung von HMG-HCG (HMG-Dosis über das Dreifache der vorigen Kur). Keine Reaktion. Abschließende Vollabrasio ergibt atrophisches Endometrium. Später Spontanheilung und Schwangerschaft.

Besprechung. 19jährige Patientin mit zentralbedingter Ovarial-Insuffizienz seit $1^6/_{12}$ Jahren. Auf zwei PMS-HCG-Kuren typisch biphasische Reaktionen. Die beiden folgenden HMG-HCG-Kuren werden vom Ovarial-Endocrinium nicht mehr beantwortet. 2 Jahre später spontane Normalisierung des Cyclus. Februar 1964 Gravidität mens. III!

Für einen derartigen Rückgang der Reaktionsfähigkeit wird man zunächst die zunehmende Dauer der Funktionsruhe verantwortlich machen, mit der sich die Ansprechbarkeit des Ovarial-Endocrinium auf stimulatorische Reize erfahrungsgemäß vermindert. Diese Interpretation trifft aber wohl nur für einen Teil der Patientinnen zu. Eine Erschöpfung des Keimparenchym ist unwahrscheinlich, da sich der Cyclus bei einigen Frauen später spontan normalisierte. Ferner ist an die Möglichkeit zu denken, daß sich gegen das arteigene (homologe) Gonadotropin eine Antikörperwirkung vollzogen hat. Dieses Problem wäre durch entsprechende Analysen zu klären (s. S. 141 f.).

4. Dosierung von PMS-HCG

a) Klinische Erfahrungen und Voruntersuchungen

Die Medikation von PMS und HCG gründet sich auf die von RYDBERG und seinem Arbeitskreis (Übersicht s. bei RYDBERG 1954) angegebenen Dosen, die an einem größeren Krankengut ermittelt und erprobt worden waren. PMS und HCG wurden nach diesem Schema getrennt, d.h. fraktioniert verabfolgt. Die Tages- und Gesamtdosen gibt die Abb. 83/I wieder.

Unter dieser Medikation traten häufiger Überstimulierungserscheinungen auf, die wir damals den relativ hohen Tagesdosen zuschrieben. Wir haben daraufhin die Medikation modifiziert. Nach tierexperimentellen Ergebnissen und klinischen Untersuchungen kann der Effekt von PMS durch eine Zugabe von HCG verstärkt werden. Das optimale Verhältnis von PMS zu HCG soll 50:1 betragen.

b) Die Standard-Dosis PMS-HCG

Nach 4jährigen Untersuchungen mit verschiedenen Abstufungen kamen wir zu dem auf Abb. 83/II dargestellten Schema. Die Erfahrungen mit dieser „Standard-Dosis“ waren günstig. Nachteilig für die Praxis ist die etwas komplizierte Dosierung und die sich über 3 Wochen erstreckende Applikation.

Wir haben uns daher in letzter Zeit um eine Vereinfachung der Medikation bemüht. Bei der Durchsicht klinisch kontrollierter Behandlungskuren stellten wir fest, daß der Beginn der 2. Cyclusphase im allgemeinen schon zwischen dem 7. und 10. Behandlungstag erreicht wird. Da nach dem Prinzip des „Starter-Effektes“ die Gonadotropin-Medikation nach der Ovulation abgesetzt werden muß, kann die Kurdauer ohne Bedenken verkürzt werden. Diese Erfahrungen seien an drei Beispielen belegt.

1. Fräulein A. K., 20jährige, etwas untergewichtige Patientin (152 cm/44 kg). Sekundäre Amenorrhoe seit 2 Jahren. Während dieser Zeit Gewichtsverlust um 15 kg. Keine Ausfallserscheinungen. Gonadotropin-Ausscheidung: 13,2 MUE. Atrophisches Endometrium bei deutlicher Hypoplasie des Uterus. Pyknose-Index: $< 5\%$.

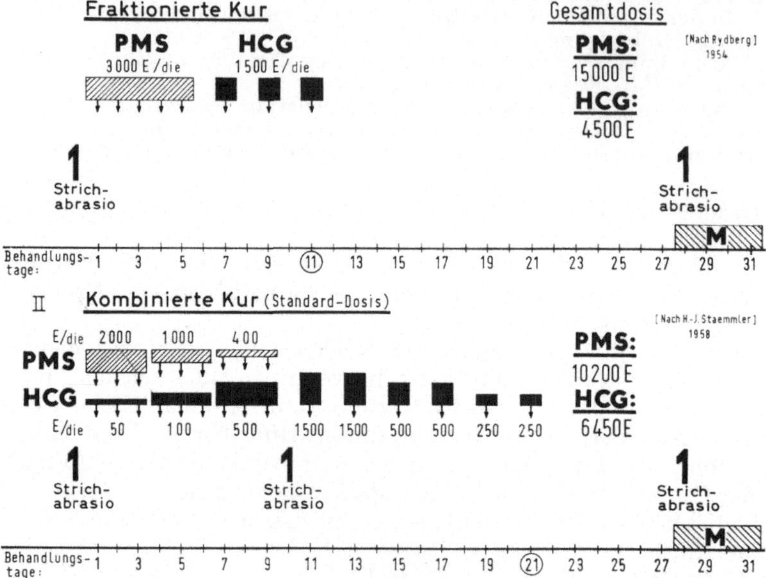

Abb. 83. Dosierungsschemata PMS-HCG. (I. nach RYDBERG 1954, II. nach STAEMMLER 1958)

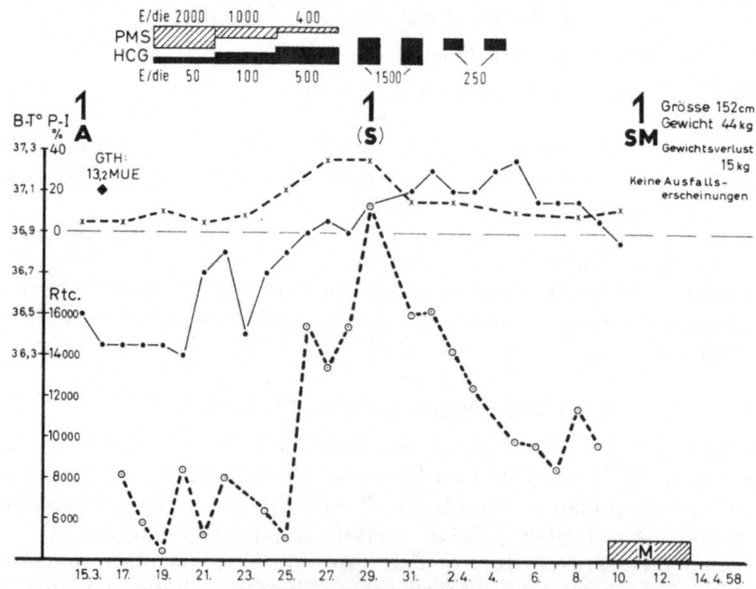

Abb. 84a. Sekundäre Amenorrhoe seit 2 Jahren. PMS-HCG-Kur (Standard-Dosis). Beginn der 2. Cyclusphase etwa am 7. Behandlungstag. (Pat. A. K.) ⊙- -⊙- -⊙ = Reticulocyten (Rtc)

PMS-HCG-Kur (Standard-Dosis) (s. Abb. 84a). Relatives Temperatur-Tief am 5. Behandlungstag. Anstieg des Pyknose-Index am 7. Tage der Therapie. Am 11. Tage der Medikation befindet sich das Endometrium in beginnender Sekretion (s. Abb. 84b). Der *Beginn der 2. Cyclusphase fällt nach den biologischen Kontrollen wahrscheinlich auf den 7. Behandlungstag.* Die anschließende Blutung erfolgt aus einer hochsekretorischen Schleimhaut (s. Abb. 84c).

2. Fräulein B. S., 22jährige, normal proportionierte Patientin (163 cm/51 kg) mit sekundärer Amenorrhoe seit 2 Jahren. Nach der Vorgeschichte ist eine hypothalamische Genese anzunehmen. Gewichtsabnahme um 10 kg. Gonadotropin-Ausscheidung: < 3,3 MUE! Ruhendes bis atrophisches Endometrium. Hochgradig hypoplastischer Uterus.

PMS-HCG-Kur (Standard-Dosis) (s. Abb. 85). Relatives Temperatur-Tief am 4. Behandlungstag. Danach auch Anstieg der Oestriol-Ausscheidung, die am 10. Tage

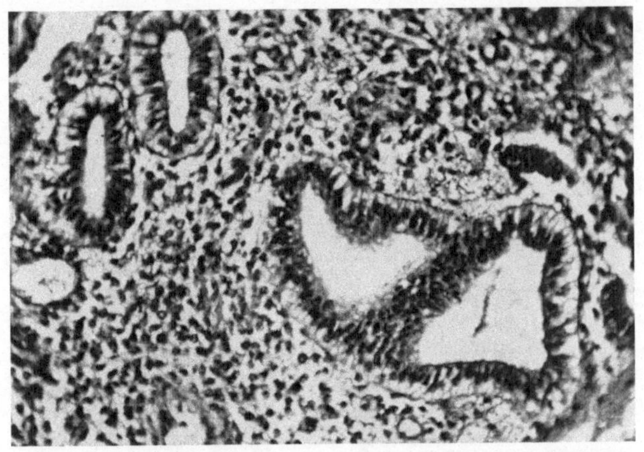

Abb. 84b. Endometrium in beginnender Sekretion (Vergr. 200×). (Pat. A. K.)

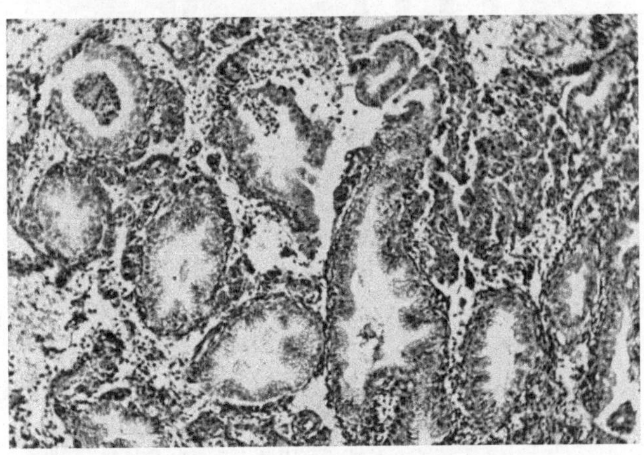

Abb. 84c. Endometrium in mensuellem Zerfall (Vergr. 100×). (Pat. A. K.)

nach Behandlungsbeginn ein Maximum von 86 μg erreicht. Ab 12. Tag Schmerzen in der Adnexgegend und leichte Anschwellung der Ovarien. Diese nimmt in der Folgezeit zu. *Der Beginn der 2. Cyclusphase liegt zwischen dem 4. und 10., wahrscheinlich am 8. Behandlungstag.* Die 2. Cyclusphase dauert 14 Tage. Ihr folgt eine regelrechte Menstruation.

Wir haben daher die Kurdauer auf 12 Tage verkürzt und die kombinierte Medikation vereinfacht (s. Abb. 86). Dieses Dosierungsschema erfüllt alle Voraussetzungen für eine wirkungsvolle Behandlung und stellt zugleich einen praktikablen Funktionstest dar. Hierzu seien zwei Beispiele aus dem klinischen Krankengut angeführt:

1. Frau M. P., 20 Jahre alt, 152 cm/45 kg. Menarche mit 11 Jahren, Cyclus danach regelrecht (28/7). Seit Beginn der Verbindung mit dem jetzigen Ehemann amenorrhoisch ($1^{10}/_{12}$ Jahre). Patientin hat im letzten halben Jahr 3 kg an Gewicht verloren. Douglasskopie ergibt regelrecht geformte Ovarien. Tunica albuginea unauffällig. Zahlreiche cystische Follikel. Strichabrasio: Endometrium in Proliferation. Pyknose-Index: 15%.

PMS-HCG-Kur (12tägige Standard-Dosis) (s. Abb. 87). Biphasische Ovarialreaktion. Nachfolgend Menstruation.

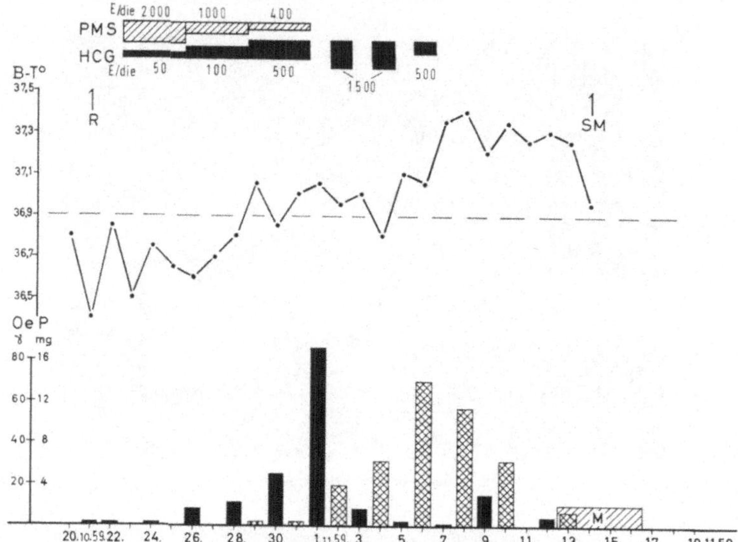

Abb. 85. Sekundäre Amenorrhoe seit 2 Jahren. PMS-HCG-Kur (Standard-Dosis). Beginn der 2. Cyclusphase etwa am 8. Behandlungstag. (Pat. B. S.)

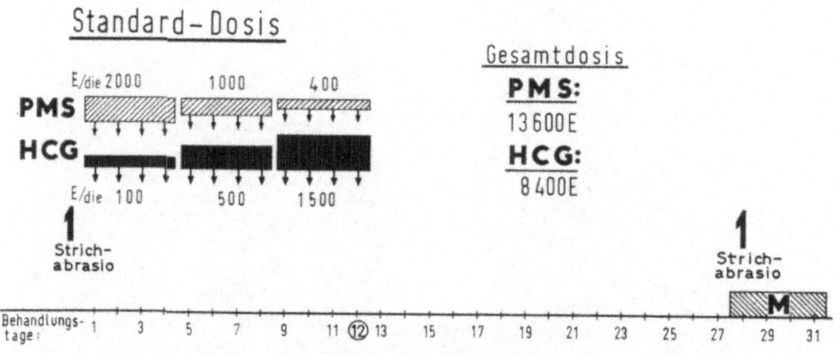

Abb. 86. Dosierungs-Schema PMS-HCG (Behandlungsdauer 12 Tage)

2. Fräulein A. G., 22 Jahre alt, 156 cm/52 kg. Menarche mit 14$^{1}/_{2}$ Jahren. Regelrechter Primärcyclus. Seit 8 Monaten amenorrhoisch. Keine Ausfallserscheinungen. Strichabrasio: mäßige Proliferation des Endometrium.

Durchführung einer PMS-HCG-Kur (12tägige Standard-Dosis) (s. Abb. 88). Ablauf einer biphasischen Ovarialreaktion. Am 7. Behandlungstag bei Anstieg der Basaltemperatur und des Pyknose-Index Douglasskopie. Das rechte Ovar trägt einen großen, sprungreifen Follikel! 10 Tage nach Absetzen der Medikation setzt eine Menstruationsblutung ein. (Weitere Beobachtungen s. Teil V.)

c) Zusammenfassung

1. Durch eine kombinierte Verabfolgung von PMS und HCG wird der Wirkungseffekt begünstigt. An einem größeren klinischen Krankengut (Ovarial-

Insuffizienz) wurde eine „cyclusgerechte Standard-Dosis" ermittelt und erprobt. Während der 3wöchigen Behandlungsdauer werden insgesamt 10200 E PMS und 6450 E HCG zugeführt.

2. Diese Medikation wurde auf 12 Tage verkürzt, da der Beginn der 2. Cyclusphase im allgemeinen schon zwischen dem 7. und 10. Behandlungstag erreicht wird. Die beiden Gonadotropin-Präparate werden wiederum kombiniert verabfolgt. Die Gesamtdosis von PMS beträgt 13600 E, diejenige von HCG 8400 E.

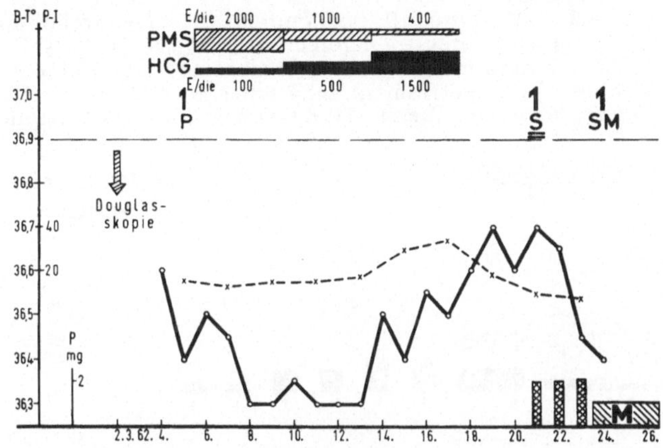

Abb. 87. Sekundäre Amenorrhoe seit $1^{10}/_{12}$ Jahren. PMS-HCG (12tägige Standard-Dosis). (Pat. M. P.)

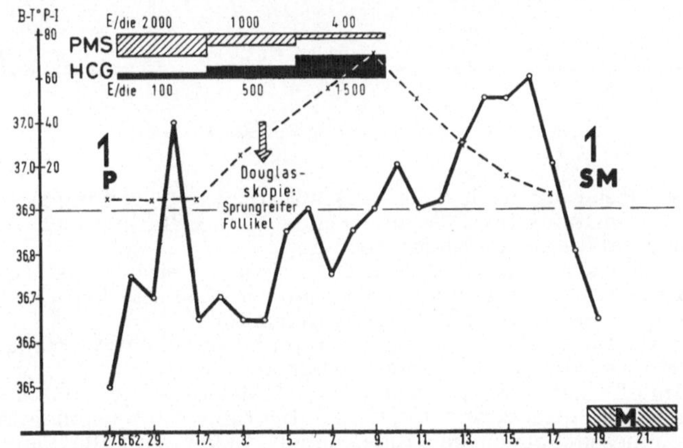

Abb. 88. Sekundäre Amenorrhoe seit 8 Monaten. PMS-HCG (12tägige Standard-Dosis). (Pat. A. G.)

5. Dosierung von HMG-HCG

a) Klinische Erfahrungen und Voruntersuchungen

Über die Größenordnung der effektiven therapeutischen Dosis von HMG lagen zu Beginn unserer Untersuchungen keine einschlägigen Erfahrungen vor. Schon bei den Voruntersuchungen wurde die HMG-Medikation mit Choriongonadotropin, entsprechend der PMS-HCG-Kur, kombiniert.

Versuchsserie I. In der Annahme einer dem PMS um ein Mehrfaches überlegenen Wirkung setzten wir die Initial-Dosis HMG zunächst mit 100 E an (s. Abb. 89/I). Nach diesem Schema wurden fünf Patientinnen mit sekundärer Amenorrhoe zwischen 1—5 Jahren behandelt. In keinem Fall kam unter dieser Dosierung ein biphasischer Cyclus zustande. Dieses summarische Ergebnis sei durch zwei Beispiele vertreten:

11*

1. Fräulein H. J., 23 Jahre alt, 154 cm/47 kg. Menarche mit 16 Jahren, danach Oligomenorrhoe (42/3—4). Jetzt: sekundäre Amenorrhoe seit $1^6/_{12}$ Jahren. Ausfallserscheinungen. Atrophisches Endometrium, Pyknose-Index: < 10%. Gonadotropin-Ausscheidung: 4,0 HMG-E, C_{17}-Ketosteroide: 4,5 mg/die, 17-Hydroxycorticoide: 4,5 mg/die.

HMG-HCG (Dosierung nach Schema I): Oestriol < 5 μg, Pregnandiol-Maximum 0,97 mg/die. Nach der Kur keine Blutung. Vollabrasio: Ruhendes Endometrium.

Verlauf. Weiterbehandlung mit Ovarialsteroiden. Während der 2jährigen Beobachtungszeit allmähliche *Normalisierung des Cyclus* (Kontrolle durch Basaltemperatur und Endometrium-Biopsien).

2. Fräulein W. Sch., 26 Jahre alt, 164 cm/40,5 kg. Menarche mit 14 Jahren, danach zunächst mäßig ausgeprägte Oligomenorrhoe (34—36/4—5). Jetzt: sekundäre Amenorrhoe seit 3 Jahren mit Gewichtsverlust um 12 kg. Keine Ausfallserscheinungen. Bei Aufnahme Endometrium in schwacher Proliferation. Pyknose-Index: < 10%. C_{17}-Ketosteroide: 6,0 mg/die, 17-Hydroxycorticoide: 3,5 mg/die.

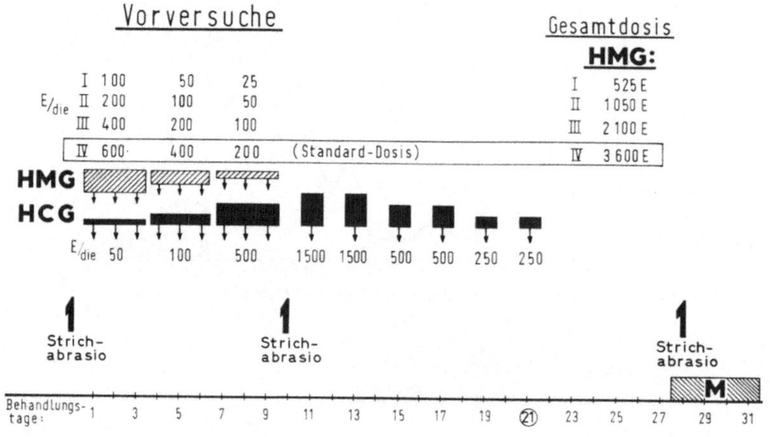

Abb. 89. Vorversuche zur Standard-Dosis HMG-HCG

HMG-HCG (Dosierung nach Schema I): Oestriol < 5 μg, Pregnandiol-Maximum 1,1 mg/die. Pyknose-Index bis 45% anziehend. Keine Blutung nach der Kur. Vollabrasio: schwach proliferiertes Endometrium.

Laparotomie. Ovarien annähernd normal groß. Bei der Keilexcision werden zahlreiche cystisch-atretische Follikel angeschnitten. Die histologische Untersuchung der Ovarialsegmente ergibt reichlich Keimparenchym.

Verlauf. Orale Behandlung mit Sexualsteroiden über ein Vierteljahr. Während der 2jährigen Beobachtungszeit *Normalisierung des Cyclus.*

Versuchsserie II. Eine Verdoppelung der HMG-Dosis führte zu den gleichen negativen Resultaten. Insgesamt wurden 10 Patientinnen mit sekundärer Amenorrhoe von 1—8 Jahren diesem Schema gemäß behandelt. In keinem Falle konnte ein biphasischer Cyclus erzielt werden. Jedoch kam bei sechs Patientinnen eine mehr oder minder ausgeprägte Oestrogenbildung zustande. Drei Patientinnen gaben später eine annähernde Normalisierung des Cyclus an. Typisch hierfür ist die folgende Beobachtung:

Fräulein A. K., 19 Jahre alt, 164 cm/62,5 kg. Menarche mit 13 Jahren. Cyclus nur etwa $1/_2$ Jahr lang normal. Jetzt: sekundäre Amenorrhoe seit 5 Jahren. Keine Gewichtsveränderungen, keine Ausfallserscheinungen. Bei Aufnahme Endometrium in schwacher Proliferation. Pyknose-Index: 18%. Gonadotropin-Ausscheidung: 35,6 HMG-E! C_{17}-Ketosteroide: 16,0 mg/die, 17-Hydroxycorticoide: 11,9 mg/die.

In der Annahme polycystischer Ovarien wurde *laparotomiert*: Ovarien annähernd normal groß. Verstärkt vascularisierte Tunica albuginea. Bei der Keilexcision werden zahlreiche cystische Follikel eröffnet. Die histologische Untersuchung ergibt eine regelrechte Ovarialstruktur.

Anschließend HMG-HCG (Dosierungsschema II). Basaltemperatur monophasisch. Oestriol < 5 μg/die. Pregnandiol-Maximum 0,8 mg/die. Keine Blutung nach Abschluß der Kur. Strichabrasio: Endometrium in mittlerer Proliferation.

Verlauf. Während der 2jährigen Beobachtungszeit *Normalisierung des Cyclus* (31/4—5, Kontrolle mittels Basaltemperatur und Endometrium-Biopsien).

Versuchsserien III und IV. Ähnliche Erfahrungen wurden mit dem Dosis-Schema III gemacht, so daß eine weitere Steigerung der HMG-Dosis erforderlich erschien. Diese letzte Stufe (Schema IV) hat sich mit gewissen Abwandlungen zur Vereinfachung (s. unten) in der Folgezeit bewährt.

b) Die Standard-Dosis HMG-HCG

Die aus den Voruntersuchungen entwickelte Standard-Dosis erstreckt sich über 3 Wochen (vgl. Abb. 89/IV). Die Menstruation setzt gewöhnlich 5—8 Tage nach Abschluß der Medikation ein.

Wir haben später dieses Behandlungsschema aus den gleichen Erwägungen, die uns bei der Festlegung der Standard-Dosis PMS-HCG leiteten, auf 12 Tage verkürzt (s. Abb. 90).

Die Gesamtdosis an HMG beträgt etwa $^1/_3$ der von PMS. Diese Relation ist ein Ergebnis der klinischen Erfahrung. Sie erlaubt noch keine Rückschlüsse auf eine absolute Wirkungsdifferenz zwischen PMS und HMG, da auch mit grundlegenden Unterschieden im Wirkungsmechanismus zu rechnen ist (vgl. S. 174f.).

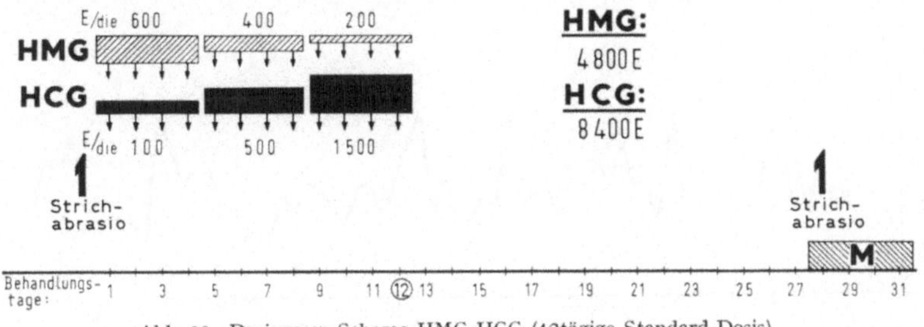

Abb. 90. Dosierungs-Schema HMG-HCG (12tägige Standard-Dosis)

Die Erfahrungen mit dieser Standard-Dosis und spezielle Fragestellungen sollen an einigen typischen Beispielen und Vergleichen erörtert werden. Andere Kasuistiken und größere Zusammenstellungen finden sich in den Kapiteln, die die Pathologie des Ovarial-Endocrinium behandeln.

Läßt die Verabfolgung von HMG-HCG grundsätzlich bessere Primärresultate erwarten als diejenige von PMS-HCG?

Eine Klärung dieser für die Praxis wichtigen Frage wird durch verschiedene, zum Teil unbekannte Faktoren erschwert. Folgende Beispiele mögen diese Problematik aufzeigen:

Frau A. B., 30jährige, normal proportionierte Patientin (174 cm/71 kg). Menarche mit 10 Jahren. Danach Cyclus annähernd regelmäßig (28—33/5). Ein Partus ohne Besonderheiten. Viermonatige Lactation. 11 Monate nach der Entbindung noch keine Menstruation. Ausfallserscheinungen.

Behandlung mit PMS-HCG (s. Abb. 91). Unter der Kur keine biphasische Reaktion des Ovarial-Endocrinium. Patientin gibt an, daß die Ausfallserscheinungen ab 13. Behandlungstag deutlich zunehmen! 3 Wochen nach Beendigung der Kur Beginn einer *HMG*-HCG-Medikation, die lediglich eine mäßige Oestrogen-Bildung veranlaßt. Die Ausfallserscheinungen verschwinden! Am Schluß der Kur setzt eine leichte Oestrogen-Abbruchblutung ein, nach der die Ausfallserscheinungen wieder zunehmen. Während der folgenden $2^1/_2$ jährigen Beobachtungszeit nur gelegentliche Spontanblutungen.

Besprechung. Weder PMS-HCG noch HMG-HCG vermochten in diesem Falle einer gestagenen Ovarial-Insuffizienz einen biphasischen Cyclus zu induzieren. Allerdings kommt es unter HMG-HCG zu einer Oestrogenbildung.

Die *Verschiedenheit der individuellen Reaktionsbereitschaft* geht aus der Gegenüberstellung von zwei weiteren Patientinnen mit gestagener Ovarial-Insuffizienz
hervor.

Bei Frau E. W. besteht nach einer völlig komplikationslosen Schwangerschaft
und Entbindung seit jetzt 2⁴/₁₂ Jahren eine Amenorrhoe. Geringe persistierende

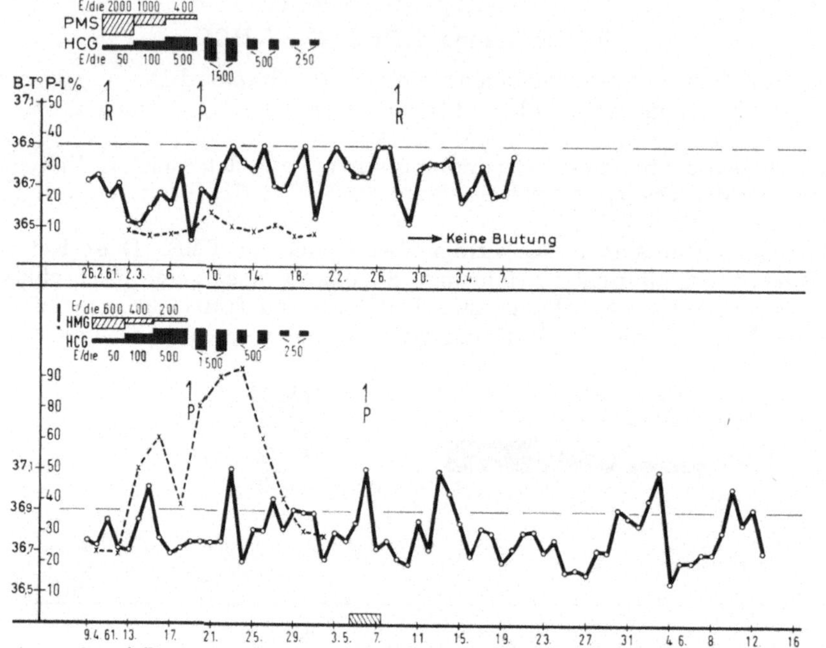

Abb. 91. Amenorrhoe seit Partus vor 11 Monaten. Verabfolgung von PMS-HCG und HMG-HCG ohne Erfolg. (Pat. A.B.)

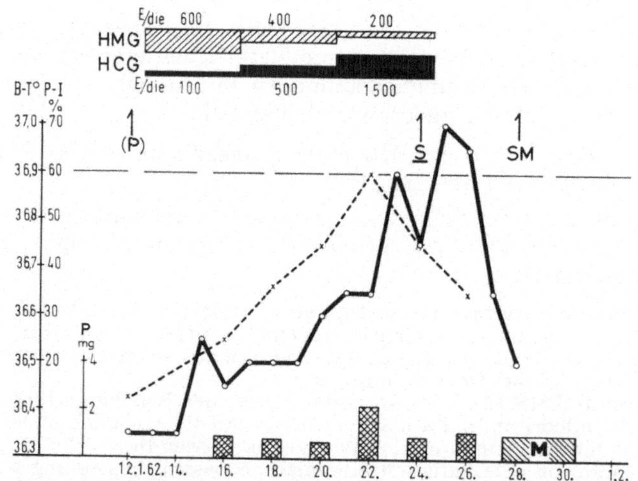

Abb. 92. Sekundäre Amenorrhoe seit 2⁴/₁₂ Jahren (gestagene Ovarial-Insuffizienz). Auf HMG-HCG biphasische Reaktion.
(Pat. E. W.)

Lactation. Ausfallserscheinungen. Unter der Behandlung mit HMG-HCG
(s. Abb. 92) kommt ein eindeutig biphasischer Cyclus zustande.

Bei der Patientin I. Sch. beträgt die Dauer der Amenorrhoe nur 1 Jahr. Der
endokrine Ausgangsstatus entspricht scheinbar dem der Patientin E. W. Unter

HMG-HCG gleicher Dosierung (s. Abb. 93) kommt es nur zu einer gesteigerten Oestrogen-Bildung, nicht aber zur Ovulation. Die wesentlich kürzere Amenorrhoe-Dauer ließe im zweiten Falle eher eine biphasische Reaktion erwarten. Welche Faktoren diese verwehren, ist unklar.

Fraktionierte oder kombinierte Medikation?

Wir haben mit HMG-HCG keine Serienuntersuchungen zur Klärung dieses Problems angestellt. Die Erfahrungen mit PMS-HCG sprachen für eine kombinierte Medikation. An fünf Beispielen wurde bereits der unterschiedliche Effekt einer alleinigen HMG-Verabfolgung dargestellt (s. S. 133f., Abb. 62—66). Beobachtungen wie die folgende sprechen dafür, auch HMG mit HCG zu kombinieren.

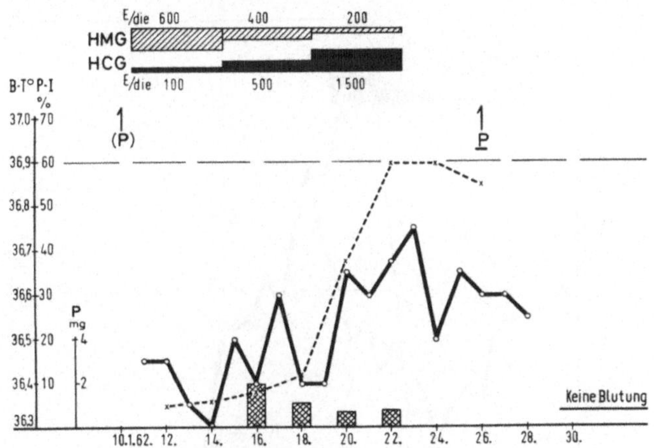

Abb. 93. Sekundäre Amenorrhoe seit 1 Jahr (gestagene Ovarial-Insuffizienz). Auf HMG-HCG nur Oestrogenbildung. (Pat. J. Sch.)

Frau Dr. J. U., 33jährige, hochintelligente Patientin, bei der seit Eintritt in die Ehe ein ganz unregelmäßiger, meist oligomenorrhoischer Cyclus (4—7 Wochen/3 Tage) besteht. Wegen dringenden Kinderwunsches wird seit 3 Jahren die Basaltemperatur kontrolliert, nach der fast ausnahmslos monophasische Cyclen abgelaufen sind. Keine Gewichtsveränderungen, keine Ausfallserscheinungen. Auf eine fraktionierte Medikation von HMG-HCG (s. Abb. 94, oben) kommt keine biphasische Ovarialreaktion zustande! 10 Monate später werden HMG und HCG (Standard-Dosis) kombiniert verabfolgt (s. Abb. 94, unten). Typisch biphasischer Verlauf der Basaltemperatur. Die anschließende Blutung erweist sich nach der Endometrium-Biopsie als regelrechte Menstruation.

Entscheidend ist wohl weniger der Grundsatz einer Fraktionierung oder Kombinierung, sondern die Dosishöhe, die bei gleichzeitiger Gabe beider Präparate niedriger gehalten werden kann.

Das *Prinzip der Cyclusinduktion (Starter-Effekt)* gilt auch für die Medikation von HMG-HCG, wie die folgenden Beispiele belegen:

1. Fräulein A.-L. K., 21jährige, weiblich proportionierte Patientin (165 cm/65 kg). Primäre Amenorrhoe, deswegen verschiedentlich vorbehandelt. Bei Aufnahme ruhendes Endometrium. Pyknose-Index: 40%! Oestriol-Ausscheidung unter 10 μg. Behandlung mit HMG-HCG (s. Abb. 95). Nach Abschluß der Kur Anstieg der Basaltemperatur. 3 Tage später befindet sich das Endometrium in Sekretion. Nach selbsttätig ablaufender, etwa 11tägiger Gelbkörperphase folgt eine Menstruationsblutung.

2. Fräulein A. L., 22 Jahre alt, 170 cm/63 kg. Sekundäre Amenorrhoe seit etwa 7 Jahren (hypothalamische Ovarial-Insuffizienz). Keine Ausfallserscheinungen. Bei Aufnahme atrophisches Endometrium.

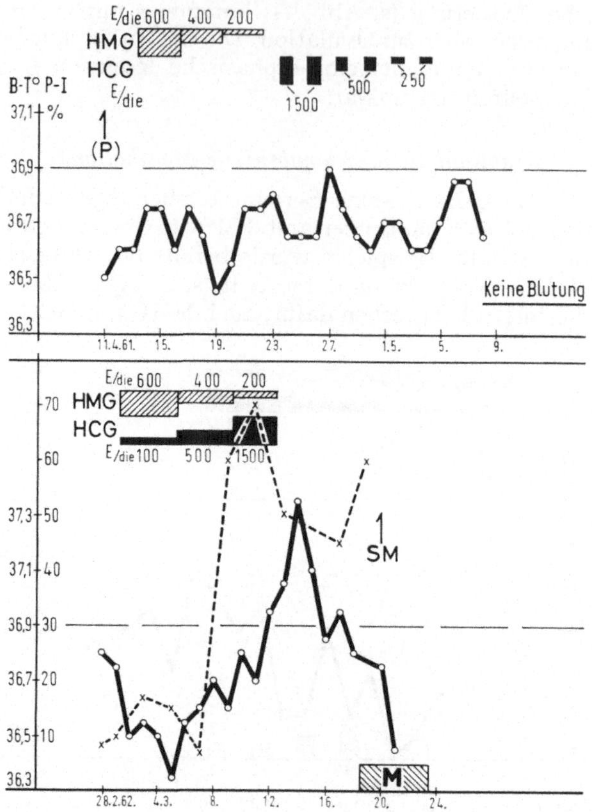

Abb. 94. Sekundäre Oligomenorrhoe (meist monophasische Cyclen). Auf fraktionierte Verabfolgung von HMG-HCG kein Ansprechen des Ovarial-Endocrinium, während später unter einer kombinierten HMG-HCG-Kur eine biphasische Reaktion zustande kommt. (Pat. Dr. J. U.)

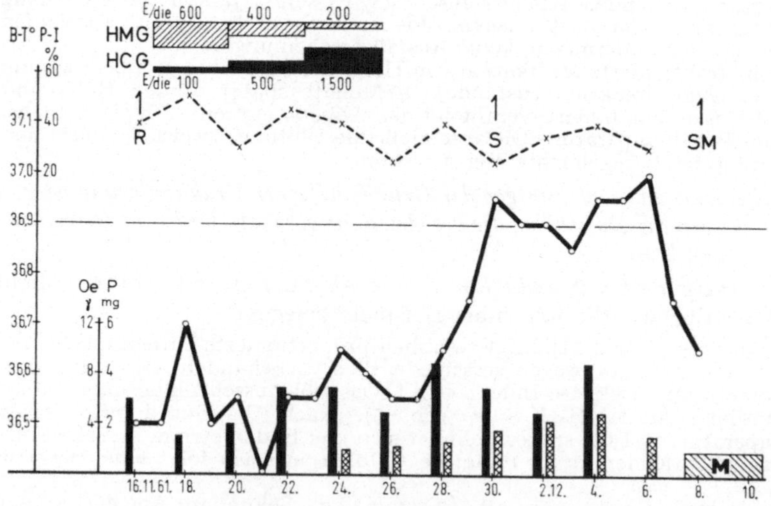

Abb. 95. Primäre Amenorrhoe (hypothalamische Ovarial-Insuffizienz). Biphasische Reaktion nach HMG-HCG (Pat. A.-L. K.)

HMG-HCG-Kur (Standard-Dosis) (s. Abb. 96). Am 5. Behandlungstage Sprung der Basaltemperatur und Anziehen der Oestriolwerte. Die Medikation wird daraufhin abgesetzt! Nach einer etwa 12tägigen 2. Cyclusphase setzt die Menstruation ein.

c) Zusammenfassung

1. Durch vier Versuchsserien wurde eine Standard-Dosis von HMG ermittelt, die in gleicher Weise wie PMS mit Choriongonadotropin kombiniert wird.

2. Die ursprünglich sich auf 21 Tage erstreckende Medikation wurde wie die PMS-HCG-Kur später auf 12 Tage verkürzt. Die Gesamtdosis von HMG beträgt

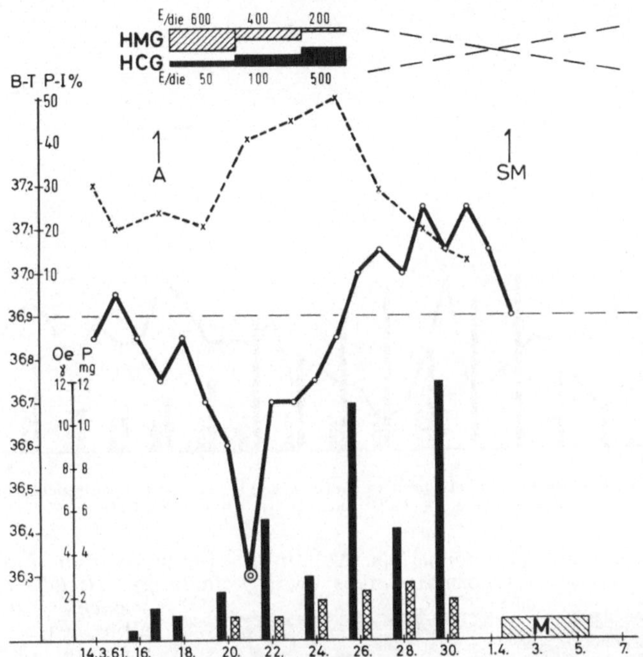

Abb. 96. Sekundäre Amenorrhoe seit etwa 7 Jahren (hypothalamische Ovarial-Insuffizienz). Unter HMG-HCG biphasische Reaktion. (Pat. A. L.)

mit 3800 E etwa $^1/_3$ der PMS-Dosis. Die alte Dosierung von HCG wird beibehalten (8400 E).

3. Auch unter Verabfolgung von HMG-HCG wird ein endogener Cyclus induziert (Starter-Effekt). Überstimulierungen werden vermieden, wenn man nach Sprung der Basaltemperatur die weitere Medikation absetzt.

6. Vergleichende Untersuchungen über FSH-HCG

Auf die bisherigen Erfahrungen mit menschlichem hypophysärem FSH bzw. Gonadotropin-Komplex (HHG) wurde bereits hingewiesen (s. S. 136f.). Da uns nur sehr beschränkte Versuchsmengen von FSH aus menschlichen Hypophysen zur Verfügung standen, konnten keine Serienuntersuchungen zur Dosierung durchgeführt werden. Wir haben FSH bei fünf Patientinnen eingesetzt, die vorher erfolglos mit einer anderen Gonadotropin-Kombination behandelt worden waren. Über vier dieser Patientinnen soll berichtet werden.

1. Fräulein E. G., 28 Jahre alt, 153 cm/53 kg. Ab 16. Lebensjahr einige Male spontan geblutet. Seit 6 Jahren Ausfallserscheinungen. Leichter Hirsutismus. C_{17}-Ketosteroide: 10,2 mg/die, 17-Hydroxycorticoide: 7,0 mg/die.

HMG-HCG-Kur (Standard-Dosis) (s. Abb. 97a). Es kommt nur zu einer geringen Steigerung der Oestrogen-Bildung. Nach der Kur tritt eine leichte Abbruchblutung auf. Anschließend werden täglich 120 E FSH zusammen mit HCG verabfolgt. Keine Reaktion.

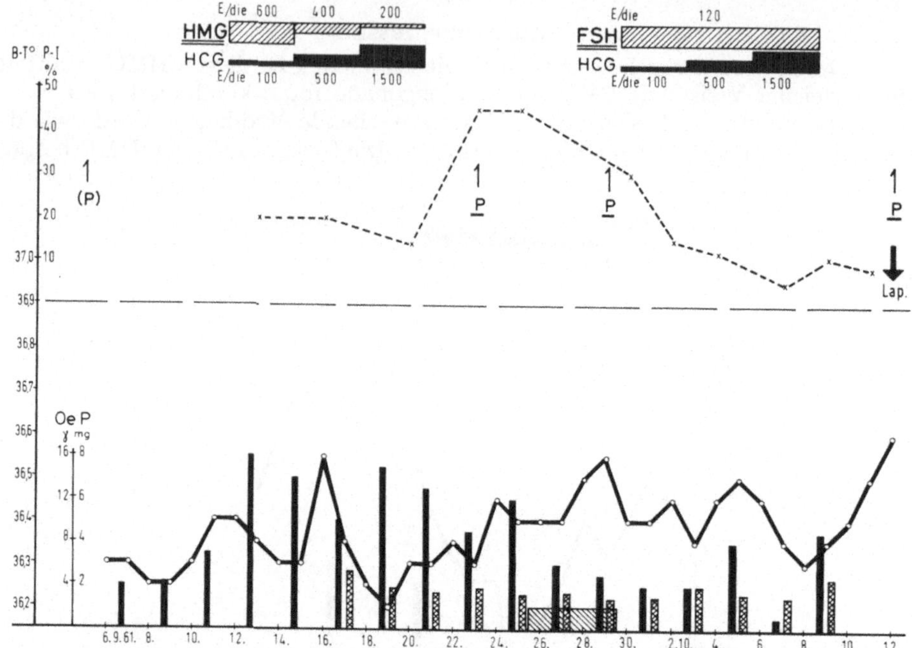

Abb. 97a. Primäre Amenorrhoe bei polycystischen Ovarien (s. Abb. 97b). HMG-HCG-Kur (Standard-Dosis) ohne Erfolg. FSH (120 E/die) + HCG: ebenfalls kein Effekt. (Pat. E. G.)

Zur Klärung wird *laparotomiert* (s. Abb. 97b). Beide Ovarien sind polycystisch verändert und größer als normal (linkes Ovar 7 cm lang). *Histologie der Ovarialsegmente:* derbe Tunica albuginea, Stromatosis, mehrere Follikel- und Theca-Luteincysten. Ausreichend viel Keimparenchym.

Besprechung. Bei der jetzt 28jährigen Patientin besteht praktisch eine primäre Amenorrhoe. Im Verlauf der letzten 6 Jahre hat sich ein leichter Hirsutismus entwickelt. Harncorticoid- und Ketosteroid-Werte im Normbereich. Weder durch HMG-HCG (Standard-Dosis) noch durch FSH (120 E/die) + HCG war

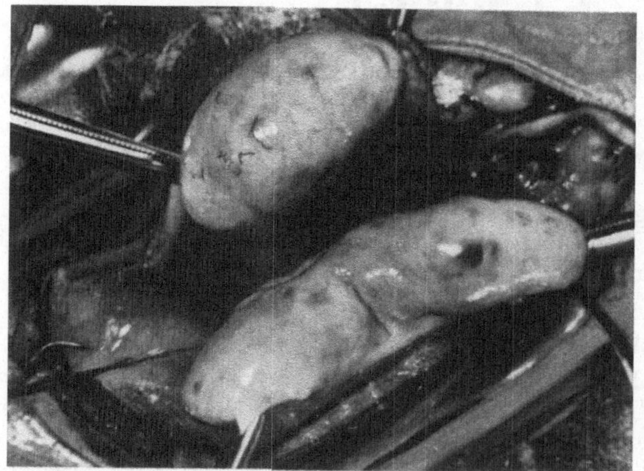
Abb. 97b. Operations-Situs der Pat. E. G.

eine nennenswerte Ovarialreaktion zu erzielen. Die anschließende Laparotomie deckt polycystische Ovarien auf. Warum diese auf die Gonadotropin-Medikation nicht reagierten, ist unklar. FSH erweist sich in der angegebenen Dosierung gegenüber HMG nicht als überlegen.

Die zweite Beobachtung ist nicht minder interessant. Die FSH-HCG-Kombination ist hier der HMG-HCG-Kur angepaßt. Beide Kuren führen nicht zur biphasischen Reaktion. Erst nach der Laparotomie mit schmaler bilateraler Keilexcision kommt es unter der dritten Gonadotropin-Kur (HMG-HCG) zu einem typischen, zweiphasischen Ansprechen des Ovarial-Endocrinium.

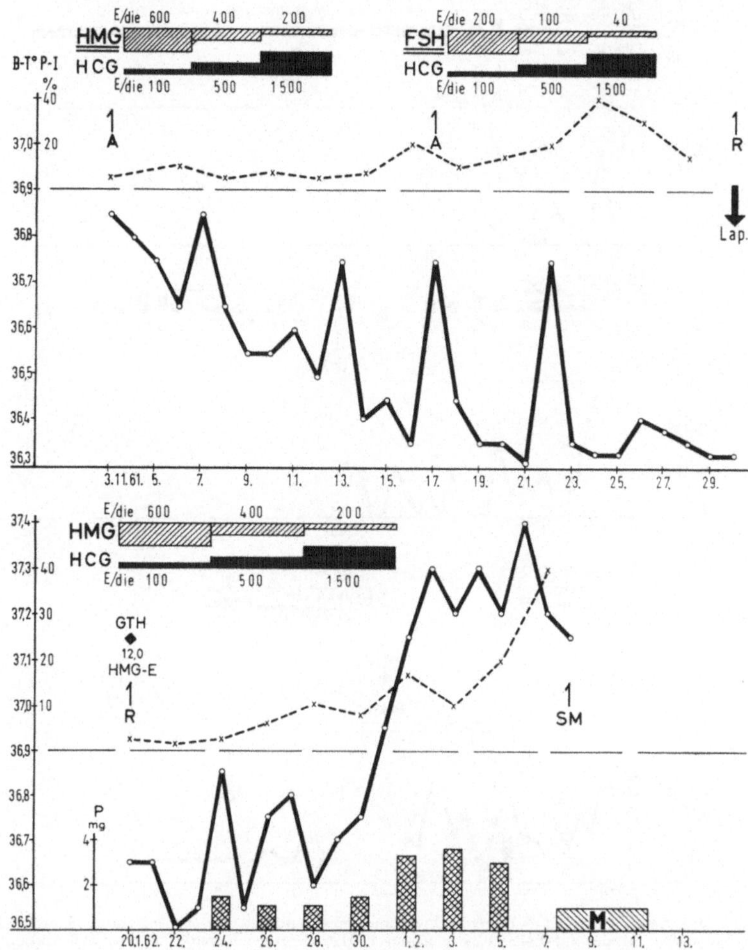

Abb. 98. Sekundäre Amenorrhoe seit 2⁹/₁₂ Jahren bei sekundärer Hypoplasie der Ovarien (vgl. Abb. 154a). Auf HMG-HCG und FSH (1020 E in 9 Tagen) + HCG keine Reaktion. Erst nach bilateraler Keilexcision kommt unter der dritten Gonadotropin-Kur (HMG-HCG, Standard-Dosis) ein biphasischer Cyclus zustande. (Pat. G. Sch.)

2. Fräulein G. Sch., 19 Jahre alt, 163 cm/53 kg. Menarche mit 10 Jahren. Cyclus zunächst regelrecht (28/5). Ab 16. Lebensjahr (d.h. seit 3 Jahren) Amenorrhoe. Keine Ausfallserscheinungen.

Es wird zunächst eine HMG-HCG-Kur (s. Abb. 98, oben) durchgeführt, auf die keine Ovarialreaktion erfolgt. Im Anschluß daran Behandlung mit FSH-HCG (Gesamtdosis FSH = 1020 E in 9 Tagen). Keine nennenswerte Reaktion. Die folgende *Laparotomie* deckt kleine Ovarien auf, die aber über ausreichend viel Keimparenchym verfügen (s. S. 267, Abb. 154a).

1¹/₂ Monate später nochmalige HMG-HCG-Kur (Standard-Dosis), unter der sich jetzt überraschenderweise ein typisch biphasischer Cyclus entwickelt (s. Abb. 98, unten). Danach Normalisierung der Ovarialfunktion!

FSH (gesamt 1020 E) ist in der gewählten Dosis dem HMG-Präparat (gesamt 3600 E) nicht überlegen. Warum die dritte Gonadotropin-Kur biphasisch beantwortet wird, kann nicht befriedigend erklärt werden. Möglicherweise haben die beiden vorangegangenen Gonadotropin-Kuren das ovarielle Fermentprofil so weit normalisiert, daß die dritte Kur nun unter den günstigeren Bedingungen

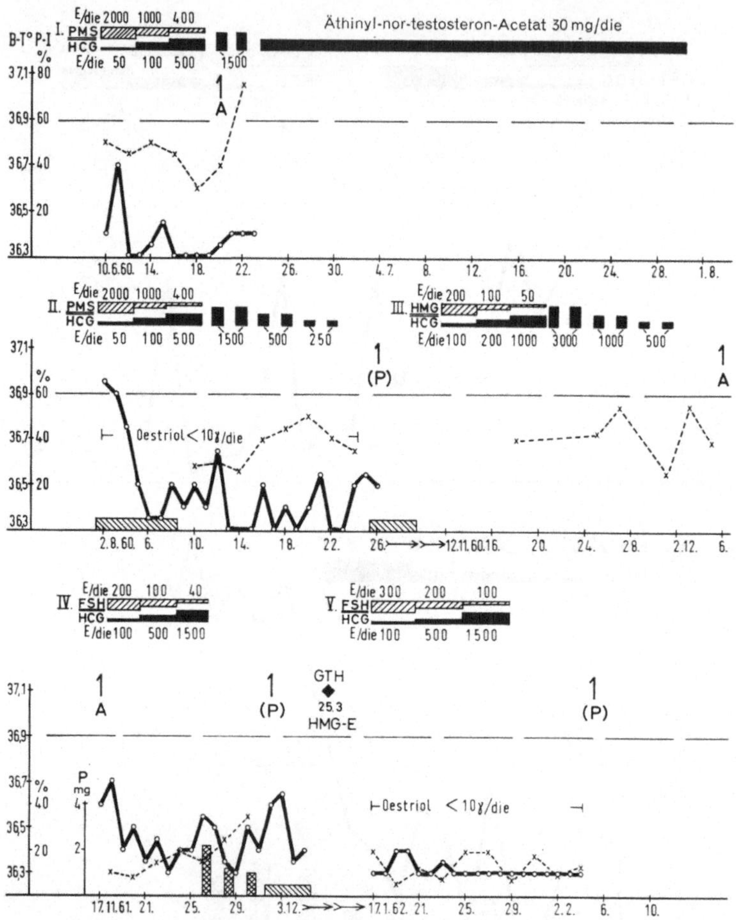

Abb. 99. Sekundäre Amenorrhoe seit 6 Jahren. Operation eines suprasellär gelegenen, chromophoben Hypophysenadenoms vor 8 Monaten. Weder auf PMS-HCG noch auf FSH-HCG (zwei Kuren) eine Ovarial-Reaktion. (Pat. S. S.)

effektiv wird. Nach den Erfahrungen bei polycystischen Ovarien wäre denkbar, daß auch durch den chirurgischen Eingriff die Reaktionsfähigkeit begünstigt worden ist.

Im dritten Fall handelt es sich um eine Patientin, bei der vorher ein chromophobes Hypophysenadenom entfernt worden war. Nach 6jähriger Amenorrhoe wurden 8 Monate post operationem insgesamt sechs Gonadotropin-Kuren, davon zwei in der Kombination FSH-HCG, durchgeführt:

3. Fräulein S. S., 20 Jahre alt, 171 cm/83 kg. Menarche mit 12 Jahren, Blutungen alle 4—5 Wochen 7 Tage lang. Etwa 2 Jahre lang menstruiert. Im 14. Lebensjahr trat eine Amenorrhoe auf, mit der sich eine deutliche *Lactation* und leichte *Sehstörungen* einstellten. Im Laufe der folgenden 5 Jahre nahm die Sehbehinderung zu (Gesichtsfeldeinschränkung mit nur kleinem temporalem Rest, links nicht ganz so ausgeprägt).

Eine eingehende klinische Untersuchung (Chirurgische Abteilung der Städtischen Krankenanstalten Flensburg, Dr. ROTHMALER) deckte das Vorliegen eines suprasellären Tumors auf, der am 1. 10. 1959 entfernt wurde (Größe 3mal 3,5 cm). Histologisch handelte es sich um einen sog. fetalen Typ eines chromophoben Hypophysenadenoms. Auch nach der Operation bestanden die Sehstörungen und die Amenorrhoe fort.

Seit Juli 1960 steht die Patientin wegen des Ausbleibens der Regelblutung in unserer Behandlung (s. Abb. 99). Es wurde zunächst eine PMS-HCG-Kur (I) durchgeführt, die zu keiner nennenswerten Ovarialreaktion führte. Anschließend wurde versucht, durch Äthinyl-nor-testosteron-Acetat (AeNT-Ac) in einer Dosierung von 30 mg/die einen Rebound-Effekt auszulösen. Unmittelbar nach dieser Medikation zweite PMS-HCG-Kur (II): Oestriol unter 10 μg/die, Harncorticoide und Ketosteroide im Normbereich. 3 Monate später nochmalige Gonadotropin-Verabfolgung (III): HMG-HCG ohne Effekt.

1 Jahr danach wurde eine Behandlung mit FSH-HCG (IV) (Gesamtdosis FSH: 1040 E in 9 Tagen) vorgenommen, die wiederum erfolglos verlief. 2 Monate später Durchführung einer zweiten FSH-HCG-Kur (V) mit erhöhter FSH-Dosis (1800 E in 9 Tagen): keinerlei Ovarialreaktion. 4 Monate nach Beginn der letzten FSH-HCG-Kur *Douglasskopie*: Die Ovarien erscheinen beiderseits etwas größer als normal! Die Tunica albuginea ist deutlich vascularisiert. Durchscheinende cystische Follikel!

1 Jahr nach der zweiten FSH-HCG-Kur (im Januar 1963) nach über 9jähriger Amenorrhoe wird ein nochmaliger stationärer Versuch mit HMG-HCG in doppelter Dosis unternommen (die Gonadotropin-Ausscheidung betrug zu dieser Zeit 18,7 HMG-Einheiten): Es werden innerhalb von 12 Tagen 9600 E HMG und 16800 E HCG verabfolgt. Einen Tag nach Absetzen der Medikation tritt eine leichte Uterusblutung auf: ruhendes Endometrium. Die Oestriol-Ausscheidung übersteigt während der Behandlungszeit nicht 15 μg/die. Das Ovarial-Endocrinium hat die Ansprechbarkeit auf Gonadotropine offenbar gänzlich verloren!

Besprechung. Bei Aufnahme 20jährige Patientin, die seit 6 Jahren amenorrhoisch ist (keine Ausfallserscheinungen). Vor 8 Monaten Exstirpation eines suprasellären, chromophoben Hypophysenadenoms. Durch Verabfolgung von PMS-HCG (auch nach Belastung mit hohen Dosen von Norgestagenen zur Auslösung eines Rebound-Effektes) oder HMG-HCG und insbesondere auch durch FSH-HCG wurde keine nennenswerte Ovarialreaktion erreicht. Eine 5 Monate nach Beginn der letzten, hochdosierten FSH-HCG-Kur durchgeführte Douglasskopie ergab etwas vergrößerte Ovarien. Auch eine weitere, sechste Gonadotropin-Kur mit HMG-HCG in doppelter Standard-Dosis wird nicht beantwortet.

4. Fräulein K. N., 21 Jahre alt, 176 cm/52 kg (—19%). Menarche mit 16 Jahren, primäre Oligomenorrhoe. Seit 2 Jahren Amenorrhoe. Gonadotropin-Ausscheidung: 13,0 HMG-E. Keine Ausfallserscheinungen. Atrophisches Endometrium.

Eine PMS-HCG-Kur (Standard-Dosis) führte nur zu einer leichten Oestrogen-Bildung (Endometrium in beginnender Proliferation). 8 Monate danach zwei HMG-HCG-Kuren mit relativ niedriger Dosierung ohne Effekt. 1 Jahre später (jetzt sekundäre Amenorrhoe von $3^{1}/_{2}$ Jahren) dritte HMG-HCG-Kur (Standard-Dosis): keinerlei Reaktion.

Nach einem Intervall von 2 Monaten FSH-HCG. Die Dosis von FSH beträgt die Hälfte der HMG-Standard-Dosis, d. h. insgesamt 2400 E! Nur leichte Oestrogen-Bildung. Patientin gibt an, während der Gonadotropin-Verabfolgung stärkeren Appetit zu haben. Sie hat seit Beginn der Behandlung 6 kg an Gewicht zugenommen.

3 Monate nach der letzten, hochdosierten FSH-HCG-Kur *Douglasskopie*: beide Ovarien annähernd normal groß. Tunica leicht vascularisiert. Durchschimmernde cystische Follikel. Kein Anhalt für nennenswerte Hypoplasie der Ovarien!

Besprechung. 21jährige, untergewichtige Patientin, die wegen einer Amenorrhoe von 2 Jahren zur Behandlung kam. Auf PMS-HCG und HMG-HCG (Standard-Dosen) keine Reaktionen. Als letztes werden FSH in einer Gesamtdosis von 2400 E (!) innerhalb von 12 Tagen zusammen mit HCG (gesamt 8400 E) verabfolgt, ohne daß eine Funktionssteigerung der Ovarien nachweisbar wurde. Die abschließende Douglasskopie ergab annähernd normal große Eierstöcke.

Die mitgeteilten Beobachtungen können natürlich nicht als repräsentativ angesehen werden. Sie legen nur dar, daß FSH in den eingesetzten Dosen andere Präparate nicht in der Wirkung übertrifft. Für die insgesamt negativen Resultate bei diesen Patienten sind möglicherweise endogene Faktoren verantwortlich zu machen, auf die im folgenden Kapitel eingegangen werden soll.

E. Über die Wirkungsentfaltung exogener Gonadotropine

1. Klinische Problemstellung

Es wurde bereits verschiedentlich darauf hingewiesen, daß die Reaktionsbereitschaft auf exogene Gonadotropine (Standard-Dosis) von endogenen Faktoren abhängig ist. Die verminderte Ansprechbarkeit nach längerer Funktionsruhe kann mit einer Störung fermentativer Vermittler erklärt werden. Diese Deutung

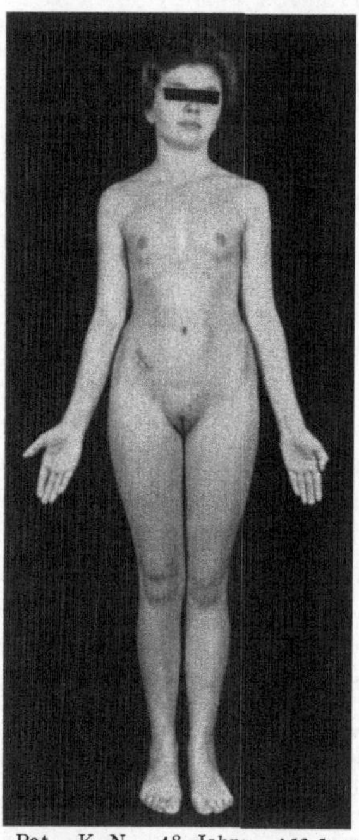

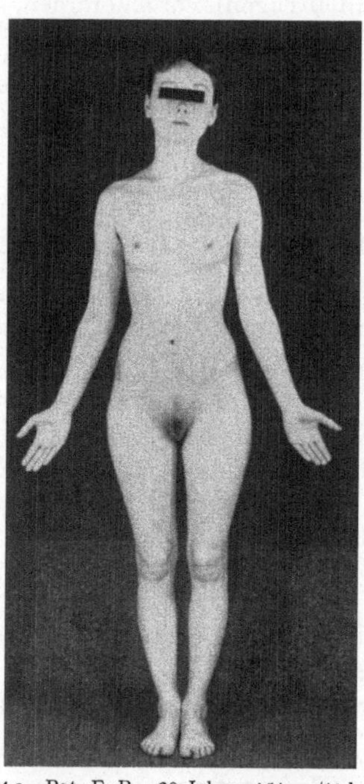

Abb. 100.   Pat. K. N., 18 Jahre, 153,5 cm/41,5 kg. Primäre Amenorrhoe. Keine Reaktion auf HMG-HCG. 5 Monate später spontane Menarche, seitdem normaler Cyclus

Abb. 101a. Pat. E. R., 20 Jahre, 154 cm/41 kg. Sekundäre Amenorrhoe seit 4 Jahren. Auf PMS-HCG keine Reaktion (s. Abb. 101 b). Normalisierung des Cyclus nach Unfall

ist jedoch für viele Fälle unbefriedigend. Negative Primäreffekte beobachtet man gelegentlich auch nach kurzfristiger Amenorrhoe. Ferner stellten wir fest, daß die Ansprechbarkeit bei der gleichen Patientin nach kurzem, behandlungsfreiem Intervall in Verlust geraten kann. Der Effekt exogener Gonadotropine ist offenbar noch an Voraussetzungen gebunden, die nicht vom Ovarium bestimmt werden. Sie treten insbesondere bei vier Gruppen von Patientinnen in Erscheinung, die jeweils durch Beispiele veranschaulicht seien:

1. Patientinnen mit verzögerter Reifungsperiode.

Fräulein K. N., 18 Jahre alt, 153,5 cm/41,5 kg. Primäre Amenorrhoe, infantiler Habitus, nur ganz spärliche Sexual- und Axillarbehaarung (s. Abb. 100).

Gonadotropin-Ausscheidung: 17,3 HMG-E. Kolpocytologischer Abstrich: nur angedeutete Funktion, Pyknose-Index: $<10\%$. Uterus-Sondenlänge: 3 cm. Atrophisches Endometrium. C_{17}-Ketosteroide: 6,6 mg/die, 17-Hydroxycorticoide: 8,4 mg/die. Ausfallserscheinungen!

HMG-HCG-Kur (Standard-Dosis). Anstieg des Pyknose-Index bis auf 15%. Endometrium unverändert. Basaltemperatur unbeeinflußt. Keine abschließende Blutung. 5 Monate später erste spontane Uterusblutung. Deutliches Wachstum der Mammae. Seitdem normaler Cyclus!

Die Annahme einer noch nicht voll entwickelten Reaktionsfähigkeit der ovariellen Strukturen stellt eine wenig befriedigende Erklärung dar, da nach klinischen Erfahrungen die Gonaden schon vor der Pubertät auf exogene Gonadotropine ansprechen (s. S. 60f.). Ihr widerspricht auch die weitere Entwicklung sowohl bei dieser als auch bei der folgenden Patientin.

Fräulein E. R., 20 Jahre alt, 154 cm/41 kg. Menarche mit 15 Jahren. Danach $1^1/_2$ Jahre normaler Cyclus (28/6). Seit 4 Jahren amenorrhoisch. Beschwerdekomplex: Anorexie, Kopfschmerzen, Obstipation. Zeitweilige Gewichtsabnahme bis auf

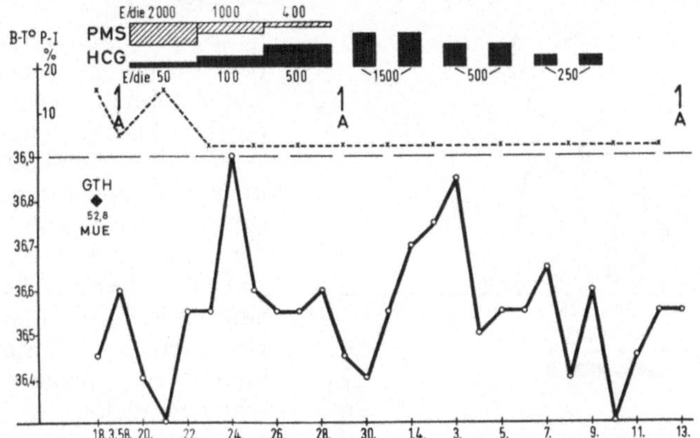

Abb. 101 b. Pat. E. R. (s. Abb. 101 a). Sekundäre Amenorrhoe seit 4 Jahren (hypothalamische Ovarial-Insuffizienz)

29 kg! Depressionen und Ausfallserscheinungen! Sehr intelligente und sensible Patientin, die das Abitur gemacht hat und jetzt studieren will. Ausgesprochen hypoplastischer Phänotyp (s. Abb. 101a).

Bei Aufnahme atrophisches Endometrium, Pyknose-Index: 10%. Gonadotropin-Ausscheidung: 52,8 MUE. PMS-HCG-Kur (Standard-Dosis, s. Abb. 101b): nicht die geringste Ovarialreaktion.

Verlauf. In der Folgezeit keine Spontanblutung. Keine Hormon-Therapie. 2 Jahre nach dem Klinikaufenthalt Autounfall mit verschiedenen Frakturen der Beine. 4 Wochen später setzt eine Genitalblutung ein. Seitdem (Kontrolle über $2^1/_2$ Jahre) ganz regelmäßiger Cyclus (26—30/2—3).

2. Patientinnen unter geistiger und/oder körperlicher Belastung.

Ich habe wiederholt die Beobachtung gemacht, daß beruflich überforderte Patientinnen eine klinisch durchgeführte Gonadotropin-Medikation mit einer biphasischen Ovarialfunktion beantworten, während bei ambulanter Behandlung die Reaktion unterbleibt.

Fräulein S. E., 18 Jahre alt, 169 cm/60 kg. Menarche mit $13^1/_2$ Jahren. Cyclus zunächst $1^1/_2$ Jahre regelmäßig (28/3—4). Jetzt seit etwas über 3 Jahren amenorrhoisch. Keine Gewichtsänderungen. Keine Ausfallserscheinungen!

Die Patientin kommt aus sehr gebildeter Familie, hatte selbst aber nach Auskunft der Eltern erhebliche Schwierigkeiten in der Oberschule und mußte mit der mittleren Reife abgehen! Befindet sich zur Zeit in der Ausbildung als medizinisch-technische Assistentin. Wird als sehr strebsam und gewissenhaft, aber geistig nicht sehr leistungsfähig geschildert. Auch die jetzigen Anforderungen scheinen die Patientin relativ stark zu belasten. *Aufnahme* zur hormonalen Behandlung: ruhendes Endometrium. C_{17}-Ketosteroide: 14,9 mg/die, 17-Hydroxycorticoide: 12,4 mg/die. Pyknose-Index: 52%.

Durchführung einer HMG-HCG-Kur (s. Abb. 102, oben). Anstieg der Basaltemperatur und der Pregnandiol-Ausscheidung schon nach 4 Behandlungstagen. Vorzeitiges Absetzen der Medikation nach dem 8. Tage der Kur. Strichabrasio: Endometrium in Sekretion. 7 Tage später Beginn einer Uterusblutung: sekretorisch umgewandeltes Endometrium in mensuellem Zerfall! Entlassung. Zunächst orale Behandlung mit Ovarialsteroiden (2 Monate). In der Folgezeit aber keine Spontanblutungen!

Etwa 6 Monate später zweite HMG-HCG-Kur gleicher Dosierung, diesmal aber *ambulant*, um keine weitere Zeit in der Berufsausbildung zu verlieren (s. Abb. 102, unten). Der Pyknose-Index steigt nur zögernd an. Basaltemperatur uncharakteristisch. Keine Blutung. Etwa 6 Wochen nach Beginn der Kur Strichabrasio:

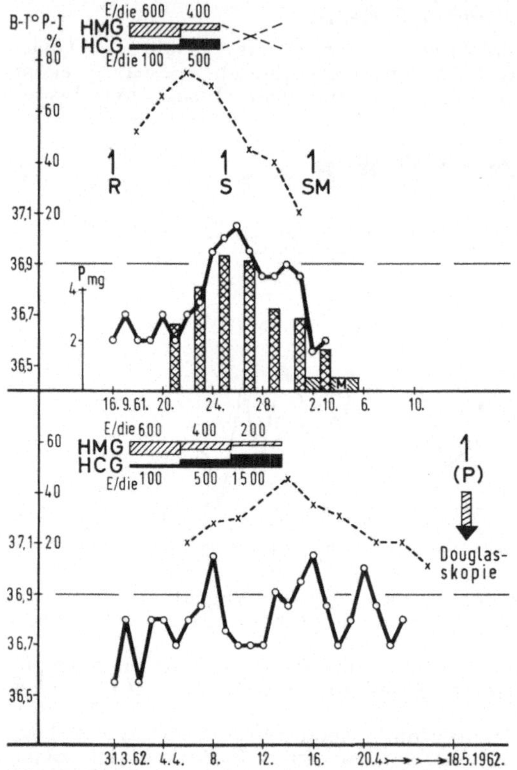

Endometrium in schwacher Proliferation. Douglasskopie: annähernd normal große Ovarien. Tunica albuginea mäßig vascularisiert. Einige durchschimmernde cystische Follikel.

Besprechung. 18jährige, normal proportionierte Patientin. Nach zeitgerechter Menarche zunächst regelmäßiger Cyclus, dann Einsetzen einer Amenorrhoe, die jetzt über 3 Jahre besteht. Überforderung in der Schule und während der jetzigen Ausbildung als medizinisch-technische Assistentin. Auf eine *stationäre* Behandlung mit HMG-HCG (Standard-Dosis) kommt es frühzeitig zur biphasischen Reaktion des Ovarial-Endocrinium, so daß die Medikation vorzeitig abgesetzt werden kann! Im folgenden $1/2$ Jahr keine Spontanblutung. Zweite HMG-HCG-Kur *ambulant:* keine biphasische Reaktion, nur leichte Oestrogenbildung. Douglasskopie ergibt annähernd normal große Ovarien.

Abb. 102. Sekundäre Amenorrhoe seit 3 Jahren. Unter klinischer Behandlung biphasische Reaktion (oberer Teil), ambulante Therapie (unterer Teil) dagegen ohne Effekt. (Pat. S. E.)

Derartige Beobachtungen sind besonders eindrucksvolle Belege dafür, daß die mangelhafte Reaktion nicht mit lokalen, ovariellen Störungen zu erklären ist! Möglicherweise spielt bei diesen Verläufen der Funktionsgrad des Interrenal-Endocrinium eine ausschlaggebende Rolle.

3. Patientinnen mit Anorexia nervosa.

Frau V. M., 24 Jahre alt, 162 cm/38 kg (31% Untergewicht, s. Abb. 103). Menarche mit 14 Jahren. Cyclus danach 4 Jahre lang regelrecht (28/3). Vom 18. bis zum 22. Lebensjahr Oligomenorrhoe. Patientin heiratete dann, die eheliche Gemeinschaft war aber sehr unharmonisch und endete nach 2 Jahren mit der Scheidung. $1/2$ Jahr nach Beginn der Ehe setzte eine Amenorrhoe ein, die jetzt seit $1^8/_{12}$ Jahren besteht. Neigung zum Frieren und zu Ohnmachten, Herzjagen, Gewichtsverlust, Akrocyanose. Blutdruck: 90/70. Temperatur: 35,4°. Leukocyten: 17600.

Endokrinologischer Status bei Aufnahme: Gonadotropin-Ausscheidung: 52,8 MUE, C_{17}-Ketosteroide: 4,2 mg/die, 17-Hydroxycorticoide: 8,6 mg/die. Atrophisches Endometrium. Pyknose-Index: 10%. Ausgesprochene Hypoplasie des Uterus.

Behandlung. Erste PMS-HCG-Kur (Standard-Dosis): keinerlei Reaktion des Ovarial-Endocrinium. In der folgenden Kontrollperiode von 7 Monaten eine schwache Spontanblutung und Gewichtszunahme um 6 kg. Zweite PMS-HCG-Kur (Standard-Dosis): leichtes Anziehen des Pyknose-Index, aber keine biphasische Reaktion.

In den folgenden 2 Jahren der Beobachtung keine Blutungen. Patientin fährt dann in Urlaub und verlobt sich: Gewichtszunahme um 4 kg und zwei regelstarke Spontanblutungen. Im folgenden Jahr fast regelmäßiger Cyclus. Dann Gravidität mit regelrechtem Verlauf!

Die folgende Beobachtung ist noch eindrucksvoller, da sie möglicherweise zur Klärung des Problems beitragen kann.

Fräulein I. P., 21 Jahre alt, 171 cm/41,7 kg (33% Untergewicht). Menarche mit 15 Jahren. Cyclus danach 5 Jahre regelrecht (28/6—7). Dann $^1/_2$ Jahr Oligomenorrhoe, jetzt seit 7 Monaten amenorrhoisch. Ausfallserscheinungen. Im letzten Jahr 15 kg(!) an Gewicht verloren. Keine Hinweise für besondere psychische Insulte, keine übermäßige physische Belastung.

Bei Aufnahme Endometrium in Ruhe. Gonadotropin-Ausscheidung: < 3,0 HMG-E! C_{17}-Ketosteroide: 11,0 mg/die, 17-Hydroxycorticoide: 8,3 mg/die.

Internistischer Befund: Blutdruck 120/70. Puls und Temperatur normal. Urin-Konzentration: 1028. Blutsenkung: 6/14. Differentialblutbild: o. B. Respiratorische Arrhythmie. Schilddrüsenfunktion o. B. Grundumsatz: —20%. Na 151 mval, K 4,31 mval. Bluteiweiß: o. B., Blutzucker: 76 mg%. Thorax und Schädel röntgenologisch o. B. Kein Anhalt für frisches Lungeninfiltrat. Relativ kleine Sella.

Erste HMG-HCG-Kur (Standard-Dosis, s. Abb. 104/I). Unter der Behandlung leichter Anstieg des Pyknose-Index. Keine Blutung nach der Kur. Abschließende Endometrium-Biopsie (Sondenlänge des Uterus 4 cm!): Endometrium in Ruhe.

Anschließend Mastkur mit hochkalorischer Kost. Gewichtszunahme um 5 kg in 2 Wochen. Entlassung. In der folgenden Woche wieder Gewichtsabnahme. Verschickung zur Erholungskur.

Wiederaufnahme und zweite HMG-HCG-Kur (s. Abb. 104/II). Gleicher

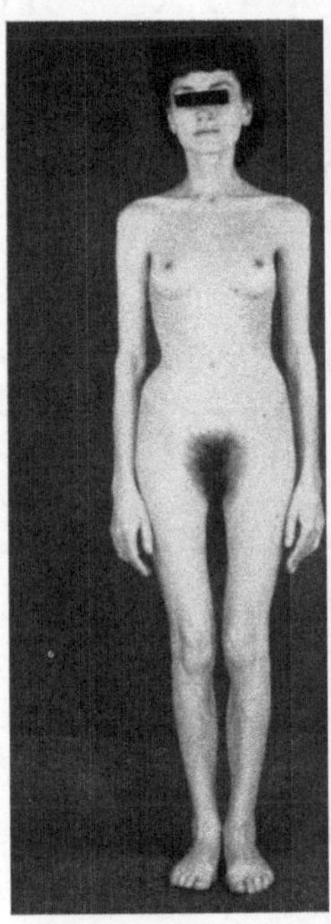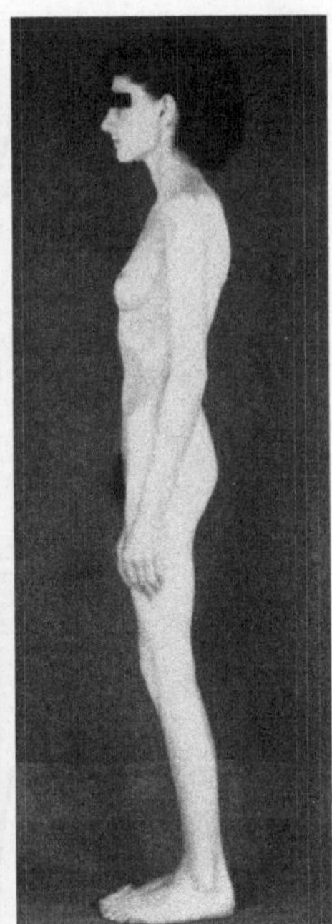

Abb. 103. Pat. V. M., 162 cm/38 kg. Sekundäre Amenorrhoe seit 1⁸/₁₂ Jahren. Keine Reaktion auf zwei PMS-HCG-Kuren. Später Spontanheilung und Schwangerschaft

negativer Effekt. Kurz vor Abschluß der Gonadotropin-Medikation *Douglasskopie*: Ovarien beiderseits etwas kleiner als normal. Tunica albuginea unauffällig. Durchschimmernde cystische Follikel. Großer cystischer Follikel am uterusnahen Pol des linken Ovarium.

Unmittelbar danach wird eine dritte Kur mit *PMS*-HCG angeschlossen (s. Abb. 104/III): Mit Anziehen der Basaltemperatur wird die Gonadotropin-Dosis an 3 Tagen verdreifacht! Das Ovarial-Endocrinium reagiert geradezu explosiv: Die Ausscheidungswerte der Ovarialsteroide steigen stark an. *Zweite Douglasskopie:* etwa hühnereigroße cystische Ovarien. Ein Gelbkörper ist nicht sicher auszumachen. Anschließend regelrechte Menstruation.

Dieser Verlauf legt dar, daß für diese Patientin die *Standard-Dosis* zur Induktion eines Cyclus nicht ausreichte. Die Ovarialformationen sind reaktionsfähig, die Dauer der Amenorrhoe ist offenbar nicht ausschlaggebend. Es müssen hier endogene Konstellationen die Reaktion erschweren. Möglicherweise fehlt ein synergistisches Prinzip, das für gewöhnlich dazu beiträgt, exogene Gonadotropine in unserer Dosierung wirksam werden zu lassen! Die gleiche Frage ist für die folgende Gruppe zu stellen.

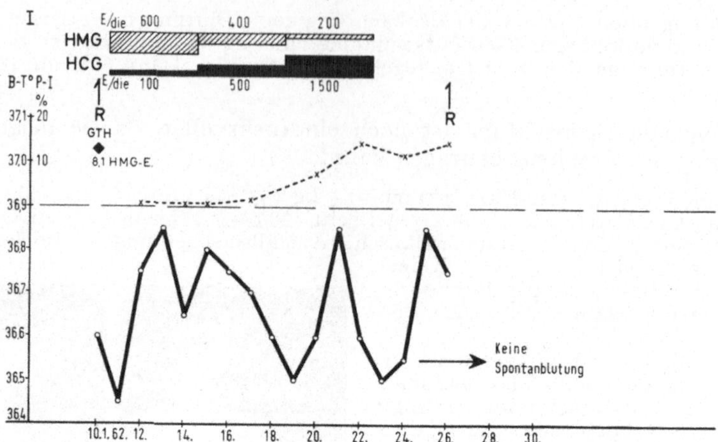

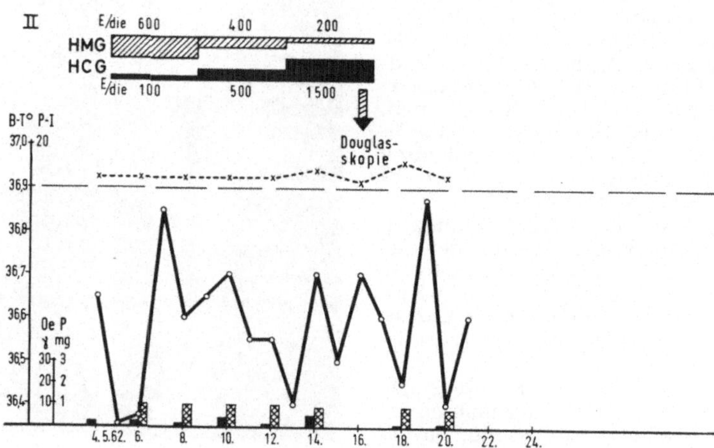

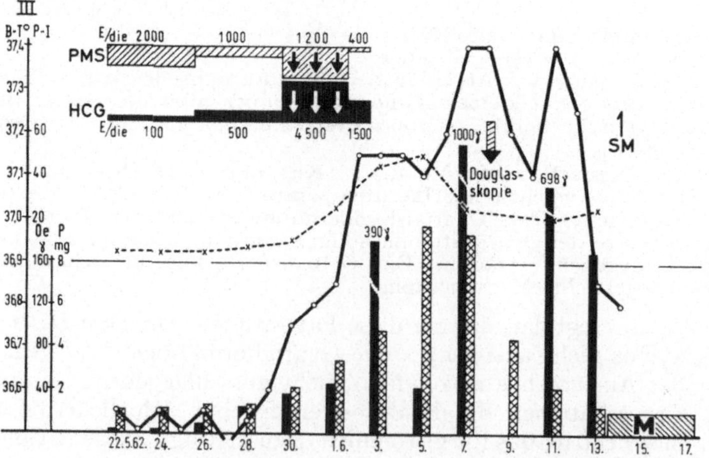

Abb. 104. Anorexia nervosa mit hochgradiger Magersucht (33% Untergewicht). Sekundäre Amenorrhoe seit 7 Monaten.
(Pat. J. P.)

4. Patientinnen mit postpartaler Ovarial-Insuffizienz.

Frauen mit einer Amenorrhoe, die an eine Schwangerschaft anschließt, reagieren auf eine Gonadotropin-Standard-Dosis nur in 45% mit einer biphasischen Ovarialfunktion. Auch diese Beobachtung mag an einem Beispiel veranschaulicht werden.

Frau I. K., 32 Jahre alt, 162 cm/78,7 kg. Menarche mit 14 Jahren, danach 11 Jahre regelrechter Cyclus (28/7). Seit Beginn der Ehe traten die Menses unregelmäßig auf (Oligomenorrhoe). Nach der Entbindung 4 Monate gestillt. Danach hält die Amenorrhoe an, sie besteht jetzt seit 8 Monaten. Keine Ausfallserscheinungen. Gonadotropin-Ausscheidung: 9,2 HMG-E. Atrophisches Endometrium.

PMS-HCG (Standard-Dosis, s. Abb. 105): Keine Reaktionen des Ovarial-Endocrinium. Während der einjährigen Beobachtungszeit keine Normalisierung des Cyclus. Sella röntgenologisch unauffällig. Ophthalmologisch kein besonderer Befund.

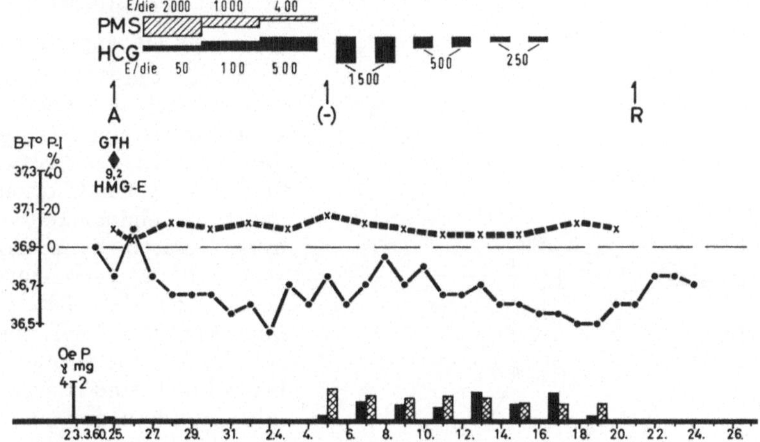

Abb. 105. Postpartale Amenorrhoe (Partus vor 8 Monaten). (Pat. J. K.)

Welchen Einflüssen ist es zuzuschreiben, daß ein Teil der Patientinnen dieser vier Gruppen auf exogene Gonadotropine, die jeweils kombiniert mit *HCG* und in einer *Standard-Dosis* verabfolgt werden, nicht reagieren?

Wir haben am eigenen Krankengut die Frage untersucht, ob zwischen dem Primäreffekt exogener Gonadotropine und der Höhe der Gonadotropin-Werte im Harn bei Behandlungsbeginn eine Korrelation besteht. 142 Patientinnen wurden in drei Gruppen zusammengefaßt:

I: Gonadotropin-Werte unter 6 MUE oder weniger als 4 HMG-E: 19 Patientinnen (= 14%).

II: Gonadotropin-Werte von 6—52,8 MUE oder 4—20 HMG-E: 94 Patientinnen (= 66%).

III: Gonadotropin-Werte von mehr als 52,8 MUE oder über 20 HMG-E: 29 Patientinnen (= 20%).

Auf die erste Gonadotropin-Kur (Standard-Dosis PMS-HCG bzw. HMG-HCG) reagierten die Gruppen wie folgt:

I: 10 Patientinnen (53%) biphasische Reaktion, 5 Patientinnen (21%) nur Oestrogenbildung (monophasisch), 4 Patientinnen (21%) ohne Reaktion.

II: 54 Patientinnen (57%) biphasische Reaktion, 24 Patientinnen (26%) monophasische Reaktion, 16 Patientinnen (17%) keine Reaktion.

III: 12 Patientinnen (41%) biphasische Reaktion, 9 Patientinnen (31%) monophasische Reaktion, 8 Patientinnen (28%) keine Reaktion.

12*

Die statistische Analyse (vgl. S. 350f.) ergab *keine eindeutigen Differenzen* zwischen den Kollektiven! Aus dieser Untersuchung geht hervor, daß sich die hypo- und hypergonadotropen Formen einer Ovarial-Insuffizienz in ihrer Reaktionsfähigkeit auf exogene Gonadotropine statistisch nicht signifikant unterscheiden.

Wahrscheinlich kommen mehrere Faktoren in Betracht. Eine wesentliche Rolle mag der besondere Wirkungsmechanismus von exogenem HCG spielen, über den umfangreiche tierexperimentelle und klinische Untersuchungen angestellt worden sind.

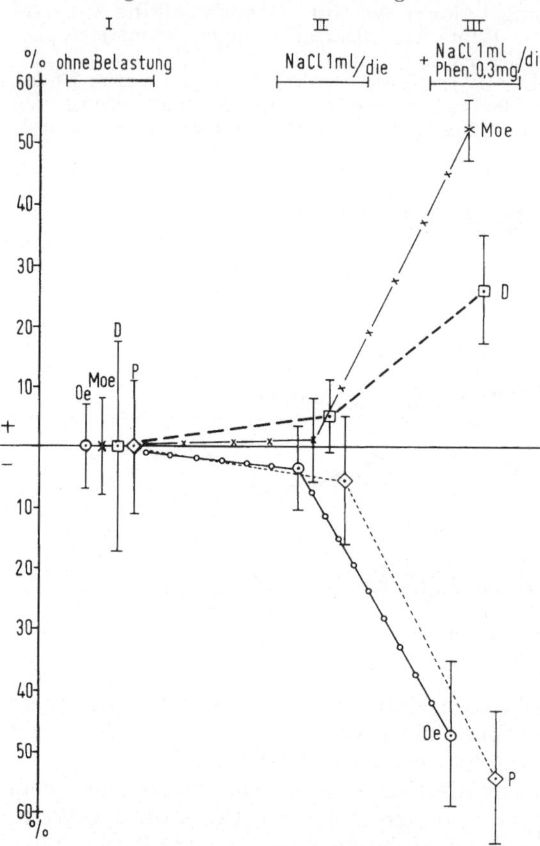

Abb. 106. Die Wirkung von Trifluormethylpromacin auf den spontanen Cyclus der geschlechtsreifen weißen Ratte. Signaturen: ⊙—⊙ Oestrustage (Oe); ×—× Metoestrustage (Moe); ☐---☐ Dioestrustage (D); ◇---◇ Prooestrustage (P); Phen = Trifluormethylpromacin

2. Experimentelle Untersuchungen

a) Tierexperiment

ZONDEK (1935) hat auf Grund seiner reichen experimentellen Erfahrungen mit HCG erstmalig die Hypothese aufgestellt, daß die Wirkung von Choriongonadotropin in Abhängigkeit von einem hypophysären „Synprolan" steht. WESTMAN u. JACOBSOHN (1938) bestätigten, daß HCG bei hypophysektomierten Tieren nicht zur Ausbildung großer Follikel, Blutfollikel und Corpora lutea führt, sondern nur eine Luteinisierung der Theca bewirkt. Wird jedoch lediglich der Hypophysenstiel durchtrennt, so entspricht der HCG-Effekt dem beim intakten Tier. Eine deutliche Minderung der HCG-Wirkung nach Hypophysektomie wurde auch von LAMOND u. EMMENS (1959) festgestellt, die sie auf das Fehlen von endogenem hypophysären FSH zurückführen.

Nach der Entfernung der Hypophyse kann eine Gelbkörperbildung nur erzielt werden, wenn die HCG-Dosis erheblich gesteigert oder dem HCG-Präparat ein Hypophysenextrakt zugesetzt wird (EVANS u. Mitarb. 1933, 1934).

SOULAIRAC u. SOULAIRAC (1959) konnten nach Schädigung der Corpora mamillaria die sich danach entwickelnde testikuläre Degeneration durch HCG-Gaben nicht beheben. Dieses Ergebnis entspricht dem Befund von SUCHOWSKY (1959), daß nach Koagulation der Kerngebiete im mittleren Hypothalamus mittels HCG bei infantilen, weiblichen Ratten weder ein Oestrus noch eine Theca-Luteinisierung erreicht werden kann.

Eine gleiche Wirkung hat die pharmakologische Beeinträchtigung der Regulationszentren. Bei geschlechtsreifen Mäusen liegt die Gelbkörper-Rate nach

Belastung mit 35 mg Äthinyl-nor-testosteron-Acetat und gleichzeitiger Verabfolgung von 6 E HCG signifikant unter derjenigen der Kontrolltiere. Durch Verdoppelung der HCG-Dosis wird die Differenz aufgehoben (STAEMMLER 1960, STAEMMLER u. STAEMMLER 1960*).

Entsprechende Untersuchungen bei geschlechtsreifen Wistar-Ratten wurden mit einem zentral angreifenden Phenothiazin-Derivat (Trifluormethyl-

Tabelle 18. *Die Wirkung von Trifluormethylpromazin auf den spontanen Cyclus der geschlechtsreifen weißen Ratte* (vgl. Abb. 106)

	I Ohne Belastung $\overline{X}$ $(s_{\overline{X}})$	II 1 ml NaCl $\overline{X}$ $(s_{\overline{X}})$	III 1 ml NaCl + 0,3 mg Phen. $\overline{X}$ $(s_{\overline{X}})$	Vergleich I—III Signifikanzgrad $t = \dfrac{\overline{X}_1 - \overline{X}_2}{\sqrt{\dfrac{S_1^2}{n_2} + \dfrac{S_2^2}{n_1}}}$	p
Oestrus-Tage	7,4 (0,53)	7,1 (0,50)	3,9 (0,48)	4,89	< 0,001
Metoestrus-Tage	7,9 (0,63)	8,0 (0,56)	12,0 (0,61)	4,68	< 0,001
Dioestrus-Tage	5,7 (1,00)	6,0 (0,36)	7,2 (0,66)	1,25	~ 0,22
Prooestrus-Tage	3,9 (0,41)	3,7 (0,44)	1,8 (0,21)	4,59	< 0,001

promazin) durchgeführt (STAEMMLER 1962). Unter täglicher subcutaner Verabfolgung von 3mal 0,1 mg Trifluormethylpromazin kommt es zu einer hochsignifikanten Verlängerung der Metoestrusphasen und einem ebenso eindeutigen

Tabelle 19. *Der Einfluß von Trifluormethylpromazin auf den Effekt von PMS-HCG* (vgl. Abb. 107)

	I Ohne Belastung $\overline{X}$ $(s_{\overline{X}})$	II 5,0 E PMS + 0,5 E HCG $\overline{X}$ $(s_{\overline{X}})$	Vergleich I—II Signifikanzgrad $t = \dfrac{\overline{X}_1 - \overline{X}_2}{\sqrt{\dfrac{S_1^2}{n_2} + \dfrac{S_2^2}{n_1}}}$	p	III 5,0 E PMS + 0,5 E HCG + 0,3 mg Phen. $\overline{X}$ $(s_{\overline{X}})$	Vergleich II—III Signifikanzgrad $t = \dfrac{\overline{X}_1 - \overline{X}_2}{\sqrt{\dfrac{S_1^2}{n_2} + \dfrac{S_2^2}{n_1}}}$	p
Oestrus-Tage	8,1 (0,38)	12,2 (0,70)	5,17	< 0,001	6,3 (0,86)	5,37	< 0,001
Metoestrus-Tage	8,0 (0,30)	6,3 (0,40)	3,43	< 0,001	9,6 (0,56)	4,78	< 0,001
Dioestrus-Tage	4,6 (0,43)	3,8 (0,71)	0,96		6,8 (0,74)	2,92	< 0,004
Prooestrus-Tage	4,2 (0,24)	2,6 (0,24)	4,67	< 0,001	2,1 (0,21)	1,59	

Rückgang der Oestrusperioden (vgl. Abb. 106 und Tabelle 18). Die Ovarien enthielten mehrere Corpora lutea. Das Präparat drosselt offenbar die zentralen Impulse für die Follikelreifung (Hemmung des Freigabe-Mechanismus) und enthemmt die luteotrope Funktion der Adenohypophyse.

PMS-HCG bewirkt eine signifikante Zunahme der Oestrus-Tage, die aber aufgehoben wird, wenn man gleichzeitig das Phenothiazin-Derivat verabfolgt (s. Abb. 107 und Tabelle 19).

Auch diese Versuche legen dar, daß der Effekt extrahypophysärer Gonadotropine *in einem bestimmten Dosisbereich* von einer hypophysären Mittlerfunktion abhängig zu sein scheint. Geht diese durch Entfernung der Hypophyse oder durch Beeinträchtigung der übergeordneten Steuerungsmechanismen verloren, so wird die Wirkung von PMS-HCG reduziert.

Die Reaktion auf exogene Gonadotropine wird aber auch vom Interrenal- und Thyreoidal-Endocrinium beeinflußt (s. S. 51 f.). Nach Adrenalektomie ist die ovarielle Reaktionsfähigkeit auf PMS vermindert. Sie wird durch Cortison wiederhergestellt. Thyroxin dagegen hemmt die Ansprechbarkeit der Ovarien. Sie ist nach Thyreoidektomie erheblich gesteigert. Ob diese Einflüsse auch bei nur mäßiger Funktionsänderung dieser Systeme zur Wirkung kommen, ist unklar.

Oestrogene sollen den Effekt von HCG und PMS am Ovar hypophysektomierter, unreifer Ratten unterstützen (PENCHARZ 1940, WILLIAMS 1940). Diesem Ergebnis wurde allerdings später widersprochen (PAYNE u. RUNSER 1958) (s. S. 40 und 44).

b) Klinische Versuche

Da derartige tierexperimentelle Ergebnisse nur mit Vorbehalt auf den Menschen übertragen werden können, haben wir entsprechende Untersuchungen bei geschlechtsreifen Frauen mit regelrechter Ovarialfunktion durchgeführt (STAEMMLER u. STAEMMLER 1960*). Zur Beeinflussung des Zentralsystems eignen sich die synthetischen Norgestagene (vgl. S. 12f. und 26f.). Sie führen nicht zu einer totalen Hemmung der Gonadotropin-Abgabe, sondern verhindern die Entwicklung der

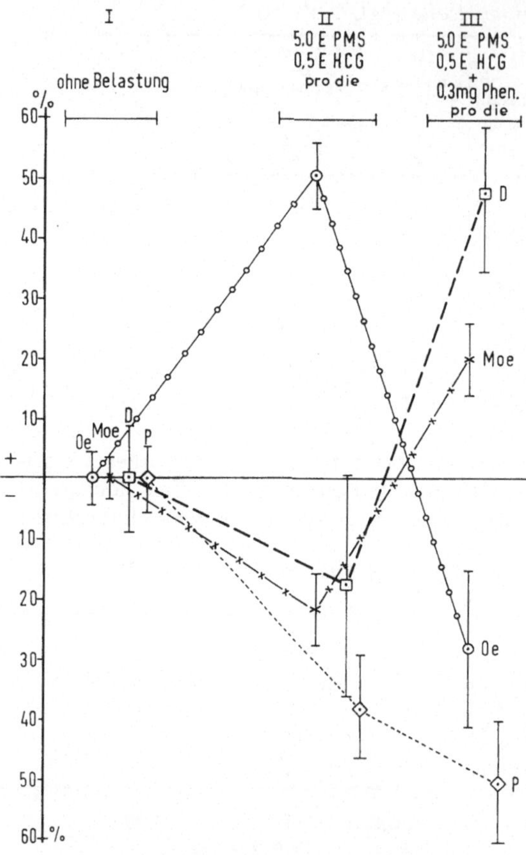

Abb. 107. Der Einfluß von Trifluormethylpromazin auf den Effekt von PMS-HCG. Signaturen vgl. Abb. 106

Gonadotropin-Spitze in Cyclusmitte, so daß die Ovulation unterbleibt (vgl. TAYMOR 1963). Als oral besonders wirksam erwies sich Äthinyl-nor-testosteron-Acetat (AeNT-Ac), das wir für diese Versuche einsetzten.

14 Versuchspersonen mit regelrechter Ovarialfunktion erhielten ab 1. Cycluswoche täglich 12, 15, 20 oder 45 mg Äthinyl-nor-testosteron-Acetat. *Gleichzeitig* wurden PMS-HCG in unserer Standard-Dosis verabfolgt. In keinem Fall kam unter dieser kombinierten Medikation eine Ovulation zustande. Diese Beobachtung, über die wir an anderer Stelle ausführlich berichtet haben (STAEMMLER 1960, STAEMMLER u. STAEMMLER 1960*), sei an zwei Beispielen veranschaulicht:

1. Pat. G. R., 39 Jahre alt, regelrechter Cyclus (Uterus myomatosus). Die die Ovulation hemmende Wirkung von täglich 12 mg Äthinyl-nor-testosteron-Acetat wird durch eine gleichzeitige Medikation von PMS-HCG (Standard-Dosis) *nicht* aufgehoben

(s. Abb. 108a). Die Ausscheidungswerte von Oestriol liegen unter 10 μg/die, diejenigen von Pregnandiol unter 1 mg/die. Die Steigerung der Basaltemperatur wird durch die Gestagen-Medikation verursacht.

Bei der nachfolgenden Laparotomie wurde kein Gelbkörper, sondern nur eine Reaktivierung der Theca gefunden (s. Abb. 108b).

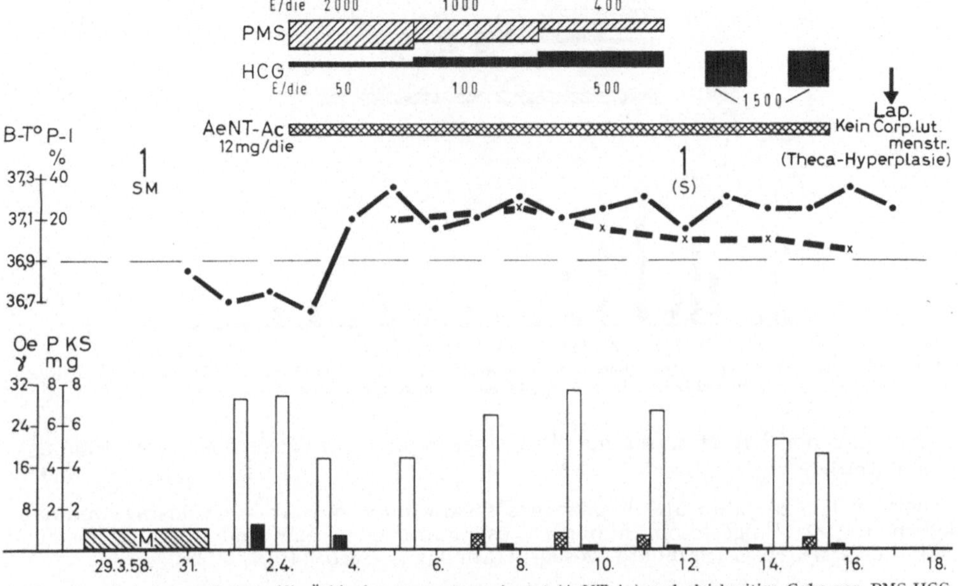

Abb. 108a. Belastung mit 12 mg/die Äthinyl-nor-testosteron-Acetat (AeNT-Ac) und gleichzeitige Gabe von PMS-HCG (Standard-Dosis) bei einer Patientin (G. R.) mit regelrechter Ovarialfunktion

2. Pat. A. W., 44 Jahre alt, regelrechter Cyclus. Die Tagesdosis von Äthinylnor-testosteron-Acetat beträgt 15 mg. Die gleichzeitige Zufuhr von PMS-HCG vermag die Ovarialfunktion *nicht* zu stimulieren (s. Abb. 109).

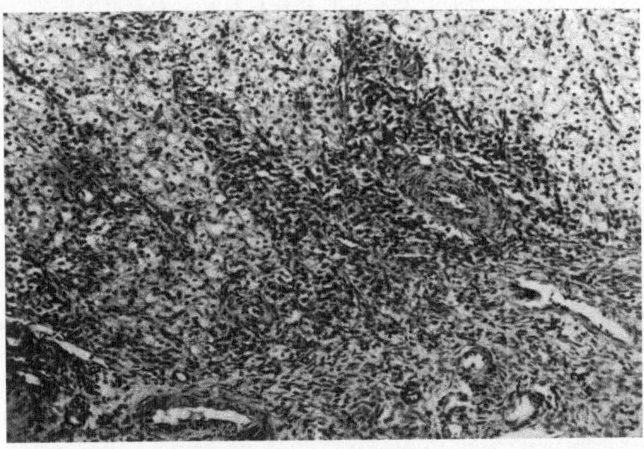

Abb. 108b. Reaktivierte Theca in einem alten Corpus luteum (Vergr. 100×). Präparat der Pat. G. R. (s. Abb. 108a)

Eine weitere Steigerung der Gestagen-Dosis bis zu 45 mg/die verändert erwartungsgemäß den Reaktionsverlauf nicht.

Zusammenfassung und Folgerung. Eine Hemmung des Zentralsystems durch Norgestagene in einer Tagesdosis ab 12 mg führt zum Sistieren der Ovarialfunktion. Dieser Effekt wird durch gleichzeitige Verabfolgung von PMS-HCG

(Standard-Dosis) *nicht* aufgehoben. Die Wirkungspotenz der exogenen Gonadotropine reicht also nicht aus, bei einer Aktivitätsminderung des Zentralsystems
die Ovarien zu stimulieren. Ähnliche Beobachtungen sind auch von SULMAN und
seinem Arbeitskreis gemacht worden (SULMAN, persönliche Mitteilung).

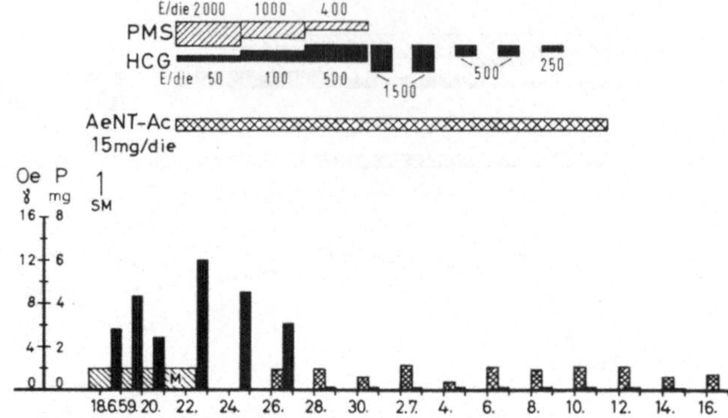

Abb. 109. Belastung mit 15 mg/die Äthinyl-nor-testosteron-Acetat (AeNT-Ac) und gleichzeitige Zufuhr von PMS-HCG
(Standard-Dosis). (Pat. A. W., 44 Jahre, regelrechte Ovarialfunktion)

Ein gleicher Effekt kann mit Progesteron in einer Tagesdosis von 100 mg
erzielt werden.

Pat. I. K., 26 Jahre alt. Regelrechte Ovarialfunktion. Ab 4. Cyclustag werden
täglich 100 mg Progesteron in öliger Lösung intramuskulär und ab 6. Cyclustag
zusätzlich PMS-HCG (Standard-Dosis) verabfolgt (s. Abb. 110).

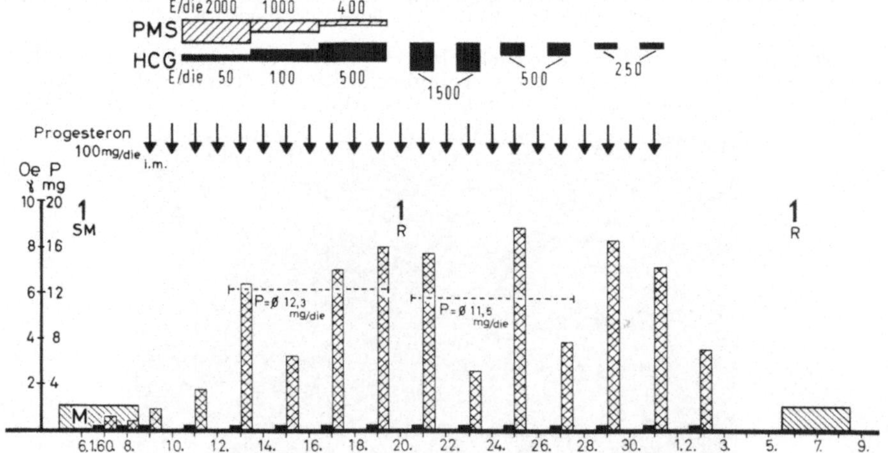

Abb. 110. Belastung mit 100 mg/die Progesteron in öliger Lösung intramuskulär und gleichzeitige Durchführung einer
PMS-HCG-Kur in Standard-Dosis. (Pat. J. K., 26 Jahre, regelrechter Cyclus)

Unter dieser kombinierten Medikation kommt kein Cyclus zustande. Infolge der
Progesteron-Zufuhr beträgt die Pregnandiol-Ausscheidung in der ersten Behandlungsphase durchschnittlich 12,3 mg/die ($s_{\bar{x}} = \pm 2{,}17$ mg) und in der zweiten Periode im
Mittel 11,5 mg/die ($s_{\bar{x}} = \pm 3{,}12$ mg). Zwischen beiden Abschnitten besteht keine
nennenswerte Differenz, die auf das Vorhandensein eines Gelbkörpers schließen ließe.

Tierversuche und klinische Beobachtungen (vgl. Fall I. P., S. 177) lassen
erwarten, daß diese Ergebnisse von der Gonadotropin-Dosis abhängig sind.
Diese Folgerung ließ sich experimentell bestätigen:

Eine 29jährige, gesunde Versuchsperson (Frau E. B., normaler Cyclus) erhielt täglich 12 mg Äthinyl-nor-testosteron-Acetat und zusätzlich PMS-HCG in *doppelter Standard-Dosis* (s. Abb. 111).

Unter der Erhöhung der Gonadotropin-Dosis kam eine eindeutig biphasische Ovarialreaktion mit zweigipfliger Oestriol- und typischer Pregnandiol-Kurve zustande. Die weit über der Norm liegenden Spitzenwerte (Oestriol maximal 158 µg/die, Pregnandiol bis 23,3 mg/die) weisen auf eine beträchtliche Überstimulierung der Ovarien hin.

Beachtenswert ist auch der Anstieg der C_{17}-Ketosteroide im Intermenstruum: Ihr Maximum liegt 6 Tage vor dem Pregnandiol- und 9 Tage vor dem zweiten Oestriol-Gipfel. Zwischen dem 3. und 11. „Cyclustag" beträgt die Durchschnittsrate 11,6 mg/die ($s_{\bar{x}} = \pm 0,51$ mg). Demgegenüber liegt ihr Durchschnittswert vom 13.—21. „Cyclustag" bei 16,4 mg/die ($s_{\bar{x}} = \pm 0,82$ mg). Die Differenz zwischen beiden Perioden ist

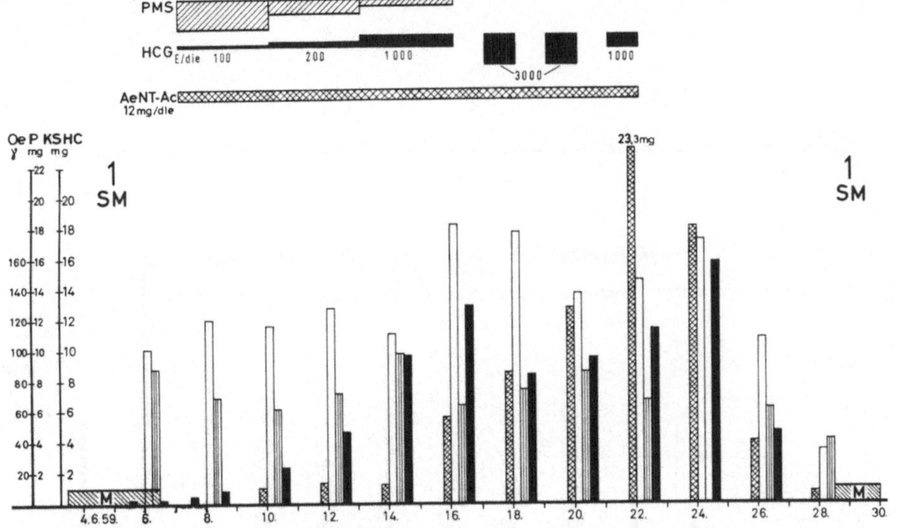

Abb. 111. Belastung mit 12 mg/die Äthinyl-nor-testosteron-Acetat (AeNT-Ac) und gleichzeitige Zufuhr von PMS-HCG in *doppelter Standard-Dosis*. (Pat. E. B., 29 Jahre, regelrechte Ovarialfunktion)

signifikant ($t = 4,99$)! Die Werte der 17-Hydroxycorticoide werden dagegen nicht nennenswert beeinflußt.

Wird die Norgestagen-Dosis von 12 auf 20 mg/die heraufgesetzt, so läßt sich mit einer *doppelten* Gonadotropin-Dosis nur bei einem Teil der Patientinnen eine biphasische Ovarialfunktion induzieren! Bei der 38jährigen Patientin K. U. (s. Abb. 112, oben) ist unter der kombinierten Belastung *keine* inkretorische Aktivität der Ovarien nachweisbar. Dagegen entwickelt sich bei der 39jährigen Patientin S. Sch. (s. Abb. 112, unten) während des Versuches gleicher Dosierung eine beträchtlich übersteigerte Reaktion der Ovarien: Die Oestriol-Ausscheidung erreicht maximal 185 µg/die, die Pregnandiol-Werte ziehen bis 9,3 mg/die an. Damit konform kommt es auch bei dieser Patientin zu einem ungewöhnlichen Anstieg der C_{17}-Ketosteroide bis auf maximal 24,4 mg/die!

Zusammenfassung und Folgerung. Das Ausbleiben einer Ovarialreaktion auf exogene Gonadotropine bei gleichzeitiger Hemmung des Zentralsystems steht in Abhängigkeit von der Gonadotropin-Dosis. Mit ihrer Verdoppelung kann eine biphasische und übersteigerte Aktivierung der Ovarialfunktion veranlaßt werden. Dieser Effekt wird unsicher, wenn zugleich auch die Hemmung des Zentralsystems durch Steigerung der Norgestagen-Dosis intensiviert wird.

Danach ist offenbar der Effekt einer PMS-HCG-Standard-Dosis abhängig von einer bestimmten Funktions- oder Reaktionsfähigkeit des Zentralsystems (und/ oder eines von ihm abhängigen Endocrinium).

Die ovarielle Ansprechbarkeit auf gonadotrope Hormone wird durch Oestrogene begünstigt. Es besteht die Möglichkeit, daß durch die starke anti-oestrische Wirkung der Norgestagene die Sensibilität der Ovarien direkt beeinträchtigt wird. Der folgende Versuch scheint diese Folgerung zu bestätigen.

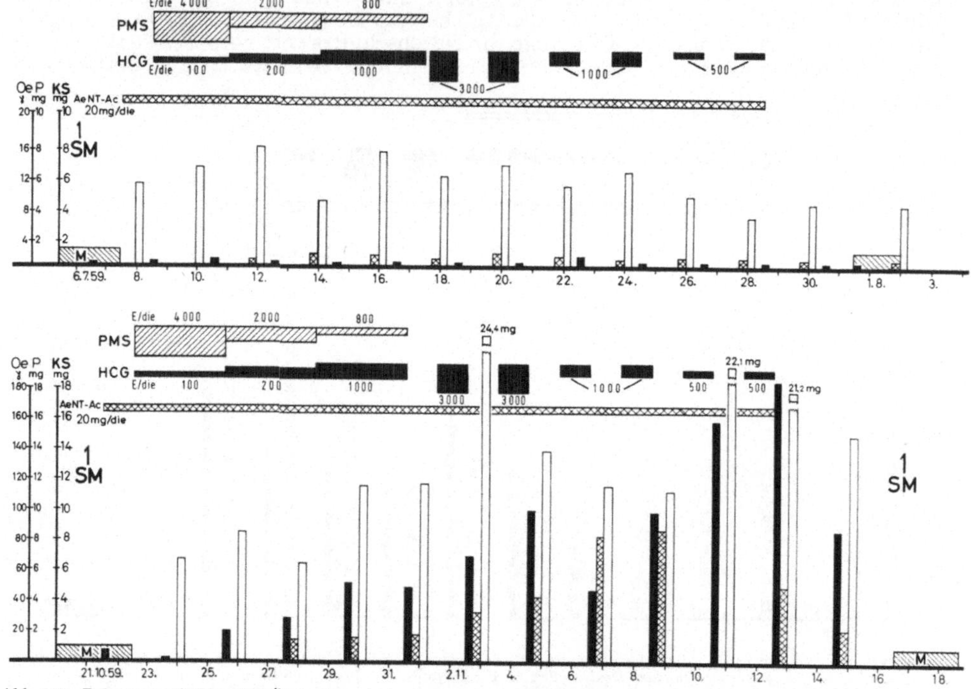

Abb. 112. Belastung mit *20 mg/die* Äthinyl-nor-testosteron-Acetat (AeNT-Ac) und gleichzeitige Zufuhr von PMS-HCG in *doppelter Standard-Dosis*. Oben: Keine Reaktion der Ovarien (Pat. K. U., 38 Jahre). Unten: Erheblich übersteigerte Reaktion der Ovarien (Pat. S. Sch., 39 Jahre)

Frau M. K. (38 Jahre alt) wurden täglich 20 mg Äthinyl-nor-testosteron-Acetat und gleichzeitig PMS-HCG (Standard-Dosis) verabfolgt. Außerdem erhielt die Patientin 40 μg/die Äthinyloestradiol. Unter dieser Kombination entwickelt sich ein eindeutig biphasischer Cyclus mit einer Pregnandiol-Ausscheidung von maximal 3,8 mg/die (s. Abb. 113).

Eine noch ausgeprägtere Reaktion kann erzielt werden, wenn anstelle des Oestrogens oral wirksames Methyltestosteron in einer Dosis von 2 mg/die verabfolgt wird (s. Abb. 114).

Möglicherweise wird ein Teil dieses Androgens im Organismus zu Oestrogenen konvertiert. Die relativ hohe Pregnandiol-Spitze (10,5 mg/die) weist auf eine Überstimulierung der Ovarien hin.

Zusammenfassung und Folgerung. Die Beeinträchtigung der Wirkung von PMS-HCG (Standard-Dosis) durch gleichzeitig verabfolgte Norgestagene (20 mg/die) kann sowohl durch eine zusätzliche Gabe von Äthinyloestradiol (40 μg/die) als auch von Methyltestosteron (2 mg/die) aufgehoben werden. Wahrscheinlich wird die Sensibilität der Ovarien gegenüber den exogenen Gonadotropinen durch diese Steroide gesteigert.

In der Beurteilung dieser Zusammenhänge sind aber auch die Einflüsse des Interrenal-Endocrinium zu berücksichtigen. Ich wies darauf hin, daß die nach Adrenalektomie verminderte ovarielle Reaktionsfähigkeit durch Cortison-Gaben normalisiert wird. Hierzu gibt es klinische Parallelen: das Sistieren des Cyclus

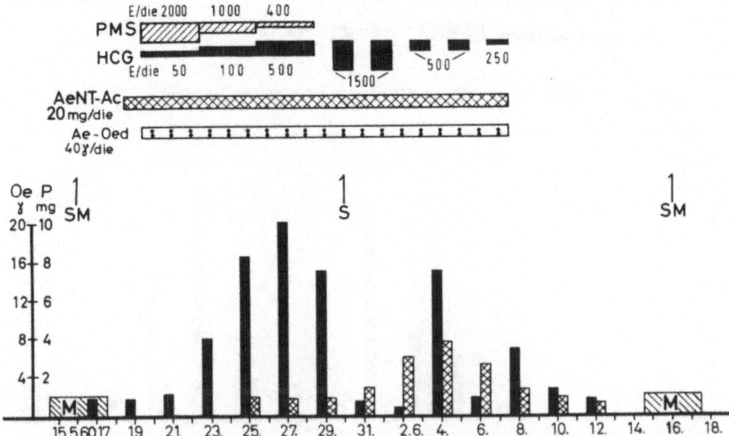

Abb. 113. Belastung mit 20 mg/die Äthinyl-nor-testosteron-Acetat (AeNT-Ac) + 40 μg/die Äthinyl-Oestradiol (Ae-Oed). Gleichzeitige Zufuhr von PMS-HCG (Standard-Dosis). (Pat. M. K., 38 Jahre)

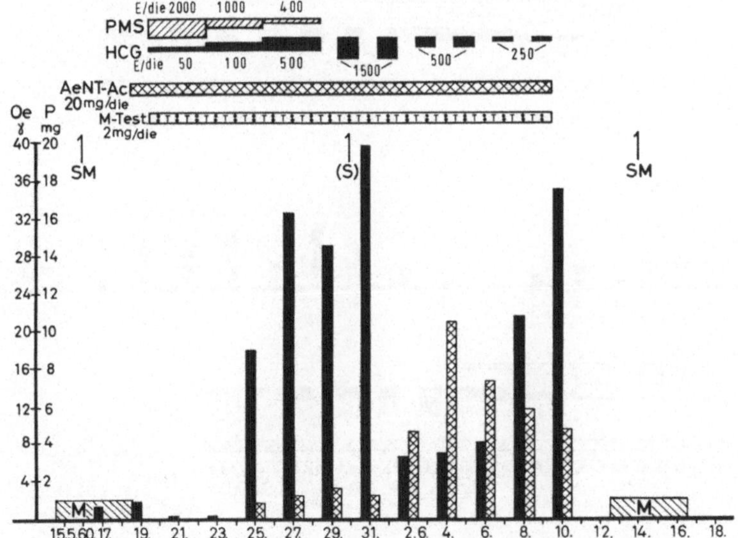

Abb. 114. Gleiche Versuchsanordnung wie bei der Pat. M. K. (s. Abb. 113). Anstelle von Äthinyl-Oestradiol werden täglich 2 mg Methyl-Testosteron (M-Test) oral verabfolgt. (Pat. H. K., 36 Jahre)

und negative Reaktionen auf eine Gonadotropin-Standard-Dosis bei physischer Überlastung oder reduzierter interrenaler Leistung.

Wir haben den Grundversuch (Norgestagen-Belastung bei gleichzeitiger Verabfolgung von PMS-HCG) durch eine zusätzliche exogene Aktivierung der Nebennierenrindenfunktion modifiziert.

Eine 36jährige, gesunde Probandin (Pat. G. K.) erhielt außer 15 mg/die Äthinyl-nor-testosteron-Acetat und PMS-HCG (Standard-Dosis) täglich noch

10 E Depot-ACTH (s. Abb. 115). Unter dieser Kombination entwickelt sich ein eindeutig biphasischer Cyclus mit zweigipfliger Oestriol-Ausscheidung und regelrechten Pregnandiol-Werten! Nach dem typisch cyclusgerechten Verhalten der

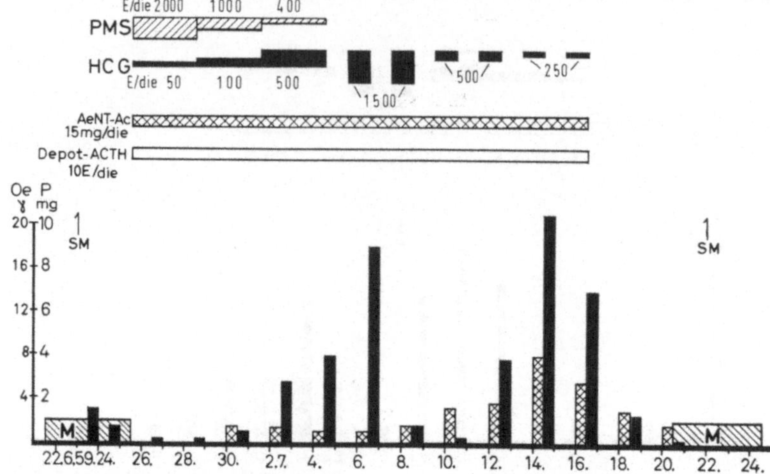

Abb. 115. Belastung mit 15 mg/die Äthinyl-nor-testosteron-Acetat (AeNT-Ac) und gleichzeitige Verabfolgung von PMS-HCG (Standard-Dosis). Zusätzliche Gabe von 10 E/die Depot-ACTH. (Pat. G. K., 36 Jahre)

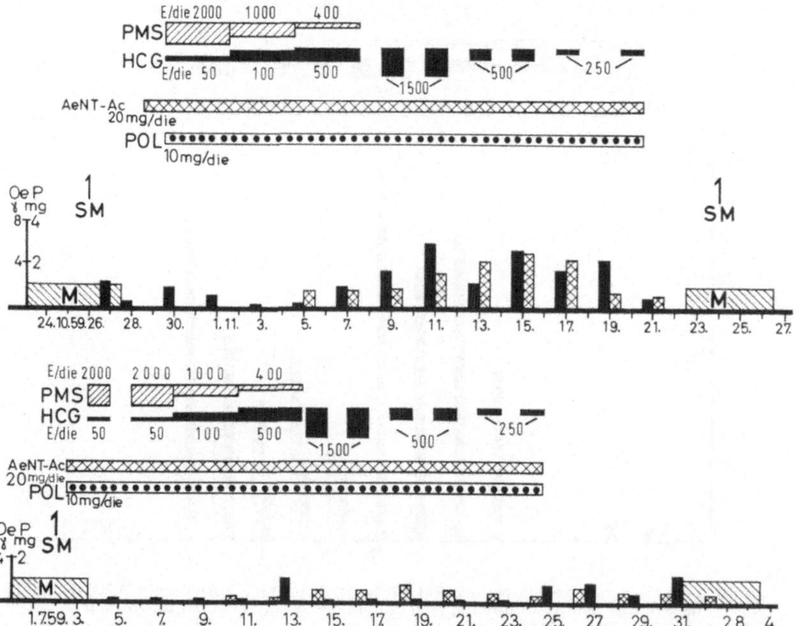

Abb. 116. Belastung mit 20 mg/die Äthinyl-nor-testosteron-Acetat (AeNT-Ac) und gleichzeitige Verabfolgung von PMS-HCG (Standard-Dosis). Zusätzliche Gabe von 10 mg/die Prednisolon (POL). Oben: Pat. M. N., 29 Jahre. Unten: Pat. H. St., 29 Jahre

Ausscheidungswerte ist es unwahrscheinlich, daß diese Steroide der aktivierten Interrenalfunktion zuzusprechen sind.

Eine ähnliche Reaktion wird bei einer zweiten Patientin (A. B., 32 Jahre alt) erreicht, bei der die Gestagen-Dosis 20 mg/die beträgt. Die relativ hohen Werte von Oestriol (Maximum 47 µg/die) und Pregnandiol (Maximum 8,7 mg/die) deuten hier sogar eine Überstimulierung der Ovarien an!

Dieser Effekt von ACTH ist aber offenbar nicht auf die gesteigerte Abgabe von Glucocorticosteroiden zurückzuführen. Prednisolon (POL) in einer Dosis von 10 mg/die löst nicht die gleiche Wirkung aus (s. Abb. 116).

3. Besprechung der Ergebnisse und Folgerung

Die Ansprechbarkeit auf exogene Gonadotropine, die in einer Standard-Dosis und immer in Kombination mit HCG verabfolgt werden, kann sich bei der gleichen Patientin verändern. Sie variiert auch innerhalb bestimmter Krankheitsgruppen. Bestimmte Krankheitsbilder zeichnen sich durch eine gesteigerte Reaktionsfähigkeit aus (z. B. „polycystische Ovarien"), andere sind durch eine herabgesetzte Reagibilität gekennzeichnet. Letzteres gilt besonders für ausgeprägte Formen der Anorexie, für Patientinnen mit verzögerter Reifung und für die postpartale Ovarial-Insuffizienz.

Im *Tierexperiment* ist die ovulationsauslösende Wirkung von HCG in einem bestimmten Dosisbereich an das Vorhandensein der Hypophyse gebunden. Der HCG-Effekt wird aber auch durch Zerstörung bestimmter hypothalamischer Kerngebiete beeinträchtigt. Eine gleiche Minderung der HCG-Wirkung wird erreicht, wenn das Zentralsystem hormonal (durch Norgestagene) oder pharmakologisch (durch Phenothiazinderivate) in seiner Funktion gedrosselt wird.

Im *klinischen Versuch* konnte die Feststellung gemacht werden, daß eine Hemmung der cyclischen Sexualfunktion durch Norgestagene mittels PMS-HCG (Standard-Dosis) nicht durchbrochen werden kann. Dieser Versuch ist dosisgebunden. Mit verdoppelter Gonadotropin-Dosis wird die Funktion des Ovarial-Endocrinium wieder aktiviert. Das gleiche gelingt, wenn zusätzlich Äthinyloestradiol oder Methyltestosteron zugeführt wird. Die gestagenabhängige Hemmung des Gonadotropin-Effektes kann auch durch ACTH-Gaben, nicht aber mittels Prednisolon aufgehoben werden.

Der ACTH-Effekt ist später von SUCHOWSKI (1962) im Tierexperiment bestätigt worden. Nach Untersuchungen von SOHVAL u. SOFFER (1951) sollen ACTH-Gaben eine Steigerung der FSH-Ausscheidung bewirken. HCG wirkt erst bei Gegenwart von hypophysärem FSH ovulationsauslösend (EVANS u. Mitarb. 1934). Der HCG-Einfluß wird durch Oestrogene verstärkt (Collip-Effekt). Aus den tierexperimentellen Erfahrungen wird gefolgert, daß sowohl PMS wie auch HCG die Adenohypophyse zur vermehrten Bildung und Abgabe von Gonadotropinen veranlassen (ABDERHALDEN 1952*). Es wurde angenommen, daß HCG die FSH-Freigabe (CLAESSON, HOGBERG, ROSENBURG u. WESTMAN 1948) oder die LTH-Abgabe anregt (SEGALOFF u. Mitarb. 1949, 1951). Nach längerer Verabfolgung von HCG (Tierversuch) ist der LH-Gehalt der Hypophyse signifikant reduziert (PIGON et al. 1960). Die starke Vermehrung der chromophoben (γ-) Zellen der Adenohypophyse während der Schwangerschaft wird als eine direkte HCG-Wirkung angesehen (vgl. FASSBENDER 1956*)! Neuerdings kamen ZARROW u. QUINN (1963) auf Grund von Versuchen über die Superovulation bei unreifen Ratten zu der Vorstellung, daß exogenes PMS die LH-Freigabe anregt!

Die Eiweißzufuhr beeinflußt die Sexualfunktion. Unter eiweißarmer Kost entwickeln sich Cyclusstörungen (ECKSTEIN 1962*). Die ovarielle Ansprechbarkeit auf exogene Gonadotropine soll durch einen mangelhaften Eiweißgehalt in der Ernährung beeinträchtigt werden (LEATHEM 1958).

Es sind an dieser Stelle die sog. „*Antagonisten*" zu erwähnen, die angeblich in der Adenohypophyse gebildet werden. Sie sollen eng an die LH-Fraktion gekoppelt sein (WOODS u. SIMPSON 1961). Diese die eigenen Gonadotropine hemmenden Faktoren sollen in allen Altersgruppen mit dem Harn ausgeschieden werden. Sie kommen in der Geschlechtsreife nicht zur Wirkung, da im Überschuß Gonadotropine gebildet werden (SOFFER et al. 1962). Der Hemmeffekt dieser Substanz soll sich nach neuesten Untersuchungen gegen exogenes HCG, nicht aber gegen verabfolgtes HMG (SOFFER u. FOGEL 1963) und auch nicht gegen FSH (FUTTERWEIT et al. 1963) richten. Diese interessanten Befunde verdienen besondere Beachtung!

Aus diesen klinischen und experimentellen Ergebnissen kann die zunächst noch hypothetische Folgerung abgeleitet werden, daß HCG bzw. eine mit HCG kombinierte Gonadotropin-Medikation in einem bestimmten Dosisbereich von einem *„hypophysären Synergismus"* abhängig ist. Welche Verbindung ihm zugrunde liegt, ist noch unklar. Sehr wahrscheinlich handelt es sich um gonadotrope Faktoren. Eine Ovulationsauslösung unterbleibt, wenn dieser „hypophysäre Synergismus" unter einen Schwellenwert reduziert ist. (Möglicherweise spielen auch hypophysäre „Antagonisten" eine Rolle.) Durch Steigerung der Dosis kann die Wirkungsentfaltung von exogenem HCG bzw. einer Gonadotropin-Kombination mit HCG von diesem „hypophysären Synergismus" unabhängig werden. Die Verabfolgung von PMS-HCG oder HMG-HCG in unserer Standard-Dosis stellt demnach nicht nur einen Funktionstest für die Ovarien, sondern auch einen solchen des Zentralsystems vor.

F. Schrifttum

ABDERHALDEN, R.: Die Hormone. Berlin-Göttingen-Heidelberg: Springer 1952. — ANSELMINO, K. J., u. FR. HOFFMANN: Über die Wirkung des Prolan am menschlichen Ovar und über seine Beziehung zum Hypophysenvorderlappen. Z. Geburtsh. Gynäk. **111**, 26 (1935). — APOSTOLAKIS, M.: Experimentelle Grundlagen und klinische Bedeutung der Forschung auf dem Gebiet der menschlichen hypophysären Gonadotropine. Klin. Wschr. **39**, 453 (1961). — APOSTOLAKIS, M., G. BETTENDORF u. K. D. VOIGT: Klinisch-experimentelle Studien mit menschlichem hypophysärem Gonadotropin. Acta endocr. (Kbh.) **41**, 14 (1962).

BANSI, H., u. A. FREYTAG: Gonadotrope Hormone und ihre Verwendung in der Therapie. Med. Klin. **34**, 1197 (1938). — BERGMAN, P.: Sexual cycle, time of ovulation, and time of optimal fertility in women. Acta obstet. gynec. scand. **29**, Suppl. 4 (1950). — BETTENDORF, G.: Hypophysäres Human Gonadotropin, Isolierung und Überprüfung der klinischen Wirksamkeit. Habil.-Sch. Hamburg 1961. — BETTENDORF, G., M. APOSTOLAKIS u. K. D. VOIGT: Darstellung hochaktiver Gonadotropin-fraktionen aus menschlichen Hypophysen und deren Anwendung beim Menschen. III. Weltkongr. d. Internat. Federat. Gynäk. u. Geburtsh. Wien 1961, Berichte Bd. I, S. 76. — BETTENDORF, G., u. M. BRECKWOLDT: Klinisch-experimentelle Untersuchungen mit hypophysärem Human-Gonadotropin. Arch. Gynäk. (1964) (im Druck); — Wirkungen des hypophysären Humangonadotropin. Dtsch. med. Forsch. (1964) (im Druck). — BIRKE, G., C. FRANKSSON and L.-O. PLANTIN: On the excretion of androgens in carcinoma of the prostate. Acta endocr. (Kbh.) **15**, Suppl. 17, 1 (1954). — BODDAERT, J., F. SEVENS and M. THIERY: Complications ovariennes dues à l'administration d'hormones gonadotropes. Brux. méd. **37**, 64 (1957). — BORELL, U.: The effect of large doses of human chorionic gonadotrophin on the excretion of neutral 17-ketosteroids in women. Acta endocr. (Kbh.) **17**, 13 (1954). — BORTH, R., M. GSELL and H. DE WATTEVILLE: Urinary steroids and vaginal smear in ovariectomized women treated with chorionic gonadotrophin. Acta endocr. (Kbh.) **14**, 316 (1953). — BOTELLA LLUSIA, J.: Neue Untersuchungen über die sexuelle Nebenniere. Gynaecologia (Basel) **133**, 79 (1952). — BROWN, J. B., R. KELLAR and G. D. MATTHEW: Preliminary observations in urinary oestrogen excretion in certain gynaecological disorders. J. Obstet. Gynaec. Brit. Emp. **66**, 177 (1959). — BROWN, W. E., and J. T. BRADBURY: A study of the physiologic action of human chorionic hormone. Amer. J. Obstet. Gynec. **53**, 749 (1947). — BÜTTNER, W.: Die Wirkung des Follikelhormons und der gonadotropen Hormone bei der Frau in anatomischer und funktioneller Betrachtung. Arch. Gynäk. **163**, 487 (1937). — BUXTON, C. L., and W. HERRMANN: Induction of ovulation in the humans with human gonadotropins. Amer. J. Obstet. Gynec. **81**, 584 (1961).

CLAESSON, L., B. HOGBERG, T. ROSENBURG and A. WESTMAN: Crystalline human chorionic gonadotrophin and its biological action. Acta endocr. (Kbh.) **1**, 1 (1948). — CLAUBERG, C.: Die einmalige Transfusion einer größeren Menge Schwangerenblutes als Ersatztherapie bei pathologischen Blutungen der Uterusschleimhaut infolge Follikelpersistenz im Ovar. Zbl. Gynäk. **57**, 47 (1933); — Akute „Vorderlappen"-hormonwirkung am Ovar und deren diagnostische und therapeutische Ausnützung. Dtsch. med. Wschr. **59**, 525 (1933). — COLE, H. H., CHR. HAMBURGER and A. NEUMANN-SØRENSEN: Studies on antigonadotrophins with emphasis on their formation in cattle. Acta endocr. (Kbh.) **26**, 286 (1957).

DAUME, E., u. G. DÖRNER: Klinische Resultate der Amenorrhoebehandlung mit der Kombination Choriongonadotropin und hypophysäres FSH. III. Weltkongr. der Internat. Federat. f. Gynäk. u. Geburtsh., Wien 1961. Bd. II, S. 292. — DAVIS, M. E., and A. A. HELLBAUM: Observations on the experimental use of gonadotropic extracts in the human female. J. clin. Endocr. **4**, 400 (1944). — DAVIS, M. E., and A. K. KOFF: The experimental production of ovulation in the human subject. Amer. J. Obstet. Gynec. **36**, 183 (1938). — DECIO, R.: The effects of gonadotrophic hormones in surgically castrated women. Acta endocr. (Kbh.) **19**, 185 (1955). — DIETEL, F. G.: Das gonadotrope Hormon des Hypophysenvorderlappens. Ber. ges. Gynäk. Geburtsh. **27**, 369 (1934). — DÖRFFLER, P.: Über die „Antihormon"-Wirkung nach Gonadotropin-Behandlung. Klin. Wschr. **36**, 1066 (1958). — DÖRNER, G., W. HOHLWEG u. E. DAUME: Über die synergistische Wirkung von Gonadotropinkombinationen auf das Ovar. III. Weltkongr. d. Internat. Federat. Gynäk. u. Geburtsh. Wien 1961; Berichte Bd. II, S. 290. — DORANGEON, P.: Les gonadotrophines dans le traitement de la sterilite feminine. III. Weltkongr. d. Internat. Federat. Gynäk. u. Geburtsh. Wien 1961, Berichte Bd. II, S. 289.

ECKSTEIN, P.: Physiology in the non-pregnant female. In: The ovary von S. ZUCKERMAN, Bd. I, S. 311 f. New York u. London: Academic Press 1962. — EVANS, H. M., K. MEYER and M. E. SIMPSON: The growth and gonad-stimulation hormones of the anterior hypophysis. Memoir Univ. Cal. Press **11**, 397 (1933). — EVANS, H. M., R. J. PENCHARZ and M. E. SIMPSON: The repair of the reproductive system of hypophysectomized female rats by combinations of an hypophyseal extract (Synergist) with pregnancy-prolan. Endocrinology **18**, 601 (1934). — EVANS, H. M., and M. E. SIMPSON: Physiology of the gonadotrophins. In: The hormones von G. PINCUS u. R. THIMANN, Bd. II, S. 351 f. New York: Academic Press 1950. — EZES, M. H.: Lutéinisation kystique massive des 2 ovaires avec hémopéritoine par administration de gonadotropines chez une fillette de 14 ans. Presse méd. **65**, 1152 (1957).

FÖLLMER, W., u. E. BERNHARD: Anovulatorischer Cyclus und Hormonbehandlung. Med. Klin. **49**, 1280 (1954). — FREUD, J., and J. E. UYLDERT: Antigonadotrophic activity in male rats. J. Endocr. **5**, 59 (1947). — FUHRMANN, K.: Verhalten der 3-β-ol; 11-β-ol; 17-β-ol-Steroiddehydrogenasen im Ovar nach Gonadotropinbehandlung und Hypophysektomie. III. Weltkongr. d. Internat. Federat. Gynäk. u. Geburtsh. Wien 1961, Berichte Bd. III, S. 214. — FUTTERWEIT, W., S. A. MARGOLIS, L. J. SOFFER and R. J. DORFMAN: Effect of urinary gonadotropin inhibitor on the mouse uterine response to various gonadotropins. Endocrinology **72**, 903 (1963).

GEMZELL, C. A.: Induction of ovulation with human pituitary gonadotrophins. Fertil. and Steril. 13, 153 (1962); — Induction of ovulation in the human by human gonadotrophins. In: Progress in gynecology von J. V. MEIGS u. S. H. STURGIS, Bd. IV, S. 187 f. New York u. London: Grune & Stratton 1963. — GEMZELL, C. A., E. DICZFALUSY and K.-G. TILLINGER: Clinical effect of human pituitary follicle-stimulating hormone (FSH). J. clin. Endocr. **18**, 1333 (1958); — Further studies of the clinical effects of human pituitary follicle-stimulating hormone (FSH). Acta obstet. gynec. scand. **38**, 465 (1959). — GOECKE, H.: Die klinischen Erscheinungen bei Hyperplasia glandularis cystica. Zbl. Gynäk. **59**, 788 (1935). — GOLDZIEHER, J. W., and H. L. WOOLEY: Gonadotrophins. In: Progress in gynecology, Bd. III, S. 253 f. v. J. V. MEIGS u. S. H. STURGIS. New York u. London: Grune & Stratton 1957. — GORDON, A. S.: Antihormone production to crude and purified pregnant mare serum preparations. Endocrinology **29**, 35 (1941). — GREENBLATT, R. B.: The adenophypophysis and ovulation. Fertil. and Steril. **8**, 537 (1957). — GREENBLATT, R. B., and V. B. MAHESH: Effect of exogenous human FSH on ovaries and ovarian steroids. Proc. 43rd. Meeting, The Endocrine Society, New York 1961.

HAMBLEN, E. C.: Results of preoperative administration of extract of pregnancy urine: Study of ovaries and endometria in hyperplasia of endometrium following such administration. Endocrinology **19**, 169 (1935); — Clinical evaluation of ovarian responses to gonadotropic therapy. Endocrinology **24**, 848 (1939); — Endocrine therapy of functional ovarian failure. Amer. J. Obstet. Gynec. **40**, 615 (1940). —

HAMBLEN, E. C., and C. D. DAVIS: Treatment of hypoovarianism by the sequential and cyclic administration of equine and chorionic gonadotropins-so-called one-two cyclic gonadotropic therapy. Amer. J. Obstet. Gynec. **50**, 137 (1945). — HAMBLEN, E. C., and R. A. ROSS: Study of ovaries following preoperative administration of extract of pregnancy urine. Amer. J. Obstet. Gynec. **31**, 14 (1936). — HAMBURGER, CHR., and E. ØSTERGAARD: Investigations into the quantitative determination of antihormones against pregnant mare's serum hormone. Acta endocr. (Kbh.) **2**, 1 (1949). — HEYNEMANN, TH.: Die Behandlung der juvenilen Blutungen. Zbl. Gynäk. **57**, 2055 (1933).

IGARASHI, M., and S. MATSUMOTO: Induction of human ovulation by individualized gonadotrophin therapy in two phases. Amer. J. Obstet. Gynec. **73**, 1294 (1957).

JAYLE, M. F., J. GUÉGUEN, Y. VALLIN et F. VEYRIN-FORRER: Exploration dynamique du corps jaune. Presse méd. **64**, 1965 (1956). — JOHANNISSON, E., C. A. GEMZELL and E. DISZFALUSY: Effect of a single injection of human pituitary follicle-stimulating hormone on urinary estrogens and the vaginal smear in amenorrhoeic women. J. clin. Endocr. **21**, 1068 (1961). — JONES, G. S., Z. AZIZ and G. URBINA: Clinical use of gonadotrophins in conditions of ovarian insufficiency of various etiologies. Fertil. and Steril. **12**, 217 (1961). — JUNGCK, E. C., and W. E. BROWN: Human pituitary gonadotropin for clinical use: preparation and lack of antihormone formation. Fertil. and Steril. **3**, 224 (1952). — JUNGCK, E. C., W. O. MADDOCK, C. G. HELLER, and W. O. NELSON: Antihormone formation complicating pituitary gonadotropin therapy in infertile men. II. Effect on number of sperm, morphology of the testis and urinary gonadotrophins. J. clin. Endocr. **9**, 355 (1949).

KATZMAN, P. A., N. J. WADE and E. A. DOISY: Gonadotropic modifying action of sera of animals treated with hypophyseal extracts. Endocrinology **41**, 27 (1947). — KAUFMANN, C.: Die therapeutische Anwendung der weiblichen Keimdrüsenhormone. Dtsch. med. Wschr. **61**, 861 (1935). — KEETEL, W. C., J. T. BRADBURY and F. J. STODDARD: Observations on the polycystic ovary syndrom. Amer. J. Obstet. Gynec. **73**, 954 (1957). — KELLER, M., u. G. A. HAUSER: Die Wirkung von Choriongonadotropin auf die Nebennierenrinde bei Kastratinnen. Gynaecologia (Basel) **143**, 381 (1957). — KNORR, D.: Über die Ausscheidung von parenteral zugeführtem humanen Choriongonadotropin (HCG). Klin. Wschr. **39**, 128 (1961).

LAMBERT, G.: Traitement de la stérilité fonctionnelle chez la femme par les hormones gonadotropes. Gynec. et Obstet. **48**, 309 (1949). — LAMOND, D. R., and C. W. EMMENS: The effect of hypophysectomy on the mouse uterine response to gonadotrophins. J. Endocr. **18**, 251 (1959). — LAURITZEN, CH.: Methoden, Möglichkeiten und klinische Bedeutung von Gonadotropinbestimmungen. Med. Klin. **58**, 822, 863 (1963). — LEATHEM, J. H.: The antihormone problem in endocrine therapy. Recent Progr. Hormone Res. **4**, 115 (1949); — Hormones and protein nutrition. Recent Progr. Hormone Res. **14**, 141 (1958). — LLOYD, C. W., E. C. HUGHES, M. L. EVA and J. LOBOTSKY: The urinary excretion of chorionic gonadotropin by human females following parenteral administration of aqueous or beeswax solutions. J. clin. Endocr. **9**, 268 (1949). — LOSTROH, A. J., P. G. SQUIRE and CH. H. LI: Standardization of the biological activity of human pituitary interstitial cell-stimulating hormone in terms of human chorionic gonadotrophin. J. Endocr. **26**, 215 (1963). — LUNENFELD, B., A. MENZI and B. VOLET: Clinical effects of human postmenopausal gonadotrophin. 1. Internat. Congr. f. Endokrinologie, Copenhagen 1960. — LUNENFELD, B., E. RABAU, G. RUMNEY and G. WINKELSBERG: The responsiveness of the human ovary to gonadotrophin. III. Weltkongr. d. Internat. Federat. Gynäk. u. Geburtsh. Wien 1961, Berichte Bd. I, S. 220. — LYON, R. A.: Prolongation of human corpus luteum life span. J. clin. Endocr. **16**, 922 (1956).

MADDOCK, W. O.: Antihormone formation complicating pituitary gonadotropin therapy in infertile men. I. Properties of the antihormones. J. clin. Endocr. **9**, 213 (1949). — MADDOCK, W. O., R. B. LEACH, J. TOKUYAMA, C. A. PAULSEN and W. R. ROY: Effects of hog pituitary follicle-stimulating hormone in women: antihormone formation and inhibition of ovarian function. J. clin. Endocr. **16**, 433 (1956). — MANER, F. D., B. D. SAFFAN and J. R. K. PREEDY: Effect of purified ovine pituitary follicle-stimulating hormone (NIH-FSH-S-1) on the urinary estrogen output of normal menstruating women. J. clin. Endocr. **22**, 525 (1962). — MAZER, C., and E. RAVETZ: The effect of combined administration of chorionic gonadotrophin and the pituitary synergist on the human ovary. Amer. J. Obstet. Gynec. **41**, 474 (1941). — MIKULICZ-RADECKI, F. v.: Die praktische Bedeutung der Hormonbehandlung in der Gynäkologie. Med. Klin. **30**, 959 (1934). — MULLER, P.: Vor- und Nachteile der hochkonzentrierten Choriongonatropin-Präparate. Gynaecologia (Basel) **152**, 341 (1961).

Novak, E., and G. B. Hurd: Use of anterior pituitary luteinizing substance in treatment of functional uterine bleeding. Amer. J. Obstet. Gynec. 22, 501 (1931).

Østergaard, E.: Antigonadotrophic substances. Experimental and clinical studies on the formation of antigonadotrophic substances under treatment with gonadotrophic hormones. Copenhagen: E. Munksgaard 1942; — Les anti-hormones dues aux gonadotrophines. In: Les Gonadotrophines en gynécologie. Paris: Masson & Cie. 1962. — Østergaard, E., and C. Hamburger: The formation of antihormones in women treated with pregnant mare's serum hormone (Antex). Acta endocr. (Kbh.) 2, 148 (1949).

Palmer, A.: Chorionic Gonadotropin. Fertil. and Steril. 8, 220 (1957). — Paola, G. di: Empleo de gonadotrofinas corionicas (suericas y urinarias) en amenorreas. III. Weltkongr. d. Internat. Federat. Gynäk. u. Geburtsh. Wien 1961, Berichte Bd. I, S. 131. — Payne, R. W., and R. H. Runser: The influence of estrogen and androgen on the ovarian response of hypophysectomized immature rats to gonadotropins. Endocrinology 62, 313 (1958). — Pencharz, R. J.: Effect of estrogenes and androgenes alone and in combination with chorionic gonadotropin on ovary of hypophysectomized rat. Science 91, 554 (1940). — Pigon, H., M. T. Clegg and H. H. Cole: The formation of antigonadotrophin in sheep and its effect on the endocrines and reproductive system. Acta endocr. (Kbh.) 35, 253 (1960). — Plate, W. P.: The stimulating effect of chorionic gonadotrophin on the adrenal cortex. Acta endocr. (Kbh.) 11, 119 (1952).

Rauscher, H.: Untersuchungen über den luteotropen Effekt hoher Choriongonatropindosen bei der Frau. Geburtsh. u. Frauenheilk. 15, 265 (1955). — Reist, A.: Zur Frage einer direkten Ovulationsauslösung durch Gonadotropine. III. Weltkongr. d. Internat. Federat. Gynäk. u. Geburtsh. Wien 1961, Berichte Bd. III, S. 70. — Riisfeld, O.: Methods and results in 117 cases of amenorrhoea treated with gonadotropic hormones. Acta obstet. gynec. scand. 29, 255 (1949). — Rosario, P. F. C.: Accidentes con et uso de las gonadotrofinas. III. Weltkongr. d. Internat. Federat. Gynäk. u. Geburtsh. Wien 1961, Berichte Bd. I, S. 125. — Rosemberg, E., J. Coleman, M. Demany and C.-R. Garcia: Clinical effects of human urinary postmenopausal gonadotropin. J. clin. Endocr. 23, 181 (1963). — Rosemberg, E., J. Coleman, N. Gibree and W. MacGillivray: Clinical effect of gonadotropins of human origin. Fertil. and Steril. 13, 220 (1962). — Rosemberg, E., and J. Engel: Comparative activities of two preparations from the urine of postmenopausal women. J. clin. Endocr. 21, 1063 (1961). — Runge, H.: Gynäkologische Blutungen. Therapie. Arch. Gynäk. 156, 27 (1934). — Rydberg, E.: Nogle tilfaelde af irregulaer Hyperplasi og sekundaer Amenorrhoe, behandlet med Gonadotrop Hormon. Ugeskr. Læg. 99, 929 (1937); — Die therapeutische Anwendung gonadotroper Hormone. Fortschr. Geburtsh. Gynäk. 1954, 364. — Rydberg, E., and V. Madsen: The treatment of functional sterility with gonadotropic hormones. Acta obstet. gynec. scand. 28, 386 (1949). — Rydberg, E., and E. Østergaard: The effect of gonadotropic hormone treatment in cases of amenorrhoea. Acta obstet. gynec. scand. 19, 222 (1939). — Rydberg, E., and K. Pedersen-Bjergaard: Effect of serum gonadotropin and chorionic gonadotropin on the human ovary. J. Amer. med. Ass. 121, 1117 (1943).

Samuels, L. T., and M. L. Helmreich: The influence of chorionic gonadotropin on the 3β-ol-dehydrogenase activity of testes and adrenals. Endocrinology 58, 435 (1956). — Schmidt-Elmendorff, H., J. A. Loraine and E. T. Bell: Studies on the biological activity of various gonadotrophin preparations. J. Endocr. 24, 349 (1962). — Schröder, R.: Die Pathologie der Menstruation. In: Biologie und Pathologie des Weibes von J. Halban u. L. Seitz Bd. III, S. 921, Berlin-Wien: Urban u. Schwarzenberg 1924; — Der mensuelle Genitalzyklus des Weibes und seine Störungen. In: Handbuch der Gynäkologie von J. Veit u. W. Stoeckel, Bd. I/2, S. 1—551. München: J. F. Bergmann 1928. — Segaloff, A., C. J. Gaskill, W. Sternberg and R. L. Coppedge: Chorionic gonadotrophin as luteotrophin in women. Fed. Proc. 8, 368 (1949). — Segaloff, A., W. H. Sternberg and C. J. Gaskill: Effect of luteotropic doses of chorionic gonadotropin in women. J. clin. Endocr. 11, 936 (1951). — Siebke, H.: Behandlung juveniler Blutungen mit Hypophysenvorderlappenhormon B. Mschr. Geburtsh. Gynäk. 95, 298 (1933). — Simpson, M. E., and G. van Wagenen: Induction of ovulation with human urinary gonadotropins in the monkey. Fertil. and Steril. 13, 140 (1962). — Smith, O. W.: Menstrual toxin — experimental studies. In: Menstruation and its disorders. Springfield 1950. — Soffer, L. J., J. Salvaneschi and W. Futterweit: A gonadotrophin-inhibiting substance in the urine of normal subjects. J. clin. Endocr. 22, 532 (1962). — Sohval, A. H., and L. J. Soffer: The influence of cortisone and adrenocorticotropin on urinary gonadotropin excretion. J. clin. Endocr. 11, 677 (1951). — Soffer, L. J., and M. Fogel: Effect of urinary "gonadotrophin-inhibiting substance" upon the action of human chorionic gonadotrophin (APL) and on human postmenopausal urinary gonadotrophin (Pergonal).

J. clin. Endocr. **23**, 870 (1963). — SOULAIRAC, A., et M. L. SOULAIRAC: Actions de la gonadotrophine chorionique et de la testostérone sur le comportement sexuel et le tractus génital du rat mâle porteur de lésions hypothalamiques postérieures. Ann. Endocr. (Paris) **20**, 137 (1959). — STAEMMLER, H.-J.: Der Einfluß gonadotroper Hormone auf ovarielle Fehlbildungen. Arch. Gynäk. **187**, 711 (1956); — Die Bedeutung der gonadotropen Hormone für die Diagnostik und Therapie der Ovarialinsuffizienz. Med. Klin. **52**, 20, 55 (1957); — Über die Gonadotropin-Behandlung der Ovarial-Insuffizienz. Gynaecologia (Basel) **146**, 1 (1958); — Sekundäre Amenorrhoe. Dtsch. med. Wschr. **85**, 2062 (1960); — Der Einfluß der Nortestosteron-Ester auf das Zwischenhirn-Hypophysen-System. In: Moderne Entwicklung auf dem Gestagengebiet. 6. Symposion d. Dtsch. Ges. Endokrinologie. Berlin-Göttingen-Heidelberg: Springer 1960, S. 40; — Differentialdiagnose und Therapie der sekundären Amenorrhoe in der Praxis. Med. Klin. **55**, 1221 (1960); — Über die Zyklusinduktion exogener Gonadotropine (PMS-HCG). (Ein klinischer Beitrag zum Synergismus zwischen Hypophysenfunktion und Choriongonadotropin). Z. Geburtsh. Gynäk. **156**, 144 (1961); — Die Anwendung von Gonadotropinen zur Regulation des Ovarialendokriniums. III. Weltkongr. d. Internat. Federat. Gynäk. u. Geburtsh. Wien 1961, Berichte Bd. I, S. 122; — Beeinflussung des PMS-HCG-Effektes durch Zwischenhirn-Narkobiose. Geburtsh. u. Frauenheilk. **22**, 920 (1962); — L'utilisation des gonadotrophines dans le diagnostic et le traitement de l'insuffisance ovarienne. Gynéc. prat. **13**, 145 (1962); — Klinik des hypoplastischen Ovarium. Arch. Gynäk. **198**, 377 (1963). — STAEMMLER, H.-J., u. H. STAEMMLER: Über die synergistische Funktion des Zwischenhirn-Hypophysensystems bei Verabfolgung von Gonadotropinen (PMS-HCG). Arch. Gynäk. **194**, 183 (1960). — STAEMMLER, H.-J., H. H. STANGE u. K. RUMPHORST: Über Keimdrüsenanomalien bei primärer Amenorrhoe. Geburtsh. u. Frauenheilk. **17**, 205, 370 (1957). — SUCHOWSKY, G.: Zusammenhang der Gonadotropinproduktion der Hypophyse mit hypothalamischen Zentren. In: Moderne Entwicklungen auf dem Gestagengebiet. 6. Symposion der Dtsch. Ges. f. Endokrinologie. Berlin-Göttingen-Heidelberg: Springer 1960, S. 340.

TAYMOR, M. L.: The pituitary gonadotrophins. In: Progress in gynecology von J. V. MEIGS u. S. H. STURGIS, Bd. IV, S. 173f. New York u. London: Grune & Stratton 1963. — TONUTTI, E.: Über die Sekretionsbiologie des Hypophysenvorderlappens, betrachtet an den Wechselbeziehungen von Schilddrüse und Nebennierenrinde. Vitam. u. Horm. **5**, 108 (1944). — TSCHERNE, E.: Die Behandlung der weiblichen Sterilität mit gonadotropen Hormonen. Wien. klin. Wschr. **69**, 890 (1957); — Zur Behandlung der Ovulationsstörungen und der Gelbkörperinsuffizienz. Wien. klin. Wschr. **73**, 646 (1961).

VÖGE, A.: Neue Wege in der hormonalen Behandlung der glandulär-cystischen Hyperplasie. Arch. Gynäk. **174**, 1 (1943).

WAGNER, G. A.: Physiologie und Pathologie der innersekretorischen Funktionen der weiblichen Keimdrüsen. Med. Klin. **31**, 1029 (1935). — WAHLÉN, T.: Studies of metropathia haemorrhagica cystica. Acta obstet. gynec. scand. **29**, Suppl. 6 (1950). — WATSON, B. P., PH. E. SMITH and R. KURZROCK: The relation of the pituitary gland to the menopause. Amer. J. Obstet. Gynec. **36**, 562 (1938). — WATTEVILLE, H. DE: Le traitement par les gonadotrophines. Gynaecologia (Basel) **126**, 207 (1948). — WESTMAN, A.: Reaktivierung von senilen menschlichen Ovarien. Zbl. Gynäk. **58**, 1090 (1934); — Untersuchungen über die Wirkung des gonadotropen Hypophysenvorderlappenhormones „Antex" (Leo) auf die Ovarien der Frau. Acta obstet. gynec. scand. **17**, 492 (1937); — Die gonadotropen Hormone und ihre therapeutische Anwendung. Geburtsh. u. Frauenheilk. **2**, 595 (1940); — Die hormonale Behandlung der Amenorrhoen. Acta obstet. gynec. scand. **21**, 105 (1941). — WESTMAN, A., u. D. JACOBSOHN: Endokrinologische Untersuchungen an Ratten mit durchtrenntem Hypophysenstiel. Acta obstet. gynec. scand. **18**, 99, 109, 115 (1938). — WILLIAMS, P. C.: Effect of stilboestrol on ovaries of hypophysectomized rats. Nature (Lond.) **145**, 388 (1940). — WOODS, M. C., and M. E. SIMPSON: Characterization of the anterior pituitary factor which antagonizes gonadotrophins. Endocrinology **69**, 647 (1961).

ZANDER, J., u. H. SIMMER: Die chemische Bestimmung von Progesteron in organischen Substraten. Klin. Wschr. **32**, 529 (1954). — ZARROW, M. X., and D. L. QUINN: Superovulation in the immature rat following treatment with PMS alone and inhibition of PMS-induced ovulation. J. Endocr. **26**, 181 (1963). — ZONDEK, B.: Die Hormone des Ovariums und des Hypophysenvorderlappens. Berlin: Springer 1931; — Hormone des Ovariums und des Hypophysenvorderlappens. Wien: Springer 1935; — Zur gonadotropen Stimulationstherapie. Acta obstet. gynec. scand. **15**, 1 (1936). — ZONDEK, B., and F. G. SULMAN: The antigonadotrophic factor with consideration of the antihormone problem. Baltimore: Williams & Williams Co. 1942.

IV. Pathologie des Ovarial-Endocrinium

A. Einleitung

Die regelwidrige Funktion der Eierstöcke wird infolge des Ausbleibens der erwarteten Menstruation oder durch Veränderungen im Rhythmus ihres Auftretens meist frühzeitig erkannt. Die Diagnose erschöpft sich aber im allgemeinen in dieser Feststellung. Sie wird in der Praxis selten über das Symptom hinaus bis zur Ätiologie entwickelt. Die Aufklärung des Krankheitsbildes wird zweifellos durch die engen und komplizierten funktionellen Zusammenhänge erschwert. Die Differenzierung der verschiedenen Krankheitsformen durch Hormonanalysen ist aufwendig und führt keineswegs immer zu befriedigenden Resultaten. Für die rein klinische Beurteilung fehlt oft die Erfahrung und nicht zuletzt auch die Muße, sich ärztlich durch Aussprachen, eine ausführliche Anamnese, durch sorgfältige Untersuchungen und eine kritische Beobachtung mit der Patientin und ihrem Krankheitsbild auseinanderzusetzen. Letztlich ist die Möglichkeit, mit einer relativ einfachen Hormon-Medikation eine Blutung und damit einen (scheinbaren) Erfolg zu erzielen, den kausaldiagnostischen Bestrebungen nicht förderlich.

Die Frage nach dem „Warum" und die Suche nach der Ursache sollten sich aber durch diese Schwierigkeiten und Mängel nicht schon im Ansatz unterdrücken lassen. So kann eine langwierige Hormonbehandlung durch Erkennung einer hochgradigen Hypoplasie der Ovarien vermieden werden. Die Feststellung einer rein psychischen Genese der Fehlfunktion wird die Therapie auf diesen Ursachenkomplex ausrichten. Zentralbedingte Regulationsstörungen mit anovulatorischen Cyclen und Sterilität verlangen dagegen gezielte hormonale Behandlungsverfahren. Es ist sinnlos, eine Amenorrhoe bei Bestehen eines hyperadrenalen Virilismus mit Sexualhormonen behandeln zu wollen, und es kann, um diese wenigen Beispiele der Praxis abzuschließen, für die Patientin katastrophale Folgen haben, wenn bei Amenorrhoe, verbunden mit spontaner Lactation, die differentialdiagnostischen Erwägungen den Hypophysentumor außer acht lassen.

Ich will daher den Versuch eingehen, die sog. „Ovarial-Insuffizienz" nicht von dem Symptom der Blutungsanomalie, sondern von der Genese her abzuhandeln. Die Problematik eines solchen Vorgehens liegt darin, daß sich unsere Vorstellungen über die Physiologie der Regulation, wie sie im I. Teil besprochen wurde, überwiegend auf Tierversuche stützen und daher in vieler Beziehung hypothetisch sind. Unsere analytischen Verfahren, besonders die Gonadotropin-Bestimmungen, sind so wenig spezifisch und empfindlich, daß mit ihrer Hilfe eine eindeutige Abgrenzung von Krankheitsformen kaum zu erreichen ist. Bei zwei Drittel unserer amenorrhoischen Patientinnen lagen die Werte des Gonadotropin-Komplexes im Harn innerhalb des normalen Streubereichs! Ich werde versuchen, diesen Mängeln, soweit möglich, durch Darstellung des klinischen Erscheinungsbildes und durch Funktionsanalysen zu begegnen.

Im folgenden werden zunächst einige Grundlagen der Pathologie des Ovarial-Endocrinium besprochen. Die Klinik der Krankheitsformen soll auf Grund des eigenen Krankengutes im nächsten Teil abgehandelt werden.

B. Ursachen der Fehlfunktion (kausale Pathogenese)
1. Fehlanlage und Fehlentwicklung der Ovarien

Es lassen sich zwei Gruppen unterscheiden: die Gonadendysgenesie und die Ovarialhypoplasie.

a) Gonadendysgenesie

Das Krankheitsbild des angeborenen „Mangels an Keimdrüsen" bei weiblich erscheinenden Individuen ist erstmalig 1912 von KERMAUNER* in einer Übersicht dargestellt worden. RÖSSLE u. WALLART* haben 1930 an Hand einer eigenen Beobachtung und der Literatur die wesentliche Symptomatik gekennzeichnet:

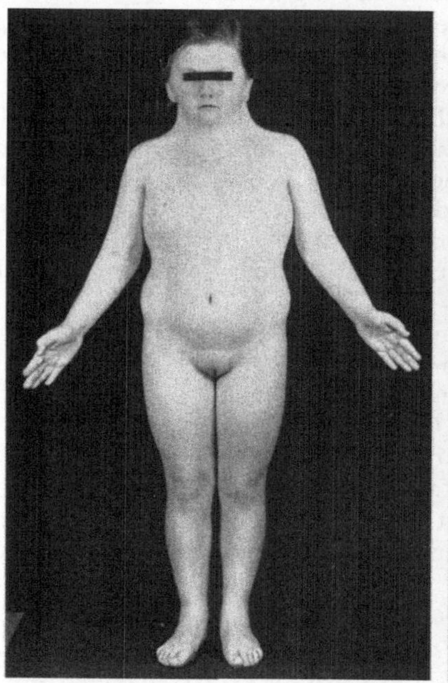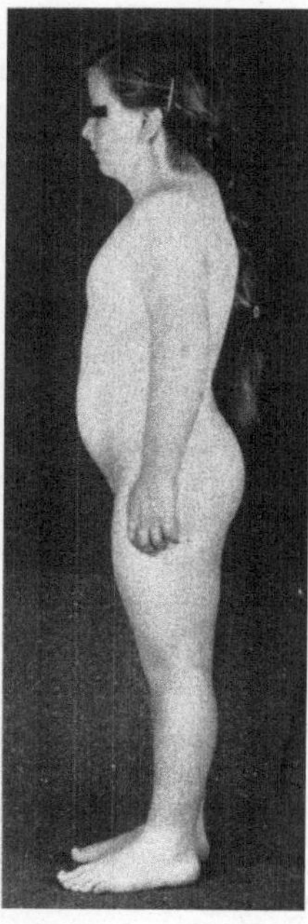

Abb. 117a. Gonadendysgenesie: Pat. J. S., 12 Jahre alt, 125 cm/37,0 kg, Kerngeschlecht ♂ (Symptomatologie: Kleinwuchs, Pterygium colli, Schildbrust, Cubitus valgus)

allgemeiner Infantilismus mit Kleinwuchs bei Fehlen von Follikeln im Keimdrüsenstroma. TURNER stellte 1938 die Trias: Infantilismus, Breithals [doppelseitiges Pterygium colli (webbed neck)] und Cubitus valgus heraus. Von den endokrinologischen Befunden wurden zunächst die überhöhte Ausscheidung von Gonadotropinen bei niedrigen Oestrogenwerten als charakteristisch angesehen (ALBRIGHT et al. 1942, VARNEY et al. 1942, DEL CASTILLO u. Mitarb. 1947, BISHOP et al. 1960 u.a.). Mit Hilfe der „Geschlechtserkennung" am Blut- oder Schleimhautausstrich wurde zwischen genetisch weiblich und männlich determinierten Individuen unterschieden. Letztere überwiegen (WILKINS et al. 1954, POLANI et al. 1954). Chromosomenanalysen führten später zu der Feststellung, daß bei einem Teil der Patienten entweder ein Chromosom fehlt (XO) (s. Abb. 117d) oder die für das männliche Geschlecht typische XY-Konstellation besteht (FORD u. Mitarb. 1959, HARNDEN u. STEWART 1959, STEWART 1960, HAUSER 1961*, CONEN u. GLASS 1963 u. a.). Nach neueren Untersuchern sollen auch sog. „Mosaikfälle" vorkommen (XO/XX oder XXX/XO) (HARNDEN u. STEWART 1959, FRACCARO, GEMZELL et al. 1960, ALMQVIST u. Mitarb. 1963).

Erscheinungsbild. Obligat ist allein die primäre Amenorrhoe mit Sterilität. Mit ihr verbinden sich sehr häufig der Kleinwuchs, eine hochgradige Unterentwicklung der äußeren Geschlechtsmerkmale, das Greisengesicht, tiefer Nackenhaaransatz, der Faltenhals (Pterygium colli), Cubitus valgus, Schildbrust mit

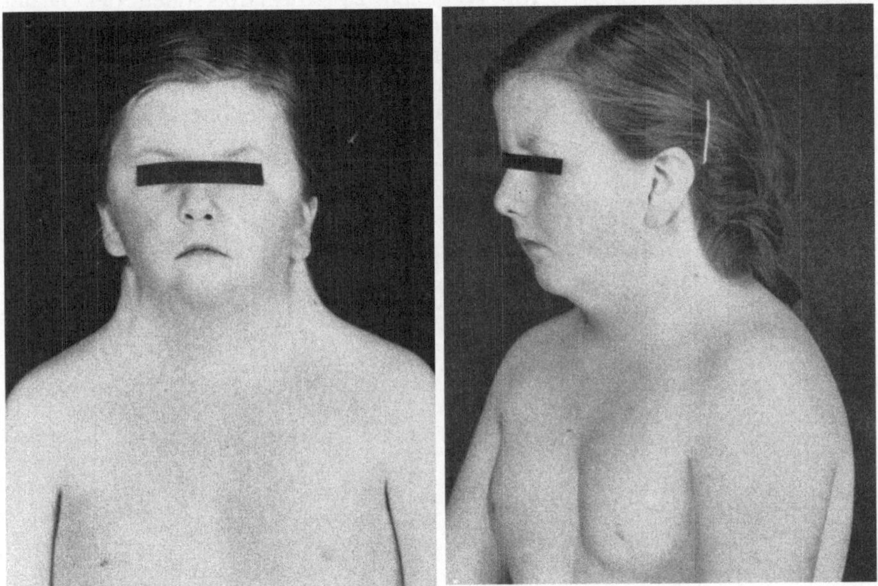

Abb. 117b. Pat. J. S., Greisengesicht und tiefer Nackenhaaransatz

breitem Mamillenabstand sowie eine generalisierte Osteoporose (vgl. Abb. 117a u. b). Herz- und Gefäßmißbildungen (Aortenisthmusstenose) sowie Rot-Grün-Blindheit sind nicht selten (PRADER 1957*, HAUSER 1961*, BISHOP 1962*, ALMQVIST et al. 1963 u. a.).

Anstelle der Ovarien finden sich lediglich 1—2 cm lange und 3—5 mm breite Keimplatten ohne Eizellen (s. Abb. 117c) (STANGE 1956*, STAEMMLER et al. 1957, PHILIPP u. STANGE 1961, HAUSER 1961* u. a.).

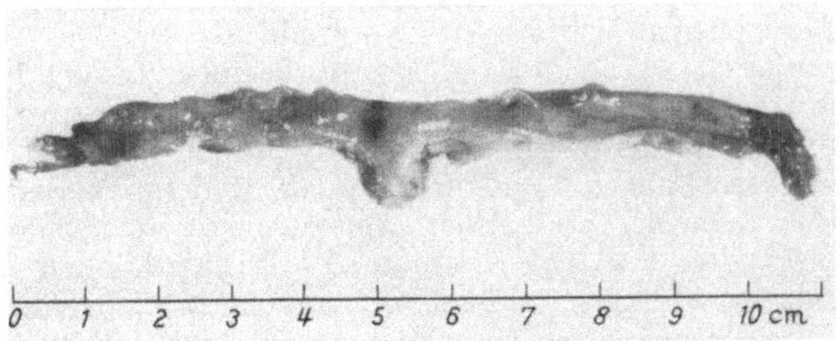

Der Befund von Hiluszellen ist häufig (STANGE 1956*), gelegentlich werden auch „Leydig-Zellen" und nicht selten kleine, gutartige Geschwulstbildungen (Papillome, tubuläre Reteadenome, Brennertumoren usw.) nachgewiesen (STANGE 1957, 1958). Demnach sind nur die medullären Elemente vorhanden, während alle corticalen fehlen (WILKINS 1957*). Von den übrigen endokrinen Drüsen ist eine gelegentliche Vergrößerung der Hypophyse (im Sinne einer „Kastratenhypophyse") mit Überwiegen der eosinophilen Zellen zu erwähnen (Rössle u. Wallart 1930*). Nebennieren und Schilddrüsen sind meist unauffällig.

Somatometrische Befunde.* Die Körperhöhe variiert bei vier eigenen zur Messung gelangten Patientinnen zwischen 144,4—150,3 cm ($\overline{X} = 147,40$, $s\overline{x} = \pm 0,56$, $v = 1,51$, $s = \pm 2,23$). Im Vergleich zu Normalpersonen der Größenklasse I (149,0—158,0 cm) besteht eine gesicherte Differenz ($p < 0,0025$). Weiterhin finden sich eindeutig niedrigere Mittelwerte der absoluten ($p < 0,001$) und der relativen** ($p < 0,01$) *Beinlänge.* Dagegen konnten gegenüber den Normalpersonen keine signifikanten Unterschiede in der vorderen Rumpflänge, der

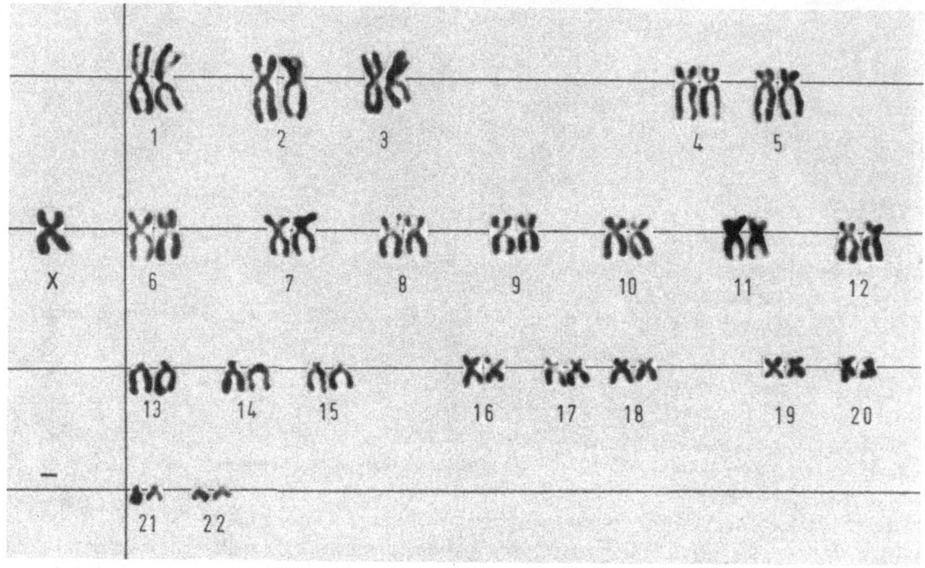

Abb. 117d. Cytologische Befunde*** der Pat. J. S., Chromosomenzahl: 45. Karyotyp: 44 + XO

Chromosomenzählung:

	<45	45	46	47	48	>48	zus.
Blut:	3	27	1				31

Kerngeschlecht:

Mundschleimhaut: chromatin-negativ (0% Barrsche Körperchen); Leukocyten: chromatin-negativ (auf 1000 Granulocyten kein drumstick)

Schulterbreite und der Beckenmaße ermittelt werden. Auch der Statur- sowie der Gesichts-Index weichen nicht von der Norm ab.

Durch frühzeitige, etwa im 14. Lebensjahr beginnende Verabfolgung von Oestrogenen über mehrere Jahre hinweg kann das Körperwachstum angeregt werden. Eine unserer Patientinnen ist vom 16. bis 20. Lebensjahr 11 cm gewachsen. Das stärkere Längenwachstum betraf besonders die Beine!

Ätiologie. Das Fehlen der Keimzellen kann bis heute nicht eindeutig erklärt werden. Zur Diskussion stehen ein pränatales Zugrundegehen durch lokale Infektionen, Toxineinwirkungen oder Genschädigungen. Möglicherweise führt ein ganzer Komplex von Ursachen zum Untergang der Follikel (Witschi 1957, 1960, Hauser 1961*). Die stets weibliche Genitalentwicklung, auch bei männlichem Chromosomensatz, wird damit erklärt, daß eine männliche Ausbildung der Geschlechtsorgane normale Testes voraussetzt [Jost 1947, 1953, 1956, Theorie der „Initial- und Dauerinduktion" von Cl. Overzier (1956*)].

* Untersuchungsmethodik und statistische Analyse s. S. 109f.
** Bezüglich der „relativen" Maße s. S. 110.
*** Untersuchungen des Chromosomen-Laboratorium der Universitäts-Kinderklinik Kiel (Dr. Marlis Tolksdorf und Prof. H. G. Hansen).

b) Ovarialhypoplasie

Die Unterentwicklung der Ovarien wird gegenüber der gonadalen Dysgenesie durch das Vorhandensein von Primärfollikeln abgegrenzt. Das chromosomale Geschlecht ist demnach immer weiblich determiniert.

Als obligat hat die mangelhafte gestaltliche Entwicklung der Eierstöcke bei Bestehen mehr oder minder ausgeprägter Cyclusstörungen zu gelten (KERMAUNER

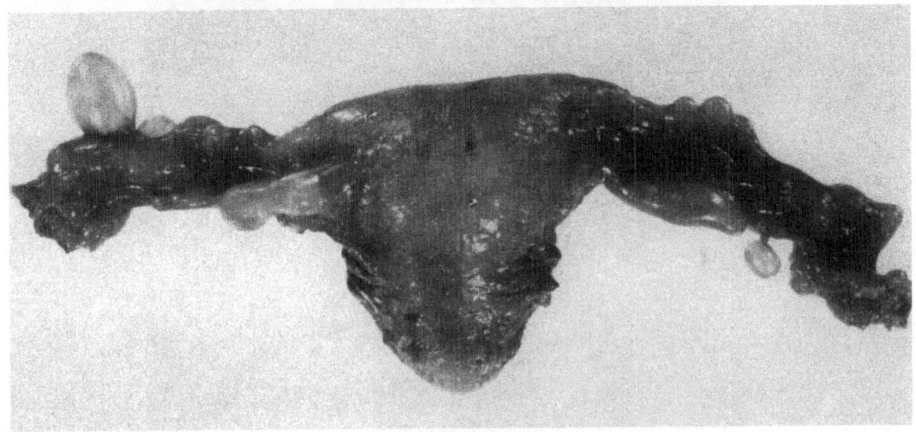

Abb. 118a. Hochgradige Hypoplasie der Ovarien (Operationspräparat der Pat. W. M., 20 Jahre, 176,5 cm/89 kg, primäre Amenorrhoe)

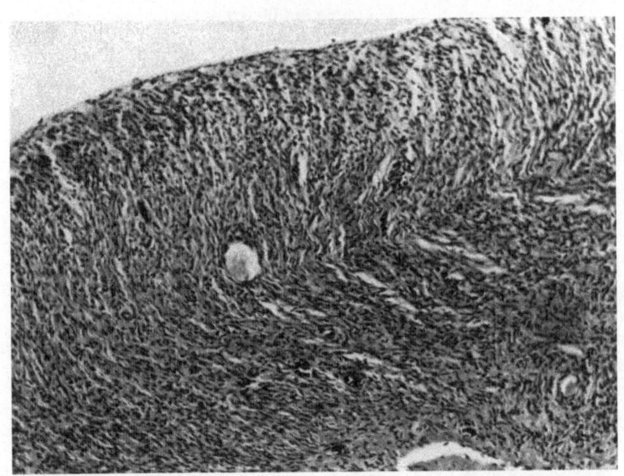

Abb. 118b. Ovarialrinde mit ganz vereinzelten Primärfollikeln (Vergr. 100×). (Pat. W. M., s. Abb. 118a)

1932*, KEHRER 1937*, HARTMANN 1957, PHILIPP u. Mitarb. 1957, 1959, 1961, STANGE 1956*, 1958, 1963, STAEMMLER 1956—1963, KERKHOF u. STOLTE 1956 u. a.).

Das „kleine Ovarium" kann aber sowohl arm („primäre Hypoplasie") (siehe Abb. 118a u. b) als auch relativ reich an Keimparenchym sein („sekundäre Hypoplasie", „infantiles Ovar") (s. Abb. 119 a u. b). Die beiden Extreme werden durch fließende Übergänge verbunden. Die Zuordnung stützt sich auf die Biopsie der Ovarien. Diese ist jedoch nicht immer repräsentativ für den Follikelbesatz des ganzen Organs. Ihre Beurteilung verlangt Erfahrung und Kritik.

Die *Ätiologie* der Ovarialhypoplasie ist unklar. Für den Mangel an Keimparenchym kann ein früher intrauteriner oder präpuberaler Verlust an Follikeln durch toxische Schädigungen verantwortlich gemacht werden (sog. präpuberale Menopause). Bei den kleinen, parenchymreichen Ovarien besteht möglicherweise

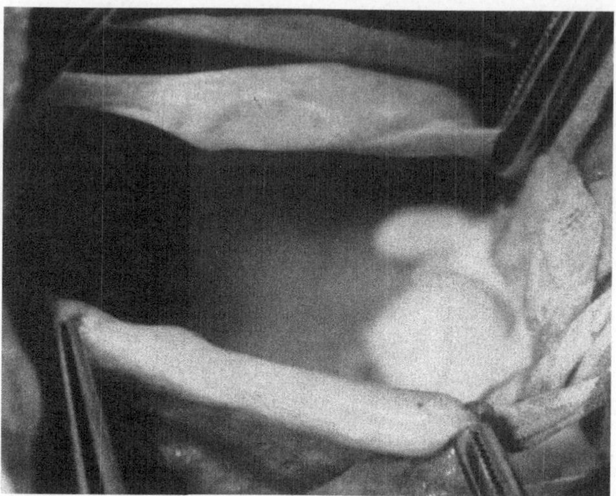

Abb. 119a. Hypoplasie der Ovarien (Operations-Situs der Pat. R. Sch., 18 Jahre, 180 cm/67,5 kg, primäre Amenorrhoe mit leichter Clitorishypertrophie)

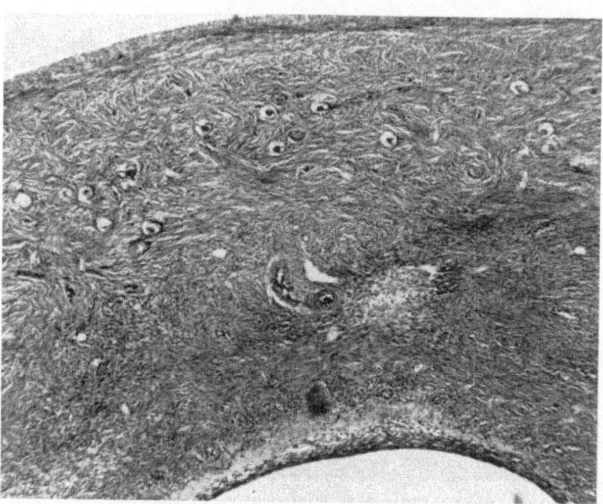

Abb. 119b. Ovarialschnitt der Pat. R. Sch.. Relativ reichlich angelegtes Keimparenchym (Vergr. 60×)

ein genetischer Defekt (PASCHKIS u. RAKOFF 1955*). Diese Eierstöcke sind offenbar nicht imstande, auf das meist in normaler Größenordnung gebildete hypophysäre FSH zu reagieren. Demgemäß sprechen sie primär auch nicht auf exogene Gonadotropine an (STAEMMLER 1956, 1957, 1958, 1960, 1963). Wahrscheinlich besteht ein angeborener Fermentdefekt (STAEMMLER 1963). Ferner werden isolierte Ausfälle der gonadotropen Hormone (hypophysärer Hypogonadismus) diskutiert (PASCHKIS u. RAKOFF 1955*, FROMM et al. 1955, MOLDAWER u. Mitarb. 1958 u.a.).

Das *Erscheinungsbild* ist außerordentlich vielgestaltig (STAEMMLER 1963). Bei einem Teil der Patientinnen besteht ein sog. „eunuchoider" Hochwuchs mit nur infantiler Entwicklung der äußeren Geschlechtsmerkmale (s. Abb. 120) oder mit dem Fettansatz des Klimakterium (s. Abb. 121).

Andere Patientinnen sind im Phänotyp gänzlich unauffällig. Der Epiphysenschluß fehlt oftmals, eine ausgesprochene Osteoporose wird seltener angetroffen.

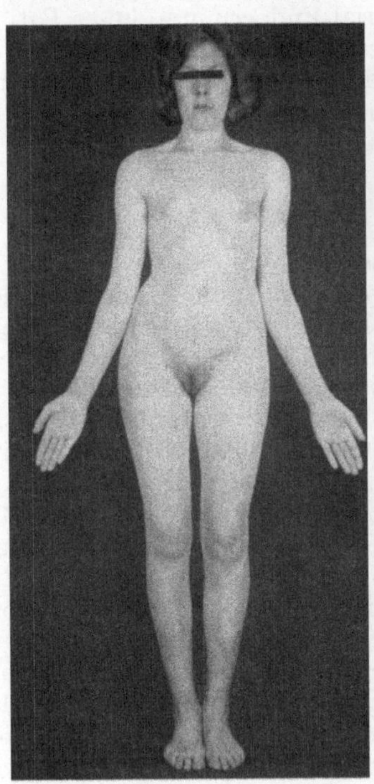
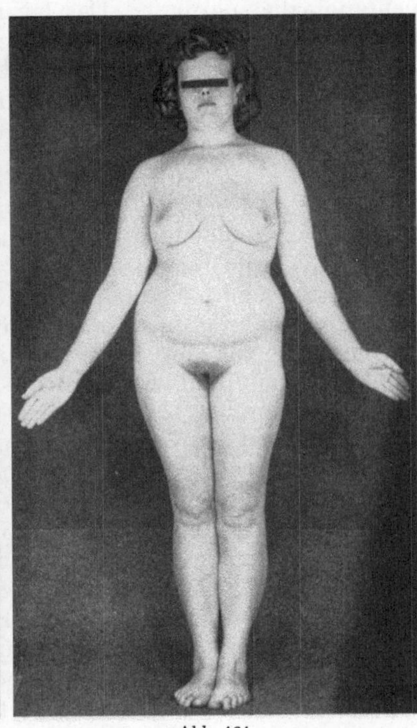

Abb. 120 Abb. 121

Abb. 120. Hypoplasie der Ovarien (parenchymreich). Pat. R. Sch., 18 Jahre, 180 cm/67,5 kg, primäre Amenorrhoe mit leichter Clitorishypertrophie (vgl. Abb. 119a u. b)

Abb. 121. Hypoplasie der Ovarien (parenchymarm). Pat. W. M., 20 Jahre, 176,5 cm/89 kg, primäre Amenorrhoe (vgl. Abb. 118a u. b)

Die Gonadotropin-Werte im Harn variieren erheblich. Bei mangelhaftem Keimparenchym ist die Ausscheidung häufig überhöht. Dagegen liegt das Niveau der Harnoestrogene in der Regel tief.

c) Zusammenfassung

Die *Dysgenesie der Gonaden* ist gekennzeichnet durch das Fehlen der Keimzellen. Es sind nur die medullären Elemente der Geschlechtsdrüse vorhanden. Für die Ätiologie werden ein frühzeitiges Zugrundegehen der Keimzellen durch toxische Schädigungen oder Gendefekte diskutiert. Bei einem Teil der Patientinnen fehlt ein Chromosom (XO), oder es liegt die Konstellation XY vor. In letzter Zeit wurden auch „Mosaikfälle" beschrieben. Mit der Hypoplasie der Sexualmerkmale sind häufig Kleinwuchs und verschiedene Mißbildungen verbunden. Das Erscheinungsbild ist sehr variabel.

Im sog. *hypoplastischen Ovarium* ist der Bestand an Keimparenchym entweder mehr oder minder stark reduziert („primäre Hypoplasie") oder aber im Vergleich zur mangelhaften gestaltlichen Entwicklung des Organs reichlich vorhanden

(„sekundäre Hypoplasie"). Beide Formen sind durch Übergänge verbunden. Die Ätiologie ist wenig geklärt. Bei typischer Ausbildung steht das primär hypoplastische Ovarium auch in der Kausalität offenbar der Gonadendysgenesie nahe. Dem kleinen, aber parenchymreichen Ovarium liegt wahrscheinlich eine Entwicklungshemmung entweder infolge einer partiellen Insuffizienz des Zwischenhirns bzw. der Adenohypophyse (hypogonadotroper Hypogonadismus) oder durch eine Fermentanomalie zugrunde. Das Ovarial-Endocrinium dieser Patientinnen mit primärer Amenorrhoe reagiert nur schwer oder gar nicht auf exogene Gonadotropine. Das klinische Bild ist außerordentlich vielgestaltig. Bei einem kleineren Teil besteht ein eunuchoider Hochwuchs, andere Patientinnen sind im Phänotyp gänzlich unauffällig.

2. Fehlfunktion des Zentralsystems

Störungen des Zwischenhirn-Hypophysen-Systems überwiegen bei weitem als Ursache der Ovarial-Insuffizienz. Infolge der innigen funktionellen Verflechtung zwischen Hypothalamus und Adenohypophyse ist eine exakte Lokalisation schwierig und häufig unsicher! Auch die Trennung zwischen angeborenen und erworbenen Anomalien gelingt nur bei einer kleineren Gruppe. Unsere Kenntnisse über das anatomische Substrat sind sehr beschränkt. Sie basieren im wesentlichen auf Befunden bei gröberen Tumoren. Feinere degenerative, entzündliche oder infiltrative Veränderungen im Bereich der hypothalamischen Kerngebiete (NOWAKOWSKI 1955, KRAUS-RUPPERT 1958, BISHOP 1962*, BASTRUP-MADSEN u. GREISEN 1963) oder ihnen übergeordneter Zentren, Anomalien im Bereich der Formatio reticularis mit daraus resultierender mangelhafter oder fehlerhafter Aktivierung des hypothalamischen Sexualzentrum, Unterbrechung in der neurohumoralen Reizübermittlung (z.B. durch Beeinträchtigung des infundibulären Kontaktmechanismus) sowie Fehlentwicklungen der hypophysären Zellelemente [z.B. chromophobe Mikrotumoren (FORBES et al. 1954)] kommen als mögliche Ursache gestörter Regulationen in Betracht. Jedoch liegen hierfür nur sehr spärliche Befunde vor, deren Interpretation oftmals auch noch umstritten ist.

Eine weitere große Gruppe bilden rein funktionelle Störungen, die zum Teil mit nervalen Fehlleistungen und Veränderungen der Hirndurchblutung (BAY 1960) zu erklären sind. Möglicherweise liegen bei einzelnen Fällen auch angeborene Stoffwechselstörungen (JATZKEWITZ 1961) oder Fermentmängel vor.

Der bedrückende Komplex offener Fragen sollte jedoch nicht von der Bemühung um eine klinische Zuordnung abhalten. Sie ist in begrenztem Maße möglich, wenn man die Symptomatik des Krankheitsbildes mit den Ergebnissen der Physiologie in Beziehung setzt.

a) Idiopathische Form

aa) Hypothalamus. Nach den Ergebnissen der elektrischen Reiz- und Ausschaltungsversuche lassen sich bestimmte Symptome als Hinweis auf hypothalamische Affektionen verwerten. Im Vordergrund stehen starke Gewichtsschwankungen, insbesondere ein schneller und monströser Fettansatz infolge einer Triebstörung (Hyperphagie) (vgl. PH. E. SMITH 1927, HETHERINGTON et al. 1940—1943 u.a.). Dieser hypothalamischen Fettsucht, die als Folge einer gestörten Regulation des Energiestoffwechsels gilt, wird eine wesentliche diagnostische Bedeutung beigemessen (vgl. VEIL u. STURM 1942*, 1946*, FEUCHTINGER 1942, 1943*, BÜRGER u. SEIDEL 1958*, BISHOP 1962*, BASTRUP-MADSEN u. GREISEN 1963 u.a.). Gegenüber anderen Fettsuchtformen, insbesondere bei endogener Disposition, sind mit ihr regelmäßig Störungen verschiedener zentraler, vegetativer Regulationen verbunden (Wasserhaushalt, Kohlenhydrathaushalt, Schlaf-Wach-Regulation usw.) (ORTHNER 1958*, STURM 1962). Die hypothalamische Fettsucht entwickelt sich oftmals nach Schädeltraumen (VEIL u. STURM 1942*, 1946*, KRETSCHMER 1949), nach entzündlichen oder toxischen Schädigungen und kann durch Tumoren ausgelöst werden, die die Hirnbasis komprimieren (vgl. BABINSKY 1900, FRÖHLICH 1902, ERDHEIM 1904).

Ein Hypogenitalismus (verbunden mit oftmals nur passagerer Fettsucht) kann offenbar auch durch pränatale oder unauffällige postnatale Schädigungen verursacht werden (LEMPP 1957). Sie entziehen sich meist dem Nachweis und bilden wohl den Übergang zur „idiopathischen" hypothalamischen Ovarial-Insuffizienz. Auch diese ist durch einen Komplex vegetativer Regulationsstörungen gekennzeichnet (v. MASSENBACH u. HEINSEN 1948, 1949, ROEMER 1951, STAEMMLER 1961, BISHOP 1962*). Im Vordergrund stehen Störungen des Kohlenhydrat- und Wasserhaushaltes, der Temperatur-Regulation (Dysthermie: Untertemperaturen und Ausbleiben des Temperatur-Anstieges auf Progesteron, s. S. 95 f.), der nervalen Tonisierung des Intestinaltrakts (chronische Obstipation) und der Zirkulation (z. B. Akrocyanose). Häufig werden beträchtliche Alternationen des Körpergewichtes beobachtet.

Als weitere Hinweise auf eine idiopathische hypothalamische Fehlsteuerung können die Spätmenarche oder mehrfache juvenile Blutungen infolge einer rezidivierenden Follikelpersistenz angesehen werden. Die Prognose der Patientinnen mit mehrfacher Follikelpersistenz in der Reifungsperiode muß bezüglich der Normalisierung des Cyclus und der späteren Fertilität als ungünstig angesehen werden (FRIES 1962).

Pat. I. R., Menarche mit 13 Jahren. Primär unregelmäßiger Cyclus. Vom 16. Lebensjahr an traten siebenmal juvenile Dauerblutungen auf. Wegen der Erfolglosigkeit der konservativen Therapie wurde daraufhin laparotomiert. Das rechte Ovar trug einen großen, persistierenden Follikel. Nach der Operation blieb die Blutung 1 Jahr aus. Während dieser Zeit nahm die Patientin 14 kg (!) an Gewicht zu.

Aufnahme zur stationären hormonalen Behandlung: Größe 169 cm, Gewicht 79,3 kg. Uterus-Sondenlänge 8,5 cm. Endometrium in mäßiger Proliferation. Pyknose-Index: 45%. Gonadotropin-Ausscheidung: 26,4 MUE. C_{17}-Ketosteroide: 16,3 mg/die, 17-Hydroxycorticoide: 7,3 mg/die. Auf PMS-HCG nur mäßige Oestrogen-Bildung. Nach der Behandlung traten vier spontane Blutungen in Abständen von 4—8 Wochen auf. Gewichtsabnahme um 7 kg. Es folgte dann eine 6monatige Amenorrhoe mit Gewichtszunahme um 6 kg.

Wiederaufnahme wegen einer seit 4 Monaten (!) bestehenden Dauerblutung: partielle glandulär-cystische Hyperplasie des Endometrium. Durchführung einer HMG-HCG-Kur, mit der aber wiederum keine Gelbkörperbildung erzielt werden konnte. In den folgenden Jahren keine Normalisierung des Cyclus.

bb) Adenohypophyse. Die adenotropen Hypophysenhormone können isoliert ausfallen (JORES 1955*, NOWAKOWSKI u. SCHIRREN 1956, LABHART 1957*, MARTIN u. WILKINS 1958, SCHIRREN 1961, BISHOP 1962*). Die Ursache für eine derartige idiopathische Fehlleistung ließ sich bisher nicht eindeutig klären. NELSON u. HELLER (1951), ALBERT et al. (1954), BIBEN u. GORDAN (1955) u. a. haben einen familiär auftretenden, idiopathischen Eunuchoidismus beschrieben. Da die Adenohypophyse nach Tierversuchen und klinischen Beobachtungen (vgl. S. 37 u. 42) über eine beträchtliche Reservekapazität verfügt, ist die Annahme einer fehlerhaften hypothalamischen Steuerung wahrscheinlicher. Auch die Verbindung mit Wachstumsanomalien (Großwuchs, Kleinwuchs, s. Abb 122) berechtigt noch nicht, eine primäre Hypophysen-Insuffizienz anzunehmen (PRADER 1957*).

Dagegen ist das Krankheitsbild als eindeutig hypophysärer Genese anzusehen, wenn mehr oder minder alle abhängigen Drüsen in ihrer Funktion beeinträchtigt sind. Diesen Fällen liegen dann aber destruktive, atrophische Prozesse (Nekrosen oder Fibrosen), Tumoren oder Granulome der Hypophyse zugrunde (vgl. JORES 1955*).

cc) Zusammenfassung. Idiopathische Fehlfunktionen der dirigierenden, zentral-nervösen Zentren und der Adenohypophyse sind diagnostisch schwer zu trennen.

Für eine *hypothalamische Dysfunktion* spricht klinisch die Mitbeteiligung anderer zentraler vegetativer Zentren. Sie äußert sich besonders in Triebstörungen (Hyperphagie, Anorexie), Abweichungen im Kohlenhydrat- und Wasserhaushalt, der Temperatur-Regulation, der Darminnervierung und der Zirkulation. Oft machen sich auch psychische Veränderungen bemerkbar Die Ätiologie ist unklar. Außer einer Anomalie der Anlage werden verschiedenartige prä- oder postnatale Schädigungen in Betracht gezogen. Möglicherweise sind Virusinfektionen beteiligt. Gelegentlich wurden degenerative, entzündliche oder infiltrative Veränderungen in den hypothalamischen Kerngebieten gefunden. Beeinträchtigung der Formatio reticularis und des infundibulären Kontaktes werden diskutiert.

Primär idiopathische Fehlfunktionen des gonadotropen Sektors der Adenohypophyse müssen nach den neuen Erkenntnissen über die Physiologie des Zentralsystems gegenüber den zentral-nervösen Ausfällen als seltenes Vorkommnis angesehen werden. Das Organ ist außerordentlich plastisch und verfügt über eine große Reservekapazität. Die selektierten Ausfälle auf dem gonadotropen Sektor sind zumeist auf Störungen übergeordneter zentralnervöser Zentren zurückzuführen.

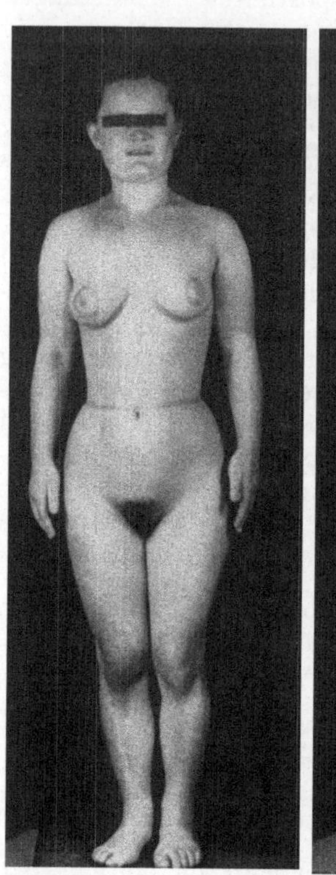
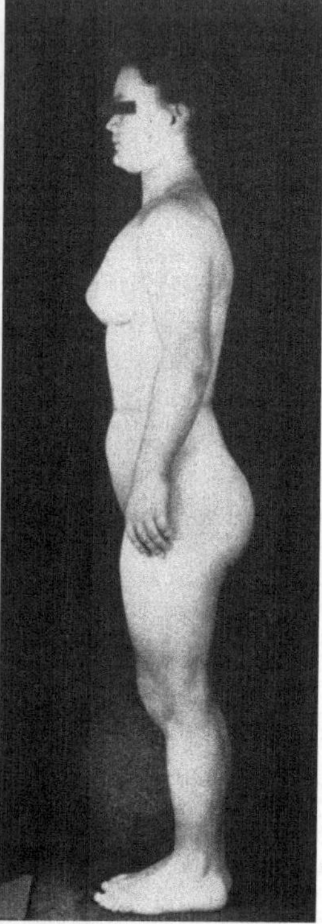

Abb. 122. Pat. M. C., 19 Jahre, 136,5 cm/38 kg. Menarche mit 15 Jahren. Thelarche und Pubarche im 14. Lebensjahr. Primär hochgradige Oligomenorrhoe (meist monophasische Cyclen). Röntgenologisch keine nennenswerten Abweichungen. Gonadotropin-Ausscheidung 3,3 MUE! Auffallend großer Uterus (Sondenlänge 9 cm). Glandulär-cystische Hyperplasie des Endometrium. Laparotomie: Beide Ovarien enthalten mehrere große, persistierende Follikel und zahlreiche Theca-Cysten. Derbe Tunica albuginea. Nach der Keilexcision Normalisierung des Cyclus

b) Organische Ursachen

aa) Hypothalamus. Die hypophysiotropen Zentren können durch Tumoren (Kraniopharyngiome und Hirntumoren verschiedenster Art) (BAUER 1954*, ORTHNER 1958*, TÖNNIS u. MARGUTH 1961 u. a.), entzündliche Prozesse (Meningoencephalitis) (SPATZ 1955, VOGT 1958 u. a.) und traumatische Hirnschäden (VEIL u. STURM 1946*, WANKE 1959, MENNINGER-LERCHENTHAL 1960, STURM 1961 u. a.)

in ihrer Funktion beeinträchtigt werden. Nach abgeklungener Meningitis tuberculosa wurde die Entwicklung einer sexuellen Frühreife beobachtet (PARNITZKE
1963). In welcher Häufung Geburtsschäden zu späteren Funktionsanomalien
der Sexualsphäre führen, ist nicht genau bekannt. Derartige kausale Beziehungen
werden für einzelne Beobachtungen diskutiert (ANTONIN 1961).

Das *Krankheitsbild* ist, abgesehen von den speziellen neurologischen Erscheinungen, immer polysymptomatisch. Es wird gleich der idiopathischen Form
charakterisiert durch Störungen der Sexualfunktion, durch Triebänderungen
(meist Bulimie mit sich schnell entwickelnder Fettsucht, gelegentlich auch
Anorexie mit starker Abmagerung), durch Dysthermie, Diabetes insipidus und

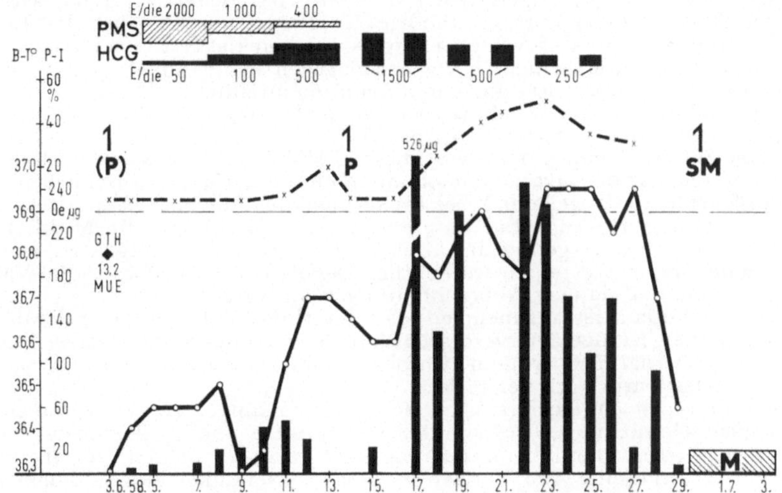

Abb. 123.   Postkommotionelle Ovarial-Insuffizienz (sekundäre Amenorrhoe seit 11 Monaten). Übersteigerte und
biphasische Reaktion auf PMS-HCG (Oestriol-Maximum 526 µg/die)

durch ein Psychosyndrom (gesteigerte affektive Erregbarkeit, Abnahme des
Energieniveaus und Verstimmungen). Das klinische Bild sei durch die beiden
folgenden Beobachtungen veranschaulicht:

1. G. Sch. Menarche mit 14 Jahren, Primärcyclus sehr unregelmäßig. Im 19. Lebensjahr setzte der Cyclus ganz aus. In den folgenden Jahren machten sich Sehstörungen bemerkbar. Die Patientin litt an starken Kopfschmerzen, häufiger Übelkeit
und an Brechreiz. Gelegentlich traten Déjà-vu-Anfälle und später absenceähnliche
Zustände auf. Wegen der Zunahme dieser Beschwerden und des Nachlassens der
Sehkraft wurde die Patientin durch den Hausarzt einer neurologischen Untersuchung
zugeführt. Der Befund einer beiderseitigen Stauungspapille, einer homonymen Hemi-
anopsie nach links und Reflexsteigerungen bestärkten den Verdacht auf das Vorliegen eines intrakraniellen Tumors. Am 6. 9. 57 wurde durch Herrn Prof. TÖNNIS,
Neurochirurgische Universitätsklinik Köln, ein etwa faustgroßes, 90 g schweres Epi-
dermoid, das zu einer weitgehenden Atrophierung des rechten Temporallappens
geführt hatte, entfernt. 2 Monate nach der Operation trat die erste spontane Uterusblutung ein, der Cyclus normalisierte sich völlig (5jährige Beobachtungszeit). Die
Patientin hat inzwischen zwei gesunde Kinder geboren, die sie 7 und 5 Monate stillen
konnte. Die Entwicklung der Ovarial-Insuffizienz ist dadurch zu erklären, daß fronto-
basale und temperomediale, raumfordernde Prozesse eine *Abknickung des Hypophysenstiels* bewirken können! Damit wird die neurohumorale Kette unterbrochen
und eine Insuffizienz der Adenohypophyse bewirkt.

2. M. D., 24 Jahre alt, 154 cm/59,8 kg. Thelarche und Pubarche mit 14 Jahren,
Menarche im 16. Lebensjahr. Regelmäßiger Primärcyclus. Vor 11 Monaten war
die Patientin (Landwirtin) von einem Heufuder gestürzt. Seitdem besteht
eine Amenorrhoe. Die Patientin klagt über häufige Übelkeit und Erbrechen,

Schwindelgefühl und zunehmende Kopfschmerzen. Ein mäßig ausgeprägter Hirsutismus hat sich angeblich erst nach dem Unfall entwickelt. In den letzten Monaten seien auch die Mammae kleiner geworden, Haare und Haut seien jetzt stärker pigmentiert.

Endokrinologischer Status. Gonadotropin-Ausscheidung: 13,2 MUE, Oestriol: 5,5 μg/die, C_{17}-Ketosteroide: 9,6 mg/die, 17-Hydroxycorticoide: 6,5 mg/die. Uterus annähernd normal groß. Schwach proliferiertes Endometrium. Röntgenologische Befunde unauffällig. Durchführung einer PMS-HCG-Kur: übersteigerte und biphasische Reaktion (Oestriol-Spitze 526 μg/die, typische sekretorische Umwandlung des Endometrium, Ovarien deutlich cystisch vergrößert) (s. Abb. 123).

Die Patientin steht jetzt seit über 5 Jahren in unserer Beobachtung. Sie hat inzwischen 8 kg an Gewicht verloren. Die Stimme ist etwas tiefer geworden, der Hirsutismus erscheint ausgeprägter. Es besteht eine deutliche Acne. Spontanblutungen sind nach dem Unfall angeblich nie aufgetreten. Der Uterus ist hochgradig hypoplastisch. Es wird über Ausfallserscheinungen, ständige Kopfschmerzen, Verlust der Leistungsfähigkeit und der Initiative sowie über Depressionen geklagt. Die neurologischen und röntgenologischen Untersuchungen ergeben dagegen keine Anhaltspunkte für einen hirnorganischen Prozeß. EEG und Liquor sind unauffällig.

Die Gonadotropin-Ausscheidung beträgt jetzt 16,3 HMG-E, C_{17}-Ketosteroide: 15,7 mg/die, 17-Hydroxycorticoide: 4,2 mg/die.

Auf eine zweite Gonadotropin-Kur (diesmal HMG-HCG), 4 Jahre nach der ersten Behandlung, reagiert das Ovarial-Endocrinium nur geringfügig. Anschließend werden oral cyclusgerecht Oestrogene und Gestagene zugeführt, die aber keine Uterusblutung auszulösen vermögen! Auch die Basaltemperatur spricht auf die Medikation von Norgestagenen nur ganz gering an! Das Endometrium ist weitgehend atrophisch. Es wurden im letzten Vierteljahr wöchentlich Depots von 10 mg Oestradiol-Valerianat verabfolgt, ohne daß danach Abbruchblutungen auftraten!

Nach dem Verlauf ist anzunehmen, daß der Unfall eine gewisse Schädigung der hypothalamischen Kerngebiete verursacht hat. Die daraus resultierenden Funktionsausfälle des Ovarial-Endocrinium wurden möglicherweise durch die psychische Reaktion der Patientin noch verstärkt.

In der Folgezeit entwickelte sich offenbar ein mäßiger Hyperadrenalismus, der sich in einem Hirsutismus, Tieferwerden der Stimme und Aufkommen einer Acne äußert. Die C_{17}-Ketosteroid-Ausscheidung liegt jetzt im oberen Normbereich. Es besteht eine Dysthermie. Der Verlust der Reaktionsfähigkeit des Endometrium auf Oestrogen ist ungewöhnlich. Keine Normalisierung der Ovarialfunktion (Beobachtungszeit $5^1/_2$ Jahre).

bb) Adenohypophyse. Im Vorderlappen werden relativ häufig Adenome gefunden. KRAUS (1926) begegnete ihnen bei 8,3 % der Routinesektionen. Sie sollen etwa 22 % der intrakraniellen Tumoren ausmachen und meist von den chromophoben Zellen (γ-Zellen) ihren Ausgang nehmen (BAILEY 1932, BAKAY 1950, TÖNNIS, OBERDISSE u. WEBER 1954, WAGNER u. SHARRETT 1956). Je nach Wuchskraft und Dauer bleibt die Gestalt der Hypophyse entweder unverändert, oder sie unterliegt einer mehr oder minder ausgeprägten Druckatrophie. Der Tumor kann in die Hirnbasis einbrechen und sie zerstören (vgl. FASSBENDER 1956*). Bei supra- und parasellärer Entwicklung erfolgt häufig eine Verlagerung des Hypophysenstiels (TÖNNIS 1957).

Es folgen in der Häufigkeit die Hypophysengänggeschwülste (Kraniopharyngiome), die zu 4,3 % an den intrakraniellen Tumoren beteiligt sind (BAILEY 1932). Für die Klinik ist bedeutsam, daß sie die ersten beiden Lebensjahrzehnte bevorzugt befallen (LOVE u. MARSHALL 1950). Sie entwickeln sich aus Resten des Kraniopharyngealkanals und liegen intra-, meist aber extrasellär. Sie können durch Beeinträchtigung des Hypophysenstiels den Zusammenhang zwischen Hirnbasis und intrasellärer Hypophyse unterbrechen oder verursachen mit fortschreitendem Wachstum eine Druckatrophie des Hypothalamus. Klinisch äußert sich diese Entwicklung in einer sog. Dystrophia adiposo-genitalis (BABINSKI 1900, FRÖHLICH 1901, ERDHEIM 1904, vgl. JORES 1955*, PRADER 1957*).

Symptomatologie. Bei der Frau ist im allgemeinen die Amenorrhoe das erste Symptom einer tumorösen Veränderung der Adenohypophyse (GOLDBERG et al.

1942, YOUNGHUSBAND et al. 1952, NURNBERGER u. KOREY 1953*). Als weitere Initialsymptome sind Kopfschmerz und Trigeminusneuralgie (40%), Sehverschlechterung (26%), Nasenbluten (10%), Halsdrüsenvergrößerung (10%) zu werten (nach STEINBERGER u. DECKER 1962*, ferner: RUF 1953, TÖNNIS, OBERDISSE u. WEBER 1954, ORTHNER 1955*, MOGENSEN 1957, BODECHTEL 1958, FANTA 1958, NOVER 1962 u. a.). Ein wichtiges Leitsymptom stellt auch die Galaktorrhoe dar (FORBES et al. 1954, TÖNNIS et al. 1954, RABAU et al. 1961, SUCHENWIRTH u. BUES 1961). Ob der Tumor selbst eine vermehrte LTH-Bildung verursacht oder durch ihn die LTH-Inkretion hemmenden Impulse des Hypothalamus unterbrochen werden, ist unbekannt. Bei den meisten Patienten werden niedrige Ausscheidungswerte der Gonadotropine (die FSH-Inkretion soll häufig normal sein, ROGERS 1958) und oft auch der C_{17}-Ketosteroide gefunden (FORBES et al. 1954, MARTIN u. WILKINS 1958, RABAU et al. 1961). Über Lactation, verbunden mit Amenorrhoe und Atrophierung des Genitaltraktes, längere Zeit nach einer Schwangerschaft (Chiari-Frommel-Syndrom: FROMMEL 1882, ARGONZ u. DEL CASTILLO 1953, CHRISTIANSEN 1957, KLOTZ et al. 1960, LIPPARD 1961 u. a.), aber auch ohne vorhergegangene Gravidität (FORBES, HENNEMAN, GRISWOLD u. ALBRIGHT 1954, KLOTZ et al. 1960) wurde wiederholt berichtet. Es soll eine Überproduktion von LTH bestehen, während die FSH-Ausscheidung sehr niedrig liegt. Bei $^1/_3$ der Patientinnen ist ein Hypophysentumor (chromophobes Adenom) nachgewiesen worden (GREENBLATT et al. 1956).

Ausfälle nur eines einzigen glandotropen Hormons (Monotropie) sind nicht ganz selten. Sie verbinden sich später aber meistens mit anderen Funktionsstörungen (OBERDISSE 1957) (vgl. S. 172, Pat. S. S.).

Als weitere organische Ursachen für eine Hypophysen-Insuffizienz kommen verschiedenartige, unspezifische und spezifische Entzündungsprozesse mit ihren Ausheilungszuständen in Betracht (Tuberkulose, Lues, Aktinomykose, vgl. SHEEHAN u. SUMMERS 1949*, JORES 1955*, FASSBENDER 1956*, WAGNER u. SHARRETT 1956*, HEDINGER 1957*). In der Ätiologie spielen traumatische Hirnschäden (meistens Schußverletzungen) eine untergeordnete Rolle (Übersicht bei WERNER 1960).

Eine besondere Bedeutung haben Zirkulationsstörungen. Außer der in letzter Zeit sehr beachteten Postpartum-Nekrose (s. nächstes Kapitel) sollen gelegentlich auch echte embolische Gefäßverschlüsse vorkommen (JORES 1955*, FASSBENDER 1956*, HEDINGER 1957*). Die Genese ist meist unklar. Es wird überwiegend der Vorderlappen betroffen. Man schreibt diese Disposition funktionellen Endarterien zu.

cc) Zusammenfassung. Als organische Ursache für einen Funktionsausfall des Zentralsystems kommen Adenome der Hypophyse, Kraniopharyngiome und Hirntumoren verschiedenster Art, ferner entzündliche Prozesse, Hirntraumen und Zirkulationsstörungen in Betracht. Ist der Hypothalamus betroffen, so treten außer den neurologischen Symptomen und der Ovarial-Insuffizienz noch charakteristische vegetative und psychische Abweichungen auf. Hypophysentumoren sind oftmals mit einer spontanen Galaktorrhoe verbunden.

c) Postpartale Fehlfunktion

Durch die systematischen Untersuchungen von SHEEHAN und seinem Arbeitskreis (SHEEHAN u. Mitarb. 1937—1961), die an die Beobachtungen von SIMMONDS (1914, 1916, 1918) und von REYE (1926, 1928, 1931) anknüpfen, bestehen über die *Ätiologie und Pathogenese der Postpartum-Nekrose der Adenohypophyse* leidlich gesicherte Vorstellungen: Die ischämische Nekrose der Adenohypophyse wird auf einen nach der Entbindung auftretenden Kreislaufkollaps zurückgeführt. Das Organ ist offenbar am Ende der Schwangerschaft dafür besonders disponiert. Die postpartale Involution des Vorderlappens begünstigt diese Entwicklung. Wehenmittel und Ergotamin sollen am Zustandekommen der Ischämie teilhaben (SCHREINER 1959*). Embolien sind entgegen den früheren Annahmen nur selten als verantwortlich anzusehen (SHEEHAN u. STANFIELD 1961). Das Ausmaß der Zerstörung ist unterschiedlich. Erst dem Verlust von $^3/_4$ des Drüsengewebes folgen merkliche inkretorische Ausfälle! Die Pars tuberalis bleibt immer erhalten (SHEEHAN u. STANFIELD 1961). Kleinere Nekrosen sollen im Sektionsgut dagegen nicht selten vorgefunden werden (PLAUT 1952). Die Häufigkeit eines voll ausgebildeten Panhypopituitarismus auf Grund einer postpartalen Hypophysen-Nekrose wird von SHEEHAN (1938) mit zwei auf 10000 Frauen eingeschätzt. Andere Autoren (KÄSER 1958, SCHREINER 1959*) und auch wir (STAEMMLER 1958) kamen für die eigenen Einzugsgebiete zu einer wesentlich niedrigeren Fequenz.

Symptomatik. Frühsymptome des Krankheitsbildes sind Hypo- oder Agalaktie. Die vor dem Partus gekürzte Schambehaarung wächst nicht nach. Die Patientinnen werden später besonders kälteempfindlich. Es entwickeln sich eine Adynamie sowie eine Neigung zu Hypoglykämie und Ohnmachten. Gleichzeitig treten seelische Veränderungen auf, die sich bis zur Psychose steigern können (STAEHELIN u. KIND 1956). Als typisch für das Krankheitsbild gelten das Ausgehen der Scham-, Axillar- und (nicht so ausgeprägt) auch der Hauptbehaarung sowie der Pigmentmangel und die herabgesetzte Hautdurchblutung. Die Patientinnen sind von alabasterfarbener Blässe. Der Ernährungszustand weicht bei $^3/_4$ der Patientinnen nicht gröber von der Norm ab. Eine ausgeprägte Kachexie wird relativ selten beobachtet (SHEEHAN 1939*)!

Das *Krankheitsalter* liegt meist nicht vor dem 25.—31. Lebensjahr (JORES 1955*). Bis zur vollen Entwicklung vergehen durchschnittlich 5—15 Jahre (SHEEHAN u. SUMMERS 1949*, TETER 1959).

Das *Vollbild des Panhypopituitarismus* bietet eine sekundäre Insuffizienz nicht nur der Ovarien (mit Superinvolution des Uterus und Atrophie von Vagina und Vulva), sondern auch der Schilddrüse und der Nebennierenrinde (SMITH u. HOWARD 1959). Bei einem Gewebsuntergang von *nur* 50—90% der Adenohypophyse bildet sich ein mittelschweres Krankheitsbild (forme fruste) mit Ausfall nur einzelner adenotroper Hormone aus (Fälle von MORANDI et al. 1957, WITTEKIND u. MAPPES 1957). Die meisten Autoren, die ein größeres eigenes Krankengut übersehen, konnten die klinischen Beobachtungen von SHEEHAN (1939*) sowie von SHEEHAN u. SUMMERS (1949*) bestätigen (FORSTER 1954*, VAN BUCHEM 1955, NYIRI 1958, TETER 1959, MURDOCH 1962 u. v. a.). In die Pathogenese beziehen einige Autoren auch Störungen der hypothalamischen Funktionen ein (DÁN u. LEÖVEY 1958, HARTL 1958 u. a.).

Differentialdiagnostisch sind gegenüber dem Simmonds-Sheehan-Syndrom die Anorexia mentalis (vgl. ESCAMILLA u. LISSER 1942*, JORES 1955*) sowie der Morbus Addison und das primäre Myxödem abzugrenzen (vgl. SCHREINER 1959*).

Außer der nach Anamnese, Erscheinungsbild und endokrinologischen Befunden relativ gut charakterisierten Postpartum-Nekrose der Adenohypophyse gibt es eine zahlenmäßig bedeutend größere Gruppe von Patientinnen, bei denen sich nach der Gravidität eine Ovarial-Insuffizienz ohne gleichzeitigen Ausfall anderer Inkretsysteme entwickelt. Schwangerschaft und Entbindung verliefen bei diesen Kranken meistens komplikationslos. Die Gonadotropin-Ausscheidung bewegt sich im normalen Streuungsbereich. Relativ häufig wird eine Gewichtsveränderung nach dem Partus angegeben. Es erscheint nicht berechtigt, diese *postpartale*

Ovarial-Insuffizienz dem Krankheitsbild von SIMMONDS-SHEEHAN als Forme fruste unterzuordnen. Ich werde diese besondere Erscheinungsform, für die jetzt nur eine typische Beobachtung wiedergegeben werden soll, noch ausführlicher besprechen (s. S. 314f.).

Frau T. N., 24 Jahre alt, 160 cm/127 kg. Menarche mit 14 Jahren. Regelrechter Primärcyclus (28—31/3—4). Vor 9 Monaten erster Partus. Schwangerschaft und Entbindung verliefen glatt. Es besteht seitdem eine Amenorrhoe. Vor Eintritt der Schwangerschaft hat die Patientin angeblich 70 kg gewogen (Zunahme um 57 kg(!), Übergewicht von 135%, s. Abb. 124). Die Patientin klagt über Kopfschmerzen und Ausfallserscheinungen.

Die Gonadotropin-Ausscheidung betrug 52 MUE, die der C_{17}-Ketosteroide im Durchschnitt 9,5 mg/die. Endometrium in Proliferation mit partieller glandulär-

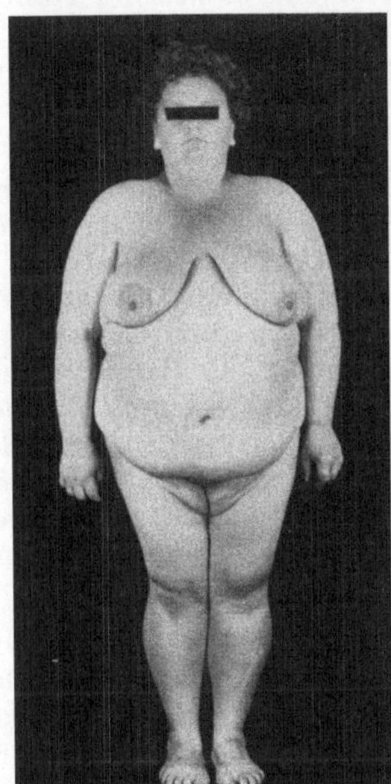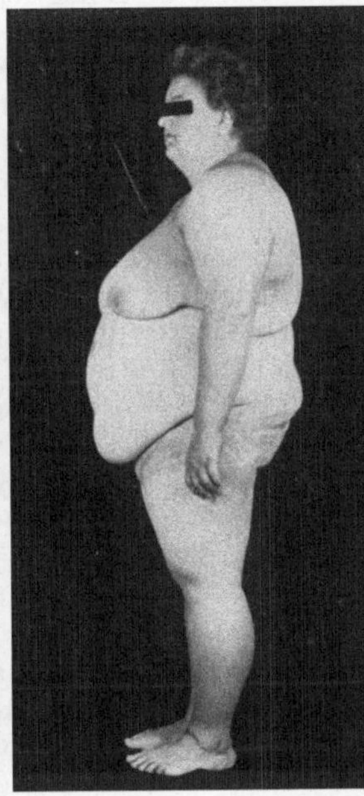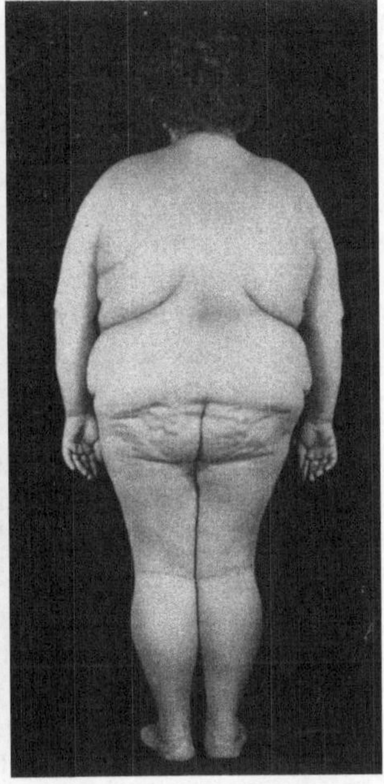

Abb. 124. Pat. T. N., 24 Jahre, 160 cm/127 kg. Postpartale Amenorrhoe (9 Monate) mit Gewichtszunahme von 57 kg

cystischer Hyperplasie. Uterus normal groß. Pyknose-Index: 27%. Nebennieren-rinden-Funktionstest o. B. Kein Haarausfall, normale Hautdurchblutung. Internistische Befunde unauffällig. Auf PMS-HCG kam nur eine vermehrte Oestrogen-Bildung zustande.

Die Patientin leistete erst 4 Jahre später einer Aufforderung zur Nachuntersuchung Folge: Sie gab an, daß die Menstruation seit $\frac{1}{2}$ Jahr spontan und in regelrechten Intervallen auftreten. Keinerlei Beschwerden, Gewicht aber nur unbedeutend reduziert. 3 Jahre später (jetzt 8jährige Beobachtungszeit) erneute Kontrolle: regelmäßiger Cyclus (32/7), Wohlbefinden.

Als charakteristisch an diesem Bericht sind hervorzuheben die Ovarial-Insuffizienz nach völlig komplikationsloser Entbindung, eine monströse Gewichtszunahme (bei einer gewissen familiären Belastung), Ausfallserscheinungen und Kopfschmerzen, eine mangelhafte Reaktionsfähigkeit des Ovarial-Endocrinium auf Gonadotropine und die Spontanheilung.

d) Psychogene Fehlfunktion

In der Ätiologie der Ovarial-Insuffizienz nehmen psychische Überlastungen und Fehlreaktionen eine besondere Stellung ein (A. MAYER 1935, 1953, KEHRER 1937*, TSCHERNE 1948*, DEUTSCH 1950*, STURGIS 1950*, KAUFMANN 1951, OBER

1952*, TIETZE 1952* u. v. a.). Ihrer Bedeutung wird man nur durch die ausführliche Anamnese und ärztliche Aussprachen gerecht. Bei Verdacht psychopathologischer Entwicklungen ist das Urteil eines erfahrenen Psychiaters einzuholen. Es lassen sich zwei Gruppen unterscheiden:

1. Seelische Erschütterungen (bedingt durch Kasernierung, Inhaftierung, Kriegsfolgen, Tod naher Angehöriger usw.) können bei bisher gesunden und unauffälligen Frauen zu einer Unterbrechung des Ovarialcyclus führen (KEHRER 1937*, WHITCARE u. BARRERA 1944, NOCHIMOWSKI 1946, REIFENSTEIN 1946, MARTIUS 1946, BASS 1947, HEYNEMANN 1948, TIETZE 1948, 1949, 1952*, OBER 1952*, 1957*, BLEULER 1954* u. v. a.). Sie wurde von TIETZE (1948) zutreffend als „Notstands-Reaktion" bezeichnet. Pathophysiologisch handelt es sich mit großer Wahrscheinlichkeit um eine Aktivitätsänderung der die Sexualfunktion steuernden hypothalamischen Kerngebiete, die durch höhere, zentral-nervöse Zentren veranlaßt wird. Sie ist bei den meisten Patientinnen reversibel, sobald die Noxe entfällt (KAUFMANN u. MÜLLER 1948, TIETZE 1952*).

Bei dieser psychogenen (hypothalamischen) Amenorrhoe soll nur LH vermindert abgegeben werden, während FSH in normaler Höhe ausgeschieden wird (KLINEFELTER u. Mitarb. 1943, BENEDICT u. ALBRIGHT 1954). Die Oestrogen-Bildung ist dementsprechend erniedrigt. In einer gewissen Abhängigkeit von der Dauer der seelischen Belastungen variieren die Gonadotropin- und Oestrogen-Werte aber beträchtlich (RAKOFF 1962*): Am häufigsten ist der Befund eines allgemeinen Hypogonadotropismus. Bei einer zahlenmäßig kleineren Gruppe wurden hohe oder normale FSH- und niedrige Oestrogen-Werte gefunden (vgl. GOLDZIEHER u. WOOLEY 1957*). GOLDZIEHER u. GOLDZIEHER (1952) fanden bei einigen Patientinnen mit psychogener Amenorrhoe Hinweise dafür, daß die Oestrogene besonders schnell abgebaut werden.

Bei der zweiten Gruppe handelt es sich um psychopathologische Persönlichkeiten oder, wie BLEULER (1954*) es ausdrückt, um Patientinnen mit „psychopathischen Persönlichkeitsdisharmonien und sekundären neurotischen Reaktionen" (vgl. KEMPER 1950*). Für sie ist das bekannte Krankheitsbild der *Anorexia nervosa* zwischen dem 14.—20. Lebensjahr charakteristisch. Es wird von JORES (1954, 1955*, 1958) als Psychoneurose, von DECOURT (1953*) als psychoendokrine Kachexie der Reifungszeit und von TIEMANN (1958) als psychosomatische Erkrankung der Pubertät und Nachpubertät verstanden. STÄUBLI-FRÖHLICH (1953) nimmt nahe Beziehungen zur Schizophrenie an. A. MAYER (1957) sieht in der Anorexia nervosa den Ausdruck einer Reifungskrise.

Das *Erscheinungsbild* ist durch die hochgradige Magersucht gekennzeichnet. Es besteht ein ausgesprochener Widerwille, oft eine Furcht vor der Nahrungsaufnahme, gelegentlich verbunden mit abwegigen Appetitgelüsten. Ferner finden sich häufig eine hartnäckige Obstipation, Akrocyanose, Untertemperaturen und eine Hypotonie. Ausfallserscheinungen fehlen in der Regel. Die Mammae sind meistens hochgradig hypoplastisch. Gelegentlich ist eine gewisse Hypertrichose vorhanden. Die Aussprache deckt häufig seelische Konflikte (Störungen der Mutter-Tochter-Beziehung, Protestreaktionen gegenüber der sexuellen Reifung, schlechte Aufwuchsbedingungen usw.) auf. Die meisten Patientinnen sind intelligent, geistig sehr rege, strebsam, häufig ausgesprochen ehrgeizig, dabei aber oft introvertiert.

Die *Pathogenese* ist strittig. Die Hypophysen der obduzierten Patientinnen (Zusammenstellung s. bei HACK 1959*) ergaben meistens keine besonderen Befunde. Die Ovarien sind mehr oder minder hypoplastisch und lassen reifende Follikel im allgemeinen vermissen. Über die hypothalamischen Zentren liegen keine verwertbaren Untersuchungsergebnisse vor. Die Mortalität soll bis zu 15 % betragen (vgl. KOLUCH u. DAVIDOVÁ 1962*).

Bei den meisten Kranken wurde eine erniedrigte Gonadotropin-Ausscheidung festgestellt (PASCHKIS u. RAKOFF 1955*, BLISS u. MIGEON 1957, RAKOFF 1962). Zuerst soll die LH-Inkretion, später erst diejenige von FSH ausfallen (ROGERS 1958). Dementsprechend ist auch die Oestrogen-Aktivität stark reduziert (RA-KOFF 1962). Schilddrüse und Nebennierenrinde erscheinen dagegen nur selten gröber beeinträchtigt (DECOURT 1953*, BLISS u. MIGEON 1957).

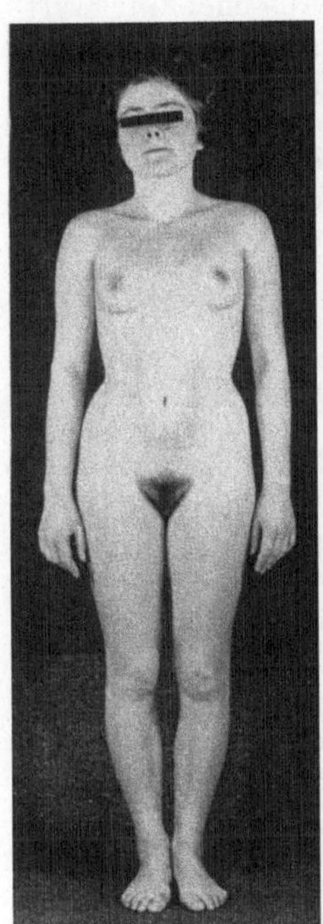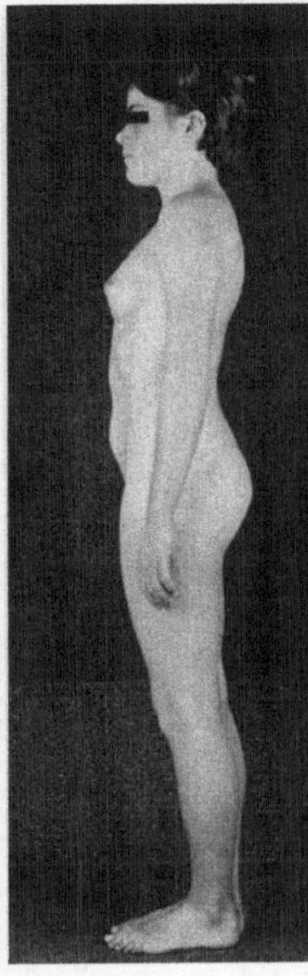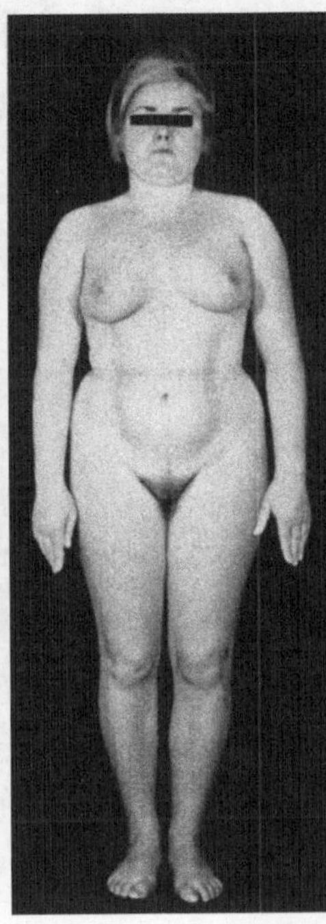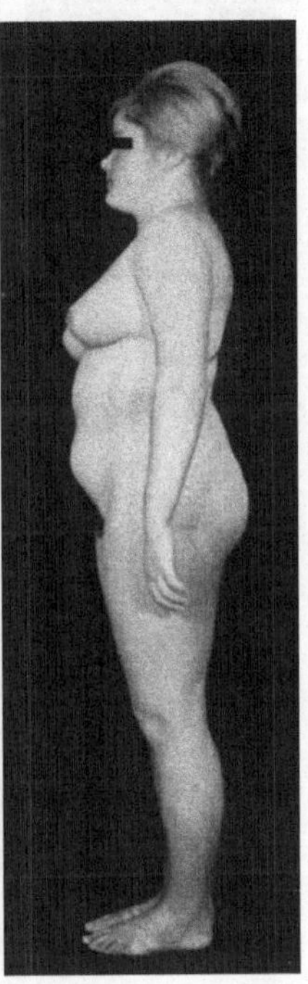

Abb. 125 a   Abb. 125 b

Abb. 125a. Sekundäre Amenorrhoe seit 5 Monaten. „Manisch-depressive Cyclothymie bei neurotisch fehlentwickelter Persönlichkeit". (Pat. B. R., 17 Jahre, 158 cm/51 kg)

Abb. 125b. Dieselbe Patientin mit 21 Jahren (158 cm/72 kg!). Ganz unregelmäßiger Cyclus

Daß die Funktion des Sexualsystems als erste und oftmals allein betroffen wird, entspricht ihrer besonderen Labilität gegenüber Belastungen verschiedenster Art. Die endokrine Störung ist offenbar Folge eines psychischen Insultes, der auf die hypothalamischen Regulationszentren übertragen wird *(„hypothalamische Ovarial-Insuffizienz")*. Es handelt sich bei diesen Patientinnen demnach nicht um eine exogene Noxe, die das Seelische trifft, sondern um eine psychische Fehlentwicklung, die in der Zeit der Pubertät zu einer Krise führt und bestimmte somatische Ausfälle veranlaßt. Es ist möglich, daß das Kalorien- und Eiweißdefizit später an der weiteren Entwicklung des Hypogonadotropismus teilhat (vgl. S. 224f.). Nach klinischer Heilung bleiben jedoch bei 45 % dieser Frauen Cyclusstörungen, bei 65 % Appetitsanomalien und bei 50 % stärkere Gewichtsveränderungen bestehen (KAY u. LEIGH 1954)!

Gelegentlich entwickelt sich bei diesen neurotischen, fehlentwickelten Persönlichkeiten neben der Ovarial-Insuffizienz auch eine plötzliche, starke Gewichtszunahme als Folge einer Triebstörung (s. Abb. 125a und b).

Bei den verschiedensten psychiatrischen Erkrankungen werden in einer beträchtlichen Frequenz (50—75% nach ELLY SCHNEIDER 1949) Funktionsanomalien des Ovarial-Endocrinium gefunden (RIPLEY et al. 1942, GREGORY 1957). Die gonadotrope Hypophysenfunktion soll bei diesen Patientinnen gedrosselt sein (REY et. al. 1957).

Für die *psychogene Pseudogravidität* sind ähnliche Zusammenhänge anzunehmen. Das Erscheinungsbild kann einer Schwangerschaft verblüffend ähneln (vgl. Abb. 126a und b). Die Ausscheidungswerte für FSH sollen erniedrigt, die für LTH gering erhöht sein. Gelegentlich wurde eine Gelbkörperpersistenz nachgewiesen (PLOTZ 1949, FRIED, RAKOFF u. SCHOPBACH 1951, ANDREOLI 1960, RAKOFF 1962).

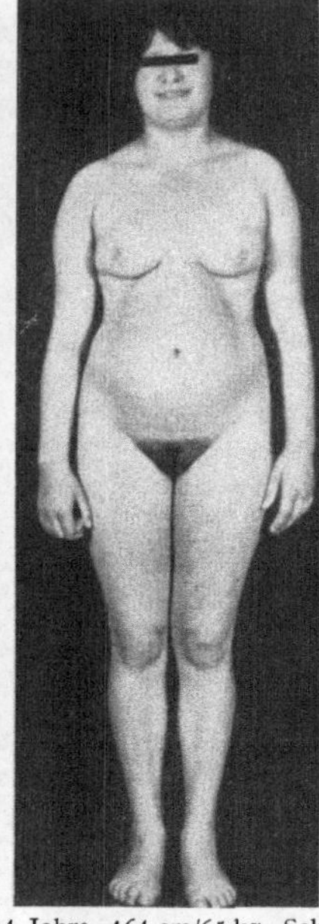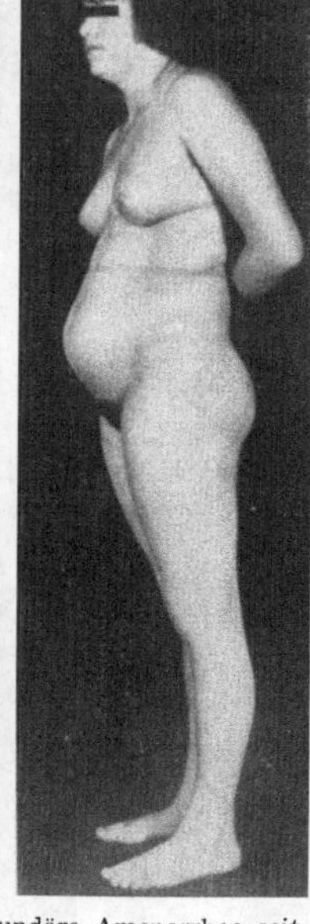

Abb. 126a. Pat. J. W., 14 Jahre, 164 cm/65 kg. Sekundäre Amenorrhoe seit 6 Monaten. Psychogene Pseudogravidität (Grossesse imaginaire s. nerveuse). Uterus-Sondenlänge 6 cm!

Bei Tieren sind Scheinschwangerschaften keine Seltenheit (Dackel, Kühe, Stuten usw.). Wenn geschlechtsreife weibliche Mäuse isoliert, aber in unmittelbarer Nachbarschaft von männlichen Tieren untergebracht werden, tritt bei 20—50% der Weibchen eine Scheinschwangerschaft auf (DEWAR 1959). Diese Rate wird durch vorherige Excision des Bulbus olphactorius ganz wesentlich reduziert (VAN DER LEE u. BOOT 1957). Über den Olphactorius werden stimulierende Impulse an das Zentralsystem weitergegeben, die offenbar speziell den gonadotropen Sektor anregen. Dieser Mechanismus hat im Tierreich große Bedeutung. Der Einfluß sensorischer Impulse wurde bereits besprochen (siehe S. 12). Eine Scheinschwangerschaft kann sich auch nach mechanischer Reizung der Brustwarzen entwickeln (SELYE et al. 1934).

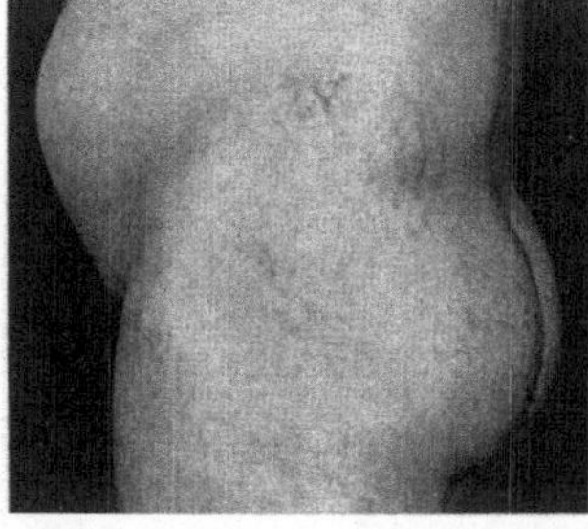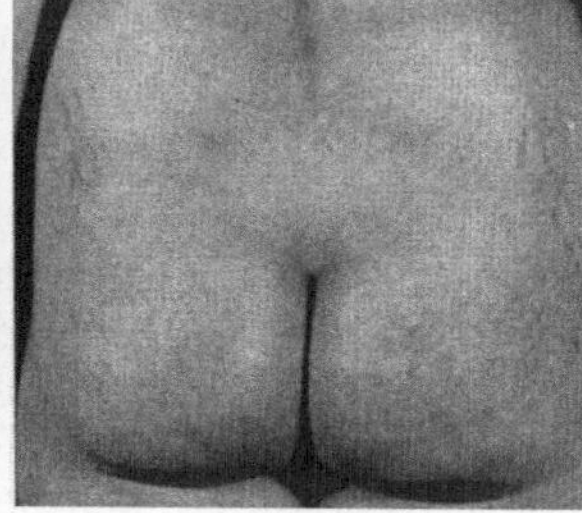

Abb. 126b. Striae bei psychogener Scheinschwangerschaft. Dieselbe Pat. wie Abb. 126a)

e) Fehlfunktion infolge physischer Überlastung

Besondere körperliche Beanspruchungen (Leistungssport, Beruf, Nachtdienst, Examensvorbereitungen usw.) können ebenfalls zu Cyclusanomalien führen. Es wird angenommen, daß im Hypothalamus eine Umschaltung zugunsten des Interrenalsystems erfolgt, um die Selbsterhaltung zu garantieren (ELERT 1955*). Diese Vorstellung wurde aus dem Tierexperiment (TONUTTI 1944, 1945) abgeleitet. Auffällig ist allerdings, daß seelische Belastungen den Cyclus eher und stärker beeinträchtigen als physische, die sich nach Untersuchungen von Tietze (1952*) nur in Ausnahmefällen auf das Ovarial-Endocrinium auswirken. Häufig gehen beide Einflüsse parallel.

3. Fehlfunktion durch Beeinträchtigung korrelierender Inkretdrüsen

Gröbere Funktionsabweichungen anderer Inkretsysteme können zu Störungen der Ovarialfunktion führen (s. S. 51 f.). Diese Beziehungen verdienen besondere Beachtung. Mit Behandlung des Grundleidens wird in der Regel auch die ,,symptomatische" Ovarial-Insuffizienz behoben.

a) Nebennierenrinde

Bei *Unterfunktion* (Morbus Addison) ist der Ovarialrhythmus gestört und die Periode der Geschlechtsreife verkürzt. Damit wird auch die Fertilität beschränkt (vgl. Weissbecker 1954*, Jores 1955*, Soffer 1956*).

Überfunktion der Nebennierenrinde (Hypercorticoidismus) führt in einer noch höheren Frequenz zum Erliegen der Keimdrüsentätigkeit (Jores 1955*, Bierich 1961*). Das gilt sowohl für das adreno-genitale Syndrom (Pseudohermaphroditismus femininus internus) als auch für das Cushing-Syndrom und Mischfälle. Häufig wurde eine stark reduzierte Gonadotropin-Ausscheidung gefunden, die das Sistieren der Ovarial-

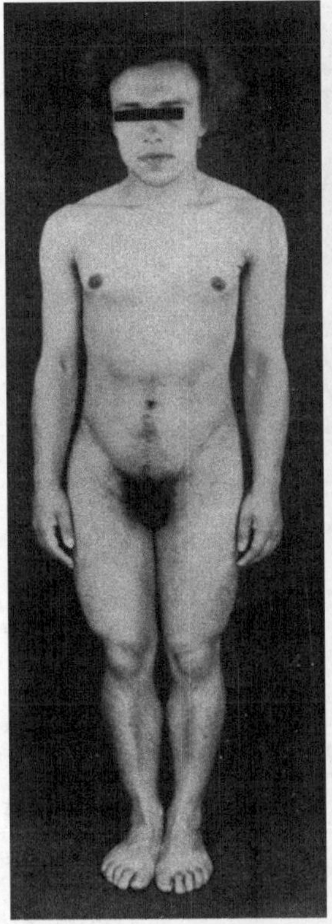
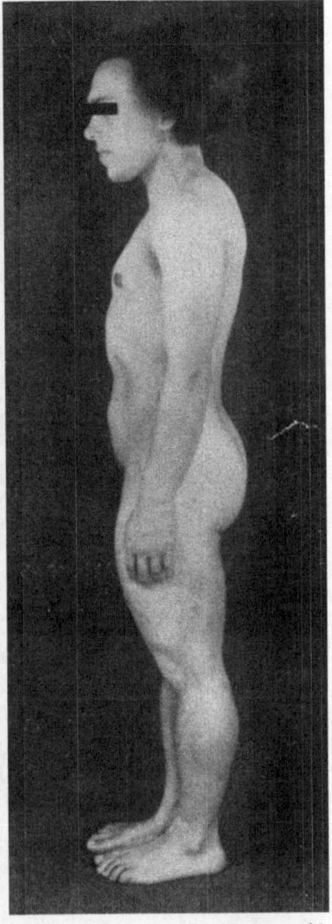

Abb. 127 a.   Konnatales adreno-genitales Syndrom (C_{17}-Ketosteroide 58,1 mg/die). (Pat. J. R., 20 Jahre, 146 cm/53 kg)

funktion verständlich macht (Reifenstein 1956*, Bierich 1961*, Zander u. Henning 1961*). Wahrscheinlich wird die Hemmung der gonadotropen Hypophysenfunktion beim adreno-genitalen Syndrom durch die interrenalen Androgene (und Oestrogene) veranlaßt (Wilkins u. Mitarb. 1952). Diese Zusammenhänge sind aber noch nicht ausreichend geklärt. Bemerkenswert erscheint, daß sowohl beim adreno-genitalen Syndrom als auch beim Cushing-Syndrom nicht nur hypoplastische, sondern oftmals polycystisch veränderte Ovarien gefunden worden sind (Landing 1954, Philipp u. Stange 1954, Philipp, Staemmler u. Stange 1955, Siebenmann 1957*, Perloff et al. 1958, Kovačić 1959, Milcou et al. 1960, Bergman et al. 1962, Staemmler u. Sachs 1963*). Das *klinische Erscheinungsbild* sei an Hand der folgenden Beobachtungen dargestellt:

Angeborenes adreno-genitales Syndrom (AGS).

Pat. J. R.: Bei der Geburt war eine Anomalie des äußeren Genitale festgestellt worden. Die Patientin wurde als Mädchen aufgezogen. Ab 15. Lebensjahr zunehmende

Virilisierung (tiefe Stimme, Bartwuchs, männliche Schambehaarungsgrenze). Einweisung wegen primärer Amenorrhoe im 20. Lebensjahr. Phänotyp (s. Abb. 127a) und Genitalentwicklung (s. Abb. 127b) entsprechen dem adreno-genitalen Syndrom.

Endokrinologische Befunde. Durchschnittswert der C_{17}-Ketosteroide: 58,1 mg/die. Keine Gonadotropine im

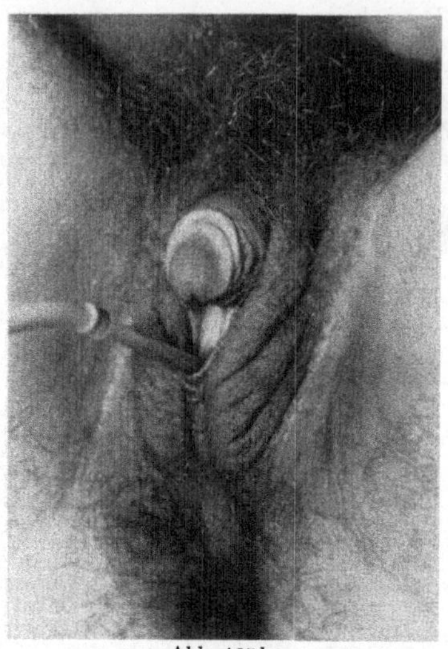

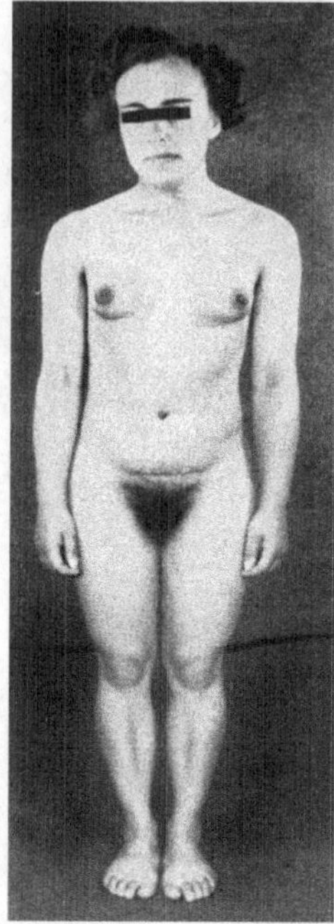

Abb. 127b   Abb. 127c

Abb. 127b. Genitale der Pat. J. R. Phallusähnliche Clitoris, scrotumartige große Labien mit hochreichender Raphe, feminin mündende Urethra

Abb. 127c. Pat. J. R., 5 Monate nach der Menarche

Harn erfaßbar. Die Laparotomie deckt vergrößerte Ovarien (6 × 2,5 cm) mit derber, perlweißer Tunica albuginea auf. Keilexcision: verdickte Tunica albuginea, zahlreiche cystisch-atretische Follikel, Fibrosis.

    Nachfolgend wird eine Teilresektion der hyperplastischen Nebennierenrinde und eine Cortison-Medikation durchgeführt. 4 Monate später erste spontane Uterusblutung, seitdem normaler Cyclus (26—28/3—4). 4 Monate nach der Menarche Abtragen des Phallus und Erweiterung des Scheideneinganges. Der Phänotyp der Patientin ist ohne Verabfolgung von Sexualsteroiden deutlich feminisiert (s. Abb. 127c).

Erworbenes adreno-genitales Syndrom (Hyperplasie der Nebennierenrinde).

    E. Sch., 18 Jahre alt, 158 cm/51,0 kg. Kindheitsanamnese unauffällig. Einweisung wegen primärer Amenorrhoe und Virilismus, der sich seit etwa 2 Jahren in zunehmendem Maße ausgeprägt hat (männliche Schambehaarungsgrenze, Klitorishypertrophie, Bartwuchs). Leichte Ausfallserscheinungen.

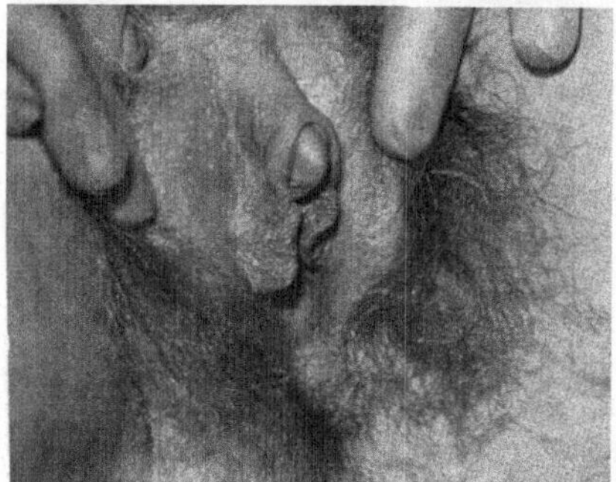

Abb. 128. Clitorishypertrophie bei erworbenem AGS (NNR-Hyperplasie). (Pat. E. Sch.)

    Endokrinologische Befunde. Gonadotropin-Ausscheidung: 13,2 MUE, C_{17}-Ketosteroide: durchschnittlich 79,8 mg/die (!), Pregnandiol: durchschnittlich 3,4 mg/die! Laparotomie mit bilateraler Keilexcision: fibrocystische Ovarien!

    Behandlung mit Prednison (15 mg/die) über 5 Monate. Während dieser Zeit Auftreten der ersten Genitalblutung. Der Cyclus spielt sich danach regelrecht ein. Die Ketosteroid-Werte liegen nach der Prednison-Medikation etwa zwischen 30 und

45 mg/die. Ungefähr 3 Jahre nach der Menarche wird eine papierchromatographische Fraktionierung der C_{17}-Ketosteroide vorgenommen, die besonders hohe Werte für die 11-oxylierten C_{17}-Ketosteroide und für Epiandrosteron ergibt. Die Virilisierung hat sich während der 5jährigen Beobachtungszeit noch etwas stärker ausgeprägt (s. Abb. 128).

Erworbenes adreno-genitales Syndrom (Tumor der Nebennierenrinde).

Chr. Sch., 21 Jahre alt, 167 cm/59 kg. Kindheitsanamnese ohne Besonderheiten· Menarche mit $12^9/_{12}$ Jahren. Regelrechter Primärcyclus bis zum 16. Lebensjahr, dann trat eine Amenorrhoe ein. Zugleich entwickelte sich eine hochgradige Virilisierung: männlicher Behaarungstyp (s. Abb. 129a), starker Bartwuchs (s. Abb. 129b), mäßige Klitorishypertrophie (s. Abb. 129c). Atrophierung der Mammae, Gewichtsabnahme und Leistungsminderung.

Endokrinologische Befunde. C_{17}-Ketosteroide: 175 bis 255 mg/die! Im Spektrum der Ketosteroide fällt der besonders hohe Wert von Dehydroepiandrosteron auf (65,4 und 68,9 mg/die). 17-Hydroxycorticoide: 12,0—15,2 mg/die. Pregnandiol: 9,5—13,9 mg/die.

Retropneumoperitoneum und hohe Aortographie (siehe Abb. 129d) (Prof. DIETHELM, Chirurgische Universitätsklinik Kiel) stützten den Verdacht auf einen Nebennierentumor rechts. Es wurde eine 410 g schwere Geschwulst exstirpiert (Prof. WANKE, Chirurgische Universitätsklinik Kiel) (s. Abb. 129e).

Die histologische Untersuchung (Prof. DOERR, Pathologisches Institut der Universität Kiel) ergab ein großes, solide gebautes, vorwiegend trabeculär strukturiertes „braunes" Nebennierenadenom ohne Hinweis auf maligne Degeneration.

Etwa 6 Wochen nach der Operation spontane Uterusblutung (nur proliferiertes Endometrium). Allmählicher Rückgang des Hirsutismus (s. Abb. 129f und g) und Normalisierung des Cyclus.

C_{17}-Ketosteroide bei Kontrolle: 5,8 und 9,5 mg/die. Die papierchromatographische Fraktionierung ergibt jetzt für die einzelnen Fraktionen normale Werte (Dehydroepiandrosteron: 0,19 und 0,50 mg/die).

Cushing-Syndrom.

Pat. J. H., 37 Jahre alt, 163 cm/72,2 kg. Menarche mit 14 Jahren. Normaler Cyclus, keine Schwangerschaften. Sekundäre Amenorrhoe seit etwa 4 Jahren. In dieser Zeit Entwicklung eines Cushing-Syndroms: Vollmondgesicht (s. Abb. 130a und b), Hirsutismus, Stammfettsucht mit Büffelnacken (s. Abb. 130c). Geringe Striae rubrae. Keine Osteoporose. Hypertonus (RR 210/130). Geringe Glykosurie (Blutzucker: 147 mg%). Calcium: 4,7 mval/l, Phosphor: 1,8 mval/l.

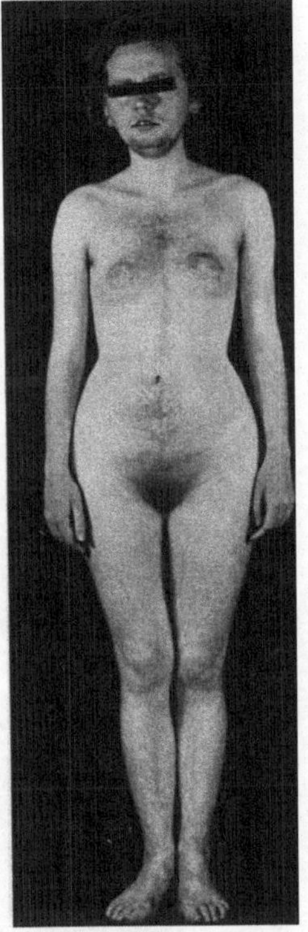

Abb. 129a. Pat. Ch. Sch., 21 Jahre, 167 cm/59 kg. Hochgradiger Virilismus bei Tumor der rechten Nebenniere (C_{17}-Ketosteroide: ⌀ 229 mg/die). Sekundäre Amenorrhoe seit $4^9/_{12}$ Jahren

Endokrinologische Befunde. Gonadotropin-Ausscheidung: 4,6 HMG-E. C_{17}-Ketosteroide: durchschnittlich 29,1 mg/die, 17-Hydroxycorticoide: durchschnittlich 17,8 mg/die, Pregnandiol: durchschnittlich 2,5 mg/die, Oestriol: durchschnittlich 4 µg/die.

Therapie: Röntgenbestrahlung der Hypophyse ohne Erfolg. $1^1/_2$ Jahre später Exstirpation der linken Nebenniere (13 g) und subtotale Resektion der rechten Nebenniere (8,5 g) (Prof. WANKE, Chirurgische Universitätsklinik Kiel). 1 Woche danach Exitus letalis infolge Herz-Kreislaufversagens.

Obduktion (Prof. DOERR, Pathologisches Institut der Universität Kiel): Erbsgroßes, fast papilläres Adenom der Hypophyse. Diskordante, kleinknotige Nebennierenhyperplasie. Polycystische Veränderung des linken Eierstockes, derbe fibröse Umwandlung des rechten Ovarium.

b) Schilddrüse

Bei ausgeprägten Formen der *Unterfunktion* (Myxödem und Kretinismus) besteht oft eine Amenorrhoe oder eine Verzögerung des Rhythmus. Häufig geht damit ein Verlust der Sexualbehaarung einher (BANSI 1955*). Die Patientinnen sind meist steril (KEHRER 1937*, weitere Literatur s. S. 53f.).

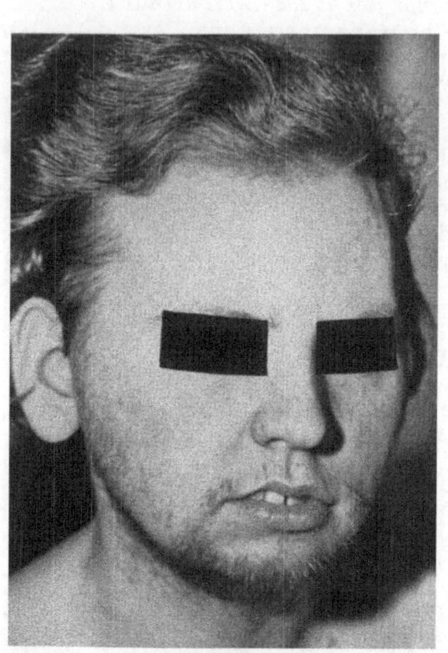

Abb. 129b. Pat. Ch. Sch.

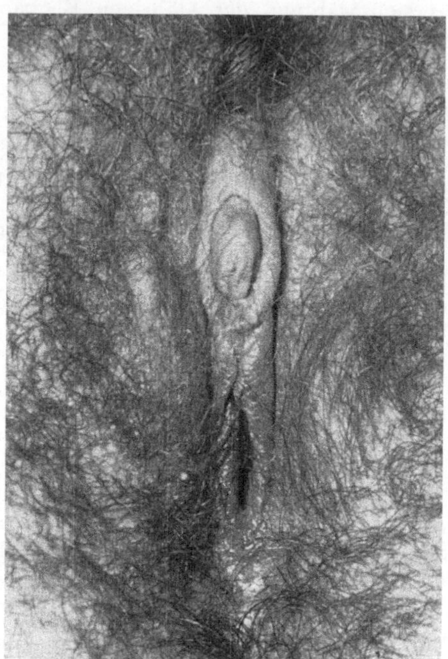

Abb. 129c. Hypertrophe Clitoris. (Pat. Ch. Sch.)

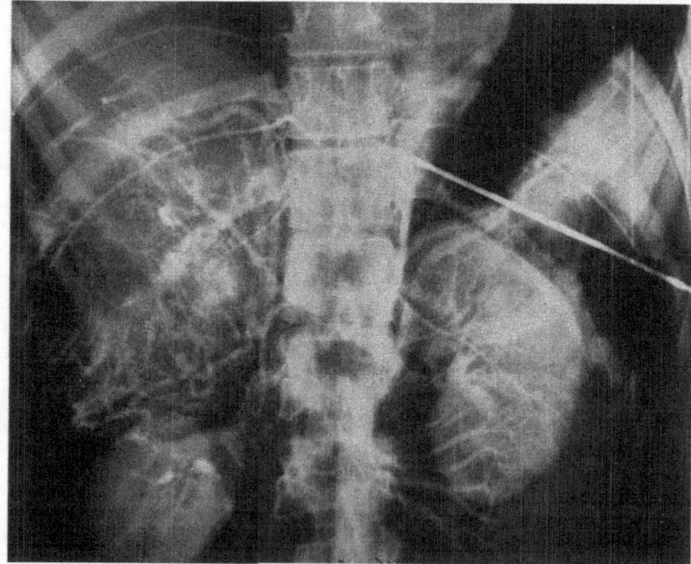

Abb. 129d. Hohe Aortographie. Großer Nebennierentumor rechts. (Pat. Ch. Sch.)

Hyperthyreosen sind zu etwa $^1/_3$ mit Menstruationsstörungen verbunden (Poly- und Hypermenorrhoe), bei etwa 5% soll eine Amenorrhoe bestehen. Nach Schilddrüsenoperation oder einer medikamentösen Behandlung der Überfunktion reguliert sich der Cyclus bei der Mehrzahl der Patientinnen wieder ein (RUSSELL u. DEAN 1942, RIISFELDT 1949, GOLDSMITH et al. 1952, BENSON u. DAILEY 1955).

Die Beziehungen zwischen Schilddrüse, Adenohypophyse und Ovarium sind komplex und noch wenig geklärt (MAQSOOD 1952). Die tierexperimentellen Resultate erscheinen widerspruchsvoll. GILLMAN u. GILBERT (1953) weisen auf

Grund ihrer Untersuchungen am Pavian darauf hin, daß die Thyreoidektomie zwar regelmäßig zu Änderungen der Ovarialfunktion führt, das Ausmaß aber individuell stark

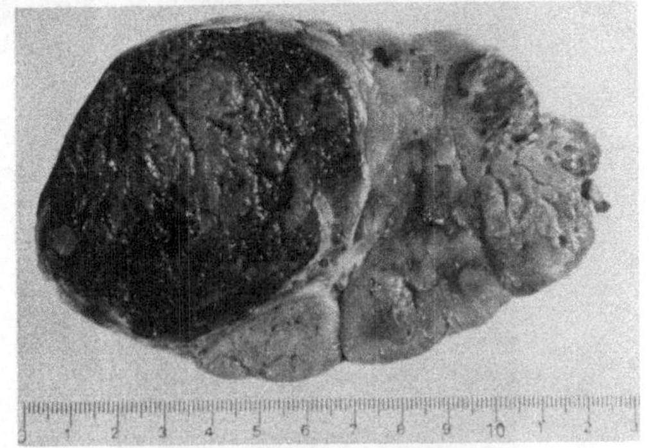

Abb. 129e. Operationspräparat: 410 g schweres, „braunes" Nebennierenadenom. (Pat. Ch. Sch.)

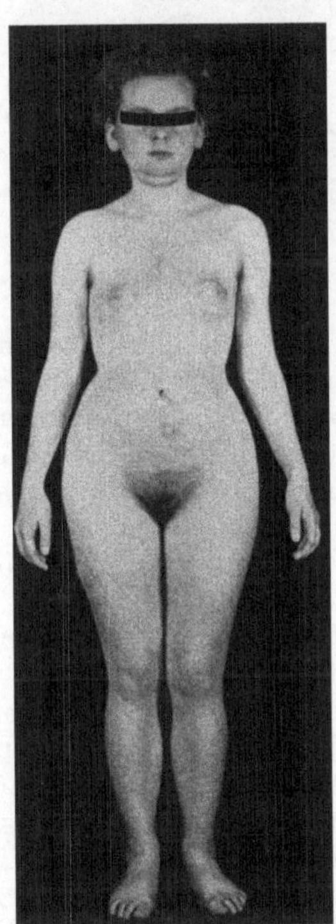

Abb. 129f. Pat. Ch. Sch. nach Exstirpation des rechtsseitigen Nebennierentumors

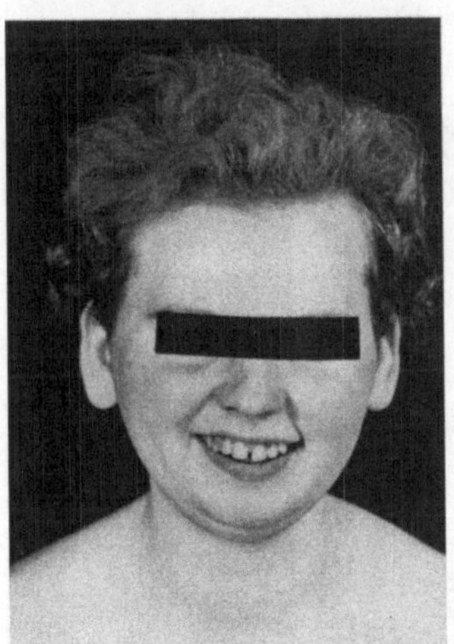

Abb. 129g. Pat. Ch. Sch.

variiert. Die Größe der Ovarien bleibt unbeeinflußt, die Zahl der reifenden Follikel soll jedoch erheblich vermindert sein. Die Ovarien sind oft polycystisch verändert! Der hypophysäre Gehalt an FSH soll nach Thyreoidektomie zunehmen, während LH vermindert gefunden wurde (CHU u. YOU 1945). Entscheidend ist wohl der periphere Effekt des Schilddrüsenhormons. Ich wies bereits darauf hin (s. S. 54), daß die Ovarien nach Thyreoidektomie auf Gonadotropine (FSH und LH) sensibler reagieren als vorher (vgl. JANES 1954 und MANDL 1957).

4. Fehlfunktion mit polycystischer Veränderung der Ovarien

STEIN u. LEVENTHAL beschrieben 1935 ein Krankheitsbild, als dessen wichtigste Erscheinungen Cyclusanomalien mit Sterilität, Hirsutismus, Adipositas sowie große, vielcystische Ovarien mit verdickter, glatter Tunica albuginea herausgestellt wurden (vgl. auch STEIN 1945, 1955, LEVENTHAL 1962). Es muß heute, nachdem über weit mehr als 500 durch Keilexcision und hormonale Unter-

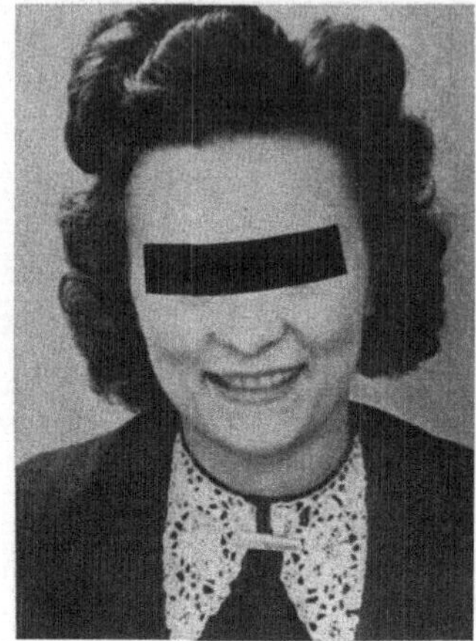

Abb. 130a. Pat. J. H. im Alter von 27 Jahren

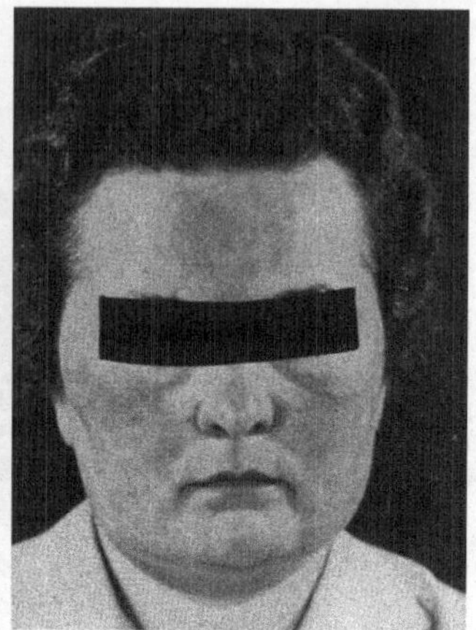

Abb. 130b. Pat. J. H., 37 Jahre alt

suchungen geklärte Beobachtungen publiziert worden sind, fraglich erscheinen, ob die Annahme eines einheitlichen Syndroms noch Gültigkeit besitzt.

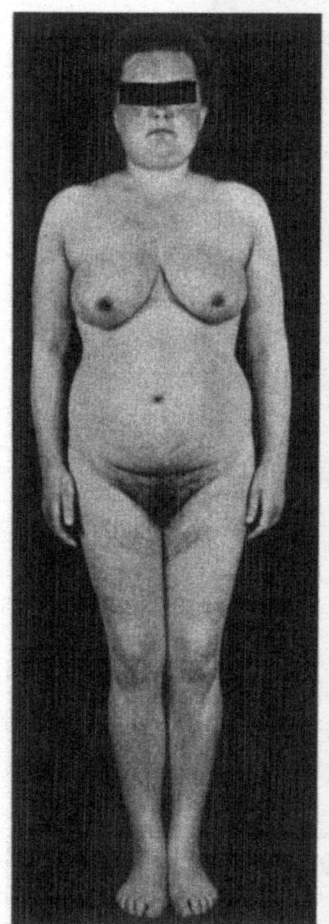

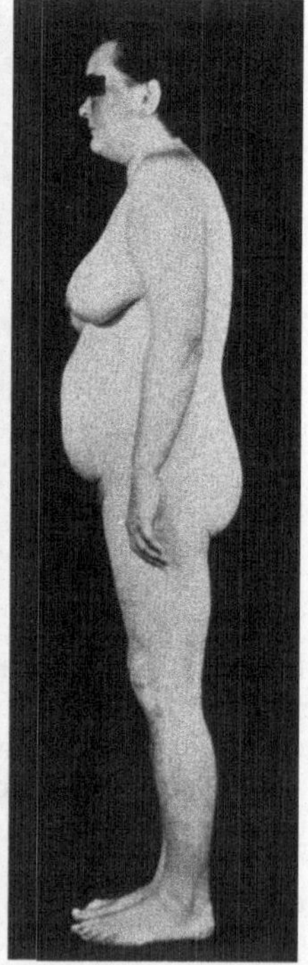

Abb. 130c. Cushing-Syndrom mit sekundärer Amenorrhoe seit etwa 4 Jahren. (Pat. J. H.)

Symptomatologie. In einer ausführlichen und kritischen Zusammenstellung von 466 Patientinnen des Schrifttums haben GOLDZIEHER u. GREEN (1962*) die Symptomatologie analysiert:

Am häufigsten wurde eine Sterilität beobachtet (INGERSOLL 1957). Die Angaben der einzelnen Autoren schwanken jedoch zwischen 35% und 94% (Durchschnitt 75%). Bei 56% der Frauen bestand ein Hirsutismus, in den verschiedenen Berichten variiert jedoch die Frequenz zwischen 17% und 83%! Auch die Angaben über eine Amenorrhoe sind sehr uneinheitlich (19—77% der Patientinnen, im Durchschnitt 47%). Häufiger noch besteht eine Oligomenorrhoe (LANTHIER et al. 1960). Eine Fettsucht wurde bei 16—49% (durchschnittlich bei 33%) der Patientinnen vorgefunden. Über dysfunktionelle Blutungen klagten 6—19% (im Durchschnitt 21%) der Kranken. Andererseits war der Cyclus bei 7—28% (im Durchschnitt 16%) normal, 14—40% (im Durchschnitt 13%) der Patientinnen wiesen biphasische Basaltemperatur-Kurven vor, bei 0—71% (im Durchschnitt 19%) wurde anläßlich der Operation ein Gelbkörper gefunden, und 19% der

Patientinnen gaben Dysmenorrhoen an. Das Erscheinungsbild zeichnet sich demnach in der Häufigkeit und Kombination der einzelnen Symptome durch eine bemerkenswerte Inkonstanz aus.

Polycystische Ovarien wurden in einem unausgewählten Material von 740 Sektionen, die alle Altersklassen betrafen, in einer Häufigkeit von 3,5% vorgefunden (SOMMERS u. WADMAN 1956). Bei 1,4% von 12160 Operationen aus verschiedenen Indikationen wurde der Befund bilateraler, polycystischer Ovarien erhoben (VARA u. NIEMINEVA 1951). Die ovariellen Veränderungen werden also auch bei unauffälligen Patientinnen angetroffen.

Als *typische Befunde am Ovar* gelten seine Vergrößerung, die verdickte Tunica albuginea, die große Zahl subcapsulär gelegener cystischer Follikel, die Stromatosis und eine Hyperthecosis (vgl. auch PLATE 1958*, 1963*). Aber auch diese Veränderungen bestehen nicht regelmäßig. Die Eierstöcke können normal groß sein (bei 28% der Fälle von EVANS u. RILEY 1960). Eine Stromatosis wurde von ROBERTS u. HAINES (1960) vermißt oder von anderen doch nur gelegentlich gefunden (STEIN, COHEN u. ELSON 1949, JACKSON u. DOCKERTY 1957).

Die Fibroplasie der Tunica albuginea wird dagegen mit großer Regelmäßigkeit angetroffen. Die Verdickung der Tunica soll im Vergleich zu normalen Ovarien eindeutig sein (durchschnittlich 333 μ gegenüber durchschnittlich 100 μ bei normalen Ovarien, GOLDZIEHER u. GREEN 1962*). Als obligat wird auch der Befund zahlreicher cystischer Follikel angesehen, die z. T. Anzeichen einer frühen Luteinisierung aufweisen, ohne sprungreif zu sein.

Hormonanalytische Befunde. Die Ergebnisse sind ebenso wie das klinische Bild sehr different (vgl. SIMMER 1963*, TAYMOR et al. 1963). Es wurde eine erhöhte LH-Inkretion postuliert (INGERSOLL u. MCDERMOTT 1950, GREENBLATT 1953, KEETEL et al. 1957, LEVENTHAL 1958, TAYMOR u. BARNARD 1962, PLATE 1963, TAYMOR 1963). Andere fanden wiederum von Tag zu Tag stark schwankende Werte der LH-Ausscheidung (INGERSOLL u. MCARTHUR 1959). Neuere Untersuchungen deuten auf eine Prävalenz von FSH hin (OPITZ u. WITSCHI 1959, MAHESH u. GREENBLATT 1961). Zahlreiche Autoren geben dagegen ein Überwiegen normaler Gonadotropin-Werte an (BERGMAN 1954, HAAS u. RILEY 1955, CERVINO et al. 1956, INGERSOLL 1957, JACKSON et al. 1957, MCARTHUR et al. 1958, PRUNTY et al. 1958, BISHOP 1962*) bzw. kamen zu ganz unterschiedlichen Ergebnissen bei ihren Patientinnen (PESONEN et al. 1959).

Die Ausscheidung an C_{17}-Ketosteroiden wurde überwiegend normal (BUXTON u. VAN DE WIELE 1954, PASCHKIS u. RAKOFF 1955*, GOLDZIEHER u. GREEN 1962*, STAEMMLER u. SACHS 1963*) oder bei einem Teil der Patientinnen erhöht gefunden (PESONEN et al. 1959, LANTHIER 1960, LANTHIER et al. 1960, TRACE et al. 1960). Die Fraktionierung der C_{17}-Ketosteroide ergab ein normales Spektrum (STOLTE et al. 1955, INGERSOLL 1957, STAEMMLER u. SACHS 1963*). Andere erhielten bei einigen Patientinnen erhöhte Werte von Androsteron und Ätiocholanolen (LANTHIER 1960, LANTHIER, LAUZE u. GRIGNON 1960, vgl. auch GOLDZIEHER u. GREEN 1962*).

In der Steroidsynthese des polycystischen Ovarium sollen gewisse Abweichungen erkennbar sein: Im Vergleich zum normalen Eierstock (vgl. KASE et al. 1961, RYAN u. SMITH 1961, ZANDER et al. 1962) wurde in überlebenden Schnitten von polycystischen Ovarien eine verstärkte Bildung von Androstendion und Testosteron(!) beobachtet (SANDOR u. LANTHIER 1960, LANTHIER u. SANDOR 1961, AXELROD u. GOLDZIEHER 1961, WARREN u. SALHANICK 1961, ZANDER et al. 1962, LEON, NEVES E CASTRO u. DORFMAN 1962, KASE et al. 1963, SIMMER 1963*). Aus den verschiedenen Untersuchungsergebnissen wurde auf einen defekten Aromatisierungsmechanismus geschlossen (MAHESH u. GREENBLATT 1961, 1962,

SHORT u. LONDON 1961, AXELROD u. GOLDZIEHER 1961, 1962). Möglicherweise wird der Hirsutismus durch die kleinen Quanten ovariellen Testosterons bedingt. Diese Inkubationsversuche verdienen besondere Beachtung. Ein exakteres Nachweisverfahren der geringen, im Harn und Blut auftretenden Testosteronmengen könnte zur weiteren Aufklärung beitragen.

Über die *kausale Pathogenese* des „polycystischen Ovarium" sind verschiedene Vorstellungen geäußert worden (vgl. PLATE 1958*, 1963*): INGERSOLL u. MCDERMOTT (1950) sowie LEVENTHAL (1958) machen eine erhöhte LH-Inkretion für die Ovarialveränderungen verantwortlich. OPITZ u. WITSCHI (1959) nehmen als Ursache eine Dominanz von FSH an. PHILIPP u. STANGE (1954) vermuten als primäre Störung eine angeborene kollagene Infiltration der Ovarialkapsel sowie eine primäre biologische Minderwertigkeit des Parenchyms als Ergebnis einer placentaren Dysregulation. Auch PLATE (1958) sucht die primäre Ursache im Ovarium. Demgegenüber sehen GOLDZIEHER u. GREEN (1962*) die Kapselfibrosis als Folge der vermehrt zirkulierenden und auch direkt lokal einwirkenden Androgene an. Neuerdings werden auch genetische Defekte diskutiert (XX/Xx und XX/XXX Mosaik, vgl. NETTER u. Mitarb. 1961).

Bei einem Teil der Patientinnen entwickelt sich das Stein-Leventhal-Syndrom möglicherweise im Zusammenhang mit einer gering ausgeprägten (angeborenen oder erworbenen) Überfunktion der Nebennierenrinde (ABU-HAYDAR et al. 1954, PHILIPP, STAEMMLER u. STANGE 1955, MELLINGER et al. 1956, GOLDZIEHER u. GREEN 1962*, STAEMMLER u. SACHS 1963*). Beim andreno-genitalen Syndrom wurden häufiger polycystische Ovarien gefunden (Literatur s. S. 213). Es spricht vieles dafür, daß die Ovarialveränderungen als direkte oder indirekte Folge einer gestörten Biosynthese der Nebennierenrinden-Hormone anzusehen sind.

In diesem Zusammenhang sei auf die hochinteressante Beobachtung aufmerksam gemacht, daß eine einmalige, während der ersten 5 Lebenstage verabreichte Testosteron-Injektion bei weiblichen Mäusen oder Ratten eine dauernde Sterilität bewirkt (BARRACLOUGH 1961, BARRACLOUGH u. GORSKI 1962). Bei den Tieren entwickelt sich später eine Follikelpersistenz. Die LH-Abgabe ist gestört und kann auch nicht durch elektrische Reizung der Eminentia mediana ausgelöst werden (BARRACLOUGH u. GORSKI 1961). Der hypophysäre LH-Gehalt dieser Tiere ist stark reduziert (GORSKI u. BARRACLOUGH 1962). Er soll durch Progesteron-Gaben wieder normalisiert werden können, so daß auf elektrische Reizung des Hypothalamus die Ovulation erfolgt (GORSKI u. BARRACLOUGH 1962). Aus diesen Versuchen wurde geschlossen, daß speziell die Fähigkeit der rhythmischen Funktion, die für das weibliche Sexualsystem charakteristisch ist, durch eine präpuberale Testosteronverabfolgung gelöscht werden kann. Morphologie und Funktion der Ovarien können später auch durch hypophysäres FSH oder durch hohe Dosen von HCG normalisiert werden (DÖRNER 1962).

Wir wissen nicht, wieweit derartige Resultate auf die menschliche Physiologie zu übertragen sind. Gewisse Parallelen zum klinischen Bild der polycystischen Ovarien scheinen vorhanden zu sein. Möglicherweise verursacht eine präpuberal erhöhte interrenale Androgenbildung Veränderungen in den hypothalamischen Sexualstrukturen, durch die später die Rhythmik der Gonadotropin-Freigabe beeinträchtigt wird.

Ferner wurde erwogen, daß eine relative Unterfunktion der Schilddrüse am Zustandekommen der polycystischen Veränderungen ursächlich teilhaben kann (MEITES et al. 1949, MANDL 1957, THORSØE 1962).

Als *Therapie* wird die bilaterale Keilexcision empfohlen. Die Angaben über den Behandlungserfolg differieren allerdings von 6—93 % (vgl. INGERSOLL 1957*, GOLDZIEHER u. GREEN 1962*, PLATE 1963)! Nach dem Eingriff trat bei 13—95 %

der Patientinnen eine Schwangerschaft ein. GOLDZIEHER u. GREEN (1962*) notierten eine Normalisierung des Cyclus bei 58% und eine spätere Konzeption bei 33% ihrer Patientinnen.

Auffallend ist die besondere Sensibilität polycystischer Ovarien gegenüber exogenen Gonadotropinen (STAEMMLER 1956, 1958, 1960, 1962, KEETEL et al. 1957). Derartige übersteigerte Reaktionen wurden bereits vorgestellt (s. S. 130f., 142f.).

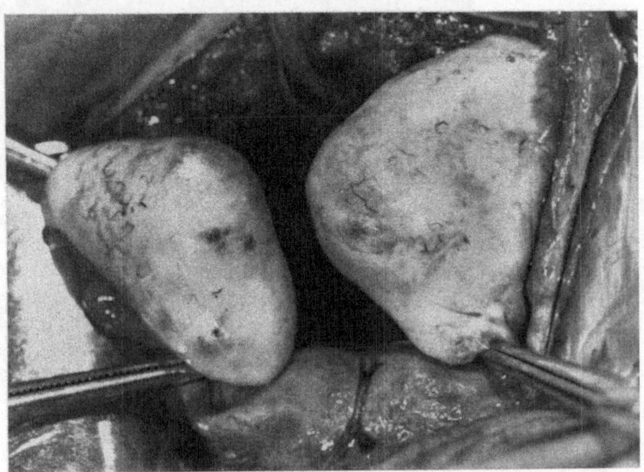

Abb. 131a. Operations-Situs der Pat. A. Cl. Polycystische Ovarien

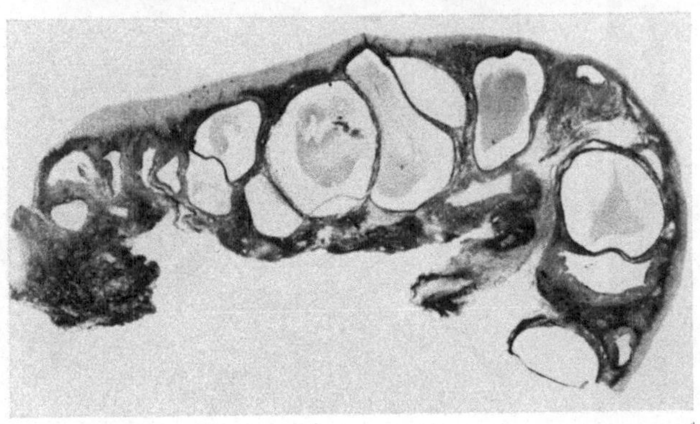

Abb. 131b. Polycystische Ovarien mit verdickter Tunica albuginea. Keimparenchym ausreichend vorhanden. Zahlreiche cystisch-atretische Follikel. Keine nennenswerte Stromatosis oder Hyperthecosis (Übersichtsaufnahme)

Einige Beispiele mögen das heterogene klinische Bild veranschaulichen:

1. Fräulein A. Cl., 23 Jahre alt, 166 cm/65 kg. Thelarche und Pubarche angeblich erst im 15. Lebensjahr, Menarche mit 16(!) Jahren. Primär unregelmäßiger Cyclus. Sekundäre Amenorrhoe seit 1 Jahr mit Gewichtsabnahme von 15 kg! Kein Hirsutismus, unauffälliger Habitus.

Endokrinologische Befunde. Gonadotropin-Ausscheidung: 24,8 HMC-E., C_{17}-Ketosteroide: 11,6 mg/die, 17-Hydroxycorticoide: 10,0 mg/die, Oestriol: 20 μg/die.

Laparotomie mit bilateraler Keilexcision (Operations-Situs s. Abb. 131a). Deutlich vergrößerte Ovarien mit derber Tunica albuginea. Beim Einschnitt werden zahlreiche cystische Follikel eröffnet.

Ovar-Histologie (s. Abb. 131b). Verdickte Tunica albuginea. Zahlreiche große, cystische Follikel. Ausreichend angelegtes Keimparenchym.

Verlauf. Patientin berichtet nach 5 Monaten, daß die Blutungen alle 8 Wochen aufträten. Nach der Basaltemperatur und einer mit Beginn der Blutung durchgeführten

Strichabrasio verlaufen die Cyclen biphasisch! Vom wahrscheinlichen Ovulationstermin bis zur Menstruation vergehen jeweils 15 Tage. Es besteht dringender Kinderwunsch (der Ehemann ist Erbe eines Bauernhofes). Die alleinige Verabfolgung von
PMS zur Beschleunigung der Follikelreifung muß wegen lokaler allergischer Reaktionen abgesetzt werden. $^1/_2$ Jahr später Wiedervorstellung: Zur großen Freude
aller Beteiligten besteht eine Schwangerschaft mens. IV.

Epikrise. Spätmen-
arche, unregelmäßiger
Primärcyclus, bei Auf-
nahme sekundäre Ame-
norrhoe seit 1 Jahr mit

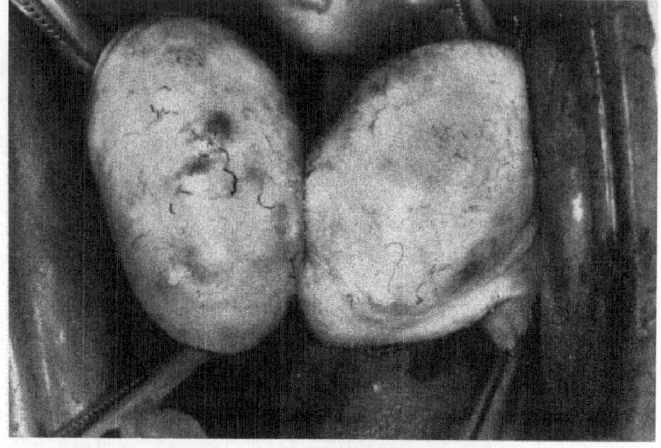

Abb. 132 b

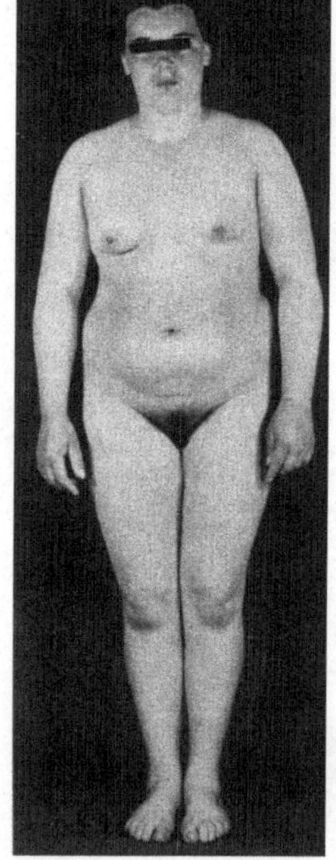

Abb. 132 a

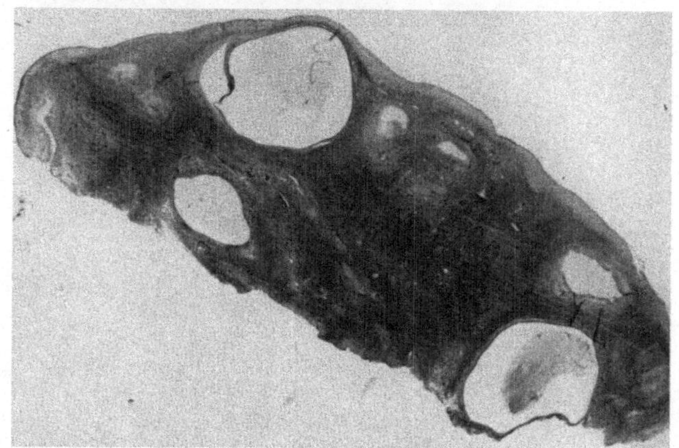

Abb. 132 c

Abb. 132a. Pat. R. P., 27 Jahre alt, 161 cm/81,6 kg (46% Übergewicht). Hirsutismus. Sekundäre Amenorrhoe seit 1 Jahr

Abb. 132b. Operations-Situs der Pat. R. P. Vergrößerte, polycystische Ovarien

Abb. 132c. Keilexcision (Übersichtsaufnahme). Cystisch-atretische Follikel, Markfibrosis. (Pat. R. P.)

erheblichem Gewichtsverlust! Kein Hirsutismus. Polycystische Ovarien mit verdickter Tunica albuginea, aber keine Stromatosis oder Hyperthecosis. Hormonanalytische Werte im Normbereich. Teilregulierung mit Schwangerschaft.

2. Frau R. P., 27 Jahre alt, 161 cm/81,6 kg (46% Übergewicht). Menarche mit
15 Jahren. Cyclus 1 Jahr regelrecht, danach Entwicklung einer Oligomenorrhoe. Seit
1 Jahr amenorrhoisch mit Gewichtszunahme und sich stärker ausprägendem Hirsutismus (männliche Schambehaarungsgrenze, Bartwuchs, Haarausfall, Atrophierung der
Mammae) (s. Abb. 132a). Die Patientin klagt über Ausfallserscheinungen.
Endokrinologische Befunde. Gonadotropin-Ausscheidung: 26,4 MUE, 17,6 HMG-E.
Oestriol: 11 μg/die. Ruhendes Endometrium. Röntgenbefunde: Relativ kleine Sella,
sonst o. B.

Laparotomie (s. Abb. 132b). Deutlich vergrößerte Ovarien mit derber, vascularisierter Tunica.

Ovar-Histologie (s. Abb. 132c und d). Verdickte Tunica albuginea, zahlreiche cystisch-atretische Follikel. Auf dem Schnitt ausreichend viel Keimparenchym. Markfibrosis.

Verlauf. Während der 4jährigsn Beobachtung Normalisierung des Cyclus, aber unverändertes Gewicht. Der Uterus erscheint etwas myomatös vergrößert!

Epikrise. 27jährige, deutlich übergewichtige Patientin mit zunehmendem Hirsutismus und sekundärer Amenorrhoe seit 1 Jahr. Davor 11 Jahre lang oligomenorrhoischer Cyclus. Hormonwerte im Normbereich. Vergrößerte und polycystische Ovarien mit verbreiterter Tunica albuginea, cystisch-atretischen Follikeln und Markfibrosis. Normalisierung des Cyclus.

3. Fräulein G. B., 19 Jahre alt, 168 cm/ 72,3 kg (24% Übergewicht). Menarche mit 14 Jahren. Primärcyclus ganz unregelmäßig, meist Oligomenorrhoe. Mehrfache hausärztliche Hormonbehandlung ohne Erfolg. Sekundäre Amenorrhoe seit 3½ Jahren. Gelegentlich Ausfallserscheinungen. Kein Hirsutismus.

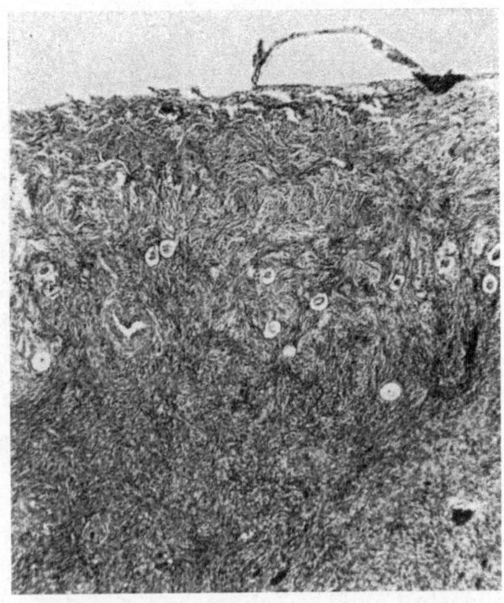

Abb. 132d. Verdickte Tunica albuginea. Normal viel Primärfollikel. Markfibrosis (Vergr. 60×). (Pat. R. P.)

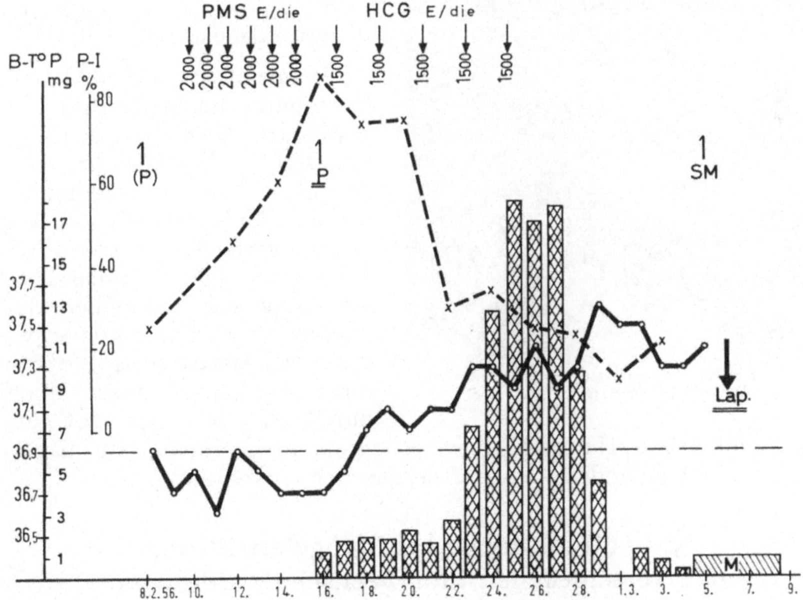

Abb. 133a. PMS-HCG-Kur mit übersteigerter Reaktion bei polycystischen Ovarien (sekundäre Amenorrhoe seit 3½ Jahren). (Pat. G. B.)

Endokrinologische Befunde. Annähernd normal großer Uterus, beiderseits cystische Ovarien. Gonadotropin-Ausscheidung im oberen Normbereich (ältere Methodik). C_{17}-Ketosteroide: 8,1 mg/die. Endometrium in schwacher Proliferation.

PMS-HCG-Kur (Dosierung nach RYDBERG, s. Abb. 133a): schnelle übersteigerte und biphasische Reaktion des Ovarial-Endocrinium. Nach den ersten 6 Behandlungstagen befindet sich das Endometrium in hoher Proliferation. Pyknose-Index: 80%. Anstieg der Pregnandiol-Ausscheidung während der zweiten Behandlungs-

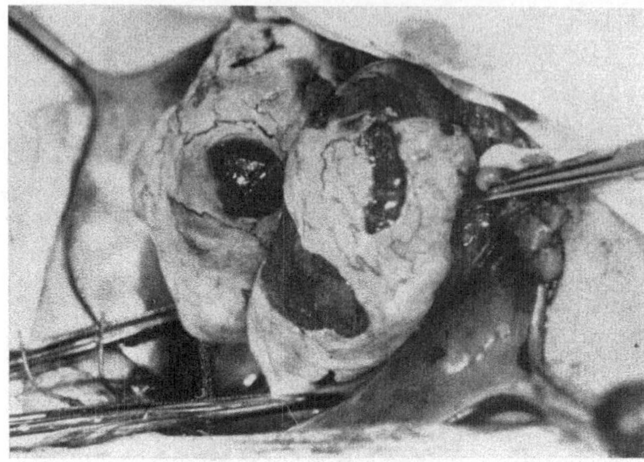

Abb. 133b. Operations-Situs der Pat. G. B.

phase bis auf einen Spitzenwert von 18 mg/die! Zunehmendes Anschwellen der Ovarien, die nach Abschluß der Injektions-Serie etwa hühnereigroß erscheinen. Am 9. Tage nach der Kur Genitalblutung: sekretorisch umgewandeltes Endometrium in mensuellem Zerfall.

Am nächsten Tage *Laparotomie* (s. Abb. 133b). Fast gänseeigroße Ovarien mit auseinandergetriebener, sehr dicker, perlweißer Tunica albuginea. Bei der Keilexcision werden mehrere große Blutfollikel und Theca-Luteincysten angeschnitten. Ein Corpus luteum ist makroskopisch nicht nachweisbar!

Ovar-Histologie. Ödematöse Tunica albuginea. Unter ihr befinden sich einige jüngste Follikel. Zahlreiche bis in den Hilus hinein reichende, z. T. mit Blut gefüllte, cystische Follikel mit einem breiten Saum vitaler Theca-Luteinzellen. Bindegewebig organisierte Follikel mit hyperplastischem Thecawall (s. Abb. 133c).

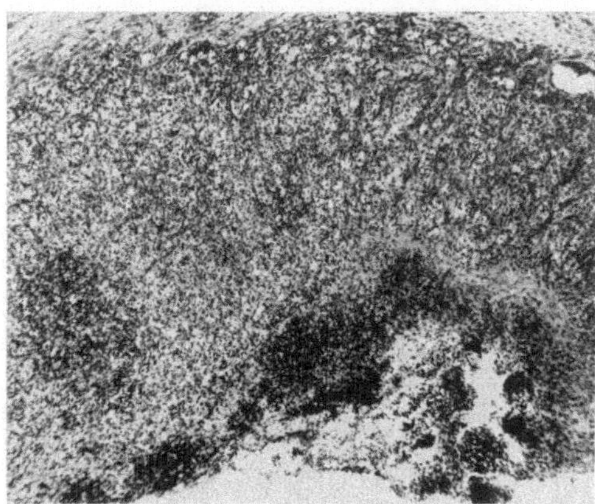

Abb. 133c. Bindegewebig organisierter Follikel mit hyperplastischem Theca-Wall (Vergr. 60×). (Pat. G. B.)

Verlauf. Normalisierung des Cyclus (6jährige Beobachtungszeit).

Epikrise. 19jährige Patientin. Nach unregelmäßigem Primärcyclus sekundäre Amenorrhoe seit $3^{1}/_{2}$ Jahren. Mäßiges Übergewicht, kein Hirsutismus. Hormonwerte im Normbereich. Unter PMS-HCG erheblich übersteigerte Reaktion mit einem Maximum der Pregnandiol-Ausscheidung von 18 mg/die. Bei der nachfolgenden Laparotomie präsentieren sich fast gänseeigroße Ovarien, deren verdickte Tunica albuginea durch zahlreiche mit Blut gefüllte, cystische Follikel und Theca-Luteincysten auseinandergesprengt ist. Ein Gelbkörper wird nicht gefunden. Normalisierung der Ovarialfunktion.

5. Fehlfunktionen bei Mangelernährung und verschiedenen Stoffwechselerkrankungen

Bei Unterernährung besteht oftmals eine Amenorrhoe (KEYS et al. 1950). Sie wurde auf eine Verminderung der Gonadotropin-Inkretion zurückgeführt (STEPHENS 1941). Die klinischen Beobachtungen schlossen allerdings auch Patientinnen ein, die an Anorexia nervosa oder einem Morbus Simmonds litten (ESCAMILLA u. LISSER 1942, PERKINS et al. 1952, EMANUEL 1956). Bei diesen

Krankheitsformen treten die Anzeichen einer Ovarial-Insuffizienz immer *vor* Entwicklung eines stärkeren Gewichtsverlustes in Erscheinung!

Aus *Tierversuchen* wurde gefolgert, daß im Hungerzustand der Gonadotropin-Spiegel im Blut absinkt, während der Gehalt an Gonadotropinen in der Hypophyse unverändert bleibt (MADDOCK u. HELLER 1947). Da die Hypophyse der Hungertiere kleiner ist, soll ihr Gonadotropin-Gehalt, bezogen auf das Gewicht des Vorderlappens, sogar ansteigen (MEITES u. REED 1949, SREBNIK et al. 1961). Es ist also offenbar nur die Gonadotropin-Freigabe reduziert. Untersuchungen des Diäteinflusses beim Pavian, bei dem sich die ovariellen Funktionsstörungen leichter beobachten lassen, ergaben einen Rückgang der Inkretion von LH und LTH bei unbeeinflußter FSH-Abgabe und Anstieg des TSH- und ACTH-Spiegels (GILLMAN u. GILBERT 1956)!

Unter fettfreier Diät kommt es nicht zur Ovulation (EVANS u. BISHOP 1922, BURR u. BURR 1929, 1930). Welche der Fettsäuren eine besondere Rolle spielen, ist nicht genau bekannt.

Beim *Menschen* können die Zusammenhänge deshalb nicht exakt abgegrenzt werden, weil mit dem Hungerzustand meistens auch schwere seelische Belastungen einhergehen, die, wie wir sahen, einen bedeutsamen Einfluß auf das Zentralsystem ausüben! Unter den Bedingungen einer chronischen Unterernährung beobachteten ZUBIRAN u. GOMEZ-MONT (1953) eine niedrige FSH-Ausscheidung bei 38% der Frauen in der Menopause.

Wenig geklärt ist auch die Bedeutung einer unzureichenden *Vitamin-Zufuhr* für die Sexualfunktion. Ein Fehlen von Vitamin B-Komplex in der Nahrung soll mit einem Rückgang des Gonadotropin-Gehaltes der Rattenhypophyse einhergehen (EVANS u. SIMPSON 1930). Bei Mangel an Folsäure kommen die Oestrogene nicht zur Wirkung (HERTZ u. SEBRELL 1944, HERTZ 1945, 1948, ZARROW et al. 1950). Die meisten Autoren halten aber weniger den Vitaminmangel als die Calorienrestriktion und insbesondere die unzureichende Eiweiß-Zufuhr für entscheidend (MARRIAN u. PARKES 1929, MOORE u. SAMUELS 1931, DRILL u. BURRILL 1944, HEYNEMANN 1948, PLOTZ 1950, GOLDSMITH u. NIGRELLI 1950, ROGERS 1958 u. a.). Der Oestrus-Cyclus ist sowohl bei unzureichender Verabfolgung von Cystin (WHITE u. ANDERVONT 1943) als auch von Lysin (WHITE u. WHITE 1944) gestört.

Bei *Erkrankungen der Leber* sind sowohl der Oestrogen-Stoffwechsel (GLASS et al. 1940, RUPP et al. 1951, DOHAN et al. 1952, BARR u. SOMMERS 1957) als auch der Progesteron-Abbau (MASSON u. HOFFMAN 1945, HAVENS et al. 1952, PASCHKIS et al. 1954, ROGERS 1956) beeinträchtigt. Cyclusanomalien wurden besonders bei der Laennecschen Cirrhose (RATNOFF u. PATEK 1942, LLOYD u. WILLIAMS 1948), seltener bei Hepatitis (HARDY u. FEEMSTER 1946) beobachtet. Der bei Lebercirrhose relativ hohe Oestrogen-Blutspiegel verursacht wahrscheinlich eine Hemmung der gonadotropen Hypophysenfunktion. Möglicherweise spielen aber auch Ernährungsfaktoren eine Rolle (PINCUS et al. 1951). Dem Vitamin B-Komplex wird auch in dieser Beziehung Bedeutung beigemessen (BISKIND u. SHELESNYAK 1942, BISKIND u. BISKIND 1946): Die Inaktivierung von Oestradiol ist vom Riboflavin- und Thiamingehalt der Leber abhängig (SINGHER et al. 1944, SEGALOFF u. SEGALOFF 1944, SHIPLEY u. GYÖRGY 1944). Andere Arbeitsgruppen halten dagegen die verminderte Eiweißzufuhr für den entscheidenden Faktor (DRILL u. PFEIFFER 1946, GREEN u. PECKHAM 1947, JAILER 1948, VANDERLINDE u. WESTERFIELD 1950).

6. Zusammenfassung

Für die Klinik des Ovarial-Endocrinium lassen sich verschiedene *Formen der kausalen Pathogenese* herausstellen. Man kann unterscheiden zwischen einer mangelhaften Anlage oder einer Fehlentwicklung der Keimdrüsen und zentralen Fehlsteuerungen, die durch exogene und endogene Faktoren verursacht werden.

Der *Gonadendysgenesie* liegt ein Fehlen der Keimzellen zugrunde. Die Ätiologie ist unklar. Es werden toxische Schädigungen und Gendefekte erwogen. Für einen Teil der Patientinnen konnten Chromosomenanomalien nachgewiesen werden. Das klinische Bild ist zwar variabel, wird aber doch in den meisten Fällen durch bestimmte Eigentümlichkeiten wie Kleinwuchs, hochgradige Unterentwicklung der Sexualmerkmale, Faltenhals, Schildbrust und Greisengesicht, die häufig in Kombination auftreten, gekennzeichnet.

Das sog. *hypoplastische Ovarium* ist demgegenüber als Krankheitsbild weit weniger eindeutig umrissen. Es bietet fließende Übergänge einerseits zur Gonadendysgenesie und andererseits zu einer nur mangelhaften Entwicklung des Eierstockes. Der Bestand an Keimparenchym ist entweder stark reduziert (primäre Hypoplasie) oder relativ reichlich (sekundäre Hypoplasie). Die sehr differierenden Befunde weisen auf eine uneinheitliche Ätiologie hin: Für die primäre Hypoplasie kommen ähnliche Faktoren wie bei der Gonadendysgenesie in Betracht. Demgegenüber liegt den kleinen, aber parenchymreichen Ovarien wahrscheinlich eine postnatale Entwicklungshemmung infolge einer partiellen Insuffizienz des Zentralsystems oder von Fermentdefekten zugrunde. Das klinische Bild ist vielgestaltig: Bei primärer Amenorrhoe äußert sich die ausgeprägte Hypoplasie der Ovarien oftmals in einem Groß- oder Kleinwuchs und fast immer in einer fehlenden Entwicklung der äußeren Sexualmerkmale. Bei sekundärer Amenorrhoe bietet der Phänotyp meistens keine auffälligen Merkmale.

Fehlfunktionen des Zentralsystems spielen für die Ätiologie der Ovarial-Insuffizienz eine dominierende Rolle. Die enge funktionelle Verflechtung zwischen Hypothalamus und Adenohypophyse verwehrt oft die exakte Bestimmung und Lokalisierung der Störung. Aus der Physiologie und dem klinischen Bild wird gefolgert, daß die Funktionsanomalien weitaus häufiger von den hypophysiotropen Zentren als von den Bildungsstätten der Gonadotropine selbst ausgehen. Die Adenohypophyse ist außerordentlich plastisch und verfügt über eine große Reservekapazität.

Bei einer Gruppe von Patientinnen bestehen offenbar *idiopathische Störungen* der zentral-nervösen Regulative. Klinische Hinweise ergeben sich aus der Mitbeteiligung anderer vegetativer Regulationszentren: Es finden sich Abweichungen im Wasser- und Kohlenhydrathaushalt, in der Temperatur-Regulation sowie in der nervalen Tonisierung des Intestinaltraktes und in der Zirkulation. Ferner werden als charakteristisch auffällige Gewichtsalternationen angesehen. Das klinische Bild ist demnach infolge verschiedener, gleichzeitig bestehender *vegetativ-nervaler Dysfunktionen* meistens polysymptomatisch! Als typische Äußerungen seitens der Sexualfunktion gelten Spätmenarche, regelwidrige Primärcyclen, rezidivierende juvenile Blutungen und eine besondere Anfälligkeit gegenüber endogenen und exogenen Belastungen. Die Ätiologie und das anatomische Substrat dieser idiopathischen Formen der Fehlregulation sind weitgehend unbekannt. Fehlanlagen, toxische Schädigungen (Virusinfektionen) sowie degenerative, entzündliche und infiltrative Veränderungen der hypothalamischen Kerngebiete, eine Beeinträchtigung der Formatio reticularis und des infundibulären Kontaktmechanismus stehen zur Diskussion. Diese Vorstellungen lassen sich zwar durch das Tierexperiment stützen, gesicherte klinische und analytische Belege fehlen jedoch weitgehend.

Als *organische Ursachen einer hypothalamischen Störung* kommen Tumoren (Kraniopharyngiome und Hirntumoren verschiedenster Art), entzündliche Prozesse (Meningoencephalitiden) und traumatische Hirnschäden in Betracht. Über die Bedeutung von Geburtsschäden ist wenig bekannt.

Organische Veränderungen der Adenohypophyse werden überwiegend durch Tumoren (meistens chromophobe Adenome), ferner durch ischämische Nekrosen und Entzündungsprozesse verursacht. Als erste fällt gewöhnlich die Sexualfunktion aus. Die Beeinträchtigung der abhängigen Inkretsysteme setzt den Verlust von etwa $^3/_4$ des gesamten Drüsengewebes voraus! Als primäre klinische Hinweise für die Entwicklung eines Tumors sind Gesichtsfeldeinschränkungen und eine spontan auftretende Galaktorrhoe zu beobachten. Das klinische Bild ist im allgemeinen durch die Mitbeteiligung anderer *inkretorischer Drüsen* polysymptomatisch!

Der *postpartal auftretenden Fehlfunktion* können nekrotische Prozesse der Adenohypophyse zugrunde liegen. Über ihre Entwicklung bestehen leidlich gesicherte Vorstellungen. Die Symptomatologie ist durch Hypo- oder Agalaktie, Amenorrhoe, Haarausfall, Adynamie, Kälteempfindlichkeit und Pigmentverlust charakterisiert (Funktionsminderung auch der Schilddrüse und der Nebennierenrinde!). Bis zur vollen Ausbildung vergehen 5—15 Jahre. Das Krankheitsbild kommt aber relativ selten in dieser Ausprägung zur Beobachtung. Sehr viel häufiger sind dagegen postpartal in Erscheinung tretende, *isolierte* Funktionsausfälle des Ovarial-Endocrinium. Es besteht kein Anhalt, auch für sie eine ischämische Nekrose der Adenohypophyse verantwortlich zu machen.

Psychogene Fehlfunktionen können als „Notstandsreaktion" durch besondere seelische Belastungen ausgelöst werden und sind im allgemeinen reversibel. Es wird eine Beeinträchtigung der hypothalamischen Zentren angenommen, durch die die Freigabe der Gonadotropine teilweise oder gänzlich unterbrochen wird.

Eine zweite Gruppe umfaßt psychopathologische Persönlichkeiten. Bei ihnen können sich neurotische Zustände entwickeln, die zu dem Krankheitsbild der Anorexia nervosa (mentalis) als Ausdruck einer Reifungskrise führen. Das klinische Bild ist durch eine ausgeprägte Magersucht infolge reduzierter Nahrungsaufnahme, durch Hypoplasie der Mammae und durch Beeinflussung anderer hypothalamischer vegetativer Funktionen (Akrocyanose, Dysthermie, Obstipation, Hypotonie usw.) gekennzeichnet. Der Ausfall der Ovarialfunktion wird auf eine verminderte Freigabe von LH und später auch von FSH zurückgeführt. Derartige Reaktionen werden relativ häufig auch bei psychiatrischen Erkrankungen beobachtet.

Eine charakteristische Erscheinung der psychogenen Fehlfunktion stellt die Pseudogravidität (Grossesse imaginaire) vor. Die endokrine Konstellation ist wenig geklärt. Gelegentlich wurde eine Gelbkörperpersistenz nachgewiesen.

Besondere *physische Überlastungen* können gelegentlich eine Ovarial-Insuffizienz auslösen. Aus dem Tierexperiment wurde gefolgert, daß die Funktion des Ovarial-Endocrinium zugunsten des Interrenalsystems über die hypothalamische Regulation gedrosselt wird. Ob diese Vorstellung für den Menschen Gültigkeit besitzt, bedarf noch weiterer Klärung.

Gröbere Funktionsabweichungen korrelierender Inkretdrüsen beeinträchtigen häufig auch das Ovarial-Endocrinium. Diese Beziehungen sind besonders bei Hypercorticoidismus (adreno-genitales Syndrom und Cushing-Syndrom) genauer analysiert worden. Ob die Ausfälle durch eine Umstellung des Zentralsystems oder durch eine direkte Einwirkung der Nebennierenrinden-Hormone auf die Ovarien bedingt sind, konnte bisher nicht eindeutig geklärt werden. Hypo- und Hyperthyreosen sind ebenfalls relativ häufig mit Cyclusstörungen verbunden.

Das *Krankheitsbild des polycystischen Ovarium* ist sehr uneinheitlich. Als wesentliche Symptome werden Cyclusanomalien, verbunden mit Sterilität, Hirsutismus und Adipositas herausgestellt. Über die Frequenz dieser Erscheinungen differieren die Angaben jedoch beträchtlich. Auch die als typisch geltenden Veränderungen des Ovarium: die Verbreiterung der Tunica albuginea, die große Zahl subcapsulär gelegener cystischer Follikel, die Markfibrosis und Hyperthecosis, werden nicht regelmäßig in dieser Kombination angetroffen. Die hormonanalytischen Befunde weichen teilweise erheblich voneinander ab. Neuere Untersuchungen zur Steroidsynthese des polycystischen Ovarium, die eine verstärkte Bildung von Androstendion und Testosteron ergeben haben, weisen auf einen defekten Aromatisierungsmechanismus hin. Über die kausale Pathogenese wurden verschiedene Vorstellungen entwickelt. Für die Ovarialveränderungen werden von einigen Autoren Verschiebungen in der Gonadotropin-Abgabe, von anderen Störungen in der Biosynthese der Nebennierenrinden-Hormone verantwortlich gemacht. Als Therapie der Wahl gilt die bilaterale Keilexcision. Ihr Erfolg kann jedoch nicht recht erklärt werden. Die Angaben über eine Normalisierung des Cyclus nach dem Eingriff schwanken zwischen 6—93%.

Bei *Mangelernährung und Lebercirrhose* werden oftmals Cyklusstörungen angetroffen. Ob die unzureichende Eiweißzufuhr, die Calorienrestriction oder ein Mangel an Vitamin B-Komplex verantwortlich sind, konnte bisher nicht einhellig geklärt werden. Aus Tierversuchen wurde gefolgert, daß nur die Gonadotropin-Freigabe, nicht aber ihre Synthese gehemmt ist. Durch cirrhotische Veränderungen der Leber wird die Inaktivierung der Sexualsteroide beeinträchtigt. Der erhöhte Oestrogen-Spiegel des Blutes hemmt vermutlich die Gonadotropin-Freigabe. Möglicherweise spielen ursächlich aber auch Ernährungsfaktoren eine Rolle.

C. Formen der Fehlfunktion (formale Pathogenese) und ihre Symptomatologie

Unsere Kenntnisse über die formale Pathogenese der Cyclusstörungen stützen sich auf umfangreiche klinische Untersuchungen (vgl. Übersichten und Schrifttum von ROBERT SCHRÖDER 1928, KNAUS 1950, KAUFMANN 1951, TIETZE 1952, OBER 1952, 1957, ELERT 1955 u. a.). Ich will mich an dieser Stelle auf einige kurze Hinweise zur Systematik beschränken. Die Therapie wird im Zusammenhang mit den einzelnen Krankheitsbildern (vgl. Teil V) eingehender besprochen.

Der Begriff „Menstruation" oder „Regelblutung" sollte der Blutung nach biphasischem Ovarialcyclus vorbehalten sein. Anderenfalls sprechen wir nur von „Uterusblutung". Sie folgt meistens einer versiegenden, endogenen Oestrogen-Bildung (monophasischer Cyclus). Wurde sie durch eine Verabfolgung von Sexualsteroiden ausgelöst, so bezeichnen wir sie als Entzugsblutung (Oestrogen- und/oder Gestagen-Entzugsblutung).

Der normalerweise in einer Zeitspanne von etwa 25—31 Tagen ablaufende biphasische Ovarialcyclus beantwortet eine zentrale Dysfunktion je nach Art und Grad mit Veränderungen im Ablauf einer der beiden Phasen, mit Ausbleiben der Ovulation oder letztlich mit einem Versiegen auch der basalen Oestrogen-Bildung. Das Vorkommen zu häufiger und zu seltener Blutungen ist auf etwa 1,5% aller gynäkologischer Zugänge veranschlagt worden (s. bei JÜPTNER, zit. nach TIETZE 1952*).

1. Störungen der Follikelreifungsphase

Die Länge des biphasischen Cyclus wird relativ häufig durch Abweichungen der Follikelreifungsphase verändert. Der Ablauf der Gelbkörperphase wird dadurch im allgemeinen nicht beeinträchtigt. Die zeitlichen Verschiebungen sind oftmals geringfügig und treten nur sporadisch auf. Diese Abweichungen sind nicht immer als pathologisch anzusehen. Sie liegen oft im Grenzbereich der biologischen Streuung.

a) Biphasische Polymenorrhoe

Regelmäßige, auf weniger als 25 Tage verkürzte biphasische Cyclen sind relativ selten. Das Follikelwachstum beginnt frühzeitig und gelangt bis zur Sprungreife. Derartige Cyclusabläufe werden insbesondere bei etwas älteren Frauen und nach mehreren Schwangerschaften beobachtet (vgl. Abb. 134).

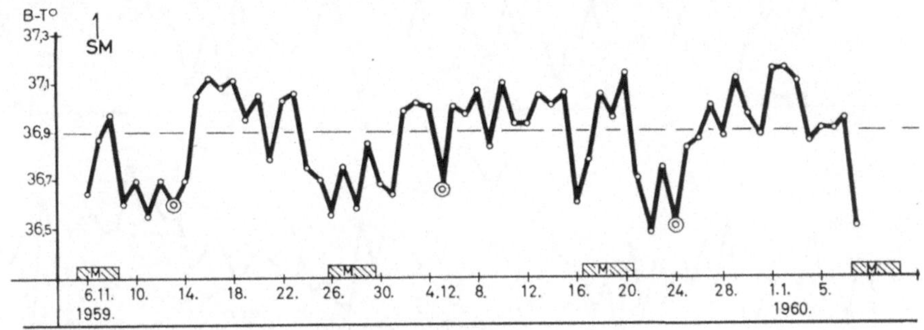

Abb. 134. Biphasische Polymenorrhoe. Verkürzter biphasischer Cyclus (20—23/3—4). (Pat. L. H., 34 Jahre, zwei Partus, zwei Abortus)

b) Biphasische Oligomenorrhoe

Eine Verlängerung der 1. Cyclusphase beruht in den meisten Fällen auf einem verzögerten Einsetzen der Follikelreifung. Häufig sind die Intervalle zwischen den Menstruationen relativ gleichmäßig. Ich habe hierzu bereits mehrere Beispiele gebracht. Diese Anomalie wird oft bei jungen Patientinnen angetroffen und besteht dann seit der Menarche (primäre biphasische Oligomenorrhoe). Die Ursache für dieses Verhalten ist nicht geklärt. Möglicherweise reagiert das Zentralsystem auf das Absinken des Steroid-Blutspiegels noch nicht empfindlich genug, oder seine Leistungsfähigkeit ist noch nicht voll entwickelt.

Gelegentlich verlaufen die Cyclen sehr ungleichmäßig. Die Follikelreifung setzt nach unterschiedlich langen Phasen der Funktionsruhe ein (refraktäre Periode!). Die folgende Beobachtung veranschaulicht dieses Verhalten:

Fräulein H. J., 23 Jahre alt, 155 cm/47 kg. Menarche mit 16 Jahren, Primärcyclus 42tägig, Blutungsdauer 3—4 Tage. Zwischen dem 19. und 21. Lebensjahr war die Patientin 18 Monate lang amenorrhoisch. In dieser Zeit verlor sie 5 kg an Gewicht. Es traten alle 4 Wochen Ausfallserscheinungen auf. Gonadotropin-Ausscheidung: 4,0 HMG-E, C_{17}-Ketosteroide: 4,5 mg/die, 17-Hydroxycorticoide: 4,5 mg/die. Die Blutungen treten jetzt in Abständen von 33—63 Tagen auf (s. Abb. 135). Nach der Basaltemperatur und den Endometrium-Biopsien folgen sie einer jeweils regelrecht ablaufenden Gelbkörperphase.

Derartigen Rhythmusabweichungen liegen offenbar tiefergreifende Funktionsstörungen des Zentralsystems zugrunde. Sie sind oftmals durch psychische Belastungen bedingt, können aber auch idiopathisch auftreten. Eine Klärung ist anzustreben.

2. Ausbleiben der Ovulation

Anovulatorische Cyclen werden relativ häufig beobachtet (etwa 2—3% der Patientinnen, vgl. DÖRING 1952*). Sie können sporadisch auftreten oder (seltener) auch eine längere Zeitspanne beherrschen.

a) Monophasische Polymenorrhoe

Die Reifung der Follikel wird vorzeitig unterbrochen. Sie verfallen der Atresie. Immerhin reicht die Oestrogen-Bildung aus, um die Gebärmutterschleimhaut zur Proliferation zu bringen. Der Rückgang der Oestrogen-Inkretion führt dann zu einem Abbruch des Endometrium. Die Blutungen variieren nach Dauer und

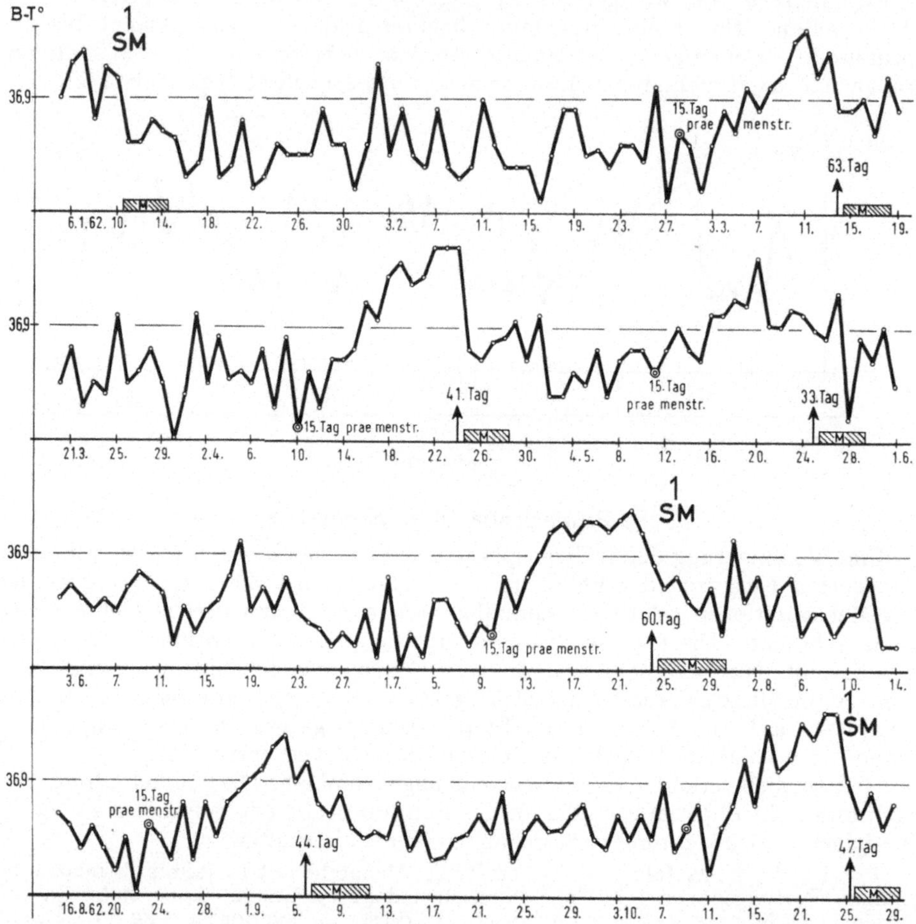

Abb. 135. Biphasische Oligomenorrhoe. Ungleichmäßig verlängerter, aber biphasischer Ovarialcyclus (Intervalle 33—63 Tage). Regelrechte Gelbkörperphase. (Pat. H. J., 23 Jahre, 155 cm/47 kg)

Stärke. Sie treten nur selten in Rhythmen auf. Die Intervalle sind dann unterschiedlich lang, da die Gelbkörperphase als stabilisierender Faktor ausbleibt (vgl. Abb. 136). Die Aktionsfähigkeit des Zentralsystems erscheint beträchtlich eingeschränkt.

b) Monophasische Oligomenorrhoe
(Follikelpersistenz)

Bei Persistieren des Follikels überschreitet die Oestrogen-Bildung meistens das gewöhnliche Maß (SIEBKE 1929, SCHUSCHANIA 1930, PUCK 1958, NAPP u. PROTZEN 1960 u. v. a.). Entscheidender ist aber die Dauer der Hormoneinwirkung, die zu einer glandulär-cystischen Hyperplasie des Endometrium führt.

Das eine Ovar birgt häufig einen großen, cystischen Follikel. Manchmal bietet er Anzeichen der Luteinisierung. Diese Entwicklung nimmt gewöhnlich länger als 4 Wochen in Anspruch. Mehrfach aufeinanderfolgende Rezidive werden seltener beobachtet. Die Follikelpersistenz ereignet sich besonders häufig in der Reifungsperiode und im Klimakterium. Warum der Anreiz zur Ovulation ausbleibt, ist unklar. Möglicherweise besteht eine Relationsverschiebung innerhalb des Gonadotropin-Komplexes mit Dominanz von FSH. Die hochproliferierte

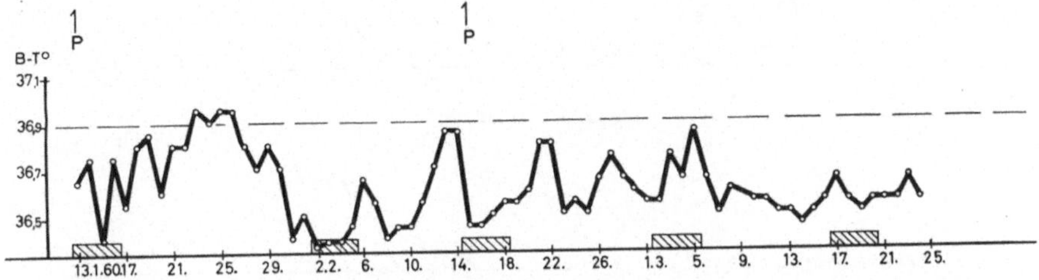

Abb. 136. Monophasische Polymenorrhoe. Ungleichmäßig verkürzte, anovulatorische Cyclusabläufe (Intervall 14—20Tage, Blutungsdauer 3—4 Tage). 1 Jahr später nach Regulierung Konzeption: I. Partus am 5. 10. 1961 (♀ 3250 g/48 cm), II. Partus am 10. 9. 1963 (♀ 3310 g/48 cm). (Pat. E. L., 24 Jahre, 155 cm/48 kg)

Schleimhaut wird verzögert abgestoßen („dysfunktionelle Blutung"). Verantwortlich dafür ist nicht das abrupte, sondern das allmähliche Absinken des Oestrogen-Spiegels und das Fehlen der progesteronabhängigen strukturellen Veränderungen im Endometrium (Spiralarterien).

3. Störungen der Gelbkörperphase

Sie treten an Häufigkeit gegenüber denen der Follikelreifungsphase zurück.

a) Biphasische Polymenorrhoe
(Gelbkörper-Insuffizienz)

Das Corpus luteum geht vorzeitig zugrunde. Wahrscheinlich kommt es oftmals auch nur zur Luteinisierung eines nicht gesprungenen Follikels. Derartige unvollkommene biphasische Cyclen treten gehäuft nach der Menarche und im Klimakterium, also in der Zeit des physiologischen Auf- und Abbaus der Ovarialfunktion, in Erscheinung (R. Schröder 1928*, Tietze 1952*, Elert 1955*). Die Gelbkörper-Insuffizienz bedingt eine funktionelle Sterilität. Es ist aber schwer zu beurteilen, in welcher Frequenz sie während der Geschlechtsreife auftritt. Bei den meisten Patientinnen stellt sie wohl nur ein Übergangsstadium zum monophasischen Cyclus und zur Amenorrhoe dar und weist damit auf eine zunehmende Störung des Zentralsystems hin. Hierzu folgende Beobachtung:

Fräulein T. St., 21 Jahre alt, 162 cm/64,2 kg. Bei der älteren Schwester bestand eine hochgradige Oligomenorrhoe. Die Patientin selbst hat keine besonderen Erkrankungen durchgemacht. Menarche mit 17(!) Jahren. Der Cyclus verlief primär unregelmäßig, zunächst oligomenorrhoisch. Später traten die Blutungen in verkürzten Intervallen auf. Gewichtszunahme im letzten halben Jahr um etwa 5 kg. Ausfallserscheinungen. Gonadotropin-Ausscheidung: 26,4 MUE. Uterus hypoplastisch. Mammae nur mäßig entwickelt.

Es wird über 1 Jahr lang die Basaltemperatur verfolgt (s. Abb. 137). Die erste Strichabrasio zu Beginn einer Blutung ergibt schwach proliferiertes Endometrium. Daraufhin Vornahme einer PMS-HCG-Kur (Standard-Dosis). Nach der ersten Behandlungsphase Strichabrasio: Endometrium in beginnender Sekretion. Typische Reaktion der Basaltemperatur. Die folgende Blutung erweist sich nach Aussage der

Strichabrasio als regelrechte Menstruation. In den nächsten Monaten treten in unregelmäßigen Abständen Blutungen auf. Die Basaltemperatur zeigt keine typischen Reaktionen. Nach den wiederholt vorgenommenen Strichabrasionen besteht jeweils

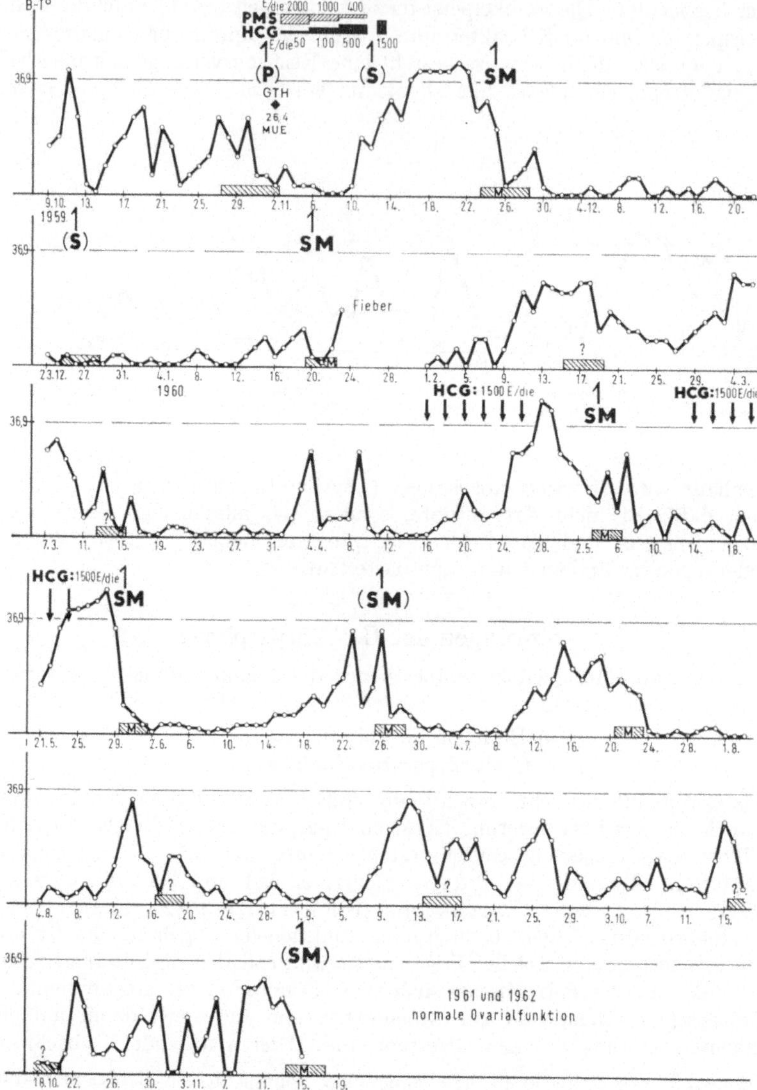

Abb. 137. Primär unregelmäßiger Cyclus mit Insuffizienz der Gelbkörperphase. Regelrechter Ablauf unter PMS-HCG oder auch unter alleiniger Verabfolgung von HCG. Später spontane Normalisierung. (Pat. T. St., 21 Jahre, 162 cm/64,2 kg)

eine nur unvollständige sekretorische Umwandlung des Endometrium. Durch Verabfolgung von HCG (1500 E jeden 2. Tag) kann die Entwicklung der 2. Cyclusphase unterstützt werden. Ohne Behandlung bildet sich die Gelbkörperphase nur unvollkommen aus. In den folgenden beiden Jahren Normalisierung der Ovarialfunktion.

b) Biphasische Oligomenorrhoe

Eine wiederholt auftretende Verlängerung der Gelbkörperphase wird außerordentlich selten beobachtet (s. Abb. 138). In den meisten Fällen wird sie durch sehr früh zugrunde gehende Schwangerschaften vorgetäuscht.

c) Gelbkörperpersistenz

Eine über mehrere Monate bestehende Persistenz des Gelbkörpers ohne Schwangerschaft gilt als große Seltenheit (G. A. WAGNER 1928, PLOTZ 1949). Gelegentlich wird sie bei einer psychogenen Scheinschwangerschaft gefunden:

Frau M. P., 21 Jahre alt, 154 cm/55 kg. Menarche mit 12 Jahren. Cyclus danach hochgradig oligomenorrhoisch (3—6 Monate/3—4 Tage). Dringender Kinderwunsch.

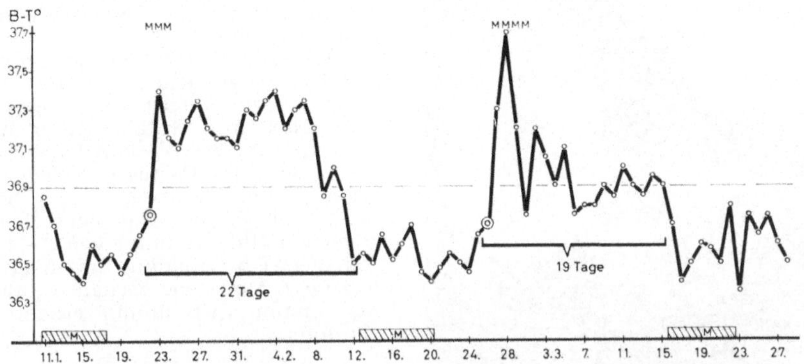

Abb. 138. Primäre, biphasische Oligomenorrhoe infolge Verlängerung der Gelbkörperphase. Intervalle 32—45 Tage, Blutungsdauer 7—8 Tage. (22jährige, unverheiratete Pat. U. T., keine Schwangerschaften, unauffälliger Palpationsbefund.) M = Mittelschmerz

Aufnahme wegen Amenorrhoe seit 5 Monaten. Keine Ausfallserscheinungen. Das rechte Ovarium ist etwa hühnereigroß cystisch.

Endokrinologischer Status. Gonadotropin-Ausscheidung: 26,4 MUE! Pregnandiol: 2,6 und 3,0 mg/die. Oestriol: 5 μg/die. C_{17}-Ketosteroide: 16,3 und 18,3 mg/die. 17-Hydroxycorticoide: 5,3 und 6,2 mg/die. Basaltemperatur: 37,05° C, gleichbleibend über 4 Beobachtungstage. Biologische Schwangerschaftsreaktion negativ.

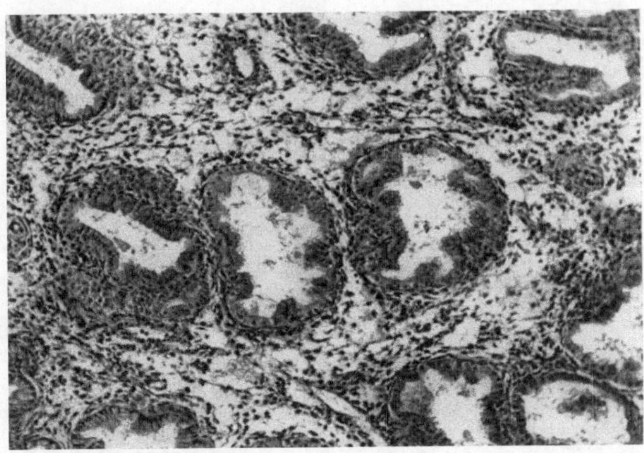

Abb. 139a. Endometrium in hoher Sekretion (Vergr. 100×). (Pat. M. P., Amenorrhoe seit 5 Monaten)

Abrasio. Endometrium in hoher Sekretion mit starker decidualer Stromareaktion und reichlich Spiralgefäßen (s. Abb. 139a). Es werden keine fetalen Elemente gefunden!

Laparotomie (s. Abb. 139b). Das rechte Ovar ist etwa hühnereigroß. Reichliche Vascularisation der Tunica albuginea. Beide Tuben ampullär offen und unauffällig. Kein Hinweis für eine Tubargravidität.

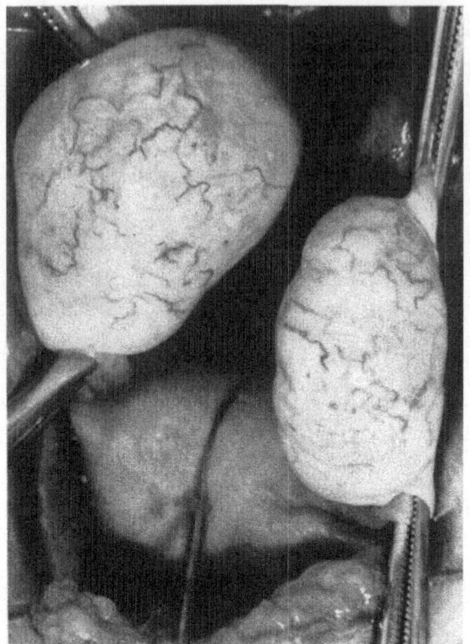

Keilexcision des rechten Ovars. Eröffnung einer großen Corpus luteum-Cyste, die nach dem makroskopischen Befund mehrere Monate alt sein dürfte. Entfernung der Cyste. Keilexcision auch links.

Ovar-Histologie. Beiderseits annähernd normal viel Keimparenchym. Rechts cystisches, unregelmäßig zurückgebildetes, hämorrhagisches Corpus luteum (siehe Abb. 139c und d).

Verlauf. Nach der Operation verläuft der Cyclus zunächst $^1/_2$ Jahr regelrecht (28/4—5), dann tritt wieder eine Oligomenorrhoe auf. 1 Jahr später Konzeption: Regelrechter Verlauf der Schwangerschaft und des Partus (weibliches Kind, 3200 g/50 cm). Danach wieder hochgradige, biphasische Oligomenorrhoe (verzögerte Follikelreifung) von 2—4 Monaten. Gewichtszunahme um 6 kg in den letzten 6 Monaten. Genau 1 Jahr nach der ersten Entbindung erneute Konzeption.

Abb. 139b. Operations-Situs der Pat. M. P. Das rechte Ovar ist durch eine Gelbkörpercyste aufgetrieben

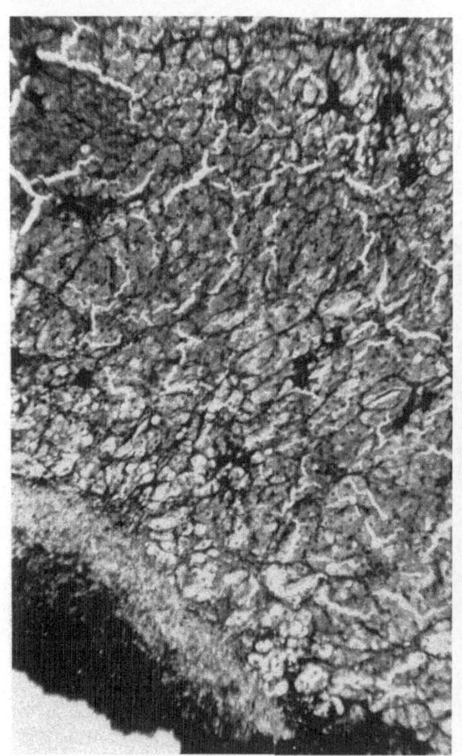

Abb. 139c

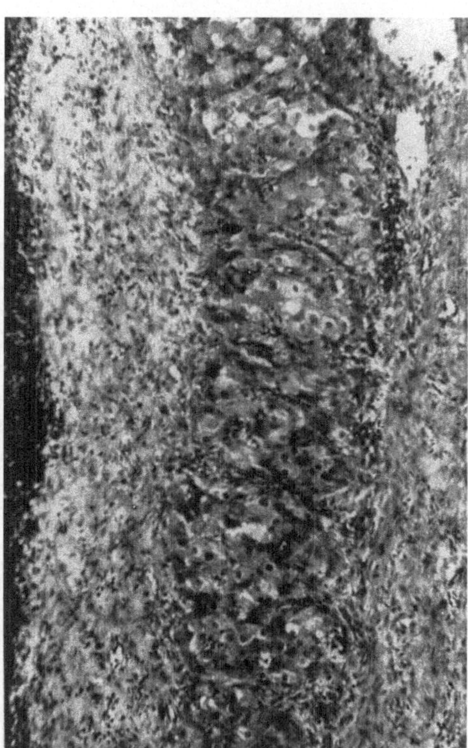

Abb. 139d

Abb. 139c. Cystisches, unregelmäßig zurückgebildetes Corpus luteum haemorrhagicum (Vergr. 60×). (Pat. M. P.)

Abb. 139d. Wand der Gelbkörper-Cyste mit Abdeckschicht und Granulosa-Luteinzellsaum (Ausschnitt aus Abb. 139c, Vergr. 100×). (Pat. M. P.)

4. Unterschwelliger und fehlender Ovarialcyclus

Wenn das Follikelwachstum frühzeitig unterbrochen wird (unvollkommener monophasischer Cyclus), reicht im allgemeinen die Oestrogen-Bildung nicht zum Aufbau eines blutungsfähigen Endometrium aus. Es resultiert das Symptom Amenorrhoe. Die noch bestehende basale Oestrogenbildung verhindert jedoch eine Atrophierung der Erfolgsgewebe (Endometrium, Uterusmuskulatur, Vagina, Vulva, Mammae usw.). Von ROBERT SCHRÖDER (1928*) wurde diese Form als generative Amenorrhoe (Amenorrhoe I. Grades) bezeichnet.

Ursächlich beruht dieser Grad der ovariellen Funktionsminderung, von direkten Einflüssen der Schilddrüse und der Nebennierenrinde abgesehen, auf einer unzureichenden Stimulation. Wir besitzen dar-über aber nur sehr geringe analytisch begründete Kenntnisse. Die Gonadotropin-Ausscheidung (Gonadotropin-Komplex) liegt bei diesen Patientinnen häufig im normalen Streubereich (vgl. auch GOLDZIEHER u. WOOLEY 1957*). Wahrscheinlich ist oftmals nur das quantitative Verhältnis der einzelnen Gonadotropine untereinander verändert. Die zentrale Dysfunktion bestünde danach in einer Verminderung (oder gelegentlich auch in einer Steigerung?) der Freigabe nur eines der Gonadotropine. Ich habe auf derartige Befunde bei Besprechung der einzelnen Krankheitsbilder bereits hingewiesen. Sie sind jedoch vorerst noch mit Vorsicht zu bewerten, da die Auftrennung von FSH und LH methodisch schwierig und unsicher ist. Andererseits vermitteln die Ergebnisse der Gesamtgonadotropin-Ausscheidung bei vielen Patientinnen mit einer generativen Amenorrhoe keine Aussage über die Pathogenese, da sie im Streubereich liegen. Unsere Folgerungen zur Ätiologie stützen sich also weitgehend auf klinische Indizien.

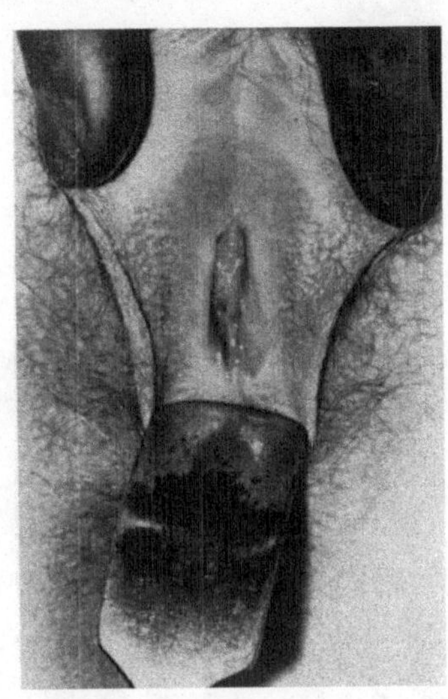

Abb. 140. Aplasia vaginae. (Pat. Chr. Sch., 18 Jahre, 179 cm/63 kg, Operations-Situs s. Abb. 33)

Die Verhältnisse sind bei gänzlich fehlendem Ovarialcyclus übersichtlicher: Auch die basale Oestrogen-Bildung ist eingestellt (vegetative Amenorrhoe, Amenorrhoe II. Grades). Die abhängigen Sexualorgane atrophieren. Bei zentraler Genese liegt die Gonadotropin-Ausscheidung signifikant unterhalb des Streubereiches. Ist die Ursache in den Ovarien zu suchen (weitgehender Verlust oder Verbrauch des Keimparenchyms, Verlust der Ansprechbarkeit), so werden meistens eindeutig erhöhte Gonadotropin-Werte gefunden.

5. Die Amenorrhoe:
Zur Terminologie und Differentialdiagnose

Unter Amenorrhoe verstehen wir das Ausbleiben der Uterusblutung.

Sekundäre Amenorrhoe. Der Begriff setzt voraus, daß vorher spontane cyclische Blutungen bestanden haben. Sie ist physiologisch während der Gravidität und der Lactation sowie innerhalb der Entwicklungsperioden (Reifung und Prämonopause) *(physiolgische Amenorrhoe)*.

Eine Amenorrhoe kann ferner durch Zerstörung des Endometrium infolge entzündlicher Prozesse oder intrauteriner Eingriffe sowie durch Verlust seiner Reaktionsfähigkeit bedingt sein *(uterine Amenorrhoe)*.

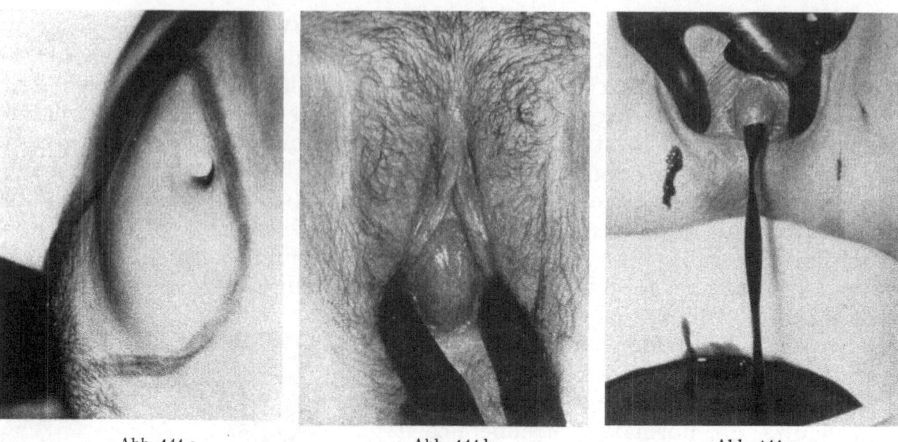

Abb. 141 a   Abb. 141 b   Abb. 141 c

Abb. 141 a. Mannskopfgroßer, durch Hämatokolpos, Hämatometra und Hämatosalpingen bedingter Tumor. „Primäre Amenorrhoe" infolge Hymenalatresie. (Pat. S. M., 13 Jahre alt)

Abb. 141 b. Durch die Blutsäule vorgetriebener atretischer Hymen

Abb. 141 c. Abfluß des eingedickten Menstrualblutes (2350 ml) nach querer Incision des atretischen Hymen

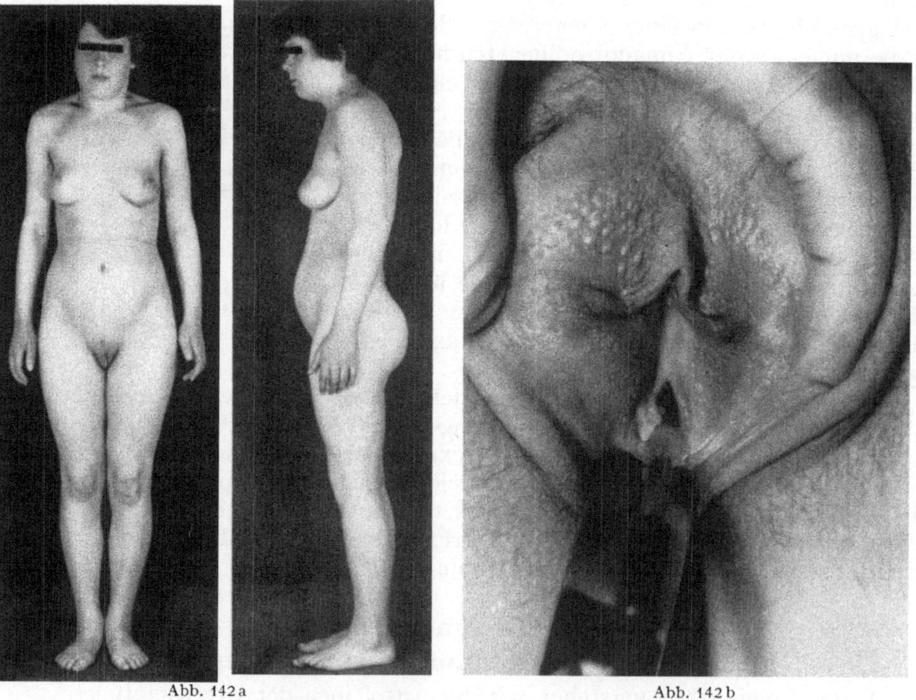

Abb. 142 a   Abb. 142 b

Abb. 142 a. Testikuläre Feminisierung (Pseudohermaphroditismus masculinus internus mit totaler äußerer Feminisierung). Kerngeschlecht: ♂. (J. Sch., 16 Jahre, 174 cm/66 kg)

Abb. 142 b. Äußeres Genitale der Pat. J. Sch. Sinus urogenitalis 4 cm tief

Man wertet die sekundäre Amenorrhoe nach Ausschluß der physiologischen und uterinen Amenorrhoe nur dann als Ausdruck einer behandlungsbedürftigen Ovarial-Insuffizienz, wenn sie zwischen dem 19. und 35. Lebensjahr auftritt und länger als 3—6 Monate angedauert hat *(dysfunktionelle Amenorrhoe)*.

Primäre Amenorrhoe. Die Bezeichnung besagt, daß bisher keine spontanen Uterusblutungen aufgetreten sind. Bis zum Ende des 18. Lebensjahres kann dieser Zustand noch als physiologisch angesehen werden. Die primäre Amenorrhoe schließt das Bestehen einer Schwangerschaft nicht unbedingt aus. Wir beobachteten eine 27jährige Patientin (Frau E. J., 172 cm/65 kg), bei der

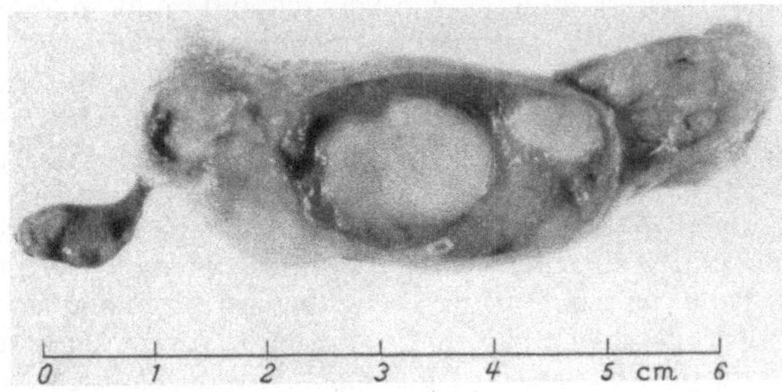

Abb. 142c. Hoden der Pat. J. Sch. mit großen tubulären Adenomen

nie eine spontane Genitalblutung in Erscheinung getreten war, die aber zwei Fehlgeburten und danach eine regelrechte Schwangerschaft durchgemacht hatte.

Als *uterine Ursachen* kommen ebenfalls eine Zerstörung oder Reaktionsminderung des Endometrium in Betracht. Hierzu kann auch die Vaginalaplasie

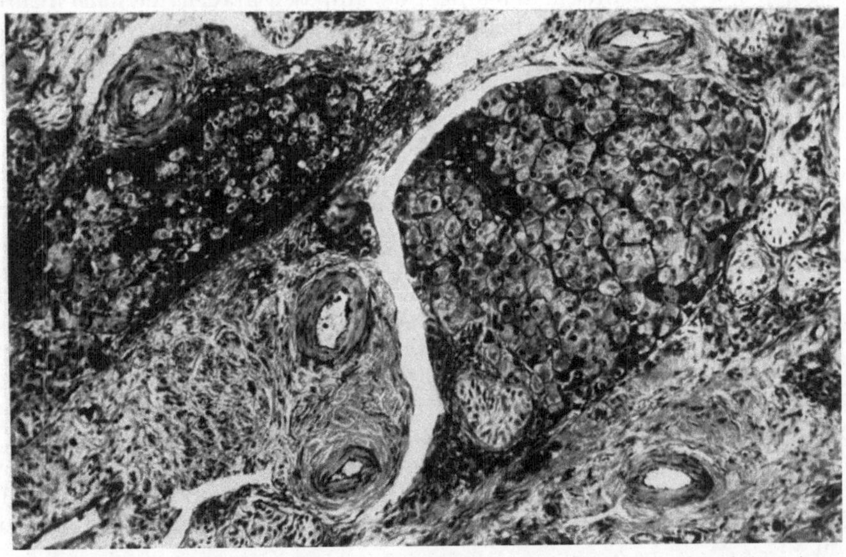

Abb. 142d. Hyperplastische Zwischenzellformationen. Fibröse und hyaline Degeneration des tubulären Apparates (Pat. J. Sch.)

gerechnet werden (s. Abb. 140), bei der zwar Tuben und Ovarien vorhanden sind, aber kein Uterus angelegt ist. An seiner Stelle finden sich nur Rudimente der Müllerschen Gänge in Form dünner, solider, bindegewebig-muskulärer Stränge.

Gynatresien können eine primäre Amenorrhoe vortäuschen *(Pseudoamenorrhoe):* Ist der Hymen verschlossen, so staut sich das Menstrualblut im Genitalschlauch, und es entwickeln sich innerhalb einiger Monate unter zunehmenden Beschwerden eine Hämatokolpos, eine Hämatometra sowie Hämatosalpingen, die zusammen als sehr druckempfindlicher, prallelastischer Tumor imponieren (s. Abb. 141 a—c).

Sehr viel seltener bilden sich postnatal nach Epitheldefekten Verschlüsse des Vaginalrohres oder des Cervicalkanales aus.

Die *testiculäre Feminisierung* (Pseudohermaphroditismus masculinus internus mit totaler (oder partieller) äußerer Verweiblichung) muß in die differential-diagnostischen Erwägungen der „primären Amenorrhoe" mit einbeschlossen werden (vgl. Abb. 142a—d) (Übersicht bei OVERZIER 1958 und HAUSER 1961). Das äußere Genitale ist häufig unauffällig. Eine Vagina wird durch den erweiterten Sinus urogenitalis vorgetäuscht. Er endet blind, der Uterus fehlt. Die Hoden befinden sich entweder in Ovarstellung oder sind im Leistenkanal bzw. in den großen Labien zu tasten. Auffällig ist bei typischer Ausprägung der Mangel an Scham- und Axillarbehaarung („hairless woman", WILKINS 1957*), der die Erkennung und die Abgrenzung gegenüber der Vaginalaplasie erleichtert. Die Analyse des Kerngeschlechtes (chromatin-negativer Befund: männlich) erleichtert und ergänzt die Diagnostik. Möglicherweise liegen auch diesem Scheinzwittertum Chromosomenanomalien zugrunde. GROPP u. Mitarb. (1963) fanden in einem Fall ein abnorm großes Y-Chromosom.

6. Anomalien des Menstruationstypus

Abweichungen in Stärke und Dauer der Regelblutung sind im allgemeinen nicht als Hinweise auf eine regelwidrige Ovarialfunktion zu verwerten. Eine Hypomenorrhoe beobachtet man häufiger bei adipösen Frauen und nach mehreren Schwangerschaften. Bei manchen Patientinnen geht sie allerdings gröberen Rhythmusstörungen voraus, so daß sie als Prodromalerscheinung einer Ovarial-Insuffizienz angesehen werden kann.

7. Störungen der Fruchtbarkeit

Von den befruchteten Eiern des Menschen sollen für gewöhnlich etwa 40—60% bis zum 12. Tage nach der Ovulation zugrunde gehen (HERTIG, ROCK u. Mitarb. 1956, 1959). Nach neuesten Statistiken bleibt etwa $^1/_6$ aller Ehen kinderlos. In ungefähr der Hälfte der Fälle ist die Ursache dafür beim Ehemann zu suchen. Soweit sie die Frau betrifft, ist sie bei 20—40% durch eine regelwidrige Funktion des Ovarial-Endocrinium bedingt (BERNHARD 1947, 1955*, DA RUGNA 1955, ELERT 1955*, FIKENTSCHER 1958, BICKENBACH u. DÖRING 1959*, RUPP 1960 u. a.). Die Diagnostik (vgl. S. 93 f.) trifft zumeist auf monophasische Cyclusabläufe (OBER 1952*, TIETZE 1952*, DÖRING 1959 u. a.) oder auf eine Gelbkörper-Insuffizienz (TSCHERNE u. RACK 1950, RAUSCHER u. LEEB 1959 u. a.). Polycystische Veränderungen der Ovarien sind relativ häufig mit Sterilität verbunden (s. S. 217 f.). Vorbeugung und Behebung der funktionellen Sterilität gehören zu den wichtigsten Zielen der Behandlung einer Ovarial-Insuffizienz (s. Teil V).

8. Störungen in der Entwicklung der Sexualmerkmale

Für die klinische Diagnostik und Bewertung einer Ovarial-Insuffizienz lassen sich aus der Entwicklung der Sexualmerkmale gewisse Rückschlüsse ziehen. Sie vermögen das klinische Bild zu ergänzen. Allerdings sind die Zusammenhänge zwischen der Funktion des Ovarial-Endocrinium und der Ausbildung der Sexualcharaktere in mancher Beziehung unklar. Konstitutionelle Faktoren und Einflüsse anderer Inkretsysteme (Nebennierenrinde, Schilddrüse usw.) sind bei der Bewertung zu berücksichtigen.

a) Entwicklung der Mammae

Die Mammogenese untersteht außerordentlich komplexen hormonalen Einflüssen. An ihr nehmen sowohl die Ovarialsteroide (Oestrogene und Progesteron) als auch synergistisch LTH, STH und ACTH teil. Die Untersuchungsergebnisse wurden im allgemeinen beim Versuchstier erhoben (vgl. WILLIAMS 1945, FOLEY 1956*, LYONS, LI u. JOHNSON 1958, VOSS 1958* u. a.). Schon für die verschiedenen Species bestehen erhebliche Unterschiede in der experimentellen Mammogenese. Die Versuchsergebnisse besitzen für den Menschen sicherlich nur beschränkt Gültigkeit.

Beim intakten *Versuchstier* bewirken Oestrogene eine Proliferation der Drüsengänge, während Progesteron die Aussprossung der Alveolen veranlaßt. Beim kastrierten und *hypophysektomierten* Tier sollen sie dagegen (in einem gewissen Dosisbereich) wirkungslos sein (AHRÉN 1959). Der Einfluß der Oestrogene auf das Wachstum der Drüsengänge wird durch STH synergistisch vermittelt (LYONS, LI u. JOHNSON 1958). Den Corticosteroiden (Cortisol und/oder Desoxycorticosteron) kommt offenbar auch ein Anteil an diesem Wachstumseffekt zu (MUNFORD 1957, COWIE u. LYONS 1959, TALWALKER et al. 1960).

Die Entwicklung der Alveolen und Drüsenläppchen wird durch das Zusammenwirken von Oestrogenen, Progesteron, Corticosteroiden, LTH und STH stimuliert (LYONS, LI u. JOHNSON 1958, FLUX 1958, COWIE u. LYONS 1959, SCOWEN et al. 1959). Sie soll durch zusätzliche Verabfolgung von Insulin noch zu steigern sein (AHRÉN u. ETIENNE 1958, AHRÉN 1959, DONOVAN u. JACOBSOHN 1960). Die Ausbildung der Alveolen kann auch durch die Kombination von Testosteron und STH gefördert werden (AHRÉN 1959).

MIZUNO u. Mitarb. (1955, 1956) haben bei kastrierten Kaninchen ohne vorherige Verabfolgung von Oestrogen und Progesteron allein durch lokale Instillation von hochgereinigtem LTH eine Entwicklung des Gangsystems, die Ausbildung der Alveolen und eine Milchsekretion auslösen können.

Der Einfluß des Schilddrüsen-Endocrinium ist strittig. Mangelernährung soll die durch Oestrogene und Progesteron induzierte Mammogenese bei nichthypophysektomierten Tieren einränken (AHRÉN 1959). Möglicherweise beruht dieser Effekt auf einer Drosselung der LTH-Freigabe (vgl. S. 224f.).

Zusammenfassend haben also nach diesen tierexperimentellen Ergebnissen außer den Ovarialsteroiden und Corticosteroiden die tropen Hormone der Adenohypophyse, insbesondere LTH und STH, eine ganz wesentliche Bedeutung für die Mammogenese.

Klinisch lassen sich aus der Ausbildung der Brustdrüse oftmals gewisse Folgerungen auf den endokrinen Status ziehen. Diese Erfahrung sei an den folgenden Gegenüberstellungen von Patientinnen mit *primärer Amenorrhoe* veranschaulicht (s. Abb. 143):

Die obere Reihe (A) zeigt vier Patientinnen im Alter von 18 und 19 Jahren, bei denen durch Laparotomie und histologische Untersuchung der Keilexcisionen das Vorliegen hochgradig hypoplastischer Ovarien sichergestellt worden ist. Bei allen Patientinnen sind die Mammae kaum entwickelt. Desgleichen ist auch die Schambehaarung gar nicht oder nur kümmerlich ausgebildet. Die basale Oestrogen-Bildung ist hochgradig beschränkt. Die Ausscheidungswerte des Gonadotropin-Komplexes variieren im Normbereich. Bei diesen Patientinnen hat sich noch keine puberale Entwicklung angebahnt. Die Prognose ist ausgesprochen ungünstig.

Bei den unteren vier Patientinnen (Reihe B) im Alter von 19—24 Jahren bestand ebenfalls eine primäre Amenorrhoe, die aber nach Anamnese, Laparotomiebefund, Reaktion auf exogene Gonadotropine und Verlauf (Normalisierung

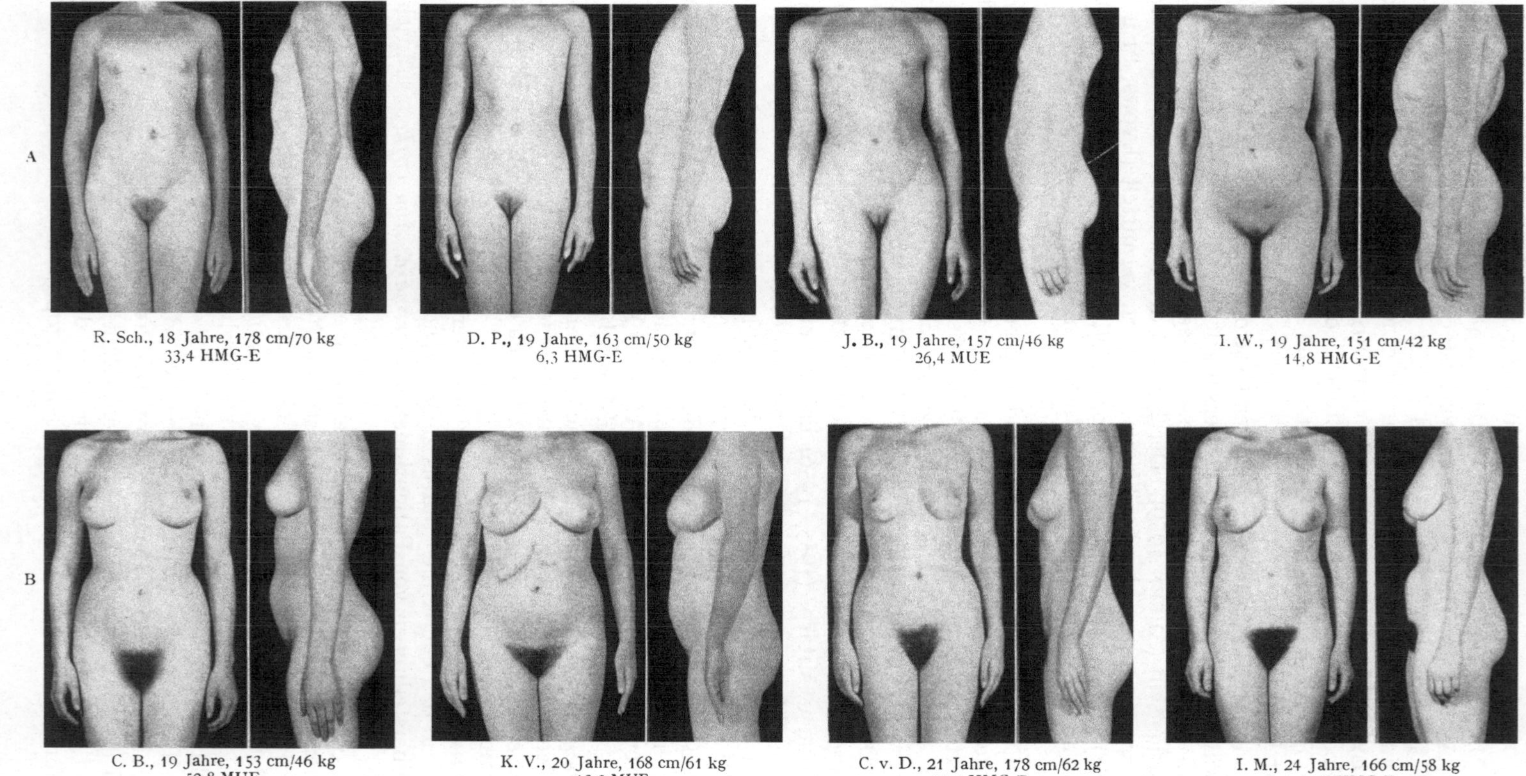

Abb. 143. Entwicklung der Mammae und der Sexualbehaarung bei Patientinnen mit primärer Amenorrhoe. Gruppe A: Hypoplasie der Ovarien. Gruppe B: hypothalamische Ovarial-Insuffizienz

der Ovarialfunktion) auf eine Ovarial-Insuffizienz hypothalamischer Genese zurückgeführt wurde. Bei allen Patientinnen bestehen eine normale bis kräftige Entwicklung der Brustdrüsen und eine regelrechte Ausbildung der Sexualbehaarung. Zu Behandlungsbeginn wurde biologisch und hormonanalytisch eine mäßige Oestrogen-Aktivität nachgewiesen. Die Gonadotropin-Werte im Harn bewegen sich ebenfalls im normalen Streuungsbereich. Diese Patientinnen haben eine wenn auch z. T. verzögerte Pubertätsentwicklung durchgemacht. Daß die Menarcheblutung bisher nicht eingetreten ist, beruht offenbar auf einer partiellen hypothalamischen Dysfunktion: Rhythmus und/oder Ausmaß des Freigabe-Mechanismus wahrscheinlich nur für eines der Gonadotropine sind gestört. Derartige Erklärungen können hormonanalytisch vorerst nicht unterlegt werden. Auffällig ist, daß diese Patientinnen auf eine Gonadotropin-Kur prompt reagieren. Damit ist eine primär ovarielle Störung ausgeschlossen. Die Bedeutung für die Klinik besteht darin, daß der Entwicklungsgrad der Sexualmerkmale die differentialdiagnostischen Erwägungen zu ergänzen vermag.

Diesen beiden typischen Gruppen müssen aber andere gegenübergestellt werden, bei denen die Entwicklung der Brustdrüsen zunächst keine so eindrucksvollen Hinweise vermittelt (s. Abb. 144).

Bei drei von den vier Patientinnen der Gruppe A mit primärer Amenorrhoe (Alter 19—25 Jahre) bestand eine zentral bedingte Ovarial-Insuffizienz. Die Ovarien zweier Patientinnen wiesen polycystische Veränderungen auf. Für eine überhöhte Androgenbildung lagen keine Hinweise vor (normale Ausscheidungswerte der C_{17}-Ketosteroide, kein Hirsutismus). Die Gonadotropin-Ausscheidung wich ebenfalls nicht auffällig von der Norm ab. Die Ovarien der vierten Patientin (D. M.) waren hypoplastisch. Die für einen derartigen Befund relativ gute Ausbildung der Brustdrüsen ist ebenfalls schwer zu erklären. Klinisch kommt es mir auf die Feststellung an, daß bei einem derartigen *indifferenten Entwicklungsgrad der Mammae* keine Rückschlüsse auf die Ätiologie der Ovarial-Insuffizienz möglich sind. Bei zentral bedingter Ovarial-Insuffizienz ist die Entwicklung der Schambehaarung im allgemeinen regelrecht.

Bei den vier primär amenorrhoischen Patienten der Gruppe B (Alter 20 und 21 Jahre) besteht eine ausgesprochene Adipositas. Es handelt sich in allen Fällen um eine Hypoplasie der Ovarien. Das klinische Bild entspricht einem präpuberalen Klimakterium mit Fettansatz an den entsprechenden Prädilektionsstellen.

b) Entwicklung des Haarkleides

Eine verstärkte oder maskuline Behaarung gibt häufig Anlaß zu einer ärztlichen Konsultation. Die klinische Deutung bereitet gelegentlich Schwierigkeiten und kann zu falschen therapeutischen Konsequenzen führen.

Zur Definition: Unter „*Hypertrichose*" ist eine verstärkte Körperbehaarung zu verstehen, die aber nicht vom femininen Typ abweicht. Als „*Hirsutismus*" wird demgegenüber ein männlicher Behaarungstyp bezeichnet (männliche Schambehaarungsgrenze, Behaarung auf und zwischen den Mammae, Bartwuchs). Finden sich zusätzlich noch andere Erscheinungen einer Maskulinisierung wie tiefe Stimme, Klitorishypertrophie und Atrophie der weiblichen Sexualorgane, so liegt ein „*Virilismus*" vor.

Für die *Hypertrichose* wird eine besondere Reaktionsform der Haarfollikel verantwortlich gemacht. Es kann eine angeborene ektodermale Störung bestehen. Bei manchen Patientinnen tritt sie erst während der Pubertät verstärkt in Erscheinung.

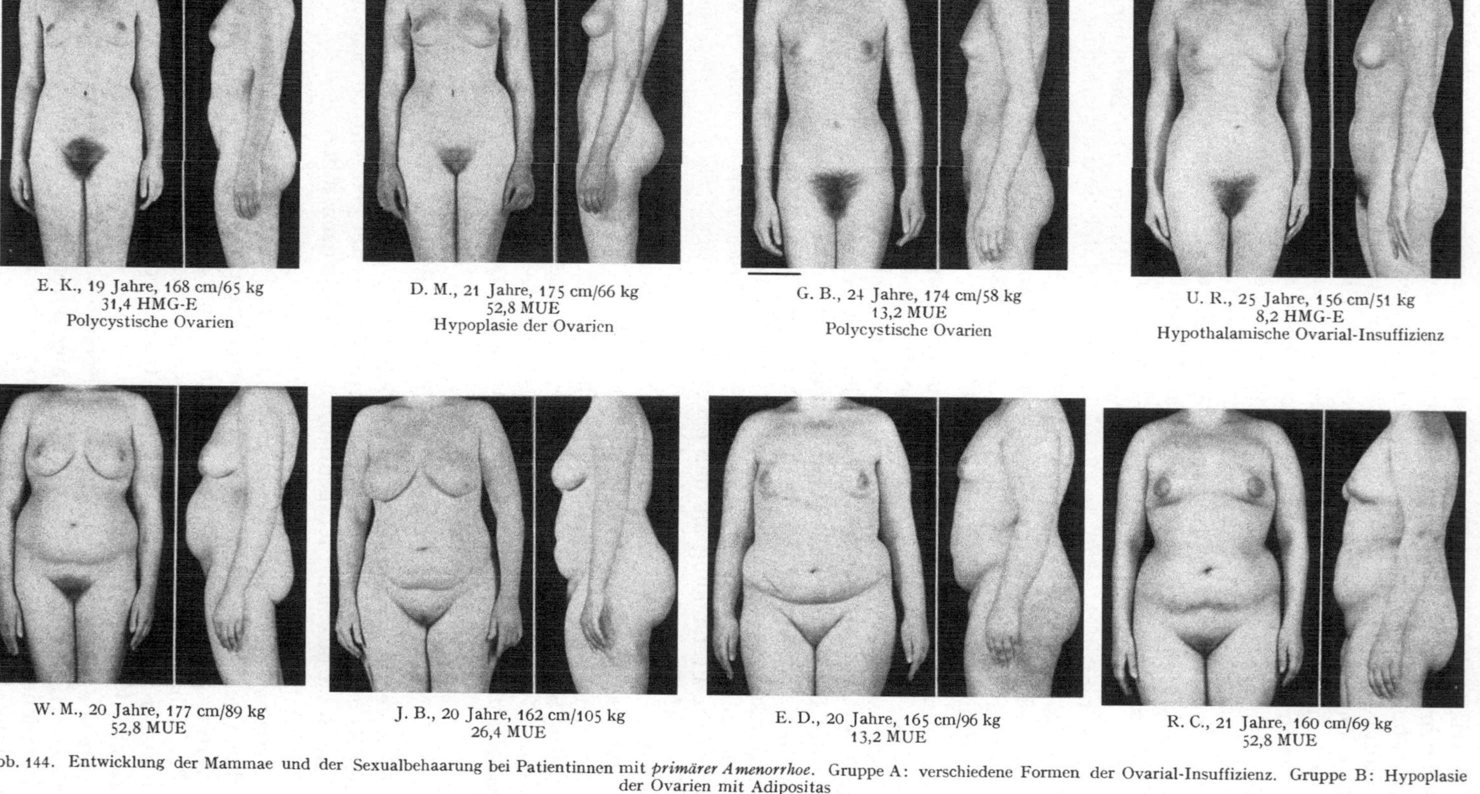

Abb. 144. Entwicklung der Mammae und der Sexualbehaarung bei Patientinnen mit *primärer Amenorrhoe*. Gruppe A: verschiedene Formen der Ovarial-Insuffizienz. Gruppe B: Hypoplasie der Ovarien mit Adipositas

Die Genese des *Hirsutismus* ist uneinheitlich und im Einzelfall oftmals schwer zu bestimmen: Der *idiopathischen Form* (vgl. Abb. 145—147) liegt eine Endorgan-Fehlleistung zugrunde. Die Haarbälge reagieren besonders empfindlich auf

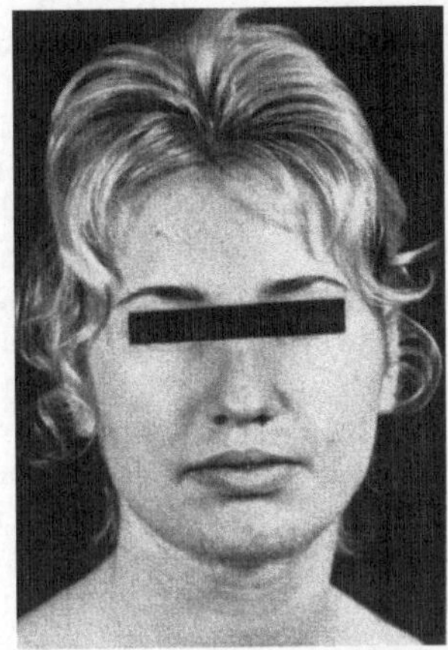
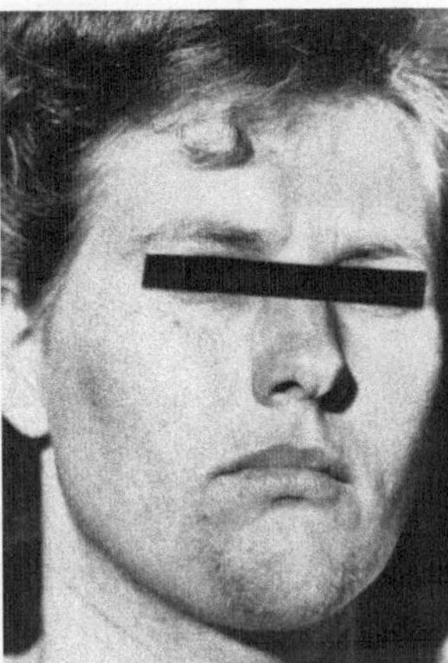
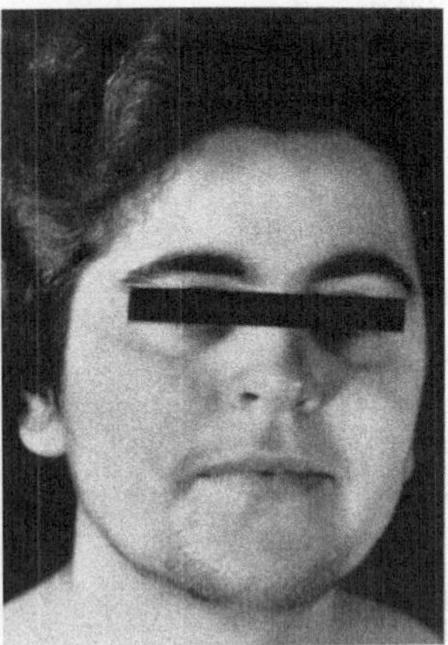

Abb. 145. Pat. D. M., 18 Jahre, 165 cm/56 kg. C_{17}-Ketosteroide: 11,5 mg/die, 17-Hydroxycorticoide: 13,0 mg/die

Abb. 146. Pat. H. S., 26 Jahre, 158 cm/58 kg. C_{17}-Ketosteroide: 9,8 mg/die, 17-Hydroxycorticoide: 8,5 mg/die

Abb. 147. Pat. J. S., 33 Jahre, 161 cm/65 kg. C_{17}-Ketosteroide: 12,6 mg/die, 17-Hydroxycorticoide: 7,2 mg/die

Abb. 145—147. Idiopathischer Hirsutismus bei regelrechter Ovarialfunktion

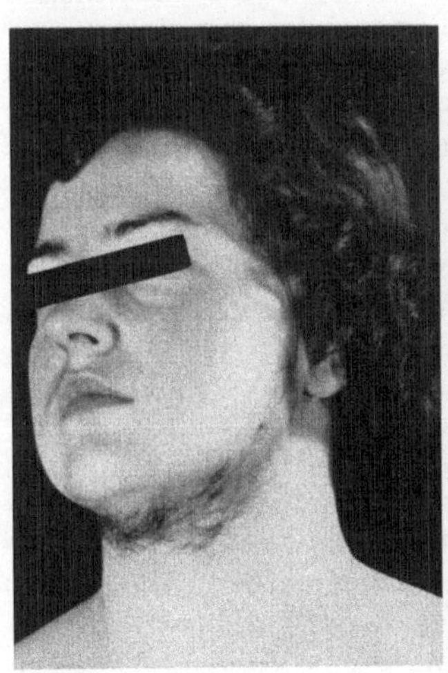
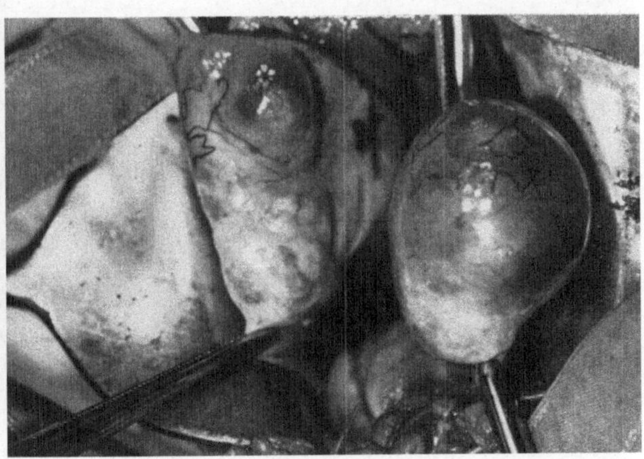

Abb. 148 a   Abb. 148 b

Abb. 148a. Pat. M. O., 18 Jahre, 164 cm/64,5 kg. Menarche mit $10^6/_{12}$ Jahren. Primäre Oligomenorrhoe (35/4). Seit 4 Jahren Hirsutismus. C_{17}-Ketosteroide: 7,3 mg/die, 17-Hydroxycorticoide: 5,2 mg/die. Bilaterale Keilexcision und Prednisontherapie ohne Erfolg

Abb. 148b. Operations-Situs der Pat. M. O. Mehrere ältere cystische Corpora lutea und eine Theca-Luteincyste

Androgene, die in normaler Größenordnung gebildet werden. Die Ausscheidungs-Werte der C_{17}-Ketosteroide bewegen sich im physiologischen Bereich.

Die ätiologische Abgrenzung wird unsicher, wenn außer dem Hirsutismus zugleich auch eine Cyclusstörung besteht. Diese Kombination schließt die idiopathische Form nicht aus (vgl. Abb. 148a und b).

Der Hirsutismus kann aber auch durch eine verstärkte Androgenbildung der Nebennierenrinde (leichtes postpuberales adreno-genitales Syndrom) (vgl.

16*

Abb. 149a und b) und/oder der Ovarien (polycystische Veränderung) ausgelöst sein.

Die hormonanalytische Differenzierung bereitet außerordentliche Schwierigkeiten. Die „ovariellen" Androgene werden auch von der Nebennierenrinde gebildet. Rein adrenaler Genese sind die in Stellung 11 oxylierten Androsterone (und Ätiocholanolone). Dagegen wird Dehydroepiandrosteron sowohl vom Interrenalorgan als auch vom Ovarium produziert (SIMMER u. VOSS 1960, RYAN u. SMITH 1961, ZANDER u. HENNING 1961*, MAHESH u. GREENBLATT 1962, NOALL et al. 1962). Es ist also auch durch Fraktionierung der Ketosteroide kaum möglich, die Herkunft der nicht in Stellung 11 oxylierten C_{17}-Ketosteroide zu bestimmen (LIPSET u. RITER 1960, STAEMMLER u. SACHS 1963*, PESONEN 1963 u. a.).

Auch die Versuche, durch eine exogene Stimulierung bzw. durch Bremsung der ACTH-Inkretion mittels Prednison oder verwandten Präparaten (GOLDZIEHER u. LAITIN 1960, KARL 1960, JAYLE et al. 1961), die Eigenarten in der Synthese der Steroide und ihres Stoffwechsels bei diesen Patientinnen für eine Kausaldiagnostik näher zu klären, haben bisher nicht zu einheitlichen Resultaten geführt.

Eine längere Medikation von Cortisol oder seinen Abkömmlingen führt bei einem Teil dieser Frauen zur Normalisierung des Cyclus und zur Behebung der Sterilität (JONES et al. 1953, JEFFERIES et al. 1958, 1959, MOWBRAY et al. 1959, PALDI et al. 1960, MEYER u. FRAHM 1960, SEELEN u. BAKKER 1960, ZENER 1961, KAISER u. Mitarb. 1963 u. v. a.). Dieser Effekt läßt mit einer gewissen Wahrscheinlichkeit auf eine primär bestehende Dysfunktion des Interrenalsystems schließen, ohne als beweisend zu gelten (JEFFERIES 1962). Der Hirsutismus wird in den meisten Fällen weder nennenswert noch dauerhaft beeinflußt.

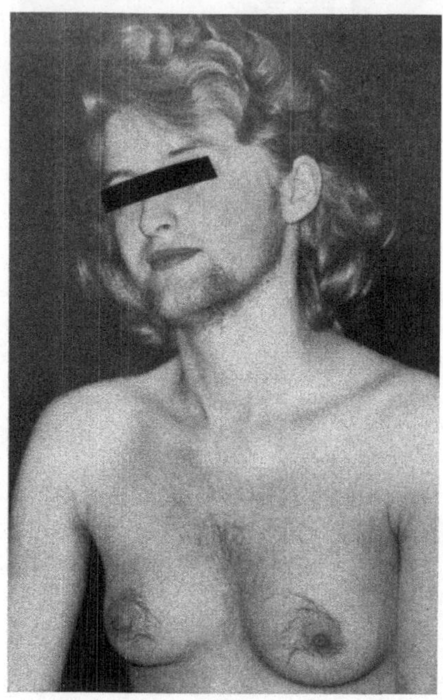

Abb. 149a. Frau H. W., 25 Jahre, 160 cm/55 kg. Hirsutismus seit Menarche (mit 14 Jahren). Oligomenorrhoe (6—7 Wochen/4—5 Tage). C_{17}-Ketosteroide: 17,9 mg/die, 17-Hydroxycorticoide: 6,6 mg/die. Nach Prednison-Medikation (15 mg/die 4 Wochen lang): C_{17}-Ketosteroide: 8,6 mg/die, 17-Hydroxycorticoide: 6,9 mg/die. Bartwuchs etwas geringer. Weiterbehandlung mit 2mal 5 mg/die 8 Wochen lang. In dieser Zeit konzipiert! Partus am 6.9.1963: ♂ 3050 g/50 cm

Zur Differentialdiagnose sei der Tierfellnaevus erwähnt (s. Abb. 150), dessen Erkennung jedoch keine größeren Schwierigkeiten bereitet.

Der *Virilismus* ist fast regelmäßig mit einer erheblichen Steigerung der C_{17}-Ketosteroid-Ausscheidung verbunden. Außer den seltenen virilisierenden Ovarialtumoren kommen ursächlich nur die verschiedenen Formen des Hypercorticoidismus (vgl. S. 213 f.) in Betracht, die sich klinisch im allgemeinen unschwer abgrenzen lassen.

9. Störungen des Körperwachstums

Das *puberale Längenwachstum* wird vorwiegend von Steroidhormonen beeinflußt. Bei Oestrogenmangel (Gonadendysgenesie) unterbleibt der Wachstumsschub der Pubertätsperiode, wenn zugleich auch die Bildung der interrenalen

Androgene herabgesetzt ist. Bei ausreichender oder relativ reichlicher Androgen-synthese kann dann, wenn ein verzögerter Epiphysenschluß infolge Oestrogen-mangel besteht, ein mehr oder minder ausgepräg-ter Großwuchs resultie-ren. Er wird gelegentlich, aber keineswegs regel-mäßig bei hochgradiger Ovarialhypoplasie mit primärer Amenorrhoe angetroffen. Bei diesen Patientinnen findet sich manchmal eine leichte Klitorishypertrophie!

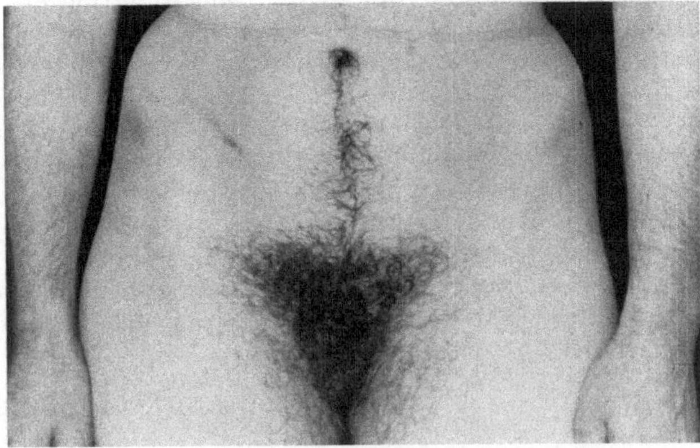

Abb. 149b. (Pat. H. W.)

Ein frühes Einsetzen der Pubertät bedingt eine Verminderung der Wachstumsdauer, aber auch eine Intensivie-rung der Wachstumsgeschwindigkeit, so daß im allgemeinen die normale Körper-größe erreicht wird. Diese wird durch zahlreiche andere, z. T. unbekannte (konstitutionelle) Faktoren beeinflußt. Wir sprechen gemäß der Definition von PRADER (1957*) bei der Frau von einem *Kleinwuchs*, wenn die Körper-länge 155 cm nicht erreicht (Zwergwuchs bei weniger als 135 cm). Als *Großwuchs* wird eine Länge von mehr als 170 cm bezeichnet (Riesenwuchs mehr als 185 cm).

10. Vegetative Symptomatik

Mit einer Ovarial-Insuffizienz sind relativ häufig sog. *„Ausfallserscheinungen"* verbunden. Im Vor-dergrund stehen sympathicotone Paroxysmen wie Hitzewallungen, Tachykardie, labile Hypertonie, ferner Schlafstörungen, Nervosität, Depressionen und verschiedene andere psychische Störungen im Sinne des *endokrinen Psychosyndroms* (BLEULER 1954*). Die sympathicotonen Anfälle werden auf hypothalamische Regulationsstörungen zurückge-führt (BICKENBACH u. HESS 1949, WAGNER 1952, 1955*, 1956, 1959, GOECKE 1959*, HOFF 1959*, MAUZ 1959*, WENNER u. HAUSER 1959, ARTNER 1961 u. a.) und sind als „Menopause-Syndrom" eine charakteristische Begleiterscheinung des Kli-makterium. Sie werden nach der Vorstellung einer „Kollektivleistung" (W. R. HESS 1949*, 1956*) offenbar durch eine Enthemmung des Sexual-zentrum ausgelöst. Sie entwickeln sich sowohl bei

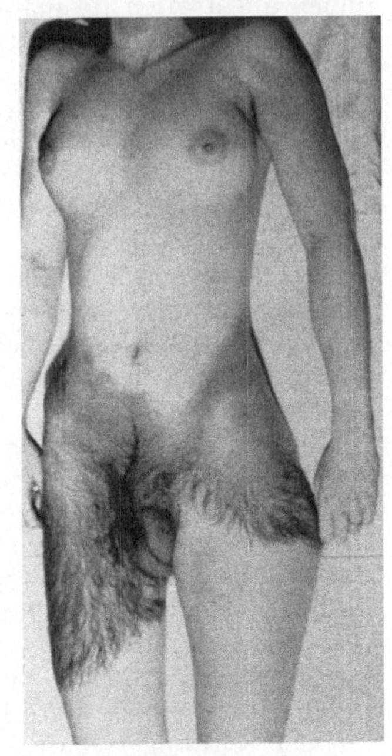

Abb. 150. Ausgedehnter Tierfell-Naevus (Naevus pigmentosus pilosus). Pat. E. K., 20 Jahre alt, geringgradige Oligomenor-rhoe (33/5). Gonadotropin-Ausscheidung: 6,3 HMG-E, C_{17}-Ketosteroide: 9,8 mg/die, 17-Hydroxycorticoide: 14,7 mg/die

Ausfall oder Minderleistung der Ovarien (Verlust, Erschöpfung oder mangelnde Reaktionsfähigkeit des Keimparenchyms) als wahrscheinlich auch bei partiellem Ausfall der Adenohypophyse. Diese Art der vegetativen Krisen tritt dagegen bei Patientinnen mit hypothalamisch bedingter Ovarial-Insuffizienz seltener in Erscheinung. Wenn sie bei einem Teil dieser Patientinnen dann später doch einsetzen, so kann daraus offenbar auf eine Funktionsbelebung des hypothalamischen Sexualzentrum geschlossen werden, da sich danach häufig eine spontane Regulierung anbahnt. Die diagnostische Auswertung derartiger „Ausfallserscheinungen" wird allerdings durch subjektive Faktoren eingeschränkt.

Vegetative Stigmata wie Cutis marmorata, Akrocyanose, Dermographismus, Obstipation, Vasolabilität, Digiti mortui usw. sollen bevorzugt bei Patientinnen mit hypothalamischer Dysfunktion auftreten (*vegetativ-endokrines Syndrom* von Curtius u. Krüger 1952*). Wenn auch im Einzelfall, z. B. bei ausgeprägter psychogener Ovarial-Insuffizienz, diese Stigmata eindeutig nachweisbar sind, so besteht doch nach eigenen statistischen Untersuchungen gegenüber endokrin unauffälligen Patientinnen in der Frequenz des Auftretens keine signifikante Differenz.

11. Zusammenfassung

Abweichungen in der Länge des biphasischen Cyclus betreffen überwiegend die Follikelphase. Eine biphasische Polymenorrhoe wird häufiger nach dem 30. Lebensjahr und nach mehreren Schwangerschaften beobachtet. Ein verzögertes Einsetzen der Follikelreifung bei normalem Ablauf der Gelbkörperphase äußert sich in einer biphasischen Oligomenorrhoe und wird meistens bei jüngeren Patientinnen angetroffen (primäre biphasische Oligomenorrhoe).

Ganz unregelmäßig auftretenden Blutungen liegen in der Regel *monophasische Funktionsabläufe* zugrunde. Die Ovulation unterbleibt. Man unterscheidet vollkommen monophasische Cyclen, nach denen Oestrogen-Entzugsblutungen in verkürzten Abständen auftreten (monophasische Polymenorrhoe), sowie die Follikelpersistenz mit verlängerten Intervallen (monophasische Oligomenorrhoe) und einer meist länger anhaltenden sowie auch verstärkten Blutung („dysfunktionelle Blutung"). Das Endometrium weist Veränderungen im Sinne einer glandulärcystischen Hyperplasie auf.

Störungen der Gelbkörperphase treten an Häufigkeit gegenüber denen der Follikelreifungsphase zurück. Die Corpus luteum-Periode kann vorzeitig abgebrochen werden (Gelbkörper-Insuffizienz) oder in seltenen Fällen verlängert sein (Gelbkörperpersistenz).

Eine frühzeitige Unterbrechung des Follikelwachstums (unvollkommener monophasischer Cyclus) kann mit einer so weitgehenden Verminderung der Oestrogen-Bildung verbunden sein, daß sie nicht zum Aufbau eines blutungsfähigen Corpus-Endometrium ausreicht. Es resultiert die *generative Amenorrhoe* (Amenorrhoe I. Grades). Wird die basale Oestrogen-Synthese gänzlich eingestellt, so atrophiert das Endometrium (*vegetative Amenorrhoe* oder Amenorrhoe II. Grades).

Cyclische Blutungen können vorübergehend während der Reifungsperiode und in der Prämenopause unterbleiben. Ferner ist die Amenorrhoe physiologisch zur Zeit der Schwangerschaft und Lactation. Sie kann weiterhin bedingt sein durch Verlust des Endometrium *(uterine Amenorrhoe)* oder durch das Fehlen eines Uterus (Vaginal-Aplasie) und wird vorgetäuscht bei *Gynatresien* (Hymenalatresien). Diese Formen sowie die Intersexualität (Hypercorticoidismus und testiculäre Feminisierung) müssen differentialdiagnostisch gegenüber der „*dysfunktionellen Amenorrhoe*" abgegrenzt werden.

Anomalien des Menstruationstypus (verstärkte, verlängerte oder abgeschwächte Regelblutung) sind nicht als Hinweis für eine Ovarial-Insuffizienz zu werten. Die Hypomenorrhoe macht gelegentlich eine Ausnahme.

Die *Fruchtbarkeit* ist bei regelwidrigen Cyclen häufig beeinträchtigt. Die Sterilität beruht bei etwa 40% der Patientinnen auf Störungen des Ovarial-Endocrinium.

Aus dem *Entwicklungsgrad der Sexualmerkmale* lassen sich gewisse Hinweise auf Form und Ätiologie der Ovarial-Insuffizienz ableiten. Bei hochgradiger Ovarialhypoplasie bestehen häufig eine exzessive Unterentwicklung der Mammae sowie ein Mangel der Pubes. Bei der hypothalamischen Form sind beide Merkmale meistens gut ausgebildet. Die Terminalbehaarung kann durch eine verstärkte oder auch nur abweichende Androgen-Synthese Veränderungen im Sinne eines *Hirsutismus* erleiden. Die diagnostische Abgrenzung bereitet jedoch erhebliche Schwierigkeiten, da hormonanalytisch nicht sicher zwischen einer regelwidrigen interrenalen und ovariellen Androgenbildung unterschieden werden kann. Bei einem Teil der Patientinnen handelt es sich um eine idiopathische Form des Hirsutismus, der auf eine Endorgan-Fehlleistung zurückgeführt wird. Ein *Virilismus* kommt bei weit überhöhter interrenaler Androgenbildung zustande. Differentialdiagnostisch sind die seltenen virilisierenden Ovarialtumoren in Betracht zu ziehen.

Gröbere *Abweichungen des Körperwachstums* spielen für das klinische Bild der Ovarial-Insuffizienz keine erhebliche Rolle. Bei Oestrogen- und Androgenmangel unterbleibt der puberale Wachstumsschub. Ein Großwuchs kann aus einer relativen Androgen-Überproduktion bei fehlender Oestrogenbildung resultieren.

Ausfallserscheinungen treten relativ häufig bei der Ovarial-Insuffizienz auf. Die sympathicotonen Anfälle werden auf hypothalamische Regulationsstörungen zurückgeführt. Sie entwickeln sich bei Ausfall oder Minderleistung der Ovarien oder dem selteneren partiellen Ausfall der Adenohypophyse. Sie fehlen in der Regel bei idiopathischer und insbesondere bei der psychogenen hypothalamischen Ovarial-Insuffizienz.

D. Schrifttum

ABU-HAYDAR, N., J. C. LAIDLAW, B. NUSIMOVICH and S. H. STURGIS: Hyperadrenocorticism and Stein-Leventhal syndrome. J. clin. Endocr. **14**, 766 (1954). — AHRÉN, K., and M. ETIENNE: Stimulation of mammary glands in hypophysectomized male rats treated with ovarian hormones and insulin. Acta endocr. (Kbh.) **28**, 89 (1958); — The effect of various doses of oestrone and progesterone on the mammary glands of castrated hypophysectomized rats injected with insulin. Acta endocr. (Kbh.) **30**, 435 (1959); — The effect of dietary restriction on the mammary gland development produced by ovarian hormones in the rat. Acta endocr. (Kbh.) **31**, 137 (1959); — Mammary gland development in hypophysectomized rats injected with anterior pituitary hormones and testosterone. Acta endocr. (Kbh.) **31**, 228 (1959). — ALBERT, A., L. UNDERDAHL, L. GREENE and N. LORENZ: Male hypogonadism; testis in adult patients with multiple defects of pituitary function. Proc. Mayo Clin. **29**, 317, 368 (1954). — ALBRIGHT, F., P. H. SMITH and R. FRASER: A syndrom characterized by primary ovarian insufficiency and decreased stature. Amer. J. Sci. **204**, 625 (1942). — ALMQVIST, S., J. LINDSTEN and N. LINDVALL: Linear growth, suphantion factor activity and chromosome constitution in 22 subjects with Turner's syndrome. Acta endocr. (Kbh.) **42**, 168 (1963). — ANDREOLI, C.: Neural factors in human pseudopregnancy. Gynaecologia (Basel) **150**, 12 (1960). — ANTONIN, J. M. F.: Hypothalamo-hypophysärer Zwergwuchs mit spontaner Pubertät. Helv. paediat. Acta **16**, 267 (1961). — ARGONZ, J., and E. B. DEL CASTILLO: A syndrome characterized by estrogenic insufficiency, galactorrhea and decreased urinary gonadotropin. J. clin. Endocr. **13**, 79 (1953). — ARTNER, J.: „Psychosomatik" der klimakterischen Störungen. Wien. klin. Wschr. **73**, 565 (1961). — AXELROD, L. R., and J. W. GOLDZIEHER: Enzymic inadequacies of human polycystic ovaries. Arch. Biochem. **95**, 547 (1961); — The polycystic ovary. III. Steroid biosynthesis in normal and polycystic ovarian tissue. J. clin. Endocr. **22**, 431 (1962).

BABINSKI, J.: Tumeur du corps pituitaire sans acromégalie et avec arrêt de développement des organes génitaux. Rev. neural. **8**, 531 (1900). — BAILEY, P.: Tumor of the hypophysis cerebri. In: Cytology and cellular pathology of the nervous system,

Bd. III, S. 1131f. New York: Hoeter 1932. — BAKAY, L.: The results of 300 pituitary adenoma operations. J. Neurosurg. **7**, 240 (1950). — BANSI, H.: Krankheiten der Schilddrüse. In: Handbuch der Inneren Medizin, Bd. VII, Teil 1, S. 457f. Berlin-Göttingen-Heidelberg: Springer 1955. — BARR, R. W., and S. C. SOMMERS: Endocrine abnormalities accompanying hepatic cirrhosis and hepatoma. J. clin. Endocr. **17**, 1017 (1957). — BARRACLOUGH, C. A.: Production of anovulatory, sterile rats by single injections of testosterone propionate. Endocrinology **68**, 62 (1961). — BARRACLOUGH, C. A., and R. A. GORSKI: Evidence that the hypothalamus is responsible for androgen-induced sterility in the female rat. Endocrinology **68**, 68 (1961); — Studies on mating behaviour in the androgen-sterilized female rat in relation to the hypothalamic regulation of sexual behaviour. J. Endocr. **25**, 175 (1962). — BASS, F.: L'amenorrhée au camp de concentration de terezin (Theresienstadt). Gynaecologia (Basel) **123**, 211 (1947). — BASTRUP-MADSEN, P., and O. GREISEN: Hypothalamic obesity in acute leukaemia. Acta haemat. **29**, 109 (1963). — BAUER, H. G.: Endocrine and other clinical manifestations of hypothalamic disease. J. clin. Endocr. **14**, 13 (1954). — BAY, E.: Diagnose, Differentialdiagnose und Therapie der Hirndurchblutungsstörungen. Dtsch. med. Wschr. **85**, 2049 (1960). — BELLER, F. K., u. H. VOGLER: Die Bestimmung des Ovulationstermines bzw. der präovulatorischen Phase unter besonderer Berücksichtigung der physikalischen Eigenschaften des Zervixschleimes. Z. Geburtsh. Gynäk. **158**, 58 (1962). — BENEDICT, P. H., and F. ALBRIGHT: Amenorrhea with normal folliclestimulating hormone (FSH): follow-up report of 60 cases. J. clin. Endocr. **14**, 765 (1954). — BENSON, R. C., and M. E. DAILEY: Menstrual pattern in hyperthyroidism and subsequent posttherapy hypothyroidism. Surg. Gynec. Obstet. **100**, 19 (1955). — BERGMAN, P.: Stein-Leventhal's syndrome. Acta endocr. (Kbh.) **17**, 1 (1954). — BERGMAN, P., B. SJÖGREN and B. HÅKANSSON: Hypertensive form of congenital adrenocortical hyperplasia. Acta endocr. (Kbh.) **40**, 555 (1962). — BERNHARD, P.: Die Sterilität des Weibes. Stuttgart: Ferdinand Enke 1947; — Die Unfruchtbarkeit des Weibes. In: Biologie und Pathologie des Weibes von L. SEITZ u. A. J. AMREICH, Bd. III, S. 159f. Berlin-Innsbruck-München-Wien: Urban & Schwarzenberg 1955. — BIBEN, R. L., and G. S. GORDAN: Familial hypogonadotropic eunuchoidism. J. clin. Endocr. **15**, 931 (1955). — BICKENBACH, W., u. G. K. DÖRING: Die Sterilität der Frau. Stuttgart: Georg Thieme 1959. — BICKENBACH, W., u. M. HESS: Über das Klimakterium und die Behandlung klimakterischer Beschwerden. Dtsch. med. Wschr. **74**, 876 (1949). — BIERICH, J. L.: Adrenogenitales Syndrom. In: Die Intersexualität von CL. OVERZIER. Stuttgart: Georg Thieme 1961. — BISHOP, P. M. F.: Derangements of ovarian functions. In: The ovary von S. ZUCKERMAN, Bd. I, S. 553f. New York u. London: Academic Press 1962. — BISHOP, P. M. F., M. H. LESSOF and P. E. POLANI: Turner's syndrome and allied conditions. Mem. Soc. Endocr. **7**, 162 (1960). — BISKIND, G. R., and M. S. BISKIND: Nutritional aspects of certain endocrine disturbances. Amer. J. clin. Path. **16**, 737 (1946). — BISKIND, M. S., and M. C. SHELESNYAK: Effect of vitamin B complex deficiency on inactivation of ovarian estrogen in liver. Endocrinology **30**, 819 (1942). — BLEULER, M.: Endokrinologische Psychiatrie. Stuttgart: Georg Thieme 1954. — BLISS, E. L., and C. J. MIGEON: Endocrinology of anorexia nervosa. J. clin. Endocr. **17**, 766 (1957). — BODECHTEL, G.: Differentialdiagnose neurologischer Krankheiten. Stuttgart: Georg Thieme 1958. — BUCHEM, F. S. P. VAN: Simmonds-Sheehan's disease. Acta endocr. (Kbh.) **19**, 165 (1955). — BÜRGER, M., u. K. SEIDEL: Innere Sekretion. Münch. med. Wschr. **100**, 598 (1958). — BURR, G. O., and M. M. BURR: New deficiency disease produced by exclusion of fat from diet. J. biol. Chem. **82**, 345 (1929); — On nature and role of fatty acids essential in nutrition. J. biol. Chem. **86**, 587 (1930). — BUXTON, C. L., and R. VAN DE WIELE: Wedge resection for polycystic ovaries. New Engl. J. Med. **251**, 293 (1954).

CERVINO, J. M., J. J. RAVERA, O. F. GROSSO, A. POU DE SANTIAGO, J. MORATÓ MANARO et J. C. MUSSIO FOURNIER: Syndrome de Stein-Leventhal: à propos de deux soeurs atteintes de ce syndrome. Ann. Endocr. (Paris) **17**, 355 (1956). — CHRISTIANSEN, E. G.: A case of Chiari-Frommel's syndrome. Acta endocr. (Kbh.) **24**, 407 (1957). — CHU, J. P., and S. S. YOU: Role of thyroid gland and oestrogen in regulation of gonadotrophic activity of anterior pituitary. J. Endocr. **4**, 115 (1945). — CONEN, P. E., and I. H. GLASS: 45/XO Turner's syndrome in the newborn. Report of two cases. J. clin. Endocr. **23**, 1 (1963). — COWIE, A. T., and W. R. LYONS: Mammogenesis and lactogenesis in hypophysectomized, ovariectomized, adrenalectomized rats. J. Endocr. **19**, 29 (1959). — CURTIUS, F., u. K. H. KRÜGER: Das vegetativendokrine Syndrom der Frau. München u. Berlin: Urban & Schwarzenberg 1952.

DA RUGNA, D.: Die Sterilität bei Mann und Frau. Gynaecologia (Basel) **140**, 317 (1955). — DÁN, S., u. A. LEÖVEY: Beitrag zur Klinik der post partum entstehenden

hypophysär-diencephalen Krankheitsbilder. Endokrinologie **36**, 1 (1958). — DE-
COURT, J.: Die Anorexia nervosa (psycho-endokrine Kachexie der Reifungszeit).
Dtsch. med. Wschr. **78**, 1619, 1661 (1953). — DEL CASTILLO, E. B., F. A. DE LA
BALZE and J. ARGONZ: Syndrome of rudimentary ovaries with estrogenic insufficiency
and increase in gonadotropins. J. clin. Endocr. **7**, 385 (1947). — DEUTSCH, H.: The
psychiatric component in gynecology. In: Progress in gynecology von J. V. MEIGS u.
S. H. STURGIS, Bd. II, S. 207. New York: Grune u. Stratton 1950. — DEWAR, A. D.:
Observations on pseudopregnancy in the mouse. J. Endocr. **18**, 186 (1959). — DÖRING,
G. K.: Der Temperaturcyclus der Frau. Ärztl. Forsch. **6**, 13 (1952); — Die Bestimmung
der fruchtbaren und unfruchtbaren Tage der Frau mit Hilfe der Körpertemperatur.
Stuttgart: Georg Thieme 1958; — Über Ovulationsstörungen als Sterilitätsursache.
Medizinische **10**, 403 (1959). — DÖRNER, G.: Der Einfluß von follikelstimulierendem
Hormon (FSH) und Choriongonadotropin (HCG) auf das Rattenovar bei experimen-
teller Follikelpersistenz. Zbl. Gynäk. **84**, 737 (1962). — DOHAN, F. C., E. M. RICHARD-
SON, L. W. BLUEMLE jr. and P. GYÖRGY: Hormone excretion in liver disease. J. clin.
Invest. **31**, 481 (1952). — DONOVAN, B. T., and D. JACOBSOHN: The growth responses
of mammary glands and other tissues in hypophysectomized female rats treated with
thyroxine, insulin, cortisone and pregnant mare serum gonadotrophin. Acta endocr.
(Kbh.) **33**, 197 (1960). — DRILL, V. A., and M. W. BURRILL: Effect of thiamin deficiency and controlled inanition on ovarian function. Endocrinology **35**, 187 (1944). —
DRILL, V. A., and C. A. PFEIFFER: Effect of vitamin B complex deficiency, controlled
inanition and methionine on inactivation of estrogen by liver. Endocrinology **38**,
300 (1946).
    ELERT, R.: Störungen der Keimdrüsenfunktion beim Weibe. In: Die Sexualität
des Menschen von H. GIESE, S. 447 f. Stuttgart: Ferdinand Enke 1955. — EMANUEL,
R. W.: Endocrine activity in anorexia nervosa. J. clin. Endocr. **16**, 801 (1956). —
ERDHEIM, J.: Über Hypophysenganggeschwülste. S.-B. Akad. Wiss. Wien, math.-
nat. Kl. **113**, 537 (1904). — ESCAMILLA, R. F., and H. LISSER: Simmonds' disease;
a clinical study with review of the literature; differentiation from anorexia nervosa
by statistical analysis of 595 cases, 101 of wich were proved pathologically. J. clin.
Endocr. **2**, 65 (1942). — EVANS, H. M., and K. S. BISHOP: On relation between
fertility and nutrition. II. Ovulation rhythm in rat on inadequate nutritional regimes.
J. metab. Res. **1**, 335 (1922); — On existence of hitherto unrecognized dietary factor
essential for reproduction. Science **56**, 650 (1922). — EVANS, H. M., and M. E. SIMP-
SON: Subnormal sex-hormone content of hypophysis of animals with inadequate
antineuritic vitamin B. Anat. Rec. **45**, 216 (1930). — EVANS, T. N., and G. M. RILEY:
Polycystic ovarian diseases. Amer. J. Obstet. Gynec. **80**, 873 (1960).
    FANTA, H.: Die Bedeutung des Augenbefundes bei Fällen mit suprasellärem
Tumor. Wien. klin. Wschr. **70**, 916 (1958). — FASSBENDER, H. G.: Pathologische
Anatomie der endokrinen Drüsen. In: Lehrbuch der speziellen pathologischen Ana-
tomie von E. KAUFMANN, neu herausgegeben von M. STAEMMLER, S. 1427 f. Berlin:
W. de Gruyter & Co. 1956. — FEUCHTINGER, O.: Hypothalamus, vegetatives Nerven-
system und innere Sekretion. Wien. Arch. inn. Med. **36**, 248, 265, 345 (1942); —
Die diencephal-hypophysäre Fett- und Magersucht. Dtsch. Arch. klin. Med. **189**,
377 (1942); — Konträre und paradoxe Reaktionen als Folge diencephal-hypophysärer
Regulationsstörungen. Nervenarzt **13**, 428 (1943). — FIKENTSCHER, R.: Diagnostik
und Therapie der Sterilität der Frau. Münch. med. Wschr. **100**, 213 (1958). — FLUX,
D. S.: Mammary gland growth in male mice of the chi strain after hypophysectomy
and castration. J. Endocr. **17**, 300 (1958). — FOLLEY, S. J.: The physiology and
biochemistry of lactation. London: Oliver & Boyd 1956. — FORBES, A. P., P. H.
HENNEMAN, G. C. GRISWALD and F. ALBRIGHT: Syndrome characterized by galactorrhea, amenorrhea and low urinary F.S.H.: Comparison with acromegaly and normal
lactation. J. clin. Endocr. **14**, 265 (1954). — FORD, C. E., K. W. JONES, P. E. POLANI,
J. C. DE ALMEDA and J. H. BRIGGS: A sex-chromosome anomaly in a case of gonadal
dysgenesis (Turner's syndrome). Lancet **1959 I**, 711. — FORSTER, R.: Geburts-
hilflich-gynäkologische Aspekte des Sheehan-Syndroms. Gynaecologia (Basel) **137**,
345 (1954). — FRACCARO, M., A. GEMZELL and J. LINDSTEN: Plasma level of growth
hormone and chromosome complement in four patients with gonadal dysgenesis (Turner's syndrome). Acta endocr. (Kbh.) **34**, 496 (1960). — FRIED, P. H., A. E. RAKOFF
and R. R. SCHOPBACH: Pseudocyesis: A psychosomatic study in gynecology. J. Amer.
med. Ass. **145**, 1329 (1951). — FRIES, K.: Die Prognose der „juvenilen Metropathie"
auf lange Sicht. Geburtsh. u. Frauenheilk. **6**, 511 (1962). — FRÖHLICH, A.: Ein Fall
von Tumor der Hypophysis cerebri ohne Acromegalie. Wien. klin. Wschr. **15**, 883,
906 (1901); — Tumor der Hypophyse ohne Akromegalie. Wien. klin. Wschr. **15**, 27
(1902). — FROMM, G. A., G. E. BUR, E. DEL CONTE, E. F. LASCANO and E. HECKER:

Prepuberal gonadal insufficiency: Its correlation with the adrenals and blood thyrotrophin. Acta endocr. (Kbh.) **19**, 112 (1955). — FROMMEL, R.: Über puerperale Atrophie des Uterus. Z. Geburtsh. Gynäk. **7**, 305 (1882).

GILLMAN, J., and C. GILBERT: Thyroid gland and its relation to menstrual cycle of baboon (Papio ursinus). J. Obstet. Gynaec. Brit. Emp. **60**, 445 (1953); — Menstrual disorders induced in baboon (Papio ursinus) by diet with consideration of endocrine factors underlying the menstrual disorders and body weight changes. S. Afr. J. med. Sci. **21**, 89 (1956). — GLASS, S. V., H. A. EDMONDSON and S. N. SOLL: Sex hormone changes associated with liver disease. Endocrinology **27**, 749 (1940). — GOECKE, H.: Die Klinik des Klimakteriums. Arch. Gynäk. **193**, 33 (1958). — GOLDBERG, M. B., and H. LISSER: Acromegaly: consideration of its course and treatment. J. clin. Endocr. **2**, 477 (1942). — GOLDSMITH, E. D., and R. F. NIGRELLI: Reponse of male mouse sex accessories to testosterone during inanition. Acad. Sci. (N.Y.) **12**, 236 (1950). — GOLDSMITH, R. E., S. H. STURGIS, J. LERMAN and J. B. STANBURY: Menstrual pattern in thyroid disease. J. clin. Endocr. **12**, 846 (1952). — GOLDZIEHER, J. W., and M. A. GOLDZIEHER: Hormone-resistant psychogenic amenorrhea. J. clin. Endocr. **12**, 42 (1952). — GOLDZIEHER, J. W., and J. A. GREEN: The polycystic ovary. I. Clinical and histologic features. J. clin. Endocr. **22**, 325 (1962). — GOLDZIEHER, J. W., and H. LAITIN: Evaluation of the pituitary-adrenal axis in simple hirsutism. J. clin. Endocr. **20**, 967 (1960). — GOLDZIEHER, J. W., and H. L. WOOLEY: Gonadotrophins. In: Progress in gynecology, Bd. III/S. 253f. v. J. V. MEIGS u. S. H. STURGIS. New York u. London: Grune & Stratton 1957. — GORSKI, R. A., and C. A. BARRACLOUGH: Adenohypophyseal LH content in normal, androgensterilized and progesterone-primed sterile female rats. Acta endocr. (Kbh.) **39**, 13 (1962). — GREENBLATT, R. B.: Cortisone in treatment of hirsute woman. Amer. J. Obstet. Gynec. **66**, 700 (1953). — GREENBLATT, R. B., N. CARMONA and W. S. HAGLER: Chiari-Frommel syndrome: syndrome characterised by galactorrhea, amenorrhea and pituitary dysfunction. Obstet. and Gynec. **7**, 165 (1956). — GREENE, R. R., and B. M. PECKHAM: Vitamin B complex, menorrhagia and cancer: critical review. Amer. J. Obstet. Gynec. **54**, 611 (1947). — GREGORY, B. A.: Menstrual cycle and its disorders in psychiatric patiens. J. psychosom. Res. **2**, 199 (1957). — GROPP, A., J. BRODEHL, H. SCHUMACHER u. O. HORNSTEIN: Testiculäre Feminisierung bei einem 5 Monate alten Kind, kombiniert mit familiärem, abnorm großem Y-Chromosom. Klin. Wschr. **41**, 690 (1963).

HAAS, R. L., and G. M. RILEY: Polycystic ovaries and amenorrhea; laboratory and clinical observations. Obstet. and Gynec. **5**, 657 (1955). — HACK, H. J.: Ein Beitrag zur pathologischen Anatomie der Anorexia nervosa. Endokrinologie **38**, 56 (1959). — HARTMANN, G.: Fehlbildungen der weiblichen Geschlechtsorgane, des kaudalen Harnapparates und der Kloake. Zwitterbildungen. In: Biologie und Pathologie des Weibes von L. SEITZ u. A. J. AMREICH. Berlin-Innsbruck-München-Wien: Urban u. Schwarzenberg 1957. — HARDY, H. L., and R. F. FEEMSTER: Infections hepatitis in Massachusetts; with review of present knowledge of disease. New Engl. J. Med. **235**, 147 (1946). — HARNDEN, D. G., and J. S. S. STEWART: The chromosomes in a case of pure gonadal dysgenesis. Brit. med. J. **1959**, No 5162, 1285. — HARTL, H.: Der postpartale Hypopitiutarismus. Geburtsh. u. Frauenheilk. **18**, 608 (1958). — HAUSER, G. A.: Testikuläre Feminisierung. In: Die Intersexualität von CL. OVERZIER, S. 261f. Stuttgart: Georg Thieme 1961; — Gonadendysgenesie. In: Die Intersexualität von CL. OVERZIER, S. 304, Stuttgart: Georg Thieme 1961. — HAVENS jr., W. P., R. M. MYERSON and I. N. CARROLL: Effect of ACTH, cortisone and progesterone on patients with chronic hepatic disease. Metabolism **1**, 172 (1952). — HEDINGER, CHR.: Hypophyse (Pathologische Anatomie). In: Klinik der inneren Sekretion von A. LABHART, S. 108f. Berlin-Göttingen-Heidelberg: Springer 1957. — HEINSEN, H. A., u. W. v. MASSENBACH: Über die Behandlung der Amenorrhoe bei diencephalo-hypophysärer Insuffizienz. Klin. Wschr. **27**, 126 (1949). — HERTIG, A. T., J. R. ROCK and E. C. ADAMS: Description of 34 human ova within first 17 days of development. Amer. J. Anat. **98**, 435 (1956). — HERTIG, A. T., J. ROCK, E. C. ADAMS and M. C. MENKIN: Thirty-four fertilized human ova, good, bad and indifferent, recovered from 210 women of know fertility; a study of biologic wastage in early human pregnancy. Pediatrics **23**, 202 (1959). — HERTZ, R.: Quantitative relationship between stilbestrol response and dietary "folic acid" in chick. Endocrinology **37**, 1 (1945); — Role of factors of B-complex in estrogen metabolism. Recent Progr. Hormone Res. **2**, 161 (1948). — HERTZ, R., and W. H. SEBRELL: Impairment of response to stilbestrol in oviduct of chicks deficient in L. casei factor ("folic acid"). Science **100**, 293 (1944). — HESS, W. R.: Die funktionelle Organisation des vegetativen Nervensystems. Basel: Benno Schwabe & Co. 1949; — Hypothalamus und Thalamus. Stuttgart: Georg Thieme

1956. — HETHERINGTON, A. W.: The relation of various hypothalamic lesions to adiposity and other phenomena in the rat. Amer. J. Physiol. **133**, 326 (1941); — The production of hypothalamic obesity in rats already displaying chronic hypopituitarism. Amer. J. Physiol. **140**, 89 (1943/44). — HETHERINGTON, A. W., and S. W. RANSON: The spontaneous activity and food intake of rats with hypothalamic lesions. Amer. J. Physiol. **136**, 609 (1942); — Effect of early hypophysectomy on hypothalamic obesity. Endocrinology **31**, 30 (1942). — HETHERINGTON, A. W., and A. WEIL: The lipoid, Calcium, phosphorus and iron content of rats with hypothalamic and hypophyseal damage. Endocrinology **26**, 723 (1940). — HEYNEMANN, TH.: Die Nachkriegsamenorrhoe. Klin. Wschr. **26**, 129 (1948). — HOFF, F.: Klimakterium und innere Medizin. Arch. Gynäk. **193**, 12 (1959).

INGERSOLL, F. M.: Differential diagnosis of Stein-Leventhal syndrome (polycystic ovary syndrome). In: Progress in Gynecology von J. V. MEIGS u. S. H. STURGIS, Bd. III, S. 223. New York u. London: Grune & Stratton 1957. — INGERSOLL, F. M., and J. W. McARTHUR: Longitudinal studies of gonadotropin excretion in Stein-Leventhal syndrome. Amer. J. Obstet. Gynec. **77**, 795 (1959). — INGERSOLL, F. M., and W. V. McDERMOTT jr.: Bilateral polycystic ovaries, Stein-Leventhal syndrome. Amer. J. Obstet. Gynec. **60**, 117 (1950).

JACKSON, R. L., and M. B. DOCKERTY: The Stein-Leventhal syndrome: Analysis of 43 cases with special reference to association with endometrial carcinoma. Amer. J. Obstet. Gynec. **73**, 161 (1957). — JAILER, J. W.: Effect of inanition on inactivation of estrogen by liver. Endocrinology **43**, 78 (1948). — JANES, R. G.: Effect of pituitary gonadotrophin on ovaries of hypothyroid rats. Endocrinology **54**, 461 (1954). — JATZKEWITZ, H.: Zur Biochemie neurologischer und psychiatrischer Krankheitsbilder. Dtsch. med. Wschr. **86**, 474 (1961). — JAYLE, M. F., R. SCHOLLER, P. MAUVAIS-JARVIS et S. MÉTAY: Excretion des steroides chez des femmes presentant un virilisme pilaire associe a des troubles du cycle menstruel. Acta endocr. (Kbh.) **36**, 375 (1961). — JEFFERIES, W. McK.: Effect of small doses of cortisone upon urinary 17-ketosteroid fractions in patients with ovarian dysfunction. J. clin. Endocr. **22**, 255 (1962). — JEFFERIES, W. McK., and R. P. LEVY: Treatment of ovarian dysfunction with small doses of cortisone or hydrocortisone. J. clin. Endocr. **19**, 1069 (1959). — JEFFERIES, W. McK., W. C. WEIR, D. R. WEIR and R. L. PROUTY: The use of cortisone and related steroids in infertility. Fertil. and Steril. **9**, 145 (1958). — JONES, G. E. S., J. E. HOWARD and H. LANGFORD: Use of cortisone in follicular phase disturbances. Fertil. and Steril. **4**, 49 (1953). — JORES, A.: Die Anorexia nervosa als endokrinologisches Problem. Acta endocr. (Kbh.) **17**, 206 (1954); — Die Nebennieren und ihre Krankheiten. In: Handbuch der Inneren Medizin, Bd. VII, Teil 1, S. 149f. Berlin-Göttingen-Heidelberg: Springer 1955; — Krankheiten der Hypophyse und des Hypophysenzwischenhirnsystems. In: Handbuch der Inneren Medizin, Bd. VII, Teil 1, S. 8f. Berlin-Göttingen-Heidelberg: Springer 1955; — Die psychosomatische Krankheitsbetrachtung, gezeigt an dem Beispiel der Anorexia nervosa. Wien. med. Wschr. **108**, 1062 (1958). — JOST, A.: Recherches sur la différenciation sexuelle de l'embryon de lapin. III. Rôle des gonades foetales dans la différenciation sexuelle somatique. Arch. Anat. micr. Morph. exp. **36**, 271 (1947); — Problems of fetal endocrinology: the gonadal and hypophyseal hormones. Recent Progr. Hormone Res. **8**, 379 (1953); — L'analyse expérimentale de l'endocrinologie foetale. 3. Symp. Dtsch. Ges. Endokrinologie: Probleme der fetalen Endokrinologie, S. 14. Berlin-Göttingen-Heidelberg: Springer 1956.

KÄSER, O.: Die Amenorrhoe (vom Symptom zur Diagnose). Dtsch. med. Wschr. **83**, 1461 (1958). — KAISER, R., H. J. KARL u. E. DAUME: Zyklusstörungen und Hirsutismus. Geburtsh. u. Frauenheilk. **23**, 593 (1963). — KARL, H. J.: Die Funktion der Nebennierenrinde bei Frauen mit Hirsutismus und Cyclusstörungen. Klin. Wschr. **38**, 634 (1960). — KASE, N., E. FORCHIELLI and R. I. DORFMAN: In vitro production of testosterone and androst-4-ene-3,17-dione in a human ovarian homogenate. Acta endocr. (Kbh.) **37**, 19 (1961). — KASE, N., J. KOWAL and L. J. SOFFER: In vitro production of testosteron and androstenedione in normal and Stein-Leventhal ovaries. Acta endocr. (Kbh.) **44**, 8 (1963). — KAUFMANN, C.: Die Keimdrüsenhormone in der Therapie. Dtsch. med. Wschr. **76**, 519 (1951). — KAUFMANN, C., u. H. 'A. MÜLLER: Die Prognose der umweltbedingten Menstruationsstörungen. Geburtsh. u. Frauenheilk. 7/8, 630 (1948). — KAY, D. W. K., and D. LEIGH: Natural history, therapy and prognosis of anorexia nervosa. J. Ment. Sci. **100**, 411 (1954). — KEETTEL, W. C., J. T. BRADBURY and F. J. STODDARD: Observations on the polycystic ovary syndrome. Amer. J. Obstet. Gynec. **73**, 954 (1957). — KEHRER, E.: Endokrinologie für den Frauenarzt. Stuttgart: Ferdinand Enke 1937. — KEMPER, W.: Die funktionellen Sexualstörungen. Stuttgart: Georg Thieme 1950. — KERKHOF, A. M., and

L. A. M. Stolte: Two cases of "Hypoplasia" of the ovaries. Acta endocr. (Kbh.) **21**, 106 (1956). — Kermauner, F.: Das Fehlen beider Kcimdrüsen. Beitr. path. Anat. **54**, 479 (1912); — Die Erkrankungen des Eierstockes. In: Handbuch der Gynäkologie von J. Veit u. W. Stoeckel, Bd. VII, S. 1. München: J. F. Bergmann 1932. — Keys, A., J. Brożek, A. Henschel, O. Mickelsen and H. L. Taylor: The biology of human starvation. Univ. Minn. Press **1**, 749 (1950). — Klinefelter jr., H. F., F. Albright and G. C. Griswold: Experience with a quantitative test for normals or decreased amounts of follicle stimulating hormone in the urine in endocrinological diagnosis. J. clin. Endocr. **3**, 529 (1943). — Klotz, H. P., H. Chimenes et M. Drosdowsky: Propos du syndrome galactorrhée-aménorrhée survenant en dehors de tout accouchement (syndrome d'Argonz-del Castillo ou de Forbes-Albright). Sem. Hôp. Paris **36**, 2697 (1960). — Knaus, H.: Die Physiologie der Zeugung des Menschen. Wien: Wilhelm Maudrich 1950. — Koluch, J., u. M. Davidová: Zur Problematik der Anorexia mentalis. Acta paedopsychiat. **29**, 343 (1962). — Kovačić, N.: Congenital adrenal hyperplasia and precocious gonadotropin secretion in a 6-year-old girl. J. clin. Endocr. **19**, 844 (1959). — Kraus, E. J.: Die Hypophyse. In: Handbuch der speziellen pathologischen Anatomie und Histologie von E. Henke u. O. Lubarsch, Bd. 8. Berlin: Springer 1926. — Kraus-Ruppert, R.: Zur Frage ererbter diencephaler Störungen. Z. menschl. Vererb.- u. Konstit.-Lehre **34**, 643 (1958). — Kretschmer, E.: Die Orbitalhirn- und Zwischenhirnsyndrome nach Schädelbasisfrakturen. Z. ges. Neurol. Psychiat. **182**, 452 (1949).

Labhart, A.: Die Adenohypophyse. In: Klinik der inneren Sekretion von A. Labhart, S. 99f. Berlin-Göttingen-Heidelberg: Springer 1957. — Landing, B. H.: Hilar-cell proliferation in the adrenogenital syndrome. J. clin. Endocr. **14**, 245 (1954). — Lanthier, A.: Urinary 17-ketosteroids in the syndrome of polycystic ovaries and hyperthecosis. J. clin. Endocr. **20**, 1587 (1960). — Lanthier, A., S. Lauze, and C. E. Grignon: The syndrome of polycystic ovaries and hyperthecosis. A clinical evaluation. Amer. J. med. Sci. **239**, 585 (1960). — Lanthier, A., and T. Sandor: The in vitro biosynthesis of androgenic steroids by human normal and "Stein-Leventhal type" ovarian slices. Acta endocr. (Kbh.) **39**, 145 (1962). — Lee, S. van der, and L. M. Boot: Spontaneous pseudopregnancy in mice. Acta physiol. pharmacol. neerl. **5**, 213 (1957). — Lempp, R.: Dystrophia adiposo-genitalis und Pupertätsfettsucht. Z. menschl. Vererb.- u. Konstit.-Lehre **34**, 289 (1957). — Leon, N., M. Neves e Castro and R. I. Dorfman: Biosynthesis of testrosterone by a Stein-Leventhal ovary. Acta endocr. (Kbh.) **39**, 411 (1962). — Leventhal, M. L.: The Stein-Leventhal-syndrome. Amer. J. Obstet. Gynec. **76**, 825 (1958); — Functional and morphologic studies of the ovaries and suprarenal glands in the Stein-Leventhal syndrome. Amer. J. Obstet. Gynec. **84**, 154 (1962). — Lippard, C. H.: Diagnosis and management of Chiari-Frommel syndrome. III. Weltkongr. Internat. Federat. Gynäk. u. Geburtsh. Wien 1961, Berichte Bd. II, S. 381; — The Chiari-Frommel syndrome. Amer. J. Obstet. Gynec. **82**, 724 (1961). — Lipsett, M. B., and B. Riter: Urinary ketosteroids and pregnanetriol in hirsutism. J. clin. Endocr. **20**, 180 (1960). — Lloyd C. W., and R. H. Williams: Endocrine changes associated with Laennec's cirrhosis of liver. Amer. J. Med. **4**, 315 (1948). — Love, J. G., and T. M. Marshall: Craniopharyngiomas (pituitary adamantinomas). Surg. Gynec. Obstet. **90**, 591 (1950). — Lyons, W. R., Ch. H. Li and R. E. Johnson: The hormonal control of mammary growth and lactation. Recent Progr. Hormone Res. **14**, 219 (1958).

Maddock, W. O., and C. G. Heller: Dichotomy between hypophyseal contend and amount of circulating gonadotrophins during starvation. Proc. Soc. exp. Biol. (N.Y.) **66**, 595 (1947). — Mahesh, V. B., and R. B. Greenblatt: Physiology and pathogenesis of the Stein-Leventhal syndrome. Nature (Lond.) **191**, 888 (1961); — Isolation of dehydro-epiandrosterone and 17α-hydroxy-Δ^5-pregnenolone from the polycystic ovaries of the Stein-Leventhal syndrome. J. clin. Endocr. **22**, 441 (1962). — Mandl, A. M.: Factors influencing ovarian sensitivity to gonadotrophins. J. Endocr. **15**, 448 (1957). — Maqsood, M.: Thyroid functions in relation to reproduction of mammals and birds. Biol. Rev. **27**, 281 (1952). — Marrian, G. F., and A. S. Parkes: Effect of anterior pituitary preparation administered during dietary anoestrus. Proc. roy. Soc. Med. **105**, 248 (1929). — Martin, M. M., and L. Wilkins: Pituitary dwarfism: Diagnosis and treatment. J. clin. Endocr. **18**, 679 (1958). — Martius, H.: Fluchtamenorrhoe. Dtsch. med. Wschr. **71**, 81 (1946). — Massenbach, W. v., u. H. A. Heinsen: Die Amenorrhoe als Symptom einer dienzephalo-hypophysären Dysfunktion. Zbl. Gynäk. **70**, 540 (1948). — Masson, G., and M. M. Hoffman: Studies on role of liver in metabolism of progesterone. Endocrinology **37**, 111 (1945). — Mauz, F.: Die sogenannten kritischen Jahre der Frau in psychiatrischer und psychologischer Sicht. Arch. Gynäk. **193**, 50 (1959). — Mayer, A.: Die Menstruation in ihrer Beziehung zu Lebensführung, Erlebnissen und Krankheit. Münch. med. Wschr. **82**, 373 (1935); — Normale Entwicklung und Wachstum, die einzelnen Phasen der geschlechtlichen Entwicklung der Frau. In: Biologie und Pathologie des Weibes, Bd. I/1, S. 853f. von L. SEITZ u. A. J. AMREICH. Berlin-Innsbruck-München-Wien: Urban u. Schwarzenberg 1953; — Zur Psychologie der weiblichen Pubertätsmagersucht, die Pubertätsmagersucht als „Schicksalskrankheit". Med. Klin. **52**, 2185 (1957). — MCARTHUR, J. W., F. M. INGERSOLL and J. WORCESTER: The urinary excretion of inter-stitial-cell and follicle-stimulating hormone activity by women with diseases of the reproductive system. J. clin. Endocr. **18**, 1202 (1958). — MEITES, J., and B. CHAN-DRASHAKER: Effects of induced hyper- and hypothyroidism on response to constant dose of pregnant mare's serum in immature male rats and mice. Endocrinology **44**, 368 (1949). — MEITES, J., and J. O. REED: Effects of restricted feed intake in intact and ovariectomized rats on pituitary lactogen and gonadotrophin. Proc. Soc. exp. Biol. (N.Y.) **70**, 513 (1949). — MELLINGER, R. C., R. W. SMITH and A. A. PATTI: Adrenocortical function in polycystic ovary syndrome. J. clin. Endocr. **16**, 967 (1956). MENNINGER-LERCHENTHAL, E.: Sexualfunktionsstörungen nach Schädelhirntraumen. Wien. med. Wschr. **110**, 20 (1960). — MEYER, A.-E., u. H. FRAHM: Zur Steroidbehand-lung des gewöhnlichen Hirsutismus. Schweiz. med. Wschr. **90**, 1336 (1960). — MIL-COU, S. M., M. PITIS, V. STANESCO, A. SERBAN, S. LEIBA, E. NEDELNIUC and H. OP-RAN: Considerations on ovarian changes in the congenital adrenogenital syndrome. Sem. Hôp. Paris **36**, 1144 (1960). — MIZUNO, H., K. JIDA and M. NAITO: The role of prolactin in the mammary alveolus formation. Endocr. jap. **2**, 163 (1955). — MIZUNO, H., and M. NAITO: The effect of locally administered prolactin on the nucleic acid content of the mammary gland in the rabbit. Endocr. jap. **3**, 227 (1956). — MOGEN-SEN, E. F.: Chromophobe adenoma of the pituitary gland. Acta endocr. (Kbh.) **24**, 135 (1957). — MOLDAWER, M. P., F. ALBRIGHT, P. H. BENEDICT, A. P. FORBES and P. H. HENNEMAN: Eunuchoidism with low urinary follicle-stimulating hormone in the female: Comparison with this syndrome in the male and with the premenarchal menopause. J. clin. Endocr. **18**, 1 (1958). — MOORE, C. R., and L. T. SAMUELS: Action of testis hormone in correcting changes induced in rat prostate and seminal vesicles of vitamin B deficiency or partial inanition. Amer. J. Physiol. **96**, 278 (1931). MORANDI, L., G. CLEMENCON u. H. AMSTEIN: Die klinischen Formen der Hypophysen-vorderlappeninsuffizienz. Schweiz. med. Wschr. **87**, 867 (1957). — MOWBRAY, R. R. DE, A. W. SPENCE, V. C. MEDVEI and A. M. ROBINSON: Steroid therapy in hirsutism and virilism. Brit. med. J. **1959**, 456. — MUNFORD, R. E.: The effect of cortisol acetate on oestrone-induced mammary gland growth in immature ovariectomized albino mice. J. Endocr. **16**, 72 (1957). — MURDOCH, R.: Sheehan's syndrome. Lancet **1962**, 1327.

NAPP, J.-H., u. H. PROTZEN: Die „juvenilen Blutungen". Dtsch. med. Wschr. **85**, 1007 (1960). — NELSON, W. O., and C. G. HELLER: Diseases of reproductive system. Ann. Rev. Med. **2**, 179 (1951). — NETTER, A., H. BLOCH, M. Y. SALOMON, F. THEVEL, Y. DE GROUCHY et M. LANY: Etude du caryotype dans la maladie de Stein-Leventhal. Ann. Endocr. (Paris) **22**, 841 (1961). — NOALL, M. W., F. ALEXAN-DER and W. M. ALLEN: Dehydroisoandrosterone synthesis by the human ovary. Biochim. Biophys. Acta **59**, 520 (1962). — NOCHIMOWSKI, J.: Die Ghettoamenorrhoe. Med. Klin. **41**, 347 (1946). NOVER, A.: Augensymptome bei Hypophysenadenomen. Dtsch. med. Wschr. **87**, 1381 (1962). — NOWAKOWSKI, H.: Über die endokrine Symptomatik bei Erkrankungen des Hypothalamus. Verh. dtsch. Ges. inn. Med. **61**, 49 (1955). — NOWAKOWSKI, H., u. C. SCHIRREN: Spermaplasmafructose und Leydigzellenfunktion beim Manne. Klin. Wschr. **34**, 19 (1956). — NURNBERGER, J. J., and S. R. KOREY: Pituitary chromophobe adenomas. New York: Springer 1953. — NYIRI, I.: Über das Sheehan-Syndrom. Zbl. Gynäk. **80**, 874 (1958).

OBER, K. G.: Die Behandlung der unzulänglichen Keimdrüsenfunktion. In: Biologie und Pathologie des Weibes, Bd. II, S. 726f. von L. SEITZ u. A. J. AMREICH. Berlin-Innsbruck-München-Wien: Urban & Schwarzenberg 1952; — Ovar. In: Klinik der Inneren Sekretion, S. 488f. von A. LABHART. Berlin-Göttingen-Heidel-berg: Springer 1957. — OBERDISSE, K.: Die partielle Vorderlappeninsuffizienz. In: Die partielle Hypophysenvorderlappeninsuffizienz. 4. Symposion Dtsch. Ges. Endo-krinol., S. 40f. Berlin-Göttingen-Heidelberg: Springer 1957. — OPITZ, J. M., and E. WITSCHI: The polycystic ovary syndrome. Anat. Rec. **134**, 619 (1959). — ORTH-NER, H.: Pathologische Anatomie und Physiologie der hypophysär-hypothalamischen Krankheiten. In: Handbuch der speziellen pathologischen Anatomie und Histologie von E. HENKE u. O. LUBARSCH, Bd. VIII, Teil 5. Berlin-Göttingen-Heidelberg: Springer 1955; — Zur Pathophysiologie hypophysär-hypothalamischer Krankheiten (Einige Kapitel funktioneller Hypophysenpathologie). Wien. med. Wschr. **108**, 95

(1958). — OVERZIER, CL.: Klinik der Störungen der embryonalen Geschlechtsdifferenzierung. 64. Vcrh. Dtsch. Ges. inn. Med. München: J. F. Bergmann 1958, S. 425; — Theorie der Initial- und Dauerinduktionswirkung der Gonaden. Acta endocr. (Kbh.) **21**, 97 (1956).

PALDI, E., K. FUCHS and A. PERETZ: Treatment of sterility with cortisone. Fertil. and Steril. 11, 489 (1960). — PARNITZKE, K. H.: Sexuelle Frühreife nach behandelter Meningitis tuberculosa. Acta neuroveg. (Wien) **25**, 16 (1963). — PASCHKIS, K. E., A. CANTAROW and W. P. HAVENS jr.: Studies on progesterone metabolism in cases of liver disease. Fed. Proc. **10**, 101 (1954). — PASCHKIS, K. E., and A. E. RAKOFF: Clinical endocrinology. In: The Hormones von G. PINCUS u. K. V. THIEMANN, Bd. III, S. 821 f. New York: Academic Press 1955. — PERKINS, R. F., and E. H. RYNEARSON: Endocrine review: practical aspects of insufficiency of anterior pituitary gland in adult. J. clin. Endocr. **12**, 574 (1952). — PERLOFF, W. H., B. J. CHANNICK, H. E. HADD and J. H. NODINE: Stein-Leventhal ovary: manifestation of hyperadrenocorticism. Fertil. and Steril. **9**, 247 (1958). — PESONEN, S.: Observations on the catabolism of androgens in normal and hirsute women. Acta endocr. (Kbh.) **43**, 220 (1963). — PESONEN, S., S. TIMONEN and R. MIKKONEN: Symptoms and etiology of the Stein-Leventhal syndrome. Acta endocr. (Kbh.) **30**, 405 (1959). — PHILIPP, E.: Die unterentwickelte und fehlentwickelte Keimdrüse im Hinblick auf das Zwittertum. Dtsch. med. Wschr. **82**, 1325 (1957). — PHILIPP, E., H.-J. STAEMMLER u. H.-H. STANGE: Ein klinischer Beitrag zum Erscheinungsbild des Pseudohermaphroditismus femininus. Med. Klin. **50**, 1591 (1955). — PHILIPP, E., u. H.-H. STANGE: Ein Fall von adreno-genitalem Syndrom mit großen polycystischen Ovarien und partieller Atresie der Scheide. Acta endocr. (Kbh.) **17**, 338 (1954); — Das polycystische Ovarium (Stein-Leventhal-Syndrom). Dtsch. med. Wschr. **79**, 1519 (1954); — Die Bedeutung der fehlgebildeten und fehlgesteuerten Eierstöcke für die Androgenbildung. Wien. med. Wschr. **71**, 563 (1959); — Der primäre und sekundäre weibliche Hypogonadismus. Z. Geburtsh. Gynäk. **156**, 191 (1961). — PINCUS, I. J., A. E. RAKOFF, E. M. COHN and H. J. TUMEN: Hormonal studies in patients with chronic liver disease. Gastroenterology **19**, 735 (1951). — PLATE, W. P.: The pathologic anatomy of the Stein-Leventhal Syndrome. Fertil. and Steril. **9**, 545 (1958); — Das Stein-Leventhal-Syndrom. Arch. Gynäk. **198**, 453 (1963). — PLAUT, A.: Pituitary necrosis in routine necropsies. Amer. J. Path. **28**, 883 (1952). — PLOTZ, J.: Die Pregnandiolausscheidung bei Hyperemesis gravidarum, Blasenmole, Chorionepitheliom und Scheinschwangerschaft. Z. Geburtsh. Gynäk. **130**, 316 (1949); — Der Einfluß von Notzeiten auf die Sexualfunktion der Frau. Klin. Wschr. **28**, 703 (1950). — POLANI, P. E., W. F. HUNTER and B. LENNOX: Chromosomal sex in Turner's syndrome with coarctation of the aorta. Lancet **1954 I**, 120. — PRADER, A.: Wachstum und Entwicklung. In: Klinik der inneren Sekretion von A. LABHART, S. 20 f. Berlin-Göttingen-Heidelberg: Springer 1957; — Hypophysärer Zwergwuchs. In: Klinik der inneren Sekretion von A. LABHART, S. 117 f. Berlin-Göttingen-Heidelberg: Springer 1957; — Intersexualität und Gonadendysgenesie. In: Klinik der inneren Sekretion von A. LABHART, S. 645 f. Berlin-Göttingen-Heidelberg: Springer 1957. — PRUNTY, F. T. G., R. V. BROOKS et D. MATTINGLY: Le dévéllopement de l'hirsutisme après la puberté. Ann. Endocr. (Paris) **19**, 820 (1958). — PUK, A.: Das Follikelhormon und die glandulär-cystische Hyperplasie des Endometrium. Arch. Gynäk. **193**, 307 (1959).

RABAU, E., A. HARELL-STEINBERG and E. YUVAL: Primary and non puerperal amenorrhea with galactorrhea and low F.S.H. secretion and its prognosis in sterility. Gynaecologia (Basel) **151**, 314 (1961). — RAKOFF, A. E.: Psychogenic factors in anovulatory women. I. Hormonal patterns in women with ovarian dysfunctions of psychogenic origin. Fertil. and Steril. **13**, 1 (1962). — RATNOFF, O. D., and A. J. PATEK jr.: Natural history of Laennec's cirrhosis of liver: analysis of 386 cases. Medicine (Baltimore) **21**, 207 (1942). — RAUSCHER, H., u. H. LEEB: Zu Diagnostik und Therapie bei Insuffizienz der Gelbkörperwirkung bei Frauen mit Kinderwunsch. Wien. med. Wschr. **109**, 279 (1959). — REIFENSTEIN jr., E. C.: Psychogenic or „hypothalamic" amenorrhea. Med. Clin. N. Amer. **30**, 1103 (1946); — 17-alpha-hydroxy-progesterone and virilism of adrenogenital syndrome associated with congenital adrenocortical hyperplasia — review. J. clin. Endocr. **16**, 1262 (1956). — REY, J. H., U. NICHOLSON-BAILEY and A. TRAPPL: Endocrine activity in psychiatric patients with menstrual disorders. Brit. med. J. **1957**, 5049, 843. — REYE, DR.: Das klinische Bild der Simmondschen Krankheit (hypophysäre Kachexie) in ihrem Anfangsstadium und ihre Behandlung. Münch. med. Wschr. **73**, 902 (1926); — Die ersten klinischen Symptome bei Schwund des Hypophysenvorderlappens (Simmondsche Krankheit) und ihre erfolgreiche Behandlung. Dtsch. med. Wschr. **24**, 696 (1928); — Klinik und Therapie der Simmondschen Krankheit und verwandter Zustände. Zbl. inn. Med. **41**,

946 (1931). — Riisfeldt, O.: Influence of thyrotoxicosis on menstruation. Gynaecologia (Basel) 128, 237 (1949). — Ripley, H. S., and G. N. Papanicolaou: Menstrual cycle with vaginal smear studies in schizophrenia, depression and elation. Amer. J. Psychiat. 98, 567 (1942). — Roberts, D. W. T., and M. Haines: Is there a Stein-Leventhal syndrome? Brit. med. J. 1960, 1709. — Rock, J., and A. T. Hertig: The human conceptus during the first two weeks of gestation. Amer. J. Obstet. Gynec. 55, 6 (1948). — Roemer, H.: Über den Ausfall hypophysär-diencephaler Funktionsprüfungen vor und nach der Hypophysenimplantation. Arch. Gynäk. 181, 58 (1951).— Rössle, R., u. J. Wallart: Der angeborene Mangel der Eierstöcke und seine grundsätzliche Bedeutung für die Theorie der Geschlechtsbestimmung. Beitr. path. Anat. 84, 401 (1930). — Rogers, J.: Progesterone metabolism in liver disease. J. clin. Endocr. 16, 114 (1956); — Menstruation and systemic disease. New Engl. J. Med. 259, 676 (1958). — Ruf, H.: Hypophysentumoren und sellanahe Prozesse. In: Handbuch der Inneren Medizin, Bd. V, Teil 3. Berlin-Göttingen-Heidelberg: Springer 1953. — Rupp, H.: Die Behandlungsaussichten der ovariell bedingten Sterilität. Münch. med. Wschr. 102, 688 (1960). — Rupp, J., A. Cantarow, A. E. Rakoff and K. E. Paschkis: Hormone excretion in liver disease and in gynecomastia. J. clin. Endocr. 11, 688 (1951). — Russell, P. M. G., and E. M. Dean: Influence of thyrotoxicosis on menstruation. Lancet 1942, 66. — Ryan, K. J., and O. W. Smith: Biogenesis of estrogens by the human ovary. IV. Formation of neutral steroid intermediates. J. biol. Chem. 236, 2207 (1961).

Sandor, T., and A. Lanthier: The in vitro transformation of Δ^4-androstene-3,17-dione to testosterone by surviving human ovarian slices. Rev. canad. Biol. 19, 445 (1960). — Schirren, C.: Fertilitätsstörungen des Mannes. Stuttgart: Ferdinand Enke 1961. — Schneider, E.: Die Amenorrhoe bei Geisteskrankheiten und ihr Verhalten bei der Elektroschockbehandlung. Zbl. Gynäk. 71, 964 (1949). — Schreiner, W. E.: Der postpartuale Hypopituitarismus. Gynaecologia (Basel) 148, 1 (1959). — Schröder, R.: Der mensuelle Genitalzyklus des Weibes und seine Störungen. In: Handbuch der Gynäkologie von J. Veit u. W. Stoeckel, Bd. I/2. München: J. F. Bergmann 1928. — Schuschania, P.: Ergebnisse von Mengenbestimmungen des Sexualhormons. 5. Mitt.: Sexualhormon in Harn und Kot bei a. Metropathia haemorrhagica juvenilis (glandulär-cystische Hyperplasie), b. Granulosazelltumor des Ovars mit glandulär-cystischer Hyperplasie des Endometriums. Zbl. Gynäk. 54, 1924 (1930). — Scowen, E. F., J. Hadfield and E. M. Donath: The response of the mammary gland of the male mouse to progesterone and human mammotrophic substances. J. Endocr. 18, 26 (1959). — Seelen, J. C., and J. H. J. Bakker: The importance of prednisone in the treatment of amenorrhoea and anovulatory haemorrhages. Acta endocr. (Kbh.) 34, 189 (1960). — Segaloff, A., and A. Segaloff: Role of vitamines of B-complex in estrogen metabolism. Endocrinology 34, 346 (1944). — Selye, H., and T. McKeown: Production of pseudopregnancy by mechanical stimulation of nipples. Proc. Soc. exp. Biol. (N.Y.) 31, 683 (1934). — Sheehan, H. L.: Postpartum necrosis of anterior pituitary. J. Path. Bact. 45, 189 (1937); — Simmonds's disease due to post-partum necrosis of the anterior pituitary. Quart. J. Med. 8, 277 (1939); — Shock in obstetrics. Lancet 1948 I, 1; — The incidence of post-partum hypopituitarism. Amer. J. Obstet. Gynec. 68, 202 (1954); — Physiopathologie der Hypophyseninsuffizienz. Helv. med. Acta 22, 324 (1955); — Pathologische Anatomie des partiellen Hypopituitarismus. In: Die partielle Hypophysenvorderlappen-Insuffizienz, S. 21. Berlin-Göttingen-Heidelberg: Springer 1957; — Ovarian function in post-partum hypopituitarism. III. Weltkongr. Internat. Federat. Gynäk. u. Geburtsh. Wien 1961, Berichte Bd. I, S. 1. — Sheehan, H. L., and R. Murdoch: Post-partum necrosis of anterior pituitary; pathological and clinical aspects. J. Obst. Gynaec. Brit. Emp. 45, 456 (1938). — Sheehan, H. L., and J. P. Stanfield: The pathogenesis of post-partum necrosis of the anterior lobe of the pituitary gland. Acta endocr. (Kbh.) 37, 479 (1961). — Sheehan, H. L., and V. K. Summers: The syndrom of hypopituitarism. Quart. J. Med., N.S. 18, 319 (1949). — Shipley, R. A., and P. György: Effect of dietary hepatic injury on inactivation of estrone. Proc. Soc. exp. Biol. (N.Y.) 57, 52 (1944). — Short, R. V., and D. R. London: Defective biosynthesis of ovarian steroids in the Stein-Leventhal syndrome. Brit. med. J. 1961, 1724. — Siebenmann, R. E.: Das adrenogenitale Syndrom. In: Klinik der inneren Sekretion von A. Labhart, S. 364. Berlin-Göttingen-Heidelberg: Springer 1957. — Siebke, H.: Ergebnisse von Mengenbestimmungen des Sexualhormons. 1. Mitt.: Sexualhormon im Blut. Zbl. Gynäk. 53, 2450 (1929). — Simmer, H.: Androgene polycystischer Ovarien und Hirsutismus. Dtsch. med. Wschr. 88, 1661 (1963). — Simmer, H., u. H. E. Voss: Androgene im menschlichen Ovarium. Klin. Wschr. 38, 819 (1960). —

SIMMONDS, M.: Hypophysenschwund mit tödlichem Ausgang. Dtsch. med. Wschr. 40, 322 (1914); — Über Kachexie hypophysären Ursprungs. Dtsch. med. Wschr. 42, 190 (1916); — Atrophie des Hypophysenvorderlappens und hypophysäre Kachexie. Dtsch. med. Wschr. 44, 852 (1918). — SINGHER, H. O., C. J. KENSLER, H. C. TAYLOR jr., C. P. RHOADS and K. UNNA: Effect of vitamin deficiency on estradiol inactivation by liver. J. biol. Chem. 154, 79 (1944). — SMITH, C. W., and R. P. HOWARD: Variations in endocrine gland function in postpartum pituitary necrosis. J. clin. Endocr. 19, 1420 (1959). — SMITH, PH. E.: The disabilities caused by hypophysectomy and their repair. J. Amer. med. Ass. 88, 158 (1927). — SOFFER, L. J.: Relationship of adrenals to other endocrine glands. In: Diseases of the endocrine glands. Second edition, S. 235f. Philadelphia: Lea u. Febiger 1956. — SOMMERS, S. C., and P. J. WADMAN: Pathogenesis of polycystic ovaries. Amer. J. Obstet. Gynec. 72, 160 (1956). — SPATZ, H.: Das Hypophysen-Hypothalamus-System in Hinsicht auf die zentrale Steuerung der Sexualfunktion. In: Zentrale Steuerung der Sexualfunktion, S. 1f. Berlin-Göttingen-Heidelberg: Springer 1955. — SREBNIK, H. H., M. M. NELSON and M. E. SIMPSON: Follicle-stimulating hormone (FSH) and interstitial-cell-stimulating hormone (ICSH) in pituitary and plasma of intact and ovariectomized protein-deficient rats. Endocrinology 68, 317 (1961). — STAEHELIN, B., u. H. KIND: Zur Psychopathologie der Hypophyseninsuffizienz. Acta endocr. (Kbh.) 21, 383 (1956). — STAEMMLER, H.-J.: Der Einfluß gonadotroper Hormone auf ovarielle Fehlbildungen. Arch. Gynäk. 187, 711 (1956); — Die Bedeutung der gonadotropen Hormone für die Diagnostik und Therapie der Ovarialinsuffizienz. Med. Klin. 52, 20, 55 (1957); — Über die postpartale Ovarial-Insuffizienz. Gynaecologia (Basel) 145, 43 (1958); — Über die Gonadotropin-Behandlung der Ovarial-Insuffizienz. Gynaecologia (Basel) 146, 1 (1958); — Sekundäre Amenorrhoe. Dtsch. med. Wschr. 85, 2062 (1960); — Differentialdiagnose und Therapie der sekundären Amenorrhoe in der Praxis. Med. Klin. 55, 1221 (1960); — Über die hypothalamische Ovarial-Insuffizienz. Arch. Gynäk. 195, 468 (1961); — L'utilisation des gonadotrophines dans le diagnostic et le traitement de l'insuffisance ovarienne. Gynéc. prat. 13, 145 (1962); — Klinik des hypoplastischen Ovarium. Arch. Gynäk. 198, 377 (1963). — STAEMMLER, H.-J., u. L. SACHS: Papierchromatographische Fraktionierung der C_{17}-Ketosteroide bei Ovarial-Insuffizienz und verschiedenen Formen der Maskulinisierung. Arch. Gynäk. 197, 612 (1963). — STAEMMLER, H.-J., H.-H. STANGE u. K. RUMPHORST: Über Keimdrüsenanomalien bei primärer Amenorrhoe. Geburtsh. u. Frauenheilk. 17, 205, 370 (1957). — STÄUBLI-FRÖHLICH, M.: Probleme der Anorexia nervosa. Schweiz. med. Wschr. 83, 811, 837 (1953). — STANGE, H.-H.: Zur Morphologie, Klinik und Genese der hochgradig unterentwickelten „Eierstöcke". Z. Geburtsh. Gynäk. 147, 261 (1956); — Über Fehlbildungen der Gonaden und ihre Beziehungen zur Geschwulstbildung. Geburtsh. u. Frauenheilk. 17, 63 (1957); — Geschwulstentwicklung bei gonadalen Fehlbildungen und ihre Bedeutung für das therapeutische Vorgehen. Zbl. Gynäk. 80, 1503 (1958); — Die Morphologie der fehlgebildeten und fehlgesteuerten weiblichen Keimdrüsen. Arch. Gynäk. 198, 329 (1963). — STEIN, I. F.: Bilateral polycystic ovaries. Significance in sterility. Amer. J. Obstet. Gynec. 50, 385 (1945). — STEIN, I. F., and M. L. LEVENTHAL: Amenorrhea associated with bilateral polycystic ovaries. Amer. J. Obstet. Gynec. 29, 181 (1935). — STEIN, J. F.: The management of bilateral polycystic ovaries. Fertil. and Steril. 6, 189 (1955). — STEIN, J. F., M. R. COHEN and R. ELSON: Results of bilateral ovarian wedge resection in 47 cases of sterility; 20-year end results, 75 cases of bilateral polycystic ovaries. Amer. J. Obstet. Gynec. 58, 267 (1949). — STEINBERGER, F., u. K. DECKER: Erkennung und Behandlung von Geschwülsten an der Schädelbasis. Dtsch. med. Wschr. 87, 1143 (1962). — STEPHENS, D. J.: Endocrine factors in undernutrition. J. clin. Endocr. 1, 257 (1941). — STEWART, J. S. S.: Gonadal dysgenesis: The genetic significance of unusual variants. Acta endocr. (Kbh.) 33, 89 (1960); — Genetic mechanism in human intersexes. Lancet 1960 I, 825. STOLTE, L. A. M., J. H. J. BAKKER u. E. VERBOOM: De totale en gedifferentieerde bepaling van de 17-ketosteroidenuitscheiding van de vrouw in verband mit de leeftijd, de al dan niet gestoorde gonade-functie en de aan-of afwezigheid van hirsutisme. Nederl. T. Verlosk. 55, 274 (1955). — STURGIS, S. H.: Amenorrhea: Classification and treatment. In: Progress in gynecology, von J. V. MEIGS u. S. H. STURGIS, Bd. II, S. 163. New York: Grune & Stratton 1950. — STURM, A.: Spätfolgen der Hirnverletzung. Med. Welt 14, 699 (1961); — Zerebrale Fettsucht. Med. Welt 17, 907 (1962). — SUCHENWIRTH, R., u. E. BUES: Galaktorrhoe als Leitsymptom bei Hypophysenadenomen. Endokrinologie 41, 66 (1961).

TALWALKER, P. K., J. MEITES and C. S. NICOLL: Effects of hydrocortisone, prolactin and oxytocin on lactational performance of rats. Amer. J. Physiol. 199, 1070 (1960). — TAYMOR, M. L.: The pituitary gonadotrophins. In: Progress in gynecology von J. V. Meigs u. S. H. Sturgis, Bd. IV, S. 173f. New York u. London: Grune & Stratton 1963. — Taymor, M. L., and R. Barnard: Luteinizing hormone excretion in the polycystic ovary syndrome. Fertil. and Steril. 13, 501 (1962). — Taymor, M. L., B. J. Clark and S. H. Sturgis: The polycystic ovary. Amer. J. Obstet. Gynec. 86, 188 (1963). — Teter, J.: Clinical aspects of post-partum hypopituitarism (Sheehan's syndrome). J. Obstet. Gynaec. Brit. Emp. 66, 40 (1959). — Thorsøe, H.: Development of polycystic ovaries following thyroidectomy. Acta endocr. (Kbh.) 40, 161 (1962). — Tiemann, Fr.: Das Krankheitsbild der Anorexia nervosa, seine Differentialdiagnose und Behandlung. Med. Klin. 53, 329 (1958). — Tietze, K.: Zur Genese und Prognose der Notstandsamenorrhoe. Zbl. Gynäk. 70, 377 (1948); — Zur Prognose und Therapie der Amenorrhoe. Med. Klin. 44, 365 (1949); — Der weibliche Zyklus und seine Störungen. In: Biologie und Pathologie des Weibes von L. Seitz u. A. J. Amreich, Bd. II, Teil 2, S. 491f. Berlin-Innsbruck-München-Wien: Urban & Schwarzenberg 1952. — Tönnis, W.: Anzeigestellung zur Behandlung der partiellen Hypophysenvorderlappeninsuffizienz. In: Die partielle Hypophysenvorderlappeninsuffizienz. 4. Symposion Dtsch. Ges. Endokrinol., S. 62f. Berlin-Göttingen-Heidelberg: Springer 1957. — Tönnis, W., u. F. Marguth: Früherkennung und chirurgische Behandlung der Zwischenhirntumoren. Dtsch. med. Wschr. 86, 61 (1961). — Tönnis, W., K. Oberdisse u. E. Weber: Bericht über 264 operierte Hypophysenadenome. Acta neurochir. (Wien) 3, 113 (1954). — Tonutti, E.: Über die Sekretionsbiologie des Hypophysenvorderlappens, betrachtet an den Wechselbeziehungen von Schilddrüse und Nebennierenrinde. Vitam. u. Horm. 5, 108 (1944); — Über die wechselseitige Beeinflussung von thyreotroper und corticotroper Leistung der Hypophyse. Z. ges. exp. Med. 114, 336 (1945). — Trace, R. J., E. C. Keaty and M. L. McCall: An invetigation of ovarians tissue and urinary 17-ketosteroids in patients with bilateral polycystic ovaries. Amer. J. Obstet. Gynec. 79, 310 (1960). — Tscherne, E.: Sexualhormontherapie. Wien: Wilhelm Maudrich 1948. — Tscherne, E., u. K. Rack: Zur Frage des Follikelsprunges beim verkürzten Zyklus. Z. Geburtsh. Gynäk. 132, 41 (1950). — Turner, H. H.: A syndrom of infantilism, congenital webbed neck and cubitus valgus. Endocrinology 23, 566 (1938).

Vanderlinde, R. E., and W. W. Westerfield: Inactivation of estrone by rats in relation to dietary effects on liver. Endocrinology 47, 263 (1950). — Vara, P., and K. Niemineva: Small cystic degeneration of ovaries as incidental findung in gynecological laporatomies. Acta obstet. gynec. scand. 31, 94 (1954). — Varney, R. F., A. T. Kenyen and F. C. Koch: An association of short stature, retarded sexual development and high urinary gonadotropin titers in women. J. clin. Endocr. 2, 137 (1942). — Veil, W. H., u. A. Sturm: Die Pathologie des Stammhirns. Jena: Gustav Fischer 1942 u. 1946. — Vogt, J. H.: Partial hypopituitarism, presumably of hypothalamic pathogenesis, associated with dilatation of the third ventricle. Acta endocr. (Kbh.) 28, 337 (1958). — Voss, H. E.: Die hormonale Regelung der Laktation. Dtsch. med. Wschr. 83, 288, 328 (1958).

Wagner, G. A.: Corpus luteum und Amenorrhoe (Corpus luteum persistens cysticum. — Multiple Luteincysten). Zbl. Gynäk. 52, 10 (1928). — Wagner, H.: Über die Ursachen der klimakterischen Beschwerden. Z. Geburtsh. Gynäk. 137, 79 (1952); — Das Klimakterium der Frau. Z. Geburtsh. Gynäk. 142, (Beilageheft) (1955); — Über die Bedeutung der paroxysmalen Hypertonie für das Klimakterium der Frau. Klin. Wschr. 34, 379 (1956); — Die hormonalen und vegetativen Faktoren bei der Blutdruckunruhe im Klimakterium. Endokrinologie 38, 92 (1959). — Wagner, J. A., and J. O. Sharrett: Ischemic hypophyseal necrosis and other pituitary lesions: Incidence in a moderately large autopsy series. Sth. med. J. (Bgham, Ala.) 49, 671 (1956). — Wanke, R.: Das pathophysiologische Syndrom des traumatischen Hirnschadens. Dtsch. med. Wschr. 84, 137 (1959). — Warren, J. C., and H. A. Salhanick: Steroid biosynthesis in the human ovary. J. clin. Endocr. 21, 1218 (1961). — Weissbecker, L.: Klinik der Nebennereninsuffizienz und ihre Grundlagen. Stuttgart: Ferdinand Enke 1954. — Wenner, R., u. G. A. Hauser: Neurovegetative Untersuchungen und Therapie-Ergebnisse bei klimakterischen Frauen. Arch. Gynäk. 193, 58 (1959). — Werner, W.: Traumatischer Hypopituitarismus. Endokrinologie 39, 173 (1960). — Whitacre, F. E., and B. Barrera: War amenorrhea. A clinical and laboratory study. J. Amer. med. Ass. 124, 399 (1944). — White, F. R., and J. White: Effect of low lysine diet on mammary-tumor formation in strain C3H mice. J. nat. Cancer Inst. 5, 41 (1944). — White, J., and H. B. Andervont: Effect of diet relatively low in cystine on production of spontaneous mammary-gland tumors in strain C3H female mice. J. nat. Cancer Inst. 3, 449 (1943). — Wilkins, I., J. F. Crigler jr., S. H. Silverman, I. I. Garnder and C. J. Migeon: Further studies on treatment of congenital adrenal hyperplasia with cortisone. I. Comparison of oral and intramuscular administration of cortisone, with note on suppressive action of compounds F and B on adrenal. J. clin. Endocr. **12**, 257 (1952); — Further studies on treatment of congenital adrenal hyperplasia with cortisone. II. Effects of cortisone on sexual and somatic development, with hypothesis concerning mechanism of feminization. J. clin. Endocr. **12**, 277 (1952). — WILKINS, L.: The diagnosis and treatment of endocrine disorders in childhood and adolescence. Springfield (Ill.): Ch. C. Thomas 1957. — WILKINS, L., M. M. GRUMBACH and J. J. VAN WYK: Chromosomal sex in ovarian agenesis. J. clin. Endocr. **14**, 1270 (1954). — WILLIAMS, W. L.: The effects of lactogenic hormone on post parturient unsuckled mammary glands of the mouse. Anat. Rec. **93**, 171 (1945). — WITSCHI, E.: Etiology of gonadal agenesis and sex reversal. Third Conf. on Gestation. New York: Vilee 1957; — Genetic and postgenetic sex determination. Experientia (Basel) **16**, 276 (1960). — WITTEKIND, D., u. G. MAPPES: Beitrag zur Kasuistik der Hypophysenvorderlappeninsuffizienz. Z. klin. Med. **154**, 494 (1957).

YOUNGHUSBAND, O. Z., G. HORRAX, I. M. HURXTHAL, H. F. HARE and J. L. POPPEN: Chromophobe pituitary tumors. J. clin. Endocr. **12**, 611 (1952).

ZANDER, J., u. H. D. HENNING: Hormone und Intersexualität. In: Die Intersexualität von CL. OVERZIER, S. 122f. Stuttgart: Georg Thieme 1961. — ZANDER, J., W. G. WIEST u. K.-G. OBER: Klinische, histologische und biochemische Beobachtungen bei polycystischen Ovarien mit gleichzeitiger adenomatöser, atypischer Hyperplasie des Endometriums. Umwandlung von Progesteron-4-C^{14} im Ovarial-Gewebe. Arch. Gynäk. **196**, 481 (1962). — ZARROW, M. X., F. L. HISAW and H. A. SALHANICK: Precipitation of menstrual bleeding in monkeys by folic acid antagonist. Science **112**, 147 (1950). — ZENER, F. B.: Adrenal androgenic hyperfunction and infertility. Fertil. and Steril. **12**, 25 (1961). — ZUBIRAN, S., and F. GOMEZ-MONT: Endocrine disturbances in chronic human malnutrition. Vitam. and. Horm. **11**, 97 (1953).

V. Klinik des Ovarial-Endocrinium

A. Einleitung

Nachdem im vorhergehenden Teil die Pathologie des Ovarial-Endocrinium in den wesentlichen Grundzügen ihrer kausalen und formalen Genese abgehandelt worden ist, soll im folgenden *das klinische Krankheitsbild* in seinen verschiedenartigen Erscheinungsformen dargestellt werden. Dieser Untersuchung liegt ein eigenes Krankengut von 480 Patientinnen zugrunde, die bis zu 9 Jahren, durchschnittlich 3,24 ($s = \pm 1{,}64$) Jahre, beobachtet worden sind. Für die detaillierte Besprechung wurden 293 Patientinnen ausgewählt, die mit den wichtigsten klinischen Daten in der Tabelle 20 zusammengefaßt sind. Ich werde wiederum von der Ätiologie ausgehen und aus ihr eine gewisse *Systematik* zu entwickeln versuchen. Es ist mir ferner daran gelegen, diagnostische Aspekte und Möglichkeiten, die therapeutischen Konsequenzen und die Prognose aufzuzeigen.

B. Das „hypoplastische“ Ovarium

1. Definition

Unter dem Begriff „Hypoplasie“ des Ovarium wird klinisch im allgemeinen die mangelhafte gestaltliche Entwicklung des Organs verstanden. Die Ovarialhypoplasie ist zweifellos kein einheitliches Krankheitsbild. Größe und Form der Ovarien sowie ihr Bestand an Keimparenchym variieren in weiten Grenzen. Als die beiden „*Grundformen*“ lassen sich das kleine, parenchymarme Ovarium *(primäre Hypoplasie)* und das kleine Ovar mit einem relativ reichlichen Besatz an Primärfollikeln *(sekundäre Hypoplasie)* unterscheiden. Bei der Besichtigung stellt sich das Organ als walzenförmiges Gebilde dar. Ist die Ausprägung der Hypoplasie weniger extrem und die gestaltliche Entwicklung mehr der typischen Form des Eierstockes angenähert, so liegt eine „*Übergangsform*“ vor. Es läßt sich im einzelnen manchmal nicht sicher entscheiden, ob die „Übergangsform“ bereits als pathologisch anzusehen ist. Die Beurteilung wird im allgemeinen von der Keilexcision abhängig gemacht. Da das Keimparenchym aber ungleichmäßig in der Rindenzone verteilt ist, dürfen derartige Excisionen nicht vorbehaltlos als repräsentativ für das ganze Organ angesehen werden! Auch der Aussagewert der histologischen Untersuchung wird damit begrenzt.

2. Krankengut

Die Besprechung geht von denjenigen Patientinnen aus, bei denen eine Ovarial-Biopsie durchgeführt worden ist. Diese Gruppe von 44 Frauen wird noch durch neun weitere Beobachtungen ergänzt, deren Beurteilung sich, von hormon- und funktionsanalytischen Maßnahmen abgesehen, nur auf die Douglasskopie stützt. Die folgende Zusammenstellung beschränkt sich auf Patientinnen mit einer Amenorrhoe und auf die Altersgruppe zwischen dem 18. und 33. Lebensjahr.

17*

a) Primäre Hypoplasie (primäre Amenorrhoe)

aa) Grundform (die Ovarien sind nur als dünne, walzenförmige Gebilde angelegt): sieben Patientinnen im Alter von 19—27 Jahren:

Phänotyp. Drei Patientinnen weisen einen Kleinwuchs (146—154 cm), zwei
Frauen einen Großwuchs auf (176 cm, 180 cm). Brust und Schambehaarung
sind bei vier Patientinnen nicht entwickelt, bei zwei weiteren hat die Ausbildung
erst im 19.—20. Lebensjahr eingesetzt.

Ovar-Histologie. In den Schnitten von vier Patientinnen finden sich nur
einige Corpora fibrosa, bei den drei übrigen ganz vereinzelt Primärfollikel.

Endokrinologische Befunde. Die Gonadotropin-Ausscheidung ist nur bei zwei
Patientinnen deutlich erhöht. C_{17}-Ketosteroide und 17-Hydroxycorticoide bewegen sich im normalen Streubereich. Bei allen Patientinnen wurde das Endo-

Tabelle 20

Gruppen	Anzahl der Pat.	Verhältnis zum Krankengut (%)	Primäre Amenorrhoe, sekundäre Amenorrhoe, Oligomenorrhoe	Menarche $\bar{X}$ (s)	Abweichende Kleinwuchs (<155 cm) (%)	Großwuchs (>170 cm) (%)	Untergewicht −20%	Untergewicht >20%	Untergewicht gesamt (%)
I a Primäre Hypoplasie der Ovarien	22	7,5%	12 10 —	13,9 (1,61)	6 (27%)	4 (18%)	4 (18%)	—	4 (18%)
b Sekundäre Hypoplasie der Ovarien	22	7,5%	10 12 —	13,7 (1,38)	2 (9%)	4 (18%)	2 (9%)	1 (5%)	3 (14%)
c *Hypoplasie der Ovarien gesamt*	44	15%	22 22 —	13,8 (1,41)	8 (18%)	8 (18%)	6 (14%)	1 (3%)	7 (17%)
II a Idiopathische hypothalamische Fehlfunktion	78	26%	13 40 25	14,6 (1,91)	6 (8%)	16 (21%)	3 (4%)	—	3 (4%)
b Hypothalamische Fehlfunktion mit Gewichtsabnahme	26	9%	— 26 —	14,4 (1,80)	3 (11%)	2 (8%)	17 (65%)	9 (35%)	26 (100%)
c Hypothalamische Fehlfunktion mit Gewichtszunahme	17	6%	— 17 —	14,4 (1,80)	1 (6%)	4 (24%)	—	—	—
d Reaktiv-psychogene hypothalamische Fehlfunktion	26	9%	— 26 —	13,6 (1,18)	1 (4%)	5 (20%)	3 (11%)	—	3 (11%)
e *Hypothalamische Fehlfunktion gesamt*	147	50%	13 109 25	14,4 (1,51)	11 (7%)	27 (18%)	23 (16%)	9 (6%)	32 (22%)
III a Gestagene Ovarial-Insuffizienz	32	11%	— 23 9	12,9 (2,10)	2 (6%)	5 (16%)	1 (3%)	—	1 (3%)
b Postgestative Ovarial-Insuffizienz	18	6%	— 13 5	14,6 (2,07)	2 (11%)	—	3 (17%)	3 (17%)	6 (34%)
c *Postpartale Ovarial-Insuffizienz gesamt*	50	17%	— 36 14	13,5 (2,26)	4 (8%)	5 (10%)	4 (8%)	3 (6%)	7 (14%)

metrium atrophisch gefunden. Ausfallserscheinungen wurden von drei Patientinnen angegeben.

bb) Übergangsform (kleine, aber typisch geformte Ovarien): fünf Patientinnen im Alter von 18—24 Jahren:

Phänotyp. Bei zwei Frauen besteht ein Kleinwuchs (149 cm, 151 cm). Mammae und Pubes sind nur bei einer Patientin ganz unentwickelt.

Ovar-Histologie. Deutlich reduziertes Keimparenchym und cystisch-atretische Follikel.

Endokrinologische Befunde. Außer bei einer kleinwüchsigen Patientin mit erhöhter Gonadotropin-Ausscheidung (33,7 HMG-E) und einem relativ niedrigen Ketosteroid-Wert (4,5 mg/die) liegen keine auffälligen Befunde vor. In allen

Tabelle 20

Körpermaße				Funktions-analyse bei Pat. (nur nach Amenor-rhoe!)	Primäreffekt			Dauererfolg (gesamt)			
Übergewicht											
−30%	−60%	>60%	gesamt (%)		+ (%)	Oe (%)	O (%)	gesamt	+/Grav. (%)	Teil/Rez. (%)	O (%)
7 (32%)	1 (5%)	—	8 (37%)	12	2 (17%)	—	10 (83%)	22	2 (9%)	—	20 (91%)
3 (14%)	—	—	3 (14%)	20	7 (35%)	3 (15%)	10 (50%)	22	8 (36%)	—	14 (64%)
10 (23%)	1 (2%)	—	11 (25%)	32	9 (28%)	3 (9%)	20 (63%)	44	10 (23%)	—	34 (77%)
7 (9%)	4 (5%)	2 (3%)	13 (16%)	39	26 (67%)	9 (23%)	4 (10%)	56	27 (48%)	16 (29%)	13 (23%)
—	—	—	—	22	13 (59%)	1 (5%)	8 (36%)	19	7 (37%)	5 (26%)	7 (37%)
7 (41%)	7 (41%)	3 (18%)	17 (100%)	9	4 (45%)	3 (33%)	2 (22%)	12	8 (67%)	1 (8%)	3 (25%)
7 (27%)	1 (4%)	—	8 (31%)	19	16 (84%)	2 (11%)	1 (5%)	23	12 (52%)	5 (22%)	6 (26%)
21 (14%)	12 (8%)	5 (3%)	38 (25%)	89	59 (66%)	15 (17%)	15 (17%)	110	54 (49%)	27 (25%)	29 (26%)
3 (9%)	8 (25%)	6 (19%)	17 (53%)	19	9 (47%)	8 (42%)	2 (11%)	23	12 (52%)	3 (13%)	8 (35%)
3 (17%)	4 (22%)	—	7 (39%)	10	4 (40%)	4 (40%)	2 (20%)	16	9 (56%)	2 (13%)	5 (31%)
6 (12%)	12 (24%)	6 (12%)	24 (48%)	29	13 (45%)	12 (41%)	4 (14%)	39	21 (54%)	5 (13%)	13 (33%)

Tabelle 20

Gruppen	An-zahl der Pat.	Ver-hältnis zum Kran-kengut (%)	Primäre Amenor-rhoe, sekundäre Amenor-rhoe, Oligo-menorrhoe	Men-arche $\bar{X}$ (s)	Klein-wuchs (<155 cm) (%)	Groß-wuchs (>170 cm) (%)	Abweichende Untergewicht		
							-20%	$>20\%$	gesamt (%)
IV a Polycystische Ovarien mit Hir-sutismus und er-höhten C_{17}-Keto-steroiden ($>15,0$ mg/die)	10	3%	1 1 8	14,2 (1,73)	—	1 (10%)	—	—	—
b Polycystische Ovarien mit Hir-sutismus und nor-malen C_{17}-Keto-steroiden (—15,0 mg/die)	11	4%	1 1 9	14,1 (2,08)	1 (9%)	1 (9%)	—	—	—
c Polycystische Ovarien ohne Hir-sutismus und mit normalen C_{17}-Ketosteroiden (—15,0 mg/die)	31	11%	7 11 13	14,8 (1,65)	3 (10%)	6 (19%)	1 (3%)	—	1 (3%)
d *Polycystische Ovarien gesamt*	52	18%	9 13 30	14,6 (1,66)	4 (8%)	8 (15%)	1 (2%)	—	1 (2%)
V **Gesamt**	293	100%	44 180 69	14,2 (1,74)	27 (9%)	48 (16%)	34 (12%)	13 (4%)	47 (16%)

[Beobachtungszeit: $\bar{X} = 3,24$ Jahre $(s = 1,64)$]

Fällen bestand eine Atrophie des Endometrium. Drei Patientinnen klagten über Ausfallserscheinungen.

Beide Formen seien durch die folgende Gegenüberstellung veranschaulicht (s. Abb. 151a und b).

Der Phänotyp der Patientin W. M. ist durch Großwuchs und eine mäßige Adipositas gekennzeichnet, während die Patientin J. B. kleinwüchsig, aber wohl-proportioniert erscheint. Bei beiden Patientinnen wurden erhöhte Gonadotropin-Werte gefunden.

b) Primäre Hypoplasie (sekundäre Amenorrhoe)

aa) Grundform. Fünf Patientinnen im Alter von 18—30 Jahren:

Phänotyp. Außer einem mäßigen Großwuchs (174 cm) und einer Patientin mit Kleinwuchs (143 cm) bietet das Erscheinungsbild dieser Patientinnen keine Besonderheiten.

Ovar-Histologie. In allen Schnitten finden sich nur vereinzelt Primärfollikel. Die Ovarien erscheinen auffällig fibrös.

Endokrinologische Befunde. Gonadotropin-Ausscheidung bei drei Patientinnen erhöht. Die Werte der Ketosteroide variieren im Normbereich. Atrophisches oder ruhendes Endometrium. Das Menarche-Alter dieser Patientinnen liegt zwischen 12 und $13^{6}/_{12}$ Jahren (durchschnittlich 13 Jahre, $s = \pm 0,24$). Die Dauer der Amenorrhoe betrug 8 Monate, 1, 2, 6 und 6 Jahre. Alle Patientinnen klagten über Ausfallserscheinungen!

(Fortsetzung)

| Körpermaße | | | | Funktions-analyse bei Pat. *(nur nach Amenor-rhoe!)* | Primäreffekt | | | Dauererfolg (gesamt) | | | |
| Übergewicht | | | | | | | | | | | |
− 30%	− 60%	>60%	gesamt (%)		+ (%)	Oe (%)	O (%)	gesamt	+/Grav. (%)	Teil/Rez. (%)	O (%)
1 (10%)	2 (20%)	—	3 (30%)	2	2 (100%)	—	—	10	5 (50%)	1 (10%)	4 (40%)
2 (18%)	1 (9%)	—	3 (27%)	1	—	1 (100%)	—	11	6 (55%)	4 (36%)	1 (9%)
8 (26%)	3 (10%)	—	11 (36%)	16	7 (44%)	8 (50%)	1 (6%)	31	13 (42%)	10 (32%)	8 (26%)
11 (21%)	6 (11%)	—	17 (33%)	19	9 (47%)	9 (47%)	1 (6%)	52	24 (46%)	15 (29%)	13 (25%)
48 (16%)	31 (11%)	11 (4%)	90 (31%)	169	90 (53%)	39 (23%)	40 (24%)	245	109 (45%)	47 (19%)	89 (36%)

bb) Übergangsform. Fünf Patientinnen im Alter von 21—33 Jahren:
Phänotyp. Außer der Beobachtung eines Großwuchses (173 cm) bei einer Patientin bestehen keine gröberen Abweichungen.

Ovar-Histologie. Deutlich reduziertes Keimparenchym. Bei drei Patientinnen wurde eine Thecahyperplasie vorgefunden.

Endokrinologische Befunde. Gonadotropin-Ausscheidung bei zwei Patientinnen erhöht, Ketosteroid-Werte im Normbereich. Bei vier Patientinnen ruhendes, in einem Fall atrophisches Endometrium. Von allen Patientinnen wurden Ausfallserscheinungen angegeben. Die Menarche ist zwischen dem 14. und 17. Lebensjahr (durchschnittlich im 15. Jahr, $s = \pm 1{,}34$) eingetreten. Die Amenorrhoedauer betrug zweimal 6 Monate, ferner $1^9/_{12}$, 6 und 7 Jahre.

In den Abb. 152a und b ist jede Form durch eine Patientin vertreten. Beide Frauen bieten einen gänzlich unauffälligen Phänotyp. Die Diskrepanz zu der Entwicklung der Ovarien tritt besonders eindrucksvoll bei der Patientin J. S. hervor.

c) Sekundäre Hypoplasie (primäre Amenorrhoe)

aa) Grundform. Fünf Patientinnen im Alter von 18—33 Jahren:
Phänotyp. Großwuchs bei zwei Patientinnen (176 cm, 177 cm), eine Patientin ist kleinwüchsig (149 cm). Bei dieser sind Pubes und Mammae nicht entwickelt, während die Sexualmerkmale bei den anderen Patientinnen mehr oder minder gut ausgebildet sind. Thelarche und Pubarche traten bei drei von ihnen erst

zwischen dem 16. und 20. Lebensjahr ein. Zwei dieser Patientinnen weisen eine leichte Klitorishypertrophie auf (beide Patientinnen sind großwüchsig)!

Ovar-Histologie. Alle Keilexcisionen der walzenförmigen Ovarien sind durch einen reichlichen Bestand an Keimparenchym und durch den Befund von mehreren cystisch-atretischen Follikeln ausgezeichnet.

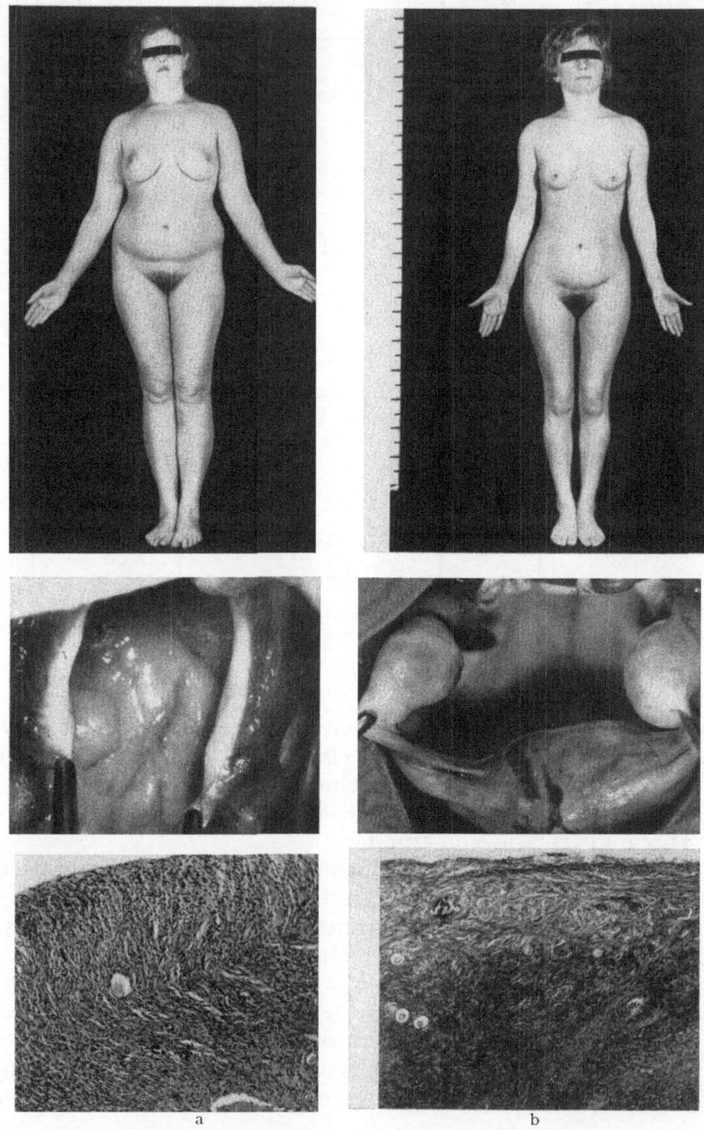

Abb. 151 a u. b. Primäre Hypoplasie der Ovarien bei primärer Amenorrhoe. a Pat. W. M., 20 Jahre, 176 cm/89 kg. Grundform (s. Operations-Situs), ganz vereinzelt Primärfollikel (s. Ovar-Hstologie, Vergr. 100×). GTH: > 52,8MUE. Epiphysen partiell geschlossen. b Pat. J. B., 24 Jahre, 149 cm/38 kg. Übergangsform. Stark reduziertes Keimparenchym (Vergr. 60×). GTH: 33,7 HMG-E. Epiphysen geschlossen

Endokrinologische Befunde. Die Gonadotropin-Ausscheidung bewegt sich zwischen 6,6 und 52,8 MUE oder beträgt 9,2 HMG-E, läßt also keine signifikanten Abweichungen von der Norm erkennen. Die Harnsteroide wurden nur bei drei

Patientinnen analysiert: Die Ketosteroid-Ausscheidung betrug im Durchschnitt 4,0, 9,9 und 5,8 mg/die, die der 17-Hydroxycorticoide 1,6 (!), 11,2 und 9,3 mg/die. Strichabrasionen (atrophisches Endometrium) und Pyknose-Index (weniger als 10%) weisen auf eine sehr niedrige Oestrogen-Aktivität hin. Drei der fünf Patientinnen klagten über Ausfallserscheinungen.

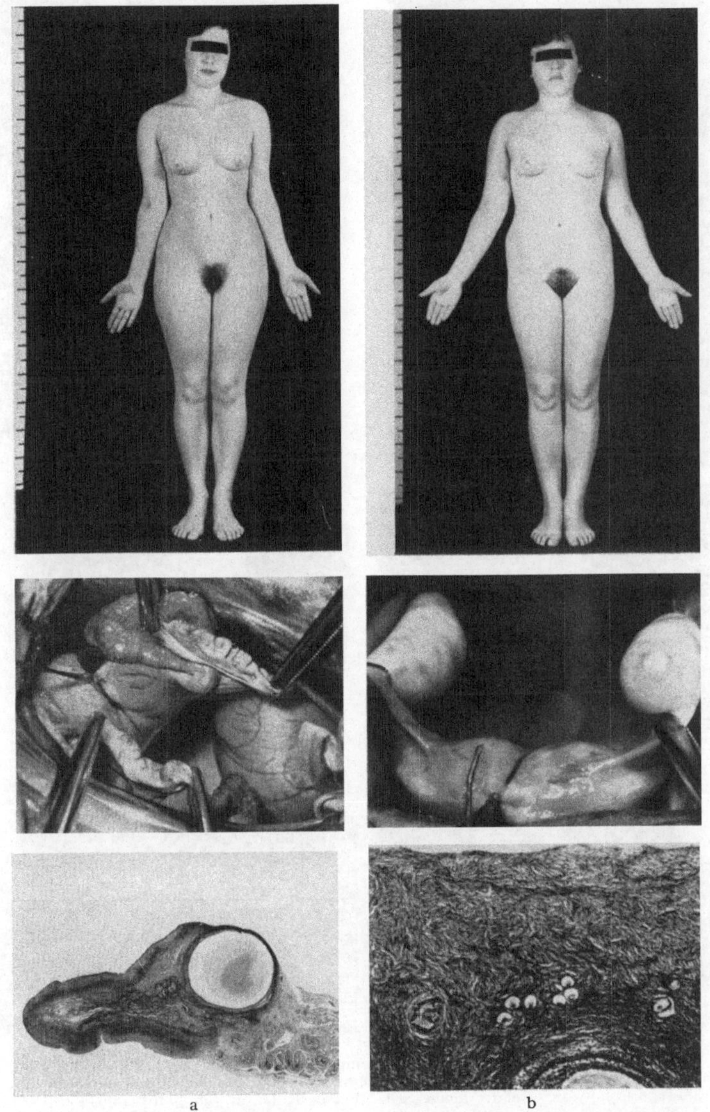

Abb. 152a u. b. Primäre Hypoplasie der Ovarien bei sekundärer Amenorrhoe. a Pat. J. S., 18 Jahre, 160 cm/57 kg. Grundform (s. Operations-Situs). Ganz vereinzelt Primärfollikel und ein großer Antrumfollikel (s. Übersicht). GTH: 23,6 HMG-E. Menarche mit 12 Jahren, Amenorrhoe seit 1 Jahr. b Pat. G. S., 21 Jahre, 162 cm/65 kg. Übergangsform. Reduziertes Keimparenchym, derbe Tunica albuginea (Vergr. 60×). GTH: 8,2 HMG-E. Menarche mit 14 Jahren, Amenorrhoe seit 6 Jahren

bb) Übergangsform. Fünf Patientinnen im Alter von 21—29 Jahren:
Phänotyp. Großwuchs bei einer Patientin (175 cm). Die äußeren Sexualmerkmale sind mehr oder minder gut ausgebildet. Bei zwei Patientinnen begann

ihre Entwicklung erst mit 16$^1/_2$ bzw. 18 Jahren. In zwei Fällen besteht eine leichte Hypertrophie der Klitoris (eine Patientin ist großwüchsig)!

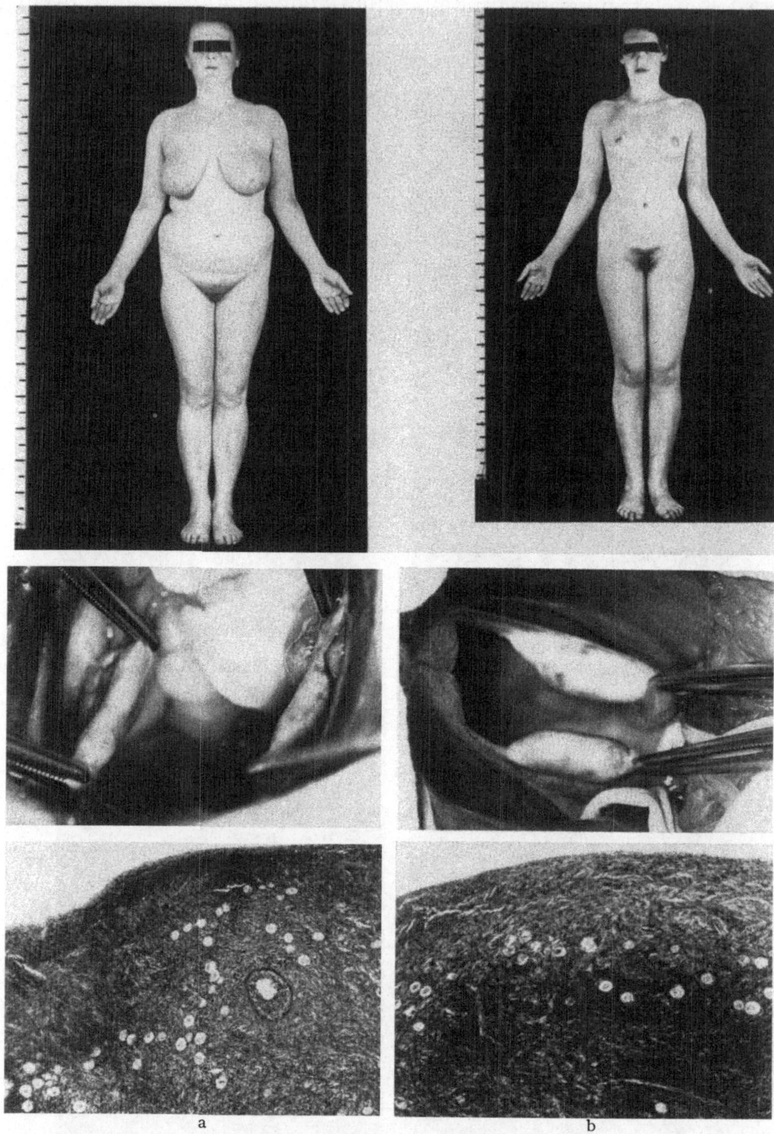

Abb. 153a u. b. Sekundäre Hypoplasie der Ovarien bei primärer Amenorrhoe. a Pat. J. P., 33 Jahre, 160 cm/64 kg. Grundform (s. Operations-Situs). Reichlich Primärfollikel, einzelne Sekundär- und Tertiärfollikel (Vergr. 60×). GTH: 13,2 MUE. Geschlossene Epiphysen. Relativ kleine Sella. b Pat. K. H., 21 Jahre, 165 cm/63 kg. Übergangsform mit zahlreichen Primärfollikeln und einigen cystisch-atretischen Follikeln (Vergr. 60×). GTH: < 3,3 MUE. Offene Epi-physenfugen

Ovar-Histologie. Die kleinen, aber regelrecht geformten Ovarien sind mit reichlich Keimparenchym ausgestattet. Es finden sich in allen Schnitten cystisch-atretische Follikel und bei einer Patientin eine deutliche Thecahyperplasie.

Endokrinologische Befunde. Gonadotropin-Ausscheidung in einem Fall deut-lich reduziert (weniger als 3,3 MUE), bei den übrigen Patientinnen Variation im Normbereich. Die Harnsteroide wurden nur bei drei Patientinnen bestimmt.

C_{17}-Ketosteroide: Durchschnitt 6,9, 7,4, 8,7 mg/die; 17-Hydroxycorticoide: Durchschnitt 8,2, 9,2, 8,9 mg/die. Strichabrasionen und Scheidenabstriche (Pyknose-Index) belegen außer in einem Fall (Pyknose-Index 50%, ruhendes

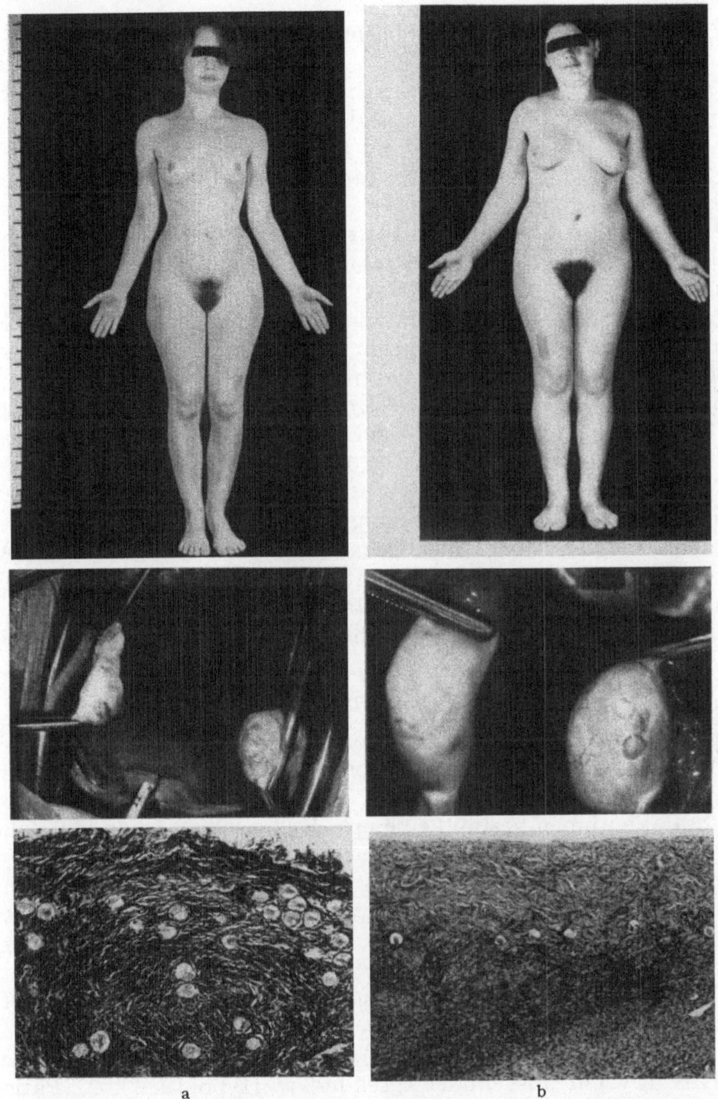

Abb. 154a u. b. Sekundäre Hypoplasie der Ovarien bei sekundärer Amenorrhoe. a Pat. G. Sch., 19 Jahre, 163 cm/53 kg. Grundform (s. Operations-Situs). Reich angelegtes Keimparenchym (Vergr. 100×). GTH: 12,0 HMG-E. Menarche mit 10 Jahren, amenorrhoisch seit 3 Jahren. Keine Ausfallserscheinungen. b Pat. K. M., 19 Jahre, 160 cm/68 kg. Übergangsform. Verdickte Tunica albuginea. Mäßig viel Primärfollikel, einige cystisch-atretische Follikel (Vergr. 60×). GTH: 26,4 MUE. Menarche mit 14 Jahren, Amenorrhoe seit 3 Jahren. Ausfallserscheinungen

Endometrium) eine mangelnde Oestrogenbildung (atrophisches Endometrium und Pyknose-Index unter 10%). Nur von einer Patientin wurden geringe Ausfallserscheinungen angegeben!

Die Abb. 153a und b demonstrieren je eine Vertreterin der beiden Gruppen. Auch bei diesen Patientinnen fällt auf, wie wenig die mangelhafte Entwicklung der Ovarien vom äußeren Erscheinungsbild wiedergegeben wird.

d) Sekundäre Hypoplasie (sekundäre Amenorrhoe)

aa) Grundform. Fünf Patientinnen im Alter von 18—25 Jahren:

Phänotyp. Die Körpergröße entspricht der Norm, Mammae und Pubes sind mäßig entwickelt.

Ovar-Histologie. Ausreichend angelegtes Keimparenchym, cystisch-atretische Follikel.

Endokrinologische Befunde. Die Hormonwerte bewegen sich im Normbereich. Endometrium-Biopsien und Pyknose-Indices weisen eine mangelhafte Oestrogen-Bildung aus. Menarche zwischen 10 und $14^6/_{12}$ Jahren (durchschnittlich 13 Jahre, $s = \pm 1,88$). Dauer der Amenorrhoe 8 Monate bis $3^9/_{12}$ Jahre. Drei Frauen gaben Ausfallserscheinungen an.

bb) Übergangsform. Sieben Patientinnen im Alter von 18—24 Jahren:

Phänotyp. Keine auffälligen Abweichungen. Sexualmerkmale mehr oder minder gut entwickelt.

Ovar-Histologie. Keimparenchym im Verhältnis zur Größe der Eierstöcke relativ gut angelegt. Auf allen Schnitten finden sich cystisch-atretische Follikel. Bei zwei Patientinnen besteht eine deutliche Thecahyperplasie.

Endokrinologische Befunde. Gonadotropin-Werte bei drei Patientinnen erhöht, bei einer Patientin stark erniedrigt (1,6 HMG-E). Die Ketosteroid-Ausscheidung liegt bei drei Patientinnen zwischen 5,0 und 5,9 mg/die, während die übrigen normale Werte aufweisen. Endometrium und Pyknose-Index geben bei allen Patientinnen einen geringen bis mäßigen Oestrogen-Effekt wieder. Vier der sieben Frauen klagten über Ausfallserscheinungen. Das Menarche-Alter liegt zwischen 13 und 16 Jahren (durchschnittlich 14 Jahre, $s = \pm 1,07$). Die Dauer der Amenorrhoe betrug 5 Monate bis 7 Jahre.

Die Abb. 154a und b veranschaulichen die Befunde bei zwei Patientinnen.

3. Besprechung der Befunde

Die Zusammenstellung umfaßt 44 von 53 Patientinnen, bei denen der Grad der Ovarialhypoplasie durch Keilexcisionen genauer aufgeklärt werden konnte (vgl. Tabelle 22, S. 283).

Bei je 22 Patientinnen bestand eine primäre bzw. eine sekundäre Amenorrhoe. Nach der *morphologischen Entwicklung der Ovarien* wird eine „Grundform" mit nur kleiner, walzenförmiger Ausbildung der Eierstöcke (22 Patientinnen) von einer „Übergangsform" (22 Patientinnen) unterschieden, bei der die Keimdrüsen zwar die typische Ovarialform darbieten, aber in der Größenentwicklung deutlich gegenüber der Norm zurückstehen.

Außer diesen Kriterien wird eine *histologische Differenzierung* getroffen. Der Besatz an Keimparenchym wurde mehr oder minder stark reduziert gefunden („primäre Hypoplasie", 22 Patientinnen), oder er erschien im Vergleich zur Größe des Organs relativ gut ausgebildet („sekundäre Hypoplasie", 22 Patientinnen). Da die Keilexcisionen nicht unbedingt als repräsentativ für das ganze Organ angesehen werden dürfen, haben sie für derartige Zuordnungen nur einen begrenzten Wert. Die Diagnostik muß durch klinische Untersuchungen, Hormonbestimmungen und insbesondere durch Funktionsanalysen (s. unten) ergänzt werden.

Das *klinische Erscheinungsbild* ist überraschend uneinheitlich. Eine etwas geschlossenere Gruppe bilden die sieben Patientinnen mit walzenförmigen, parenchymarmen Ovarien und primärer Amenorrhoe: Nur zwei dieser Patientinnen sind normalwüchsig (zweimal Großwuchs: 176 und 180 cm, dreimal Kleinwuchs: 146, 151 und 154 cm). Vier Patientinnen wiesen noch keine Entwicklung der äußeren Sexualmerkmale auf. Die endokrinologischen Untersuchungen bieten dagegen außer einer erhöhten Gonadotropin-Ausscheidung bei zwei Patientinnen keine gröber abweichenden Befunde.

Ein *Vergleich des mittleren Menarche-Alters* innerhalb der Gruppe „primäre Hypoplasie der Ovarien" ergibt zwischen den Patientinnen mit ausgeprägter

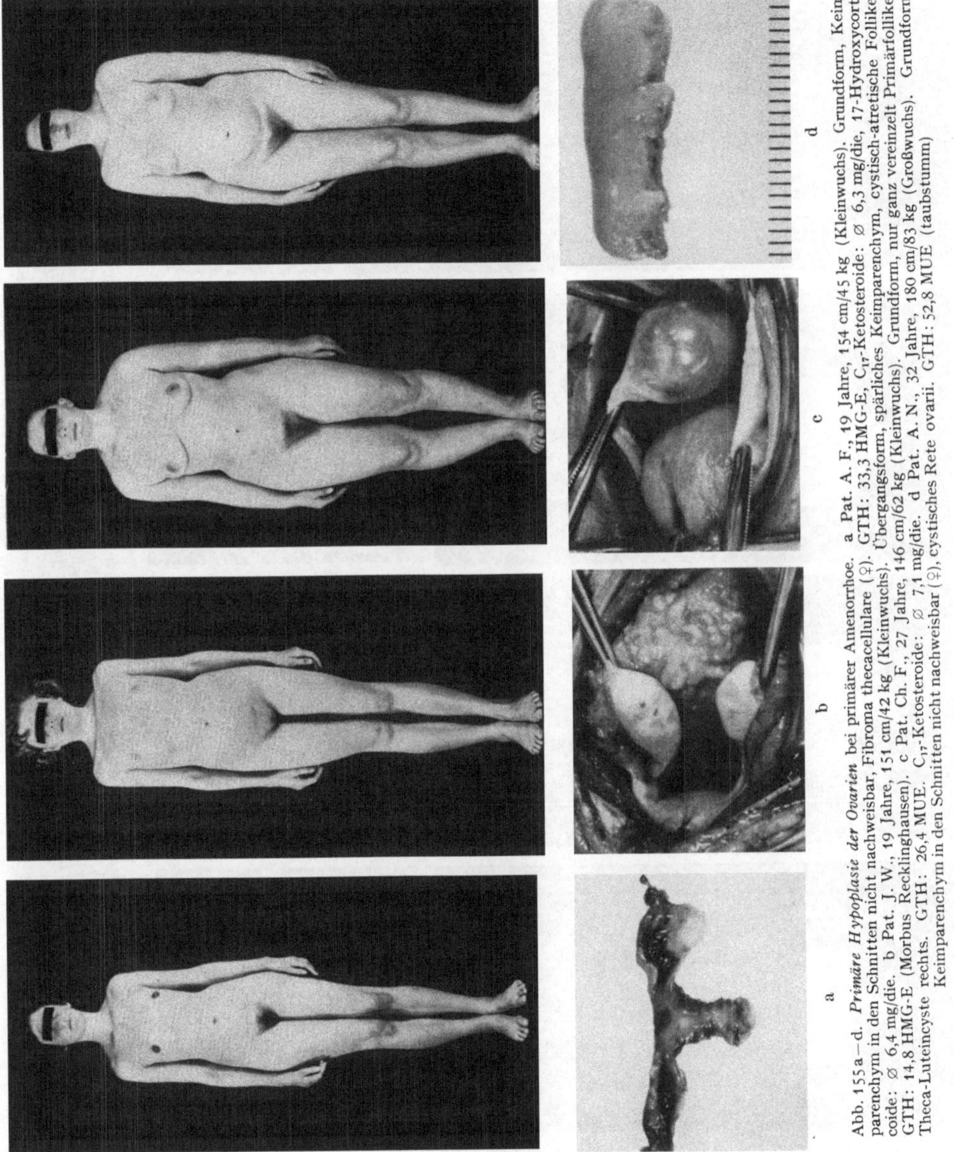

Abb. 155a–d. *Primäre Hypoplasie der Ovarien* bei primärer Amenorrhoe. a Pat. A. F., 19 Jahre, 154 cm/45 kg (Kleinwuchs). Grundform, Keimparenchym in den Schnitten nicht nachweisbar, Fibroma thecacellulare (♀). GTH: 33,3 HMG-E, C_{17}-Ketosteroide: ∅ 6,3 mg/die, 17-Hydroxycorticoide: ∅ 6,4 mg/die. b Pat. J. W., 19 Jahre, 151 cm/42 kg (Kleinwuchs). Übergangsform, spärliches Keimparenchym, cystisch-atretische Follikel. GTH: 14,8 HMG-E (Morbus Recklinghausen). c Pat. Ch. F., 27 Jahre, 146 cm/62 kg (Kleinwuchs). Grundform, nur ganz vereinzelt Primärfollikel, Theca-Luteincyste rechts. GTH: 26,4 MUE. C_{17}-Ketosteroide: ∅ 7,1 mg/die. d Pat. A. N., 32 Jahre, 180 cm/83 kg (Großwuchs). Grundform, Keimparenchym in den Schnitten nicht nachweisbar (♀), cystisches Rete ovarii. GTH: 52,8 MUE (taubstumm)

Hypoplasie (Grundform) und denen mit einer Übergangsform einen signifikanten Unterschied ($p < 0,01$)! Bei den Patientinnen mit „sekundärer Hypoplasie" besteht zwischen „Grundform" und „Übergangsform" bezüglich des Menarchetermins dagegen keine gesicherte Differenz ($p < 0,20$). Auch diese statistischen Analysen deuten darauf hin, daß sich im Krankheitsbild „Ovarialhypoplasie" verschiedene Formen der Pathogenese treffen und die Gruppe der Patientinnen mit einer „Grundform" des parenchymarmen Ovarium bezüglich Ätiologie und Pathogenese am einheitlichsten ist.

Die Entwicklungsvarianten des Phänotyps, auf die bereits bei der kasuistischen Darstellung hingewiesen wurde, seien nochmals durch Gegenüberstellung

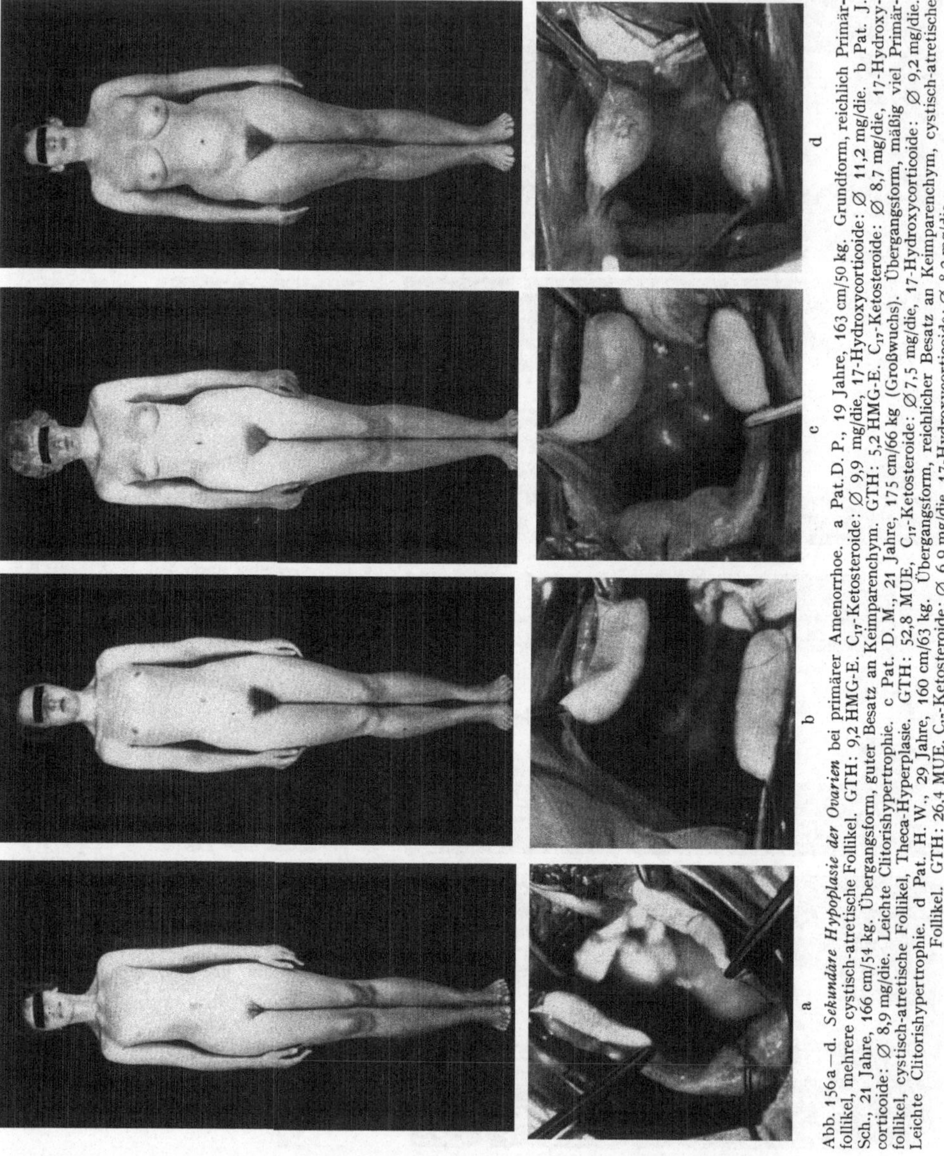

Abb. 156a—d. *Sekundäre Hypoplasie der Ovarien* bei primärer Amenorrhoe. a Pat. D. P., 19 Jahre, 163 cm/50 kg. Grundform, reichlich Primärfollikel, mehrere cystisch-atretische Follikel. GTH: 9,2 HMG-E. C_{17}-Ketosteroide: $\varnothing$ 9,9 mg/die, 17-Hydroxycorticoide: $\varnothing$ 11,2 mg/die. b Pat. J. Sch., 21 Jahre, 166 cm/54 kg. Übergangsform, guter Besatz an Keimparenchym. GTH: 5,2 HMG-E. C_{17}-Ketosteroide: $\varnothing$ 8,7 mg/die, 17-Hydroxycorticoide: $\varnothing$ 8,9 mg/die. Leichte Clitorishypertrophie. c Pat. D. M., 21 Jahre, 175 cm/66 kg (Großwuchs). Übergangsform, mäßig viel Primärfollikel, cystisch-atretische Follikel, Theca-Hyperplasie. GTH: 52,8 MUE, C_{17}-Ketosteroide: $\varnothing$ 7,5 mg/die, 17-Hydroxycorticoide: $\varnothing$ 9,2 mg/die. Leichte Clitorishypertrophie. d Pat. H. W., 29 Jahre, 160 cm/63 kg. Übergangsform, reichlicher Besatz an Keimparenchym, cystisch-atretische Follikel. GTH: 26,4 MUE, C_{17}-Ketosteroide: $\varnothing$ 6,9 mg/die, 17-Hydroxycorticoide: $\varnothing$ 8,2 mg/die

zweier Gruppen von je vier Patientinnen mit primärer und sekundärer Hypoplasie bei primärer Amenorrhoe nahegebracht (s. Abb. 155 und 156).

Die Abb. 155a—d zeigen Patientinnen mit *primärer* Hypoplasie der Ovarien, die alle Entwicklungsgrade im Phänotyp vom hypoplastischen Kleinwuchs bis zum Großwuchs mit leidlicher Ausbildung der Pubes und Mammae darbieten.

Bei den vier Patientinnen der Abb. 156a—d liegt eine *sekundäre* Hypoplasie der Ovarien bei primärer Amenorrhoe vor. Auch sie bieten eine ganz unterschiedliche Ausbildung der Sexualmerkmale, die wiederum mit zunehmendem Alter besser ausgeprägt sind.

Die *hormonanalytischen Ergebnisse* bewegen sich vorwiegend im normalen Streubereich. Die Erwartung deutlich erhöhter Gonadotropin-Werte bei primärer Hypoplasie wird nur von acht der 22 Patientinnen erfüllt. Eindeutig erniedrigte Werte bei sekundärer Hypoplasie finden sich nur bei zwei der 22 Patientinnen. Bei vier Frauen liegen die Werte etwas über dem oberen Grenzbereich. Die Ketosteroid- und 17-Hydroxycorticoid-Werte lassen keine besonderen Tendenzen erkennen. Allen Patientinnen mit primärer und länger dauernder sekundärer Amenorrhoe gemeinsam ist die fast fehlende Oestrogenbildung.

Ausfallserscheinungen gaben 16 der Patientinnen mit primärer Hypoplasie an, während nur elf mit sekundärer Hypoplasie über derartige Erscheinungen Klage führten. Sie wurden bei zehn der 22 Patientinnen mit primärer Amenorrhoe, dagegen bei 17 der 22 Patientinnen mit sekundärer Amenorrhoe vermerkt.

Aus der Übersicht dieser sehr heterogenen klinischen und endokrinologischen Befunde ergibt sich die *Folgerung,* daß das „hypoplastische Ovarium" kein festumrissenes Krankheitsbild vertritt. Es liegen ihm offenbar verschiedene Ätiologien zugrunde. Die einzelnen Formen werden durch fließende Übergänge untereinander verbunden (vgl. Tabelle 21).

Tabelle 21. *Formen der Ovarialhypoplasie*

Das kleine Ovarium

Primäre Hypoplasie	*Sekundäre Hypoplasie*
Keimparenchym vermindert.	Keimparenchym relativ reichlich.
Mangelhafte Anlage ?	Mangelhafte Entwicklung.
Formen	*Formen*
Grundform Übergangsform	Grundform Übergangsform

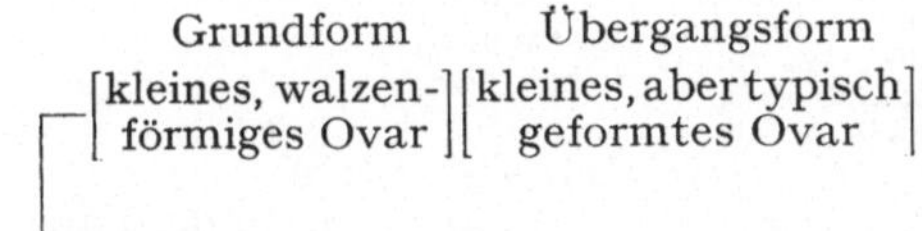

Übergang zur *Gonadendysgenesie*	Übergang zur *Norm*

Die *primäre Hypoplasie* geht wahrscheinlich auf eine mangelhafte Anlage zurück. Die extreme Form (Grundform) bildet den Übergang zur Gonadendysgenesie. Die *sekundäre Hypoplasie* wird als Ausdruck einer mangelhaften Entwicklung der Keimdrüsen gewertet, ohne dafür zunächst eine Ursache ableiten zu können. Ich werde diese Fragestellung noch einmal im Zusammenhang mit den Funktionsanalysen aufgreifen. Die Verbindung zur Norm stellt die „Übergangsform" dar.

Untersuchungen zur *Geschlechtszugehörigkeit* (Blut- und Mundschleimhautausstriche) ergaben bei allen Patientinnen einen chromatinpositiven Befund. Es wurde bisher kein doppeltes Chromatin gefunden*. Mit Chromosomenanomalien kann jedoch gerechnet werden! Entsprechende Untersuchungen sind auch von unserem Arbeitskreis aufgenommen worden.

Häufigkeit des Vorkommens (vgl. Tabelle 20). Die Gruppe „Hypoplasie der Ovarien" macht 15% des gesamten Krankengutes aus, das für diese Untersuchungen herangezogen worden ist.

---

* Diese Untersuchungen sind teilweise von Frau Dr. BERGEMANN, Kantonales Frauenspital Bern (Schweiz), durchgeführt worden.

4. Funktionsanalysen

a) Primäre Hypoplasie

Bei 12 der 22 Patientinnen wurde die Reaktionsfähigkeit des Ovarial-Endocrinium durch Verabfolgung von Gonadotropinen geprüft. Zur Anwendung gelangten PMS-HCG, HMG-HCG oder FSH-HCG. Sechs dieser Patientinnen wurden zwei Kuren unterzogen. Nur in zwei Fällen konnte eine positive Reaktion erzielt werden. Die Ovarien beider Patientinnen stellten Übergangsformen dar. Eine Beobachtung sei des besonderen Verlaufes wegen mitgeteilt:

Frau J. B., 24 Jahre alt, 149 cm/38 kg (vgl. Abb. 151 b). Die Patientin kam wegen einer primären Amenorrhoe mit Kleinwuchs zur Aufnahme. Entwicklung der Brüste mit 13, der Achsel- und Schambehaarung mit 14 Jahren. *Endokriner Ausgangsstatus:* Gonadotropin-Ausscheidung: 33,7 HMG-E. Hochgradig hypoplastischer Uterus, atrophisches Endometrium. Epiphysenfugen am Handskelet geschlossen. Sella flach und klein. Die Patientin klagt nicht über Ausfallserscheinungen oder über irgendwelche cyclischen Beschwerden.

Unter dem Verdacht einer hochgradigen Ovarialhypoplasie wurde *laparotomiert.* Es fanden sich hypoplastische Ovarien (Übergangsform) mit stark reduziertem Keimparenchym und erheblicher Stromatosis. Sekundär- und Tertiärfollikel wurden in den Keilexcisionen nicht vorgefunden (Operations-Situs und Histologie vgl. Abb. 151 b).

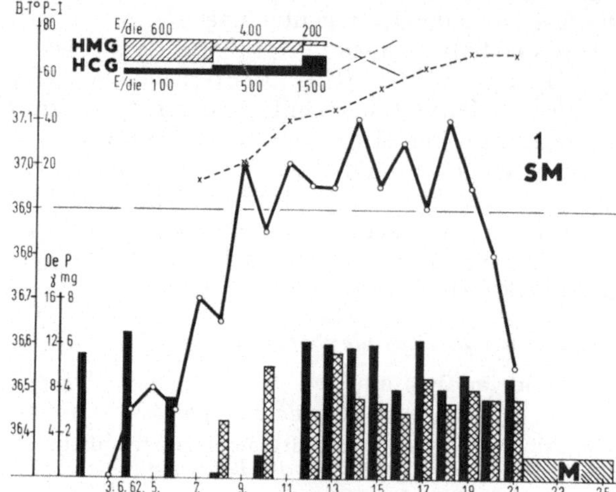

Abb. 157. Primäre Hypoplasie der Ovarien (Übergangsform). Vor 2 Jahren Aufnahme wegen primärer Amenorrhoe. 5 Monate nach der bilateralen Keilexcision spontanes Einsetzen einer cyclischen Ovarialfunktion, die 1 Jahr lang erhalten blieb. Jetzt besteht eine Amenorrhoe seit 6 Monaten. HMG-HCG-Kur mit frühzeitiger und etwas übersteigerter Reaktion. (Pat. J. B., 24 Jahre alt, 149 cm/38 kg)

5 Monate nach der Laparotomie setzte erstmalig spontan eine Genitalblutung ein, die sich anschließend in Abständen von 3—6 Wochen wiederholte! Die Blutungsdauer betrug 2—7 Tage. Diese cyclische Ovarialfunktion bestand etwa 1 Jahr lang, danach trat wieder eine Amenorrhoe ein.

Wiederaufnahme 2 Jahre nach der Laparotomie (bzw. 6 Monate nach Beginn der Amenorrhoe). Es wird eine *HMG-HCG-Kur* (Standard-Dosis, s. Abb. 157) durchgeführt. Die Basaltemperatur steigt schon nach dem 3. Behandlungstage steil an. Am 5. Tage der Medikation werden bereits 2,6 mg Pregnandiol gemessen. In der Folgezeit liegen die Oestriol- und Pregnandiol-Werte in der Höhe der 2. Cyclusphase; der Pyknose-Index steigt bis auf 70% an. Vorzeitiges Absetzen der Medikation. Die Patientin klagt über leichte Schmerzen im Bereich der Adnexe. Die Ovarien sind cystisch vergrößert. Es werden auch Schmerzen in den Mamillen angegeben! Die folgende Blutung erweist sich nach Aussage der Strichabrasio als echte Menstruation. Die weitere Entwicklung ist noch nicht zu beurteilen.

Epikrise. 26jährige Patientin mit primärer Hypoplasie der Ovarien. Laparotomie vor 2 Jahren. Damals bestand eine primäre Amenorrhoe. Nach der bilateralen Keilexcision traten etwa 1 Jahr lang Spontanblutungen in Intervallen von 3—6 Wochen auf. Jetzt besteht seit etwa 6 Monaten eine sekundäre Amenorrhoe. Unter der Verabfolgung von HMG-HCG kommt es frühzeitig zum Einsetzen der 2. Cyclusphase mit etwas übersteigerter Reaktion der Ovarien. Die Ausscheidungswerte von Oestriol und Pregnandiol entsprechen denen eines Spontancyclus. Es folgt eine kräftige Menstruationsblutung.

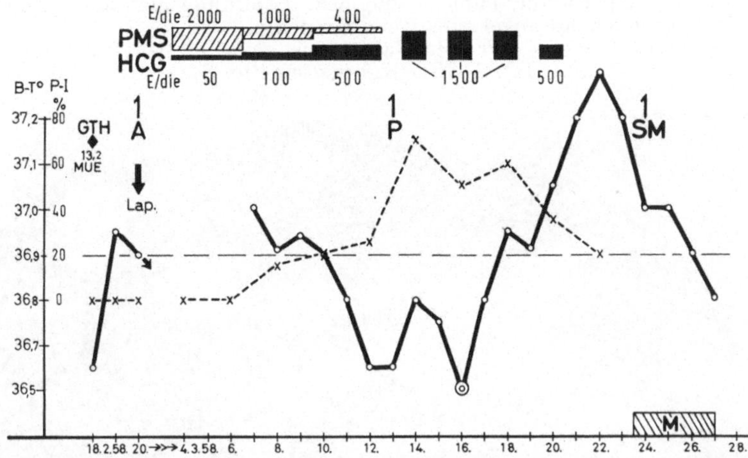

Abb. 158. Sekundäre Hypoplasie der Ovarien (Grundform) bei primärer Amenorrhoe. Pat. J. P., 33 Jahre, 160 cm/64 kg (vgl. Abb. 153a). Biphasische Reaktion unter PMS-HCG

b) Sekundäre Hypoplasie

Der relativ reiche Besatz an Keimparenchym bei diesen Patientinnen sollte eine besonders günstige Reaktionsbereitschaft auf exogene Gonadotropine erwarten lassen. Acht der zehn Patientinnen mit *primärer Amenorrhoe* wurden einer derartigen Funktionsanalyse unterzogen. Überraschenderweise reagierte nur eine Patientin auf die erste Gonadotropin-Kur mit einem biphasischen Cyclus (s. Abb. 158).

Bei einer zweiten Patientin trat eine biphasische Reaktion erst unter der zweiten HMG-HCG-Kur in *doppelter Dosis* ein (s. Abb. 159).

Frl. I. Sch., 21 Jahre alt, 166 cm/54 kg. Primäre Amenorrhoe. Keine Ausfallserscheinungen. Hypoplastischer Phänotyp (vgl. Abb. 156b). Röntgenologische Befunde: große, flache Sella mit ausgezogenem Dorsum. Normales intravenöses Pyelogramm. Epiphysenfugen geschlossen.

Laparotomie. Hypoplastische Ovarien (vgl. Abb. 156b). Bilaterale

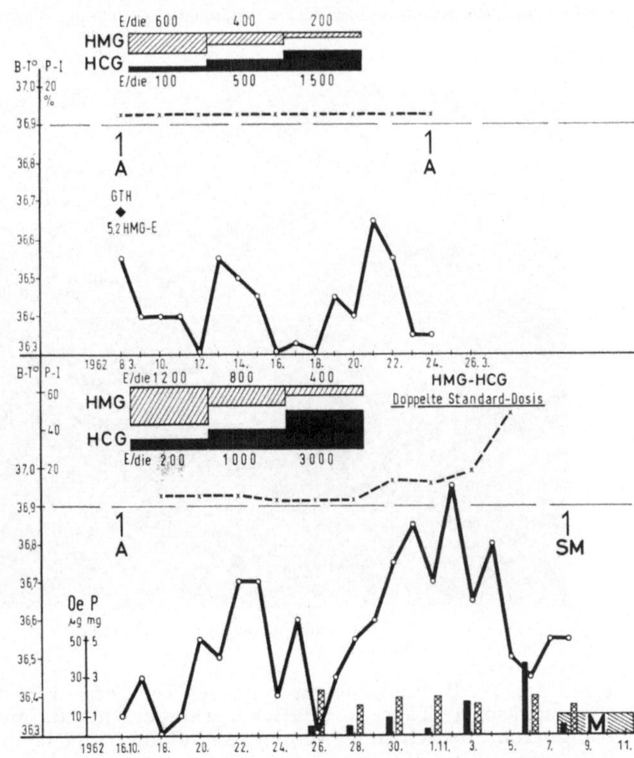

Abb. 159. Sekundäre Hypoplasie der Ovarien (Übergangsform) bei primärer Amenorrhoe. Pat. J. Sch., 21 Jahre, 166 cm/54 kg (vgl. Abb. 156b). Auf die erste HMG-HCG-Kur keine Reaktion des Ovarial-Endocrinium. 7 Monate später zweite Kur mit *doppelter Standard-Dosis*. Biphasisches Ansprechen mit nachfolgender Menstruation

Keilexcision: derbe, perlgraue Tunica albuginea. Eröffnung mehrerer kleiner, cystischer Follikel. Ausreichend angelegtes Keimparenchym.

Anschließend *HMG-HCG-Kur* (Standard-Dosis, s. Abb. 159, oben): Keine Reaktion. 7 Monate später zweite HMG-HCG-Kur in doppelter Standard-Dosis (s. Abb.159,

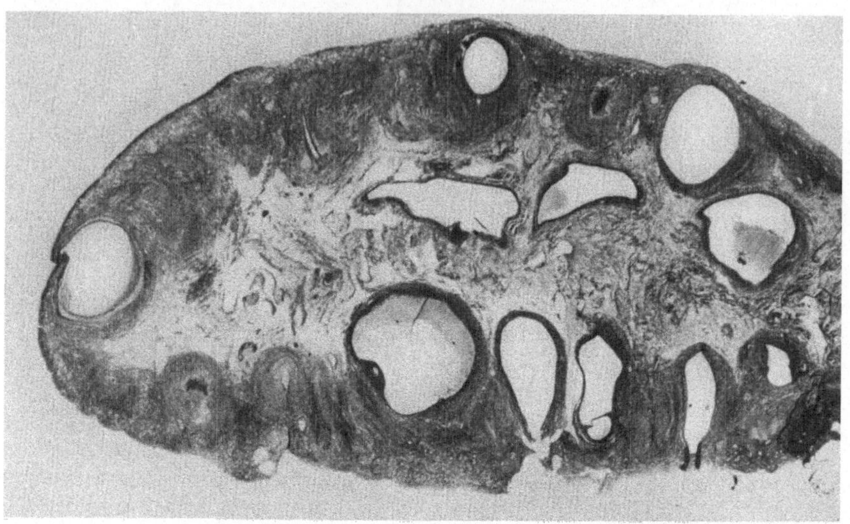

Abb. 160a. Sekundäre Hypoplasie der Ovarien bei primärer Amenorrhoe. Linkes Ovar (Übersicht): reichlicher Besatz an Keimparenchym, mehrere cystisch-atretische Follikel. (Pat. D. P.)

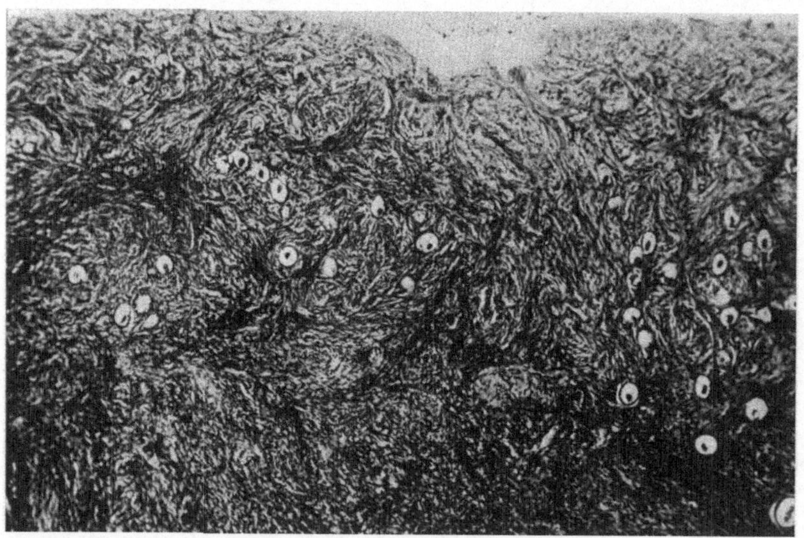

Abb. 160b. Ausschnitt aus Abb. 160a (Vergr. 60×

unten). Am 10. Behandlungstag relatives Temperatur-Tief. Selbsttätiger Ablauf der 2. Cyclusphase (13 Tage ab relativem Temperatur-Minimum). Anschließend Uterusblutung: sekretorisch umgewandeltes Endometrium in mensuellem Zerfall.

Bei den übrigen sechs primär amenorrhoischen Patientinnen mit kleinen, aber parenchymreichen Ovarien wurden 1—4 Gonadotropin-Kuren, z. T. in doppelter Standard-Dosis, durchgeführt, ohne damit eine nennenswerte Ovarialreaktion erzwingen zu können. Zur Anwendung gelangten alle Kombinationen (PMS-HCG, HMG-HCG, FSH-HCG). Die Versager können daher nicht den Präparaten zugeschrieben werden. Diese Beobachtungen seien durch die folgenden Beispiele veranschaulicht:

1. Fräulein D. P., 19 Jahre alt, 163 cm/50 kg. Sekundäre Hypoplasie der Ovarien (Grundform) bei primärer Amenorrhoe (vgl. Abb. 156a).

Ovar-Histologie. Reichlicher Besatz an Primärfollikeln, zahlreiche cystisch-atretische Follikel (s. Abb. 160a u. b).

Hormonausscheidung. Gonadotropine: 9,2 HMG-E, C_{17}-Ketosteroide: 10,6 mg/die, 17-Hydroxycorticoide: 6,5 mg/die.

Kombinierte Verabfolgung von FSH-HMG-HCG (s. Abb. 160c, oben): keinerlei Reaktion des Ovarial-Endocrinium.

4 Monate später wird eine zweite Kur durchgeführt (s. Abb. 160c, unten). Innerhalb von 12 Tagen werden 6800 E HMG und 16800 E HCG verabreicht, ohne daß sich ein Ansprechen der Ovarien zu erkennen gäbe.

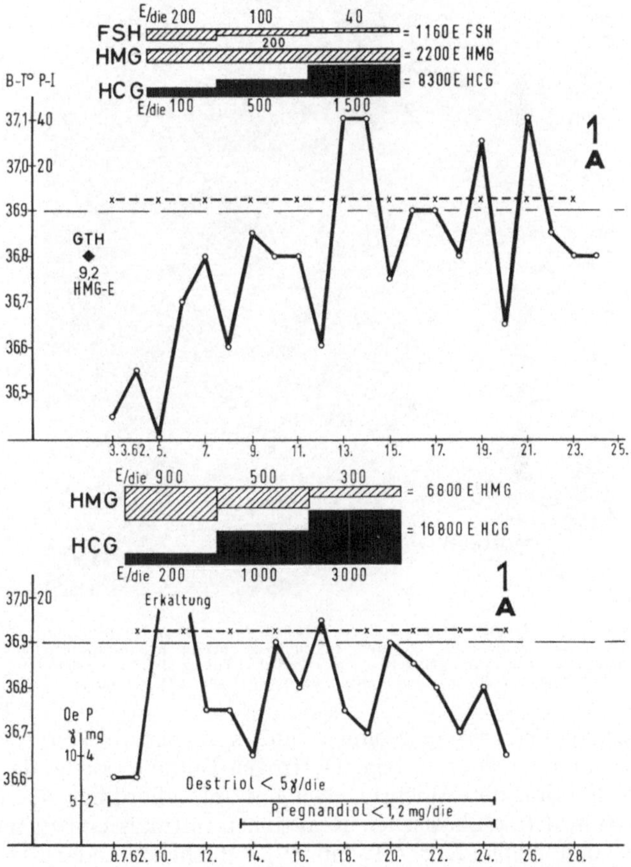

2. Fräulein R. Sch., 18 Jahre alt, 176 cm/64 kg (Großwuchs). Sekundäre Hypoplasie der Ovarien (Grundform) bei primärer Amenorrhoe (vgl. Abb. 119a u. b und 120, S. 200 u. 201). Thelarche und Pubarche im 17. Lebensjahr, aber nur sehr kümmerliche Entwicklung. Leichte Klitorishypertrophie. Gonadotropin-Ausscheidung: 52,8 MUE. C_{17}-Ketosteroide: Durchschnitt 5,8 mg/die, 17-Hydroxycorticoide: Durchschnitt 9,3 mg/die.

PMS-HCG-Kur (Standard-Dosis): keinerlei Reaktion. 1 Jahr später HMG-HCG-Kur (Standard-Dosis): kein Ansprechen der Ovarien. Etwa 1 Jahr danach HMG-HCG-Kur in doppelter Dosis (9600 E HMG und 10800 E HCG innerhalb von 12 Tagen!): nicht die geringste Reaktion.

Wir haben ferner versucht, unter Ausnutzung eines „Rebound-Effektes" die Wirkung exogener Gonapotropine zu unterstützen:

3. Frau H. C., 28 Jahre alt, 177 cm/68 kg (Großwuchs). Thelarche und Pubarche etwa im 18. Lebensjahr, bisher aber nur geringe Entwicklung. Sella o. B., Epiphysenfugen geschlossen. Leichte Klitorishypertrophie. Gonadotropin-Ausscheidung: 13,2 MUE.

Laparotomie. Walzenförmige Ovarien (Grundform). Bei der histologischen Durchmusterung finden sich zahlreiche junge Follikel und einige cystisch-atretische Follikel. Relativ dicke, derbe Tunica albuginea (s. Abb. 161).

Abb. 160c. Sekundäre Hypoplasie der Ovarien bei primärer Amenorrhoe (Pat. D. P., 19 Jahre, 163 cm/50 kg, vgl. Abb.156a) Auf die kombinierte Verabfolgung von FSH-HMG-HCG keine Reaktion. 4 Monate später zweite Kur: HMG-HCG in erhöhter Dosis. Wiederum keine Reaktion des Ovarial-Endocrinium

18*

PMS-HCG-Kur (Standard-Dosis): Oestriol-Ausscheidung während der Medikation unter 5 µg/die. Endometrium am Ende der Kur atrophisch. Anschließend ambulante Therapie mit Sexualsteroiden.

$1^1/_2$ Jahre nach der ersten Gonadotropin-Kur werden 4 Wochen lang täglich 30 mg Äthinyl-nor-testosteron-Acetat verabfolgt. Im unmittelbaren Anschluß daran zweite PMS-HCG-Kur ohne irgendeine Reaktion der Ovarien.

Die Reaktionsunfähigkeit auf exogene Gonadotropine scheint für diese Form der sekundären Hypoplasie, verbunden mit *primärer Amenorrhoe*, eine spezifische Eigentümlichkeit zu sein. Offenbar befinden sich die Ovarien in einem Stadium, in dem der stimulatorische Reiz zum endokrinen Substrat nicht übermittelt wird. Es ließe sich dafür ein „konnataler Fermentdefekt" verantwortlich machen. Dieser Vorstellung wäre durch entsprechende Analysen nachzugehen.

Eine gänzlich andere Ansprechbarkeit bezeugen diejenigen Patientinnen mit sekundärer Hypoplasie, bei denen früher bereits spontane Cyclen abgelaufen sind und die wegen einer mehr oder minder langen *sekundären Amenorrhoe* zur Untersuchung kamen. Bei den zwölf Patientinnen dieser Gruppe wurden 1—3 Gonadotropin-Kuren durchgeführt. Von den fünf Patientinnen mit walzenförmigen Ovarien reagierten drei auf die exogene Stimulation mit einem biphasischen Cyclus. Von den übrigen sieben Frauen, deren Ovarien zur

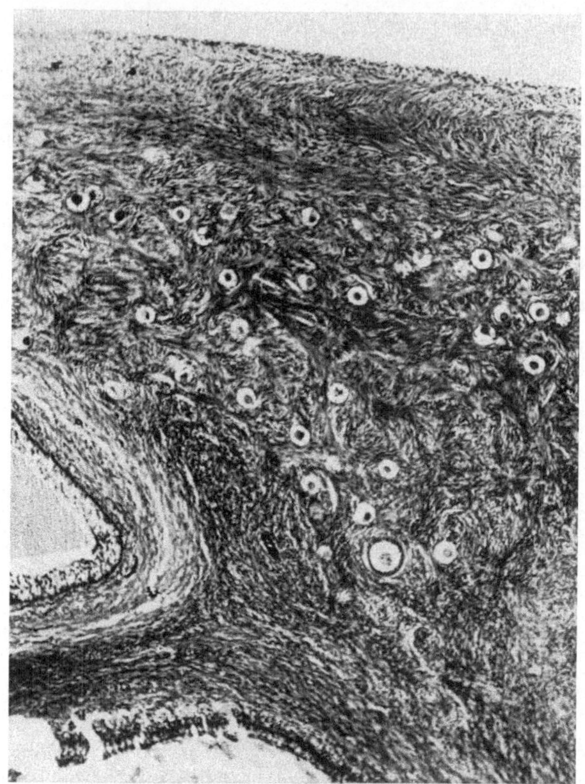

Abb. 161. Sekundäre Hypoplasie der Ovarien (Grundform bei primärer Amenorrhoe, Pat. H. C., 28 Jahre, 177 cm/68 kg, mäßig hypoplastischer Phänotyp, leichte Clitorishypertrophie). Verdickte Tunica albuginea, reichlich jüngste Follikel, einige cystisch-atretische Follikel (Vergr. 60×)

Übergangsform zu rechnen sind, sprachen drei in typischer Weise an, bei drei weiteren kam nur eine Oestrogen-Bildung zustande. Eine Patientin verhielt sich refraktär. Wichtig erscheint mir allerdings die Feststellung, daß die positiven, d. h. phibasischen Reaktionen, oftmals erst unter der zweiten oder dritten Gonadotropin-Kur z. T. mit $1^1/_2$—2facher Standard-Dosis zustande kamen. Der Verlauf bei einer dieser Patientinnen wurde bereits dargestellt (Pat. G. Sch., 19 Jahre alt, 163 cm/53 kg: sekundäre Hypoplasie der Ovarien, Grundform, sekundäre Amenorrhoe seit $2^9/_{12}$ Jahren, vgl. Abb. 98 auf S. 171). Zwei weitere Kasuistiken mögen diese ergänzen:

1. Fräulein J. N., 20 Jahre alt, 169 cm/60 kg. Menarche mit $14^1/_2$ Jahren. Cyclus danach $1^1/_2$ Jahre regelrecht, dann Verlängerung der Intervalle. Jetzt seit 3 Jahren Amenorrhoe! Vorübergehender Gewichtsverlust um 20 kg! Keine Ausfallserscheinungen. Gonadotropin-Ausscheidung mehr als 52,8 MUE (erhöht), C_{17}-Ketosteroide: Durchschnitt 11,2 mg/die. Sehr kleiner Uterus, ruhendes Endometrium.

Fraktionierte PMS-HCG-Kur (Dosierung nach RYDBERG) (s. Abb. 162a, oben):
Keinerlei Ovarialreaktion. Endometrium unverändert. *Laparotomie:* Ovarien etwa
2,5 cm lang und 0,4 cm dick (Grundform). Weiße Tunica albuginea. Schmale Keilexcision aus dem linken Ovarium. Dabei werden mehrere cystische Follikel eröffnet.

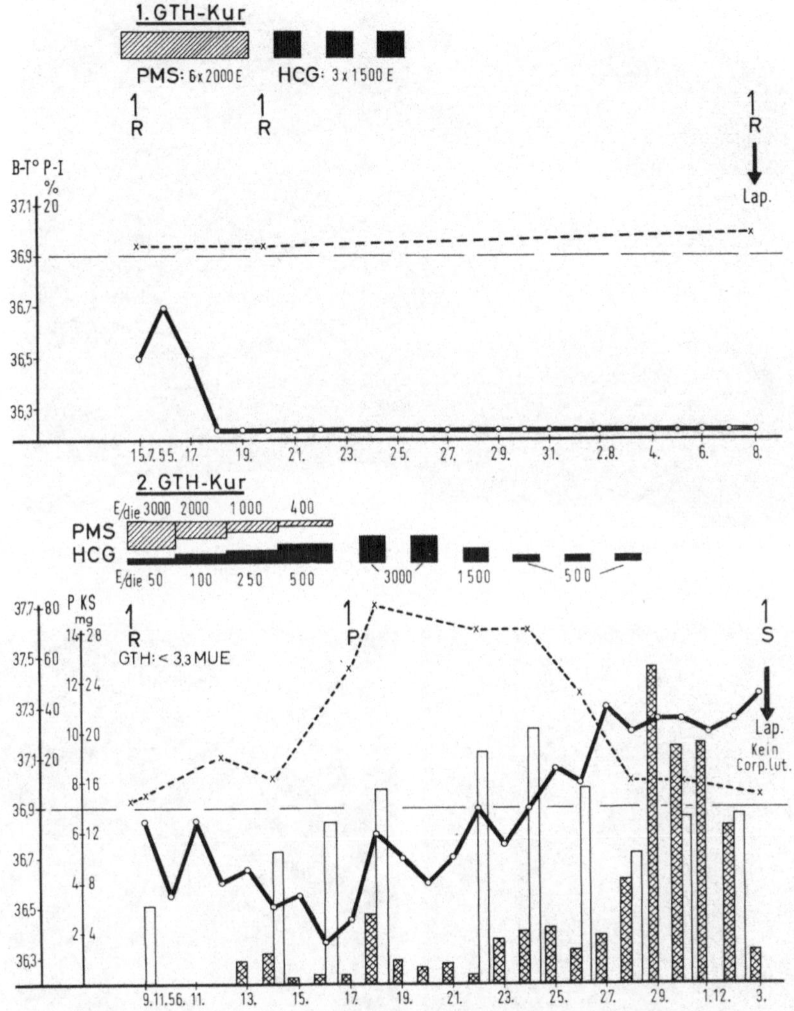

Abb. 162a. Sekundäre Hypoplasie der Ovarien bei sekundärer Amenorrhoe seit 3 Jahren (Pat. J. N., 20 Jahre, 169 cm/
60 kg). Oben: Erste PMS-HCG-Kur (Dosierung nach RYDBERG). Keine Reaktion der Ovarien. Unten: Zweite PMS-
HCG-Kur 1⁴/₁₂ Jahre später mit erhöhter Dosis. Übersteigerte biphasische Reaktion der Ovarien, aber kein Gelbkörper
nachweisbar!

Ovar-Histologie. Schmale Tunica albuginea. In der subcorticalen Zone annähernd
normal viel jüngste Follikel. Zahlreiche cystisch-atretische Follikel mit angedeuteter
Thecareaktion (s. Abb. 162b).

Nach 16 Monaten Wiederaufnahme. Gonadotropin-Ausscheidung jetzt deutlich
erniedrigt (weniger als 3,3 MUE), C_{17}-Ketosteroide: Durchschnitt 6,3 mg/die. Zweite,
diesmal *kombinierte PMS-HCG-Kur höherer Dosierung* (s. Abb. 162a, unten). In
der 2. Behandlungswoche kommt es zum kräftigen Anstieg des Pyknose-Index und
kurz danach auch zur stufenweisen Erhöhung der Basaltemperatur. Beide Ovarien
erscheinen palpatorisch etwas vergrößert. Diese cystische Reaktion nimmt in den
nächsten Tagen schnell zu. Anstieg der Pregnandiol-Ausscheidung bis auf ein Maximum von 12,7 mg/die! Kontinuierlicher Anstieg auch der Ketosteroid-Ausscheidung

von 6,3 mg bis auf 20,4 mg/die! Die abschließende Vollabrasio ergibt eine ausgeprägte sekretorische Umwandlung des Endometrium mit dezidualer Stromareaktion.

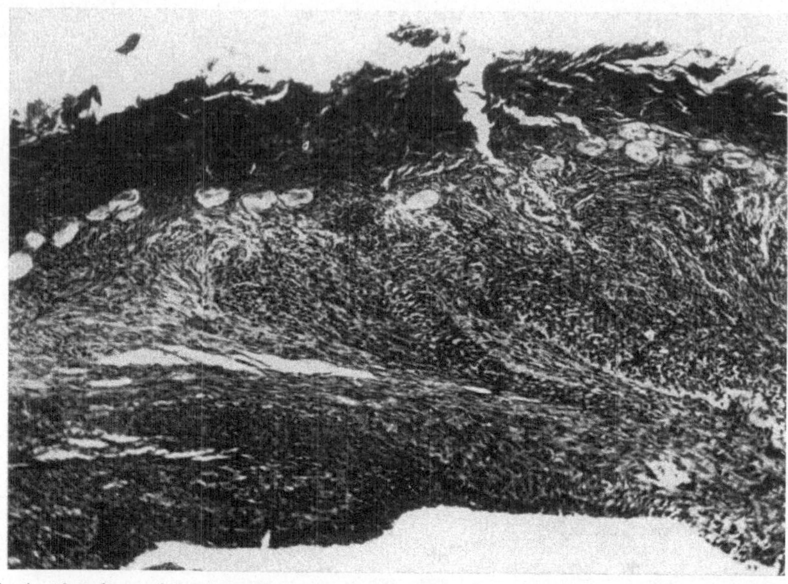

Abb. 162b. Annähernd normal angelegtes Keimparenchym (sekundäre Hypoplasie) (Vergr. 100×). (Pat. J. N., 20 Jahre, 169 cm/60 kg, sekundäre Amenorrhoe seit 3 Jahren)

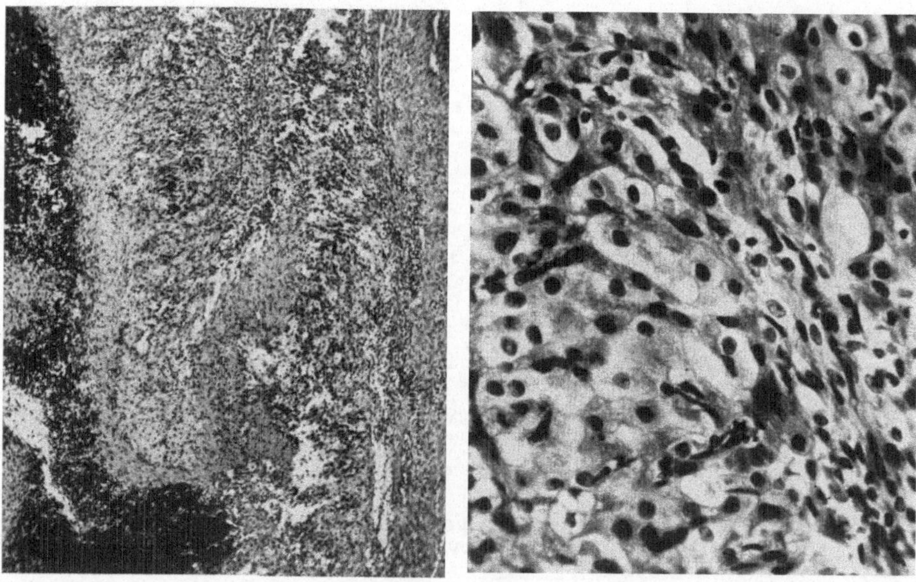

Abb. 162c. Aktivierte hyperplastische Thecabezirke (Vergr. 60×). (Pat. J. N.)

Abb. 162d. Thecazellen mit Sekretvacuolen (Ausschnitt aus Abb. 162c) (Vergr. 400×)

Da die Patientin über rezidivierende Schmerzen in der Blinddarmgegend klagte, wird nochmals *laparotomiert* (Appendektomie). Beide Ovarien sind etwa kleinfaustgroß. Sie enthalten zahlreiche Cysten mit gelblichem, serösem Inhalt (Theca-Luteincysten). Ein Corpus luteum wird nicht gefunden! Schmale Keilexcision.

Ovar-Histologie. Hyperplastische Thecabezirke mit allen Stadien der Aktivierung (s. Abb. 162c). Thecazellen mit Sekretvacuolen (Abb. 162d). Erhebliche Gefäßstase und ödematöse Durchtränkung. Große Blutfollikel. Kein Corpus luteum.

Im Laufe einer 7jährigen Beobachtungszeit entwickelte sich eine biphasische Oligomenorrhoe (38—42 Tage/3—4 Tage) (Endometrium-Biopsien). Uterus normal groß. Gewichtszunahme. Wohlbefinden und Kinderwunsch.

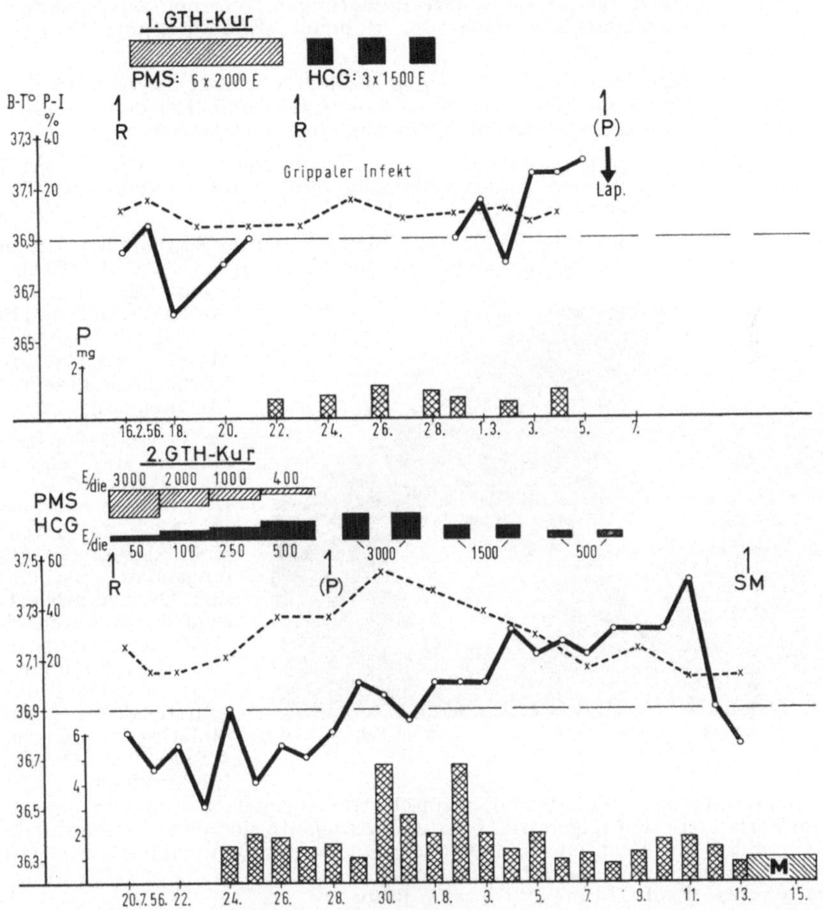

Abb. 163a. Sekundäre Hypoplasie der Ovarien (Übergangsform) bei sekundärer Amenorrhoe seit $2^6/_{12}$ Jahren. Erste PMS-HCG-Kur (Dosierung nach RYDBERG): keine Reaktion der Ovarien. Zweite Kur in höherer Dosierung 5 Monate später: biphasische Reaktion. (Pat. E. L., 22 Jahre, 170 cm/60,5 kg)

Epikrise. 20jährige Patientin, die wegen einer seit 3 Jahren bestehenden Amenorrhoe zur Aufnahme kam. Überhöhte Gonadotropin-Ausscheidung. Auf die erste PMS-HCG-Kur (Dosierung nach RYDBERG) keine Reaktion der Ovarien. Die anschließende Laparotomie ergibt hypoplastische Eierstöcke (Grundform) mit annähernd regelrecht angelegtem Keimparenchym. Da sich in der Folgezeit der Cyclus nicht normalisierte, wird 16 Monate später eine zweite PMS-HCG-Kur mit erhöhter Dosierung durchgeführt. Unter ihr entwickelt sich ein biphasischer Cyclus mit übersteigerter, cystischer Reaktion der Ovarien. Anstieg der Pregnandiol-Werte auf maximal 12,7 mg/die, Anstieg auch der C_{17}-Ketosteroid-Werte von 6,3 auf 20,4 mg/die! Der Kur folgt eine echte Menstruationsblutung. Unter dem Verdacht einer chronischen Appendicitis wird ein zweites Mal laparotomiert: Beide Ovarien, die etwa auf Kleinfaustgröße angeschwollen sind, bergen mehrere große Theca-Luteincysten. Allgemeine ödematöse Durchtränkung. Kein Gelbkörper! Danach entwickelt sich eine biphasische Oligomenorrhoe (Beobachtung über 7 Jahre).

2. Fräulein E. L., 22 Jahre alt, 170 cm/60,5 kg. Nach der Menarche (im 14. Lebensjahr) zumeist normaler Cyclus. Jetzt sekundäre Amenorrhoe seit $2^{1}/_{2}$ Jahren. Keine Ausfallserscheinungen, keine Gewichtsveränderungen. Normal entwickelter weiblicher Habitus. Hypoplastisches Genitale. Ruhendes Endometrium, Pyknose-Index 12%.

Fraktionierte PMS-HCG-Kur (Dosierung nach RYDBERG) (s. Abb. 163a, oben): Es kommt nur eine schwache Oestrogen-Bildung zustande. Bei der abschließenden Vollabrasio wird wenig leicht proliferiertes Endometrium gewonnen.

In der Annahme hypoplastischer Ovarien *Laparotomie* (s. Abb. 163b): Kleine Ovarien mit glatter, weißer Tunica albuginea ohne Funktionszeichen. Die Keilexcision eröffnet zahlreiche cystische Follikel.

Ovar-Histologie. Normal breite Tunica albuginea. Unter ihr befinden sich mehrere cystisch-atretische sowie bindegewebig organisierte Follikel (s. Abb. 163c), einige wachsende Follikel und mäßig viel Primär- und Primordialfollikel (s. Abb. 163d). Markfibrosis. Die Prognose wurde nach diesem Befund für ungünstig angesehen.

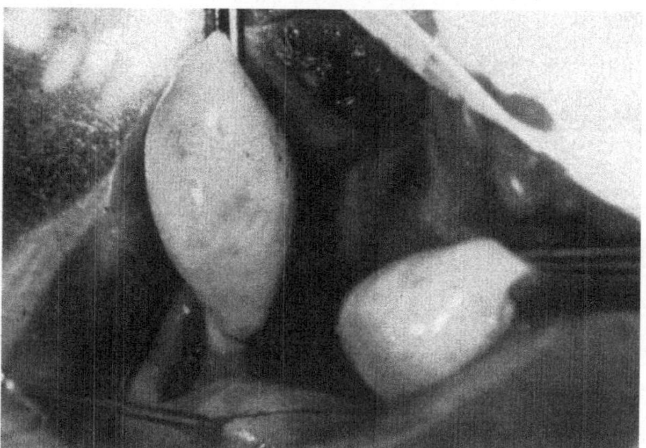

Abb. 163b. Operations-Situs der Pat. E.L. nach der ersten PMS-HCG-Kur (s. Abb. 163a, oben)

5 Monate später wird eine zweite, jetzt *kombinierte PMS-HCG-Kur höherer Dosierung* durchgeführt (s. Abb. 163a, unten). Am Ende der ersten Behandlungsphase erscheint das linke Ovar vergrößert. Während der weiteren Medikation verstärkt sich diese Reaktion. Nach der Basaltemperatur und den Pregnandiol-Werten läuft ein biphasischer Cyclus ab. 4 Tage nach Abschluß der Injektionskur Einsetzen einer Genitalblutung. Vollabrasio: typisch transformiertes Endometrium in mensuellem Zerfall. In den folgenden Monaten entwickelte sich eine Oligomenorrhoe, die dann in einen regelrechten, biphasischen Ovarialcyclus überging. Die Patientin heiratete und trug 1960 eine Schwangerschaft aus. Auch nach der Entbindung regelrechter Cyclus. Beobachtungszeit jetzt 7 Jahre.

Epikrise. 22jährige Patientin mit sekundärer Amenorrhoe seit $2^{1}/_{2}$ Jahren. Kein Ansprechen der Ovarien auf die erste, nach RYDBERG dosierte PMS-HCG-Kur. Die anschließende Laparotomie deckte hypoplastische Ovarien (Übergangsform) auf, die einen annähernd normalen Besatz an jüngsten Follikeln aufweisen. Unter einer 5 Monate später durchgeführten zweiten PMS-HCG-Medikation in höherer Dosierung entwickelte sich ein biphasischer Cyclus mit Anzeichen einer etwas übersteigerten Ovarialreaktion. Normalisierung des Cyclus und nach Eheschließung Konzeption mit normalem Schwangerschaftsverlauf. Auch nach dem Partus regelrechte Ovarialfunktion (7jährige Beobachtungszeit).

Diese funktionsanalytischen Ergebnisse legen die unterschiedliche Reaktionsbereitschaft sekundär hypoplastischer Ovarien dar: Patientinnen mit primärer Amenorrhoe sprechen auch auf eine wiederholte, hochdosierte Medikation von Gonadotropinen im allgemeinen nicht an. Dagegen kann eine biphasische Reaktion erzielt werden, wenn früher bereits Spontancyclen abgelaufen sind. Zumeist

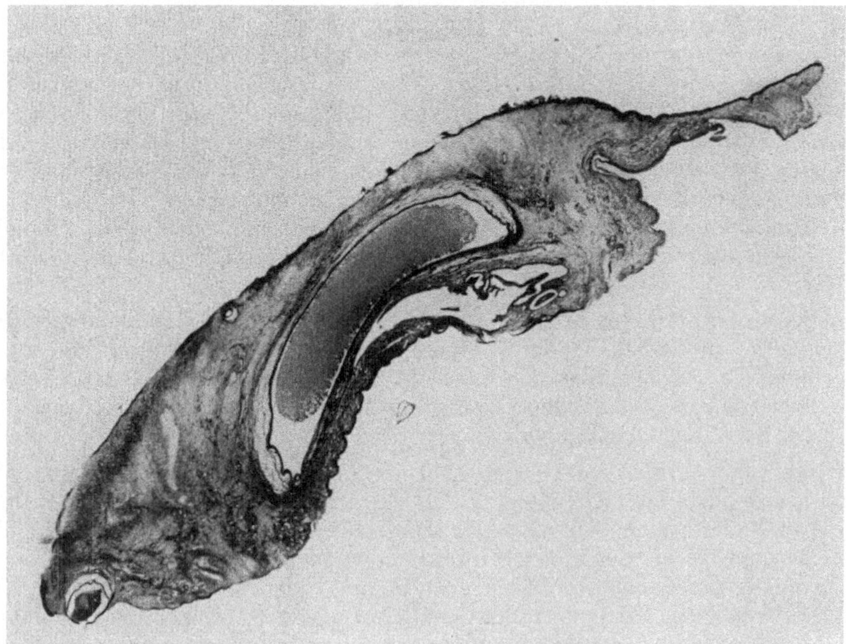

Abb. 163 c. Übersichtsaufnahme: Sekundäre Ovarialhypoplasie mit cystisch-atretischen und bindegewebig organisierten Follikeln. (Pat. E. L., sekundäre Amenorrhoe seit $2^6/_{12}$ Jahren)

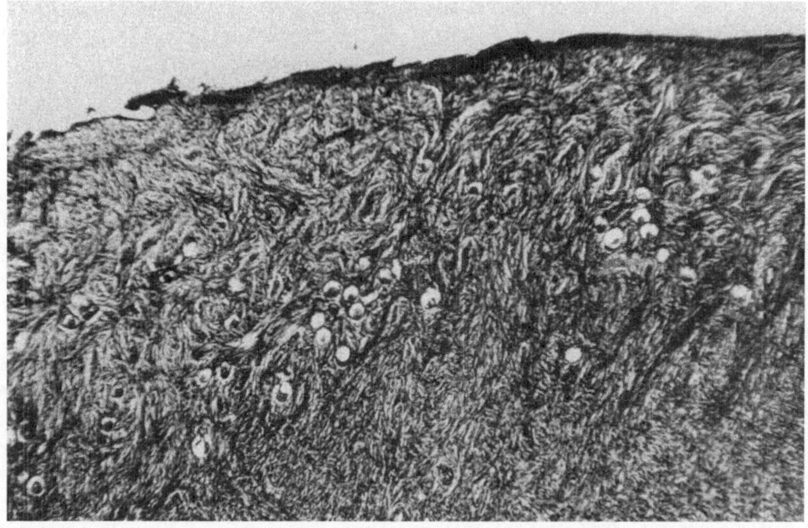

Abb. 163 d. Annähernd normal angelegtes Keimparenchym (sekundäre Ovarialhypoplasie), Markfibrosis (Vergr. 60×). (Pat. E. L., vgl. Abb. 163 c)

bestehen bei diesen Patientinnen „Übergangsformen", für deren Pathogenese sowohl lokale als auch zentralregulatorische Faktoren eine Bedeutung haben mögen. Die Funktionsanalyse vermag die klinischen Maßnahmen (allgemeine und gynäkologische Untersuchung, Douglasskopie usw.) zu ergänzen.

5. Differentialdiagnose

Bei *primärer Amenorrhoe* kann durch eine Gonadotropin-Medikation zwischen einer primären und sekundären Hypoplasie der Ovarien kaum unterschieden werden. Eine solche Differenzierung hat, rein klinisch gesehen, auch keine große Bedeutung, da die Prognose im allgemeinen ungünstig ist (vgl. Tabelle 22). Eine Einordnung ist nur mit Hilfe der Keilexcision zu erreichen. Dagegen ist eine Abgrenzung gegenüber hypothalamischen Fehlregulationen möglich. Die Ovarien dieser Patientinnen sprechen im allgemeinen auf die erste oder zweite Gonado-tropin-Kur in ausreichender Dosierung (Wiederholungskur in 2facher Standard-Dosis) an.

In die differentialdiagnostischen Überlegungen ist die Gonadendysgenesie einzubeziehen, zu der fließende Übergänge bestehen. Bei den meisten dieser Patientinnen wird die Diagnose durch den Habitus erleichtert (Kleinwuchs, Falten-hals, Greisengesicht, Schildbrust usw.) und durch einen chromatinnegativen Befund bei der Geschlechtsdiagnostik gesichert.

Bei *sekundärer Amenorrhoe* kann die Unterscheidung zwischen Ovarialhypo-plasie und idiopathischer Dysfunktion des Zentralsystems schwierig sein, zumal beide Krankheitsformen sich offenbar überschneiden können. Vergleiche der anamnestischen Daten, der klinischen und endokrinologischen Befunde sowie der subjektiven Beschwerden (Ausfallserscheinungen) ergeben statistisch keine mar-kanten Differenzen. Im Einzelfall kann auf eine zentrale Dysfunktion geschlossen werden, wenn sich auch Störungen anderer vegetativer Regulationszentren nach-weisen lassen (Dysthermie, Störungen des Kohlenhydrat- und Wasserhaushaltes, Abweichungen in der nervalen Tonisierung des Intestinaltraktes und der Zirku-lation usw., s. S. 202f.). Bei diesen Patientinnen bestehen oftmals auch Ver-änderungen der psychischen Zentralfunktionen und der physischen Leistungs-fähigkeit. Die Diagnostik wird gestützt durch die Douglasskopie und die Funk-tionsanalyse mittels Gonadotropinen. Beide Verfahren schränken die Indikation zur Laparotomie weitgehend ein.

6. Therapie und Prognose

Der *Behandlungsplan* kann auf der Gonadotropin-Medikation aufbauen, die als erstes und im allgemeinen stationär durchgeführt wird. Kommt unter ihr keine Ovarialreaktion zustande, so empfiehlt es sich, die Kur sofort oder nach einigen Monaten *mit der 2fachen Standard-Dosis* zu wiederholen. Wurde beim ersten Mal PMS-HCG verabfolgt, so sollten für die zweite Kur wegen der mög-lichen Antikörperbildung HMG-HCG verwendet werden. Spricht auch jetzt das Ovarial-Endocrinium nicht an, so liegt mit großer Wahrscheinlichkeit eine aus-geprägte Hypoplasie der Ovarien vor. Die Prognose muß als ungünstig ange-sehen werden. Zur Entwicklung der äußeren Sexualmerkmale und aus psycho-logischen Gründen erscheint eine nachfolgende, rhythmusgerechte Behandlung mit Sexualsteroiden angeraten, die je nach den individuellen Gegebenheiten ent-weder mittels Depot-Präparaten oder oral vorgenommen werden kann.

Wir verabfolgen am 1. und 15. Behandlungstag 10 mg eines Oestradiol-Depots als Kristallsuspension (z. B. Ovocyclin®/Ciba) oder in Form eines depot-wirksamen Esters (z. B. Progynon-Depot®/Schering, Menformon prolongatum®/Organon, Depofemin®/Hoechst) und am 15. Behandlungstag *zusätzlich* 200 bis 250 mg eines Gestagen-Depots, entweder als Progesteron-Kristallsuspension (z. B. Luteosid®/Boehringer u. Söhne, Lutocyclin®/Ciba, Lutren®/Hoechst usw.)

oder 17α-Hydroxyprogesteron-Kapronat (Proluton-Depot®/Schering). Die Abbruchblutung tritt für gewöhnlich zwischen dem 26. und 32. Tage nach Behandlungsbeginn ein. Mit der Wiederholung der Medikation kann nach 3—4 Blutungstagen begonnen werden.

Zur oralen Behandlung verordnen wir $2 \times 20\ \mu g$/die Äthinyloestradiol (täglich 2mal 1 Tablette Progynon C®/Schering) für die ersten 14 Tage und daran anschließend für 10 Tage $30\ \mu g$/die Äthinyloestradiol, zusammen mit 6 mg/die Äthinyl-nor-testosteron-Acetat (täglich 3mal 1 Tablette Primosiston®/Schering). Derartige Substitutionskuren sollten wenigstens 2—3mal wiederholt werden.

Entwickelt sich unter der ersten oder der folgenden Gonadotropin-Kur ein biphasischer Cyclus (Kontrolle durch Basaltemperatur und Strichabrasionen), so sind die Aussichten für eine Regulierung wesentlich günstiger, wenn mindestens 1 Jahr lang konsequent weiterbehandelt wird! Wir führen in diesen Fällen nach der Gonadotropin-Medikation 2—3 Sexualsteroid-Kuren durch (am besten mit oraler Applikation, um eine Fortsetzung der Injektionen zu vermeiden). Die Behandlung wird dann 3 Monate lang unterbrochen, um eine eventuelle Regulation beobachten zu können, sie muß später aber fortgesetzt werden, wenn sich keine spontane Funktion des Ovarial-Endocrinium einspielt. Die hormonale Therapie wird vorteilhaft durch diätetische und physikalische Maßnahmen unterstützt. Eine besondere Bedeutung ist dem ärztlichen Kontakt mit Aussprachen, psychischer Leitung und menschlicher Beratung beizumessen.

Die *Prognose* bei Ovarialhypoplasie ergibt sich aus der folgenden Zusammenstellung (s. Tabelle 22) (durchschnittliche Beobachtungszeit $\bar{x} = 3{,}41$ Jahre, $s = \pm 2{,}23$) (vgl. auch S. 350f.).

Tabelle 22

	Primäre Hypoplasie		Sekundäre Hypoplasie		
	A Grundform	B Übergangsform	A Grundform	B Übergangsform	
Primäre Amenorrhoe 22 Pat.	7 Pat. Dauer- erfolg: 0	5 Pat. Dauer- erfolg: 0	5 Pat. Dauer- erfolg: 0	5 Pat. Dauer- erfolg: 0	gesamt: 22 Pat. Dauer- erfolg: 0
Sekundäre Amenorrhoe 22 Pat.	5 Pat. Dauer- erfolg: 0	5 Pat. Dauer- erfolg: 2	5 Pat. Dauer- erfolg: 1	7 Pat. Dauer- erfolg: 7	gesamt: 22 Pat. Dauer- erfolg: 10
Gesamt: Dauererfolg:	12 0	10 2	10 1	12 7	
	gesamt: 22 Pat. Dauererfolg: 2 Pat.		gesamt: 22 Pat. Dauererfolg: 8 Pat.		

Patientinnen mit einer primären Hypoplasie der Ovarien haben kaum eine Chance auf Regulierung der Sexualfunktion. Die zwei Erfolge betrafen Übergangsformen. Bei primär amenorrhoischen Patientinnen mit kleinen, aber parenchymreichen Ovarien (sekundäre Hypoplasie) konnten wir gemäß dem negativen Funktionstest ebenfalls keine Dauererfolge verzeichnen. Dagegen ist die letzte Gruppe, d. h. der Kreis von sekundär amenorrhoischen Patientinnen mit sekundärer Hypoplasie der Ovarien durch eine besonders günstige Prognose ausgezeichnet. Acht der zwölf Patientinnen wurden später normal menstruiert, vier von ihnen haben inzwischen eine Schwangerschaft ausgetragen.

7. Zusammenfassung

Für das hypoplastische Ovarium lassen sich morphologisch zwei Typen unterscheiden: das kleine, dünne, walzenförmige Ovarium („Grundform") und der kleine Eierstock, der aber in der Konfiguration dem normalen Ovarium ähnelt („Übergangsform"). Das hypoplastische Ovarium beider gestaltlicher Prägungen kann arm (primäre Hypoplasie) oder relativ reich (sekundäre Hypoplasie) an Keimparenchym sein.

Die eigenen Untersuchungen gehen von 44 Frauen aus, von denen histologische Untersuchungen eines Ovarial-Segmentes vorlagen. Die Patientinnen kamen wegen einer primären oder sekundären Amenorrhoe (je 22 Patientinnen) zur Aufnahme und befanden sich zwischen dem 18. und 33. Lebensjahr.

Das *klinische Erscheinungsbild* ist auffallend wenig prägnant. Die hochgradige Unterentwicklung des Ovarium mit mangelhaftem Besatz an Primärfollikeln (verbunden mit einer primären Amenorrhoe) äußert sich insbesondere bei jüngeren Patientinnen zwar häufiger (aber auch nicht regelmäßig) in einem infantilen Habitus sowie in Groß- oder Kleinwuchs, bei den übrigen Formen wird jedoch der Ovarialbefund wenig verläßlich vom Phänotyp wiedergegeben.

In der Gruppe „primäre Hypoplasie mit sekundärer Amenorrhoe" besteht zwischen dem mittleren *Menarche-Alter* der Patientinnen mit nur kümmerlich entwickelten Ovarien (Grundform) ($\bar{x} = 13$ Jahre, $s = \pm 0{,}24$ Jahre) und denjenigen, bei denen die Ovarien die „Übergangsform" darboten ($\bar{x} = 15$ Jahre, $s = \pm 1{,}34$ Jahre), eine statistisch eindeutige Differenz ($p < 0{,}01$)!

Die *hormonanalytischen Ergebnisse* enttäuschen die Erwartung. Sicher überhöhte Gonadotropin-Werte fanden sich nur bei 8 von 22 Patientinnen mit primärer Hypoplasie. Die Interrenalfunktion weicht, gemessen an der Ausscheidung der C_{17}-Ketosteroide und 17-Hydroxycorticoide, nicht gröber von der Norm ab. Die ovarielle Oestrogenbildung liegt erwartungsgemäß bei allen Patientinnen mit primärer und länger währender sekundärer Amenorrhoe darnieder.

Funktionsanalysen durch Verabfolgung von Gonadotropinen fielen bei primärer Hypoplasie der Ovarien negativ aus. Aber auch bei sekundärer Hypoplasie konnte durch exogene Gonadotropine keine biphasische Reaktion erzielt werden, wenn diese Patientinnen bisher nie menstruiert worden waren (primäre Amenorrhoe). Dieses Resultat steht nicht in Abhängigkeit vom angewendeten Präparat oder von der Dosierung. Es wird für möglich gehalten, daß diese sekundär hypoplastischen Ovarien bei primär amenorrhoischen Patientinnen den stimulatorischen Reiz infolge eines Fermentdefektes nicht zu empfangen vermögen. Demgegenüber beantwortet die Mehrzahl der sekundär amenorrhoischen Patientinnen mit kleinen, aber parenchymreichen Ovarien die erste oder eine folgende Gonadotropin-Medikation (eventuell in 2facher Standard-Dosis) mit einer biphasischen Funktion oder einer Oestrogen-Bildung.

Differentialdiagnostisch läßt sich demgemäß bei noch nicht erfolgter Menarche zwischen primärer und sekundärer Hypoplasie mit Hilfe der Funktionsanalyse keine Unterscheidung erreichen. Von besonderem klinischen Interesse ist die Differenzierung zwischen Ovarialhypoplasie und hypothalamischen Fehlregulationen. Ein rein statistischer Vergleich ist unergiebig. Dagegen kann klinisch im Einzelfall aus der Mitbeteiligung anderer vegetativer Regulationszentren, die sich in Störungen der Temperatur-Regulation, des Kohlenhydrat- und Wasserhaushaltes, der nervalen Tonisierung des Intestinaltraktes und der Zirkulation äußern kann, sowie aus Veränderungen der psychischen Zentralfunktion und der Leistungsfähigkeit auf eine zentrale Dysfunktion geschlossen werden. Die Diagnostik wird durch die Douglasskopie gestützt.

Die weiteren *therapeutischen Maßnahmen* gehen von der Gonadotropin-Kur aus: Kommt unter ihr keine biphasische Reaktion zustande, so sollte sie in 2facher Standard-Dosis wiederholt werden. Ein wiederum negativer Ausgang berechtigt im allgemeinen zu einer ungünstigen Prognosestellung. Reagiert dagegen das Ovarial-Endocrinium biphasisch, so empfehle ich eine konsequente Weiterbehandlung über mindestens 1 Jahr lang. Man führt zunächst zwei bis drei cyclusgerechte Kuren mit Sexualsteroiden durch, beobachtet ihren Effekt über ein folgendes Vierteljahr und setzt die Therapie fort, wenn sich noch keine Normalisierung der Ovarialfunktion abzeichnet.

Die *Prognose* ist bei primärer Ovarialhypoplasie sowie bei sekundärer Hypoplasie, verbunden mit primärer Amenorrhoe, ungünstig. Eine Chance auf Regulierung besteht nur, wenn das Ovarial-Endocrinium bereits einmal eine cyclische Funktion ausgeübt hat (sekundäre Amenorrhoe) und das Keimparenchym in einem bestimmten Mindestumfang angelegt ist. Diese Patientinnen repräsentieren den Übergang zur Norm, was Größe und Ausstattung der Ovarien betrifft, und zugleich auch einen Übergang zur hypothalamischen Fehlfunktion, die sich mit dem Krankheitsbild der Ovarialhypoplasie in mancher Beziehung überschneidet.

C. Die hypothalamische Ovarial-Insuffizienz

1. Einleitung und Definition

Die neueren experimentellen Untersuchungen über die Steuerung der Keimdrüsenfunktion (vgl. S. 9f.) weisen den hypophysennahen, kleinzelligen, medial gelegenen Kerngebieten des markarmen Hypothalamus einen entscheidenden Einfluß auf die Regulation zu. Ihrer elektrischen oder medikamentösen Ausschaltung folgt ein partieller oder totaler Ausfall der Gonaden. Ein gleicher Effekt ist durch chirurgische Unterbrechung der neuro-vasculären Verbindung zwischen diesen Hypothalamusarealen und der intrasellären Hypophyse zu erreichen. Unter bestimmten Bedingungen ist es möglich, experimentell und klinisch eine Persistenz der LTH-Freigabe zu erzielen.

Im Gegensatz zu der Empfindlichkeit dieser zentral-nervösen Organisationen zeichnet sich die Adenohypophyse durch eine besondere Plastizität und Reservekapazität aus. Sowohl tierexperimentelle Befunde als auch klinische Erfahrungen haben gelehrt, daß die abhängigen peripheren Drüsen erst nach Zerstörung von etwa $^3/_4$ bis $^4/_5$ der Hypophysensubstanz eine merkliche Funktionsminderung erleiden.

Wenn man von den relativ seltenen organischen Veränderungen der Adenohypophyse absieht, wird die Ursache für einen isolierten Ausfall ihrer gonadotropen Funktion bei der überwiegenden Mehrzahl der Patientinnen in einer Störung der zentral-nervösen Steuerung zu suchen sein. Ich bezeichne diese Form als „hypothalamische Ovarial-Insuffizienz", ohne damit eine noch genauere Lokalisation des Störungszentrum angeben zu können. Für die Klinik ist diese Problematik zunächst auch nicht erheblich. Wir wollen am eigenen Krankengut untersuchen, in welcher Weise sich in diesem Komplex besondere Krankheitsformen abgrenzen, deren Pathologie im vorhergehenden Teil IV bereits umrissen wurde (vgl. S. 202f.). Eine gesonderte Besprechung erfahren die „postpartale Ovarial-Insuffizienz" und Funktionsstörungen, bei denen wir durch Laparotomie „polycystische Veränderungen" der Ovarien festgestellt haben. Bei einem Teil dieser Patientinnen ist ebenfalls ursächlich eine hypothalamische Dysfunktion anzunehmen.

Die im folgenden gewählte Unterteilung wurde nach auffälligen klinischen Merkmalen getroffen. Für diese Gruppierung standen mir ausführliche anamnestische Erhebungen, die klinischen und hormonanalytischen Untersuchungsergebnisse, die Funktionsanalytik sowie Aufzeichnungen der regelmäßigen, nachgehenden Kontrollen zur Verfügung (vgl. S. 86f.). Es ist nicht zu vermeiden, daß sich die einzelnen Gruppen hinsichtlich der kausalen Pathogenese und im klinischen Bild überschneiden. Die statistische Analyse, die für alle Gruppen vorgenommen worden ist, ergibt daher nur für wenige Vergleiche eine signifikante Differenz.

2. Krankengut

a) Idiopathische hypothalamische Fehlfunktion

Diese Gruppe umfaßt solche Patientinnen, deren Vorgeschichte auf eine besondere primäre Labilität des Ovarial-Endocrinium schließen läßt (primäre Amenorrhoe, Menarche nach Beendigung des 15. Lebensjahres oder ganz ungeregelter Primärcyclus). Die Anamnese ergab im allgemeinen keine Hinweise auf eine auslösende Ursache. Ein Teil der Patientinnen beobachtete während der Amenorrhoe Gewichtsschwankungen.

aa) Primäre Amenorrhoe (vgl. Tabelle 23). 13 Patientinnen (neun im Alter von 18—21, vier zwischen 22 und 30 Jahren).

Phänotyp. Auffällig ist die zumeist gute Entwicklung der äußeren Sexualmerkmale (vgl. Abb. 143 B). Die im allgemeinen kräftige Ausbildung der Mammae erleichtert die differentialdiagnostische Abgrenzung gegenüber der Ovarialhypoplasie. Die Thelarche trat durchschnittlich mit 13,6 Jahren ($s = \pm 2,55$) ein. Bei sechs Patientinnen bestand ein leichter Großwuchs.

Endokrinologische Befunde. Die Ovarien wurden bei drei Patientinnen durch Laparotomie, bei vier mit Hilfe der Douglasskopie besichtigt. Besondere Befunde wurden nicht erhoben. Die Gonadotropin-Werte bewegten sich im Normbereich (sieben Patientinnen) oder lagen an der unteren Grenze (fünf Patientinnen). Nur bei einer Frau mit einer mäßigen Adipositas ($+30\%$) war die Gonadotropin-Ausscheidung mit 1,7 HMG-E deutlich vermindert. C_{17}-Ketosteroide und 17-Hydroxycorticoide sind nur bei vier Patientinnen mehrfach kontrolliert worden, sie weichen außer in einem Fall (C_{17}-Ketosteroide: Durchschnitt 16,0 mg/die) nicht nennenswert von der Norm ab. Aus den Endometrium-Biopsien geht das Vorherrschen einer mehr oder minder kräftigen Oestrogen-Bildung hervor. Bei zwei Patientinnen bestand eine sekretorische Transformation! Ausfallserscheinungen wurden nur von zwei Patientinnen angegeben!

Funktionsanalysen. Vier von sieben Patientinnen reagierten auf die Verabfolgung von Gonadotropinen mit einem biphasischen Cyclus. Die zwei negativen Resultate betrafen Patientinnen mit atrophischem Endometrium! Über den Reaktionsverlauf zweier Patientinnen (Dr. H. N., s. S. 146f., und J. M., s. S. 135) habe ich bereits berichtet. Zwei weitere Beobachtungen seien hinzugefügt:

Fräulein J. F., 19 Jahre alt, 168 cm/60 kg. Primäre Amenorrhoe. Normal entwickelter weiblicher Phänotyp. Keine Ausfallserscheinungen! Douglasskopie: annähernd normal große Ovarien mit normaler Tunica albuginea, durch die zahlreiche cystische Follikel hindurchschimmern. Endometrium in Ruhe. Gonadotropin-Ausscheidung: 18,1 HMG-E; C_{17}-Ketosteroide: 16,0 mg/die; 17-Hydroxycorticoide: 3,2 mg/die.
HMG-HCG-Kur (Standard-Dosis, s. Abb. 164, oben): nur Oestrogen-Bildung. Keine Blutung nach der Kur. Kontroll-Biopsie: mittlere Proliferation.
Frau U. R., 25 Jahre alt, 156 cm/51 kg. Primäre Amenorrhoe. Unauffälliger weiblicher Phänotyp. Ausfallserscheinungen. Im letzten halben Jahr Gewichtsverlust von 10 kg. Douglasskopie: Beide Ovarien erscheinen etwas kleiner als gewöhn-

lich. Die Tunica ist geringgradig verdickt. Durchschimmernde cystische Follikel. Endometrium in Proliferation. Gonadotropin-Ausscheidung: 8,2 HMG-E; C_{17}-Ketosteroide: 7,7 mg/die; 17-Hydroxycorticoide: 6,4 mg/die.

HMG-HCG-Kur (Standard-Dosis, s. Abb. 164, unten): biphasische Reaktion mit nachfolgender Menstruation.

Daß bei der ersten Patientin (J. F.) nur eine Oestrogen-Bildung induziert werden konnte, beruht möglicherweise auf der primär schwächeren ovariellen Funktion (ruhendes Endometrium), während die zweite Patientin eine gute vegetative Ovarialfunktion erkennen ließ. Bei der Pat. J. F. hat sich in den folgenden 16 Monaten der Cyclus spontan normalisiert.

Dauererfolg. Eine Beurteilung ist nicht möglich, da nur der Verlauf von sieben Patientinnen übersehen wird (s. Tabelle 23, unten). Bei vier von ihnen hat sich die Normalisierung spontan vollzogen!

bb) Sekundäre Amenorrhoe (vgl. Tabelle 24). 28 Patientinnen (14 im Alter von 18—21 Jahren, 14 zwischen 22 und 34 Jahren).

Phänotyp. Auch für diese Gruppe ist die volle Entwicklung des weiblichen Habitus charakteristisch. Es fällt auf, daß trotz mehrjähriger Funktionsruhe die Mammae oftmals besonders

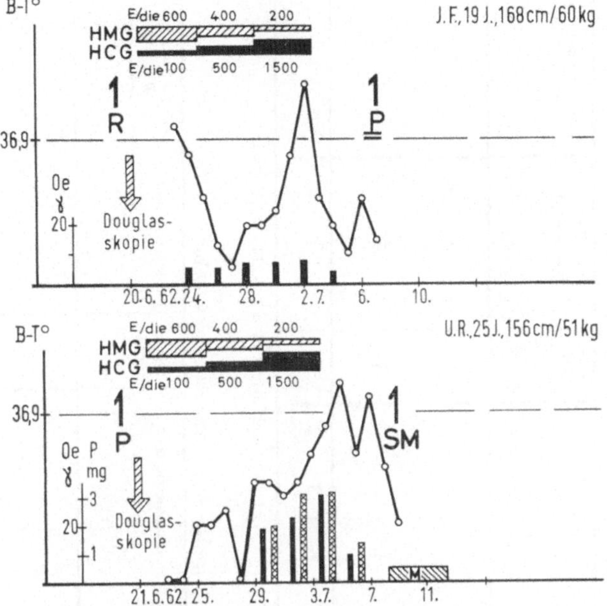

Abb. 164. Hypothalamische Ovarial-Insuffizienz mit primärer Amenorrhoe. Unterschiedliche Reaktion auf HMG-HCG. Oben: Pat. J. F., 19 Jahre, 168 cm/60 kg, GTH-Ausscheidung: 18,1 HMG-E. Unten: Pat. U. R., 25 Jahre, 156 cm/51 kg, GTH-Ausscheidung: 8,2 HMG-E

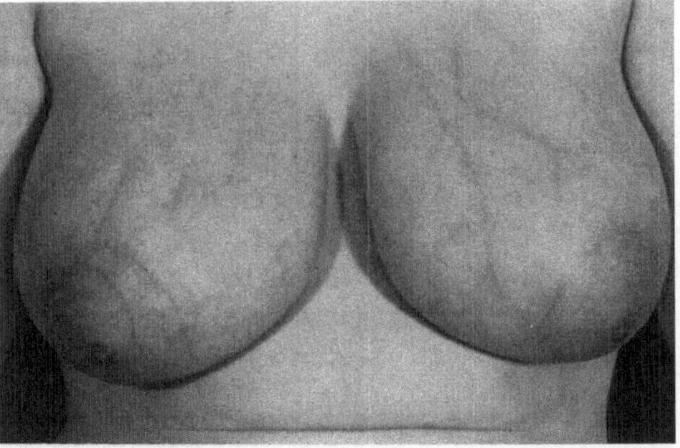

Abb. 165a. Hypothalamische Ovarial-Insuffizienz mit sekundärer Amenorrhoe seit $2^8/_{12}$ Jahren. (Pat. E. F., 22 Jahre, 178 cm/62 kg, GTH-Ausscheidung: FSH 12,8 E, LH 10,6 E!)

kräftig ausgebildet sind und sich, wie das folgende Beispiel zeigt, auf ihrer Haut eine deutliche Gefäßzeichnung abhebt:

Frau E. F., 22 Jahre alt, 178 cm/62 kg. Menarche mit 16 Jahren, danach regelrechter Cyclus (28—29/4). Thelarche im 16., Pubarche im 18. Lebensjahr. Amenorrhoe seit $2^6/_{12}$ Jahren! Gewichtszunahme um 9 kg. Ausfallserscheinungen und Kopfschmerzen. Keine Schwangerschaften. Weiblich proportionierte Patientin mit kräftigen Mammae (starke Gefäßzeichnung, s. Abb. 165a), aber relativ kümmerlicher Schambehaarung.

Tabelle 23. *Idiopathische hypothalamische Fehlfunktion (primäre Amenorrhoe)*

	Größe		Gewicht		Ausfalls-erscheinungen		Thelarche	Endometrium				Funktions-analyse bei Pat.	Primäreffekt			Dauererfolg nach Gonado-tropinmedikation			
	< 155 cm	> 170 cm	−10—20 %	+10—30 %	0	+		A	R—(P)	P	S		+	Oe	0	+/Grav.	Teil/Rez.	0	?
18.—21. Lebensjahr 9 Pat.	1	4	1	1	8	1	$\overline{X} = 13{,}7$ $(s = 2{,}78)$	2	4	1	2	4	1	1	2	3	1	—	—
22.—30. Lebensjahr 4 Pat.	—	2	—	—	3	1	$\overline{X} = 13{,}5$ $(s = 1{,}73)$	1	1	2	—	3	3	—	—	—	2	—	1
Gesamt 13 Pat.	1	6	1	1	11	2	$\overline{X} = 13{,}6$ $(s = 2{,}55)$	3	5	3	2	7	4	1	2	3	3	—	1

Dauererfolg gesamt (7 Pat.): 4 | 3

Tabelle 24. *Idiopathische hypothalamische Fehlfunktion (sekundäre Amenorrhoe)*

	Größe		Gewicht		Ausfalls-erscheinungen		Menarche-Alter	Endometrium				Funktions-analyse bei Pat.	Primäreffekt			Dauererfolg nach Gonado-tropinmedikation			
	< 155 cm	> 170 cm	−10—20%	+10—20%	0	+		A	R—(P)	P	S		+	Oe	0	+/Grav.	Teil/Rez.	0	?
18.—21. Lebensjahr Amenorrhoe-Dauer —2 Jahre (8 Pat.)	—	2	—	2	5	3	$\overline{X} = 14{,}2$ $(s = 1{,}33)$	—	6	2	—	6	4	2	—	3	—	1	2
>2 Jahre (6 Pat.)	—	—	—	—	2	4		1	4	1	—	6	3	2	1	2	1	3	—
22.—34. Lebensjahr Amenorrhoe-Dauer —2 Jahre (7 Pat.)	1	1	2	1	4	3	$\overline{X} = 15{,}6$ $(s = 2{,}06)$	3	1	3	—	6	3	3	—	2	2	2	—
>2 Jahre (7 Pat.)	—	2	—	1	2	5		1	3	2	1	7	6	1	—	—	2	2	3
Gesamt 28 Pat.	1	5	2	4	13	15	$\overline{X} = 14{,}9$ $(s = 1{,}71)$	5	14	8	1	25	16	8	1	7	5	8	5

Dauererfolg gesamt (23 Pat.): 8 | 7 | 8

Gonadotropin-Ausscheidung: 12,8 E FSH, 10,6 E LH! C_{17}-Ketosteroide: 7,2 mg/die, 17-Hydroxycorticoide: 6,9 mg/die. Oestriol: 14,8 µg/die! Endometrium in Proliferation. Pyknose-Index 20%. *Douglasskopie:* Ovarien annähernd normal groß. Perlgraue Tunica albuginea, die an mehreren Stellen stark eingekerbt ist und einen großen, cystischen Follikel durchschimmern läßt.

PMS-HCG-Kur (Standard-Dosis, s. Abb. 165b): relatives Temperatur-Tief wohl am 6. Behandlungstag, 2 Tage davor Oestriol-Gipfel. Etwa 13tägige 2. Cyclusphase. Der Lutealgipfel der Oestriol-Ausscheidung liegt 6 Tage vor Blutungsbeginn. Die Blutung erweist sich nach der Strichabrasio als regelrechte Menstruation.

Das klinische Bild und einige endokrinologische Befunde vermitteln den Eindruck, daß bei einem Teil dieser Patientinnen keine Drosselung der gesamten

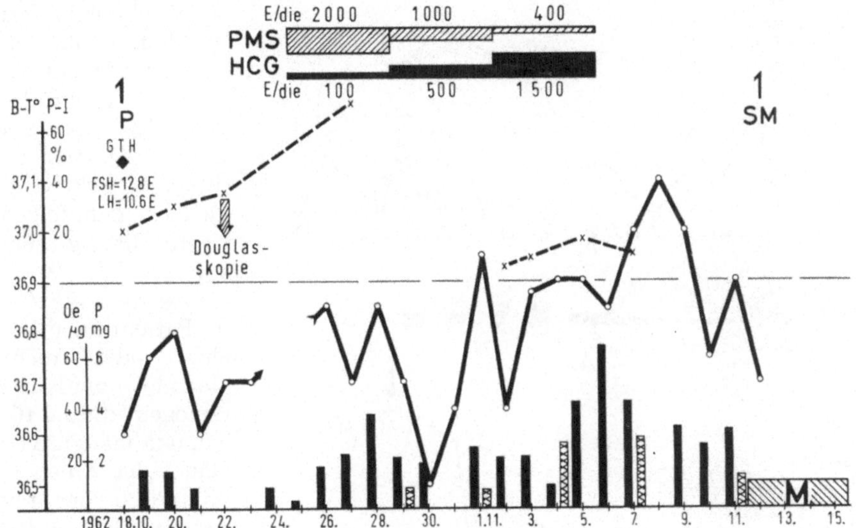

Abb. 165b. Hypothalamische Ovarial-Insuffizienz mit sekundärer Amenorrhoe seit $2^6/_{12}$ Jahren. Biphasische Reaktion unter PMS-HCG (Pat. E. F., 22 Jahre, s. Abb. 165a).

Gonadotropin-Abgabe vorliegt, sondern die Freigabe nur nicht cyclisch oder in einem regelwidrigen Verhältnis erfolgt!

Körpergröße und Gewicht weichen bei je sechs Patientinnen von der Norm ab (s. Tabelle 24).

Endokrinologische Befunde. Das mittlere Menarche-Alter betrug 14,9 Jahre ($s = \pm 1{,}71$). Nur bei 14 Patientinnen sind Gonadotropin-Analysen durchgeführt worden. Fünfmal wurden deutlich erhöhte Ausscheidungs-Werte, dreimal erniedrigte Werte vorgefunden. Sichere Hinweise für Abweichungen der Interrenalfunktion liegen nicht vor. Bei sechs Patientinnen wurde eine Laparotomie vorgenommen (nichtbestätigter Verdacht auf polycystische Ovarien): Die Eierstöcke waren regelrecht angelegt und ließen Funktionszeichen erkennen. In einzelnen Fällen erschien die Tunica besonders reich vascularisiert. Entsprechende Befunde ergab die Douglasskopie (fünf Patientinnen).

Die relativ gute basale Oestrogen-Bildung wird von den Endometriumbefunden wiedergegeben: Nur bei fünf der 28 Patientinnen bestand eine eindeutige Atrophie. In acht Fällen befand sich die Corpusschleimhaut im Stadium einer kräftigen Proliferation, z. T. mit Zeichen der glandulär-cystischen Hyperplasie:

Fräulein M. K., 19 Jahre alt, 168 cm/65 kg. Menarche mit 13 Jahren. Primärcyclus ganz unregelmäßig (2—8 Wochen/2—20 Tage)! Wiederholte dysfunktionelle Blutungen. Sekundäre Amenorrhoe seit etwa $4^1/_2$ Jahren. Während dieser Zeit hat die Patientin ein- bis zweimal im Jahr geblutet. Ausfallserscheinungen! Bei Aufnahme ist der Uterus relativ groß, Sondenlänge 8 cm! Endometrium in hoher Proliferation.

Durchführung einer *HMG-HCG-Kur* (Standard-Dosis): 2 Tage nach Abschluß der Medikation Genitalblutung. Vollabrasio: Endometrium in hoher Proliferation! 2 Monate später Spontanblutung: echte Menstruation. Nach der Entlassung Gewichtszunahme um 4 kg. In den folgenden Monaten Blutungen etwa alle 4 Wochen, aber monophasische Cyclen (Basaltemperatur).

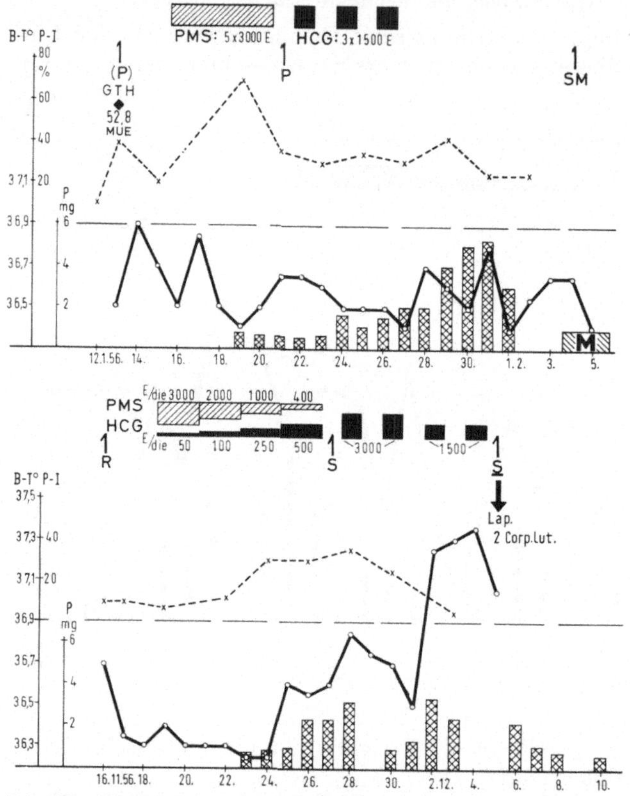

Über Ausfallserscheinungen klagten 15 Patientinnen! Eine eindeutige Korrelation zwischen diesem Vermerk und dem endokrinen Status besteht nicht. Es fällt jedoch auf, daß die Angabe derartiger vegetativer Sensationen bei diesem Kollektiv, im Vergleich zu dem folgenden, relativ häufig gemacht wurde.

Funktionsanalysen. 25 Patientinnen wurden einer oder mehreren Gonadotropin-Kuren unterzogen, die in 16 Fällen, unabhängig von der Dauer der Amenorrhoe, biphasisch beantwortet wurden. Bei acht Patientinnen entwickelte sich unter der Kur eine übersteigerte Reaktion! Es handelte sich meistens, aber nicht immer, um Patientinnen, die vor der Medikation über eine gewisse Oestrogen-Bildung verfügten:

Abb. 166a. Hypothalamische Ovarial-Insuffizienz (sekundäre Amenorrhoe seit 10 Monaten). Biphasische und cystische Reaktion unter der ersten Gonadotropin-Kur, aber uncharakteristischer Verlauf der Basaltemperatur. Stark übersteigertes und biphasisches Ansprechen unter der zweiten PMS-HCG-Medikation mit Bildung von zwei Corpora lutea. (Pat. H. Sch., 23 Jahre, 165 cm/49 kg)

Fräulein H. Sch., 23 Jahre alt, 165 cm/49 kg. Menarche mit 16 Jahren. Cyclus danach 4 Jahre labil (etwa 26—30/3—4), anschließend während einer Periode von 3 Jahren Oligomenorrhoe. Jetzt seit 10 Monaten amenorrhoisch. Mit 17 Jahren Commotio. Ausfallserscheinungen.

Endokrinologische Befunde: Gonadotropin-Ausscheidung: 52,8 MUE. C_{17}-Ketosteroide: 8,5 mg/die. Endometrium in Proliferation. Pyknose-Index 38%.

Fraktionierte PMS-HCG-Kur (Dosierung nach RYDBERG, s. Abb. 166a, oben): Während der Behandlung deutliche cystische Reaktion der Ovarien. Der Kur schließt sich eine echte Menstruation an. Auffallend ist der niedrige Verlauf der Basaltemperatur! 5 Monate später tritt eine spontane Menstruation ein.

10 Monate nach der ersten Gonadotropin-Behandlung zweite, diesmal *kombinierte PMS-HCG-Kur etwas erhöhter Dosierung* (s. Abb. 166a, unten). Es kommt auch jetzt wieder am Ende der ersten Behandlungsphase zu einer zunehmenden Anschwellung der Ovarien. Die Basaltemperatur ist am 6. Behandlungstage angestiegen und überspringt während der zweiten Phase die Mittelwertslinie von 36,9 Grad. Nach Abschluß der Medikation Vollabrasio: Endometrium in typischer sekretorischer Umwandlung.

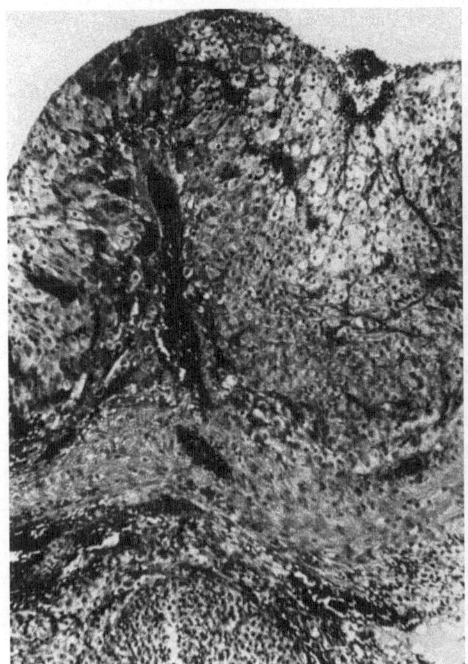

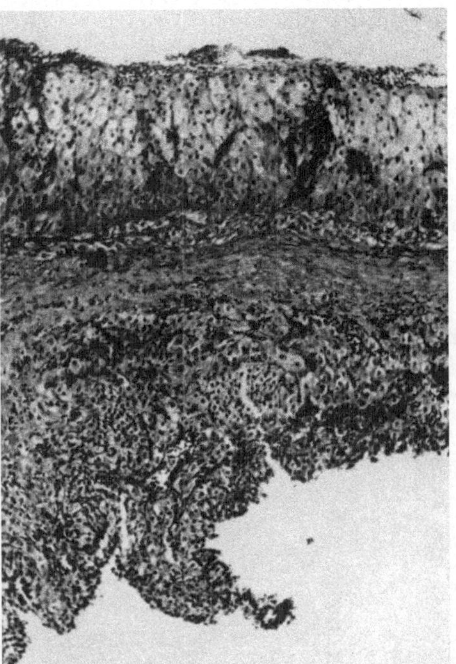

Abb. 166b. Corpus luteum cysticum (Vergr. 100×). (Rechtes Ovar, Pat. H. Sch.)

Abb. 166c. Cystischer Gelbkörper mit verschiedenen Reaktionsstufen der Granulosa. Reaktiv-hyperplastische Theca (Vergr. 100×). (Pat. H. Sch.)

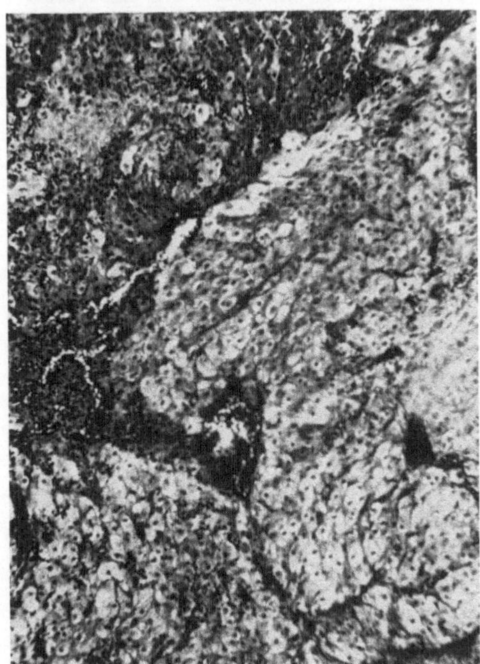

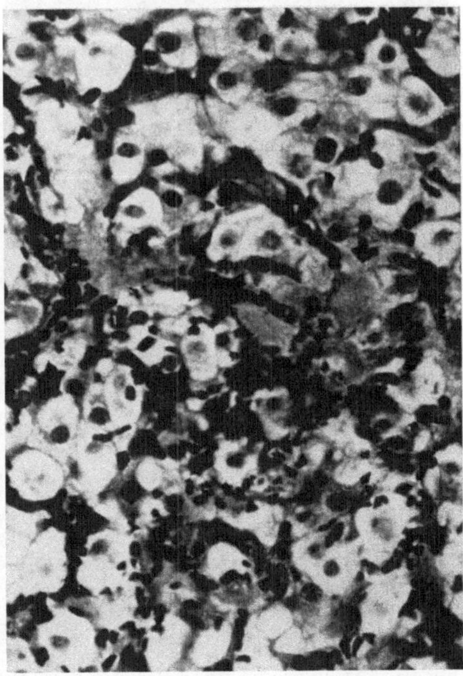

Abb. 166d. Unregelmäßig aufgebautes Corpus luteum mit Blutkern (Vergr. 100×). (Linkes Ovar, Pat. H. Sch.)

Abb. 166e. Ausschnitt aus Abb. 166d (Vergr. 400×). (Pat. H. Sch.)

19*

Laparotomie. Beide Ovarien sind kleinfaustgroß. Ödematöse und vaskularisierte Tunica. Beide Ovarien tragen je einen Gelbkörper. Daneben beherbergen sie aber mehrere große Theca-Luteincysten. Ausgeprägte Hyperämie des Beckenperitoneum. Der Uterus erscheint deutlich vergrößert und aufgelockert.

Ovar-Histologie. Rechtes Ovar: stark durchblutetes Segment, das im wesentlichen aus einem großen Corpus luteum cysticum besteht (s. Abb. 166b u. c). Seine Elemente lassen verschiedene Entwicklungen erkennen. Die meisten Granulosazellen sind mit Lutein beladen, einige erscheinen pyknotisch. Die Theca ist stellenweise reaktiv hyperplastisch. Interstitielles Ödem.

Linkes Ovar: Das Segment enthält ein unregelmäßig aufgebautes Corpus luteum mit Blutkern (s. Abb. 166d u. e). Geringe Thecareaktion.

In den folgenden 2 Beobachtungsjahren kommt es nicht zur Normalisierung der Ovarialfunktion. Es treten in mehrmonatigen Abständen Blutungen auf. Die Patientin befindet sich aber wohl und klagt nicht mehr über Ausfallserscheinungen.

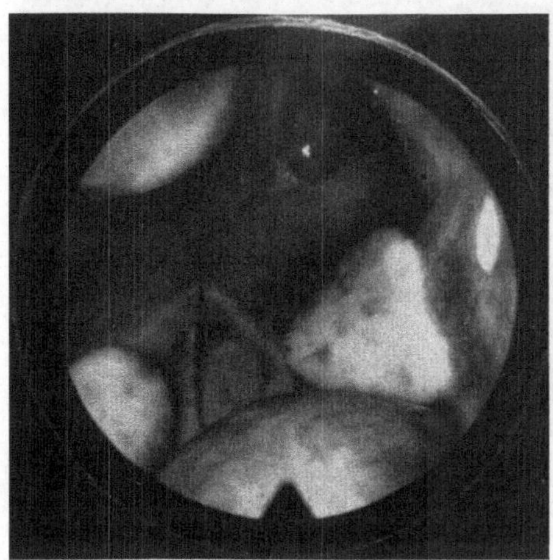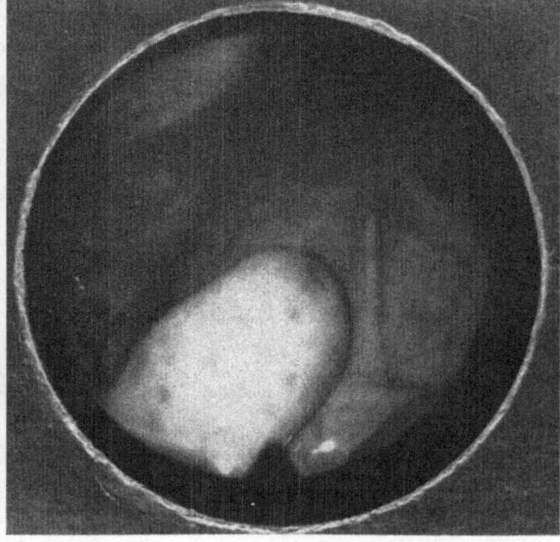

<table>
<tr><td align="center">Abb. 167a</td><td align="center">Abb. 167b</td></tr>
</table>

Abb. 167a. Douglasskopie-Befund der Pat. K. P. (hypothalamische Ovarial-Insuffizienz mit sekundärer Amenorrhoe seit etwa 6 Jahren!). Rechtes leicht vergrößertes, vielcystisches Ovarium. Das schwarze Dreieck zeigt auf die Hinterwand des relativ großen Uterus (Sondenlänge 8 cm)

Abb. 167b. Linkes, vergrößertes Ovarium mit zahlreichen durch die Tunica schimmernden, cystischen Follikeln. (Pat. K. P.)

Bezeichnend für die hypothalamische Lokalisation der Störung ist der uncharakteristische Verlauf der Basaltemperatur trotz ansteigender Pregnandiol-Ausscheidung.

Geradezu explosive Reaktionen können sich bei diesen Patientinnen entwickeln, wenn zu Beginn der Gonadotropin-Medikation nach dem Endometriumbefund eine schwache Progesteron-Bildung besteht und die Ovarien cystisch verändert sind.

Fräulein K. P., 23 Jahre alt, 168 cm/55 kg. Menarche mit 16 Jahren, danach oligomenorrhoischer Cyclus. Jetzt seit etwa 6 Jahren Amenorrhoe! Keine Ausfallserscheinungen.

Aufnahmestatus. Auffallend großer Uterus (Sondenlänge 8 cm). Endometrium in hoher Proliferation, an einigen Stellen Zeichen einer eben beginnenden sekretorischen Umwandlung. *Douglasskopie* (s. Abb. 167a u. b): Beide Ovarien sind etwas vergrößert und offenbar mit zahlreichen cystischen Follikeln durchsetzt.

6 Tage nach der Abrasio und Douglasskopie Durchführung einer *PMS-HCG-Kur* (Standard-Dosis, s. Abb. 167c). Am 7. Behandlungstage relatives Temperatur-Tief. 2 Tage davor beträgt aber die Pregnandiol-Ausscheidung schon 2,4 mg! Steiles Anziehen der Basaltemperatur um insgesamt 7/10°C. Am vorletzten Behandlungstag werden die Ovarien druckempfindlich und erscheinen palpatorisch vergrößert. Die Oestriol-Ausscheidung beträgt zu dieser Zeit 595 μg/die, der Pregnandiol-Wert liegt bei 8,5 mg/die! Nach Abschluß der Medikation weiteres Anziehen der Oestriol-Werte bis auf 627 μg/die und der Pregnandiol-Ausscheidung bis zu 11,2 mg/die! Die Ovarien vergrößern sich weiterhin *ohne exogene Stimulation* zu Tumoren von Überfaustgröße!

18 Tage (!) nach dem relativen Temperatur-Tief setzt eine Genitalblutung aus einem hochsekretorisch umgewandelten Endometrium ein. Das Stroma ist dezidual umgewandelt.

Mittels Punktion durch den hinteren Douglas werden aus den Ovarialtumoren 140 ml eines serösen, gelblich tingierten Inhaltes entnommen, der auf seinen Steroid-hormongehalt analysiert wird *.

Die Cystenflüssigkeit enthielt folgende Steroide: 8 μg Progesteron, 6 μg 4-Andro-sten-3,17-dion, 6 μg 17α-Hydroxyprogesteron, 2,4 μg Oestron. Oestradiol und Oestriol wurden in der phenolischen Phase nicht vorgefunden.

1 Woche später Entlassung. Palpatorisch läßt sich nur noch eine geringgradige cystische Vergrößerung der Ovarien feststellen. 3 Monate später trat die erste spon-tane Menstruation auf (Cycluskontrolle durch Messung der Basaltemperatur). 2 Mo-

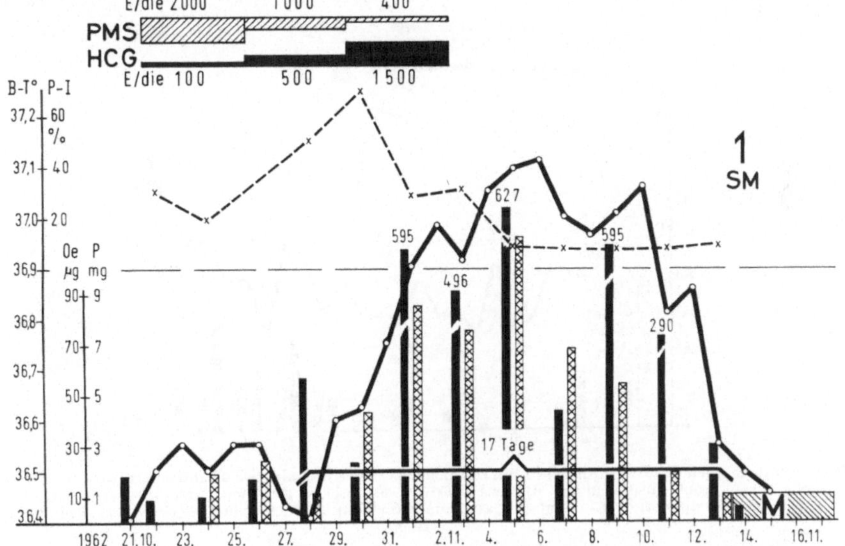

Abb. 167 c. Hypothalamische Ovarial-Insuffizienz (sekundäre Amenorrhoe seit etwa 6 Jahren!). Hochgradig übersteigerte biphasische Reaktion unter PMS-HCG. (Pat. K. P., 23 Jahre, 168 cm/55 kg)

nate danach Konzeption (die Patientin hatte inzwischen geheiratet). Während der ganzen Schwangerschaft Hypersalivation. Partus am 12. 1. 1964: gesundes, weibliches Kind (3530 g/53 cm).

Besprechung. Bei der 23jährigen Patientin bestand eine sekundäre Amenor-rhoe hypothalamischer Genese seit etwa 6 Jahren. Der Phänotyp bot keine Besonderheiten. 6 Tage vor Behandlungsbeginn wurde eine Douglasskopie durchgeführt, bei der cystisch vergrößerte Ovarien vorgefunden wurden. Die Strichabrasio ergab ein proliferiertes Endometrium mit Zeichen der eben begin-nenden Sekretion. Die 12tägige Gonadotropin-Medikation (PMS-HCG) führte zu einer hochgradig übersteigerten Reaktion, die sich auch nach Absetzen der Medikation weiterentwickelte! Zwischen dem relativen Temperatur-Tief und dem Ende dieses induzierten Cyclus vergingen 17 Tage! Die Oestriol-Ausschei-dung erreichte als Ausdruck der Überstimulierung 627 μg/die, die von Pregnan-diol 11,2 mg/die. Der abpunktierte Inhalt der Ovarialcysten enthielt Progesteron, 4-Androsten-3,17-dion, 17α-Hydroxyprogesteron und Oestron. Das Besondere dieser Beobachtung liegt darin, daß trotz Absetzen der Medikation sich die über-steigerte Reaktion des Ovarial-Endocrinium gewissermaßen wie eine Ketten-reaktion selbsttätig weiterentwickelte! Möglicherweise wirkte die übermäßige

* Analyse durch das Hormonlaboratorium der Universitäts-Frauenklinik Köln, Prof. J. ZANDER.

Aktivitätssteigerung der inkretorischen Ovarialfunktion insofern auf das Zentralsystem zurück, als durch sie eine vorübergehende Blockierung des hypothalamischen LTH-Hemmechanismus verursacht wurde. Ein solcher Verlauf muß nach unseren Erfahrungen als seltenes Ereignis angesehen werden. Weiterhin sei auf den relativ hohen Anteil von 17α-Hydroxyprogesteron und Androstendion im Ovarialpunktat hingewiesen! Ob für ihn ursächlich eine fehlerhafte Steroidbiogenese verantwortlich ist, ließe sich nur an Ovarialschnitten entscheiden.

Ein Beispiel möge nochmals den uncharakteristischen Verlauf der Basaltemperatur bei biphasischer Ovarialfunktion demonstrieren:

Frau A. P., 25 Jahre alt, 158 cm/51,4 kg. Menarche mit 14 Jahren. Danach 3 Jahre lang unregelmäßiger Cyclus (5—12 Wochen/5—6 Tage). Ab 17. Lebensjahr,

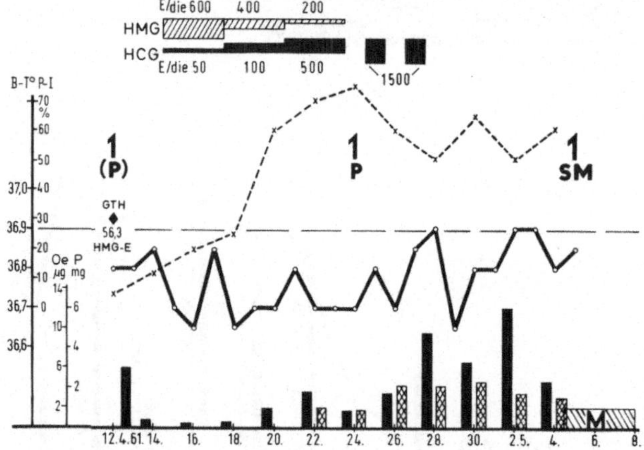

Abb. 168. Hypothalamische Ovarial-Insuffizienz mit sekundärer Amenorrhoe seit etwa 9 Jahren. Erhöhte basale Oestrogenbildung, hohe Gonadotropin-Ausscheidung. Unter HMG-HCG biphasische Reaktion mit cystischer Vergrößerung der Ovarien, dagegen uncharakteristischer Verlauf der Basaltemperatur. (Pat. A. P., 25 Jahre, 158 cm/51,4 kg, keine Schwangerschaften)

d.h. seit etwa 9 Jahren, amenorrhoisch! Vor 2 Jahren hat die Patientin geheiratet: keine Libido, selten Orgasmus. Ausfallserscheinungen! Voll ausgebildeter weiblicher Phänotyp. *Aufnahmebefund:* Annähernd normal großer Uterus! Endometrium in leichter Proliferation. Sehr hohe Gonadotropin-Ausscheidung (56,3 HMG-E)! C_{17}-Ketosteroide: 9,0 mg/die, 17-Hydroxycorticoide: 7,5 mg/die.

Durchführung einer *HMG-HCG-Kur* (Standard-Dosis, s. Abb. 168): biphasische Reaktion. Die Basaltemperatur verläuft dagegen uncharakteristisch! Am Ende der Behandlung erscheint das rechte Ovarium cystisch vergrößert. Anschließend echte Menstruation.

Kontrolluntersuchung 1 Jahr nach der stationären Behandlung: vorübergehende Normalisierung des Cyclus, dann aber Rezidiv.

Auch bei dieser Patientin besteht offenbar eine ständige Oestrogenbildung, hier noch verbunden mit einer auffallend hohen Gonadotropin-Abgabe. Ob das Unvermögen zu einer zentralen rhythmischen Funktion oder eine Blockade der LTH-Abgabe vorliegt, müßte durch fortlaufende Gonadotropin-Analysen untersucht werden.

Dauererfolge. Von den 12 Patientinnen, die die Gonadotropin-Medikation mit einer zweiphasischen Ovarialfunktion beantworteten, wurden fünf später normal menstruiert. Bei vier Patientinnen bildete sich eine Teilregulierung aus. Das Gesamtergebnis verschiedener Behandlungsformen findet sich auf Tabelle 24 unten. Die Prognose ist auch von der Dauer der Amenorrhoe abhängig. Von den 23 Patientinnen mit ausreichend langer Beobachtungszeit gaben später je etwa $^1/_3$ eine völlige Normalisierung, eine Teilregulierung oder ein Fortbestehen der Amenorrhoe an.

cc) Oligomenorrhoe. 25 Patientinnen im Alter von 18—31 Jahren, davon 19 Patientinnen mit primärer und sechs mit sekundärer Oligomenorrhoe. In diese Untersuchung wurden nur solche Patientinnen einbezogen, zu deren Behandlung Gonadotropine verwendet worden sind. Die verschiedenen Reaktionen und ihre Deutung wurden bereits dargestellt (s. S. 120f.).

Phänotyp. Auch bei diesen Patientinnen fiel die besonders kräftige Entwicklung der Mammae auf.

Endokrinologische Befunde. Das Menarche-Alter betrug bei primärer Oligomenorrhoe im Durchschnitt 14,9 Jahre ($s = \pm 1{,}37$), bei Patientinnen mit erst später auftretender Verlängerung der Intervalle durchschnittlich 14,3 Jahre ($s = \pm 2{,}28$). Ausfallserscheinungen gaben insgesamt 8 der 25 Patientinnen an.

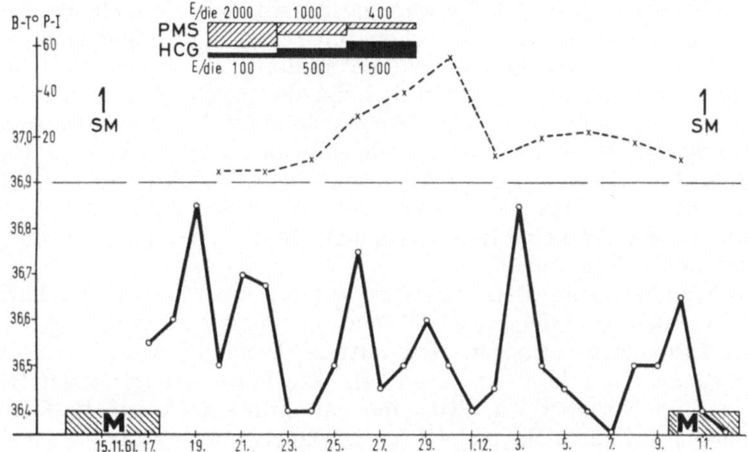

Abb. 169. Primäre Oligomenorrhoe (hypothalamische Ovarial-Insuffizienz). Uncharakteristischer Verlauf der Basaltemperatur bei biphasischem Cyclus. (Pat. U. L.-T., 24 Jahre, 168 cm/80 kg)

Sie treten meistens nur zur Zeit des erwarteten Regeltermins auf! In dieser Phase macht sich auch eine Verstärkung der Acne und eine besondere Stimmungslabilität bemerkbar. Die Ovarien erscheinen bei der Palpation häufiger vergrößert. Hormonanalysen sind nur bei 13 Patientinnen vorgenommen worden, sie bieten keine gröberen Abweichungen. Nach den jeweils zu Blutungsbeginn durchgeführten Strichabrasionen bestand bei 12 Patientinnen eine biphasische Oligomenorrhoe (verzögerte Follikelreifung), bei den übrigen verliefen die Cyclen monophasisch.

Funktionsanalysen. Mit wenigen Ausnahmen (s. S. 124f.) beantworten diese Patientinnen die Gonadotropin-Medikation biphasisch und oftmals auch besonders sensibel (etwa die Hälfte des Kollektivs). Wenn eine solche Kur angezeigt ist (Kinderwunsch), sollten PMS (bzw. HMG) und HCG in Kombination verabfolgt werden, da mit ihr sicherer eine Beschleunigung der Follikelreifung und die Ovulation zu erzielen ist. Mit der Möglichkeit eines atypischen Verlaufes der Basaltemperatur ist auch bei diesen Patientinnen zu rechnen:

Frau U. L.-T., 24 Jahre alt, 168 cm/80 kg. Menarche mit 16 Jahren, danach $1^{1}/_{2}$ Jahre amenorrhoisch. Anschließend biphasische Oligomenorrhoe (8—10 Wochen/ 4—5 Tage). Acne, keine Ausfallserscheinungen. Normal entwickelter femininer Phänotyp. Mäßige Adipositas (35% Übergewicht). *Endokriner Status:* Gonadotropin-Ausscheidung: 3,4 HMG-E, 17-Hydroxycorticoide: 11,8 mg/die.

PMS-HCG-Kur (Standard-Dosis, s. Abb. 169). Unter der Gonadotropin-Verabfolgung biphasischer Cyclus normaler Länge ohne Reaktion der Basaltemperatur!

10 Tage nach der letzten Injektion Blutungsbeginn. Strichabrasio: sekretorisch umgewandeltes Endometrium in mensuellem Zerfall.

Verlauf. Oligomenorrhoe unverändert. Ein halbes Jahr später Douglasskopie. Beide Ovarien erscheinen etwas kleiner als normal. Die Tunica ist unauffällig und läßt zahlreiche cystische Follikel hindurchschimmern. Unmittelbar danach Konzeption mit ungestörtem Ablauf der Gravidität.

Dauererfolge. Eine Normalisierung des Cyclus wurde bei 12 der 20 Patientinnen mit ausreichender Beobachtungszeit erreicht. Keinerlei Beeinflussung gaben fünf Patientinnen an.

b) Hypothalamische Fehlfunktion bei Psychopathie und bei erblicher Belastung

Diese beiden Gruppen sind erwartungsgemäß klein (je sechs Beobachtungen). Patientinnen mit ausgeprägter Psychopathie gelangen im allgemeinen nicht wegen einer Cyclusstörung in gynäkologische Behandlung. Die Amenorrhoe bei Anstaltskranken darf übrigens nicht sicher als Folge des psychischen Defektes angesehen werden, sondern kann ebensogut Ausdruck einer Notstandsreaktion oder die Auswirkung der Medikation darstellen (Phenothiazin-Derivate!). Das mittlere Menarche-Alter lag bei unseren Patientinnen bei 13,0 Jahren ($s = \pm 1{,}55$). Außer gelegentlichen Gewichtsalternationen (vgl. Abb. 125a und b) bieten sich klinisch und endokrinologisch keine Besonderheiten. In der Therapie steht die psychische Führung im Vordergrund.

Auch eine hereditäre Belastung wird selten protokolliert (sechs Patientinnen), da diese Kranken über derartige Störungen in der Ascendenz im allgemeinen keine Angaben zu machen vermögen. Das mittlere Menarche-Alter betrug bei unseren Beobachtungen 14,7 Jahre ($s = \pm 1{,}79$). Die hormonanalytischen Befunde bewegen sich im Normbereich. Nur eine Patientin sprach auf die Gonadotropin-Verabfolgung primär nicht an. Über das Dauerresultat kann wegen der kleinen Zahl kein Urteil abgegeben werden.

c) Hypothalamische Fehlfunktion mit Gewichtsabnahme

Diese Gruppe umfaßt 26 Patientinnen, nach deren Angaben während der sekundären Amenorrhoe ein Gewichtsverlust von 5—30 kg eingetreten ist. Die meisten Patientinnen, jedoch nicht alle, boten das Bild einer *Anorexia nervosa.* 18 von ihnen befanden sich im Alter von 18—21 Jahren, nur acht waren 22 bis 27 Jahre alt (s. Tabelle 25). Die anamnestischen Erhebungen deckten in einzelnen Fällen besonders gravierende Erlebnisse auf, nach denen die Regelblutungen ausgeblieben waren und die von den Patientinnen für die Funktionsstörung als ursächlich angesehen wurden. Im Vordergrund stehen ,,Beginn der Berufsausbildung", ,,Tod eines Elternteiles", ,,Scheidung der Eltern", ,,sexuelle Erlebnisse", ,,Lösung einer Verlobung" u. ä. Über die Hälfte der Patientinnen klagte über eine schwere Obstipation. Fast alle Patientinnen boten die Erscheinungen des vegetativ-endokrinen Syndroms (Vasolabilität, Akrocyanose, ständiges Frieren, erhöhter Dermographismus usw.). Elf Patientinnen gaben einen unregelmäßigen Primärcyclus an.

Phänotyp. Die Abweichungen gegenüber dem Durchschnittsgewicht gleichaltriger und gleich großer Frauen variieren zwischen 5% und 45%. Für die Auslese gab das zeitliche Zusammentreffen von Gewichtsabnahme und Amenorrhoe den Ausschlag (s. Abb. 170—172).

Im Gegensatz zu den beiden vorigen Gruppen zeichnet sich diese durch eine besonders kümmerliche Entwicklung der äußeren Sexualmerkmale aus!

Tabelle 25. *Hypothalamische Fehlfunktion mit Gewichtsabnahme (sekundäre Amenorrhoe)*

	Untergewicht			Ausfallserscheinungen		Menarche-Alter	Endometrium			Funktionsanalyse bei Pat.	Primäreffekt			Dauererfolg nach Gonadotropinmedikation			
	-10%	-20%	$>20\%$	0	+		A	R—(P)	P		+	Oe	0	+/Grav.	Teil/Rez.	0	?
18.—21. Lebensjahr Amenorrhoe-Dauer —2 Jahre (14 Pat.)	4	6	4	13	1	$\overline{X} = 14,3$ $(s = 1,41)$	8	6	—	11	6	—	5	2	2	3	4
>2 Jahre (4 Pat.)	1	2	1	1	3		3	1	—	4	3	—	1	2	1	—	1
22.—27. Lebensjahr Amenorrhoe-Dauer —2 Jahre (6 Pat.)	3	1	2	4	2	$\overline{X} = 14,8$ $(s = 1,93)$	3	3	—	5	3	—	2	2	1	1	1
>2 Jahre (2 Pat.)	—	—	2	2	—		1	—	1	2	1	1	—	—	1	1	—
Gesamt: 26 Pat.	8	9	9	20	6	$\overline{X} = 14,4$ $(s = 1,80)$	15	10	1	22	13	1	8	6	5	5	6

Dauererfolg gesamt (19 Pat.): 7 | 5 | 7

Endokrinologische Befunde. Der durchschnittliche Menarchetermin errechnet sich auf 14,4 ($s = \pm 1,80$) Jahre. Nur sechs der 26 Patientinnen klagten über Ausfallserscheinungen! Die Gonadotropin-Werte liegen bei vier Frauen eindeutig jenseits der unteren Grenze. Bei sechs Patientinnen bewegen sie sich im unteren, bei sechs weiteren im oberen Grenzbereich. Die C_{17}-Ketosteroid- und 17-Hydroxycorticoid-Ausscheidung war bei sieben Patientinnen deutlich erniedrigt. Die Endometriumbefunde lassen für diese Gruppe ebenfalls eine charakteristische Tendenz erkennen: Bei 15 Patientinnen bestanden eine ausgesprochene Atrophie der Corpusschleimhaut und eine entsprechende Hypoplasie des Uterus (Sondenlänge um 5 cm). Der Pyknose-Index betrug weniger als 10%.

Funktionsanalysen. 22 Patientinnen wurden einer oder mehreren Gonadotropin-Kuren unterzogen. Obwohl die Dauer der Amenorrhoe bei 20 Patientinnen nur bis zu 2 Jahren betrug, sprachen sieben von ihnen auf die Medikation nicht an (vgl. S. 176f.)! Eine eindeutige Beziehung zwischen der primär niedrigen Oestrogen-Bildung (Endometriumbefund) und dem mangelnden Ansprechen auf Gonadotropine ist nicht gegeben! Desgleichen besteht keine positive Korrelation zur Höhe der Gonadotropin-Ausscheidung! Ich führe dieses Ausbleiben der Beantwortung exogener Gonadotropine auf eine mangelhafte hypophysäre Mittlerfunktion („hypophysärer Synergismus") zurück, die von den groben und komplexen Hormonanalysen nicht erfaßt wird. Möglicherweise wird FSH in normaler Menge abgegeben, während die LH- (und LTH-)Freigabe unterbrochen ist. Auch die reduzierte Calorien- und Eiweißzufuhr kann für den Ausgang der Funktionsanalyse eine gewisse Bedeutung haben. Dafür spricht möglicherweise die Beobachtung, daß manche Patientinnen erst während der Erholungsphase bei ansteigendem Gewicht auf exogene Gonadotropine biphasisch ansprechen. Elf Patientinnen ließen unter der ersten Gonadotropin-Kur eine übersteigerte Reaktion mit cystischem Anschwellen der Ovarien erkennen. Im Einzelfall ist aber die Reaktionsform, für die einige Beispiele gebracht seien, nicht sicher vorherzusagen.

1. Fräulein R. Th., 19 Jahre alt, 168 cm/43 kg (s. Abb. 173a). Menarche mit 16 Jahren, danach 1 Jahr lang unregelmäßig menstruiert. Jetzt seit 2 Jahren amenorrhoisch, während dieser Zeit Gewichtsverlust von etwa 7 kg. Hochintelligente Per-

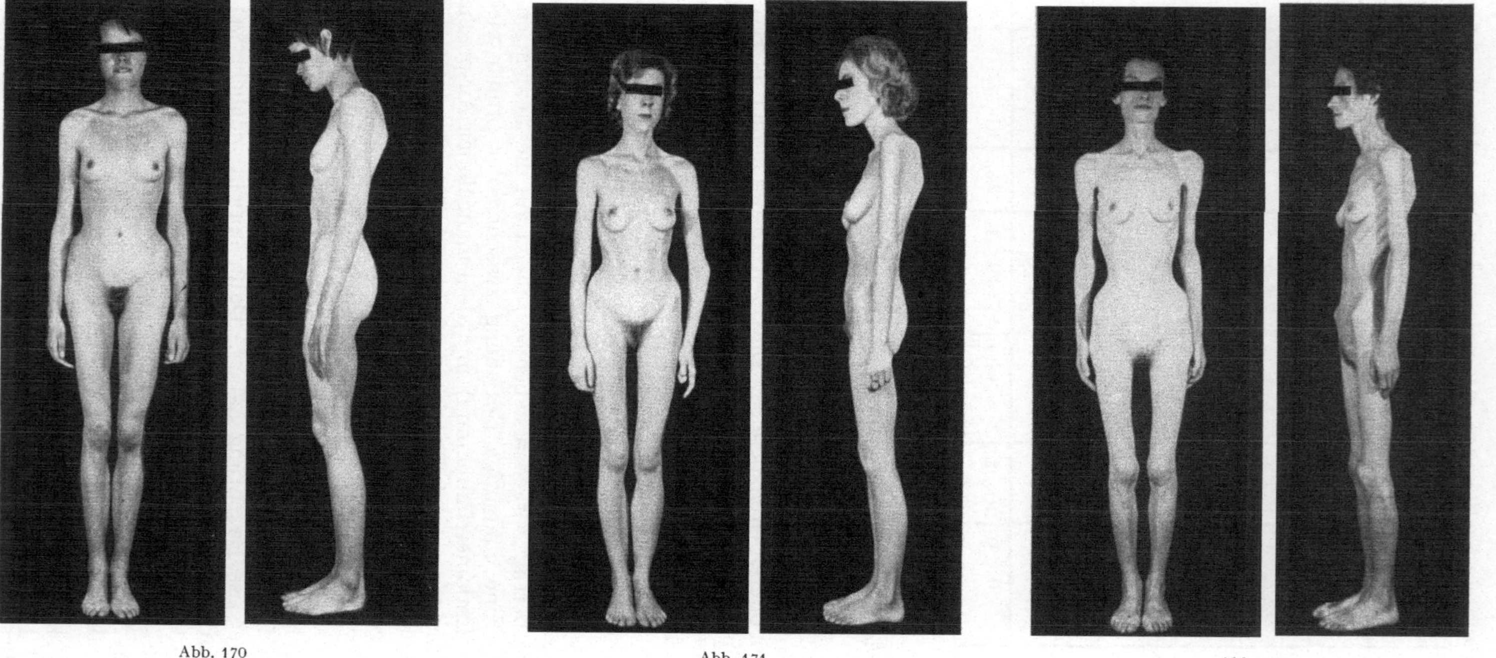

Abb. 170

Abb. 171

Abb. 172

Abb. 170. Sekundäre Amenorrhoe seit 2 Jahren mit Gewichtsverlust um 15 kg. Keine Ausfallserscheinungen. GTH-Ausscheidung: 13,0 HMG-E. Atrophisches Endometrium. Douglasskopie: Annähernd normal große Ovarien mit durchschimmernden cystischen Follikeln. Auf PMS-HCG, HMG-HCG, FSH-HCG keine Reaktion des Ovarial-Endocrinium! (Pat. K. N., 21 Jahre, 176 cm/52 kg, 19% Untergewicht, s. S. 173)

Abb. 171. Sekundäre Amenorrhoe seit 7 Monaten mit Gewichtsverlust um 15 kg. Ausfallserscheinungen. GTH-Ausscheidung: 3,0 HMG-E. C_{17}-Ketosteroide 11,0 mg/die, 17-Hydroxycorticoide 8,3 mg/die. Ruhendes Endometrium. Douglasskopie: Ovarien wohl etwas kleiner als normal. Durchschimmernde cystische Follikel. Zwei HMG-HCG-Kuren werden nicht beantwortet! Positive Reaktion auf die dritte Kur mit PMS-HCG! (Pat. J. P., 21 Jahre, 171 cm/41,7 kg, 33% Untergewicht, s. S. 177)

Abb. 172. Sekundäre Amenorrhoe seit $1^{5}/_{12}$ Jahren mit Gewichtsverlust um 20 kg. Keine Ausfallserscheinungen. Menarche mit 18 Jahren, sehr unregelmäßiger Primärcyclus (1—6 Monate/3 Tage). Keine Schwangerschaften. GTH-Ausscheidung: 5,1, 6,5 und 7,1 HMG-E. C_{17}-Ketosteroide: 5,1 mg/die, 17-Hydroxycorticoide: 6,5 mg/die. (Pat. E. K., 27 Jahre, 157 cm/30 kg, 45% Untergewicht)

sönlichkeit. Keine Ausfallserscheinungen. Bei *Aufnahme* hochgradig hypoplastischer Uterus. Gonadotropin-Ausscheidung: 26,4 MUE. C_{17}-Ketosteroide: 4,4 mg/die!

Durchführung einer *PMS-HCG-Kur* (Standard-Dosis, s. Abb. 173b). Während der zweiten Behandlungsphase zunehmend stärker werdende Anschwellung der Ovarien.

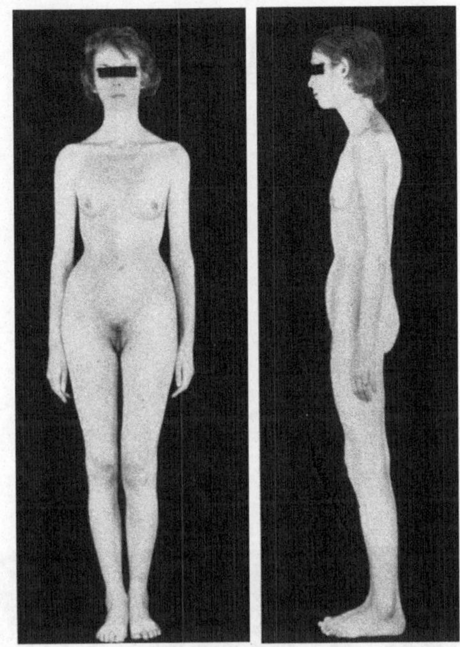

Ansteigen der Oestriol- und Pregnandiol-Werte, aber keine charakteristische Reaktion der Basaltemperatur! Strichabrasio während der abschließenden Genitalblutung: sekretorisch umgewandeltes Endometrium in mensuellem Zerfall.

Während der folgenden 4jährigen Beobachtungszeit Normalisierung des Cyclus (35/3). Wohlbefinden, Gewichtszunahme im letzten Jahr um 7 kg!

2. Fräulein E. H., 21 Jahre alt, 161 cm/47 kg. Menarche mit 15 Jahren. Unregelmäßiger Primärcyclus. Intelligente, introvertierte Persönlichkeit. Sekundäre Amenorrhoe seit $1^{3}/_{12}$ Jahren, die von der Patientin aber begrüßt wird! Gewichtsabnahme um 10 kg. Patientin ißt zu den Mahlzeiten kaum, nascht aber viel und wird zunehmend verschlossener. Während der Amenorrhoe ließ die Leistungsfähigkeit in der Schule nach. Eine psychiatrische Untersuchung (Psychiatrische Universitätsklinik Kiel) ergab keinen Anhalt für eine beginnende Psychose. *Endokrinologischer Status:* Gonadotropin-Ausscheidung: 19,7 HMG-E. C_{17}-Ketosteroide: 7,4 mg/die, 17-Hydroxycorticoide: 5,5 mg/die.

Ambulante *PMS-HCG-Kur* (siehe Abb.174, oben). Stark oscillierende Basaltemperatur! In der zweiten Behandlungsphase mäßig cystische Reaktion der Ovarien, so daß die Medikation vorzeitig unterbrochen wird. Die folgende Blutung erfolgt nach Ausweis der Endometrium-Biopsie aus einem sekretorisch transformierten Endometrium. In den folgenden 7 Monaten ereignet sich keine spontane Blutung. Die Patientin klagt über Übelkeit und Ohnmachtsneigung.

Zweite Verabfolgung von PMS-HCG (Standard-Dosis) etwa $^{1}/_{2}$ Jahr später (siehe Abb. 174, unten). Steiles Anziehen des Pyknose-Index. Nach der ersten Behandlungsphase Strichabrasio: Endometrium in beginnender Sekretion (retronucleäre Vacuolen mit Glykogengehalt). Demgegenüber verläuft die Basaltemperatur ganz uncharakteristisch tief! Während

Abb. 173a. Anorexia nervoas mit sekundärer Amenorrhoe seit 2 Jahren (Gewichtsverlust 7 kg). Keine Ausfallserscheinungen. GTH-Ausscheidung: 26,4 MUE, C_{17}-Ketosteroide: 4,4 mg/die. (Pat. R. Th., 19 Jahre, 168 cm/43 kg, 26% Untergewicht)

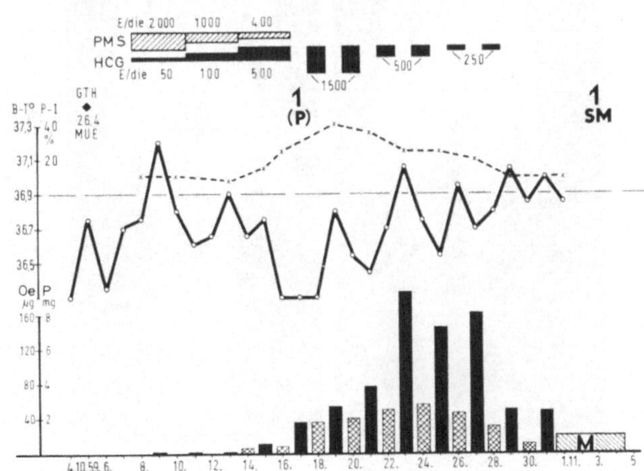

Abb. 173b. Biphasische Reaktion auf PMS-HCG, uncharakteristischer Verlauf der Basaltemperatur. (Pat. R. Th., vgl. Abb. 173a)

der folgenden Behandlungsperiode plötzlich steiles Anziehen der Basaltemperatur. Ein Tag nach der letzten Injektion setzt eine Uterusblutung ein: Endometrium in mensuellem Zerfall.

Während der insgesamt 2jährigen Beobachtungszeit keine Normalisierung des Cyclus.

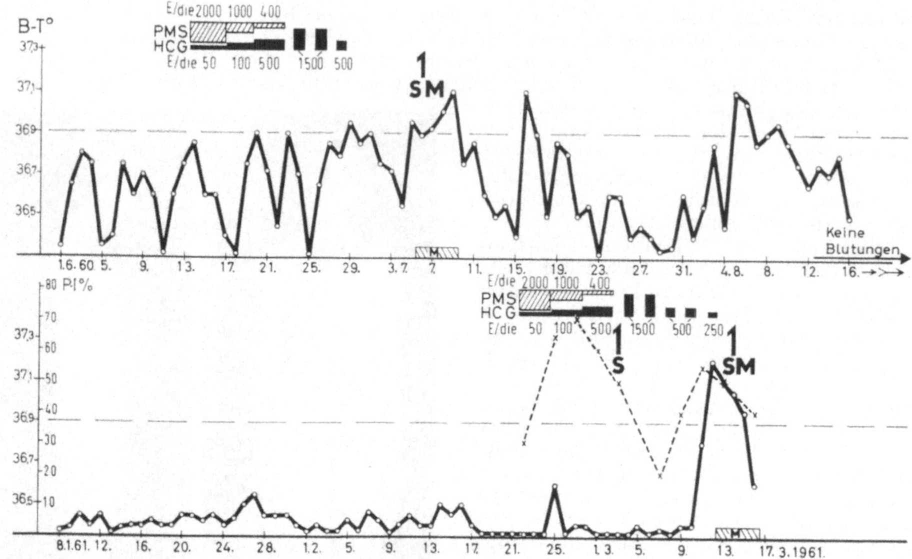

Abb. 174. Anorexia nervosa mit sekundärer Amenorrhoe von $1^3/_{12}$ Jahren (Gewichtsverlust 10 kg). Biphasische Reaktion unter PMS-HCG bei atypischem Verhalten der Basaltemperatur. (Pat. E. H., 21 Jahre, 161 cm/47 kg, 13% Untergewicht)

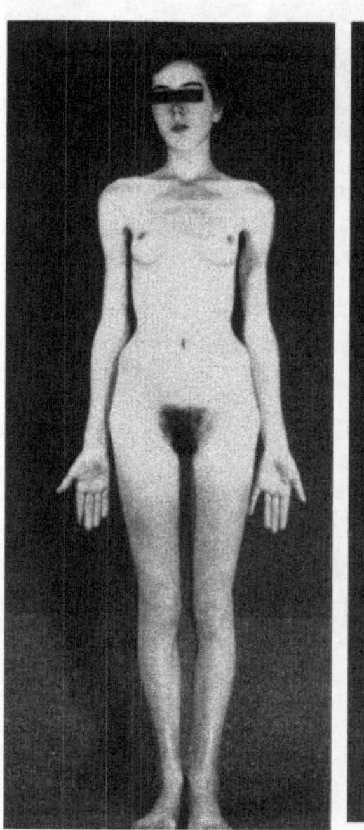

Abb. 175a   Abb. 175b

Abb. 175a. Anorexia nervosa mit sekundärer Amenorrhoe seit 2 Jahren (Gewichtsverlust 20 kg). (Pat. A. L., 18 Jahre, 170 cm/45 kg, 24% Untergewicht)

Abb. 175b. Pat. A. L., $3^1/_2$ Jahre nach der ersten klinischen Beobachtung. In den beiden letzten Jahren Gewichtszunahme um 20 kg! Cyclus zunächst nicht normalisiert. Ein weiteres Jahr später verläuft der Cyclus regelrecht (25—27/3). (Beobachtungszeit 6 Jahre)

3. Fräulein A. L., 18 Jahre alt, 170 cm/45 kg. Menarche mit 14 Jahren, regelrechter Primärcyclus. Seit 2 Jahren Amenorrhoe mit Gewichtsverlust von 20 kg (s. Abb. 175a). Keine Ausfallserscheinungen, ausgeprägte Akrocyanose und Obstipation. *Endokrinologischer Status:* Gonadotropin-Ausscheidung: 52,8 MUE. C_{17}-Ketosteroide: 7,8 mg/die. Hochgradig hypoplastischer Uterus (Sondenlänge 4,5 cm), atrophisches Endometrium, Pyknose-Index weniger als 10%. Unter *PMS-HCG* (Standard-Dosis) übersteigerte biphasische Reaktion bei atypischem Verlauf der Basaltemperatur! In der Folgezeit verschiedenartige ambulante Behandlungsversuche ohne Dauererfolg.

Zweite Klinikaufnahme $3^1/_2$ Jahre später. Die Patientin hat in den vergangenen beiden Jahren 20 kg an Gewicht zugenommen (s. Abb. 175b). Verabfolgung von HMG-HCG (vgl. Abb. 96 auf S. 169) mit positiver Reaktion des Ovarial-Endocrinium und diesmal zweiphasischem Verlauf der Basaltemperatur.

Dauererfolge. Die Entwicklung kann bei 19 Patientinnen übersehen werden (s. Tabelle 25, unten). Nur sieben von ihnen wurden nach mehrjähriger Beobachtungszeit ganz regelmäßig menstruiert. Die Prognose ist somit relativ ungünstig. Das gilt insbesondere für Patientinnen mit Spätmenarche und unregelmäßigem Primärcyclus, d. h. für alle diejenigen, bei denen nach Anamnese, Beschwerdebild und Reaktionsverlauf eine tiefergreifende hypothalamische Fehlregulation anzunehmen ist. Aus dem Ergebnis der Funktionsanalysen lassen sich bei diesen Patientinnen keine sicheren Folgerungen für die Prognose ableiten. Von zehn Patientinnen mit positiver Reaktion gaben vier später keine Normalisierung an. Andererseits wurden drei der sechs Patientinnen, die auf die Gonadotropin-Medikation nicht angesprochen hatten, in der folgenden Beobachtungsperiode regelrecht menstruiert.

d) Hypothalamische Fehlfunktion mit Gewichtszunahme

Die Zusammenstellung (vgl. Tabelle 26) betrifft 17 Patientinnen im Alter von 18—35 Jahren, bei denen in der Periode der Ovarial-Insuffizienz (bei einzelnen auch schon kurz davor) das Körpergewicht um 5—55 kg zugenommen hat. Einige Patientinnen brachten diese Entwicklung mit einer kurz vorher durchgemachten Operation in Zusammenhang (Tonsillektomie, Appendektomie, Vaginalplastik). Das Übergewicht variiert in einem Bereich von 15% bis 100%. Nur eine Patientin hatte längere Zeit vorher eine Schwangerschaft ausgetragen.

Tabelle 26. *Hypothalamische Fehlfunktion mit Gewichtszunahme (sekundäre Amenorrhoe)*

	Übergewicht			Ausfalls-erschei-nungen		Menarche-Alter	Endometrium				Funktionsanalyse bei Pat.	Primäreffekt			Dauererfolg nach Gonadotropin-medikation			
	-30%	-60%	$>60\%$	0	+		A	R—(P)	P	S		+	Oe	0	+Grav.	Teil/Rez.	0	?
18.—21. Lebensjahr Amenorrhoe-Dauer —2 Jahre (5 Pat.)	2	2	1	3	2	$\overline{X}=14,3$ $(s=1,55)$	—	—	3	2	2	1	1	—	2	—	—	—
>2 Jahre (1 Pat.)	1	—	—	—	1		—	—	—	1	—	—	—	—	—	—	—	—
22.—35. Lebensjahr Amenorrhoe-Dauer —2 Jahre (5 Pat.)	2	3	—	4	1	$\overline{X}=14,4$ $(s=2,21)$	—	2	3	—	2	2	—	—	—	—	2	—
>2 Jahre (6 Pat.)	2	2	2	6	—		2	—	4	—	5	1	2	2	—	1	2	2
Gesamt: 17 Pat.	7	7	3	13	4	$\overline{X}=14,4$ $(s=1,80)$	2	2	10	3	9	4	3	2	2	1	4	2

Dauererfolg gesamt (12 Pat.): 8 1 3

Phänotyp. Das Erscheinungsbild wird von der mehr oder minder hochgradigen Adipositas beherrscht. Eine spezielle Lokalisation ist im allgemeinen nicht gegeben. Eine gewisse Bevorzugung des Stammes mag bei einigen Patientinnen erkennbar sein. Auch die Mammae sind mit einem erheblichen Fettpolster ausgestattet. Die Drüsenkörper weisen regelmäßig eine kräftige Entwicklung auf.

Endokrinologische Befunde. Das durchschnittliche Menarche-Alter errechnet sich auf 14,4 Jahre ($s = \pm 1,80$). Elf Patientinnen gaben einen unregelmäßigen Primärcyclus an! Nur vier Patientinnen klagten über Ausfallserscheinungen. Die

Gonadotropin-Ausscheidung fällt bei fünf von zwölf Beobachtungen in den oberen Grenzbereich. Erniedrigte Werte wurden nicht notiert. Die C_{17}-Ketosteroide und 17-Hydroxycorticoide (mehrfache Analysen bei sieben Patientinnen) liegen in der oberen Streuungsgrenze oder überschreiten diese (maximal 17,5 mg/die Ketosteroide). Im Gegensatz zu der vorigen Gruppe überwiegt ein hoher Oestrogentiter! In zehn Fällen war das Endometrium proliferiert. Die Abradate dreier Patientinnen wiesen Zeichen einer sekretorischen Umwandlung auf. Entsprechende Befunde ergaben sich aus der Kolpocytologie. Trotz vieljähriger Amenorrhoe stellt ein hoher Pyknose-Index (bis 60 %) keine Seltenheit dar. Bei den meisten Patientinnen erwies sich der Uterus als relativ groß. Der endokrine Status ist demnach bei diesem Kollektiv ein gänzlich anderer als bei der Gruppe mit Gewichtsabnahme. Während die hormonalen Ergebnisse bei Patientinnen mit Magersucht auf eine stärkere Einschränkung der Gonadotropin-Freigabe (und z. T. auch der Interrenalfunktion) hindeuten, besteht bei dieser Gruppe eine etwas gesteigerte Aktivität des Interrenal- und Ovarial-Endocrinium (im Sinne einer Hyperfolliculinie).

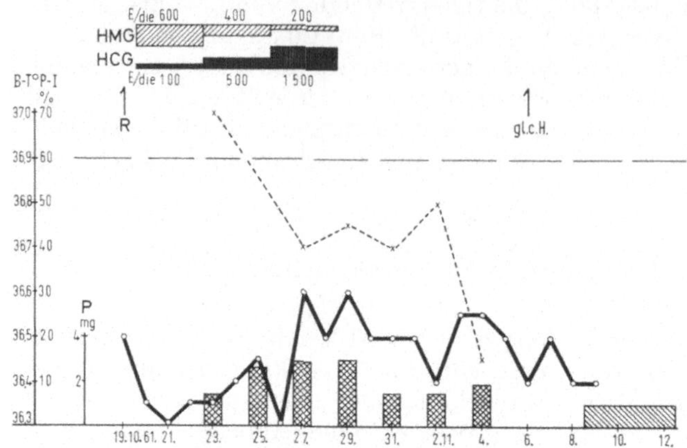

Abb. 176. Hypothalamische Ovarial-Insuffizienz (sekundäre Amenorrhoe seit 8 Jahren) mit Gewichtszunahme von 20 kg. Unter HMG-HCG nur schwache Progesteronbildung. (Pat. K. M., 27 Jahre, 152 cm/91 kg, 78% Übergewicht!)

Funktionsanalysen. Gonadotropine wurden nur bei neun Patientinnen verabfolgt, von denen vier biphasisch (zwei mit übersteigerter Reaktion) antworteten. Eine Auswertung lassen diese Ergebnisse wegen der kleinen Zahl nicht zu.

Im Einzelfall überrascht es jedoch, daß trotz des relativ hohen Oestrogen-Niveaus keine Ovulation unter der Medikation zustande kommt.

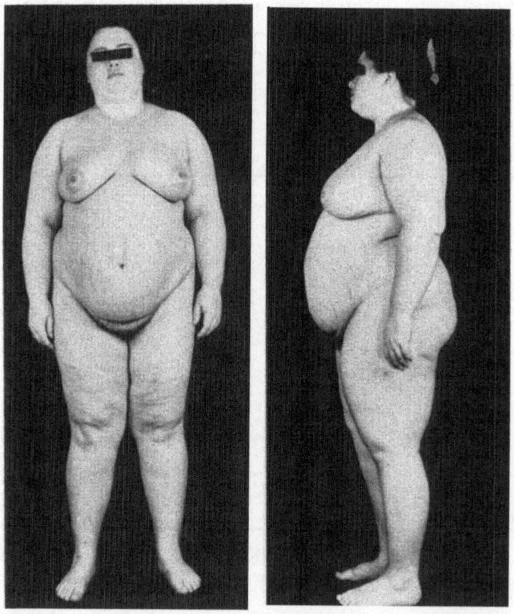

Abb. 177. Sekundäre Amenorrhoe seit 2³/₁₂ Jahren (hypothalamische Ovarial-Insuffizienz mit Gewichtszunahme von 52 kg in etwa 3 Jahren). (Frau J. K., 27 Jahre, 161 cm/112,5 kg, 100% Übergewicht)

Frau K. M., 27 Jahre alt, 152 cm/91 kg (78% Übergewicht). Menarche mit 13 Jahren. Cyclus danach 6 Jahre lang normal (28/4). 1953 Appendektomie, seitdem amenorrhoisch. Marita seit 5 Jahren, keine Schwangerschaften. Während der 8jährigen Amenorrhoe hat die Patientin 20 kg an Gewicht zugenommen! Keine Ausfallserscheinungen.

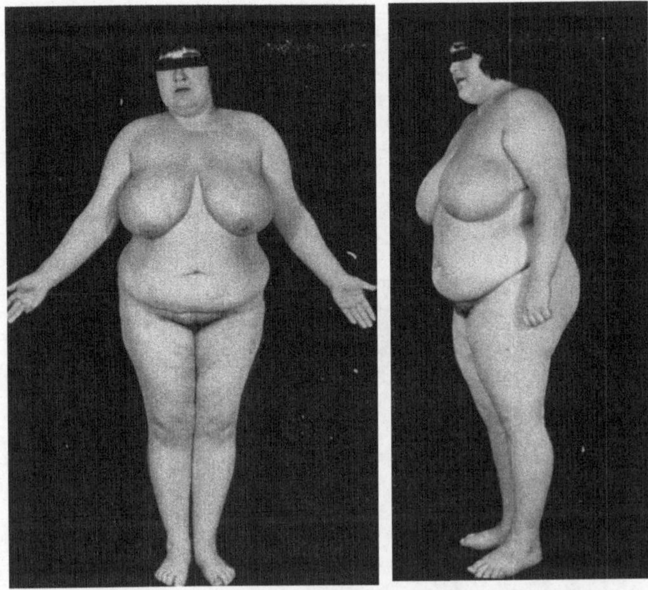

Abb. 178a. Frau G. K., 24 Jahre, 146 cm/80 kg (74% Übergewicht)

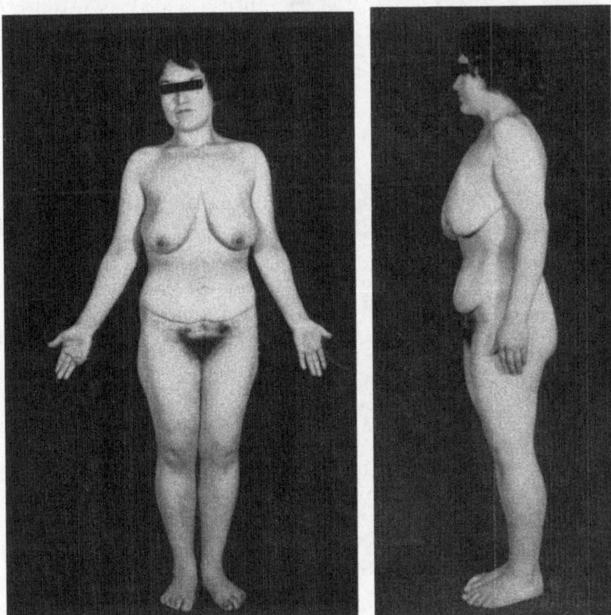

Abb. 178b. Frau G. K., 10 Monate später: unter Diät (bei vorübergehender Verordnung von Appetitzüglern und Salidiuretica) Gewichtsverlust von 30 kg

Bei Aufnahme ruhendes Endometrium. Durchführung einer *HMG-HCG-Kur*
(s. Abb. 176): unter der Behandlung relativ hoher Pyknose-Index. Verhalten der
Basaltemperatur uncharakteristisch! Die Pregnandiol-Ausscheidung steigt bis auf
3 mg/die an. Strichabrasio: glandulär-cystische Hyperplasie mit Partien einer sekretorischen Umwandlung. Bisher keine Normalisierung. Spätere Kontrolle der Gonadotropin-Ausscheidung: 31,5 HMG-E!

Frau I. K., 27 Jahre alt, 161 cm/112,5 kg (s. Abb. 177). Menarche mit 15 Jahren. Cyclus zunächst 3 Jahre regelmäßig (28—30/4). Körpergewicht in dieser Zeit 55 bis 57 kg. Nach Tonsillektomie zunehmende Cyclusanomalie und Gewichtszunahme um 52 kg (100% Übergewicht)! Amenorrhoe seit etwa $2^3/_{12}$ Jahren. Ausfallserscheinungen. Blutdruck 150/100. Keine Schwangerschaften. Leidet unter Kopfschmerzen.

Endokrinologische Befunde: Endometrium in Proliferation. Gonadotropin-Ausscheidung: 13,9 HMG-E. C_{17}-Ketosteroide: 15,2 mg/die, 17-Hydroxycorticoide: 12,3 mg/die.

HMG-HCG-Kur (Standard-Dosis): Steiles Anziehen des Pyknose-Index. Pregnandiol nicht über 0,95 mg/die. 6 Tage nach Absetzen der Medikation Vollabrasio: hochproliferiertes Endometrium in Zerfall (stellenweise glandulär-cystische Hyperplasie). In der Folgezeit monophasische Oligomenorrhoe.

Dauererfolge. Acht von zwölf Patientinnen gaben bei späteren Kontrolluntersuchungen eine Normalisierung des Cyclus an (s. Tabelle 26, unten). Diese kann aber nur bei einer Patientin mit einiger Sicherheit auf die hormonale Behandlung zurückgeführt werden!

Unter entsprechender diätetischer Führung, die durch eine vorübergehende, kontrollierte Verordnung von Salidiuretica und Appetitzüglern unterstützt werden kann, kommt bei einem Teil der Patientinnen eine erhebliche Reduzierung des Gewichtes zustande (s. Abb. 178 a und b). Damit verbindet sich oftmals auch eine Regulierung der Ovarialfunktion.

Fräulein T. B., 35 Jahre alt, 164 cm/ 115 kg (s. Abb. 179). Menarche mit 12 Jahren. Danach 14 Jahre lang normaler Cyclus. Seit dem 26. Lebensjahr zunehmende Rhythmusanomalien. Von dieser Zeit an Gewichtsanstieg von 63 kg auf 115 kg. Seit 7 Jahren sekundäre Amenorrhoe. Keine Ausfallserscheinungen!

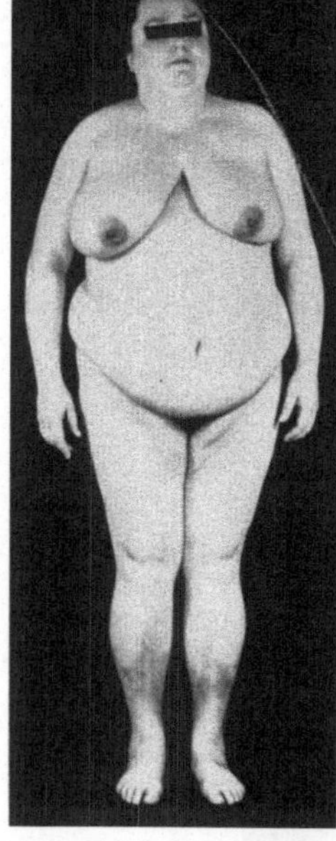
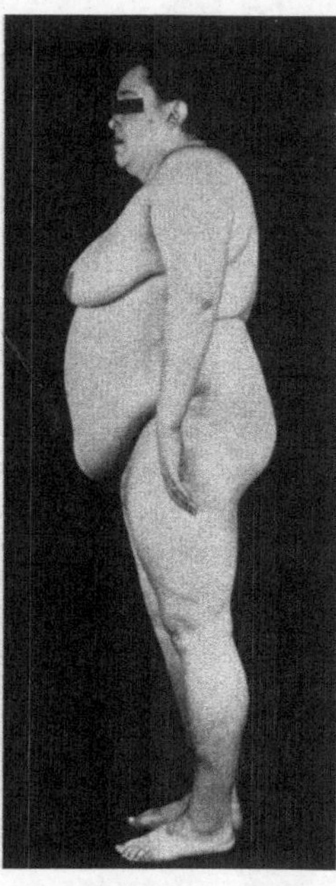

Abb. 179. Pat. T. B., 35 Jahre, 164 cm/115 kg (88% Übergewicht). Sekundäre Amenorrhoe seit 7 Jahren (Hyperfollikulinie!). Nach diätetischer Behandlung (Gewichtsabnahme von 7 kg) Normalisierung des Cyclus

Endokrinologischer Status. Gonadotropin-Ausscheidung: 11,2 HMG-E. C_{17}-Ketosteroide: 14,1 mg/die, 17-Hydroxycorticoide: 8,3 mg/die. Großer Uterus (Sondenlänge 9 cm, keine Schwangerschaften!): glandulär-cystische Hyperplasie des Endometrium!

Eine Behandlung erscheint wenig aussichtsreich. In den folgenden Monaten treten zwei Genitalblutungen auf (jeweils glandulär-cystische Hyperplasie). Eine diätetische Kur führt zu einer Gewichtsabnahme von 7 kg (Prof. CURTIUS, Medizinische Klinik Lübeck). Danach reguliert sich der Cyclus ohne hormonale Behandlung ein und verläuft jetzt, nach $2^1/_2$jähriger Beobachtung, völlig normal!

e) Reaktiv-psychogene hypothalamische Fehlfunktion

In diesem Kollektiv sind 26 Patientinnen zwischen dem 18. und 35. Lebensjahr vereinigt, bei denen sich nach regelrechtem Menarchetermin (bis zum 15. Lebensjahr) und unauffälligem Primärcyclus im Anschluß an eine meistens im psychischen Bereich liegende Belastung eine Amenorrhoe einstellte (s. Tabelle 27). Ihre Dauer beträgt bei 18 Patientinnen dieser Gruppe bezeichnenderweise maximal 1 Jahr, bei weiteren vier Patientinnen bis zu 2 Jahren. Als das einschneidende

Erlebnis werden Tod eines nahen Angehörigen, eine erste sexuelle Begegnung, Lösung der Verlobung, Eintritt in die Ehe, Ehekonflikte oder Scheidung, Abitur, Studium, Gesellenprüfung oder Berufsantritt, Furcht vor einer Schwangerschaft oder starker Kinderwunsch u. ä. m. angegeben. Eine gesteigerte psychische Labilität ist für die meisten Patientinnen als Voraussetzung für eine derartige Reaktion anzunehmen. Bei etwa einem Viertel dieser Frauen werden die Regulationsstörungen fixiert! Wahrscheinlich bestehen Überschneidungen mit der idiopathischen Form der hypothalamischen Fehlfunktion. Das Krankheitsbild ist weniger einheitlich als bei den vorigen Gruppen.

Tabelle 27. *Reaktiv-psychogene hypothalamische Fehlfunktion (sekundäre Amenorrhoe)*

	Gewicht		Ausfallserscheinungen		Menarche-Alter	Endometrium			Funktionsanalyse bei Pat.	Primäreffekt			Dauererfolg nach Gonadotropin-medikation			
	−10—20%	+10—30%	0	+		A	R— (P)	P		+	Oe	0	+ Grav.	Teil/Rez.	0	?
18.—21. Lebensjahr Amenorrhoe-Dauer −2 Jahre (12 Pat.)	—	4	6	6	$\overline{X} = 13,3$ ($s = 1,31$)	2	7	3	8	8	—	—	4	2	2	—
>2 Jahre (1 Pat.)	1	—	—	1		1	—	—	1	1	—	—	—	—	1	—
22.—35. Lebensjahr Amenorrhoe-Dauer −2 Jahre (10 Pat.)	1	3	7	3	$\overline{X} = 13,9$ ($s = 1,07$)	—	4	6	7	6	1	—	2	2	2	1
>2 Jahre (3 Pat.)	1	1	2	1		1	1	1	3	1	1	1	2	—	1	—
Gesamt: 26 Pat.	3	8	15	11	$\overline{X} = 13,6$ ($s = 1,18$)	4	12	10	19	16	2	1	8	4	6	1

Dauererfolg gesamt (23 Pat.): 12 | 5 | 6

Phänotyp. Der Habitus weist alle Varianten auf. Großwuchs (171—180 cm) ist fünfmal vertreten, Untergewicht bis 20% besteht bei drei Patientinnen, Übergewicht (bis 30%) wurde bei sieben Frauen festgestellt. Die Sexualmerkmale sind überwiegend regelrecht ausgebildet. Bei den Patientinnen mit Gewichtsverlust wurde eine mäßige Hypoplasie der Mammae notiert.

Endokrinologische Befunde. Das mittlere Menarche-Alter liegt bei 13,6 Jahren ($s = \pm 1,18$) und entspricht damit der Norm (vgl. S. 62). Aus den Angaben über Ausfallserscheinungen lassen sich keine besonderen Tendenzen entnehmen, etwa gleich viel Patientinnen wurden durch sie belästigt, oder hatten keine Beschwerden. Ähnliche Verhältnisse wurden für die vegetativen Stigmata protokolliert. Die Gonadotropin-Ausscheidung ist im allgemeinen nur nach längerer Amenorrhoe-Dauer bestimmt worden (zehn Patientinnen), sie variiert im Normbereich. Das gleiche gilt für die Interrenal-Metaboliten. Der Oestrogentiter, gemessen am Endometriumbefund und Pyknose-Index, lag bei zehn Patientinnen relativ hoch (kurzfristige Amenorrhoe oder Adipositas!) und bei vier Frauen offenbar sehr tief.

Funktionsanalysen. Eine Gonadotropin-Medikation wurde bei 19 Patientinnen durchgeführt. Erwartungsgemäß sprachen 16 Frauen darauf mit einer zweiphasischen Ovarialfunktion an, zwei reagierten nur mit einer Oestrogen-Bildung, eine Patientin verhielt sich refraktär (nach 7jähriger Amenorrhoe). Bei der Mehrzahl wurde eine relativ frühe Aktivierung des Ovarial-Endocrinium beobachtet.

Diese Resultate entsprechen der Pathogenese. Bei den meisten dieser Patientinnen handelt es sich nicht um einen kompletten Funktionsausfall des Zentralsystems, sondern offenbar nur um eine Drosselung mäßigen Grades, die sich wahrscheinlich auf die LTH- und/oder LH-Freigabe beschränkt.

Dauererfolge. 12 von 23 Patientinnen erlebten eine völlige Normalisierung der Ovarialfunktion. Der Pathogenese entsprechend, wird man diese Heilungsrate nur bei einem Teil der Patientinnen der medikamentösen Therapie zuschreiben dürfen: Bei etwa der Hälfte ist eine Spontanheilung anzunehmen. Jedoch läßt sich diese Quote schwerlich exakt bestimmen. Wenn von 15 Patientinnen, die auf die Gonadotropin-Verabfolgung biphasisch reagiert hatten, später nur sieben eine Normalisierung ihres Cyclus angaben, so kann diese Diskrepanz in verschiedener Weise ausgelegt werden: Bei einigen Patientinnen besteht offenbar schon primär eine über das physiologische Maß hinausgehende Labilität des Regulations-Mechanismus. Von anderen wird die psychische Belastung fehlerhaft verarbeitet oder besteht fort. In Einzelfällen wie dem folgenden mag beides zusammentreffen:

Fräulein M. D., 23 Jahre alt, 157 cm/59 kg. Menarche mit 15 Jahren. Primärcyclus labil (28—35/4—5). Keine Graviditäten. Bruder (Hoferbe) im September 1960 mit dem Trecker tödlich verunglückt. Seitdem besteht eine Amenorrhoe. Keine Ausfallserscheinungen. *Endokrinologischer Status.* Gonadotropin-Ausscheidung: 9,0 HMG-E. C_{17}-Ketosteroide: 7,8 mg/die, 17-Hydroxycorticoide: 9,3 mg/die. Endometrium-Biopsie: glandulär-cystische Hyperplasie, Pyknose-Index 85%!

Wiederaufnahme $^{1}/_{2}$ Jahr später zur Durchführung einer *HMG-HCG-Kur* (Standard-Dosis, s. Abb. 180, oben). Die Ovarien reagieren nur mit verstärkter Oestrogen-Bildung. Unmittelbar nach Absetzen der Medikation tritt eine Blutung aus einem hochproliferierten Endometrium auf.

6 Monate später zweite HMG-HCG-Kur (s. Abb. 180, unten). Auch unter dieser Medikation kommt keine Ovulation zustande! Es werden daher nach Abschluß der eigentlichen Kur noch 4 Tage lang HMG und HCG in *dreifacher Dosis* verabfolgt. Auch diese Zusatzdosis beeinflußt das Ovarial-Endocrinium nicht! Es kommt nicht zur Blutung. Die Vollabrasio ergibt ein proliferiertes Endometrium.

Während der $1^{1}/_{2}$jährigen Beobachtungszeit keine Normalisierung des Cyclus.

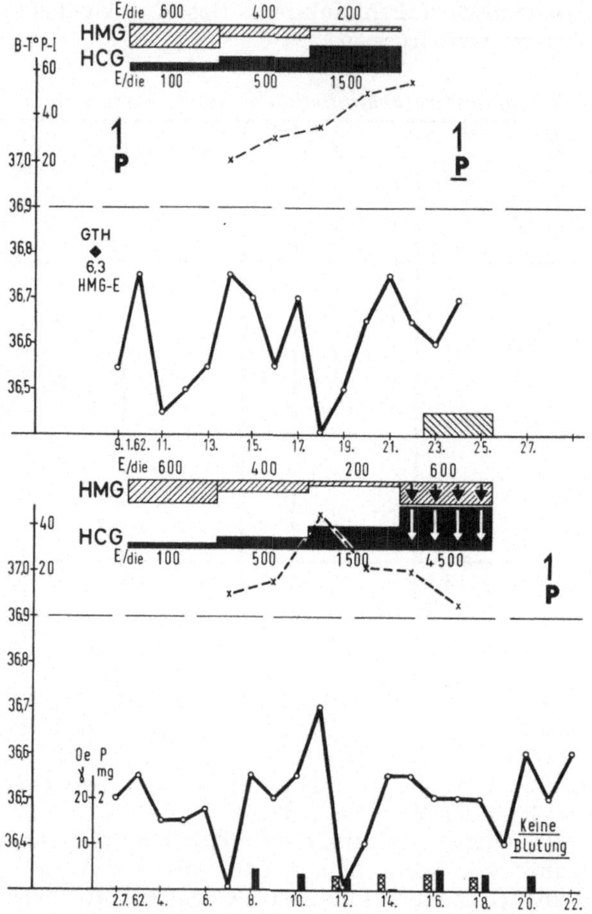

Abb. 180. Sekundäre Amenorrhoe seit $1^{6}/_{12}$ Jahren, ausgelöst durch tödlichen Unfall des Bruders (Hoferbe). (Pat. M. D., 23 Jahre, 157 cm/59 kg)

Auffällig an diesem Verlauf ist das Unvermögen, auf eine wiederholte Gonadotropin-Medikation, auch in erhöhter Dosierung, mit Gelbkörperbildung zu reagieren. Ob dafür ovarielle Faktoren (Fermentverlust) oder eine totale Blockierung der LTH-Freigabe anzuschuldigen sind, entzieht sich der Entscheidung.

3. Besprechung der Ergebnisse

Es wurden 147 Patientinnen herausgestellt, bei denen die Ovarial-Insuffizienz auf Grund der klinischen Erhebungen auf eine hypothalamische Fehlfunktion zurückgeführt wird. Diese Gruppe macht 50% des dieser Besprechung zugrunde liegenden Krankengutes aus (vgl. Tabelle 20)! Die wahre Frequenz einer derartigen Pathogenese muß noch höher veranschlagt werden: Hinzuzurechnen sind ein Teil der Patientinnen mit polycystischen Veränderungen der Ovarien, mit sekundärer Ovarialhypoplasie (Übergangsform) sowie eine Gruppe von Frauen mit postpartalen Cyclusstörungen. Diese Formen werden der Übersicht wegen gesondert besprochen.

Das *Krankengut* wurde nach klinischen Merkmalen unterteilt, ohne daß damit immer eine genauere Abgrenzung der speziellen Pathogenese zu erreichen ist. Die einzelnen Formen überdecken sich zum Teil. Eine präzisere Trennung wäre wohl mit Hilfe differenzierter Gonadotropin-Analysen möglich. Ihr sind aber zunächst methodische Grenzen gesetzt. Die Werte des Gonadotropin-Komplexes im Harn erweisen sich für die Diagnostik als relativ unergiebig. Auch die Analysen der Interrenal-Metaboliten vermögen nur in Ausnahmefällen einen Beitrag für die Differentialdiagnose zu leisten. Die Beurteilung stützt sich daher vornehmlich auf die klinischen Befunde (insbesondere auf Anamnese und ärztliche Aussprache), die Bewertung des Erscheinungsbildes und der subjektiven Beschwerden, auf die Indices der basalen Oestrogen-Bildung sowie auf die Funktionsanalyse durch exogene Stimulation. In unklaren Fällen, insbesondere bei negativer Reaktion auf Gonadotropine, wird mit Vorteil die Douglasskopie herangezogen.

Mit der begrifflichen Zusammenfassung einer *,,hypothalamischen" Fehlfunktion* wird zunächst nur eine Abgrenzung gegenüber den echten ovariellen Fehlbildungen, den offenbar sehr seltenen primär hypophysären Störungen und den ebenfalls in der Häufigkeit des Vorkommens zurücktretenden symptomatischen Ausfällen bei Erkrankungen anderer Inkretsysteme erreicht. Die diagnostischen Bestrebungen gehen aber darüber hinaus: Wünschenswert wäre die Klärung, in welchem Grade die hypothalamische Steuerungsfunktion gehemmt ist und ob eine isolierte Störung einer der Freigabefunktionen besteht. Beides erscheint nach den heutigen Kenntnissen über die zentral-nervöse Regulation möglich. Manche Befunde sprechen für eine Relationsverschiebung in der Abgabe von FSH und LH, so daß zwar relativ reichlich Oestrogene gebildet werden, der letzte Wachstumsschub des Follikels aber unterbleibt. Es bestehen Hinweise für eine Beeinträchtigung des die Abgabe von LTH hemmenden Zentrum, so daß die Freigabe von LTH persistiert. Es ist möglich, daß die Fähigkeit zur rhythmischen Funktion in Verlust geraten kann und daraus eine ungeordnete Gonadotropin-Inkretion resultiert. Die Sensibilität der hypothalamischen Strukturen kann herauf- oder herabgesetzt sein, so daß die steuernden Einflüsse der Ovarialhormone nicht mehr regulär beantwortet werden. Derartige, aus dem Tierexperiment hergeleitete Vorstellungen lassen sich noch in vieler Hinsicht ergänzen. Ihnen ist zunächst nur der Wert einer Arbeitshypothese beizumessen. Der Forschung bietet sich hier ein großes Feld noch unbekannter Zusammenhänge, für deren Aufklärung die Verfeinerung der analytischen Verfahren dringliches Erfordernis ist.

Tabelle 28. *Hypothalamische Ovarial-Insuffizienz*

	Gesamt	Amenorrhoe-Dauer	Gesamt	Ausfalls-erscheinungen		Menarche-Alter $\overline{X}$ (s)
				o	+	
A. Idiopathische hypothalamische Ovarial-Insuffizienz	28	—2 Jahre	15	9	6	} 14,9 (1,71)
		> 2 Jahre	13	4	9	
B. Hypothalamische Fehlfunktion bei Psychopathie und bei erblicher Belastung	12	—2 Jahre	9	7	2	} 13,8 (2,02)
		> 2 Jahre	3	3	—	
C. Hypothalamische Fehlfunktion mit Gewichtsabnahme	26	—2 Jahre	20	17	3	} 14,4 (1,80)
		> 2 Jahre	6	3	3	
D. Hypothalamische Fehlfunktion mit Gewichtszunahme	17	—2 Jahre	10	7	3	} 14,4 (1,80)
		> 2 Jahre	7	6	1	
E. Reaktiv-psychogene hypothalamische Fehlfunktion	26	—2 Jahre	22	13	9	} 13,6 (1,18)
		> 2 Jahre	4	2	2	
Gesamt	109	—2 Jahre	76	53	23	} 14,3 (1,61)
		> 2 Jahre	33	18	15	

Beobachtungszeit: $\overline{X} = 2{,}8$ Jahre (s = 1,58)

Wenn wir vom *Krankheitsbild* ausgehen, so zeichnen sich zwischen den von mir gewählten Gruppierungen gewisse Unterschiede ab (vgl. Tabelle 28). Die Patientinnen, für die eine *idiopathische hypothalamische Fehlfunktion* angenommen wurde, weisen auch bei primärer Amenorrhoe regelmäßig einen auffallend guten Entwicklungsstand der Sexualmerkmale auf. Er wird besonders eindrucksvoll von den Mammae wiedergegeben. Ihm entspricht die überwiegend gehobene Oestrogen-Bildung und das seltene Ausbleiben jeglicher Reaktion auf exogene Gonadotropine. Allerdings beantworten nur etwa $^2/_3$ aller Patientinnen diesen Test biphasisch. Bei dieser Gruppe liegt offenbar nur eine mäßige komplexe, oder aber eine isolierte Einschränkung der Freigabefunktion vor. Ein Dauererfolg war nur bei etwa $^1/_3$ der Patientinnen zu erzielen, ein weiteres Drittel verblieb gänzlich unbeeinflußt. Die Störung ist bei ihnen offenbar fixiert. Ähnlich verhält es sich bei Patientinnen mit Psychopathien oder erblicher Belastung.

Ein gänzlich anderes Bild vermittelt die *Gruppe mit Gewichtsabnahme*. Vorherrschend ist der Zustand einer Anorexia nervosa, über deren Pathogenese leidlich gesicherte Vorstellungen bestehen. Die Erkennung bereitet kaum Schwierigkeiten. Charakteristisch sind die zumeist hochgradige Hypoplasie der Mammae und die kümmerliche Entwicklung der Sexualbehaarung. Die Patientinnen sind oft introvertiert, überdurchschnittlich intelligent und in einem besonderen Maße strebsam und ehrgeizig. Nur knapp $^1/_3$ gibt Ausfallserscheinungen an. Vielfach finden sich vegetative Stigmata wie Akrocyanose, Obstipation, Neigung zum Frieren und Dysthermie. Die Beeinträchtigung der hypothalamischen Steuerungszentren erscheint bei diesem Kollektiv wesentlich ausgeprägter und komplexer und tangiert auch andere Regulationszentren. Die Werte des Gonado-

verschiedener Genese (sekundäre Amenorrhoe)

Endometrium			Funktions-analyse bei Pat.	Primäreffekt			Dauererfolg nach Gonadotropinmedikation				Dauererfolg gesamt			
A	R/(P)	P/S		+	Oe	0	$\frac{+}{\text{Grav.}}$	Teil	0	?	$\frac{+}{\text{Grav.}}$	Teil	0	?
3	7	5	12	7	5	—	5	2	3	2	6	4	3	2
2	7	4	13	9	3	1	2	3	5	3	2	3	5	3
—	6	3	5	5	—	—	2	1	—	2	4	1	—	4
1	1	1	2	1	1	—	—	1	—	1	—	2	—	1
11	9	—	16	9	—	7	4	3	4	5	5	3	6	6
4	1	1	6	4	1	1	2	2	1	1	2	2	1	1
—	2	8	4	3	1	—	2	—	2	—	6	—	2	2
2	—	5	5	1	2	2	—	1	2	2	2	1	1	3
2	11	9	15	14	1	—	6	4	4	1	10	5	4	3
2	1	1	4	2	1	1	2	—	2	—	2	—	2	—
16	35	25	52	38	7	7	19	10	13	10	31	13	15	17
11	10	12	30	17	8	5	6	7	10	7	8	8	9	8

tropin-Komplexes im Harn sind oftmals erniedrigt, auch die Interrenalfunktion erscheint nach Aussage der Steroidausscheidung reduziert! Für eine tiefergreifende Störung spricht ferner die mangelnde Oestrogen-Bildung. Der Befund eines atrophischen Endometrium wurde bei dieser Gruppe signifikant häufiger erhoben als bei allen übrigen ($p < 0,01$!). Auch die Frequenz an negativen Primäreffekten unter Gonadotropin-Verabfolgung ist höher als bei den übrigen Gruppen ($p < 0,05$). Trotz der durchschnittlich kürzeren Dauer der Amenorrhoe wurde bei sieben von 19 Patientinnen keinerlei Erfolg erzielt.

Die *hypothalamische Fehlfunktion mit Gewichtszunahme* unterscheidet sich auch endokrinologisch von der vorigen Gruppe: Die Oestrogen-Bildung erweist sich bei den meisten Patientinnen als deutlich gesteigert (Hyperfollikulinie). Sie wird durch die auffallende Größe des Uterus, ein deutlich proliferiertes Endometrium, das oftmals Zeichen einer glandulär-cystischen Hyperplasie bietet, sowie durch den erhöhten Pyknose-Index zum Ausdruck gebracht. Auf eine Gonadotropin-Medikation reagierten aber trotz des günstigen Oestrogentiters nur vier von neun Patientinnen biphasisch. Das Ergebnis, soweit die kleine Zahl eine Bewertung erlaubt, überrascht, zumal später acht von zwölf Patientinnen gänzlich normal menstruiert wurden. Bei dieser Gruppe liegt offenbar eine partielle Steigerung der zentralen Freigabefunktion vor. Möglicherweise sind die Rhythmen nicht koordiniert. Eine besondere Beachtung und Analyse verdienen die Stoffwechselleistungen und die metabolisierende Funktion der Leber! Bezeichnend ist der günstige Einfluß einer diätetischen Einstellung! Es ist ferner daran zu denken, daß der gesteigerte Oestrogen-Blutspiegel eine Desensibilisierung des Zentralsystems bewirkt (vgl. S. 40f.)!

In einer letzten Gruppe wurden 26 Patientinnen zusammengefaßt, bei denen nach unauffälliger Reifungsperiode meistens eine *psychische Belastung* die Auslösung der Ovarial-Insuffizienz veranlaßte. Das Krankheitsgeschehen kann allerdings nicht allein auf eine derartige Noxe bezogen werden. Eine gewisse latente Psychasthenie dürfte oftmals gegeben sein. Phänotyp, Beschwerdekomplex und endokrinologische Befunde lassen keine klaren Tendenzen erkennen. Daß bei diesen Patientinnen der Funktionsausfall im allgemeinen nicht tiefgreifend ist, geht aus dem Oestrogentiter und der überwiegend biphasischen Beantwortung (16 von 19 Patientinnen) einer Gonadotropin-Medikation hervor. Die Aussicht auf Normalisierung des Cyclus steht in enger Abhängigkeit von der seelischen Verarbeitung des auslösenden Insultes bzw. von der Entlastung. Bei etwa $^1/_3$ der Patientinnen muß nach den vorliegenden Erfahrungen mit einer Fixierung der Dysfunktion gerechnet werden.

4. Somatometrische Befunde*

Die 64 zur Untersuchung gelangten Patientinnen mit hypothalamischer Fehlfunktion (überwiegend idiopathischer Genese) bieten in den verschiedenen Größenklassen gewisse Unterschiede: Bei den Patientinnen der Größenklasse I (149,0—158,0 cm) wird im Vergleich zur gleichen Größenklasse des Normalkollektivs eine kürzere absolute ($p < 0,001$) und relative** ($p < 0,005$) *Beinlänge* ermittelt. Der Wert dieser Feststellung mag allerdings insofern begrenzt sein, als ein geringer, statistisch nicht gesicherter Unterschied in der mittleren Körperhöhe dieser Patientinnen ($\overline{X} = 153,95$, $s_{\overline{x}} = \pm 0,95$) gegenüber der der Normalpersonen ($\overline{X} = 155,46$, $s_{\overline{x}} = \pm 0,26$) besteht. Bei kleinerer Körperhöhe ist die Beteiligung der Beinlänge am Größenwachstum geringer.

Interessanter sind die Ergebnisse für das *Breitenwachstum des Rumpfes* (vgl. Tabelle 29). Die Werte der absoluten (s. Tabelle 29, A) und der relativen** *Schulterbreite* (s. Tabelle 29, B) übertreffen diejenigen der Normalpersonen in der Größenklasse II (158,1—165,0 cm) signifikant! Die absolute *Beckenbreite* (vgl. Tabelle 29, C) der Patientinnen H_1 erweist sich in den Größenklassen I und III (165,1—174,0 cm) gegenüber den Normalpersonen als signifikant geringer.

Der *Acromio-cristal-Index* (vgl. S. 110), der die Beckenbreite in Prozent der Schulterbreite angibt, drückt die Breitenverhältnisse des Rumpfes besonders charakteristisch aus. Die Prozentwerte liegen für die Patientinnen mit hypothalamischer Fehlfunktion in allen drei Größenklassen eindeutig niedriger ($p < 0,025$), als bei den Normalpersonen (s. Tabelle 29, D).

Der Statur-Index und der morphologische Gesichts-Index weisen keine nennenswerten Differenzen gegenüber den Werten der Normalpersonen auf.

Aus diesen Untersuchungen geht hervor, daß Patientinnen mit (idiopathischer) hypothalamischer Fehlfunktion durch eine breite Schulter und ein schmaleres Becken charakterisiert sind. Die absoluten und relativen Maße der Beinlänge liegen für die Patientinnen der Größenklasse I niedriger. Die Fehlregulation im Endocrinium scheint sich bei diesen Patientinnen schon sehr früh, d. h. in der Periode der Breitenentwicklung unmittelbar vor der Menarche sowie während des puberalen Längenschubes, geltend zu machen! Weitere Untersuchungen in dieser Richtung erscheinen lohnenswert.

---

* Untersuchungsmethodik und statistische Analyse s. S. 109 f.
** Bezüglich der „relativen" Maße vgl. S. 110.

Tabelle 29

	Größen-klasse	Gruppe	n	V	$\bar{X} \pm s_{\bar{x}}$	v	s	p
A	I	N	23	33,0—38,0	35,48 ± 0,39	5,24	1,86	—
		H_1	21	32,8—38,1	35,61 ± 0,39	5,11	1,82	
	II	N	78	31,9—39,0	35,62 ± 0,16	4,18	1,49	< 0,002
		H_1	23	33,3—40,0	36,65 ± 0,29	3,90	1,43	
	III	N	39	34,5—39,0	36,71 ± 0,21	3,59	1,32	—
		H_1	20	35,2—39,6	37,10 ± 0,31	3,69	1,37	
B	I	N	23	20,89—24,53	22,76 ± 0,24	5,09	1,16	—
		H_1	21	21,43—25,25	23,02 ± 0,26	5,25	1,21	
	II	N	78	19,74—23,91	22,09 ± 0,11	4,57	1,01	< 0,001
		H_1	23	20,68—24,54	22,65 ± 0,18	3,88	0,88	
	III	N	39	19,62—24,05	21,63 ± 0,19	5,68	1,23	—
		H_1	20	20,81—23,57	21,91 ± 0,22	4,56	1,00	
C	I	N	23	24,1—30,5	27,02 ± 0,28	5,07	1,37	< 0,025
		H_1	21	23,0—29,0	26,01 ± 0,39	6,84	1,78	
	II	N	78	24,2—32,5	27,65 ± 0,21	6,79	1,90	—
		H_1	23	25,5—30,0	27,28 ± 0,26	4,62	1,26	
	III	N	39	25,1—32,0	28,70 ± 0,29	6,44	1,85	< 0,005
		H_1	20	25,0—29,5	27,48 ± 0,32	5,27	1,45	
D	I	N	23	70,59—82,09	76,08 ± 0,92	5,76	4,39	< 0,025
		H_1	21	66,20—78,87	73,57 ± 0,92	5,75	4,23	
	II	N	78	69,06—86,60	76,47 ± 0,56	6,51	4,98	< 0,025
		H_1	23	68,00—82,86	74,59 ± 0,60	3,86	2,88	
	III	N	39	68,00—88,41	77,87 ± 0,86	6,94	5,41	< 0,025
		H_1	20	67,53—83,67	74,50 ± 1,11	6,67	4,97	

A = absolute Schulterbreite; B = relative Schulterbreite; C = absolute Bekkenbreite; D = Acromio-cristal-Index.

5. Differentialdiagnose

Es kann im Einzelfall nicht immer sicher entschieden werden, ob bei den Patientinnen der Gruppe mit Fehlgewicht oder einer reaktiv-psychogenen Ovarial-Insuffizienz letztlich auch eine idiopathische Dysfunktion des Zentralsystems vorliegt. Die Entscheidung ergibt sich aus dem weiteren Verlauf. Schwierigkeiten bereitet gelegentlich die Abgrenzung gegenüber der Ovarialhypoplasie, insbesondere bei unentwickelten Sexualmerkmalen. Die genaue Erhebung der Anamnese und die ärztliche Aussprache vermögen im allgemeinen die charakteristische Entwicklung der Reifungsperiode aufzuklären. Die Douglasskopie sichert in unklaren Fällen die Diagnose. Bei Bestehen einer primären Amenorrhoe spricht die gute Ausbildung der Mammae für eine idiopathische hypothalamische Fehlfunktion. Allerdings sind Überschneidungen mit der „Übergangsform" der Ovarialhypoplasie möglich. Letztere kann aber ihre Ursache auch in einer zentralen Fehlsteuerung haben. Übergänge zwischen diesen Krankheitsformen sind also gegeben. Ebenso muß auch das sog. polycystische Ovarium bei einem Teil der Patientinnen als Folge einer zentralen Dysregulation angesehen werden.

Es wird häufig die Frage gestellt, wie sich eine *hypothalamische* von einer *primär hypophysären* Fehlfunktion unterscheiden läßt. Hormonanalytisch ist eine derartige Differenzierung bisher nicht möglich, sie läßt sich aber bis zu einem gewissen Grade klinisch erreichen.

Bei *tiefgreifenden Ausfällen des Hypothalamus* entwickelt sich ein poly-symptomatisches Krankheitsbild, das einen *Komplex von Störungen der zentral-nervösen Regulation* darbietet. Außer der Ovarial-Insuffizienz finden sich Abweichungen in der Magen-Darm-Innervation, der Zirkulation, der Temperatur-Regulation sowie Störungen der psychischen Zentralfunktion.

Primäre Ausfälle der Adenohypophyse, die auf eine umfangreiche Zerstörung des Drüsengewebes oder auf eine Läsion des Hypophysenstiels zurückzuführen sind, äußern sich in einer mehr oder minder weitgehenden Funktionseinschränkung mehrerer abhängiger endokriner Drüsen. Es resultiert daraus ein Krankheitsbild, das durch eine *endokrine Polysymptomatik* gekennzeichnet ist.

Von der *Symptomatologie* her gesehen, weist demnach das gleichzeitige Vorhandensein mehrerer vegetativ-nervaler Fehlleistungen auf eine hypothalamische Genese, das Bestehen verschiedener endokriner Fehlfunktionen dagegen auf eine primär hypophysäre Störung hin.

Es sei auch an dieser Stelle nochmals betont, daß die isolierte Fehlregulation des *Ovarial-Endocrinium* in der überwiegenden Mehrzahl der Fälle ursächlich auf eine hypothalamische Dys- oder Mangelfunktion zurückzuführen ist.

6. Therapie und Prognose

Die Behandlung geht vom Grundleiden aus. Besteht eine Adipositas, so genügt im allgemeinen die diätetische Einstellung. Auch bei den Patientinnen mit starkem Gewichtsverlust reguliert sich die Ovarialfunktion oftmals spontan in der Restitutionsphase ein. Das Schwergewicht der ärztlichen Maßnahmen liegt in der verständnisvollen psychischen Führung, einer weitgehenden physischen Entlastung und der konsequenten Steigerung der Calorienzufuhr. In entsprechender Weise ist bei der reaktiv-psychogenen Form zu verfahren. Diese therapeutischen Ansätze können, soweit es noch erforderlich erscheint, durch eine Hormonmedikation ergänzt werden. Für sie ist das gleiche Vorgehen wie bei der Ovarialhypoplasie zu empfehlen (s. S. 282 f.).

Ich halte die Applikation von Gonadotropinen für vorrangig, weil durch sie das Ovarial-Endocrinium komplexer aktiviert wird und sich mit ihr die Funktionsanalyse verbindet. Bei Kinderwunsch wird sie ambulant durchgeführt. Nach ein oder zwei Kuren können cyclusgerecht Sexualsteroide verabfolgt werden. Den nachfolgenden Blutungen kommt ein wesentlicher psychischer Effekt zu. Diese Medikation übt aber auch einen rhythmischen Reiz auf das Zentralsystem aus. Ich habe oftmals beobachtet, daß nach einer derartigen Medikation erstmalig Ausfallserscheinungen auftraten, die man als Ausdruck einer hypothalamischen Aktivitätssteigerung ansehen kann. Sie können bei einem Teil der Patientinnen als Prodromi einer beginnenden Regulierung gewertet werden.

Die Chancen der Regulierung stehen in einer gewissen Abhängigkeit von der Dauer der Amenorrhoe (vgl. S. 351). Von 84 Patientinnen mit ausreichender Beobachtungszeit wurden 46% später regelrecht menstruiert, 29% blieben unbeeinflußt. Bei einer Amenorrhoe-Dauer bis zu 2 Jahren beträgt die Heilungsrate 52% und die Quote an Mißerfolgen 25%. Nach länger bestehender Amenorrhoe erfolgt nur noch bei 32% eine Normalisierung des Cyclus.

Eine nicht zu unterschätzende Bedeutung für den Erfolg messen wir einer individuell abgestimmten, eingehenden ärztlichen Beratung und Führung bei. Die Patientinnen sollen einerseits von dem Komplex einer minderwertigen Sexualfunktion gelöst werden, andererseits aber eine Regulierung anstreben.

7. Zusammenfassung

Funktionell bedingte Ausfälle der Ovarialfunktion sind vornehmlich auf Störungen der zentral-nervösen Steuerung zurückzuführen. Klinisch lassen sich verschiedene Krankheitsbilder unterscheiden, deren Pathogenese sich allerdings in mancher Hinsicht überschneidet.

Eine *idiopathische hypothalamische Fehlfunktion* wird angenommen, wenn nach der Vorgeschichte eine primär bestehende und besonders ausgeprägte Labilität des Ovarial-Endocrinium vorliegt, ohne daß für sie eine auslösende Ursache zu eruieren ist. Als kennzeichnend werden eine primäre Amenorrhoe oder die Spätmenarche, ganz ungeregelte Primärcyclen sowie mehrfach rezidivierende juvenile („dysfunktionelle") Blutungen angesehen. Diesen Cyclusstörungen gesellen sich Gewichtsalternationen und bestimmte vegetative Stigmata wie Dysthermie, Akrocyanose, gastrointestinale Erscheinungen und eine Vasolabilität hinzu. Phänomenologisch auffällig ist der zumeist gute Entwicklungsstand der äußeren Sexualmerkmale. Insbesondere imponiert die kräftige Ausbildung der Mammae. Von den endokrinologischen Befunden ist die bei der Mehrzahl der Patientinnen relativ gute basale Oestrogen-Bildung hervorzuheben, während sich die hormonanalytischen Werte zumeist im normalen Streubereich bewegen. Nach dem klinischen und endokrinologischen Status besteht bei dieser Form offenbar keine komplexe Drosselung der gesamten Gonadotropin-Abgabe. Es wird angenommen, daß die Freigabe entweder nicht cyclisch oder in einem regelwidrigen Verhältnis erfolgt. Zwei Drittel der amenorrhoischen Patientinnen beantworten exogene Gonadotropine mit Entwicklung eines biphasischen Cyclus. Bei einem Teil tritt diese Reaktion frühzeitig und übersteigert auf. Eine völlige Normalisierung der cyclischen Sexualfunktion erleben etwa die Hälfte der Frauen.

Eine relativ einheitliche Gruppe bilden Patientinnen, bei denen sich die *hypothalamische Fehlfunktion mit einem mehr oder minder starken Gewichtsverlust* verbindet. Die Mehrzahl dieser zumeist jüngeren Personen leidet an einer Anorexia nervosa. Der Phänotyp wird außer der Magersucht durch eine besonders kümmerliche Entwicklung der äußeren Sexualmerkmale gekennzeichnet. Die Ausscheidungswerte der Gonadotropine und Interrenal-Metaboliten liegen z. T. im unteren Normbereich. Die ovarielle Oestrogen-Bildung ist stark reduziert. Im Gegensatz zu der vorigen Gruppe scheint bei diesen Patientinnen die Freigabe insbesondere von LH weitgehend gedrosselt zu sein. Ausfallserscheinungen werden relativ selten angegeben. Vegetative Stigmata sind häufig besonders ausgeprägt. Auch nach kürzerer Amenorrhoe spricht gut $^1/_3$ der Patientinnen auf exogene Gonadotropine nicht an. Aussicht auf eine spätere Normalisierung haben nur ungefähr $^1/_3$ der Frauen. Die Prognose muß besonders dann als ungünstig gestellt werden, wenn diesem Krankheitsbild eine idiopathische hypothalamische Funktionsanomalie zugrunde liegt.

Bei *hypothalamischer Ovarial-Insuffizienz mit starker Gewichtszunahme* besteht in der Regel ein relativ hohes Oestrogen-Niveau (Hyperfollikulinie). Die Ausscheidungsraten der Interrenal-Metaboliten bewegen sich häufiger im oberen Normbereich. Beachtung verdienen die Stoffwechselleistungen und insbesondere die Leberfunktion!

Die *reaktiv-psychogene hypothalamische Fehlfunktion* geht meistens auf eine psychische Belastung zurück. Phänotyp und klinisches Bild sind relativ uneinheitlich. Ein erhöhter basaler Oestrogentiter überwiegt. Die Mehrzahl der Patientinnen (gut $^4/_5$) reagiert auf exogene Gonadotropine biphasisch. Es wird eine nur mäßige Drosselung der LH-Freigabe angenommen. Die Hälfte der

Patientinnen wird später normal menstruiert. Mit einer relativ hohen Rate an Spontanheilungen ist zu rechnen. Bei einer kleineren Gruppe kommt es später zu einer Fixierung der hypothalamischen Dysfunktion.

Die *hormonanalytischen Befunde* geben der Diagnostik wenig verläßliche Anhaltspunkte. Insbesondere enttäuschen die Gonadotropin-Werte. Eine eindeutige Reduktion oder Erhöhung wurde relativ selten beobachtet. Offenbar spielen quantitative Verschiebungen in der Relation der drei gonadotropen Komponenten eine entscheidende Rolle. Die Beurteilung der Funktionsstörung wird daher weitgehend von der klinischen Befundung getragen.

Anthropometrische Untersuchungen bei 64 Patientinnen ergaben als besonderes Merkmal ein von der Norm abweichendes Breitenwachstum des Rumpfes. Diese Frauen zeichnen sich durch eine größere Schulterbreite bei schmalerem Becken aus! Danach scheint sich die Fehlregulation schon vor der Menarche und während des puberalen Wachstumsschubes auszuwirken!

Eine hormonale *Behandlung* erscheint erst dann angezeigt, wenn die belastenden Faktoren behoben sind. Bei Fehlgewichtigkeit ist der diätetischen Einstellung besondere Aufmerksamkeit zu schenken. Für die spezielle Therapie geben wir der Gonadotropin-Medikation den Vorzug, da sie neben ihrer funktionsanalytischen Aussage offenbar zu einer komplexen Aktivierung des Ovarial-Endocrinium führt. An sie können wiederholte cyclusgerechte Kuren mit Oestrogenen und Gestagenen angeschlossen werden. Die ärztlichen Maßnahmen werden mit Erfolg durch Beratung und psychische Führung ergänzt.

D. Die postpartale Ovarial-Insuffizienz

1. Einleitung und Definition

Das voll entwickelte Krankheitsbild von SIMMONDS und SHEEHAN kommt, wie schon im Teil IV (s. S. 207f.) ausgeführt, im Rahmen eines gynäkologisch-endokrinologischen Krankengutes außerordentlich selten zur Beobachtung. Demgegenüber gibt eine Gruppe von Patientinnen an, daß nach der Stillperiode Cyclusstörungen verschiedener Art in Erscheinung getreten seien. Dieses Kollektiv einer „postpartalen Ovarial-Insuffizienz" umfaßt 50 Patientinnen, die 17% des vorliegenden Krankengutes ausmachen (vgl. Tabelle 20). Es besteht kein Anhalt, diese Funktionsstörung mit dem Morbus Simmonds-Sheehan als Forme fruste zu identifizieren.

Wir unterscheiden nach der Cyclusanamnese zwei Krankheitsbilder: War die Ovarialfunktion vor der Schwangerschaft regelrecht, so bezeichnen wir die postpartal auftretende Störung als „*gestagene Ovarial-Insuffizienz*". Die Pathogenese wird mit dem Gestationsprozeß in kausale Beziehung gebracht. Wenn dagegen schon früher Cyclusanomalien bestanden haben, die nach der Lactationsperiode in gleicher Weise oder in verstärktem Grade in Erscheinung traten, so sind kausale Zusammenhänge mit den Schwangerschaftsumstellungen zwar ebenfalls möglich, aber wohl nicht das allein Entscheidende. Wir grenzen daher diese Form als „*postgestative Ovarial-Insuffizienz*" von der ersteren ab. Damit ist nicht gesagt, daß sich die beiden Formen grundsätzlich in der kausalen Pathogenese unterscheiden. Die postgestative Ovarial-Insuffizienz bietet aber gewisse anamnestische und symptomatische Merkmale der idiopathischen hypothalamischen Fehlfunktion, so daß eine gesonderte Besprechung lohnenswert erscheint.

2. Krankengut

a) Gestagene Ovarial-Insuffizienz
(s. Tabelle 30, A)

Die Gruppe umfaßt 23 Patientinnen mit sekundärer Amenorrhoe von 6 Monaten bis $7^6/_{12}$ Jahren, die im Alter von 18—35 Jahren zur Aufnahme kamen, sowie neun Patientinnen zwischen 21 und 34 Jahren mit Oligomenorrhoe. Die Entbindung war bei zwei dieser 32 Patientinnen durch einen stärkeren Blutverlust kom-

Tabelle 30. *Postpartale Ovarial-Insuffizienz (sekundäre Amenorrhoe!)*
A = gestagene Ovarial-Insuffizienz. B = postgestative Ovarial-Insuffizienz.

	Übergewicht			Ausfallserscheinungen		Menarche-Alter	Endometrium				Funktionsanalyse bei Pat.	Primäreffekt			Dauererfolg nach Gonadotropin medikation			
	−30 %	−60 %	>60 %	0	+		A	R/(P)	P	S		+	Oe	0	+ Grav.	+ Teil/Rez.	0	?
A. Gestagene Ovarial-Insuffizienz																		
Amenorrhoe-Dauer —2 Jahre (14 Pat.)	2	1	2	4	10	$\overline{X}=13{,}1$ ($s=2{,}04$)	2	6	5	1	11	7	2	2	5	2	2	2
>2 Jahre (9 Pat.)	—	4	1	1	8		—	6	3	—	8	2	6	—	—	1	4	3
Gesamt: 23 Pat.	2	5	3	5	18		2	12	8	1	19	9	8	2	5	3	6	5
Dauererfolg gesamt (16 Pat.):															7	3	6	
B. Postgestative Ovarial-Insuffizienz																		
Amenorrhoe-Dauer —2 Jahre (8 Pat.)	2	3	—	7	1	$\overline{X}=14{,}4$ ($s=1{,}94$)	2	3	3	—	6	2	3	1	2	1	2	1
>2 Jahre (5 Pat.)	—	1	—	4	1		2	2	—	1	4	2	1	1	1	—	2	1
Gesamt: 13 Pat.	2	4	—	11	2		4	5	3	1	10	4	4	2	3	1	4	1
Dauererfolg gesamt (11 Pat.):															5	2	4	
Gesamt: 36 Pat.	4	9	3	16	20	$\overline{X}=13{,}6$ ($s=2{,}41$)	6	17	11	2	29	13	12	4	8	4	10	6
Dauererfolg gesamt (27 Pat.):															12	5	10	

pliziert. Sechs Frauen haben 6—14 Monate gestillt. Die übrigen gaben keine Besonderheiten in der Anamnese an.

Phänotyp. Zehn der 23 Patientinnen mit sekundärer Amenorrhoe wiesen ein Übergewicht von 12—135% auf. Sieben der neun oligomenorrhoischen Frauen waren um 19—80% gegenüber den Vergleichsfällen zu schwer. Es bestand demnach bei über der Hälfte dieser Patientinnen eine mehr oder minder ausgeprägte Adipositas, die sich im allgemeinen erst nach der Schwangerschaft entwickelt hatte (vgl. Abb. 124 auf S. 209). Ein Teil dieser Frauen klagte über einen auffälligen, nicht bezähmbaren Heißhunger (Bulimie)! Seit der Cyclusstörung bestehende Kopfschmerzen wurden von 13 Patientinnen angegeben. Die meisten von ihnen waren übergewichtig.

Endokrinologische Befunde. Das durchschnittliche Menarche-Alter beträgt 12,9 ($s=\pm2{,}10$) Jahre. Über Ausfallserscheinungen wurde von $^2/_3$ aller Patientinnen geklagt! Bei 14 Frauen sind Gonadotropin-Analysen durchgeführt worden.

Die Eliminationsraten liegen bei drei Patientinnen im oberen Normbereich, die übrigen erscheinen unauffällig. Die *Interrenal-Metaboliten* wurden bei zehn

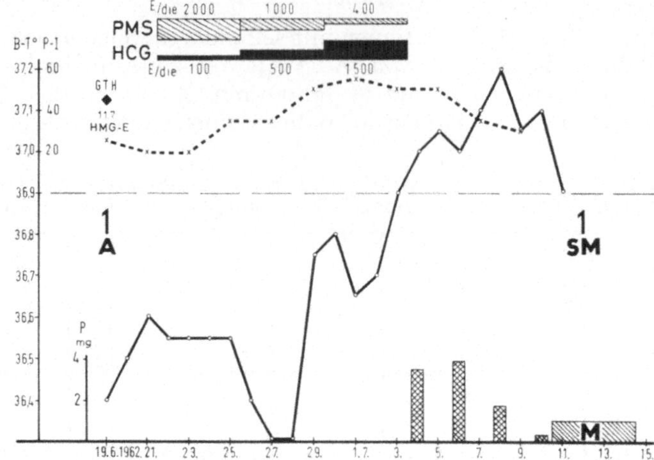

Abb. 181. Gestagene Ovarial-Insuffizienz. Amenorrhoe seit Partus vor 1 Jahr. Biphasischer Cyclus unter PMS-HCG. (Pat. J. W., 22 Jahre, 165 cm/48 kg)

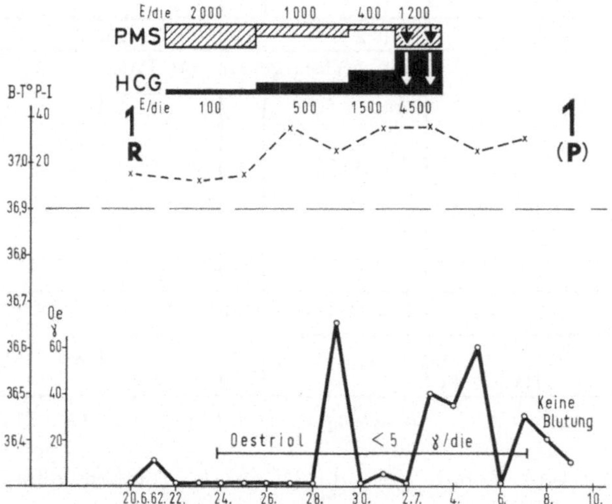

Abb. 182. Gestagene Ovarial-Insuffizienz (Amenorrhoe seit Partus vor $3^3/_{12}$ Jahren mit anschließender eitriger *Meningitis*! GTH-Ausscheidung: 21,6 MHG-E, C_{17}-Ketosteroide: 4,3 mg/die, 17-Hydroxycorticoide: 3,9 mg/die. Keine Reaktion unter PMS-HCG. $^1/_2$ Jahr danach Douglasskopie. Normaler Befund der Ovarien. Anschließend HMG-HCG-Kur in *doppelter Standard-Dosis*. Gleiche negative Reaktion! Im November 1963 GTH-Ausscheidung 31,4 HMG-E! PMS-HCG in *doppelter Standard-Dosis*: Wiederum keine Reaktion des Ovarial-Endocrinium! (Pat. H. K., 24 Jahre, 160 cm/49 kg)

Patientinnen bestimmt: Bei fünf bewegen sich die Werte im oberen Normbereich oder überschreiten diesen (C_{17}-Ketosteroide — 20,0 mg/die), eine Patientin schied durchschnittlich nur 4,5 mg/die C_{17}-Ketosteroide aus. Bei den meisten amenorrhoischen Frauen konnte an Hand der Endometrium-Biopsie und des Pyknose-Index eine mäßige bis gesteigerte Oestrogen-Bildung festgestellt werden.

Funktionsanalysen. Auf exogene Gonadotropine, die 19 der amenorrhoischen Patientinnen verabfolgt worden sind, sprachen nur neun mit einem biphasischen Cyclus an! Eine ambulant behandelte Patientin konzipierte unter der Medikation. In vier Fällen wurde eine übersteigerte Ovarialreaktion beobachtet. Hierzu folgendes Beispiel:

Frau I. W., 22 Jahre alt, 165 cm/48 kg. Menarche mit 17 Jahren. Regelrechter Cyclus (28/3—4). Ein Partus vor 1 Jahr, ohne Besonderheiten. Danach sind keine Regelblutungen mehr aufgetreten. Ausfallserscheinungen. Die Gonadotropin-Ausscheidung beträgt 11,7 HMG-E. Stark involvierter Uterus (Sondenlänge 6 cm!), atrophisches Endometrium.

Durchführung einer *PMS-HCG-Kur* (Standard-Dosis, s. Abb. 181). Relatives Temperatur-Tief am 7. Behandlungstag. Danach steiles Ansteigen der Basaltemperatur. 13 Tage später Einsetzen einer Menstruationsblutung (Sondenlänge jetzt 8 cm!). Das linke Ovar ist deutlich cystisch vergrößert, das rechte hat offenbar nicht so ausgeprägt reagiert. Der weitere Verlauf ist noch nicht zu übersehen.

Acht der 19 Frauen beantworteten die exogene Stimulation nur mit einer Oestrogen-Bildung. Es dominieren die Patientinnen mit längerer Amenorrhoe. In zwei Fällen konnte keine nennenswerte Reaktion des Ovarial-Endocrinium erzielt werden (vgl. auch Pat. A. B., S. 165 und Abb. 91).

Frau H. K., 24 Jahre alt, 160 cm/49 kg. Menarche mit 14 Jahren, danach regelrechter Cyclus (28/3—4). Partus vor $3^3/_{12}$ Jahren, unmittelbar danach eitrige Meningitis. Seitdem ist keine Menstruation aufgetreten. Ausfallserscheinungen. *Endokrinologische Befunde:* Gonadotropin-Ausscheidung: 21,6 HMG-E. C_{17}-Ketosteroide: 4,3 mg/die, 17-Hydroxycorticoide: 3,9 mg/die. Ruhendes Endometrium, Pyknose-Index 15%.
Durchführung einer *PMS-HCG-Kur* (s. Abb. 182). Nur schwache Oestrogen-Bildung. An den letzten beiden Tagen der Kur wird daher die Dosis verdreifacht! Eine Aktivierung der Ovarialfunktion kann dadurch aber nicht induziert werden.
Im folgenden halben Jahr keine Spontanblutung. Douglasskopie: Beide Ovarien erscheinen etwas größer als normal. Die Tunica ist dünn, durch sie schimmern mehrere cystische Follikel hindurch. Es wird eine PMS-HCG-Kur in *doppelter Dosis* durchgeführt! Oestriol verbleibt unter 6 μg/die, die Pregnandiol-Ausscheidung erreicht maximal 0,47 mg/die! Keine Blutung! In den folgenden 11 Monaten treten keine Menstruationen auf. Es wird daher eine dritte Behandlung mit PMS-HCG in *doppelter Standard-Dosis* vorgenommen, die aber wiederum ohne den geringsten Effekt bleibt (Gonadotropin-Ausscheidung 31,4 HMG-E!).

Dauererfolge. Von 16 amenorrhoischen Patientinnen, die ausreichend lange beobachtet worden sind, werden sieben später normal menstruiert oder sind wieder schwanger geworden. In drei Fällen ist die Regulierung spontan erfolgt! Von sieben oligomenorrhoischen Patientinnen haben fünf jetzt einen regelrechten Cyclus bzw. konzipierten (drei Patientinnen). Für vier Fälle muß eine Spontanheilung angenommen werden! Von den insgesamt 12 Patientinnen mit Normalisierung der Sexualfunktion ist diese demnach bei mindestens sieben nicht als „Behandlungserfolg" anzusehen, sondern selbsttätig erfolgt!

b) Postgestative Ovarial-Insuffizienz
(s. Tabelle 30, B)

Zur Beobachtung gelangten 13 Patientinnen im Alter von 19—34 Jahren, bei denen schon vor der Schwangerschaft eine primäre oder sekundäre Oligomenorrhoe bestanden hatte, und die seit der Entbindung vor 8 Monaten bis 6 Jahren nicht mehr menstruiert worden sind. Weitere fünf Patientinnen zwischen 20 und 32 Jahren gaben ein Fortbestehen der Oligomenorrhoe nach dem Partus an. Gestation, Entbindung und Wochenbettsperiode waren bei diesen 18 Frauen durch keine besonderen Komplikationen belastet.

Phänotyp. Sechs der 13 amenorrhoischen Patientinnen wiesen ein Übergewicht von 17%—49% auf. Sechs Frauen des gesamten Kollektivs (Amenorrhoe und Oligomenorrhoe) waren untergewichtig (13%—27%). Bei $^2/_3$ aller Patientinnen wurde demnach eine Fehlgewichtigkeit mäßigen Grades konstatiert. Über Kopfschmerzen klagten nur drei der 18 Frauen, während derartige Beschwerden von mehr als der Hälfte der Patientinnen mit gestagener Ovarial-Insuffizienz vorgetragen worden sind!

Endokrinologische Befunde. Das mittlere Menarche-Alter aller Patientinnen liegt bei 14,6 ($s = \pm 2{,}07$) Jahren. Ausfallserscheinungen bestanden bezeichnenderweise nur bei vier der 18 Frauen! In elf Fällen wurde die Hormonausscheidung im Harn analysiert: Gröbere Abweichungen sind die Ausnahme (C_{17}-Ketosteroide in einem Fall 14,4, bei einer weiteren Patientin 3,2 mg/die).

Die vegetative Ovarialfunktion bot alle Aktivitätsgrade. Es fällt auf, daß bei etwa $^1/_3$ der Patientinnen eine Atrophie des Endometrium vorlag. Bei der vorigen Gruppe betraf ein solcher Befund nur etwa $^1/_{11}$ des Kollektivs!

Funktionsanalysen. Eine biphasische Reaktion unter Gonadotropin-Medikation beobachteten wir nur bei vier der zehn amenorrhoischen Patientinnen. Die übrigen antworteten lediglich mit einer unterschiedlichen Oestrogen-Bildung (vgl. Pat. I. K., S. 179). Bei Wiederholung der Kur kann sich im Einzelfall die Reagibilität ändern (vgl. Pat. R. Sch., S. 153 f.).

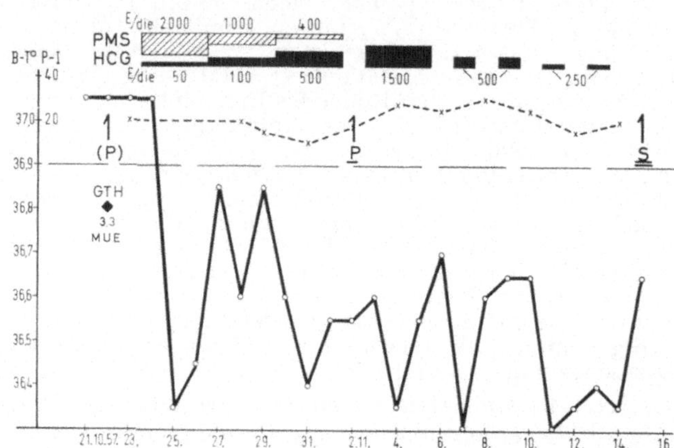

Abb. 183. Postgestative Ovarial-Insuffizienz (Partus vor 1 Jahr, Oligomenorrhoe). Unter PMS-HCG cystische Reaktion der Ovarien und Progesteronbildung, aber uncharakteristischer Verlauf der Basaltemperatur! (Pat. Ch. Sch., 20 Jahre, 166 cm/58,5 kg)

Die oligomenorrhoischen Patientinnen beantworten die komplett durchgeführte PMS-HCG-Medikation mit einer cystischen Anschwellung der Ovarien. Die Basaltemperatur reagiert dagegen gelegentlich verzögert oder gänzlich uncharakteristisch.

Frau Ch. Sch., 20 Jahre alt, 166 cm/58,5 kg. Menarche mit 15 Jahren. Primär unregelmäßiger, meist oligomenorrhoischer Cyclus (35/3—4). Ein Partus vor 1 Jahr. Danach traten die Blutungen in noch größeren Abständen auf. Keine Ausfallserscheinungen! Kopfschmerzen seit der Entbindung! *Endokriner Status:* Gonadotropin-Ausscheidung nur 3,3 MUE! Kleiner Uterus mit schwach proliferiertem Endometrium. *PMS-HCG-Kur* (s. Abb. 183). Während der zweiten Behandlungsphase reagieren die Ovarien mäßig cystisch. Die Basaltemperatur verläuft ganz uncharakteristisch. 2 Tage nach der letzten Injektion Vollabrasio: Endometrium in hoher Sekretion. Nachbehandlung mit Ovarialsteroiden. Völlige Normalisierung des Cyclus.

Dauererfolge. Fünf der elf amenorrhoischen Patientinnen mit ausreichender Beobachtungszeit wurden später normal menstruiert oder erlebten eine weitere Schwangerschaft (drei Frauen). Von den fünf oligomenorrhoischen Patientinnen blieb nur eine unbeeinflußt. Drei der übrigen wurden erneut schwanger. Diese positiven Ergebnisse sind mindestens zu $^1/_3$ auf eine spontane Normalisierung zurückzuführen!

3. Besprechung der Ergebnisse

Das klinische Bild der *gestagenen Ovarial-Insuffizienz* ist gekennzeichnet durch einen Gewichtszuwachs, den mehr als die Hälfte der Patientinnen erfahren, den Beschwerdekomplex (Kopfschmerzen bei knapp der Hälfte, Ausfallserscheinungen bei etwa $^2/_3$ aller Patientinnen) und ferner durch das Überwiegen einer gesteigerten vegetativen Ovarialfunktion. Die hormonanalytischen Werte streuen erheblich: Die Ketosteroid-Ausscheidung ist häufiger erhöht, Relationen zur Dauer der

Amenorrhoe, zum Oestrogentiter oder zum Beschwerdebild scheinen nicht
gegeben. Auf exogene Gonadotropine reagiert knapp die Hälfte aller Frauen mit
einem biphasischen Cyclusablauf, allerdings betrifft der negative Effekt überwiegend Patientinnen mit längerer Amenorrhoe. Aber auch mit einer Erhöhung
der Gonadotropin-Dosis auf das Doppelte ist in diesen Fällen weder eine Aktivierung der Oestrogen-Synthese noch eine Gelbkörperbildung zu erreichen. Etwa
die Hälfte der Patientinnen, deren Entwicklung wir übersehen, wurde später
normal menstruiert oder hat in der Beobachtungszeit erneut empfangen. Dieses
relativ günstige Resultat ist nur z. T. der Behandlung zuzuschreiben. Bei etwa
der Hälfte hat sich die Normalisierung spontan vollzogen!

Das Krankheitsbild erfährt mit diesen Ergebnissen eine gewisse Charakterisie-
rung. Für die Pathogenese wäre eine ungenügende Rückbildung der chromophoben (γ-) Zellen der Adenohypophyse zu
diskutieren, die in der Schwangerschaft (ausgelöst durch choriogenes Gonadotropin?) eine
starke Vermehrung erfahren. Möglicherweise
entwickeln sich auch chromophobe Mikroade-
nome. Die folgende Beobachtung mag diese
Zusammenhänge beleuchten:

Frau F. K., 38 Jahre alt, 167 cm/64,5 kg. Thelarche und Pubarche im 16. Lebensjahr, Menarche
mit 17 Jahren. Cyclus danach ganz regelmäßig
(28—29/3—5). Vor 11 und $2^2/_{12}$ Jahren je ein komplikationsloser Partus. Schon im Anschluß an die
erste Entbindung blieb $1^1/_2$ Jahre lang die Amenorrhoe bestehen. Nach der letzten komplikationslosen
Schwangerschaft sind keine Menstruationen mehr
aufgetreten. Ausfallserscheinungen, Kopfschmerzen, leichte Gewichtszunahme und *persistierende*
Galaktorrhoe!

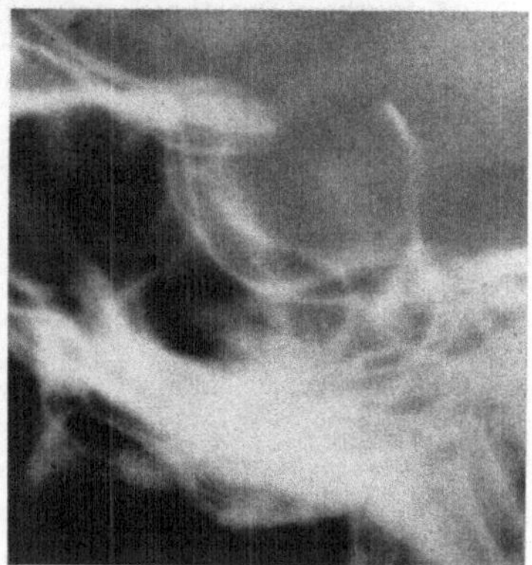
Abb. 184 a. Erweiterte und weitgehend ent-
kalkte Sella. (Pat. F. K.)

Gonadotropin-Ausscheidung: 5,4 HMG-E. C_{17}-Ketosteroide: durchschnittlich
15,5 mg/die, 17-Hydroxycorticoide: durchschnittlich 6,5 mg/die. Der Uterus ist relativ
groß (Sondenlänge 9 cm). Die Strichabrasio förderte hochproliferiertes Endometrium
zutage! Aus den Röntgenaufnahmen der Sella (Medizinische Universitätsklinik Kiel)
ergaben sich keine sicheren Anhaltspunkte für einen Tumor. Die ophthalmologische
Untersuchung verlief ergebnislos.

Die Patientin versäumte aus familiären Gründen die dringend angeratene Kontrolluntersuchung. $^1/_2$ Jahr später Einweisung in die Neurologische Universitätsklinik
Kiel wegen Gesichtsfeldeinschränkungen.

Internistisch keine Besonderheiten. *Ophthalmologische Untersuchung* (Universitäts-
Augenklinik Kiel): Keine Stauungspapille. Links absolutes, rechts relatives Para-
zentralscotom im temporal oberen Quadranten von 10—35°. *Neurologische Befunde*
(Universitäts-Nervenklinik Kiel): Unauffälliges EEG, Liquor o. B. Luesspezifische
Reaktionen in Blut und Liquor negativ. Lumbale Encephalographie: Bei Darstellung
des 3. Ventrikels im Seitenbild fällt auf, daß sich der Recessus supraopticus nicht
ausreichend füllt. Die basalen Zisternen in diesem Bereich sind nur schmal dargestellt. Erweiterte und größtenteils entkalkte Sella. Der röntgenologische Befund hat
sich gegenüber dem vor $^1/_2$ Jahr erhobenen nicht wesentlich geändert (s. Abb. 184 a).
Diskretes Halbseitensyndrom rechts ohne sichtbare Parese und ohne sichere Pyra-
midenbahnzeichen. Leichtes Abweichen nach links beim Blindgang.

Endokrinologische Kontrolluntersuchungen. Gonadotropin-Ausscheidung, 20. 2. 63:
13,7 HMG-E FSH, 8,2 HMG-E LH; 21. 2. 63: 13,5 HMG-E FSH, 8,8 HMG-E LH.
C_{17}-Ketosteroide: durchschnittlich 21,8 mg/die (!), 17-Hydroxycorticoide: 10,3 mg/die.
Überweisung an die Neurochirurgische Universitätsklinik Köln*.

---

* Herrn Dozent Dr. MARGUTH danke ich für die Mitteilung der klinischen Befunde.
Herr Dozent Dr. MÜLLER, Max-Planck-Institut für Hirnforschung Köln, stellte mir
freundlicherweise die histologische Beurteilung des Tumors zur Verfügung. Die
Mikrophotogramme (Abb. 184 b—d verdanke ich Herrn Dozent Dr. OKSCHE und
Fräulein KÄTHE JACOB, Anatomisches Institut der Universität Kiel.

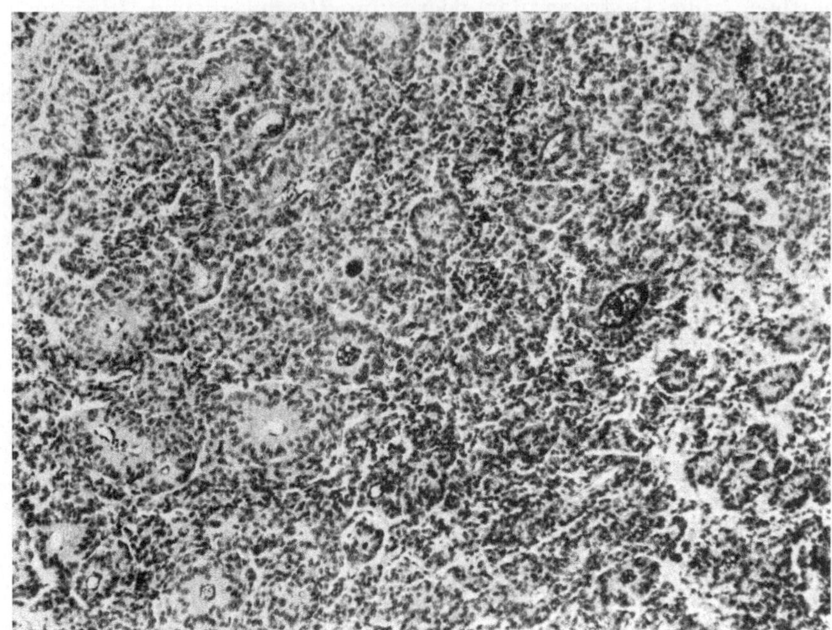

Abb. 184 b—d. Hypophysenadenom vom Mischtyp (Carnoy, Azan)

Abb. 184 b. Aufgelockertes Tumorgewebe mit perivasculären Zellverbänden (Vergr. 100×)

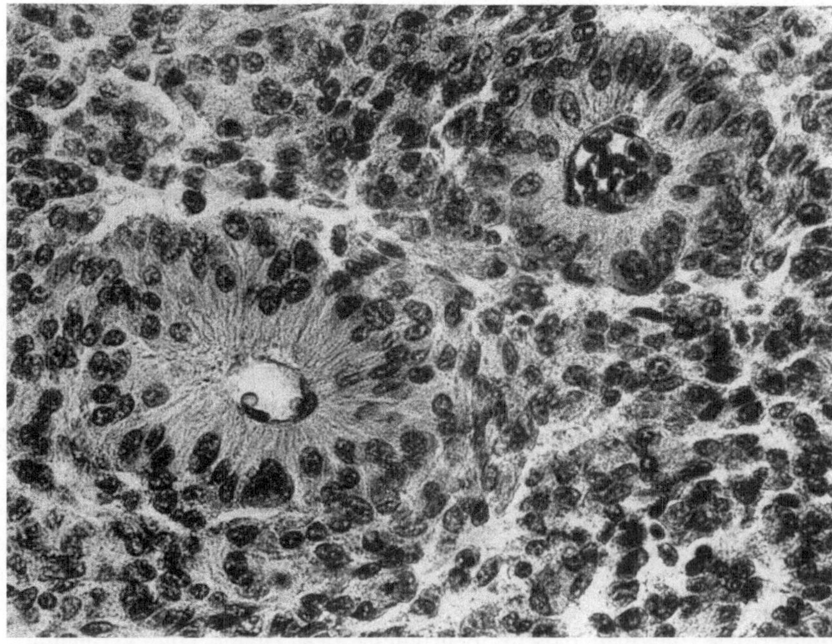

Abb. 184 c. Perivasculäre Zellrosetten inmitten von lockerem Tumorgewebe. Die Geschwulstzellen zeigen keine deutlichen Granulationen (Vergr. 380×)

Bei Aufnahme befindet sich die Patientin in gutem Allgemeinzustand. Auf den Röntgenaufnahmen des Schädels in zwei Ebenen sowie den ausgeblendeten Sella-Aufnahmen findet sich ein doppelt konturierter Sellaboden. Die Sattellehne ist auffällig kalkarm. Das Hirnstrombild erweist sich als normal.

Bei der am 8. 4. 63 ausgeführten Operation wurde ein Hypophysenadenom, das sich zwischen den beiden Sehnerven hervorwölbte, in toto entfernt. Die Kapsel erwies sich als außerordentlich weich und zerreißlich.

Postoperativ traten keine Komplikationen auf. Die Patientin wird auf täglich 5 mg Prednison sowie dreimal 1 Tablette Apydan® eingestellt. Eine ophthalmologische Kontrolluntersuchung ergibt eine völlige Normalisierung des Befundes.

Histologie des Tumorgewebes (s. Abb. 184b—d):

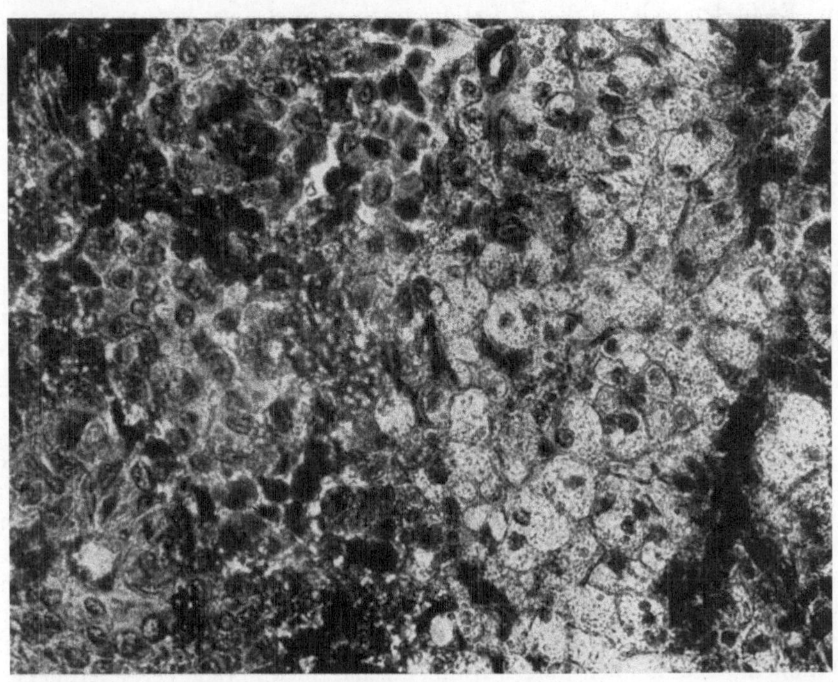

Abb. 184d. Dichtere Tumorzone. Rechts: ein inselartiger Komplex chromophober Zellen. Links: stärker chromophile unspezifische Elemente und eine Zellrosette. Das Gewebe ist mit frischen Blutungen durchsetzt (Vergr. 380×)

Von dem Tumor liegen unterschiedlich fixierte Gewebsanteile vor. Darunter befindet sich unter anderem auch ein kleines Stückchen normalen Hinterlappengewebes mit anliegender Pars tuberalis. Das eigentliche Tumorgewebe zeigt stellenweise eine Gewebsauflockerung. In diesen Partien erkennt man besonders deutlich eine perivasculäre Zellanordnung. Die Tumorzellen selbst zeigen zwar keine deutlichen Granulationen, weisen jedoch cytologische Merkmale auf, die für eine Zellaktivität sprechen. Hier ist besonders eine stellenweise deutlich ausgeprägte Kernpolymorphie zu erwähnen. Einzelne Kerne fallen durch ihren prominenten Nucleolus auf. Mitosen sind keine zu erkennen. Das Gewebsmaterial ist mit frischen Blutungen durchsetzt. Andererseits scheint es nicht ausgeschlossen, daß es auch bereits früher zu Blutungen in den Tumor gekommen war. Hierfür sprechen vereinzelt anzutreffende Blutpigmentgranula. Obwohl die Anzeichen der Adenomaktivität nicht gleichmäßig ausgebildet sind, sondern stellenweise bereits das Bild des chromophoben Hypophysentumors sehr ausgeprägt ist, scheint es jedoch angebracht, die Geschwulst noch als Mischtypadenom anzusprechen.

Diagnose. Hypophysenadenom vom Mischtyp.

Das Erscheinungsbild entspricht dem Chiari-Frommel-Syndrom (vgl. S. 207). Bei ¹/₃ dieser Patientinnen sind chromophobe Adenome nachgewiesen worden. Möglicherweise liegt bei einem Teil der Patientinnen mit gestagener Ovarial-

Insuffizienz eine *persistierende Hyperplasie der chromophoben Zellen* vor! Das klinische Bild mit seinem eigenen Beschwerdekomplex ließe sich damit durchaus in Einklang bringen. Die Erfahrung der relativ hohen Spontanheilungsrate deutet an, daß sich nach einer gewissen Zeit diese selektive Zellvermehrung zurückbilden kann.

Das Krankheitsbild der *postgestativen Ovarial-Insuffizienz* unterscheidet sich in mancher Hinsicht von dem soeben besprochenen. Die subjektiven Erscheinungen weisen mehr auf eine hypothalamische Lokalisation der Störung hin. Ausfallserscheinungen und Kopfschmerzen werden vergleichsweise selten angegeben. Es finden sich bei diesen Patientinnen typische vegetative Stigmata, insbesondere wurde eine Dysthermie beobachtet. Die basale Oestrogen-Bildung ist bei $^1/_3$ der Patientinnen stark reduziert. Die Rate der Spontanheilungen liegt nicht auffällig hoch. Die Pathogenese erscheint uneinheitlich. Zu der primär bestehenden hypothalamischen Fehlfunktion mögen sich mehr oder minder ausgeprägte Verschiebungen der hypophysären Zellrelationen hinzugesellen.

4. Somatometrische Befunde*

Elf Patientinnen mit *gestagener Ovarial-Insuffizienz* wurden für die Messungen herangezogen. Aus den Vergleichen mit den Normalgruppen konnte *in keinem der Merkmale* ein statistisch gesicherter Unterschied ermittelt werden!

5. Differentialdiagnose

Die Abgrenzung der „postpartalen Ovarial-Insuffizienz" gegenüber dem Vollbild des *Morbus Simmonds-Sheehan* bereitet keine Schwierigkeiten. Der möglichen Entwicklung eines Hypophysentumors ist besondere Beachtung zu schenken. Eine persistierende Galaktorrhoe muß als suspekt gelten und verlangt wiederholte, sorgfältige Kontrolluntersuchungen, damit rechtzeitig eingegriffen werden kann.

Bei einem Teil der Patientinnen bestehen offenbar hypothalamische Fehlregulationen. Sie können mit schwangerschaftsbedingten Veränderungen der Adenohypophyse und wohl auch solcher im Bereich der hypothalamischen Kerngebiete kombiniert sein.

6. Therapie und Prognose

Die Verabfolgung von Gonadotropinen wurde in unserem Krankengut nur von 13 der 29 amenorrhoischen Patientinnen biphasisch beantwortet (s. Tabelle 30, unten). Auch nach einer Amenorrhoe bis zu 2 Jahren reagierten nur neun von 17 Frauen auf die Medikation mit Entwicklung eines regulären Cyclus. Der Einsatz von gonadotropen Hormonen erscheint daher nur dann angezeigt, wenn dringender Kinderwunsch besteht (ambulante Applikation). Beim größeren Teil der Patientinnen empfiehlt sich die wiederholte cyclusgerechte Verordnung von Sexualsteroiden (s. S. 282f.).

Wir übersehen die Entwicklung von 39 Patientinnen mit einer durchschnittlichen Beobachtungszeit von 3,1 Jahren ($s = \pm 1,89$). 21 dieser Patientinnen wurden später normal menstruiert oder erlebten erneut eine Schwangerschaft. Bei etwa der Hälfte der Frauen erfolgte die Regulierung spontan!

---

* Untersuchungsmethodik und statistische Analyse s S. 109f.

7. Zusammenfassung

Der echte, voll entwickelte Morbus Simmonds-Sheehan stellt in einem gynäkologisch-endokrinologischen Krankengut ein außerordentlich seltenes Vorkommnis dar. Demgegenüber beobachteten wir eine postpartale Fehlfunktion des Ovarial-Endocrinium bei etwa $^1/_6$ aller unserer Patientinnen. Nach der Cyclusanamnese unterscheiden wir zwei Formen: die *„gestagene"* und eine *„postgestative" Ovarial-Insuffizienz.* Die erste entwickelt sich im Anschluß an eine Schwangerschaft nach einem primär regelrechten Cyclus. Die Entgleisung wird kausal mit dem Gestationsprozeß (möglicherweise auch mit dem Partus) in Verbindung gebracht. Haben schon früher Cyclusanomalien bestanden, die nach der Entbindung nur in verstärktem Maße in Erscheinung traten, so wählen wir die Bezeichnung „postgestative Ovarial-Insuffizienz". Ätiologische Beziehungen zu den endokrinen Umstellungen während der Schwangerschaft mögen zwar ebenfalls gegeben sein, sie treffen aber auf eine präexistente, zumeist hypothalamische Fehlfunktion.

Das Krankheitsbild der *gestagenen Ovarial-Insuffizienz* wird durch einige Merkmale charakterisiert: Bei mehr als der Hälfte der Patientinnen besteht eine Übergewichtigkeit, die sich zumeist erst nach der Schwangerschaft ausgebildet hat und oftmals mit Bulimie (Heißhunger) verbunden ist. Diese Frauen klagen häufig auch über Kopfschmerzen. Die Gonadotropin-Ausscheidung liegt bei einigen Patientinnen im oberen Normbereich. Die C_{17}-Ketosteroide werden in etwa der Hälfte der Beobachtungen mehr oder minder erhöht gefunden. Bei der Mehrzahl der amenorrhoischen Frauen besteht eine mäßige bis gesteigerte basale Oestrogen-Bildung. Die Verabfolgung von gonadotropen Hormonen wird nur von knapp der Hälfte der Patientinnen mit Entwicklung eines biphasischen Cyclus beantwortet. Negative Reaktionen betreffen insbesondere Frauen mit längerer Amenorrhoe. Eine Erhöhung der Gonadotropin-Dosis beeinflußt den Reaktionsverlauf nicht. Dieses Ergebnis verdient besondere Beachtung, wenn man die relativ hohe Spontanheilungsrate berücksichtigt. Als Erklärung kann unter anderem ein passagerer Verlust der hypophysären Mittlerfunktion (des sog. „hypophysären Synergismus") herangezogen werden. Damit wird das Problem der *Pathogenese* aufgeworfen. Ich halte es für möglich, daß bei diesen Patientinnen mit gestagener Ovarial-Insuffizienz eine ungenügende Rückbildung der in der Schwangerschaft stark vermehrten chromophoben Zellen vorliegt *(persistierende Hyperplasie).* Diese Ansicht wird durch den relativ häufigen Befund von Mikroadenomen und durch die gelegentliche Beobachtung gröberer Tumoren der Adenohypophyse nach Schwangerschaften gestützt.

Die *postgestative Ovarial-Insuffizienz* bietet manche Eigenarten einer hypothalamischen Fehlsteuerung. Die endokrinen Werte lassen keine besonderen Tendenzen erkennen, auch der Grad der ovariellen Oestrogen-Bildung variiert stark. Die Reaktionsbereitschaft auf exogene Gonadotropine erscheint ebenfalls reduziert!

Zur *Therapie* empfehle ich die cyclusgerechte Verabfolgung von Oestrogenen und Gestagenen. Die Indikation für eine (ambulante) Gonadotropin-Kur beschränkt sich auf Patientinnen mit dringendem Kinderwunsch.

E. Fehlfunktion mit polycystischer Veränderung der Ovarien

1. Einleitung und Definition

Der Befund „polycystischer Ovarien" wird bei Frauen mit Anomalien des mensuellen Rhythmus, insbesondere bei Oligomenorrhoe, auffallend häufig erhoben. Die Erfahrung des günstigen Einflusses einer bilateralen Keilexcision hat zu einer gewissen Erweiterung der Indikationsstellung für die Laparotomie beigetragen. Man gewinnt den Eindruck, daß mit der erhöhten Frequenz an Laparotomien auch die Feststellung einer polycystischen Veränderung der Eierstöcke etwa in gleicher Relation zugenommen hat. Es muß danach, wie schon im Teil IV (s. S. 217f.) dargelegt worden ist, fraglich erscheinen, ob diesem Befund eine spezifische Bedeutung im Sinne eines eigenen Syndroms zuzusprechen ist. Nachdem auch wir anfänglich der Vorstellung eines einheitlichen Krankheitsbildes gefolgt sind, glaube ich diese, bei Übersicht eines größeren Krankengutes, auf eine nur kleine Gruppe von Patientinnen beschränken zu müssen. Bei der Mehrzahl stellt die polycystische Veränderung der Ovarien offenbar nur die Folge einer Fehlfunktion des Zentralsystems dar!

Eine Gruppe von Patientinnen bietet zugleich Zeichen einer mehr oder minder ausgeprägten Maskulinisierung. Diese Symptomatik geht bei einem Teil der Frauen mit einer erhöhten Ausscheidung an C_{17}-Ketosteroiden einher. Die Annahme einer gesteigerten Androgenbildung durch die polycystisch veränderten Ovarien liegt zwar nahe, darf aber keineswegs als gesichert hingenommen werden. Die Schwierigkeit der Beweisführung liegt auf methodischem Gebiet: Eine erhöhte *ovarielle* Synthese androgen wirksamer Steroide kann heute noch nicht mit ausreichender Zuverlässigkeit aus den im Harn auftretenden Metaboliten diagnostiziert werden. Diese Erfahrungen und Überlegungen haben mich veranlaßt, für das eigene Krankengut eine Gruppierung zu wählen, die sich nicht der Vorstellung eines bestimmten Syndroms anzupassen sucht, sondern gemeinsame Befunde zur Grundlage hat.

Es wurden (mit zwei Ausnahmen) nur solche Patientinnen herangezogen, bei denen durch Laparotomie das Vorliegen polycystischer Ovarien sichergestellt worden ist. (Zwei Patientinnen wurden nur douglasskopiert. Der Befund war aber so typisch, daß es berechtigt erscheint, sie in die Besprechung mit einzubeziehen.) Als *morphologische Kriterien des polycystischen Ovarium* sehen wir seine mehr oder minder starke Vergrößerung, die Verbreiterung der Tunica albuginea, den Befund zahlreicher subcapsulär gelegener cystisch-atretischer Follikel, die Hyperthecosis und eine Stromatosis an. Diese Merkmale sind allerdings nicht alle obligat oder immer voll entwickelt. Ob nach der unterschiedlichen Ausprägung dieser Veränderungen auf pathogenetisch differente Krankheitsbilder geschlossen werden darf, ist nicht sicher zu entscheiden.

2. Krankengut

Das der Besprechung zugrunde liegende Krankengut von 52 Patientinnen wurde folgendermaßen unterteilt:

1. Patientinnen mit Hirsutismus und einer gesteigerten Ketosteroid-Ausscheidung von mehr als 15,0—25,0 mg/die (10 Pat.),

2. Patientinnen mit Hirsutismus und Ketosteroid-Werten bis 15,0 mg/die (11 Pat.),

3. Patientinnen ohne Zeichen einer Maskulinisierung und mit normaler Ketosteroid-Ausscheidung (31 Pat.).

a) Fehlfunktion in Verbindung mit Hirsutismus und erhöhter C_{17}-Ketosteroid-Ausscheidung (> 15—25 mg/die)
(s. Tabelle 31)

Diese Gruppe umfaßt zehn Patientinnen im Alter von 18—33 Jahren, bei denen nach Aussage der signifikant erhöhten Ketosteroid-Ausscheidung (Durchschnittswerte) als Grundleiden offenbar eine milde Form des postpuberalen adreno-genitalen Syndroms vorliegt! Bei einer Patientin bestand eine primäre, bei einer weiteren eine sekundäre Amenorrhoe ($3^6/_{12}$ Jahre). Sechs Frauen kamen mit primärer und zwei mit sekundärer Oligomenorrhoe zur Untersuchung.

Phänotyp. Alle Patientinnen boten die Erscheinung eines Hirsutismus unterschiedlicher Ausprägung, der sich erst nach der Menarche ausgebildet hat. Die Mammae sind bei der Mehrzahl nicht voll entwickelt oder später atrophiert (s. Abb. 185a). Drei Patientinnen waren über gewichtig (22—56%).

Endokrinologische Befunde. Das mittlere Menarche-Alter liegt bei 14,2 Jahren ($s = \pm 1{,}73$). Über Ausfallserscheinungen klagten drei der zehn Patientinnen. Die Gonadotropin-Ausscheidung ist bei drei von acht Frauen signifikant erhöht! Die C$_{17}$-Ketosteroide rangieren zwischen Durchschnittswerten von 16,8 und 23,5 mg/die. Der Übergang zum postpuberalen adreno-genitalen Syndrom wird von der folgenden Beobachtung wiedergegeben:

Frau W. K., 33 Jahre alt, 171 cm/59 kg. Menarche mit 14 Jahren, unauffällige Reifungsperiode. 2 Abortus, sonst keine besonderen Erkrankungen. Seit 1 Jahr besteht eine Oligomenorrhoe (4—8 Wochen/1—2 Tage, schwach) mit zunehmender Vermännlichung (s. Abb. 185a). Gewichtsabnahme, Frigidität, gelegentliche Ausfallserscheinungen.

Laparotomie (s. Abb. 185b). Deutlich vergrößerte, polycystische Ovarien. Die derbe Tunica albuginea wird von zahlreichen cystischen Follikeln vorgebuckelt. Bilaterale Keilexcision.

Ovar-Histologie (s. Abb. 185c). Verdickte Tunica albuginea. Auf den Schnitten relativ wenig jüngste Follikel, zahlreiche cystisch-atretische Follikel, Thecafelder. Das linke Ovarium trägt ein frisches Corpus luteum mit Blutkern.

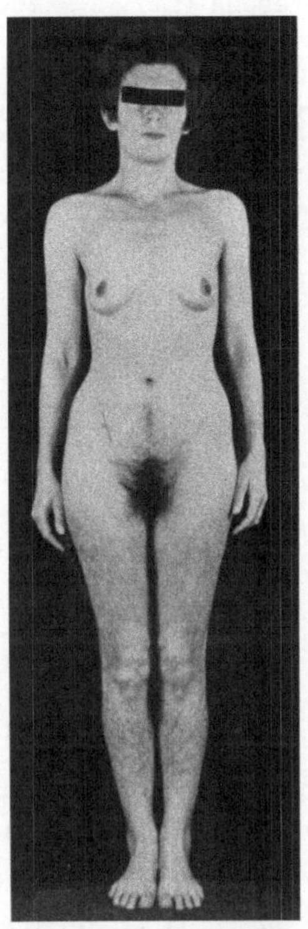

Abb. 185a. Oligomenorrhoe seit 1 Jahr mit zunehmender Maskulinisierung und Atrophierung der Mammae. (Pat. W. K., 33 Jahre alt, 171 cm/59 kg, C$_{17}$-Ketosteroide: ⌀ 18,5 mg/die)

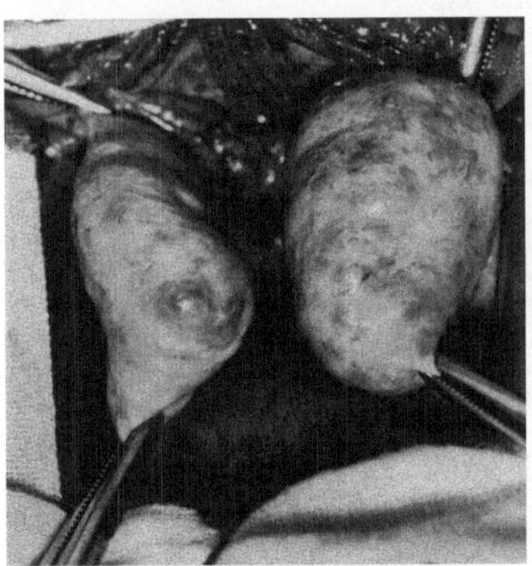

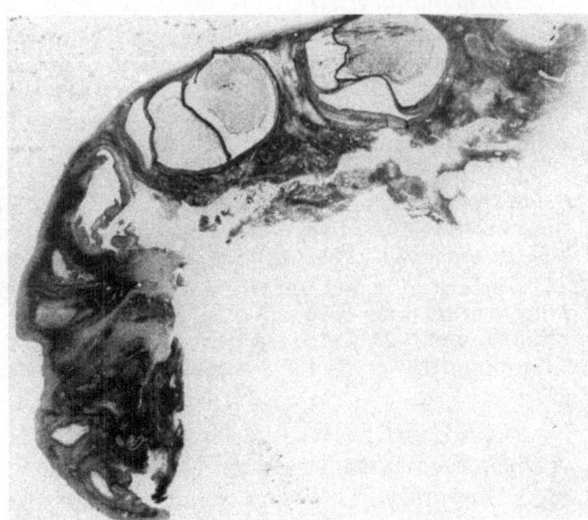

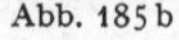
Abb. 185b

Abb. 185c

Abb. 185b. Operations-Situs der Pat. W. K. Deutlich vergrößerte Ovarien mit derber, perlgrauer Tunica albuginea und zahlreichen großen, cystischen Follikeln

Abb. 185c. Segment aus dem linken Ovar der Pat. W. K. Mäßig verbreiterte Tunica, mehrere große, cystische Follikel (Übersichtsaufnahme)

Tabelle 31. *Fehlfunktion bei polycystischer Veränderung der Ovarien: Patientinnen mit*
(Signaturen: PON = Prednison,

Lfd. Nr.	Name, Alter	cm kg (Übergewicht)	Menarche-Jahr	Cyclus-Symptom	Ausfallserscheinungen	Endokrinologische	
						GTH	KS mg/die
1	W. B. 18	170 72 (+22%)	—	Primäre Amenorrhoe	0	> 52,8 MUE	22,8
2	H. K. 20	164 75 (+34%)	14	Sekundäre Amenorrhoe ($3^6/_{12}$ Jahre)	(+)	—	19,8
3	H. Dz. 18	161 55	17	Primäre Oligomenorrhoe	0	26,4 MUE	20,1
4	S. K. 19	163 63	12	dito	0	13,2 MUE	21,4
5	U. N. 24	168 57	15	dito	0	35,6 HMG-E	23,1
6	H. W. 25	160 55	14	dito	0	—	17,9
7	L. J. 26	155 83 (+56%)	12	dito	0	8,9 HMG-E	23,5
8	J. Oe. 32	162 63	16	dito	+	38,2 HMG-E	17,4
9	H. G. 21	161 61	14	Sekundäre Oligomenorrhoe	0	13,2 MUE	16,8
10	W. K. 33	171 59	14	dito	+	—	18,5

Hormonanalytische Befunde (s. Tabelle 32 und 33).

Bewertung. Deutlich gesteigerte Gesamtausscheidung. Die Werte der Fraktionen I und II sind signifikant erhöht. Der Wert für die III. Fraktion ist hoch signifikant und auch prozentual der höchste, gefolgt von dem der IV. Fraktion.

Durchschnittliche Ausscheidungswerte der 17-Hydroxycorticoide und C_{17}-Ketosteroide (s. Tabelle 33).

Die Verabfolgung von Dexamethason hat zu einer signifikanten Regression der C_{17}-Ketosteroid- und 17-Hydroxycorticoid-Ausscheidung geführt. Nach LORD ergibt sich für die Mittelwertsdifferenz der Harncorticoide eine Signifikanzwahrscheinlichkeit p von etwa 0,07 und für die C_{17}-Ketosteroide eine solche von 0,001!

Verlauf. Cyclus unter Dexamethason regelrecht. Im letzten Monat der Behandlung erfolgt eine Konzeption! Schwangerschaftsverlauf und Entbindung ohne Komplikationen. 2 Jahre später Geburt des 2. Kindes. Danach wieder hochgradige Oligomenorrhoe (keine weitere Dexamethason-Behandlung), Beobachtungszeit $3^1/_2$ Jahre.

Besprechung. Es handelt sich um eine 33jährige Patientin mit primär regelrechter Ovarialfunktion und unauffälliger Reifungsperiode. Seit 1 Jahr besteht eine Oligomenorrhoe mit zunehmender Maskulinisierung. Die Interrenalfunktion ist nach Ausweis der C_{17}-Ketosteroide und 17-Hydroxycorticoide in ihrer Aktivität eindeutig gesteigert. Die Fraktionierung der C_{17}-Ketosteroide belegt die erhöhte Nebennierenrindenfunktion. Die Werte der β-Fraktion und die der 11-oxylierten 17-Ketosteroide sind signifikant erhöht! Die Ovarien wurden polycystisch verändert gefunden. Nach der Anamnese und den klinischen Befunden liegt eine

Hirsutismus und erhöhter C_{17}-Ketosteroid-Ausscheidung ($>15{,}0$—$25{,}0$ mg/die)
DON = Dexamethason)

Befunde		Therapie	Primäreffekt	Dauererfolg	
HC mg/die	Endometrium / P-I			Cyclus	Hirsutismus
—	(S)	PMS—HCG PON (10 mg/die 4 Monate lang)	+ +	+/Grav.	unverändert
—	P	PMS—HCG	+	Teil	unverändert
—	R 15%	PMS—HCG DON (0,5 mg/die) 6 Monate lang)	Oe + +	0	unverändert
—	P̱	PMS—HCG	(+)	Teil/Grav.	unverändert
6,4	S 30%	PON (15 mg/die 4 Monate lang)	—	0	unverändert
6,6	P̱ 40%	PON (15—10 mg/die 3 Monate lang)	—	0	zurückgehend
—	P 50%	—	—	+	unverändert
9,1	S̱ 45%	HMG—HCG PON (10 mg/die 2 Monate lang)	(+)	0	unverändert
—	P̱ 30%	DON (0,5 mg/die 3 Monate lang)	—	+	unverändert
14,6	S 35%	DON (0,5 mg/die 3 Monate lang)	—	Teil/Grav.	unverändert

milde Form des postpuberalen adreno-genitalen Syndroms vor. Es ist wahrscheinlich, daß die funktionellen und morphologischen Anomalien im Bereich des Ovarial-Endocrinium ursächlich auf die Fehlfunktion des Nebennierenrinden-Systems zurückzuführen sind!

Tabelle 32. *Spektrum der C_{17}-Ketosteroide unmittelbar vor der Laparotomie*

	Datum	7. 2. 60	Standardisierter Normalbereich	Obere Signifikanzschranke
17-KS	(mg/die)	21,7		
Fraktion	Code		$\bar{x} \pm 2s$	$p = 0{,}01$
I	11-oxylierte C_{17}-Ketosteroide	4,08	0,98—2,74	3,10
II	Dehydroepiandrosteron	2,34	0,00—1,56	1,89
III	Epiandrosteron	5,78	0,10—1,00	1,19
IV	Ätiocholanolon	4,24	1,39—4,13	4,71
V	Androsteron	2,32	1,15—4,29	4,95
VI	Androstan-3,17-dion	1,04	0,23—1,17	1,37
VII	Δ^5-Androsten-3β-chloro-17-on und andere Artefakte der HCl-Hydrolyse	1,86	0,88—2,94	3,37

Nach den zu Beginn einer Blutung durchgeführten Strichabrasionen und den vorliegenden Basaltemperatur-Kurven verlaufen die Cyclen der oligomenorrhoischen Patientinnen zum Teil biphasisch.

Funktionsanalysen. Fünf Patientinnen wurden Gonadotropine verabfolgt. In einem Fall mit monophasischer Oligomenorrhoe kam unter der ersten Kur nur eine Oestrogen-Bildung zustande, während die zweite Medikation regelrecht beantwortet wurde (s. S. 126, 127 und Abb. 58). Bei einer weiteren Patientin trat die biphasische Ovarialreaktion mit erheblicher Verzögerung ein.

Frau I. Oe., 32 Jahre alt, 162 cm/63 kg. Thelarche und Pubarche mit 13 Jahren, Menarche im 16. Lebensjahr. Primäre, hochgradige Oligomenorrhoe (6 Monate bis 6 Wochen/7 Tage). Keine Schwangerschaften. Seit 10 Jahren besteht ein Hirsutismus (mäßig ausgeprägter Bartwuchs). Seit 3—4 Jahren machen sich Ausfallserscheinungen bemerkbar. *Endokrinologische Befunde:* Gonadotropin-Ausscheidung: 38,2 HMG-E! C_{17}-Ketosteroide: durchschnittlich 17,4 mg/die, 17-Hydroxycorticoide: durchschnittlich 9,1 mg/die. Endometrium in hoher Sekretion.

Laparotomie. Linkes Ovarium annähernd normal groß, das rechte trägt eine etwa hühnereigroße Cyste! Bilaterale Keilexcision.

Ovar-Histologie (s. Abb. 186a und b). Rechtes Ovar: Etwas verbreiterte Tunica albuginea. Reduziertes Keimparenchym, Corpora albicantia. Großes, älteres Corpus luteum mit Blutkern. Linkes Ovarium: deutliche Fibrosis, mehrere Corpora albicantia. Corpus luteum haemorrhagicum. Ausgedehnte Thecaformationen.

Knapp 4 Wochen nach Laparotomie Spontanblutung. Danach tritt eine 4monatige Amenorrhoe ein. Dringender Kinderwunsch.

Ambulante Durchführung einer *HMG-HCG-Kur* (Standard-Dosis, s. Abb. 186c).

Tabelle 33.
Werte der 17-Hydroxycorticoide und C_{17}-Ketosteroide vor und nach Verabfolgung von 0,5 mg/die Dexamethason

Datum	17-HC mg/die	17-KS mg/die
7. 1. 60	13,3	21,7
8. 1. 60	20,0	17,7
9. 1. 60	9,8	17,6
10. 1. 60	15,5	17,1
12. 1. 60	Laparotomie mit Keilexcision	
3. 2. 60 bis 28. 5. 60	täglich 0,5 mg Dexamethason	
31. 5. 60	8,5	5,0
1. 6. 60	6,5	3,9
2. 6. 60	9,1	7,6

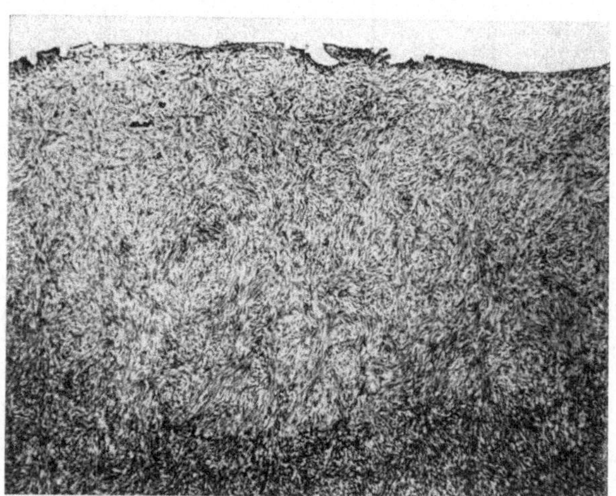

Abb. 186a. Parenchymarme Rinde mit hochgradiger Fibrosis (Vergr. 60×). (Pat. I. Oe.)

In den letzten Behandlungstagen kommt es zum Anstieg des Pyknose-Index. Die Basaltemperatur springt zunächst auf ein erhöhtes Niveau und erfährt etwa 2 Wochen später eine erneute Steigerung. Erst 38 Tage nach Behandlungsbeginn setzt eine Genitalblutung ein, die nach Ausweis der Strichabrasio eine Menstruation aus allerdings nur unvollständig transformiertem Endometrium darstellt. Die Gonadotropin-Verabfolgung hat danach offenbar das System angeregt, der eigentliche Cyclus läuft aber verspätet und dann spontan ab. In der folgenden Zeit bleibt die Patientin amenorrhoisch. $1^3/_{12}$ Jahre nach der letzten Gonadotropinkur werden wegen dringenden Kinderwunsches ambulant PMS-HCG in $1^1/_2$facher Standard-Dosis verabfolgt, ohne damit irgendeine Reaktion zu erzielen.

Dauererfolg. Die Behandlung bestand bei acht Patientinnen in der bilateralen Keilexcision (bei zwei Patientinnen, U. N. und H. W., ist nur eine Douglasskopie durchgeführt worden). Sieben Frauen erhielten später entweder Prednison (10—15 mg/die) oder Dexamethason (0,5 mg/die) 2—6 Monate lang. Sechs der acht laparotomierten Patientinnen gaben nach einer durchschnittlichen Beobachtungszeit von 3,8 Jahren ($s = \pm 1,62$) eine teilweise oder volle Normalisierung des Cyclus an. Der Hirsutismus blieb außer bei einer Patientin unbeeinflußt. Dieser Mißerfolg beruht bei einem Teil der Patientinnen wohl auf einer zu niedrigen Corticosteroid-Dosis und möglicherweise auch auf einer zu kurzen Applikationsdauer.

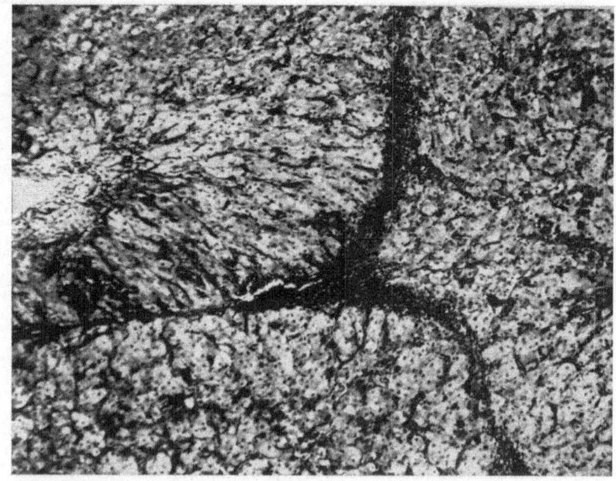

Abb. 186b. Corpus luteum in Rückbildung (Vergr. 100×). (Pat. I. Oe.)

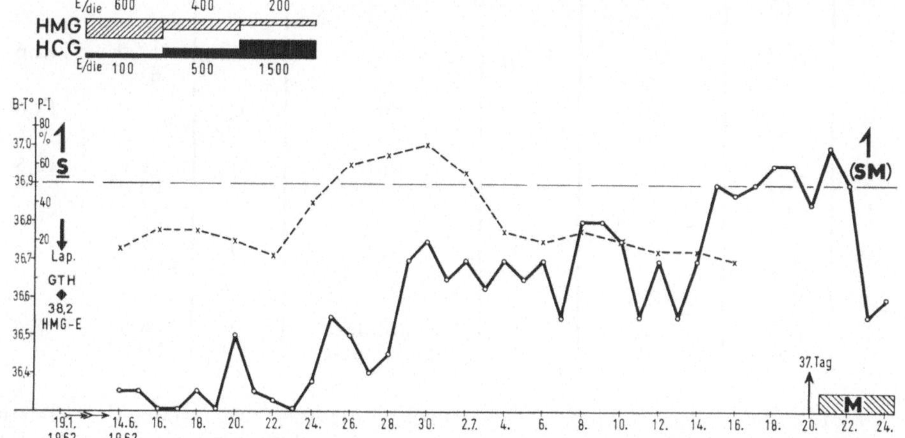

Abb. 186c. Primäre Oligomenorrhoe mit Hirsutismus. Verzögerte, aber biphasische Reaktion nach HMG-HCG. (Pat. I. Oe., 32 Jahre, 162 cm/63 kg)

b) Fehlfunktion in Verbindung mit Hirsutismus und normaler C_{17}-Ketosteroid-Ausscheidung (maximal 15 mg/die)

(s. Tabelle 34)

Zu dieser Gruppe gehören elf Patientinnen im Alter von 18—28 Jahren. Die Cyclusstörung äußerte sich bei neun Frauen in einer Oligomenorrhoe. Eine Patientin war sei 7 Monaten amenorrhoisch, eine weitere im Alter von 28 Jahren hatte noch nie eine spontane Menstruation erlebt.

Phänotyp. Das Äußere der Patientinnen wird durch den Hirsutismus, insbesondere einen lästigen Bartwuchs, häufig in Verbindung mit Acne, bestimmt. Die Mehrzahl bietet eine gedrungene Statur. Ein Übergewicht von 20—35% besteht nur in drei Fällen. Auch von diesen Patientinnen geben einige einen gewissen Schwund der Mammae an (s. Abb. 187a und b).

Tabelle 34. *Fehlfunktion bei polycystischer Veränderung der Ovarien: Patientinnen mit* (Signaturen: PON = Prednison,

Lfd. Nr.	Name, Alter	cm kg (Übergewicht)	Menarche-Jahr	Cyclus-Symptom	Ausfalls-erschei-nungen	Endokrinologische	
						GTH	KS mg/die
1	E. G. 28	153 53	—	Primäre Amenorrhoe	+	—	10,2
2	B. K. 19	159 48	13	Sekundäre Amenorrhoe (7 Monate)	0	13,1 HMG-E	10,7
3	M. O. 18	164 65	$10^6/_{12}$	Primäre Oligomenorrhoe	(+)	—	7,3
4	U. L. 19	169 68	13	dito	0	6,6 MUE	14,4
5	R. F. 23	165 56	15	dito	0	52,8 MUE	7,1
6	S. H. 23	156 63 (+24%)	14	dito	0	26,4 MUE	6,5
7	R. C. 25	165 67	$15^6/_{12}$	dito	0	13,2 MUE	12,6
8	W. St. 25	164 64	$13^6/_{12}$	dito	0	—	15,0
9	A. V. 27	163 78 (+35%)	14	dito	0	3,3 MUE	10,8
10	J. B. 28	159 66 (+20%)	19	dito	0	7,6 HMG-E	13,3
11	D. M. 23	171 59	13	Sekundäre Oligomenorrhoe	0	6,6 MUE	8,8

Endokrinologische Befunde. Das durchschnittliche Menarche-Alter beträgt 14,1 Jahre ($s = \pm 2{,}08$) und entspricht damit dem der ersten Gruppe. Ausfallserscheinungen bestanden nur bei zwei der elf Patientinnen. Die Werte des Gonadotropin-Komplexes bewegen sich zwar im physiologischen Streubereich, liegen aber doch in drei von acht Fällen an der unteren Grenze. Die durchschnittliche Ausscheidungsrate der C_{17}-Ketosteroide beträgt 7—15 mg/die, die der 17-Hydroxycorticoide 5—8 mg/die. Die papierchromatographische Fraktionierung der C_{17}-Ketosteroide vermag die Frage nach einer eventuellen ovariellen Herkunft der Androgene nicht eindeutig zu beantworten. Ausscheidungswerte im oberen Normbereich stellen offenbar die Äußerung einer gesteigerten interrenalen Aktivität dar.

Frau W. St., 25 Jahre alt, 164 cm/64,3 kg. Im 2. Lebensjahr Meningitis. Menarche mit $13^1/_2$ Jahren. Primär oligomenorrhoischer Cyclus (4—8 Wochen/5—6 Tage) mit zunehmendem Hirsutismus (männliche Schambehaarungsgrenze, erheblicher Bartwuchs). Keine Ausfallserscheinungen.

Laparotomie. Deutlich vergrößerte Ovarien mit derber Tunica albuginea. Bilaterale Keilexcision.

Ovar-Histologie. Mäßig verbreiterte Tunica albuginea. Auf den Schnitten relativ wenig jüngste Follikel. Mehrere Thecacysten und luteinisierte Thecafelder.

Hirsutismus und normaler C_{17}-Ketosteroid-Ausscheidung (maximal 15,0 mg/die)
TON = Triamcinolon, DON = Dexamethason)

Befunde		Therapie	Primäreffekt	Dauererfolg	
HC mg/die	Endometri- um / P-I			Cyclus	Hirsutismus
7,0	(P) 20%	HMG—HCG FSH—HCG	Oe Oe	Teil	unverändert
7,7	P 50%	—	—	Rez.	unverändert
5,2	P 35%	PON (5 mg/die 3 Monate lang)	—	+	unverändert
—	— 25%	PMS—HCG PON (10 mg/die 4 Monate, 5 mg/die 1 Jahr lang)	+ +	Rez.	unverändert
—	P 30%	—	—	Teil/Grav.	unverändert
6,8	P 15%	TON (4 mg/die 3 Monate lang)	—	0	unverändert
7,4	SM 15%	—	—	+	unverändert
7,4	—	PON (30 mg/die 4 Monate lang)	—	Rez./Grav.	zurückgehend, aber Rez.
—	S 8%	PMS—HCG DON (0,5 mg/die 4 Monate lang)	Oe	Rez.	unverändert
—	P 29%	PMS—HCG	Oe	Teil/Grav.	unverändert
—	SM —	DON (0,5 mg/die 3 Monate lang)	—	+	unverändert

Anschließend werden 30 mg/die Prednison über 4 Monate verordnet. Während der Medikation ging der Bartwuchs zurück. Die Intervalle zwischen den Blutungen wurden etwas regelmäßiger und kürzer. Im 2. Jahr nach der Laparotomie erfolgte eine Konzeption. Ab 4. Schwangerschaftsmonat bildete sich wieder eine verstärkte Bartbehaarung aus, die auch in den folgenden Jahren unverändert blieb und eine Rasur jeden 2. Tag erforderlich machte.

Nach dem Partus verlief der Cyclus zunächst normal. Nach einer zweiten Entbindung entwickelte sich wiederum eine Oligomenorrhoe.

Kontrolle der C_{17}-Ketosteroide etwa 4 Jahre nach Laparotomie und Prednison-Behandlung (s. Tabelle 35, Code vgl. Tab. 31).

Bewertung. Gesamtausscheidung im oberen Normbereich mit besonderen Ausprägung der I. und VII. Fraktion.

Besprechung. 25jährige Patientin mit primärer Oligomenorrhoe und ausgeprägtem Bartwuchs. Nach der vor 5 Jahren durchgeführten Keilexcision (es wurden damals polycystische Ovarien festgestellt) und einer Prednison-Behandlung kommt es vorübergehend zu einem Rückgang des Bartwuchses und einer Normalisierung des Cyclus. Der Hirsutismus bildet sich aber ab 4. Schwangerschaftsmonat erneut aus und bleibt auch später bestehen. Das Spektrum der C_{17}-Ketosteroide läßt eine adrenale Genese des Hirsutismus vermuten.

Tabelle 35. *Spektrum der C_{17}-Ketosteroide*

17-KS	Datum mg/die	26. 1. 60 14,4	Standardisierter Normalbereich	Obere Signifi- kanz- schranke
Fraktion	Code		$\bar{x} \pm 2s$	$p = 0,01$
I	11-ox. KS	2,89	0,98—2,74	3,10
II	DHEA	0,63	0,00—1,56	1,89
III	EA	0,26	0,10—1,00	1,19
IV	Ae	4,06	1,39—4,13	4,71
V	An	2,48	1,15—4,29	4,95
VI	ADN	1,10	0,23—1,17	1,37
VII	DHEA-Hy.	3,07	0,88—2,94	3,37

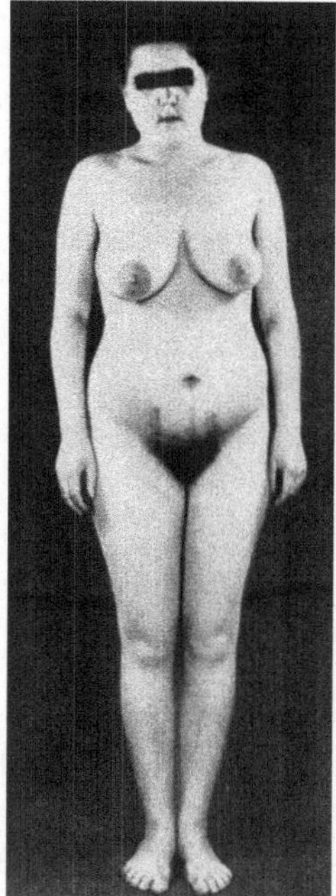 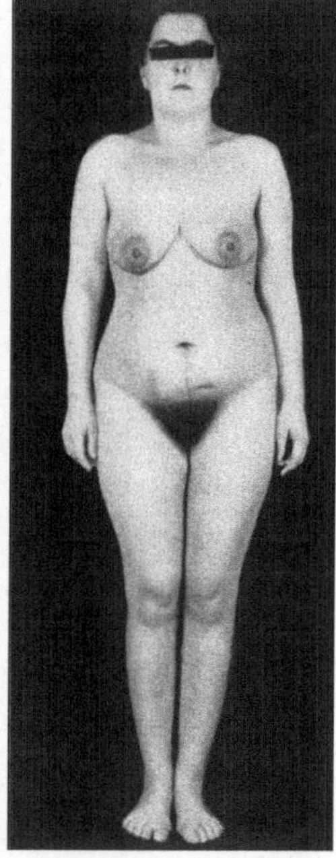

Abb. 187 a   Abb. 187 b

Abb. 187 a. 19jährige Patientin (J. B., 159 cm/62,5 kg) mit primärer Oligomenorrhoe und Hirsutismus (polycystische Ovarien)

Abb. 187 b. Dieselbe Patientin 9 Jahre später: C_{17}-Ketosteroide Ø 13,3 mg/die. Hirsutismus und Cyclusanomalie unverändert, Atrophierung der Mammae

Nach Aussage der Strichabrasionen liegen bei Oligomenorrhoe z. T. biphasische Cyclen vor. Bei beiden amenorrhoischen Frauen läßt sich eine gehobene basale Oestrogen-Bildung nachweisen.

Funktionsanalysen. Gonadotropine werden nur an vier Patientinnen verabreicht, von denen drei lediglich mit einer Oestrogen-Bildung antworten (vgl. S. 124 mit Tabelle 16 und S. 169, Pat. E. G.).

Dauererfolg. Nach der Keilexcision erhielten sechs Patientinnen mindestens 3 Monate lang Prednison (5—30 mg/die), Triamcinolon (4 mg/die) oder Dexamethason (0,5 mg/die). Nach einer durchschnittlichen Beobachtungszeit von 4 Jahren ($s = \pm 1,18$) verblieben die Cyclen nur bei einer Patientin unverändert, während die übrigen eine völlige Normalisierung oder doch wenigstens eine gewisse (oder nur vorübergehende) Regulierung angaben. Dagegen konnte kein überzeugender Einfluß auf den Hirsutismus festgestellt werden. Auch hier ließe sich einwenden, daß die Dosierung möglicherweise zu niedrig gewählt worden ist. Wahrscheinlich handelt es sich aber bei den meisten Patientinnen um die idiopathische Form des Hirsutismus, die einer Corticosteroid-Medikation im allgemeinen nicht zugänglich ist.

c) Fehlfunktion ohne Hirsutismus und mit normaler C_{17}-Ketosteroid-Ausscheidung
(s. Tabelle 36)

Bei 31 Patientinnen im Alter von 18—30 Jahren mit einer mehr oder minder ausgeprägten Cyclusstörung bestätigte die Laparotomie den sich besonders auf den Palpationsbefund stützenden klinischen Verdacht auf das Vorliegen polycystischer Ovarien. In allen Fällen ist eine bilaterale Keilexcision vorgenommen worden, deren Ausmaß der Vergrößerung des Organs angepaßt wurde.

aa) Primäre Amenorrhoe (s. Tabelle 36, A). Sieben Patientinnen zwischen dem 18. und 28. Lebensjahr.

Tabelle 36. *Fehlfunktion bei polycystischer Veränderung der Ovarien: Patientinnen ohne Hirsutismus und mit normaler C_{17}-Ketosteroid-Ausscheidung*

Cyclus-Symptom	Übergewicht		Menarche $\overline{X}$ (s)	Ausfallserscheinungen		GTH-Ausscheidung			Endometrium				Funktionsanalyse bei Pat.	Primäreffekt			Dauererfolg		
	−30 %	−60 %		0	+	(+)	n	(—)	A	R—(P)	P	S		+	Oe	0	+Grav.	Teil	0
A. Primäre Amenorrhoe (7 Pat.)	3	2	—	—	7	3	2	—	2	3	2	—	7	2	4	1	—	4	3
B. Sekundäre Amenorrhoe (11 Pat.)	4	1	14,6 (1,33)	7	4	2	6	1	1	7	2	1	9	5	4	—	7	2	2
C. *Gesamt:* 18 Pat.	7	3	—	7	11	5	8	1	3	10	4	1	16	7	8	1	7	6	5
D. Primäre Oligomenorrhoe (13 Pat.)	1	—	15,0 (1,68)	9	4	1	5	5	—	3	10	—	10	8	2	—	6	4	3
E. *Gesamt:* 31 Pat.	8	3	14,8 (1,65)	16	15	6	13	6	3	13	14	1	26	15	10	1	13	10	8

Beobachtungszeit: $\overline{X} = 4{,}1$ ($s = 1{,}41$) Jahre

Phänotyp. Eine Patientin ist großwüchsig (174 cm), fünf bieten eine Adipositas (Übergewicht zwischen 18% und 65%). Der Habitus aller Frauen ist trotz der noch nicht eingetretenen Menarche durchaus feminin geprägt. Die Sexualbehaarung ist regelrecht entwickelt, während die Mammae unterschiedlich gut ausgebildet sind (s. Abb. 188a).

Endokrinologische Befunde. Alle sieben Patientinnen geben Ausfallserscheinungen an. Die Gonadotropin-Werte liegen bei drei Frauen im oberen Normbereich oder überschreiten ihn. Die Ketosteroid-Ausscheidung bietet keine Besonderheiten. Eine etwas gehobene basale Oestrogen-Bildung überwiegt. Phänotyp, endokriner Status und Ovarialbefund werden durch die folgende Beobachtung besonders charakteristisch wiedergegeben.

Fräulein E. K., 19 Jahre alt, 168 cm/65 kg. Primäre Amenorrhoe. Hypoplastische Mammae, aber unauffällige Sexualbehaarung (s. Abb. 188a).

Endokrinologische Befunde. Gonadotropin-Ausscheidung: Die differenzierte Analyse ergibt 5,4 HMG-E FSH-Aktivität und 3,3 HMG-E LH-Aktivität. Oestriol: 7 μg/die. Röntgenologisch keine Besonderheiten. Epiphysenfugen geschlossen. Normal große Sella mit hohem Dorsum.

Laparotomie (s. Abb. 188b). Die beiden deutlich vergrößerten Ovarien sind von einer glatten, perlgrauen, etwas verstärkt vascularisierten Tunica albuginea umgeben. Bei der Keilexcision werden zahlreiche große, cystische Follikel angeschnitten.

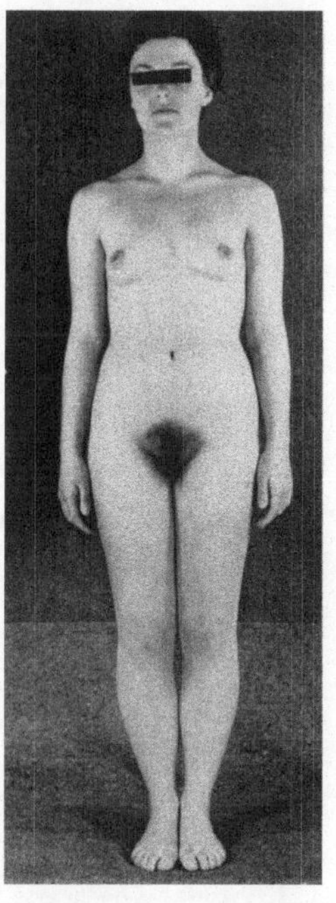

Abb. 188a. 19jährige Patientin mit primärer Amenorrhoe bei polycystisch veränderten Ovarien. (Pat. E. K., 168 cm/65 kg)

Ovar-Histologie (Übersicht s. Abb. 188c). Tunica nicht wesentlich verbreitert. Unter ihr sind zahlreiche cystisch-atretische Follikel plaziert. Hyperplastische Thecaformationen, Markfibrosis.

5 Monate nach der Laparotomie erfolgt eine *PMS-HCG-Kur* (s. Abb. 188d). Am 6. Behandlungstage erscheint besonders das rechte Ovarium deutlich cystisch vergrößert. Die Medikation wird daraufhin abgesetzt. Die Oestriol-Ausscheidung steigt

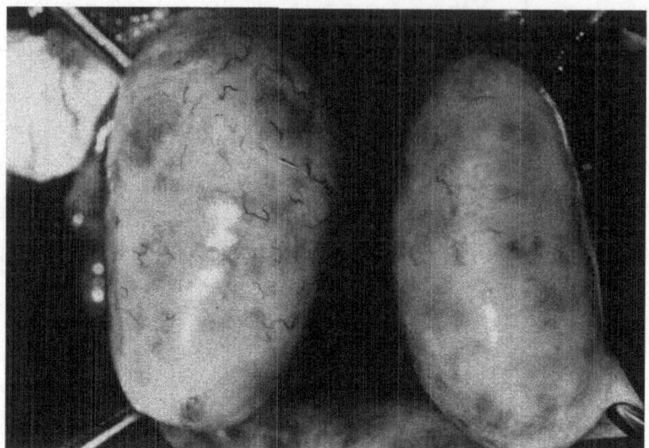

Abb. 188b. Operations-Situs der Pat. E. K. Erheblich vergrößerte Ovarien mit glatter Oberfläche und etwas verstärkter, Vascularisation der Tunica albuginea

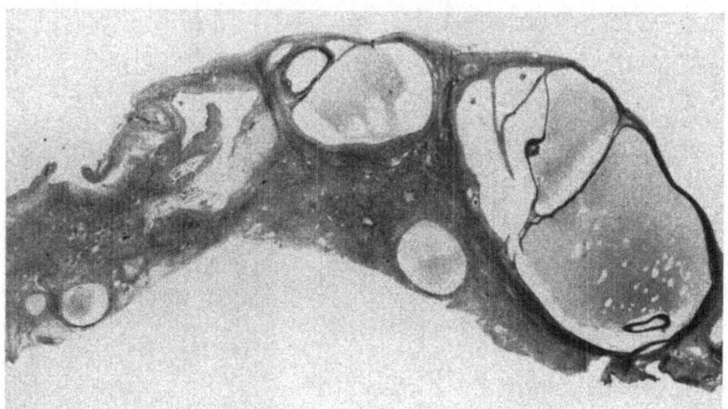

Abb. 188c. Ovarialsegment (Pat. E. K.). Mehrere große, cystische Follikel. Fibrosis und mäßige Hyperthecosis (Übersichtsaufnahme)

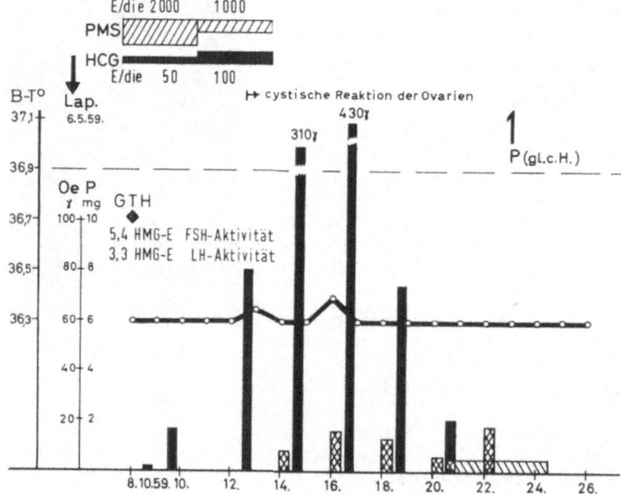

Abb. 188d. Primäre Amenorrhoe bei polycystischen Ovarien. Unter PMS-HCG deutliche cystische Reaktion der Ovarien mit hochgradig übersteigerter Oestrogenbildung. Eine Gelbkörperbildung kommt aber nicht zustande! (Pat. E. K., 19 Jahre 168 cm/65 kg)

sprunghaft bis auf einen Maximalwert von 430 μg/die an. Dagegen verbleiben die Pregnandiol-Werte unter 2 mg/die. Die Basaltemperatur verläuft auf einem niedrigen Niveau. 7 Tage nach der letzten Injektion tritt eine Uterusblutung ein. Vollabrasio: hochproliferiertes Endometrium mit Partien einer glandulär-cystischen Hyperplasie.

Verlauf. In den folgenden Monaten kommt es in unregelmäßigen Abständen zu Spontanblutungen. Nach der Basaltemperatur und den Endometrium-Biopsien laufen monophasische Cyclen ab.

2 Jahre nach der Laparotomie folgt die zweite Gonadotropin-Kur (HMG-HCG). Mäßige cystische Vergrößerung der Ovarien. Wiederum wird nur eine Oestrogen-Bildung ausgelöst (partielle glandulär-cystische Hyperplasie der Corpusschleimhaut).

9 Monate später dritte Gonadotropin-Kur (HMG-HCG). Gleicher Reaktionsverlauf. Am Ende der Medikation sind die Ovarien vergrößert und etwas druckschmerzhaft. Die Patientin empfindet Spannung in den Mammae, Schmerzen in den Mamillen und gelegentliche Übelkeit („als sei sie schwanger"!). Mit der abschließenden Strichabrasio wird hochproliferiertes Endometrium gewonnen. Auch später keine Regulierung der Ovarialfunktion.

Im 4. Beobachtungsjahr heiratete die Patientin. Es treten jetzt Blutungen in 3—6wöchigen Intervallen auf. Die Basaltemperatur verläuft monophasisch. Eine vierte Gonadotropin-Kur (PMS-HCG) wird in gleicher Weise beantwortet wie die dritte! Danach wird Clomiphen® (MRL-41) in einer Dosis von 100 mg/die, 5 Tage lang, verordnet.

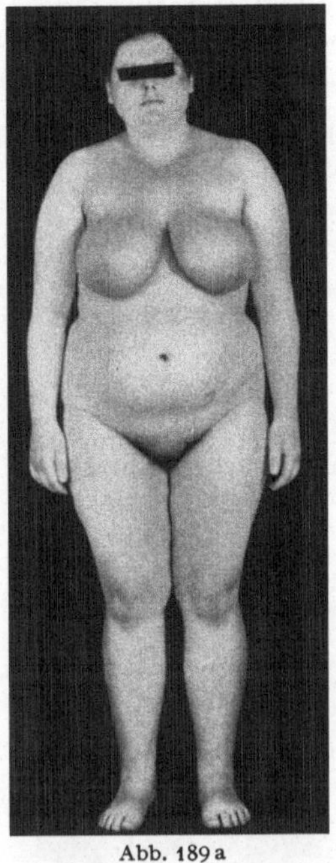

7 Tage später Sprung der Basaltemperatur. Es folgt eine regelrechte Gelbkörperphase mit anschließender Menstruation!

Besprechung. 19jährige Patientin mit primärer Amenorrhoe. Die differenzierte Analyse der Harngonadotropine weist auf eine leichte relative Vermehrung der FSH-Ausscheidung hin! Beide

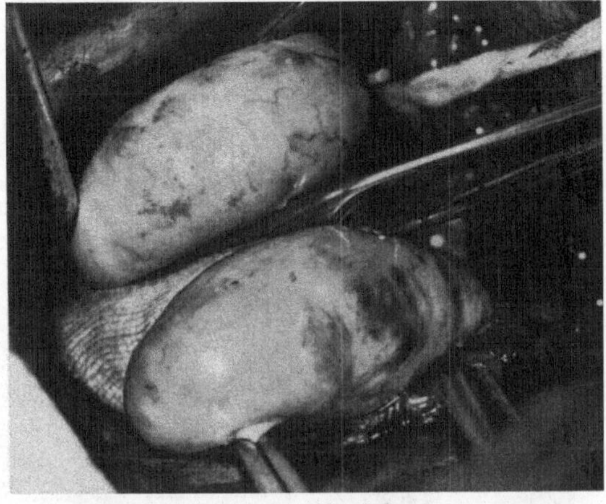

Abb. 189a   Abb. 189b

Abb. 189a. 18jährige Patientin mit primärer Amenorrhoe. (Pat. J. Au., 157 cm/84 kg, 65% Übergewicht)

Abb. 189b. Operations-Situs der Pat. J. Au. Vergrößerte Ovarien mit kirschgroßer Dermoidcyste links

Ovarien sind bedeutend vergrößert sowie durch einen besonderen Reichtum an großen, cystischen Follikeln, eine Thecahyperplasie und eine Markfibrosis

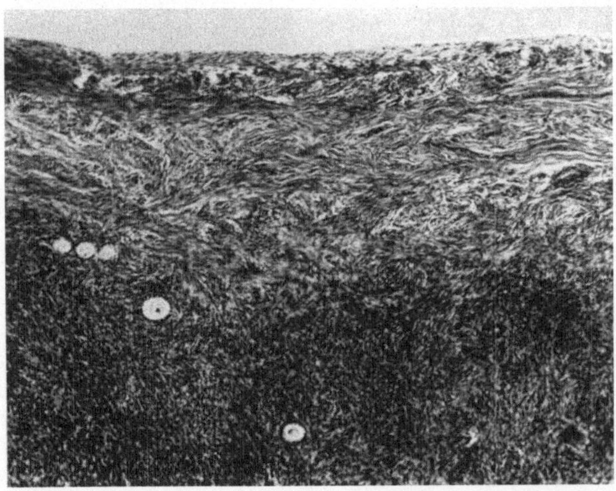

Abb. 189c. Ovarialsegment mit relativ wenig jüngsten Follikeln und ausgesprochener Fibrosis (Vergr. 60×). (Pat. J. Au.)

ausgezeichnet. Vier Gonadotropin-Kuren werden nur mit einer gesteigerten Oestrogen-Bildung beantwortet! Unter jeder Kur kommt eine cystische Vergrößerung der Ovarien zustande!

Ein anderes Erscheinungsbild verkörpert die folgende Patientin:

Fräulein I. Au. (s. Abb. 189a), 18 Jahre alt, 157 cm/84 kg (Übergewicht von 65%). Die Patientin hat im 11. Lebensjahr zwei schwache Genitalblutungen erlebt. Seitdem Entwicklung einer Adipositas. Striae, Hypertonus (Blutdruck 160/100), Ausfallserscheinungen. Internistisch, neurologisch und ophthalmologisch keine Besonderheiten. Kein Anhalt für Cushing-Syndrom! Röntgenologische Befunde unauffällig. Normal große Sella.

Endokrinologische Befunde. Gonadotropin-Ausscheidung: 26,4 MUE. C_{17}-Ketosteroide: durchschnittlich 11,6 mg/die (normale Werte der C_{17}-Ketosteroid-Fraktionen), 17-Hydroxycorticoide: 9,5 mg/die, Oestriol: durchschnittlich 5 µg/die. Endometrium in schwacher Proliferation. *PMS-HCG-Kur* (Standard-Dosis): nur schwache Oestrogen-Bildung.

3 Monate später Vollabrasio (Sondenlänge 6 cm): Partielle glandulär-cystische Hyperplasie. *Laparotomie* (s. Abb. 189b): beide Ovarien deutlich vergrößert. Etwas verstärkte Vascularisierung der Tunica albuginea. Schmale

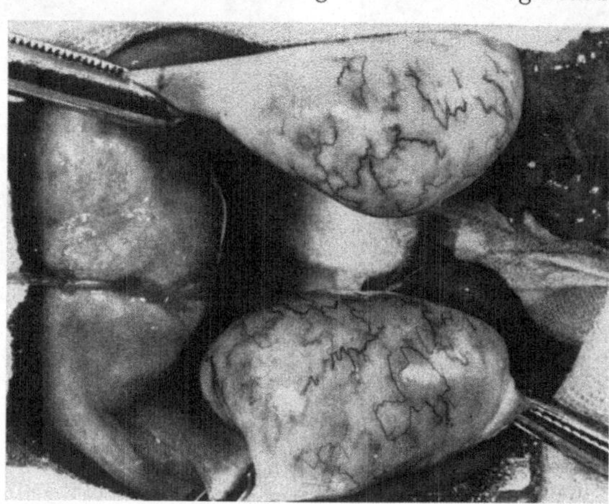

Abb. 190 a   Abb. 190 b

Abb. 190a. Primäre Amenorrhoe bei vergrößerten, polycystischen Ovarien. (Pat. C. B., 19 Jahre, 153 cm/46 kg)

Abb. 190b. Operations-Situs der Pat. C. B. Leicht vergrößerte, polycystische Ovarien mit starker Vascularisation der Tunica albuginea

bilaterale Keilexcision. Dabei werden mehrere kleinere, cystische Follikel angeschnitten. Das linke Ovarium beherbergt eine kirschgroße Dermoidcyste, die herausgeschält wird.

Ovar-Histologie. Etwas verbreiterte Tunica albuginea. Einige cystisch-atretische Follikel. Auf dem Schnitt ist das Keimparenchym reduziert. Deutliche Stromatosis (s. Abb. 189c).

Gonadotropin-Ausscheidung: 2,9, 1,6 und 11,2 HMG-E! Zweite PMS-HCG-Kur: ebenfalls nur Oestrogen-Bildung. Unter den letzten Injektionen tritt eine Uterusblutung ein. Glandulär-cystische Hyperplasie des Endometrium. 6 Monate später dritte Gonadotropin-Kur (PMS-HCG): Gleiche Reaktion.

Besprechung. 18jährige, adipöse Patientin. Im 11. Lebensjahr sind zwei schwache Genitalblutungen aufgetreten. Es besteht faktisch eine primäre Amenorrhoe. Klinisch keine Hinweise für Cushing-Syndrom. Die Hormonwerte (auch die Fraktionen der C_{17}-Ketosteroide) liegen im Normbereich. Die Laparotomie ergibt vergrößerte Ovarien mit einigen cystisch-atretischen Follikeln und einer ausgeprägten Stromatosis. Nach den Ovarialschnitten scheint das Keimparenchym reduziert zu sein. Kleine Dermoidcyste. Drei Gonadotropin-Kuren werden nur mit einer mäßigen Oestrogen-Bildung beantwortet. Die spätere Kontrolle der Gonadotropin-Ausscheidung ergibt stark schwankende Werte! Keine Normalisierung der Sexualfunktion.

Funktionsanalysen. Nur zwei der sieben Patientinnen, denen Gonadotropine verabfolgt wurden, sprachen auf die Medikation mit einem biphasischen Cyclus an! Beide boten einen normal proportionierten, weiblichen Phänotyp. Klinischer Befund und Reaktionsablauf seien durch die folgende Beobachtung veranschaulicht:

Fräulein C. B., 19 Jahre alt, 153 cm/56 kg (s. Abb. 190a). Keine besonderen Erkrankungen. Thelarche und Pubarche im 16. Lebensjahr. Bisher ist noch keine spontane Genitalblutung aufgetreten. Die Patientin klagt über Ausfallserscheinungen. Röntgenologisch keine Besonderheiten, Epiphysenfugen geschlossen, normale Sella. Gonadotropin-Ausscheidung: 52,8 MUE. Pyknose-Index 25%. Vollabrasio (Sondenlänge 6 cm): mittelhoch proliferiertes Endometrium.

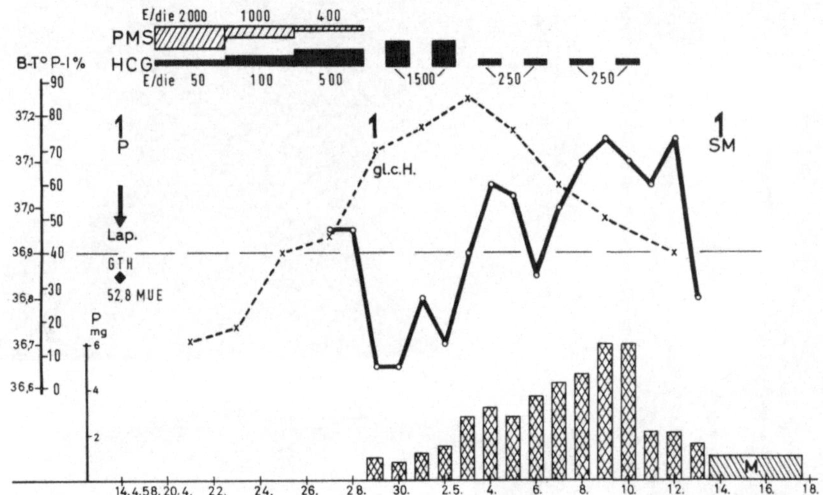

Abb. 190c. Primäre Amenorrhoe. Biphasische Reaktion unter PMS-HCG. (Pat. C. B.)

Laparotomie (s. Abb. 190b). Beide Ovarien erscheinen etwas vergrößert. Glatte Tunica, die von zahlreichen Gefäßen durchzogen wird. Bei der Keilexcision werden viele etwa linsen- bis erbsgroße cystische Follikel angeschnitten.

Ovar-Histologie. Annähernd normal breite Tunica mit auffallendem Gefäßreichtum. Reichlich Primärfollikel, einige reifende und zahlreiche cystisch-atretische Follikel. Keine nennenswerte Stromatosis.

Vornahme einer *PMS-HCG-Kur* (s. Abb. 190c): typisch biphasische Reaktion mit mäßigem cystischen Anschwellen der Ovarien.

Verlauf (5jährige Beobachtungszeit). Oligomenorrhoe (6—7 Wochen), z. T. mit biphasischen Cyclusabläufen (Intermenstrualschmerz 14 Tage vor der Blutung!). Beide Ovarien erscheinen bei der gynäkologischen Untersuchung vergrößert! Kurz vor der Blutung tritt regelmäßig eine deutliche Acne auf. Nach Eheschließung Konzeption und regelrechter Verlauf der Schwangerschaft.

Besprechung. 19jährige, primär amenorrhoische Patientin mit voll entwickeltem weiblichen Phänotyp. Leicht erhöhte Gonadotropin-Ausscheidung. Die Ovarien sind geringgradig vergrößert. Normal angelegtes Keimparenchym und zahlreiche cystisch-atretische Follikel. Typisch biphasische Reaktion auf Gonadotropine. Teilnormalisierung des Cyclus. Die klinischen Befunde dieser Patientin sprechen für eine hypothalamische Dysregulation! Möglicherweise kommt keine *cyclische* Freigabe der Gonadotropine zustande, oder die Relation innerhalb des Gonadotropin-Komplexes ist verschoben (relatives Überwiegen von LTH?).

Veränderungen in der *Relation der Gonadotropine* haben wahrscheinlich für die Pathogenese der Cyclusstörungen eine überragende Bedeutung. Ich habe diese Vorstellung bereits bei Besprechung der hypothalamischen Fehlsteuerung diskutiert. Sie lassen sich analytisch kaum erfassen, sondern nur aus klinischen Beobachtungen folgern. So ist offenbar die vermehrte Vascularisation der Tunica albuginea Ausdruck einer gesteigerten LH- oder LTH-Inkretion. In extremem Ausmaß beobachtet man sie bei Ovarien, die auf exogene Gonadotropine übermäßig reagiert haben. HCG verursacht eine Steigerung der ovariellen Durchblutung, die durch Mikroangiographie zur Darstellung gebracht werden kann (s. S. 39). Als weiterer Hinweis, insbesondere für eine erhöhte LTH-Freigabe, kann eine

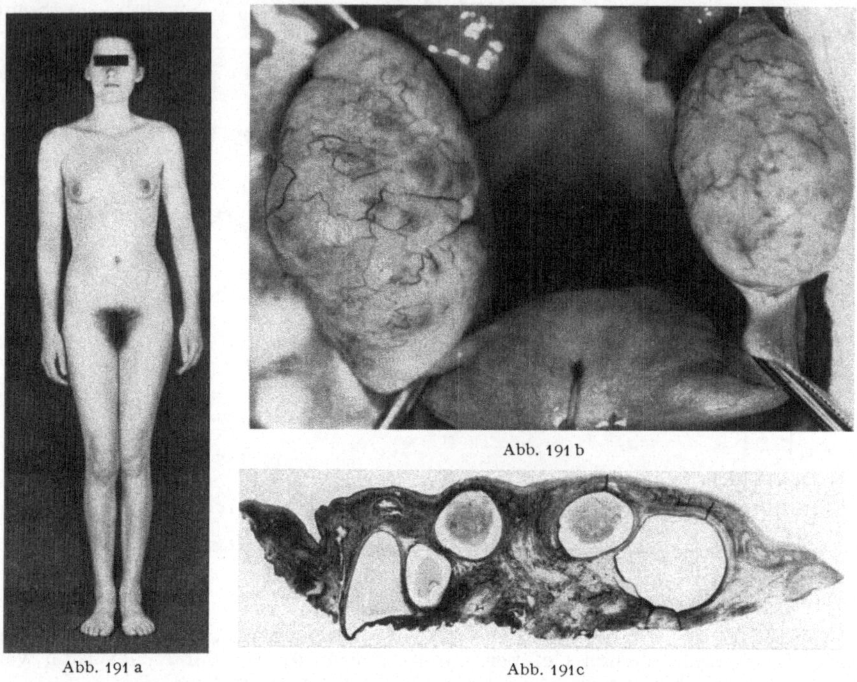

Abb. 191 b

Abb. 191 a   Abb. 191 c

Abb. 191 a. 24jährige, primär amenorrhoische Patientin mit polycystischen Ovarien. (Pat. G. B., 174 cm/58 kg)

Abb. 191 b. Operations-Situs der Pat. G. B. Deutlich vergrößerte, polycystisch veränderte Ovarien mit derber, reich vascularisierter Tunica albuginea

Abb. 191 c. Ovarialsegment mit mehreren großen, cystischen Follikeln (Übersichtsaufnahme). (Pat. G. B.)

spontane Lactation gewertet werden (Ausschluß eines Hypophysentumors!). Bei einigen Patientinnen beobachteten wir das Aufkommen oder eine Verstärkung der Galaktorrhoe unter der Verabfolgung von Gonadotropinen, und zwar auch dann, wenn die Medikation nur eine geringe Steigerung der ovariellen Aktivität induzierte! Es konnte analytisch sichergestellt werden, daß eine Verabfolgung von HCG die hypophysäre LTH-Freigabe anregt (s. S. 189)! Möglicherweise besteht bei diesen Patientinnen schon primär eine erhöhte LTH-Inkretion (gute Entwicklung der Mammae), die durch die HCG-Zufuhr noch gesteigert wird. Mit derartigen Relationsverschiebungen ist wohl zu rechnen, die analytische Beweisführung steht allerdings aus.

Die hypothalamische Genese einer polycystischen Veränderung der Ovarien legt auch die folgende Beobachtung nahe:

Fräulein G. B., 24 Jahre alt, 174 cm/58 kg (s. Abb. 191 a). Die großwüchsige Patientin kommt wegen einer primären Amenorrhoe zur Aufnahme. Intravenöses Pyelogramm, Skelett und Sella unauffällig. Gonadotropin-Ausscheidung: 13,2 MUE. Endometrium in unregelmäßiger Proliferation. Ausfallserscheinungen.

Es wird zunächst eine *PMS-HCG-Kur* (Standard-Dosis) durchgeführt. Unter der Medikation kommt es nur zu einem geringgradigen Anstieg des Pyknose-Index. Nach der letzten Injektion Vollabrasio: Endometrium in schwacher Proliferation.

Laparotomie (s. Abb. 191b). Große, polycystische Ovarien. Die derbe Tunica albuginea ist reich vascularisiert. Bei der bilateralen Keilexcision werden zahlreiche cystische Follikel eröffnet.

Ovar-Histologie. Mäßig verbreiterte Tunica albuginea. Auf den Schnitten nur wenig Primärfollikel, aber zahlreiche atretische Follikel. Thecacysten und Stromatosis (s. Abb. 191c und d).

Nachuntersuchung $4^1/_2$ Jahre später. Nach der Keilexcision entwickelte sich eine Oligomenorrhoe (5—6 Wochen/3 Tage). Keine Ausfallserscheinungen, Wohlbefinden. Gewichtszunahme um 14 kg!

Dauererfolg. Eine gänzliche Normalisierung wurde trotz bilateraler Keilexcision bei keiner Patientin erreicht! Vier gaben später unregelmäßige, meist oligomenorrhoische Cyclen an.

bb) Sekundäre Amenorrhoe (s. Tabelle 36, B). Elf Patientinnen im Alter von 18—30 Jahren.

Phänotyp. Bei fünf Patientinnen besteht eine mäßige Adipositas (Übergewicht von 14 bis 46%). Die äußeren Sexualmerkmale sind bei allen Patientinnen voll entwickelt (s. S. 217f.).

Endokrinologische Befunde. Durchschnittlicher Menarche-Termin 14,6 Jahre $(s = \pm 1,33)$. Vier der elf Patientinnen klagten unabhängig von der Dauer der Amenorrhoe über Ausfallserscheinungen. Die Gonadotropin-Werte sind über den physiologischen Streubereich verteilt. Nur bei einer Patientin mit einer 6monatigen Amenorrhoe wurde eine signi-

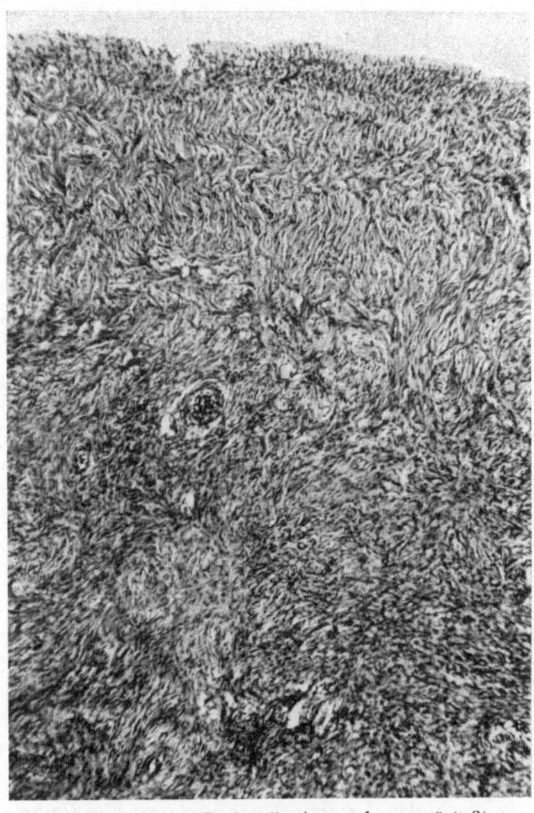

Abb. 191d. Verbreiterte Tunica albuginea und ausgeprägte Stromatosis (Vergr. 60×). (Pat. G. B.)

fikant erhöhte Ausscheidungsrate ermittelt (>52,8 MUE). Die C_{17}-Ketosteroide liegen zwischen 7,0 und 12,4 mg/die. Nach Ausweis des Pyknose-Index und der Endometriumbefunde überwiegt eine schwache bis leicht erhöhte basale Oestrogen-Bildung.

Funktionsanalysen. Gonadotropin-Kuren sind bei neun Patientinnen durchgeführt worden. In fünf Fällen kam es zu einer eindeutig biphasischen Reaktion, die, außer bei einer Patientin, mehr oder minder übersteigert ablief. Ich habe dieses Phänomen bereits erörtert (s. S. 142f.). Polycystisch veränderte Ovarien reagieren auf exogene Gonadotropine besonders sensibel. Diese Erscheinung ist aber nicht allein für sie charakteristisch, sondern wird auch bei hypothalamischer Fehlfunktion mit unauffälligen Ovarien beobachtet. Die Ursache für dieses Verhalten ist wahrscheinlich weniger in einer spezifischen Eigenart der Ovarialformationen als vielmehr in einem besonderen Funktionszustand des Zentralsystems zu suchen. Möglicherweise wird bei diesen Patientinnen die LH- (und/

oder LTH-)Freigabe schneller und stärker durch die exogenen Gonadotropine (direkt oder indirekt über die Ovarialhormone) angeregt *(,,potenzierter hypophysärer Synergismus")*. Die übersteigerte Reaktion kann dadurch vermieden werden, daß die Medikation nach Sprung der Basaltemperatur über die Mittelwertslinie abgesetzt wird.

Dauererfolge. Eine Normalisierung des Cyclus konnte bei sieben der elf Patientinnen registriert werden. Zwei von ihnen haben inzwischen eine Schwangerschaft ausgetragen. Ein gänzliches Versagen der Behandlung wurde zweimal beobachtet (Dauer der Amenorrhoe 6 und $4^1/_2$ Jahre!).

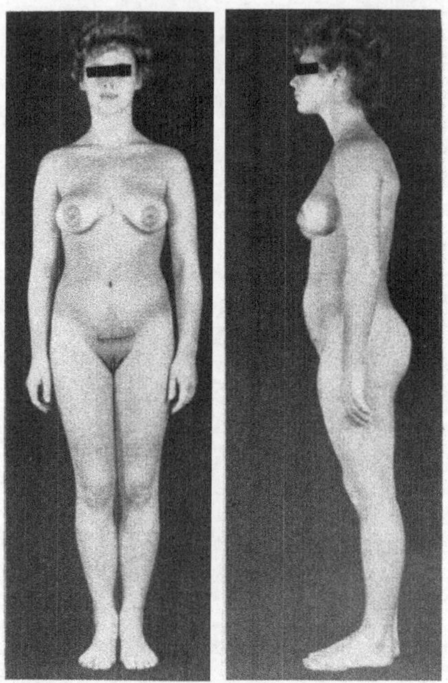

Abb. 192a. 18jährige Patientin mit hochgradiger Oligomenorrhoe seit Menarche (im 14. Lebensjahr). Keine Schwangerschaften. (Pat. M. M., 169 cm/64 kg)

cc) Primäre Oligomenorrhoe (s. Tabelle 36, D). 13 Patientinnen im Alter von 18—30 Jahren.

Phänotyp. Körperbau und Sexualcharaktere sind bei der Mehrzahl typisch weiblich geprägt. Eine Adipositas besteht nur in einem Fall. Bei einer Patientin liegt ein ausgesprochener Kleinwuchs vor (137 cm), drei Patientinnen sind großwüchsig (173—176 cm).

Endokrinologische Befunde. Das durchschnittliche Menarche-Alter errechnet sich auf 15,0 ($s = \pm 1{,}68$) Jahre! Über Ausfallserscheinungen klagte etwa $^1/_3$ der Patientinnen. Die Gonadotropin-Werte liegen bei der Hälfte der Frauen im unteren Grenzbereich der Norm (weniger als 7 MUE oder 6 HMG-E) bzw. unterschreiten ihn. Signifikant erhöhte Werte wurden nicht vorgefunden. Bei einer Patientin ergab die Analyse 52,8 MUE (oberer Normbereich). Die mit Blutungsbeginn durch Endometrium-Biopsien kontrollierten Cyclen waren bei allen Patientinnen (zufällig?) monophasisch.

Die polycystische Veränderung der Ovarien ist auch bei dieser Gruppe durch Laparotomie und Keilexcision sichergestellt worden. Die strukturellen Abweichungen variieren nach Ausmaß und Kombination der Merkmale. Die Verbreiterung der Tunica albuginea erscheint häufig besonders ausgeprägt. Die Anlage des Keimparenchyms differiert stark, soweit sie sich aus Keilexcisionen beurteilen läßt. Die Mannigfaltigkeit des Erscheinungsbildes sei mit den folgenden Berichten dargestellt:

Fräulein M. M., 18 Jahre alt, 168 cm/64 kg. Menarche mit 14 Jahren. Primäre, hochgradige Oligomenorrhoe (Blutungen 3—4mal im Jahr, normal stark). Schambehaarung und Mammae mit 13—14 Jahren, Axillarbehaarung im 17. Lebensjahr. Keine Ausfallserscheinungen. Keine Schwangerschaften. Femininer Habitus (s. Abb. 192a) mit auffallend kräftig ausgebildeten Mammae.

Gonadotropin-Ausscheidung: <3,3 sowie 6,6 MUE. Endometrium in hoher Proliferation.

Ohne hormonale Vorbehandlung *Laparotomie* (s. Abb. 192b). Erheblich vergrößerte Ovarien mit vascularisierter, glatter Tunica albuginea. Bei der Keilexcision werden zahlreiche cystische Follikel angeschnitten. Im linken Ovarium findet sich eine etwa walnußgroße Cyste mit gelbem, glasigem Inhalt.

Ovar-Histologie. Zarte Tunica albuginea. Zahlreiche cystisch-atretische sowie einige reifende Follikel (s. Abb. 192c). Außerordentlich reiche Anlage des Keimparenchyms (s. Abb. 192d). Große, capillarisierte Theca-Luteincyste! (s. Abb. 192e).

Verlauf. Vorübergehende Normalisierung des Cyclus, dann Rezidiv (3jährige Beobachtungszeit).

Das Wesentliche dieser Beobachtung liegt in dem ungewöhnlichen Reichtum an Keimparenchym der erheblich vergrößerten Ovarien (Hypergonadismus!). Dem entspricht die für das Alter auffällig reife Entwicklung der Mammae. Die niedrigen Gonadotropin-Werte lassen sich schlecht erklären. Die Untersuchungen des Kerngeschlechtes sowie die Chromosomen-Analyse* ergaben keine Besonderheiten!

Gegenüber diesem Befund bieten die Eierstöcke der folgenden Patientin wieder einige typische Kriterien des polycystischen Ovarium.

Fräulein M. B., 19 Jahre alt, 163 cm/57 kg. Brustentwicklung sowie Wachstum der Scham- und Achselhaare etwa im 13. Lebensjahr. Menarche mit 14 Jahren. Hochgradige primäre Oligomenorrhoe (3 Monate/ 5 Tage). Keine Ausfallserscheinungen. Etwas hypoplastischer Phänotyp (s. Abb. 193a).

---

* Die Untersuchungen wurden durch das Chromosomen-Laboratorium der Universitäts - Kinderklinik Kiel (Dr. Marlis Tolksdorf und Prof. H. G. Hansen) durchgeführt.

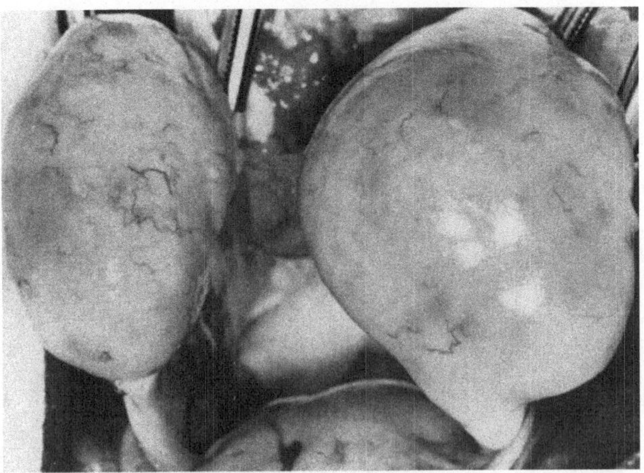

Abb. 192b. Operations-Situs der Pat. M. M. Stark vergrößerte Ovarien mit glatter Tunica albuginea, die eine mäßige Vascularisation erkennen läßt. Das linke Ovar birgt eine walnußgroße Theca-Luteincyste!

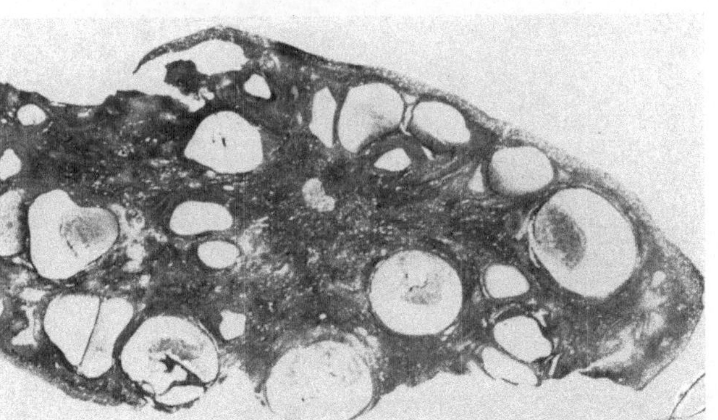

Abb. 192c. Übersichtsaufnahme. Zahlreiche cystisch-atretische Follikel. (Pat. M. M.)

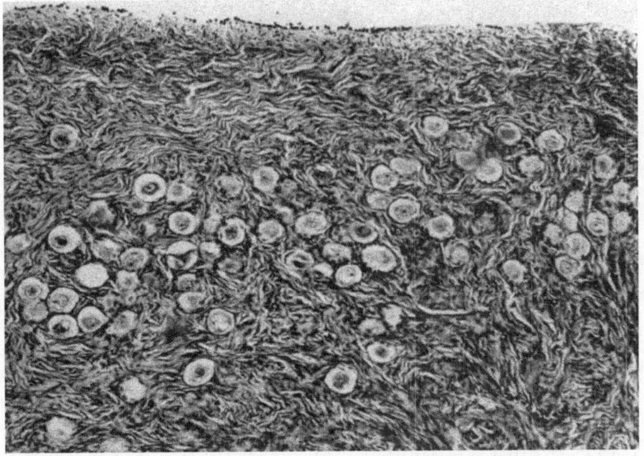

Abb. 192d. Zarte Tunica albuginea. Ungewöhnlich reich angelegtes Keimparenchym (Vergr. 100×). Normaler Karyotyp (Pat. M. M.)

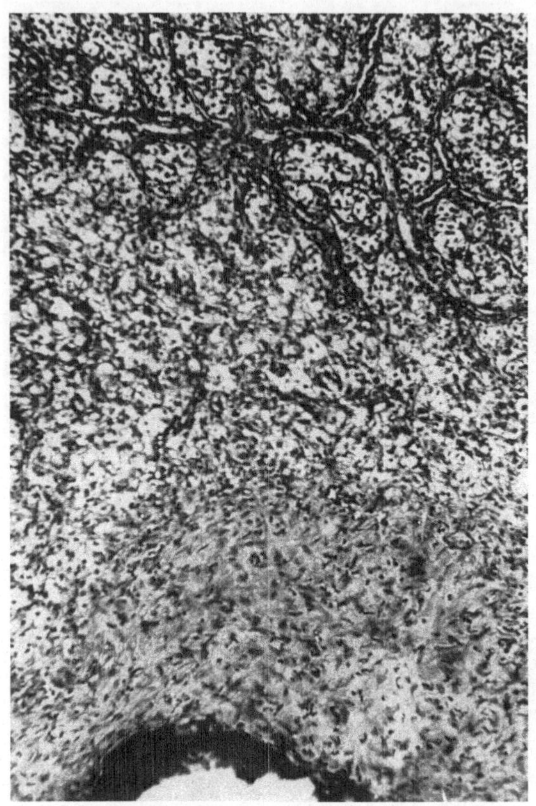

Abb. 192c. Alte, reich capillarisierte, walnußgroße Theca-Luteincyste mit schwartig-fibrinöser Auskleidung (Vergr. 100×). (Pat. M. M.)

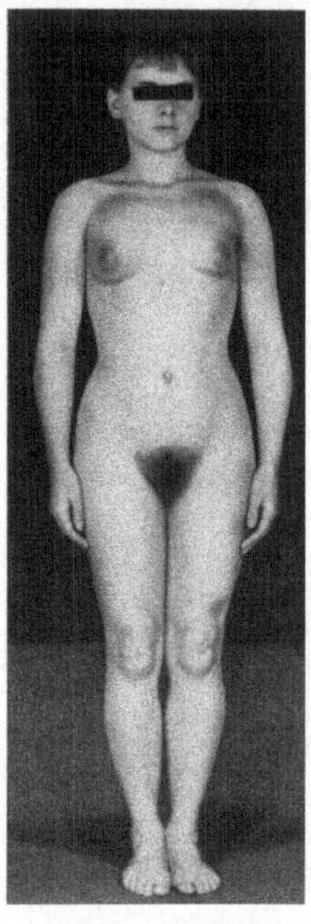

Abb. 193a. 19jährige Patientin mit primärer Oligomenorrhoe (Menarche im 14. Lebensjahr). (Pat. M. B., 163 cm/57 kg)

Abb. 193b. Operations-Situs der Pat. M. B. Linkes Ovar mäßig vergrößert mit glatter, vascularisierter Tunica albuginea. Im linken Ovar befindet sich eine haselnußgroße Pseudomucincyste

Gonadotropin-Ausscheidung: 13,2 MUE. Pyknose-Index 50%. Endometrium in hoher Proliferation.

Laparotomie (s. Abb. 193b). Das rechte Ovar ist fast mandarinengroß, das linke dagegen nur mäßig vergrößert. Glatte, graue Tunica albuginea mit reichlicher Gefäßbildung. Bei der Keilexcision werden links zahlreiche große, cystische Follikel eröffnet. Der rechte Eierstock trägt ein haselnußgroßes Pseudomucinkystom.

Ovar-Histologie. Stark verbreiterte Tunica albuginea, unter der sich mehrere große, cystisch-atretische Follikel befinden (s. Abb. 193c und d).

Verlauf. Der Cyclus normalisiert sich bald nach der Laparotomie. 2 Jahre später Konzeption. Die Schwangerschaft wird durch einen artefiziellen Abort beendet. Auch danach regelrechte Ovarialfunktion. Nach Eheschließung erneute Konzeption und regelrechter Schwangerschaftsverlauf (6jährige Beobachtungszeit).

Funktionsanalysen. Acht der zehn Patientinnen, die einer Gonadotropin-Kur unterzogen worden sind, beantworten diese mit einem biphasischen Cyclusablauf. In sechs Fällen entwickelt sich eine übersteigerte Reaktion mit cystischem Anschwellen der Eierstöcke. Ovarialbefunde und Eigenart der Reaktion werden von der folgenden Patientin in typischer Weise vertreten.

Frau I. Sch., 26 Jahre alt, 158 cm/48 kg (11% Untergewicht, s. Abb. 194a). Thelarche und Pubarche mit 15, Menarche mit 19 Jahren! Danach nur alle 2—3 Monate geblutet. Ausfallserscheinungen. Röntgenologische Befunde: Epiphysenfugen

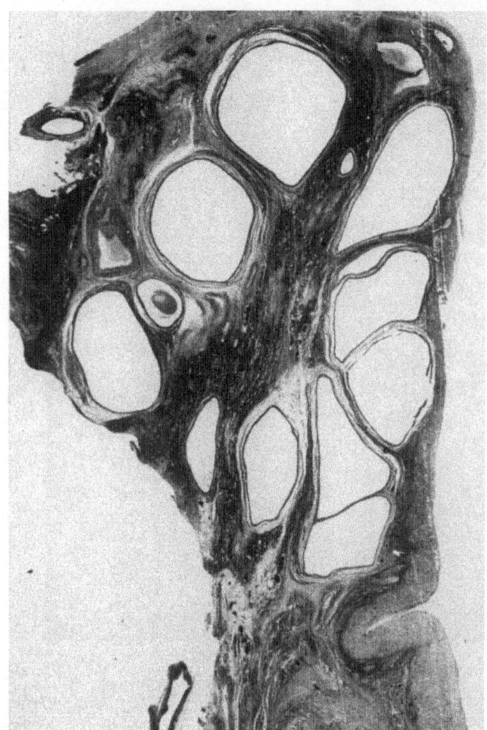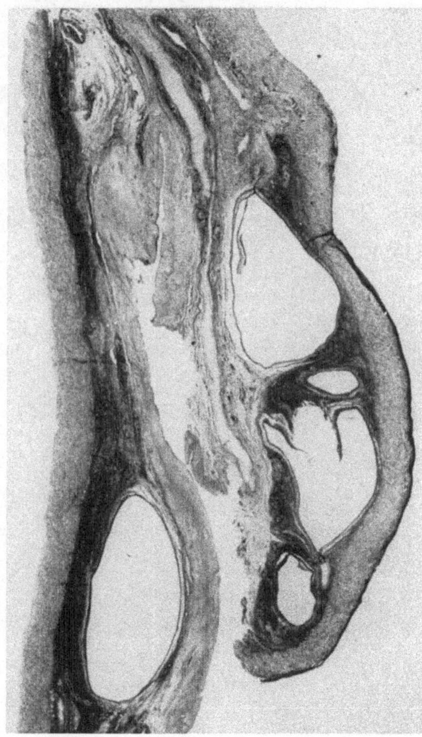

Abb. 193c. Übersichtsaufnahme. Stark verbreiterte Tunica albuginea. Mehrere große cystische Follikel. (Pat. M. B.)

geschlossen, kleine Sella. Gonadotropin-Ausscheidung: 52,8 MUE, C_{17}-Ketosteroide: durchschnittlich 14,2 mg/die. Uterus annähernd normal groß (Sondenlänge 7 cm). Wenig drüsenarmes und funktionsloses Endometrium.

Laparotomie (s. Abb. 194b). Kleinhühnereigroße, längliche Ovarien mit glatter Oberfläche. Bilaterale Keilexcision.

Ovar-Histologie. Auf den Schnitten finden sich relativ wenig Primärfollikel und einige reifende Follikel, aber zahlreiche cystisch-atretische Follikel. Hyperplastische Thecabezirke, Theca-Luteincysten.

PMS-HCG-Kur (Standard-Dosis, s. Abb. 194c): Etwa in der Mitte der Kur sind beide Ovarien bereits cystisch vergrößert und schwellen in den folgenden Tagen auf etwa Kleinfaustgröße an. Steiles Anziehen des Pyknose-Index und der Basaltemperatur. Vorzeitiges Absetzen der Gonadotropin-Medikation. Die Pregnandiol-Ausscheidung erreicht maximal 8,7 mg/die. Blutung 1 Woche nach Beendigung der Kur: sekretorisch umgewandeltes Endometrium in mensuellem Zerfall.

Verlauf. Nach vorübergehender Normalisierung des Cyclus später wieder Entwicklung einer Oligomenorrhoe mit Phasen mehrmonatiger Amenorrhoe. Letzte Kontrolluntersuchung nach 6jähriger Beobachtungszeit: Gewichtszunahme um 14 kg (!), Wohlbefinden, keine Ausfallserscheinungen mehr. Dringender Kinderwunsch.

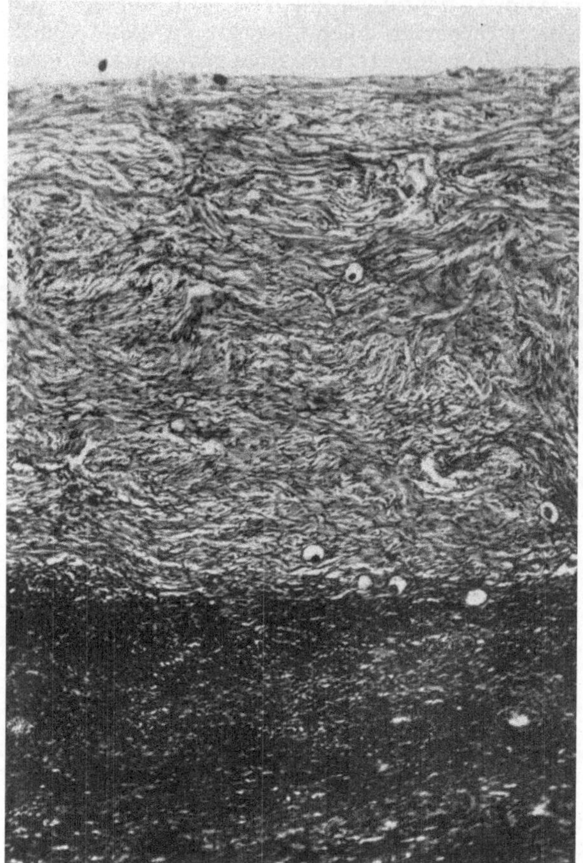

Abb. 193 d. Stark verbreiterte Tunica albuginea. Relativ spärlich jüngste Follikel (Vergr. 60 ×). (Pat. M. B.)

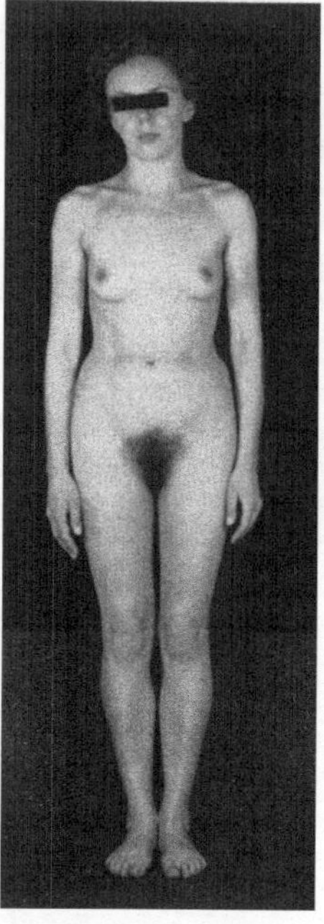

Abb. 194 a. 26jährige Patientin mit hochgradiger primärer Oligo-Hypomenorrhoe. (Pat. J. Sch., 158 cm/48 kg)

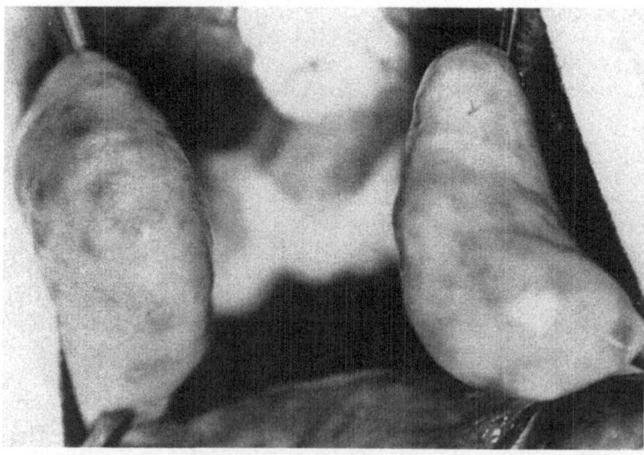

Abb. 194 b. Operations-Situs der Pat. J. Sch. Deutlich vergrößerte, lange Ovarien mit zahlreichen cystischen Follikeln

Dauererfolg. Bei knapp der Hälfte aller Patientinnen konnte eine vollständige Normalisierung des Cyclus registriert werden. Der Cyclus von drei der 13 Patientinnen blieb unbeeinflußt.

3. Besprechung der Ergebnisse

In dem der Auswertung zugrunde liegenden Krankengut von 293 Patientinnen mit Ovarial-Insuffizienz sind bei 52, d. h. bei 18%, polycystisch veränderte Ovarien vorgefunden worden. Sowohl die morphologischen Befunde am Eierstock als auch das klinische Erscheinungsbild erweisen sich als außerordentlich vielgestaltig. Da die Zuordnung in das sog. Stein-Leventhal-Syndrom nur für einzelne

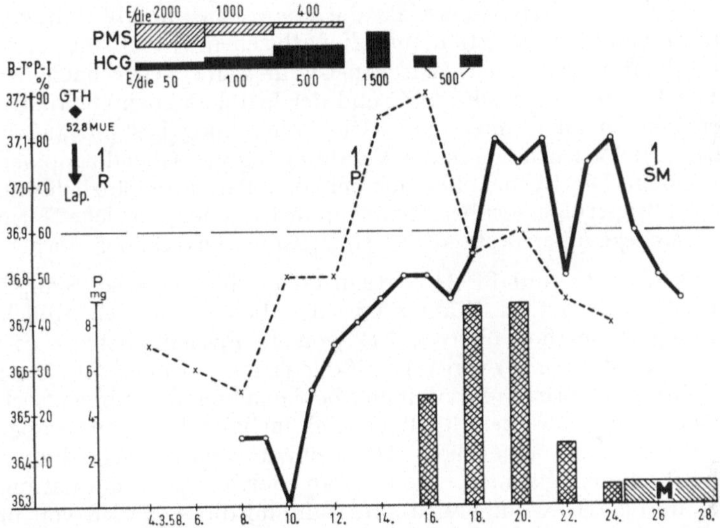

Abb. 194c. Hochgradige primäre Oligomenorrhoe (2—3 Monate/1—2 Tage). Übersteigerte biphasische Reaktion unter PMS-HCG. (Pat. J. Sch.)

Fälle berechtigt erscheint, wurde eine Gruppierung nach dem Grad der Maskulinisierung vorgenommen. Auch dieser Unterteilung haften Mängel an, die insbesondere durch die analytischen Verfahren bedingt sind. Es ist nicht möglich, ovarielle von interrenalen Androgenen sicher zu unterscheiden, und es bereitet große analytische Schwierigkeiten, einen idiopathischen Hirsutismus von anderen Formen abzugrenzen, wenn die Ketosteroid-Ausscheidung im Normbereich liegt. Die Mittel der klinischen Diagnostik vermögen demnach bisher eine pathologisch gesteigerte ovarielle Androgen-Bildung als Äußerung einer Entgleisung in der gonadalen Steroidbiosynthese nicht mit ausreichender Präzision zu erfassen. Das Vorkommen derartiger Abweichungen ist an Ovarialschnitten sichergestellt worden. Ob die polycystischen Ovarien als konnatale Fehlanlage oder als Ausdruck interrenaler oder zentraler Dysfunktionen anzusehen sind, bleibt offen.

Die erste Gruppe von zehn Patientinnen ist charakterisiert durch einen deutlich ausgeprägten Hirsutismus und eine signifikant erhöhte Ketosteroid-Ausscheidung mit Durchschnittswerten von mehr als 15,0—23,5 mg/die. Bei der Mehrzahl dieser Patientinnen liegt mit großer Wahrscheinlichkeit eine milde Form des postpuberalen adreno-genitalen Syndroms vor. Daß dieses direkt durch die gesteigerte Androgen-Bildung oder über Funktionsänderungen des Zentralsystems strukturelle Veränderungen der Ovarien veranlassen kann, darf als sicher gelten. Bei voll ausgebildetem adreno-genitalen Syndrom oder auch beim Cushing-Syndrom haben andere Autoren und auch wir (sechs Patientinnen) „polycystische Ovarien" vorgefunden. Die Eierstöcke dieser Patientinnen sind insbesondere durch eine Fibrosis ausgezeichnet. Die Tunica ist häufig sehr derb. Das Keimparenchym scheint reduziert zu sein. Die eingeschlagene Therapie (Keilexcision und Corticosteroid-Medikation) hat zwar bei sechs von acht Patientinnen zu einer partiellen oder totalen Normalisierung des Cyclus geführt, der die Patientinnen besonders störende Hirsutismus wurde dadurch aber nicht nennenswert beeinflußt.

Eine zweite Gruppe von elf Patientinnen bot ebenfalls einen Hirsutismus, dagegen aber Ketosteroid-Werte im normalen Streubereich. Diese Zusammenstellung ist sehr viel heterogener als die erste. Sie umfaßt Patientinnen mit leichter interrenaler Überfunktion, mit idiopathischem Hirsutismus und wohl auch mit einer erhöhten ovariellen Androgen-Bildung, die weder nach den hormonanalytischen Ergebnissen noch auf Grund der histologischen Ovarialbefunde eindeutig voneinander zu trennen sind. Die Behandlung bestand außer der Keilexcision bei acht Patientinnen in der Verabfolgung von Gonadotropinen und/oder Corticosteroiden. Der Cyclus blieb nur bei einer Patientin gänzlich unbeeinflußt, während die übrigen eine vorübergehende, teilweise oder gänzliche Normalisierung erlebten. Demgegenüber bestand der Hirsutismus unverändert fort.

Die dritte Gruppe umfaßt 31 Patientinnen, die keinerlei Symptome einer Maskulinisierung darboten. Während in den beiden anderen Kollektiven das Symptom Oligomenorrhoe überwog (17 von 21 Frauen), betrifft es bei dieser etwa $^2/_5$ der Patientinnen (13 von 31). Elf der 31 Patientinnen sind übergewichtig, dieses Verhältnis entspricht etwa dem der beiden anderen Gruppen (sechs von 21). Ausfallserscheinungen werden häufiger und insbesondere von primär amenorrhoischen Patientinnen angegeben. Die Gonadotropin-Ausscheidung läßt keine einheitliche Tendenz erkennen. Von 14 amenorrhoischen Patientinnen wiesen fünf Werte im oberen Normbereich auf, während die Analysen von fünf der elf Frauen mit Oligomenorrhoe eine relativ niedrige Rate ergaben.

Die Ovarial-Histologie bietet ganz unterschiedliche Befundkombinationen an. Sie stellen einerseits den Übergang zur Norm dar und repräsentieren im anderen Extrem „typische" polycystische Veränderungen mit erheblich verdickter Tunica albuginea, zahlreichen cystisch-atretischen Follikeln unter der Kapsel, einer Hyperthecose und Stromatose bei z. T. excessiver Vergrößerung des ganzen Organs.

Von den funktionsanalytischen Ergebnissen sei hervorgehoben, daß nur sieben der 16 amenorrhoischen Patientinnen auf Gonadotropine biphasisch reagierten, und häufig ein übersteigertes Ansprechen beobachtet wurde. Diese Erscheinung kann sowohl auf eine erhöhte Sensibilität der Ovarialstrukturen als auch auf einen gesteigerten „hypophysären Synergismus" zurückgeführt werden.

Eine dauerhafte Normalisierung wurde bei sieben der 18 amenorrhoischen Patientinnen und bei sechs der 13 Frauen mit Oligomenorrhoe protokolliert. Für das ganze Kollektiv beträgt die Frequenz 42% (13 von 31 Patientinnen). Dieses Resultat weicht nicht wesentlich von dem anderer Zusammenstellungen ab. Es besteht danach wenig Grund, das polycystische Ovarium dieser im Phänotyp wenig auffälligen Patientinnen als „konnatale Fehlbildung" anzusehen. Wahrscheinlich handelt es sich um nichts anderes als die Folge einer zentralen Dysregulation.

4. Somatometrische Befunde*

Die zehn zur Untersuchung gelangten Patientinnen mit polycystischen Ovarien bei Ketosteroid-Werten im Normbereich weisen eine Körperhöhe von 165,1 bis 176,3 cm auf ($\overline{X} = 169{,}74$, $s_{\overline{x}} = \pm 1{,}01$, $v = 1{,}89$, $s = \pm 3{,}21$). Sie werden mit 39 Normalpersonen der Größenklasse III (165,1—174,0 cm) verglichen.

Die Messungen der *Schulterbreite* ergeben sowohl für die absoluten wie auch für die relativen** Mittelwerte signifikant größere Maße als für die Normal-

Tabelle 37

	Größen-klasse	Gruppe	n	V	$\overline{X} \pm s_{\overline{X}}$	v	s	p
A	III	N	39	34,5—39,0	$36{,}71 \pm 0{,}21$	3,59	1,32	$< 0{,}0025$
		H_3	10	36,0—40,0	$38{,}01 \pm 0{,}31$	2,87	0,99	
B	III	N	39	19,62—24,05	$21{,}63 \pm 0{,}19$	5,69	1,23	$< 0{,}025$
		H_3	10	21,31—25,64	$22{,}54 \pm 0{,}36$	5,10	1,15	
C	III	N	39	25,1—32,0	$28{,}70 \pm 0{,}29$	6,44	1,85	$< 0{,}05$
		H_3	10	25,0—30,7	$27{,}80 \pm 0{,}41$	4,71	1,31	
D	III	N	39	68,00—88,41	$77{,}87 \pm 0{,}87$	6,94	5,41	$< 0{,}0025$
		H_3	10	67,46—78,32	$73{,}41 \pm 1{,}08$	4,66	3,42	
E	III	N	39	27,95—33,86	$30{,}01 \pm 0{,}24$	4,96	1,49	$< 0{,}05$
		H_3	10	28,81—32,10	$30{,}79 \pm 0{,}35$	3,54	1,09	
F	III	N	39	54,37—61,31	$57{,}32 \pm 0{,}24$	2,59	1,49	$< 0{,}05$
		H_3	10	53,63—58,42	$56{,}36 \pm 0{,}47$	2,66	1,50	

A = absolute Schulterbreite, B = relative Schulterbreite, C = absolute Becken-breite, D = Acromio-cristal-Index, E = relative vordere Rumpflänge, F = relative Beinlänge.

personen (vgl. Tabelle 37, A und B). Demgegenüber erweist sich die *Becken-breite* im Vergleich zu der Normalgruppe als eindeutig geringer. Dieser Unterschied kommt sowohl im absoluten Maß (vgl. Tabelle 37, C) als auch im Acromio-cristal-Index (vgl. Tabelle 37, D) zum Ausdruck.

Die vordere Rumpflänge ist bei den Patientinnen mit polycystischen Ovarien größer als bei den Vergleichspersonen N. Dieser Unterschied wird besonders eindrücklich von dem relativen** Wert wiedergegeben (vgl. Tabelle 37, E).

Die relative** *Beinlänge* ist trotz der größeren Körperhöhe signifikant geringer als bei N (vgl. Tabelle 37, F).

Das untersuchte Kollektiv von Patientinnen mit polycystischen Ovarien zeichnet sich demnach gegenüber den Normalpersonen durch eine größere Schulter- und eine geringere Beckenbreite aus. Die vordere Rumpflänge erweist sich als größer, während für die relative Beinlänge eindeutig niedrigere Werte gefunden wurden. Diese Merkmale verdienen Beachtung und müssen durch weitere Untersuchungen verfolgt werden. Alle übrigen Maße und Indices weichen dagegen nicht von der Norm ab.

5. Differentialdiagnose

Der Übergang zum postpuberalen adreno-genitalen Syndrom läßt sich klinisch oftmals am Grad der Maskulinisierung erkennen (untersetzter, maskuliner Körperbau, ausgeprägter Bartwuchs, Behaarung und Atrophierung der Mammae

---

* Untersuchungsmethodik und statistische Analyse s. S. 109 f.
** Bezüglich der „relativen" Maße vgl. S. 110.

usw.). Im Zweifelsfall bringt die Analyse der C_{17}-Ketosteroide Klarheit. Die Vergrößerung der Ovarien wird im allgemeinen durch die gynäkologische Untersuchung erkannt, die durch die Douglasskopie ergänzt werden kann. In die differentialdiagnostischen Erwägungen müssen auch die seltenen virilisierenden Ovarialtumoren mit einbezogen werden. Grobe, tumoröse Auftreibungen der Eierstöcke indizieren immer die Laparotomie, mit der derartige Veränderungen geklärt und entsprechend angegangen werden können.

6. Therapie und Prognose

Eine Indikation zur Laparotomie erscheint dann gegeben, wenn sich die Ovarien bei der Palpation als besonders groß erweisen, d. h., wenn ihr Umfang etwa dem des Corpus uteri entspricht oder ihn übertrifft. Eine chirurgische Intervention ist ferner angeraten bei Patientinnen mit vergrößerten Ovarien und einem Hirsutismus, da bei ihnen oftmals eine besonders derbe Tunica albuginea gefunden wird. Letztlich kann die Laparotomie auch bei primär amenorrhoischen Patientinnen jenseits des 21. Lebensjahres angezeigt erscheinen. Die Keilexcision muß der Größe des Organs angepaßt werden und sollte die das Keimparenchym bergende Rindenzone möglichst schonen. Offenbar ist bei typischer Ausprägung der polycystischen Veränderung der Bestand an jüngsten Follikeln reduziert. Der Eingriff sollte sich nach Möglichkeit auf eine Verkleinerung des fibrösen Ovarialkerns beschränken.

Ergeben sich aus dem klinischen Erscheinungsbild und den Ketosteroid-Werten ($>15{,}0$ mg/die) Hinweise auf eine interrenale Fehlfunktion (milde Form eines postpuberalen adreno-genitalen Syndroms), so wird diese als erstes medikamentös angegangen. Die Applikation von Prednison oder ähnlichen Präparaten in einer Dosis von 10—15 mg/die muß sich erfahrungsgemäß über mindestens 3 Monate erstrecken und wird der Ketosteroid-Ausscheidung (wiederholte Kontrollen) angepaßt. Sie kann mit reduzierter Dosis über weitere 3—6 Monate fortgesetzt werden, wenn sie sich auf den Hirsutismus und die Cyclusstörung günstig auswirkt. Die Gegenindikationen sind gewissenhaft zu beachten! Nach Konzeption muß die Medikation sofort abgesetzt werden (Gefahr der Mißbildungen)!

Bei Verabfolgung von Gonadotropinen ist die besondere Sensibilität des Ovarial-Endocrinium zu beachten. Die Injektionen müssen abgebrochen werden, sobald die Basaltemperatur die Mittelwertslinie von 36,9 Grad überschreitet oder eine Vergrößerung und Schmerzhaftigkeit der Eierstöcke bemerkbar wird. Wir haben es uns zur Gewohnheit gemacht, die Patientinnen unter einer Gonadotropin-Kur etwa jeden 3. Tag gynäkologisch zu untersuchen. Der Kur kann eine Nachbehandlung mit Oestrogenen und Gestagenen angeschlossen werden (s. S. 282f.).

Die *Prognose* entspricht etwa derjenigen anderer Formen der Ovarial-Insuffizienz. Eine völlige Normalisierung des Cyclus und/oder eine Schwangerschaft haben 24 unserer 52 Patientinnen (= 46%) erlebt. Bei 13 Frauen (= 25%) blieb die Sexualfunktion gänzlich unbeeinflußt [durchschnittliche Beobachtungszeit 4,0 ($s = \pm 1{,}37$) Jahre!]. Der idiopathische Hirsutismus ist einer hormonalen Behandlung nicht zugänglich.

7. Zusammenfassung

Eine polycystische Veränderung in Verbindung mit einer Vergrößerung der Ovarien wird bei Patientinnen mit Rhythmusstörungen, insbesondere bei Oligomenorrhoe (30 von 52 Patientinnen), relativ häufig vorgefunden. Die Pathogenese dieser strukturellen Anomalie und ihre Zugehörigkeit zu einem festumrissenen, charakteristischen Krankheitsbild ist strittig. Die ovariellen Veränderungen können offenbar durch eine gesteigerte interrenale Androgenbildung verursacht werden. Häufiger liegt ihnen wohl eine zentrale Dysfunktion zugrunde. Als besondere Kriterien gelten außer der Vergrößerung des Organs die Verbreiterung der Tunica albuginea, der Befund zahlreicher, subcapsulär gelegener cystischatretischer Follikel, eine Hyperthecosis und Fibrosis. Diese Merkmale sind relativ selten komplett vertreten.

Beachtung verdienen auch die anthropometrisch ermittelten Merkmale einer gegenüber Normalpersonen größeren Schulter- und geringeren Beckenbreite! Diese Befunde deuten auf eine sich schon in der puberalen Wachstumsphase manifestierende Anomalie hin!

Das eigene Krankengut von 52 Patientinnen wurde nach dem Grad der Maskulinisierung geordnet:

Bei zehn Patientinnen war der Hirsutismus mit einer gesteigerten Ketosteroid-Ausscheidung ($>$15,0—25,0 mg/die) verbunden. Für die Mehrzahl von ihnen wird eine milde Form des postpuberalen adreno-genitalen Syndroms angenommen. Elf weitere Patientinnen mit Hirsutismus wiesen Ketosteroid-Werte im normalen Variationsbereich auf. Ob der männliche Behaarungstyp idiopathischer Genese ist oder ihm eine geringe Steigerung der interrenalen oder ovariellen Androgenbildung zugrunde liegt, kann analytisch nicht sicher entschieden werden. Eine Gruppe von 31 Patientinnen boten keinerlei Symptome einer Maskulinisierung. Ein Drittel aller Patientinnen war übergewichtig.

Die *Gonadotropin-Ausscheidung* läßt keine einheitlichen Tendenzen erkennen. Bei der Hälfte aller Patientinnen lagen die Gonadotropin-Werte im mittleren Bereich der physiologischen Streuung. In zehn Fällen ($^1/_4$ aller Analysen) waren sie erhöht bis signifikant gesteigert, ein weiteres Viertel (neun Patientinnen) wies niedrige bis eindeutig verminderte Werte auf.

Auf *exogene Gonadotropine* reagiert das polycystische Ovarium besonders sensibel. Diese Erscheinung ist wohl weniger den strukturellen Veränderungen als dem besonderen Funktionsgrad des Zentralsystems zuzuschreiben. Möglicherweise wird bei diesen Patientinnen der hypophysäre Synergismus schneller und intensiver durch exogene Gonadotropine ausgelöst.

Die *Differentialdiagnose* hat den Hypercorticoidismus und virilisierende Ovarialtumoren abzugrenzen. Die klinische Untersuchung kann mit Vorteil durch die Ketosteroid-Analyse und die Douglasskopie ergänzt werden.

Als *therapeutische Methode* der Wahl wird allgemein die bilaterale Keilexcision herausgestellt. Die Erfolgsaussichten nach einer derartigen chirurgischen Intervention weichen nicht nennenswert von denen der hormonalen Behandlung ab. Sie sollte sich daher beschränken auf Patientinnen mit exzessiver Vergrößerung der Ovarien, ferner auf solche, bei denen zugleich ein ausgeprägter Hirsutismus besteht, und auf Frauen mit primärer Amenorrhoe. Der Eingriff muß die Rindenzone möglichst schonen und sich mit der Verkleinerung des fibrösen Ovarialkerns begnügen.

Bei *adrenalem Hirsutismus* (Ketosteroid-Ausscheidung $>$ 15,0 mg/die) wird die Verabfolgung von Prednison in einer Dosis von 10—15 mg/die über eine Zeit von mindestens 3 Monaten empfohlen. Zeichnet sich ein günstiger Einfluß auf die Maskulinisierung ab, so kann die Medikation über ein weiteres halbes Jahr in niedrigerer Dosis fortgesetzt werden. Dauer und Dosis werden auch auf die wiederholt kontrollierten Ketosteroid-Werte eingestellt.

F. Die Prognose in ihrer statistischen Abhängigkeit von der Symptomatologie

1. Einleitung

Die Auseinandersetzung mit dem so mannigfaltigen klinischen Erscheinungsbild der Ovarial-Insuffizienz soll in einer Übersicht der Prognosestellung ihren Abschluß finden. Man wird ihrer Bedeutung für die Praxis nur dann gerecht, wenn man sie in Beziehung zur Symptomatologie und zum endokrinen Ausgangsstatus bringt. Die Normalisierungsquoten der verschiedenen *Krankheitsformen* wurden auf Tabelle 20 (s. S. 260 f.) zusammengestellt. Ein statistisch bedeutsamer Unterschied ($p < 0{,}001$) besteht nur zwischen der Regulierungsrate der Patientinnen mit hypoplastischen Ovarien (23 %) und

1. derjenigen der gesamten Gruppe hypothalamischer Fehlfunktionen (49 %),
2. derjenigen bei Patientinnen mit polycystischen Ovarien (46 %) sowie
3. der Normalisierungsquote bei postpartaler Ovarial-Insuffizienz (54 %).

Die Prognose bei Patientinnen mit hypoplastischen Ovarien ist demnach erwartungsgemäß gegenüber allen übrigen Krankheitsformen als besonders ungünstig zu bewerten. Von 201 Patientinnen der Gruppen „hypothalamische Fehlfunktionen", „postpartale Ovarial-Insuffizienz" und „polycystische Ovarien" konnte später nach ausreichender Beobachtungszeit ($\overline{X} = 3{,}24$, $s = \pm 1{,}64$ Jahre) bei 99 Frauen (49 %) eine regelrechte Ovarialfunktion ermittelt werden. 47 Frauen (23 %) erlebten nur einen Teilerfolg, bei 55 Patientinnen (28 %) blieb die Ovarialfuntion unbeeinflußt.

Ich habe verschiedentlich darauf hingewiesen, daß der Begriff „Erfolg" nur die Tatsache einer Normalisierung zum Ausdruck bringt. Er repräsentiert nicht den Wert einer spezifischen Behandlungsweise. Bei einem Krankheitsbild, das in so enger Beziehung zu psychischen Einflüssen steht, hat der ärztlich-menschliche Kontakt für die weitere Entwicklung eine wesentliche Bedeutung.

Eine Normalisierung der Ovarialfunktion wird bei einem Teil der Patientinnen selbsttätig erreicht. Im vorliegenden Krankengut wurde eine „*Spontanheilung*" angenommen,

1. wenn keine hormonale oder chirurgische Behandlung vorausging,
2. wenn unter der Gonadotropin-Medikation keine nennenswerte Ovarialreaktion zustande gekommen war und
3. wenn eine Regulierung des Cyclus erst 6 Monate nach Abschluß der Therapie oder später eingetreten ist.

Eine derartige Spontanheilung betrifft 104 aller Patientinnen. Sie macht 23 % *des „Dauererfolges" aus!* Für die einzelnen Krankheitsformen variiert diese Frequenz aber erheblich. Von der „Erfolgsrate" entfallen auf die Spontanheilung bei postpartaler Ovarial-Insuffizienz die Hälfte, bei hypothalamischer Fehlfunktion etwa $^{1}/_{4}$ und bei Frauen mit polycystischen Ovarien etwa $^{1}/_{12}$. Bei Patientinnen mit Ovarialhypoplasie haben wir keine Spontanregulierung beobachtet.

2. Statistisches Verfahren

Die statistische Analyse der Kontingenztafeln erfolgt mit Hilfe des χ^2-Testes. Für den Vergleich mehrerer Stichproben von Alternativdaten wurde neben den von CLOPPER u. PEARSON berechneten exakten Vertrauensgrenzen der $k \cdot 2$-Felder-χ^2-Test nach BRANDT u. SNEDECOR verwendet. Kleine und mittlere Vierfelderstichproben ($N_1 + N_2 \leqq 60$) sowie solche mit mindestens einem kleinen Erwartungswert

($e \leq 6$) sind mit dem auf der hypergeometrischen Verteilung beruhenden exakten Wahrscheinlichkeitstest von FISHER u. YATES ausgewertet worden. Die Analyse größerer Stichproben erfolgte mit dem kontinuitätskorrigierten χ^2-Test (vgl. Documenta Geigy, Wissenschaftliche Tabellen, 6. Aufl., Basel 1960).

3. Die Prognose in Abhängigkeit von der Dauer der Amenorrhoe

Der Untersuchung liegen 154 Patientinnen mit sekundärer Amenorrhoe zugrunde (s. Tabelle 38), die unterteilt werden in

I. Patientinnen mit einer Amenorrhoe-Dauer bis zu 1 Jahr,

II. Patientinnen mit einer Amenorrhoe von mehr als 3 Jahren und

III. Patientinnen, bei denen die Amenorrhoe mehr als 1 bis zu 3 Jahren bestanden hatte.

Tabelle 38. *Die Prognose der Ovarial-Insuffizienz in Abhängigkeit von der Dauer der Amenorrhoe*

Dauer der Amenorrhoe	1 Gesamt		p	2 Normalisierung gesamt		3 Keine Normalisierung		4 Spontane Normalisierung: bezogen auf			5 Teilnormalisierung	
	Pat.	(%)		Pat.	(%)	Pat.	(%)	Pat.	Spalte 1 (%)	Spalte 2 (%)	Pat.	(%)
I. —1 Jahr	71	(46)	< 0,005	39	(55)	15	(21)	10	(14)	(26)	17	(24)
II. > 3 Jahre	34	(22)		10	(29)	16	(47)	1	(3)	(10)	8	(24)
III. > 1—3 Jahre	49	(32)		24	(49)	15	(31)	8	(16)	(33)	10	(20)
IV. Gesamt	154	(100)		73	(48)	46	(29)	19	(12)	(26)	35	(23)

Mit zunehmender Länge der Amenorrhoe fällt die Rate an „Dauererfolgen" (Spalte 2) von 55% auf 29% ab. In analoger Weise steigt die Zahl der „Mißerfolge". Der Unterschied zwischen der Gruppe I (Amenorrhoe bis zu 1 Jahr) und der Gruppe II (Amenorrhoe von mehr als 3 Jahren) ist statistisch eindeutig ($p < 0,005$).

Eine *spontane Normalisierung* (Spalte 4) erfolgte bei insgesamt 12% aller Patientinnen bzw. bei 26% derjenigen Frauen, die später eine Regulierung ihres Cyclus angaben.

Die Aussicht auf eine Regulierung der Ovarialfunktion steht nach dieser Untersuchung in einer statistisch eindeutigen Beziehung zur Dauer der Amenorrhoe.

4. Die Prognose in Abhängigkeit vom endokrinen Ausgangsstatus

a) Die Beziehung zur Gonadotropin-Ausscheidung

Die Gonadotropin-Werte im Harn wurden bei insgesamt 114 Patientinnen vor Einleitung einer Behandlung bestimmt. Es werden drei Gruppen unterschieden:

1. Normalwerte (Bereich von 6—52,8 MUE bzw. 4—20 HMG-E),

2. erhöhte Werte (mehr als 52,8 MUE bzw. über 20 HMG-E) und

3. erniedrigte Werte (unter 6 MUE oder weniger als 4 HMG-E).

Sekundär amenorrhoische Patientinnen mit Normalwerten weisen mit 52% die beste Erfolgsquote auf. Die Differenzen zwischen den drei Gruppen sind jedoch statistisch nicht eindeutig. Ähnliche Verhältnisse ergeben sich für *Patientinnen mit primärer Amenorrhoe* und für Frauen mit *Oligomenorrhoe*. Die statistische Analyse bestätigt die Erfahrung, die schon bei Besprechung der einzelnen Krankkeitsformen zum Ausdruck gebracht worden ist.

Die uns vorliegenden Gonadotropin-Werte erlauben weder eindeutige Rückschlüsse auf die Pathogenese noch auf die Prognose. Ich möchte dieses unbefriedigende Ergebnis insbesondere auf gewisse methodische Mängel und auf den Umstand zurückführen, daß die Gonadotropin-Ausscheidung bei einem Teil der Patientinnen nur einmal und nicht an mehreren aufeinanderfolgenden Tagen

Tabelle 39. *Die Prognose der Ovarial-Insuffizienz in Abhängigkeit von der basalen Oestrogenbildung* (Patientinnen mit sekundärer Amenorrhoe)

Endometriumbefunde	1 Gesamt		p	2 Normalisierung gesamt		3 Keine Normalisierung		4 Spontane Normalisierung: bezogen auf			5 Teilnormalisierung	
	Pat.	(%)		Pat.	(%)	Pat.	(%)	Pat.	Spalte 1 (%)	Spalte 2 (%)	Pat.	(%)
I. Atrophisches Endometrium	38	(26)		13	(34)	16	(42)	5	(13)	(34)	9	(24)
II. Proliferiertes Endometrium	41	(28)	$< 0{,}01$	25	(61)	7	(17)	5	(12)	(20)	9	(22)
III. Ruhendes bis schwach prolif. Endometrium	67	(46)		31	(46)	20	(30)	10	(15)	(32)	16	(24)
IV. Gesamt	146	(100)		69	(48)	43	(29)	20	(14)	(29)	34	(23)

bestimmt werden konnte. Damit wird die erhebliche biologische Streuung nicht erfaßt. Es ist zu erwarten, daß durch Verfeinerung der Methode und durch Erfassung der biologischen Streubreite (Mehrfach-Analysen) die Gonadotropin-Werte im Urin und Blut für die Diagnostik, Indikationsstellung und für die Prognose eine entscheidende Bedeutung erlangen können.

b) Die Beziehung zum Endometrium-Befund

Die Analyse geht von 213 Patientinnen aus, bei denen im Rahmen der Aufnahmeuntersuchung eine Endometrium-Biopsie durchgeführt worden ist. Die Einteilung erfolgte in drei Kollektive: Patientinnen mit atrophischem Endometrium, Patientinnen mit ruhendem bis schwach proliferiertem Endometrium und solche, bei denen die Corpusschleimhaut eine deutliche Proliferation erkennen ließ.

Die Patientinnen mit einer *sekundären Amenorrhoe* sind in Tabelle 39 zusammengestellt. Die Aussicht auf eine spätere Normalisierung (Spalte 2) ist bei Patientinnen mit einer gehobenen basalen Oestrogenbildung (Gruppe II: Proliferiertes Endometrium) günstiger ($p < 0{,}01$) als bei fehlender Oestrogen-Aktivität (Gruppe I: Atrophisches Endometrium) (61%:34%). Eine reziproke Abhängigkeit besteht zur Rate der Mißerfolge (17%:42%) (Spalte 3). Patientinnen mit ruhendem bis schwach proliferiertem Endometrium (Gruppe III) beziehen eine Mittelstellung.

Die Rate der *Spontanheilungen* (Spalte 4) beträgt in diesem Kollektiv 14 % oder 29 % aller später regelrecht menstruierten Frauen.

Für das *gesamte Kollektiv* (Patientinnen mit primärer und sekundärer Amenorrhoe sowie mit Oligomenorrhoe) ergeben sich ähnliche Beziehungen (vgl. Tabelle 40). Die Aussicht auf eine Normalisierung des Cyclus (Spalte 2) nimmt von 27 % bei der Gruppe mit atrophischem Endometrium (II) signifikant ($p < 0{,}005$) bis auf 48 % bei Frauen mit ruhendem Endometrium (I) und hochsignifikant ($p < 0{,}001$) bis auf 58 % bei der Gruppe mit deutlich proliferiertem Endometrium (III) zu!

Eine *Spontanheilung* (Spalte 4) wurde bei 12 % aller Patientinnen ermittelt. Sie betrifft 26 % aller Frauen mit später regelrechter Ovarialfunktion!

Die praktische Bedeutung einer biologischen Oestrogen-Analyse (Endometrium-Biopsie) für die Prognosestellung wird durch diese Untersuchungen voll bestätigt.

Tabelle 40. *Die Prognose der Ovarial-Insuffizienz in Abhängigkeit von der basalen Oestrogenbildung* (Patientinnen mit Amenorrhoe und Oligomenorrhoe)

Endometriumbefunde	1 Gesamt		p	2 Normalisierung gesamt		3 Keine Normalisierung		p	4 Spontane Normalisierung: bezogen auf			5 Teilnormalisierung	
	Pat.	(%)		Pat.	(%)	Pat.	(%)		Pat.	Spalte 1 (%)	Spalte 2 (%)	Pat.	(%)
I. Ruhendes bis schwach proliferiertes Endometrium	83	(39)	$< 0{,}005$	40	(48)	25	(30)		10	(12)	(25)	18	(22)
II. Atrophisches Endometrium	48	(23)		13	(27)	24	(50)	$< 0{,}001$	5	(10)	(39)	11	(23)
III. Proliferiertes Endometrium	82	(38)		48	(58)	18	(22)		11	(13)	(23)	16	(20)
IV. Gesamt	213	(100)		101	(47)	67	(32)		26	(12)	(26)	45	(21)

c) Die Beziehung zum Ausfall des Funktionstestes
(Gonadotropin-Medikation)

Die Untersuchung umfaßt 195 Patientinnen mit den Symptomen einer Ovarial-Insuffizienz, denen Gonadotropine verabfolgt worden waren und die danach ausreichend lange (≥ 1 Jahr) beobachtet worden sind. Als Funktionstest wurde nur die erste Gonadotropin-Kur gewertet. Es wird unterschieden zwischen biphasischer Reaktion, monophasischem Ansprechen (nur Oestrogenbildung unter der Kur) und dem Ausbleiben einer Beantwortung des exogenen stimulatorischen Impulses (keine Reaktion).

Eine *sekundäre Amenorrhoe* bestand bei 129 Patientinnen (vgl. Tabelle 41). Zwischen dem Ausgang des Funktionstestes und der Prognose besteht eine eindeutige Relation. Die Normalisierungsrate (Spalte 2) sinkt von 57 % bei der Gruppe mit biphasischer Reaktion (II) signifikant ($p < 0{,}025$) auf 33 % für die Gruppe I (nur Oestrogenbildung) ab. Der Unterschied ist bei einer Zufallswahrscheinlichkeit von $p < 0{,}005$ noch erheblicher zwischen der Gruppe II (biphasische Reaktion) mit 57 % und der Gruppe III (keine Reaktion) mit nur 24 % später regelrecht menstruierter Frauen.

Eine *spontane Einregulierung* (Spalte 4) ist für 10 % aller Patientinnen anzusetzen. Sie macht 22 % der Normalisierungsquote aus!

Das Kollektiv an *primärer Amenorrhoe* umfaßt nur 26 Patientinnen (vgl. Tabelle 42). Zur statistischen Auswertung konnte nur unterschieden werden zwischen ,,Normalisierung + Teilnormalisierung" (Spalte 2) einerseits und sol-

Tabelle 41. *Die Prognose der Ovarial-Insuffizienz in Abhängigkeit vom Primäreffekt unter Gonadotropin-Medikation* (Patientinnen mit sekundärer Amenorrhoe)

Primäreffekt unter Gonadotropin-Medikation	1 Gesamt		p	2 Normalisierung gesamt		3 Keine Normalisierung		p	4 Spontane Normalisierung: bezogen auf			5 Teilnormalisierung	
	Pat.	(%)		Pat.	(%)	Pat.	(%)		Pat.	Spalte 1 (%)	Spalte 2 (%)	Pat.	(%)
I. Nur Oestrogenbildung	36	(28)	< 0,025	12	(33)	14	(39)		6	(17)	(50)	10	(28)
II. Biphasische Reaktion	72	(56)		41	(57)	18	(25)	< 0,005	4	(6)	(10)	13	(18)
III. Keine Reaktion	21	(16)		5	(24)	10	(48)		3	(14)	(60)	6	(28)
IV. Gesamt	129	(100)		58	(45)	42	(33)		13	(10)	(22)	29	(22)

Tabelle 42. *Die Prognose der Ovarial-Insuffizienz in Abhängigkeit vom Primäreffekt unter Gonadotropin-Medikation* (Patientinnen mit primärer Amenorrhoe)

Primäreffekt unter Gonadotropin-Medikation	1 Gesamt		p	2 Normalisierung und Teilnormalisierung		3 Keine Normalisierung	
	Pat.	(%)		Pat.	(%)	Pat.	(%)
I. Biphasische Reaktion	13	(50)	< 0,025	7	(54)	6	(46)
II. Keine Reaktion	13	(50)		2	(15)	11	(85)
III. Gesamt	26	(100)		9	(35)	17	(65)

Tabelle 43. *Die Prognose der Ovarial-Insuffizienz in Abhängigkeit vom Primäreffekt unter Gonadotropin-Medikation* (Patientinnen mit Amenorrhoe und Oligomenorrhoe)

Primäreffekt unter Gonadotropin-Medikation	1 Gesamt		p	2 Normalisierung gesamt		3 Keine Normalisierung		p	4 Spontane Normalisierung: bezogen auf			5 Teilnormalisierung	
	Pat.	(%)		Pat.	(%)	Pat.	(%)		Pat.	Spalte 1 (%)	Spalte 2 (%)	Pat.	(%)
I. Nur Oestrogenbildung	45	(23)	< 0,01	17	(37)	16	(36)		6	(13)	(35)	12	(27)
II. Keine Reaktion	36	(18)		6	(17)	23	(64)	< 0,001	3	(8)	(50)	7	(19)
III. Biphasische Reaktion	114	(59)		63	(55)	30	(26)		8	(7)	(13)	21	(19)
IV. Gesamt	195	(100)		86	(44)	69	(35)		17	(9)	(20)	40	(21)

chen Patientinnen, die gänzlich unbeeinflußt blieben (Spalte 3). Ein monophasisches Ansprechen wurde für diese Zusammenstellung nicht beobachtet. Nach biphasischer Reaktion auf Gonadotropine (Gruppe I) wurde eine komplette oder partielle Regulierung der Ovarialfunktion signifikant häufiger beobachtet (p < 0,025) als bei der Vergleichsgruppe II, die nicht angesprochen hatte. Dem entspricht die Zunahme der Mißerfolge.

Das *gesamte Beobachtungsgut* unter Einbeziehung der oligomenorrhoischen Patientinnen findet sich auf Tabelle 43 zusammengestellt. Von den Patientinnen, die auf die Gonadotropin-Kur nicht geantwortet hatten (Gruppe II), gaben nur 17% später eine Normalisierung (Spalte 2) an. 64% blieben gänzlich unbeeinflußt (Spalte 3). Demgegenüber erfolgte bei den Frauen, die auf exogene Gonadotropine mit einer Oestrogenbildung reagiert hatten (Gruppe I), später eine Normalisierung bei 37%, die Mißerfolge sinken auf 36% ab. Diese Unterschiede sind auf dem 1%-Niveau ($p < 0,01$) gesichert. Sie sind hochsignifikant ($p < 0,001$) zwischen der Gruppe II (keine Reaktion auf Gonadotropine) mit 17% Normalisierung und 64% Mißerfolge und der Gruppe III (biphasische Reaktion auf eine Gonadotropin-Kur) mit 55% Normalisierung und 26% Mißerfolge.

Eine *Spontanheilung* (Spalte 4) ergibt sich in dieser Zusammenstellung für 9% aller Patientinnen. Sie macht 20% derjenigen Frauen aus, die später eine regelrechte Ovarialfunktion angaben.

Mit dieser statistischen Analyse wird die Bedeutung einer Gonadotropin-Medikation als Funktionstest und sein Wert für die Prognosestellung einhellig belegt.

VI. Autorenverzeichnis

(Die *kursiv* gedruckten Zahlen weisen auf die Seiten der Schrifttumverzeichnisse hin)